Christoph Überhuber

COMPUTER-NUMERIK 1

Mit 157 Abbildungen

Springer

Christoph Überhuber

TU Wien
Institut für Angewandte
und Numerische Mathematik
Wiedner Hauptstraße 8–10/115
A-1040 Wien

Einbandmotiv: Einzelaufnahme (Ausschnitt) aus dem Videofilm von
Margot Pilz „Gasoline Tango", 1988.

Mathematics Subject Classification: 65-00, 65-01, 65-04, 65Dxx, 65Fxx,
65Hxx, 65Y10, 65Y15, 65Y20

ISBN 978-3-540-59151-1

Die Deutsche Bibliothek – CIP-Einheitsaufnahme
Überhuber, Christoph: Computer-Numerik / Christoph Überhuber.
Berlin; Heidelberg; New York; Barcelona; Budapest; Hong Kong; London; Mailand;
Paris; Tokyo: Springer
1. – (1995)   ISBN 978-3-540-59151-1   ISBN 978-3-642-57795-6 (eBook)
            DOI 10.1007/978-3-642-57795-6

Umschlaggestaltung: Konzept & Design, Ilvesheim
Satz: Mit TeX erstellte reproduktionsfertige Vorlage vom Autor
SPIN 10483925   44/3143-5 4 3 2 1 0 – Gedruckt auf säurefreiem Papier

Vorwort

Das vorliegende Buch erörtert – ohne Anspruch auf Vollständigkeit – zahlreiche
Aspekte des computerunterstützten numerischen Lösens natur- und ingenieur-
wissenschaftlicher Aufgaben. Dem multidisziplinären Charakter der Computer-
Numerik entsprechend werden dabei verschiedene Gebiete angesprochen: von der
Angewandten und Numerischen Mathematik über die Numerische Datenverar-
beitung bis zur Systemsoftware und Rechnerarchitektur.

Angewandte Mathematik	
Numerische Mathematik	Symbolische Mathematik
Numerische Datenverarbeitung	Symbolische Datenverarbeitung
Systemsoftware	
Hardware	

Die Behandlung der verschiedenen Themen der Computer-Numerik ist am Anfang jedes Abschnitts eine induktive: Von speziellen praktischen Beispielen ausgehend wird zu allgemeingültigen mathematischen Problemformulierungen über-
geleitet. Auf dieser abstrakten Ebene werden dann Prinzipien und Methoden
zur algorithmisch-numerischen Lösung der entsprechenden mathematischen Probleme behandelt, Genauigkeit und Effizienz relevanter Algorithmen diskutiert
sowie existierende Implementierungen in vorhandener numerischer Software vorgestellt und bewertet. In deduktiver Weise wird anhand von etwa 500 Beispielen
erläutert, wie man die allgemeinen Gesetzmäßigkeiten und methodischen Prinzipien auf spezielle Aufgaben anwendet und wie man algorithmisch und durch
den Einsatz geeigneter Numerik-Software nach praktisch brauchbaren Lösungen
sucht. Es wird auch eingehend darauf hingewiesen, welche Schwierigkeiten dabei
unter Umständen auftreten können und wie man diese überwindet.

Der Umfang und die Vielfalt der verfügbaren Software auf dem Gebiet der Numerik ist so groß, daß man einen strukturierten Überblick und gute Hintergrundinformation benötigt, um im konkreten Anwendungsfall eine sinnvolle Auswahl
treffen zu können. Unterstützung in dieser schwierigen Situation bietet das vorliegende Buch durch eine überblicksartige Darstellung der verfügbaren numerischen
Software. Strukturiert durch die inhaltliche Kapitel- und Abschnittsgliederung
werden Verfahren, Algorithmen und Konzepte diskutiert, die den Programmen
zugrundeliegen. Vorteilhafte Eigenschaften werden betont, und vor inhärenten
Schwachstellen wird gewarnt. An die 100 besonders gekennzeichnete sachgebiet-
sorientierte Softwarehinweise liefern dem Leser sowohl Information über die kommerziell angebotenen Softwarebibliotheken (IMSL, NAG etc.) als auch über frei
verfügbare Numerik-Software (Netlib, eLib etc.), auf die man über das Internet
zugreifen kann.

Das Buch wendet sich in gleicher Weise an Studenten natur- und ingenieurwissenschaftlicher Studienfächer wie an Entwickler und Anwender numerischer Software, die sich mit den grundlegenden Konzepten algorithmischer Lösungsmethoden auseinandersetzen wollen und an der überlegten Auswahl und dem effizienten Einsatz von Fremdsoftware interessiert sind. Es ist einerseits als Lehrbuch für Vorlesungen oder Seminare konzipiert, die das numerische Lösen mathematischer Probleme mit Computerunterstützung zum Inhalt haben; es ist aber auch als allgemeine Monographie angelegt, die von Wissenschaftlern und Ingenieuren nutzbringend verwendet werden kann.

Band I beginnt nach einer kurzen Einführung in den Modellbegriff mit einem Überblick über die beim numerischen Problemlösen am Computer unvermeidlichen Finitisierungen – Verwendung von Gleitpunktzahlen, Diskretisierung kontinuierlicher Modelle etc. – und deren Auswirkungen auf die numerischen Algorithmen und die Genauigkeit der erhaltenen Resultate.

Die potentielle Leistungsfähigkeit moderner Computer-Hardware für numerische Anwendungen ist jetzt schon beachtlich hoch und verdoppelt sich darüber hinaus noch von Jahr zu Jahr. Allerdings gibt es zwischen der theoretisch verfügbaren Maximalleistung, mit der geworben wird, und der praktisch beobachtbaren Leistung eine erhebliche Diskrepanz, die ständig weiter wächst. Ursachen dieses Phänomens und grundsätzliche Möglichkeiten zum Erzielen besserer Wirkungsgrade werden in Kapitel 3 aufgezeigt.

Gegenstand aller numerischen Problemlösungen sind numerische Daten und Operationen, welche den Inhalt von Kapitel 4 bilden. Einen besonderen Schwerpunkt stellen dabei die international genormten Gleitpunkt-Zahlensysteme dar, die man heute auf fast jedem Rechner antrifft. Auf die Erstellung portabler Programme, die sich problemspezifisch an die Besonderheiten des jeweiligen Zahlensystems anpassen, wird im besonderen eingegangen.

Im anschließenden Kapitel werden Grundlagen der Algorithmentheorie behandelt, soweit diese für den Numerik-Bereich von Bedeutung sind. Einen weiteren Schwerpunkt dieses Kapitels bilden die auf der Gleitpunktarithmetik moderner Computer aufbauenden arithmetischen Algorithmen, aus denen sich letzten Endes alle numerischen Verfahren zusammensetzen.

Im Zentrum von Kapitel 6 stehen Qualitätskriterien numerischer Programme. Breiter Raum ist auch der Effizienzsteigerung numerischer Programme gewidmet. Die behandelten Techniken sollen es dem Leser ermöglichen, große Probleme auf modernen Computersystemen ohne Vergeudung von Ressourcen zu lösen.

Kapitel 7 gibt einen Überblick über das aktuelle Angebot an kommerziell oder frei verfügbarer Fertigsoftware: Softwarebibliotheken, Softwarepakete (LAPACK, QUADPACK etc.) und Einzelprogramme (TOMS etc.). Der Softwarezugang über elektronische Netze (netlib, eLib etc.) bildet dabei einen Schwerpunkt.

Eine zentrale Methodik numerischer Verfahren wird in Kapitel 8 behandelt: Modellierung durch Approximation. Ihre Bedeutung reicht von der Datenanalyse bis zu automatisch ablaufenden Modellierungsvorgängen im Inneren numerischer Programme (z. B. bei der numerischen Integration oder der Lösung nichtlinearer

Gleichungen). Kapitel 8 behandelt eine Vielzahl von Aspekten und Kriterien, die bei der Auswahl von Modellfunktionen relevant sind.

Der algorithmisch effizienteste Zugang zur Gewinnung von Approximationsfunktionen ist die Interpolation. In Kapitel 9 wird sowohl der theoretische Hintergrund behandelt, der für das Verständnis konkreter Interpolationsverfahren benötigt wird, als auch die praktisch-algorithmische Verwendung von Polynomen, Splinefunktionen und trigonometrischen Polynomen gezeigt.

Band II beginnt in Kapitel 10 mit Methoden der Bestapproximation, mit denen lineare oder nichtlineare Funktionen bestimmt werden können, die von gegebenen Datenpunkten oder Funktionen minimalen Abstand besitzen.

Die Fourier-Transformation ist ein Spezialfall der Approximationsmethoden. Ihr, und im speziellen der diskreten Fourier-Transformation (DFT), ist das Kapitel 11 gewidmet.

Kapitel 12 behandelt Algorithmen und Programme zur numerischen Integration. Das große Software-Angebot für univariate Integrationsprobleme wird systematisch und umfassend dargestellt. Dort, wo es wenig oder gar keine Fremdsoftware gibt – z. B. bei hochdimensionalen Integrationsproblemen –, werden aktuelle numerische Methoden, wie z. B. Gittermethoden (*lattice rules*), theoretisch und praktisch besprochen, um Software-Eigenentwicklungen zu ermöglichen.

Das Lösen linearer Gleichungssysteme ist jenes Gebiet der Numerik mit der größten praktischen Bedeutung und dem umfassendsten Angebot an fertiger Software. Kapitel 13 geht auf viele Fragen ein, die für den Anwender von Bedeutung sind: Wie wählt man passende Algorithmen, und wie findet man geeignete Softwareprodukte zur Lösung konkreter Probleme? Auf welche Eigenschaften des Gleichungssystems (bzw. der Systemmatrix) ist zu achten, wenn man die effizientesten Programme sucht? Wie findet man heraus, ob man von einem Programm eine dem Problem angemessene Lösung erhalten hat? Was tut man, wenn ein Programm *nicht* die erwartete Lösung liefert?

Kapitel 14 behandelt nichtlineare Gleichungen. Durch die individuelle Verschiedenartigkeit nichtlinearer Systeme und die Notwendigkeit zur iterativen Lösung ergibt sich eine Reihe von Schwierigkeiten, für deren Überwindung Möglichkeiten aufgezeigt werden.

Das folgende Kapitel ist einem speziellen nichtlinearen Problem gewidmet – der numerischen Ermittlung von Eigenwerten und Eigenvektoren –, für das es eine Vielzahl von Algorithmen und Computerprogrammen gibt.

Im Kapitel 16 werden die Inhalte der vorangegangenen Kapitel auf große schwach besetzte Matrizen spezialisiert, wie sie bei großen Anwendungspoblemen auftreten. Da dieses Gebiet nicht durch Black-box-Software abgedeckt ist, werden besondere Hinweise zur Algorithmenauswahl und Vorverarbeitung (Präkonditionierung) gegeben.

(Pseudo-)Zufallszahlen sind die Grundlage von Monte-Carlo-Verfahren, die sowohl bei numerischen Problemlösungen als auch bei Sensitivitätsuntersuchungen eine wichtige Rolle spielen. Den Schluß des Buches bildet daher eine kurze Einführung in die Welt der Zufallszahlen und ihrer Erzeugung.

Dank möchte ich an dieser Stelle all jenen aussprechen, die zur Entstehung dieses Buches beigetragen haben.

An erster Stelle ist Arnold Krommer zu nennen, der an mehreren Teilen des Buches intensiv mitgearbeitet hat; vor allem am Kapitel über numerische Integration, einem Thema, dem seit Jahren unser gemeinsames Interesse gilt. Aber auch am Zustandekommen der Kapitel über Computer-Hardware und effiziente Programmierung, verschiedener Software-Abschnitte und der das Internet betreffenden Textteile hat er entscheidenden Anteil.

Der Mitarbeit von Bernhard Bodenstorfer habe ich wichtige Beiträge zu den einleitenden Kapiteln von Band I zu verdanken. Roman Augustyn, Wilfried Gansterer, Michael Karg und Ernst Haunschmid haben zu den Kapiteln über Computer-Hardware und effiziente Programmierung wesentlich beigetragen; Stefan Pittner zum Kapitel über Fourier-Transformationen.

Christoph Zenger von der TU München, Peter Marksteiner von der Universität Wien sowie Winfried Auzinger, Josef Schneid und Hans J. Stetter vom Institut für Angewandte und Numerische Mathematik der TU Wien haben Teile des Manuskripts gelesen und dessen endgültige Gestalt durch Kritik und Verbesserungsvorschläge beeinflußt.

Viele Studenten der TU Wien haben durch Mitarbeit, Anregungen und Korrekturen dabei geholfen, aus meinem Skriptum über Numerische Datenverarbeitung und einem später daraus entstandenen Rohtext ein Buchmanuskript zu schaffen. Vor allem durch die Beiträge von Christian Almeder, Arno Berger, Stefan Dörfler, Florian Frommlet, Herbert Karner, Robert Matzinger und Norbert Preining konnte das Manuskript in vielen Punkten erweitert und verbessert werden. Ihnen allen – auch den nicht namentlich Genannten – möchte ich für ihre Hilfe und Unterstützung herzlich danken.

Meine besondere Anerkennung möchte ich schließlich Christoph Schmid und Thomas Wihan aussprechen, denen – so meine ich – eine höchst ansprechende Text- und Bildgestaltung gelungen ist. Sie waren es auch, die mit großem persönlichen Einsatz die endgültige LaTeX-Version des Textes erstellt haben. Das Korrekturlesen des letzten Probeausdrucks besorgte Peter Meditz.

Bei Martin Peters vom Springer-Verlag in Heidelberg möchte ich mich für die angenehme Zusammenarbeit bedanken.

Das Entstehen dieses Buches wurde nicht zuletzt durch die Unterstützung des österreichischen Fonds zur Förderung der wissenschaftlichen Forschung (FWF) ermöglicht.

Wien, im Februar 1995   CHRISTOPH ÜBERHUBER

Inhaltsverzeichnis

II   Lösen numerischer Probleme am Computer

III   Analytische Modelle

Teil I

Grundlagen

Kapitel 1

Modelle

Will man Schweres bewältigen,
muß man es sich leicht machen.

BERTOLT BRECHT

Der Begriff „Modell" tritt im allgemeinen Sprachgebrauch in sehr vielen verschiedenen Bedeutungen auf. In den Naturwissenschaften und in der Mathematik – wo Modelle und Modelluntersuchungen eine zentrale Rolle spielen – wird der Begriff Modell in folgendem Sinn verwendet (Ören [315]):

Ein **Modell** *ist ein künstlich geschaffenes Objekt, das wesentliche Merkmale, Beziehungen (Struktur) und Funktionen eines zu untersuchenden Objekts (Originals) in vereinfachter Form wiedergibt, nachbildet und damit den Prozeß der Informationsgewinnung über dieses Objekt erleichtert.*

Zwischen Original, Modell und *Modellsubjekt* (modellentwickelnder oder modellverwendender Person) bestehen drei Relationen, die charakteristische Merkmale des obigen Modellbegriffs sind (Luft [280]):

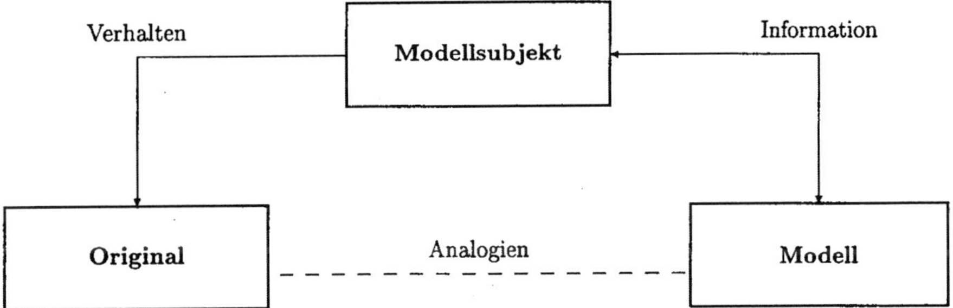

1.1 Original und Modell

Zwischen Original und Modell müssen *Analogien* bestehen, und zwar insoferne, als beide in bestimmten Merkmalen strukturell und/oder funktional ähnlich sind.

Die Vorteile des Modells gegenüber dem Original resultieren im allgemeinen aus den beim Modellierungsvorgang getroffenen Vereinfachungen: Das Modell ist eine *Reduktion (Abstraktion)* des Originals. Die Auswahl der abzubildenden Elemente des Originals muß sich nach den Zwecken richten, denen das Modell dienen soll (siehe Abschnitt 1.2). Neben dem Reduktionsmerkmal – Modelle erfassen immer nur einen Teil aller Eigenschaften des Originals – besitzt ein Modell meist auch Eigenschaften, für die es beim Original keine Entsprechung gibt.

Beispiel (Neuronale Netze) Neuronale Netze – spezielle nichtlineare Approximationsfunktionen – sind grobe Modelle der Reizleitung und Reizverarbeitung in einer (vergleichsweise sehr kleinen) Menge menschlicher Nervenzellen (Arbib, Robinson [88]). Viele Eigenschaften menschlicher Nervenzellen werden in diesem Modell *nicht* berücksichtigt, wie z. B. das Absterben von Nervenzellen (*Neuronen*), stochastische Schwankungen der Leitungsgeschwindigkeit der Nervenfasern, zeitliche Veränderungen des strukturellen Aufbaus etc. Andererseits gibt es Eigenschaften dieses Modells, für die es beim Original, d. h. beim menschlichen Nervensystem, *keine* Entsprechung gibt, wie z. B. die „unendlich rasche" Reizleitung und -verarbeitung.

Aus dem bisher Gesagten geht hervor, daß es für *ein* Original (ein zu untersuchendes Objekt oder Phänomen) nicht nur ein einziges Modell gibt, sondern eine oft unendliche Vielfalt von Modellen, die als *Partialmodelle* die Untersuchung und Beschreibung von Teilaspekten des ursprünglichen Objekts oder Phänomens mehr oder weniger gut gestatten.

Nach der *Art der Analogie* zwischen Original und Modell unterscheidet man zwischen Struktur- und Funktionsmodellen.

Strukturmodelle

Strukturmodelle liegen vor, wenn die Analogie zwischen Original und Modell in der Übereinstimmung der Relationen besteht, die eine Verbindung zwischen den Elementen des betrachteten Systems herstellen. Die Realisierung der Elemente des Modells muß jedoch nicht jener des Originals entsprechen.

Beispiel (Neuronale Netze) Neuronale Netze haben als mathematische Modelle kleiner Ensembles menschlicher Nervenzellen mit diesen sowohl grobe strukturelle Ähnlichkeit als auch ähnliches Verhalten bezüglich der Reizleitung.

Funktionsmodelle

Funktionsmodelle liegen dann vor, wenn die Verhaltensweisen eines Systems über Eingangs-Ausgangs-Beziehungen modelliert werden. Die Modellbildung erfolgt dabei unter Vernachlässigung der Struktur, sie ist nur auf die funktionalen Ähnlichkeiten gerichtet. Das zu modellierende System wird als *Black-box* betrachtet.

Beispiel (SO_2-Prognose) Eine grobe Prognose der mittleren SO_2-Konzentration in der Wiener Luft läßt sich mit folgendem einfachen Zeitreihen-Modell bewerkstelligen (Bolzern, Fronza, Runca, Überhuber [124]):

$$\hat{y}_{k+1} := 0.26 y_k + 38900(\hat{T}_{k+1} + 23.1)^{-2} + 443(\hat{v}_{k+1} + 1.16)^{-1}. \tag{1.1}$$

Den prognostizierten SO_2-Wert $\hat{y}_{k+1}$ des $(k+1)$-ten Tages erhält man aus dem gemessenen SO_2-Wert y_k des k-ten Tages und den üblicherweise vorhandenen Prognosewerten für die mittlere Lufttemperatur $\hat{T}_{k+1}$ (soferne diese größer als $-20°C$ ist) und die mittlere Windgeschwindigkeit $\hat{v}_{k+1}$ des nächsten Tages. Modelliert wird durch (1.1) der funktionale Zusammenhang steigender SO_2-Konzentration bei sinkender Lufttemperatur (mehr Hausbrand etc.) und fallender SO_2-Konzentration bei steigender Windgeschwindigkeit (stärkere Durchmischung).

1.2 Modellsubjekt und Modell

Modelle werden immer von bestimmten Personen zielgerichtet für bestimmte Zwecke verwendet (*Finalitätsmerkmal*). Der Modell*entwickler* „speichert" im Modell Information über das Original, und der Modell*anwender*[1] bezieht vom Modell Information über das Original; beiden dient das Modell als informationstragendes Ersatzobjekt für das Original.

Beispiel (Informationsspeicherung) Die ÖNORM M 9440 „Ausbreitung von Schadstoffen in der Atmosphäre; Ermittlung von Schornsteinhöhen und Berechnung von Immissionskonzentrationen" enthält ein von Fachleuten entwickeltes Modell für die reale Schadstoffausbreitung in Form einer Berechnungsvorschrift. Dieses Modell enthält Information, die z. B. bei der Zulassung neuer Industrieanlagen verwendet wird, um zu entscheiden, in welchem Ausmaß technische Maßnahmen zur Abgasreinigung vorgesehen werden müssen.

Beispiel (Informationsgewinnung) Bei der Entwicklung neuer Automobile sind Crash-Tests, im Zuge derer man Automobile gegen Hindernisse prallen läßt, ein signifikanter Kostenfaktor. Durch Simulation von Crashs mit einem Finite-Elemente-Programm (z. B. LS-DYNA 3D) können diese Kosten erheblich gesenkt werden, weiters läßt sich durch den verbesserten Erkenntnisstand die Sicherheit der gebauten Fahrzeuge erhöhen.

Derartige Simulationen sind sehr rechenaufwendig. Die Simulation jener Zehntelsekunde, in der die Deformationsvorgänge eines Aufpralls ablaufen, benötigt zwischen 10 und 30 Stunden Rechenzeit auf einer CRAY Y-MP4 (Daimler-Benz AG).

1.2.1 Verwendungszweck von Modellen

Nach ihrem Verwendungszweck kann man Modelle zur Erkenntnisgewinnung und -vermittlung sowie Modelle für technische Funktionen unterscheiden.

Erkenntnisgewinnung

Das Original kann durch ein Modell ersetzt werden mit dem Ziel, Information zu gewinnen, die am Original vorerst nicht oder nur schwer zugänglich ist.

Beispiel (Petri-Netze) Petri-Netze bieten die Möglichkeit der Modellierung von Prozessen (algorithmisch ablaufenden Vorgängen der Informationsverarbeitung). Die statische Struktur eines Prozesses wird durch einen gerichteten Graphen beschrieben, der zwei Arten von Knoten – Plätze und Transitionen – besitzt. Plätze können als Prozeßzustände und Transitionen als Aktionen interpretiert werden. Kanten definieren mögliche Zustandsübergänge, die von einem Zustand über eine Transition in einen anderen Zustand führen.

Mögliche Anwendungen von Petri-Netzen sind z. B. Terminationsuntersuchungen und das Erkennen von *Deadlocks*. PRM-Netze (*Program-Resource-Mapping*-Netze) sind zeiterweiterte Petri-Netze, die zur Modellierung und Leistungsanalyse vorhandener und geplanter Parallelrechnersysteme entwickelt wurden (Ferscha [194]).

Erkenntnisvermittlung

Modelle können eine kommunikative, didaktische Funktion übernehmen, wenn sie zur Erkenntnisgewinnung für Uninformierte über bereits bekannte Beziehungen eingesetzt werden (siehe z. B. O'Shea, Self [317]).

---

[1]Modellentwickler und Modellanwender können, aber müssen nicht dieselbe Person sein.

Beispiel (Visualisierung)   *Graphische Modelle* können zur Veranschaulichung numerischen Datenmaterials verwendet werden. Jede Landkarte ist ein graphisches Modell geodätisch-numerischer Daten; Balkendiagramme können z. B. numerische Wirtschaftsdaten veranschaulichen; in der Medizinischen Datenverarbeitung sind die graphischen Darstellungen der Rechenergebnisse von Computer-Tomographen (d. h. die Ergebnisse der numerischen Inversion der Radon-Transformation) ein unerläßliches Diagnose-Hilfsmittel für den Arzt; Farbflächen-Darstellungen von Simulationsergebnissen im Bauingenieurwesen ermöglichen einen raschen qualitativen Überblick über mechanische Spannungen etc.

Beispiel (Flugsimulator)   Zu Übungs- und Erkenntniszwecken werden in Flugsimulatoren die Vorgänge beim Fliegen (mit Flugzeugen oder Raumfahrzeugen) in ihren Grundzügen wirklichkeitsgetreu nachgeahmt.

Modelle mit technischer Funktion

Modelle können (zeitweilig) die Funktion originaler Systeme übernehmen.

Beispiel (Autopilot)   Der „Autopilot", ein Computer-Echtzeitsystem mit speziellen Programmen, übernimmt – auf der Basis von Modellen für Flugdynamik, Triebwerksverhalten etc. – die Steuerung eines Flugzeugs nach vorgegebenen Parametern (Kurs, Flughöhe etc.).

1.3 Modellsubjekt und Original

Die am Modell gewonnenen Erkenntnisse und Informationen werden gewöhnlich vom Modellanwender im Analogieschluß auf das Original übertragen, d. h., der Modellanwender entnimmt dem Modell Information über das Original, um sich gegenüber dem Original angemessen verhalten zu können.

Es darf dabei nicht übersehen werden, daß Untersuchungen an Modellen (Simulationen etc.) empirische Experimente *nicht* ersetzen können. Jede aus dem Modell erschlossene Aussage über die Eigenschaften des Originals muß auf ihre Signifikanz im Originalbereich geprüft werden.

Beispiel (Wetterprognose)   Die auf Grund von gemessenen meteorologischen Daten mit Hilfe mathematischer Modelle der Erdatmosphäre erstellten Wetterprognosen ermöglichen eine Einschätzung der Wetterentwicklung in den nächsten Tagen und die Planung z. B. landwirtschaftlicher Aktivitäten. Das tatsächliche Wetter kann aber von der Prognose – der Modellaussage – beträchtlich abweichen.

Beispiel (Medizinische Datenverarbeitung)   Die verschiedenen graphisch-mathematischen Verfahren der medizinischen Datenverarbeitung (Computer-Tomographie, Sonographie, Subtraktions-Angiographie etc.) liefern Modelle von Abschnitten des menschlichen Körpers, die als Diagnosehilfsmittel eine wichtige Rolle in der modernen Medizin spielen.

Mit jedem dieser Verfahren – auch wenn es noch weiter verbessert werden sollte – kann aber prinzipiell nur *bruchstückhafte* Information über Zustände und Abläufe im Inneren des menschlichen Körpers gewonnen werden, die durch andere diagnostische Maßnahmen ergänzt werden muß. So gibt es z. B. Fälle, wo in einem Computer-Tomogramm ein Gehirnschlag (Apoplexie) von einem Gehirntumor nicht unterschieden werden kann. Eine sichere Diagnose ist erst nach weiteren Untersuchungen möglich.

1.4 Modellbildung

Beim Prozeß der Modellbildung und -verwendung wird in mehr oder weniger ausgeprägter Form eine Reihe von Schritten durchlaufen (siehe Abb. 1.1), die Ähnlichkeit mit dem Phasenkonzept der Software-Entwicklung[2] haben.

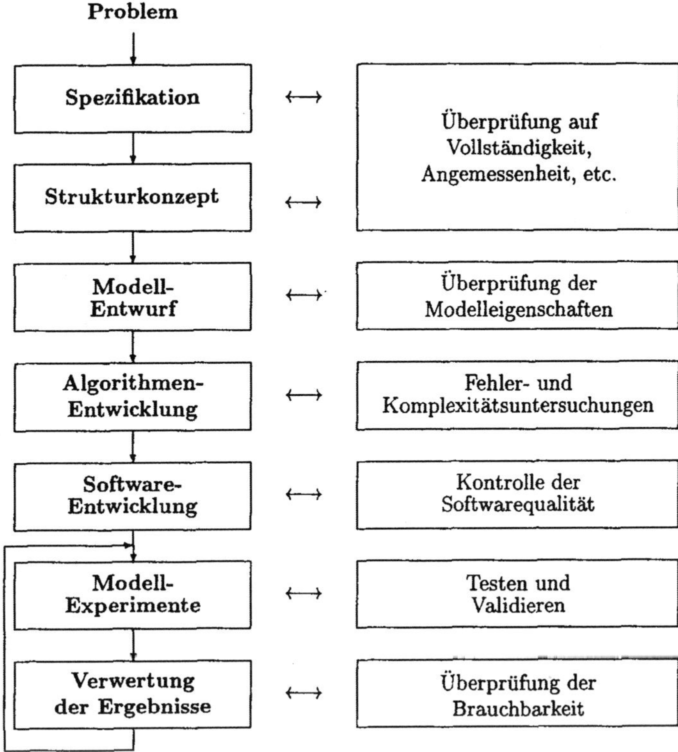

Abb. 1.1: Entwicklungsschritte bei der Modellbildung und entsprechende Kontrollmaßnahmen

1.4.1 Spezifikation des Problems

Der erste Schritt bei der Modellbildung ist die Formulierung und Fixierung der Fragestellung. Dabei erfolgt die Bestimmung von Ziel und Zweck der Untersuchung, die Eingrenzung des Problemraumes und die Festlegung der erforderlichen Genauigkeit. Im Verlauf des Modellbildungsprozesses kommt es oft zu Modifikationen oder einer Präzisierung der Problemformulierung.

---

[2]Viele Techniken des *Software-Engineering* können (eventuell in modifizierter Form) im Bereich der Modellbildung eingesetzt werden.

1.4.2 Aufstellung eines Strukturkonzeptes

Durch ein *Strukturkonzept* (*Paradigma*) wird unstrukturierte Ausgangsinformation über das zu modellierende Objekt oder System begrifflich zerlegt und gegliedert (Schmidt [353]).

Beispiel (Transistor-Simulation) Die Bewegung der Elektronen in einem Halbleiterbauelement läßt sich auf zwei grundsätzlich verschiedene Arten beschreiben und untersuchen: entweder durch ein Strukturkonzept, das ein „Elektronen–Kontinuum" voraussetzt, welches einem System partieller Differentialgleichungen genügt (das zur Gewinnung konkreter Resultate numerisch gelöst wird) oder durch „Teilchenverfolgung", d. h. durch Simulation aller relevanten Elektronen, die durch ein elektrisches Feld in einem Kristallgitter bewegt werden.

Beispiel (Rechenanlagen-Modelle) Die Elemente und Funktionen eines Computers kann man auf der Basis automatentheoretischer Strukturkonzepte (z. B. Turingmaschinen), graphentheoretischer Strukturkonzepte (z. B. Petri-Netze) oder warteschlangentheoretischer Strukturkonzepte untersuchen und durch entsprechende Modelle darstellen.

Zur Erstellung eines Strukturkonzeptes gehört auch die Auswahl der Modellierungsmittel. Diese beeinflussen die Denkmuster, die dem nachfolgenden Modellierungsvorgang zugrunde liegen.

Gegenständliche Modelle

Gegenständliche Modelle sind materielle Abbilder der zu modellierenden Objekte oder Phänomene.

Beispiel (Analogrechner) In Analogrechnern werden elektrische Schaltkreise als Modell der zu untersuchenden Phänomene (z. B. mechanischer Schwingungsvorgänge) verwendet.

Formalisierte Modelle

Sprachlich-formalisierte Modelle beschreiben die relevanten Objekteigenschaften in Sätzen einer natürlichen Sprache (*verbale Modelle*) oder einer formalen Sprache (*formalisierte Modelle*). Auch mathematische Modelle (verschiedenartige Gleichungssysteme etc.) und Modelle in Form von Computerprogrammen, auf die sich die folgenden Teile dieses Buchs konzentrieren, sind formalisierte Modelle.

1.4.3 Auswahl des Modelltyps (Modellentwurf)

Bei der Auswahl des Modelltyps sind sowohl methodologische Prinzipien als auch Kosten-Nutzen-Überlegungen maßgebend. Die beiden wichtigsten Auswahlkriterien sind Adäquatheit und Einfachheit.

Adäquatheit

Vom Modell ist eine für den geplanten Verwendungszweck hinreichend genaue qualitative und quantitative Beschreibung des zu modellierenden Objekts oder Phänomens zu fordern.

- Das Modell muß die richtige *qualitative* Beschreibung des Originals, wie sie zur Lösung des gestellten Problems erforderlich ist, ermöglichen.

Beispiel (Schaltungsentwurf) Im Rahmen eines rechnergestützten Schaltungsentwurfs soll die maximal zulässige Taktfrequenz für einen bestimmten Schaltkreis ermittelt werden. Bei einer derartigen Problemstellung muß ein *dynamisches*, d. h. zeitabhängiges Modell verwendet werden, da nur ein solches die Untersuchung des Einschwingverhaltens elektronischer Schaltkreise ermöglicht. Ein statisches (*steady state*) Modell würde nur die Charakterisierung des stationären, eingeschwungenen Zustandes ermöglichen.

- Die *quantitative* Beschreibung des Objekts muß hinsichtlich festgelegter Kriterien (die Bestandteil der Problemformulierung sind) mit einem bestimmten Genauigkeitsgrad erfolgen.

In komplizierteren Situationen ist die Inadäquatheit eines Modells oft nicht klar erkennbar. Die Verwendung eines inadäquaten Modells birgt die Gefahr in sich, daß real existierende Objekteigenschaften nicht erfaßt oder unzulässig entstellt werden und stattdessen etwas untersucht wird, das nicht benötigt wird oder überhaupt nicht existiert. Der Funktionsüberprüfung und Verifikation des Modells kommt daher große Bedeutung zu.

Einfachheit

Bei zwei sonst gleichwertigen Modellen ist jenes vorzuziehen, das mit weniger Annahmen und geringeren Mitteln auskommt.[3]

Entsprechend der Forderung nach Adäquatheit *scheinen* die komplexeren Modelle den einfacheren überlegen zu sein, da durch Verwendung eines Modells mit mehr Parametern eine größere Anzahl von Einflußfaktoren berücksichtigt werden kann. Die Einführung zu vieler Freiheitsgrade in ein Modell kann jedoch eine *irreführend* gute Übereinstimmung zwischen den Ergebnissen der Modellierung und der Experimente hervorrufen, die oft fälschlich als Bestätigung der Richtigkeit des Modells interpretiert wird. Dessen Inadäquatheit zeigt sich oft erst bei seiner Anwendung unter veränderten Bedingungen.

Beispiel (Prognose) Die Zeitreihendaten (o) aus Abb. 1.2 sollen durch ein Modell beschrieben werden, das der kurzfristigen Prognose des weiteren Verlaufs dient. Man erhält völlig unsinnige Prognosewerte, wenn als Modell ein Interpolationspolynom $P \in \mathbb{P}_k$ verwendet wird, das durch alle Datenpunkte $(x_0, y_0), (x_1, y_1), \ldots, (x_k, y_k)$ geht, d. h. perfekte Übereinstimmung

$$P(x_0) = y_0, \quad P(x_1) = y_1, \ldots \quad P(x_k) = y_k$$

mit den gegebenen Daten aufweist (Kurve —). Stattdessen ist eine Ausgleichsfunktion mit erheblich weniger Parametern, die mit den gegebenen Datenpunkten *nicht* völlig übereinstimmt, oft wesentlich besser zur Prognose geeignet (Kurve ···).

Die Realisierung des Minimalitätsprinzips kann durch verschiedene numerische Verfahren unterstützt werden, z. B. durch eine Singulärwertanalyse (siehe Kapitel 13) oder durch eine Faktorenanalyse.[4]

---

[3]Dieses *Minimalitätsprinzip* wurde bereits im Mittelalter von William Occam formuliert und wird in der englischsprachigen Literatur oft (ironisch) als „*Occam's razor*" bezeichnet.

[4]Die *Faktorenanalyse* ist eine Methode zur Analyse von Beziehungen zwischen untereinander abhängigen zufälligen Erscheinungen (Merkmalen) durch Zurückführen dieser auf eine möglichst geringe Anzahl gemeinsamer Ursachenkomplexe, die sogenannten Faktoren.

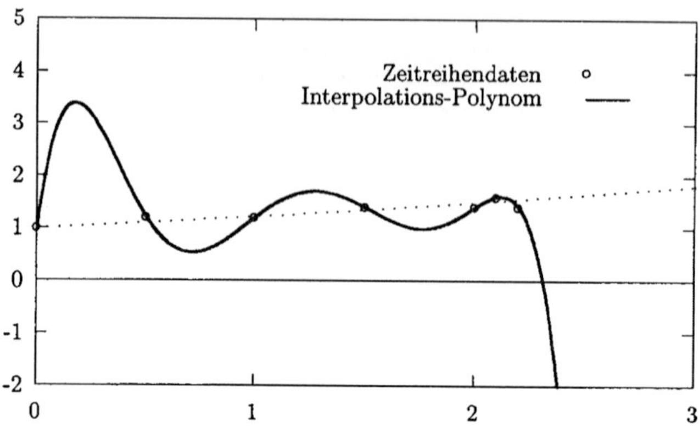

Abb. 1.2: Zeitreihendaten-*Interpolation* (——) und *-Ausgleich* (···)

1.4.4 Festlegung der Parameterwerte

Bei der Auswahl des Modelltyps werden meist auch Anzahl und Art der Modellparameter festgelegt. Um zu einem konkreten Modell zu gelangen, müssen *geeignete Werte* für diese Parameter gefunden werden. Im folgenden wird stets davon ausgegangen, daß die erforderlichen Daten für diese Parameterbestimmung vorhanden sind. Die Ermittlung der Parameterwerte läßt sich dann meist auf die Lösung linearer oder nichtlinearer Gleichungssysteme bzw. Minimierungsaufgaben zurückführen.

1.4.5 Testen, Validieren

Jedes Modell muß man, ehe es für seine eigentlichen Aufgaben eingesetzt wird, auf Gültigkeit (durch Verifikation) oder Ungültigkeit (durch Falsifikation) prüfen.

Folgende Fragen sind dabei zu beantworten: Stimmt das Modellverhalten mit dem Verhalten des korrespondierenden Systems hinreichend genau überein? Ist die Modellstruktur zu hoch aggregiert (zu „grob") und muß sie daher weiter detailliert werden? Wie verhält sich das Modell in Grenzbereichen?

Die *Verifikation* erfolgt im allgemeinen nach einer der folgenden Methoden:

Indirekte Verifikation: Dabei wird entweder nachgewiesen, daß eine Falsifikation nicht möglich ist oder trotz sehr intensiver Bemühungen nicht gelingt: *Verifikation mangels Falsifikation.* Analog zum Programmtesten (das auch eine indirekte Verifikation ist) spricht man von *Modelltesten.*

Statistische Verifikation: Dabei wird mit Hilfe von Methoden der mathematischen Statistik (in den Grenzen einer vorgegebenen Irrtumswahrscheinlichkeit unter Akzeptierung von Fehlern 1. und 2. Art[5]) die Zufälligkeit der nicht vom Modell abgedeckten Datenanteile – der Residuen – getestet.

---

[5]Als *Fehler 1. Art* bezeichnet man in der statistischen Testtheorie Fehlentscheidungen, die in der Ablehnung einer richtigen Hypothese bestehen. *Fehler 2. Art* sind Fehlentscheidungen, die in der Annahme einer falschen Hypothese bestehen.

In *Sensitivitätsanalysen* ist zu untersuchen, wie empfindlich das Modell auf Parameter- oder Strukturveränderungen reagiert.

Ein *validiertes Modell* liegt vor, wenn das Modell hinsichtlich Struktur und Verhalten innerhalb der betrachteten Grenzen in der gewünschten Genauigkeit dem zugrundeliegenden System und dem gestellten Problem entspricht.

Mit dem validierten Modell wird dann – z. B. durch Computer-Simulation – die Beantwortung der Ausgangsfragestellung in Angriff genommen. In der Praxis durchläuft man die angeführten Entwicklungsschritte oft nicht in linearer Abfolge. Sie bilden nur das Grundgerüst für den meist sehr verzweigten und vernetzten Prozeß des Modellbildens.

Kapitel 2

Grundbegriffe der Numerik

2.1 Vom Anwendungsproblem zur numerischen Lösung

Die Beschreibung, Analyse und Steuerung technischer, natur- und wirtschaftswissenschaftlicher Objekte und Vorgänge kann auf verschiedene Art erfolgen:

Experimente und Messungen: Die benötigten Größen werden an den Objekten bzw. Phänomenen selbst oder an physischen Modellen ermittelt.

Simulation: Experimente und Untersuchungen werden mit Hilfe von Computerprogrammen an mathematischen Modellen vorgenommen. Grundlage der Modelle sind wissenschaftlich begründete Aussagen – *Theorien* – zur Erklärung bestimmter Phänomene und der ihnen zugrundeliegenden Gesetzmäßigkeiten.

Die Entscheidung für einen der obigen Wege hängt vom *Aufwand* und der prinzipiellen *Durchführbarkeit* ab. Wenn z. B. die optimale Konstruktion der Tragfläche eines Flugzeugs ermittelt werden soll, wenn die Bruchbelastung einer Brücke gesucht ist oder die Auswirkungen des Durchschmelzens eines Reaktorkerns zu untersuchen sind, scheiden direkte Experimente offensichtlich aus. In solchen Fällen müssen mathematisch-physikalische Modelle die Grundlage für eine numerisch-rechnerische Beantwortung der anstehenden Fragen bilden.

Bei beiden Lösungswegen ist die Festlegung des angestrebten *Genauigkeitsniveaus* ein wesentlicher Bestandteil der Problemdefinition. Bei Experimenten bestimmt dieses die Versuchsanordnung, die Art und Qualität der zu verwendenden Meßeinrichtungen etc. Im Fall der Simulation wird die Qualität der Modelle und der mit ihnen erzielten Berechnungsergebnisse im Hinblick auf das angestrebte Genauigkeitsniveau beurteilt. Um eine solche Beurteilung zu ermöglichen, muß man sämtliche Faktoren, die die Genauigkeit der Resultate beeinflussen, kennen und quantitativ charakterisieren können.

2.1.1 Fallstudie: Pendel

Die Bestimmung der Schwingungsdauer T eines um eine feste Achse drehbaren Pendels kann in konkreten Spezialfällen durch Experimente (Messungen an realen Pendeln) erfolgen. Die Umkehrung dieser Fragestellung, die Bestimmung der erforderlichen Pendellänge l zu einer vorgegebenen Schwingungsdauer, würde bereits einen erheblich größeren experimentellen Aufwand erfordern. Es ist günstiger, anstelle aufwendiger Untersuchungen an realen Pendeln ein mathematisches Modell zu verwenden, mit dessen Hilfe sich die Schwingungsdauer in Abhängigkeit relevanter Einflußgrößen untersuchen läßt.

Dem Modellbildungsprozeß des Pendels liegt die Zielvorstellung zugrunde, ein möglichst einfaches, rechnerisch gut beherrschbares Modell aufzustellen, das es gestattet, Näherungswerte für die Schwingungsdauer mit ausreichender Genauigkeit zu ermitteln. Hierzu muß man sich mit folgenden Fragen beschäftigen:

1. Welche physikalischen Größen sind für den beobachtbaren Bewegungsablauf wesentlich?

2. Wie können diese Größen in einem Modell so verknüpft werden, daß damit der Bewegungsablauf quantitativ erfaßt werden kann?

Grobe Spezifikation des Problems

Der reale, zu untersuchende Vorgang besteht in diesem Beispiel im Schwingen eines ganz bestimmten physischen Pendels. Auf Grund von Reibungseinflüssen (Lagerreibung, Luftwiderstand) wird diese Schwingung nach einer bestimmten (endlichen) Zeit nicht mehr beobachtbar sein, der Begriff der „Schwingungsdauer" muß daher präzisiert werden. Im weiteren Verlauf dieser Fallstudie wird unter der gesuchten Schwingungsdauer jene Zeit verstanden, die vom „Auslassen" des Pendels bis zum erstmaligen Erreichen der Maximalauslenkung auf der Seite der Ausgangslage vergeht, d. h., es wird nur die Zeit für das *erste* „Hin- und Herschwingen" gesucht.

Die mit dem Pendelproblem verbundene Genauigkeitsanforderung kann z. B.

$$|T_{\text{ermittelt}} - T_{\text{tatsächlich}}| < \varepsilon \tag{2.1}$$

lauten, wobei der Wert von ε vom konkreten Anwendungsfall abhängt.

Mathematisches Pendel

Das *mathematische Pendel* (siehe Abb. 2.1) ist das Resultat vor allem folgender Idealisierungen:

1. Die Schwingung verläuft *ungedämpft*: Reibungskräfte (Lagerreibung und Luftwiderstand) werden vernachlässigt.

2. Die Aufhängung (die Stange) ist massefrei und die gesamte Pendelmasse in einem Punkt konzentriert.

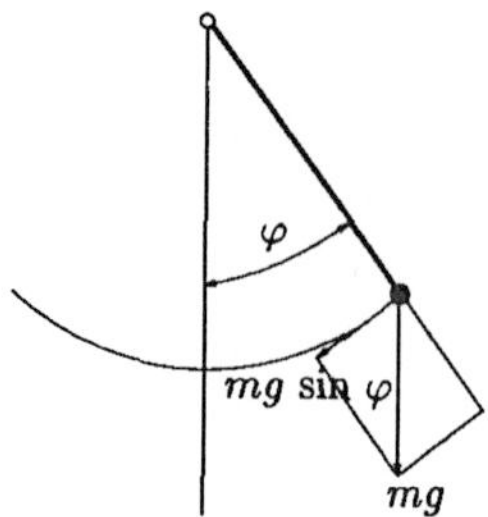

Abb. 2.1: Mathematisches Pendel

Der Bewegungsablauf des mathematischen Pendels wird durch die nichtlineare gewöhnliche Differentialgleichung zweiter Ordnung

$$\varphi''(t) = -\omega^2 \sin(\varphi(t)) \quad \text{mit} \quad \omega^2 := g/l \tag{2.2}$$

und durch die Anfangsbedingungen

$$\varphi(0) \;=\; \varphi_0 \qquad \text{und}$$
$$\varphi'(0) \;=\; 0, \qquad \text{d.\,h. „Auslassen" des Pendels bei} \quad t = 0,$$

beschrieben. Die Lösungsfunktion φ stellt den Auslenkwinkel des Pendels aus der stabilen Ruhelage als Funktion der Zeit dar.

Parameter des Modells sind

1. die Auslenkung φ_0 beim Startzeitpunkt $t = 0$,

2. die Pendellänge l, der Abstand des Massenpunktes vom Drehpunkt,

3. die Fallbeschleunigung g (mit dem in technischen Berechnungen verwendeten „Normwert" $g = 9.80665\,\mathrm{ms}^{-2}$).

Linearisierung

Wenn – abhängig von der realen Situation – nur „kleine" Auslenkungen φ von Bedeutung sind, kann die nichtlineare Differentialgleichung (2.2) durch die einfachere, *lineare* Differentialgleichung

$$\varphi''(t) = -\omega^2 \varphi(t) \tag{2.3}$$

ersetzt werden, weil für kleine Werte von φ die Beziehung $\sin\varphi \approx \varphi$ gilt. Die lineare Gleichung (2.3) hat gegenüber der nichtlinearen Gleichung (2.2) den Vorteil, daß ihre allgemeine Lösung

$$\varphi(t) = A\cos\omega t + B\sin\omega t$$

eine einfachere Form besitzt. Für die konkreten Anfangsbedingungen $\varphi(0) = \varphi_0$ und $\varphi'(0) = 0$ können die Konstanten A und B aus einem linearen (algebraischen) Gleichungssystem ermittelt werden: $A = \varphi_0$ und $B = 0$.

Die allgemeine Lösung des nichtlinearen Problems (2.2) ist hingegen nur mit speziellen Funktionen, den Jacobischen elliptischen Funktionen, darstellbar.

Körperpendel

Wie beim mathematischen Pendel wird auch beim Körperpendel die vereinfachende Annahme einer ungedämpften Schwingung getroffen. Die physische Gestalt des Pendels wird jedoch voll berücksichtigt, wobei angenommen wird, daß der Pendelkörper *starr* ist, daß sich also die relative Lage seiner Teile zueinander nicht verändert.

Die Schwingungen des Körperpendels können durch dieselben Gleichungen wie die des mathematischen Pendels beschrieben werden; die Wahl der Länge l muß jedoch geeignet erfolgen: unter Berücksichtigung des Massenträgheitsmoments muß die sogenannte *reduzierte Pendellänge* l^* verwendet werden.

Aufwendigere Modelle

Die Berücksichtigung der bisher vernachlässigten Reibungseinflüsse (Lagerreibung, Luftwiderstand) kann z. B. durch Hinzufügen eines „Reibungsterms" zur Differentialgleichung (2.2) erfolgen:

$$\varphi''(t) = -\omega^2 \sin(\varphi(t)) - R(\varphi'(t)). \tag{2.4}$$

Durch Gleichungen der Form (2.4) werden *gedämpfte* Schwingungen beschrieben. Die konkrete Gestalt des dafür verantwortlichen Reibungsterms R muß Resultat eines durch Experimente gestützten Modellbildungsprozesses sein.

Wenn alle bisher besprochenen Modelle für bestimmte Anwendungsfälle den realen Vorgang noch nicht ausreichend genau widerspiegeln, kann man zu noch feineren und entsprechend komplexeren Modellen übergehen. Die Berücksichtigung elastischer Verformungen des Pendels oder eine genauere Beschreibung aerodynamischer Effekte, als es durch den Reibungsterm in Gleichung (2.4) möglich ist, erfordert eine aufwendige Modellierung durch partielle Differentialgleichungen.

Ermittlung der Schwingungsdauer

Sobald ein geeignetes Modell für den Schwingungsvorgang ausgewählt ist, kann die Lösung der eigentlichen Aufgabenstellung erfolgen: die Bestimmung der Schwingungsdauer T.

Beim einfachsten (linearen) Modell ergibt sich die Schwingungsdauer

$$T_L = \frac{2\pi}{\omega} = 2\pi \sqrt{l/g} \tag{2.5}$$

unmittelbar aus der allgemeinen Lösung

$$\varphi(t) = \varphi_0 \cos \omega t$$

der Differentialgleichung (2.3). Der so erhaltene Ausdruck für die Schwingungsdauer T_L ist unabhängig von der Startauslenkung φ_0, da die lineare Differentialgleichung (2.3) auf der Annahme $\sin \varphi \approx \varphi$ beruht. Das Ergebnis (2.5) kann daher nur für „kleine" Werte der Startauslenkung φ_0 herangezogen werden. Die

Entscheidung, für welche Werte von φ_0 die Schwingungsdauer T_L noch akzeptabel ist, hängt von der Genauigkeitsanforderung (2.1) ab.

Beim nichtlinearen Modell (2.2) kann man die Schwingungsdauer

$$T = \frac{4}{\omega} K(k)$$

durch das *vollständige elliptische Integral erster Gattung*

$$K(k) := \int\limits_0^{\pi/2} \frac{1}{\sqrt{1 - k^2 \sin^2 t}}\, dt \quad \text{mit} \quad k := \sin(\varphi_0/2) \tag{2.6}$$

ausdrücken. Damit liegt eine Lösung des ursprünglichen Problems durch Modellbildung und Lösen eines mathematischen Problems vor (siehe Abb. 2.2).

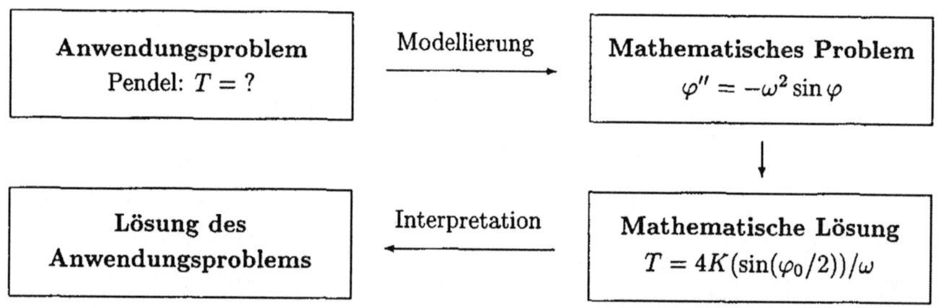

Abb. 2.2: Lösen eines Anwendungsproblems mit Hilfe eines mathematischen Modells

Benötigt man konkrete Werte für T, so muß man das Integral (2.6) für vorgegebene Werte von φ_0 berechnen. Elliptische Integrale können aber nicht durch elementare Funktionen ausgedrückt werden, sondern erfordern spezielle Berechnungsmethoden. Eines dieser Verfahren stammt von C. F. Gauß (Hancock [226], Abramowitz, Stegun [1]). Es definiert, von bestimmten Startwerten a_0 und b_0 ausgehend, zwei Folgen, deren $(i+1)$-te Elemente sich durch geometrische und arithmetische Mittelbildung aus den i-ten Elementen ergeben. Die durch

$$\begin{aligned} a_0 &:= \sqrt{1 - k^2} \\ a_{i+1} &:= \sqrt{a_i b_i}; \quad i = 0, 1, 2, \dots \end{aligned} \tag{2.7}$$

definierte Folge $\{a_i\}$ ist monoton steigend; die mit

$$\begin{aligned} b_0 &:= 1 \\ b_{i+1} &:= (a_i + b_i)/2; \quad i = 0, 1, 2, \dots \end{aligned} \tag{2.8}$$

festgelegte Folge $\{b_i\}$ ist monoton fallend. Beide Folgen haben denselben Grenzwert c. Das gesuchte elliptische Integral $K(k)$ ergibt sich aus der Formel

$$K(k) = \frac{\pi}{2c}. \tag{2.9}$$

Zahlenbeispiel: Für $\varphi_0 = 4.4°$, also $k = \sin(2.2°)$, erhält man[1]

$$
\begin{aligned}
a_0 &= 0.9992\,62916\,41062 & b_0 &= 1. \\
a_1 &= 0.9996\,31390\,26874 & b_1 &= 0.9996\,31458\,20531 \\
a_2 &= 0.9996\,31424\,23703 & b_2 &= 0.9996\,31424\,23703
\end{aligned}
$$

d. h. $0.9996\,31424\,23703$ ist der exakte Wert von c, auf 14 Nachkommastellen gerundet. Mit dem Wert des elliptischen Integrals

$$
K(\sin(2.2°)) = 1.5713\,75497\,71788
$$

ergibt sich daher für eine Pendellänge von $l = 0.85\,\mathrm{m}$ eine Schwingungsdauer von $T = 1.8505\,00016$ Sekunden. Wenn man die Schwingungsdauer des linearen Modells für diese Länge ermittelt, ergibt sich $T_L = 1.8498\,17967$, also

$$
T_L - T \approx -6.82 \cdot 10^{-4}.
$$

Falls als Genauigkeitsniveau eine Millisekunde ausreicht, kann man sich mit dem Wert T_L zufriedengeben, soferne der Effekt aller anderen störenden Einflüsse ebenfalls unter dem geforderten Genauigkeitsniveau $\varepsilon = 10^{-3}\,\mathrm{s}$ bleibt.

Für große Anfangsauslenkungen φ_0 ist das lineare Modell selbst bei bescheidenen Genauigkeitsanforderungen nicht mehr brauchbar (siehe Abb. 2.3), man muß das nichtlineare Modell (2.2) verwenden.

Falls die Reibungskräfte *nicht* vernachlässigt werden können, muß die Schwingungsdauer vieler (nichtlinear) gedämpfter Schwingungen durch numerische Lösung einer Differentialgleichung, z. B.

$$
\varphi'' = -Q \cdot \operatorname{sgn}(\varphi') \cdot |\varphi'|^2 - \omega^2 \varphi, \tag{2.10}
$$

und anschließende Bestimmung der ersten Periodenlänge ermittelt werden (siehe Abb. 2.5 und Abb. 2.4 für $l = 0.85\,\mathrm{m}$, $\varphi(0) = 4.4°$, $\varphi'(0) = 0°\mathrm{s}^{-1}$).

2.1.2 Quantitative und qualitative Fragestellungen

Die mathematischen Aufgaben, die sich bei der Auswertung nichttrivialer Modelle ergeben, sind im allgemeinen *nicht* direkt „lösbar": ihre Lösung läßt sich nicht mit Hilfe von elementaren Operationen (einschließlich Differentiation und Integration) durch die gegebene Information, die Daten des Problems, ausdrücken. Es ist zwar häufig möglich, *qualitative* Zusammenhänge zwischen den gesuchten Größen und den gegebenen Daten herzustellen, doch ist dies selten ausreichend zur Beantwortung *quantitativer* Fragestellungen.

Beispiel (Transistor-Simulation) Die internen Vorgänge in einem Transistor lassen sich mit partiellen Differentialgleichungen modellhaft beschreiben (Selberherr [361]):

$$
\varepsilon \Delta \Psi = q(n - p - C)
$$

---

[1] Die führenden Ziffern der tabellierten Zahlen, die mit den entsprechenden Ziffern des Ergebnisses übereinstimmen, sind durch *Kursivschrift* gekennzeichnet.

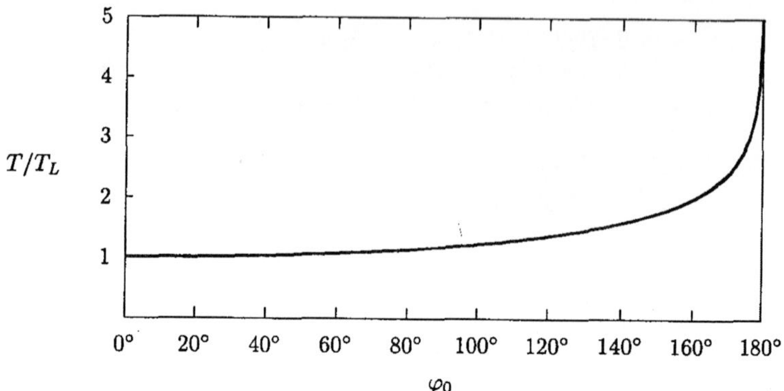

Abb. 2.3: Verhältnis der Schwingungsdauer T des nichtlinearen Modells (2.2) zu jener des linearen Modells (2.3) $T_L = 2\pi\sqrt{l/g}$.

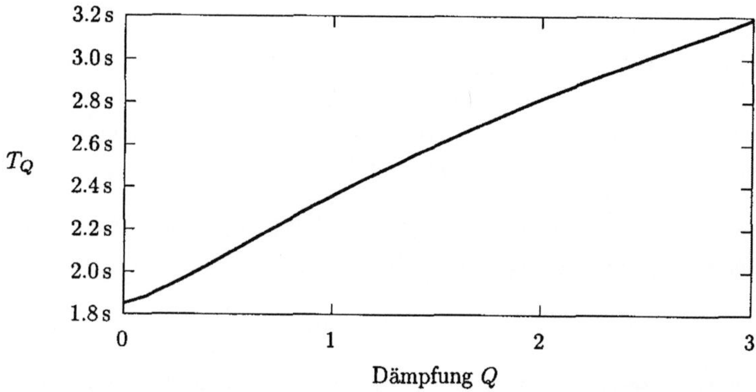

Abb. 2.4: Schwingungsdauer T_Q bei einer durch (2.10) modellierten gedämpften Schwingung.

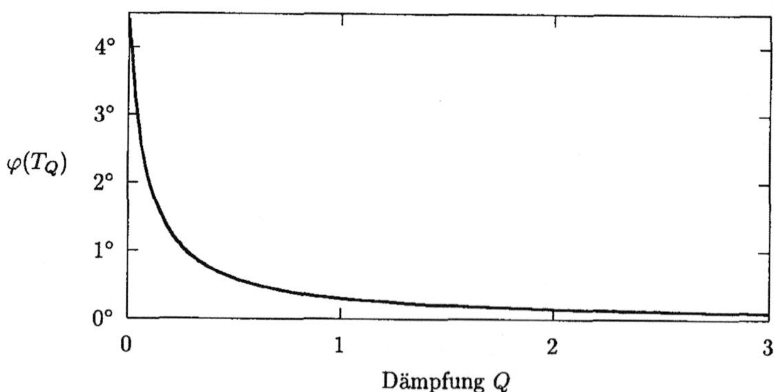

Abb. 2.5: Auslenkwinkel $\varphi(T_Q)$ des Pendels nach dem ersten „Hin- und Herschwingen" bei einer durch (2.10) modellierten gedämpften Schwingung.

$$\operatorname{div} J_n - q\frac{\partial n}{\partial t} = qR$$

$$\operatorname{div} J_p + q\frac{\partial p}{\partial t} = -qR$$

$$J_n = q\mu_n(U_T \operatorname{grad} n - n \operatorname{grad}\Psi)$$

$$J_p = -q\mu_p(U_T \operatorname{grad} p + p \operatorname{grad}\Psi).$$

Aus diesem System von Gleichungen kann man qualitative Aussagen ableiten, die sich auf das elektrostatische Potential Ψ, die vektoriellen Elektronen- und Löcherstromdichten J_n bzw. J_p und andere Kenngrößen eines Transistors beziehen.

Will man jedoch die konkreten Eigenschaften z. B. eines MOS-Transistors für einen zu entwickelnden VLSI-Chip vorhersagen oder womöglich optimieren, so muß man numerische Berechnungen anstellen.

Mathematische Modelle treten meist in Form von Gleichungen (algebraischen Gleichungen, Differentialgleichungen etc.) und/oder Ungleichungen mit bekannten und unbekannten Parametern auf. Die damit verbundenen mathematischen Aufgaben können qualitativer oder quantitativer Natur sein:

Qualitative Fragestellungen: Untersuchung der Stabilität von Lösungen (ob bzw. wie rasch Störungen abklingen), des asymptotischen Verhaltens (wie verhalten sich die Lösungen nach „langer" Zeit?) etc.

Quantitative Fragestellungen: numerische Bestimmung konkreter Lösungsfunktionen; zahlenmäßige Bestimmung von Parametern oder Zustandsgrößen; Bestimmung von Konstruktions- und Steuergrößen etc.

2.2 Numerische Aufgaben

In sehr vielen Fällen läßt sich die Beantwortung von Fragen, die an ein Modell gestellt werden, zurückführen auf die zahlenmäßige Bestimmung der Werte von Zustandsgrößen (an bestimmten Stellen und zu bestimmten Zeitpunkten). Eine mathematische Aufgabe wird durch Spezifikation von Nebenbedingungen zu einer *numerischen Aufgabe*: Aus vorgegebenen mathematischen Beziehungen (Gleichungen, Ungleichungen etc.) und numerischer Information (Daten) können die zahlenmäßigen Werte der Zustandsgrößen, an denen Interesse besteht, durch rechnerische Verfahren ermittelt werden.

Entwurf, Analyse und Implementierung von Verfahren zur computerunterstützten Lösung numerischer Aufgaben sind Gegenstand der *Numerischen Mathematik* und *Numerischen Datenverarbeitung*. In den Bereich der Numerischen Mathematik fällt die Bereitstellung mathematischer Hilfsmittel und die Analyse von Verfahren (siehe z. B. Deuflhard, Hohmann [41], Hämmerlin, Hoffman [50], Hamming [52], Locher [62], Maess [63], Schwarz [68], Stoer [72], Stoer, Bulirsch [73]). Die Numerische Datenverarbeitung beschäftigt sich stärker mit Entwurf, Implementierung und Bewertung numerischer Software (siehe z. B. Cowell [11], [148], Mason, Cox [295], Patterson, Hennessy [65] oder Rice [67], [338]), wenngleich eine strikte Trennung zwischen beiden Gebieten oft nicht möglich und auch nicht sinnvoll ist.

Die folgende Graphik soll die Lage der Numerischen Mathematik und der Numerischen Datenverarbeitung zwischen Anwender und Computer symbolhaft zum Ausdruck bringen:

Anwender

Angewandte Mathematik	
Numerische Mathematik	Symbolische Mathematik
Numerische Datenverarbeitung	Symbolische Datenverarbeitung

Systemsoftware
Hardware

Beschränkungen bei der numerischen Problemlösung

Bei der numerischen (nichtsymbolischen) Lösung mathematischer Probleme auf Computern muß man mit den dort verfügbaren Zahlen und Rechenoperationen das Auslangen finden. An Zahlen stehen lediglich *endlich* viele *rationale* Zahlen zur Verfügung, die sogenannten *Maschinenzahlen* (*Gleitpunktzahlen*). Alle reellen Zahlen, die nicht mit einer derartigen Maschinenzahl übereinstimmen, müssen durch eine der vorhandenen Maschinenzahlen gut approximiert werden.

An Rechenoperationen stehen lediglich *Näherungen* für die arithmetischen Operationen $+$, $-$, $\cdot$ und $/$ zur Verfügung; um Näherungen handelt es sich deshalb, weil die Maschinenzahlen bezüglich dieser arithmetischen Operationen *nicht* abgeschlossen sind: Das exakte Resultat dieser Operationen ist im allgemeinen keine Maschinenzahl und muß durch eine solche approximiert werden.

Genauso ist es mit den elementaren Funktionen *sin*, *cos*, *exp*, *log* etc. In den meisten Programmiersprachen für numerische Anwendungen gibt es für diese Funktionen vordefinierte Unterprogramme SIN, COS, EXP, LOG etc., d. h. mathematische Software, die als fester Bestandteil in die Programmiersprachen einbezogen ist. In diesen Unterprogrammen wird für einen gegebenen Argumentwert (eine bestimmte Maschinenzahl) ein Näherungswert berechnet, der im günstigsten Fall aus der dem exakten Funktionswert am nächsten gelegenen Maschinenzahl besteht; er kann unter Umständen aber auch deutlich davon abweichen. Die Verwendung dieser Unterprogramme erfolgt völlig analog zur Verwendung der entsprechenden elementaren Funktionen in der Analysis.

Beispiel (Pendel)   Die iterative Berechnung von $K(\sin(\varphi_0/2))$ kann in einer höheren Programmiersprache (hier Fortran 90, vgl. Überhuber, Meditz [76]) folgendermaßen aussehen:

```
INTEGER  ::  i
REAL     ::  a, arithm, b, c, geom, k, phi_0
...
```

```
a = COS(phi_0/2.)              ! a = SQRT(1. - SIN(phi_0/2.)**2)
b = 1.
DO i = 1, 5                    ! Iteration nach Gauss:
   geom   = SQRT(a*b);         !    geometrisches  Mittel
   arithm = (a + b)/2.         !    arithmetisches Mittel
   a      = geom
   b      = arithm
END DO
c = (a + b)/2.
k = 2.*ATAN(1.)/c              ! vollstaendiges elliptisches Integral 1. Gattung
...
```

Diese Implementierung der Gauß-Methode (2.7) liefert für $\varphi_0 \in [0, 179.99°]$ Näherungswerte für das vollständige elliptische Integral erster Gattung mit ca. 7 korrekten Dezimalstellen.

Notwendigkeit der Finitisierung

Die Operationen der Infinitesimalrechnung sind den numerischen Verfahren prinzipiell verschlossen: Wegen der *Endlichkeit* der Menge der Maschinenzahlen gibt es keine beliebig kleinen und beliebig großen Zahlen, auch keine beliebig nahe benachbarten Zahlen. Schon deshalb sind also *keine* Grenzprozesse möglich. Weiters braucht die Ausführung jeder Rechenoperation Zeit, sodaß Berechnungen auf einem Computer nur aus *endlich vielen Rechenschritten* bestehen können.

Es ist daher prinzipiell unmöglich, z. B. die Summe einer unendlichen Reihe zu ermitteln; man muß sich mit einer Partialsumme (einer Summe aus endlich vielen Reihengliedern) zufriedengeben. An dieser grundsätzlichen Beschränkung ändern auch superschnelle CPUs und Parallelrechner nichts; die meisten Verfahren der Analysis müssen am Computer durch *finite Verfahren* ersetzt werden.

Das Abbrechen von unendlichen Reihen, das Ersetzen analytischer Operationen (Differentiation, Integration etc.) durch endlich viele Auswertungen arithmetischer Ausdrücke etc. kann man unter dem Begriff *Finitisierung* zusammenfassen. Wegen dieser Finitisierung und auf Grund des eingeschränkten Zahlenbereichs, der fehlerbehafteten Arithmetik etc. besteht auf einem Computer meist keine Möglichkeit, das exakte Resultat eines mathematischen Problems zu berechnen; es können nur *Näherungswerte* für das gesuchte Ergebnis ermittelt werden.

Die Güte eines numerischen Näherungswertes, d. h. die Genauigkeit, mit der er das exakte Ergebnis approximiert, läßt sich oft durch eine Vergrößerung des Rechenaufwandes – mehr Iterationsschritte, aufwendigere Verfahren, feinere Unterteilungen und andere Maßnahmen – steigern; man erreicht jedoch schließlich eine durch die Rechengenauigkeit des Computers oder den erforderlichen Zeitaufwand bedingte Grenze.

Beispiel (Pendel)   Nimmt man bei der Berechnung mit der Gauß-Iteration (2.7), (2.8) bereits den Startwert $b_0 = 1$ als Näherungswert für c, so erhält man für $K(\sin(2.2°))$ den Näherungswert $K(0) = \pi/2 = 1.5707\,9632$. Die Schwingungsdauer ergibt sich damit als $1.8498\,1796$ s, ein Wert, der vom exakten Resultat $1.8505\,00017\ldots$ s um ca. $-0.68 \cdot 10^{-3}$ s abweicht. Ein Näherungswert mit dieser Genauigkeit ist für viele technische Anwendungen völlig ausreichend.

Will man Schweremessungen nach der Pendelmethode durchführen (Schüler, Harnisch [355]), die es gestatten, g bis zu einer Genauigkeit von ca. $3 \cdot 10^{-6}$ ms^{-2} zu bestimmen (wenn l und

φ_0 mit hinreichender Genauigkeit bestimmt werden), so benötigt man Werte von K, von denen mindestens 6 Stellen richtig sind.

Nimmt man im obigen Fall ($l = 0.85\,\text{m}$, $\varphi_0 = 4.4°$) b_1 als Näherung für c, so beträgt der Fehler des Näherungswertes für K nur mehr $\approx -5 \cdot 10^{-8}$, und die errechnete Schwingungsdauer $T = 1.8504\,99954\,\text{s}$ stimmt auf $-0.63 \cdot 10^{-9}\,\text{s}$ mit der exakten Schwingungsdauer überein. Diese Approximationsgenauigkeit ist für den Fall der Schweremessungen völlig ausreichend.

Durch weiteres Iterieren könnte man – abhängig von der Arithmetik des Computers – die Genauigkeit der Näherungslösungen noch weiter steigern.

Trennung von Numerik und Anwendung

Wie man bereits an dem einfachen Pendelbeispiel sieht, kann nur in Abhängigkeit vom konkreten Anwendungsfall eine sinnvolle Entscheidung getroffen werden, welchen konkreten Zahlenwert man als „Lösung" akzeptiert. Kann man also die numerische Lösung eines mathematischen Problems nicht vom konkreten Anwendungsproblem trennen?

Da eine derartige Trennung äußerst erstrebenswert ist – sie ermöglicht erst die universelle Anwendbarkeit numerischer Verfahren –, könnte man sich im Falle des Pendels vorstellen, *immer* einen Näherungswert für die Schwingungsdauer mit der *größtmöglichen* Anzahl richtiger Stellen numerisch zu ermitteln. Dieser Weg wäre beim Pendelbeispiel gangbar, da in diesem Fall der benötigte Mehraufwand ohne Bedeutung ist.

Ein anderes Bild ergibt sich, wenn man dem Modell des Pendels – wie in Gleichung (2.4) – noch einen Reibungsterm hinzufügt. In diesem Fall muß man konkrete Lösungen der Differentialgleichung (2.4) im allgemeinen numerisch berechnen und den Abstand der Nullstellen der numerischen Lösung ermitteln. Der Aufwand, der in diesem Fall erforderlich ist, um alle Resultate mit größtmöglicher Genauigkeit zu erhalten, kann *nicht* mehr vernachlässigt werden. Dieser Situation kann man begegnen, indem man Resultate ermittelt, die einerseits den Genauigkeitsanforderungen des Anwenders entsprechen, aber andererseits einen möglichst geringen Berechnungsaufwand erfordern. Eine in diesem Sinn *aufwands*optimale Lösung besitzt im allgemeinen *gerade noch* die vom Anwender geforderte Genauigkeit und ist weit von einer Lösung mit maximaler Genauigkeit entfernt.

2.2.1 Numerische Probleme

Eine Entkopplung numerischer Verfahren von konkreten Anwendungsproblemen ist möglich, wenn man die Genauigkeitsforderung in die Problemstellung mit einbezieht. Während z. B. das mathematische Problem beim Pendel darin bestand, die Periodenlänge bestimmter Lösungskurven der Differentialgleichung (2.2) zu ermitteln, so lautet nunmehr die Aufgabenstellung, einen *Näherungswert* für die Periodenlänge zu bestimmen, der sich um nicht mehr als eine vom Anwender vorgegebene *Fehlerschranke* (*Toleranz*) von der exakten Periodenlänge unterscheidet.

Die Kombination

Mathematisches Problem (konstruktiver Art) *plus*

Genauigkeitsforderung für die Ergebnisse

wird im folgenden als *numerisches Problem* bezeichnet.

Beispiel (Pendel) Für das vollständige elliptische Integral (2.6) könnte *ein* spezielles numerisches Problem z. B. lauten:

Gesucht ist ein Näherungswert $K_{\mathrm{num}}(k)$ für $K(k)$, der die Ungleichung

$$|K_{\mathrm{num}}(k) - K(k)| \leq \varepsilon$$

mit $\varepsilon = 10^{-3}$ erfüllt, wobei vorausgesetzt wird, daß $k \in [0, \sin 89.99^{\circ}]$ gilt.

Je kleiner die Fehlerschranke ε angesetzt wird, desto aufwendiger wird es, das numerische Problem zu lösen. So kann z. B. eine Fehlerschranke $\varepsilon = 10^{-9}$ auf den meisten Rechnern nur unter Verwendung einer doppelt genauen Programmversion erreicht oder unterschritten werden.

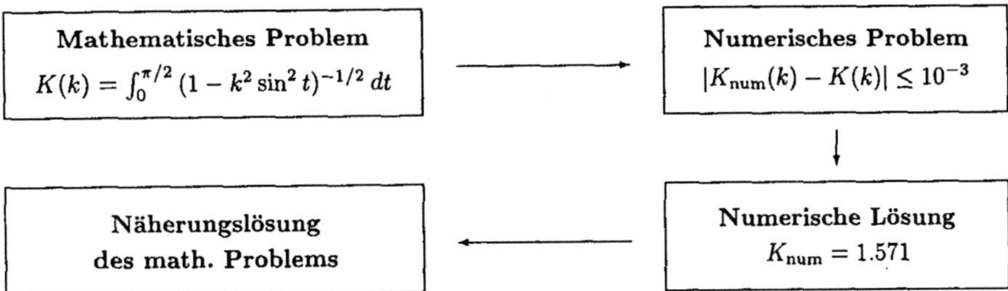

Abb. 2.6: Lösen eines mathematischen Problems auf numerischem Weg

Dieses Beispiel zeigt einen wichtigen Unterschied zwischen mathematischen und numerischen Problemen: Bei eindeutig lösbaren mathematischen Problemen gibt es unter Umständen verschiedenartige Darstellungen der Lösung, diese sind jedoch mathematisch äquivalent. Einem mathematischen Problem entsprechen aber im allgemeinen viele verschiedene numerische Probleme, und jedes numerische Problem besitzt seinerseits wieder eine Vielzahl von Lösungen. Für das konkrete Lösen numerischer Probleme stehen vielfältige Wege und Mittel zur Verfügung, die von der Entwicklung eigener Algorithmen und deren Implementierung bis zur Verwendung fertiger Software reichen (siehe Abb. 2.7).

Notwendigkeit von Fehlerschätzungen

Außer bei Test- und Musterbeispielen kennt man in der Praxis selbstverständlich die exakte Lösung des gestellten Problems *nicht* – sonst wäre ja eine numerische Problemlösung überflüssig. Da das numerische Problem eine Genauigkeitsforderung enthält, müssen numerische Lösungsverfahren einen *Fehlerschätzmechanismus* enthalten, dessen Resultate – die Fehlerschätzungen – zur Steuerung des Verfahrens verwendet werden können.

Beispiel (Pendel)   In einem Verfahren, das auf (2.7), (2.8) und (2.9) beruht, kann wegen der Monotonie der Folgen $\{a_i\}$ und $\{b_i\}$

$$\frac{\pi}{2a_i} \downarrow K(k), \qquad \frac{\pi}{2b_i} \uparrow K(k)$$

die Differenz der Näherungswerte

$$e_i := \frac{\pi}{2a_i} - \frac{\pi}{2b_i}$$

als *Fehlerschätzung* für beide Näherungswerte verwendet werden:

$$\left|\frac{\pi}{2a_i} - K(k)\right| < e_i, \qquad \left|\frac{\pi}{2b_i} - K(k)\right| < e_i.$$

Wenn man zur Berechnung des Integrals (2.6) ein numerisches Integrationsprogramm einsetzt, muß man die Genauigkeitsforderung an das Integrationsprogramm weitergeben, das seinerseits über einen Fehlerschätzmechanismus verfügen muß.

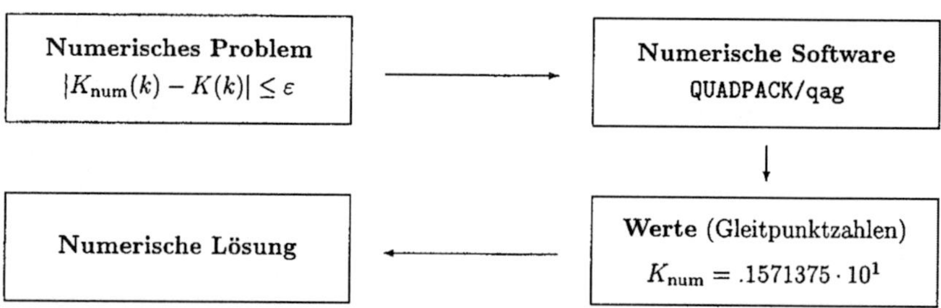

Abb. 2.7: Lösen eines numerischen Problems unter Zuhilfenahme numerischer Software

Verfahren ohne Fehlerschätzung

Bei einigen Problemtypen, z. B. bei der Lösung von linearen Gleichungssystemen, würde das algorithmisch-numerische Lösungsverfahren bei exakter Rechnung[2] das Resultat des mathematischen Problems liefern. Abhängig von den Eigenschaften des Lösungsverfahrens und den speziellen Daten des Problems kann aber die Implementierung eines solchen Algorithmus auf einem Computer zu einem numerischen Resultat führen, dessen Fehler so groß ist, daß die Genauigkeitsforderung mancher numerischer Probleme nicht mehr eingehalten werden kann. Meist ist es in solchen Fällen – z. B. der direkten (*nicht*-iterativen) Lösung linearer Gleichungssysteme – aber nicht möglich, die Genauigkeitsforderung als Parameter des Verfahrens festzulegen, da eine programmgesteuerte Anpassung der Genauigkeit der Maschinenarithmetik an die Besonderheiten eines konkreten numerischen Problems oft zu aufwendig oder nicht zu verwirklichen ist.[3]

---

[2] Bei Verwendung reeller Zahlen anstelle der Maschinenzahlen und bei exakter Ausführung der arithmetischen Rechenoperationen.

[3] Eine andere Situation ergibt sich bei der Verwendung von *iterativen* Verfahren zur Lösung von linearen Gleichungssystemen: In diesem Fall ist es durchaus sinnvoll, die Genauigkeitsforderung des numerischen Problems als Verfahrensparameter einzuführen.

Ein wesentlicher Teil derartiger Verfahren ist deshalb die Ermittlung von speziellen Kenngrößen (z. B. Konditionsschätzungen oder Fehlerschätzungen), mit deren Hilfe der Anwender entscheiden kann, ob das erhaltene numerische Resultat für seine Zwecke brauchbar ist.

2.2.2 Kategorien numerischer Probleme

Viele numerische Aufgaben fallen in eine der folgenden Kategorien:

Auswertung eines Funktionals $l : \mathcal{F} \to \mathbb{R}$, z. B. Berechnung von Funktionswerten $f(x)$, Ableitungswerten $f'(x)$, $f''(x)$, ... (numerische Differentiation), bestimmten Integralen $\int_a^b f(t)\, dt$ (numerische Integration), Normen $\|f\|_p$ etc.

Algebraische Gleichungen: Bestimmung unbekannter Werte in algebraischen Beziehungen durch Lösung von linearen oder nichtlinearen Gleichungssystemen.

Analytische Gleichungen: Ermittlung von Funktionen (oder von Werten, die von ihnen abhängen) aus Operatorgleichungen, wie z. B. gewöhnlichen oder partiellen Differentialgleichungen, Integralgleichungen, Funktionalgleichungen etc.

Optimierungsaufgaben: Die gesuchten Werte oder Funktionen sollen vorgegebene Zielfunktionen optimieren (maximieren oder minimieren), wobei die Resultate meist auch bestimmten Nebenbedingungen entsprechen sollen.

Die konstruktiv-mathematischen Aufgabenstellungen, die numerischen Problemen zugrundeliegen, kann man abstrakt als Abbildungen $F : X \to Y$ zwischen zwei normierten linearen Räumen (siehe Kapitel 8) beschreiben. Je nachdem, welche der Größen y, x oder F in einer Gleichung

$$Fx = y$$

unbekannt ist, handelt es sich um ein direktes Problem, ein inverses Problem oder ein Identifikationsproblem.

	F	x	y
direktes Problem	gegeben	gegeben	**gesucht**
inverses Problem	gegeben	**gesucht**	gegeben
Identifikationsproblem	**gesucht**	gegeben	gegeben

Für die Zuordnung einer konkret vorliegenden Aufgabenstellung zu einer dieser Kategorien gibt es keine zwingenden (objektiven) Kriterien. Es ist eine Frage der Zweckmäßigkeit, wie man ein gegebenes Problem formuliert.

Beispiel (Integration)   Die Berechnung des Wertes eines bestimmten Integrals

$$Fx := \int_a^b x(t)\,dt$$

ist ein *direktes Problem*. $F : \mathcal{F} \to \mathbb{R}$ ist hier ein Funktional, das z. B. Elemente des Funktionenraums $\mathcal{F} = C[a,b]$, der auf $[a,b] \subset \mathbb{R}$ stetigen Funktionen, in $\mathbb{R}$ abbildet; der Integrand – hier eine auf dem Intervall $[a,b]$ definierte, mit x bezeichnete stetige Funktion – ist gegeben, das bestimmte Integral $y = Fx$ ist gesucht.

Beispiel (Lineares Gleichungssystem)   Die Lösung des linearen Gleichungssystems

$$Ax = b, \qquad A \in \mathbb{R}^{n \times n}, \quad x, b \in \mathbb{R}^n$$

ist ein *inverses Problem*. Die lineare Abbildung F wird hier durch die n^2 Koeffizienten der Matrix A charakterisiert; der Vektor b (das Bildelement) ist gegeben, der Vektor x (das Urbild von b) ist gesucht.

Beispiel (Analyse eines Gemisches)   Von einem Gemisch von verdunstenden Substanzen soll die Zusammensetzung festgestellt werden. Unter der Annahme, daß pro Zeiteinheit von jeder Komponente ein fester, für die Komponente typischer Prozentanteil verdunstet, ergibt sich für die Gesamtmenge folgende Zeitabhängigkeit:

$$y(t) := \sum_{i=1}^m y_{i0} e^{-k_i t}; \tag{2.11}$$

dabei ist außer den Ausgangsmengen $y_{i0}, i = 1, 2, \ldots, m$, und den Verdunstungsraten $k_1, \ldots, k_m$ der unbekannten Komponenten oft auch die Anzahl m der verschiedenen Stoffe gesucht. Mißt man zu den Zeitpunkten $t_1, \ldots, t_n$ die jeweils noch vorhandene Gesamtmenge $y_1, \ldots, y_n$, dann sind in der Abbildung

$$F : (t_1, \ldots, t_n)^\top \to (y_1, \ldots, y_n)^\top = \left(\sum_{i=1}^m y_{i0} e^{-k_i t_1}, \ldots, \sum_{i=1}^m y_{i0} e^{-k_i t_n} \right)^\top$$

die Parameter $y_{i0}, k_i, i = 1, 2, \ldots, m$ und m zu bestimmen, es liegt also ein *Identifikationsproblem* vor. Für jedes *feste* $m \in \{1, 2, \ldots, n/2\}$ (es gibt dann höchstens $2 \cdot n/2 = n$ Unbekannte) kann man versuchen, ein Abstandsmaß für die Abweichung der Modellfunktion (2.11) von den gegebenen Daten, z. B. die Quadratsumme der Abweichungen

$$r_m := \sum_{j=1}^n \left(y_j - \sum_{i=1}^m y_{i0} e^{-k_i t_j} \right)^2, \tag{2.12}$$

zu minimieren, was über das Nullsetzen der partiellen Ableitungen nach den Größen y_{i0} und k_i zu einem *inversen Problem* führt.

Die Größe des minimalen Residuums r_m gestattet ein Erkennen jenes Wertes von m, der die beste Modellanpassung an die gegebenen Daten liefert. Dabei wird jedoch nicht einfach r_m ohne Einschränkungen für m minimiert, sondern es wird versucht, m nicht größer als notwendig zu wählen, um ein möglichst einfaches Modell zu erhalten.

2.2.3 Genauigkeit der Ergebnisse

Wenn man die Genauigkeit numerischer Ergebnisse quantitativ untersuchen und bewerten möchte, so ist es notwendig, eine präzise und den speziellen Problemanforderungen angepaßte Festlegung geeigneter Maßzahlen zu treffen.

Terminologie (Fehler und Fehlereffekte)   Um eine übersichtliche und leicht lesbare Darstellung zu erreichen, wird im folgenden oft nicht zwischen Fehlern und deren Auswirkungen, den Fehler*effekten*, unterschieden; das Wort „Fehler" wird als Sammelbegriff verwendet.

Vorwärts- und Rückwärtsfehler

In der Numerik unterscheidet man zwischen Vorwärts- und Rückwärtsfehler. Der *Vorwärtsfehler* ist die Abweichung der berechneten Lösung Y von der exakten Lösung X eines mathematischen Problems $\mathcal{P}$. Der *Rückwärtsfehler* gibt an, wie stark sich das Problem $\mathcal{Q}$, dessen exakte Lösung Y ist, vom ursprünglich gegebenen Problem $\mathcal{P}$ unterscheidet (siehe Abb. 2.8), soferne $\mathcal{Q}$ überhaupt eindeutig bestimmt ist.

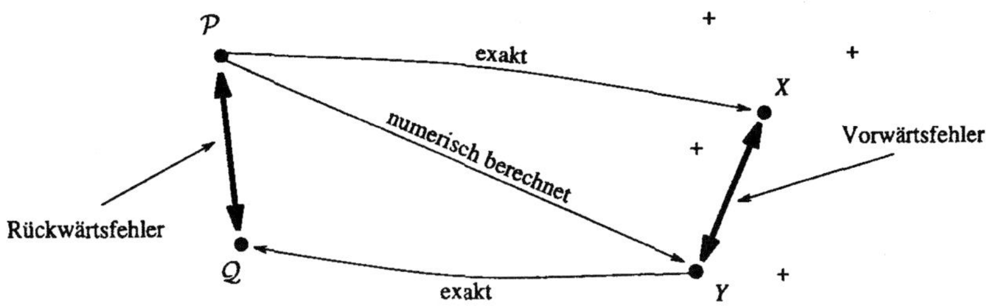

Abb. 2.8: Vorwärtsfehler und Rückwärtsfehler. Mit + werden Lösungen symbolisiert, die mit anderen Verfahren gewonnen werden. Deren Abweichung von X liefert Hinweise auf den Vorwärtsfehler von Y.

Soferne nicht ausdrücklich auf etwas anderes hingewiesen wird, ist im folgenden unter „Fehler" immer ein Vorwärtsfehler zu verstehen.

Absolute Genauigkeit

Unter dem (*absoluten*) *Fehler* soll stets folgende Differenz verstanden werden:

$$absoluter\ Fehler\ :=\ Näherungswert - exakter\ Wert. \qquad (2.13)$$

Terminologie (Vorzeichen des Fehlers) In der einschlägigen Literatur ist das *Vorzeichen* des Fehlers nicht einheitlich festgelegt. In manchen Literaturstellen wird anstelle von (2.13) die Differenz „*exakter Wert* − *Näherungswert*" als Fehler bezeichnet. Manchmal wird unter „Fehler" auch der *Betrag* des Fehlers (2.13) verstanden.

Relative Genauigkeit

Die absolute Größe des Fehlers ist für sich genommen oft nicht sehr aussagekräftig.

Beispiel (Pendel) Der mit dem linearen Modell berechnete Näherungswert T_L für die Schwingungsdauer T des Pendels, der sich unter Verwendung von $K(0)$ ergab, hatte einen Fehler von $-0.68 \cdot 10^{-3}$ s $= -0.68$ ms. Die Größe dieses Fehlers ist, für sich genommen, kaum zu einer Beurteilung eines numerischen Resultats geeignet. Bei einer Schwingungsdauer eines Pendels, die in der Größenordnung von 1.85 s liegt, ist das für viele technische Anwendungen ein akzeptabler Wert. Bei einem 20 kHz-Schwingquarz mit einer Schwingungsdauer von $50\,\mu$s bedeutet ein Fehler in der Größenordnung einer Millisekunde, daß ein derartiges numerisches Resultat völlig unbrauchbar ist.

Es liegt daher nahe, neben oder anstelle der *absoluten* Fehlerangaben auch *relative* Fehler zu verwenden, bei denen der absolute Fehler mit dem exakten Wert in Relation gesetzt wird. Da der exakte Wert in der Praxis meist nicht zur Verfügung steht, kann man auch andere Bezugsgrößen wählen, die möglichst von derselben Größenordnung wie der exakte Wert sein sollten:

$$\text{relativer Fehler} \quad := \quad \frac{\text{absoluter Fehler}}{\text{Bezugsgröße}}. \tag{2.14}$$

Die Fehlerdefinitionen (2.13) und (2.14) spielen sowohl bei der Spezifikation eines numerischen Problems – d. h. bei der a-priori-Festlegung, was man als Lösung akzeptieren möchte – als auch bei der a-posteriori-Bewertung bereits vorliegender numerischer Resultate eine wichtige Rolle.

Beim relativen Fehler sind die beiden Fälle unterschiedlich zu behandeln: Bei der a-priori-Festlegung einer Fehlertoleranz wird von der Anwenderseite im allgemeinen der exakte Wert als Bezugsgröße gewünscht. Soferne er verfügbar ist – z. B. beim Validieren von Modellen – wird man ihn auch wirklich als Bezugsgröße wählen. Bei numerischen Verfahren, bei denen sowohl ein Näherungswert für die gesuchte Größe als auch eine a-posteriori-Schätzung für dessen Fehler berechnet wird, nimmt man im allgemeinen in Ermangelung des exakten Wertes den erhaltenen Näherungswert als Bezugsgröße, um zu einer Schätzung des relativen Fehlers zu gelangen.

Die Definition des relativen Fehlers setzt eine Bezugsgröße $\neq 0$ voraus. Wenn man (z. B. bei Testfällen) weiß, daß der exakte Wert Null ist, wird man sich auf die Ermittlung des *absoluten* Fehlers beschränken oder auch eine andere Größe des Problems, z. B. aus den gegebenen Daten, als Bezugsgröße verwenden.

In praktischen Anwendungsfällen verfügt man oft vor Beginn der Berechnungen *nicht* über die Information, ob der exakte Wert Null oder lediglich ≈ 0 ist. Zur Definition einer Genauigkeitsforderung (Fehlerschranke), die bei Näherungswerten $R_{\mathrm{num}} \approx 0$ nicht zu algorithmischen Schwierigkeiten führt, verwendet man oft eine *Mischform*, wie z. B.

$$|R_{\mathrm{num}} - R_{\mathrm{exakt}}| \leq \max\{\varepsilon_{\mathrm{abs}},\, \varepsilon_{\mathrm{rel}} \cdot R_{\mathrm{num}}\}, \tag{2.15}$$

die als Spezialfall mit $\varepsilon_{\mathrm{abs}} = 0$ eine Genauigkeitsforderung für den *relativen* Fehler darstellt. Mit $\varepsilon_{\mathrm{rel}} = 0$ wird nur der *absolute* Fehler durch (2.15) beschränkt.

Richtige Stellen

Im Zusammenhang mit dem relativen Fehler einer Größe spricht man oft auch von der Anzahl *richtiger Stellen*, die ein Näherungswert besitzt. Es handelt sich dabei um die größte Anzahl signifikanter Dezimalstellen

$$\max\{m \in \mathbb{N}_0 : \mathrm{rnd}(R_{\mathrm{num}}; m) = \mathrm{rnd}(R_{\mathrm{exakt}}; m)\},$$

in denen R_{num} und R_{exakt} nach der Rundung durch

$$\mathrm{rnd}(x; m) \quad := \quad \mathrm{sgn}(x) \cdot \lfloor |x|/10^{e(x)-m} + 1/2 \rfloor \cdot 10^{e(x)-m} \quad \text{mit}$$

$$e(x) \quad := \quad \lfloor \log_{10}|x| \rfloor + 1$$

auf m Stellen übereinstimmen. Man beachte, daß es dabei nicht auf die Übereinstimmung von *Ziffern* ankommt.

Beispiel (Richtige Stellen) Die Größe $R_{num} = 0.09996$ besitzt als Näherungswert für $R_{exakt} = 0.1$ vier richtige Stellen, während $\bar{R}_{num} = 0.09994$ in diesem Zusammenhang nur drei richtige Stellen hat. Eine Übereinstimmung signifikanter Ziffern ist überhaupt nicht gegeben. Nur die führende Null haben alle drei Zahlen gemeinsam.

Genauigkeit von Vektoren, Matrizen und Funktionen

Wenn das Berechnungsergebnis keine einzelne Zahl, sondern z. B. ein Vektor oder eine Funktion ist, wird nicht der absolute oder relative Fehler selbst betrachtet (der immer vom gleichen Typ ist – reelle Zahl, Vektor, Funktion – wie jene Größe, deren Genauigkeit er bezeichnet) sondern eine zweckmäßig gewählte Norm $\|\cdot\|$ des absoluten oder relativen Fehlers. Dabei kann unter Umständen viel Information verlorengehen; die Wahl einer geeigneten Norm ist deshalb von großer Bedeutung.

Beispiel (Funktionsapproximation) Es ist das numerische Problem zu lösen, eine auf einem Intervall $[a, b]$ gegebene, differenzierbare Funktion f durch eine stückweise aus Polynomen vom Grad d zusammengesetzte Funktion p so zu approximieren, daß auf $[a, b]$

$$\|p - f\| < \varepsilon$$

erfüllt ist. Es sollen zwei Anwendungsfälle beschrieben werden, bei denen die Wahl von d und die Wahl der Norm entscheidend sind dafür, ob das Resultat p für das Anwendungsproblem sinnvoll und akzeptabel ist oder nicht.

Graphische Funktionsdarstellung

Angenommen, die gesuchte Funktion p soll dazu verwendet werden, um die Funktion f auf einem graphischen Ausgabegerät (Plotter) darzustellen. Da alle Plotter im wesentlichen nur Polygonzüge zeichnen können, ist daher die Wahl $d = 1$ zweckmäßig. Als Norm kommt in erster Linie die Maximumnorm $\|\cdot\|_\infty$ in Frage, die sicherstellt, daß

$$|p(t) - f(t)| < \varepsilon \qquad \text{für alle} \quad t \in [a, b]. \tag{2.16}$$

Das heißt, falls ε in der Größenordnung der Plottergenauigkeit gewählt wird, ist das Resultat p für den angestrebten Zweck völlig akzeptabel und praktisch verwendbar (siehe Abb. 2.9). Bei der Norm $\|\cdot\|_2$ wird durch

$$\left(\int_a^b |p(t) - f(t)|^2 \, dt \right)^{1/2} < \varepsilon$$

nur garantiert, daß die Approximationsgenauigkeit im Mittel erfüllt ist (siehe Abb. 2.10).

Numerische Differentiation

Angenommen, die gesuchte Funktion p soll als Modell für f dienen, um mit p' eine leicht berechenbare Näherung für f' zu erhalten. Je nach den gewünschten Differenzierbarkeitseigenschaften von p wird man d wählen und verlangen, daß die einzelnen Polynomteilstücke differenzierbar aneinanderstoßen. Als Norm ist aber in diesem Fall auch die Maximum-Norm noch zu schwach, um eine sinnvolle Approximierende p zu garantieren.

Obwohl (2.16) sicherstellt, daß p um nicht mehr als ε von f abweicht, können sich die Ableitungen f' und p' dennoch beliebig stark voneinander unterscheiden (siehe Abb. 2.11). Durch die Wahl von

$$\|p - f\| := \max\{|p(t) - f(t)| + |p'(t) - f'(t)| : t \in [a, b]\}$$

kann aber auch die gewünschte Approximationsgenauigkeit für f' sichergestellt werden.

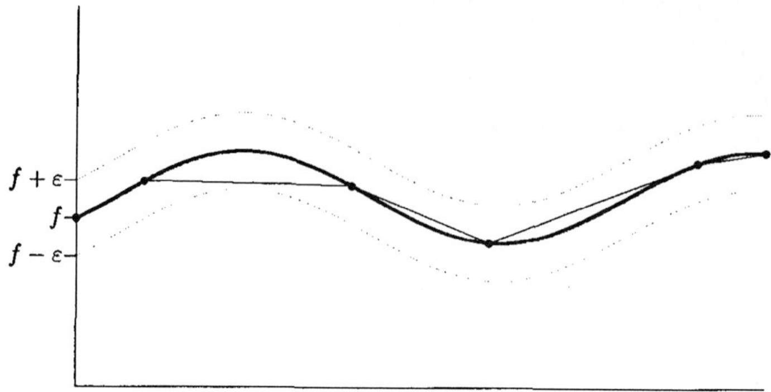

Abb. 2.9: Approximation der Funktion f (—) durch einen Polygonzug p (—) mit $\|p-f\|_\infty < \varepsilon$.

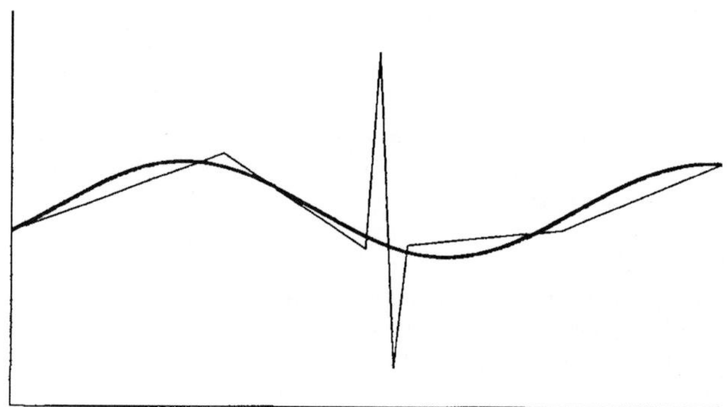

Abb. 2.10: Approximation von f (—) durch einen Polygonzug p (—) mit $\|p-f\|_2 < \varepsilon$.

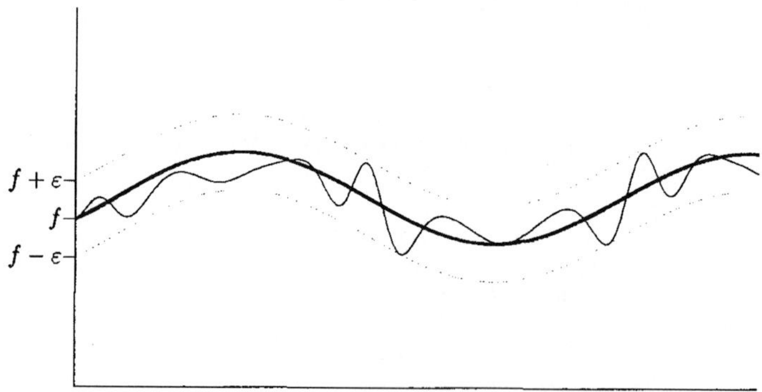

Abb. 2.11: Approximation der Funktion f (—) durch eine mathematisch glatte Funktion g, die $\|g-f\|_\infty < \varepsilon$ erfüllt, während die Abweichung $g' - f'$ stellenweise sehr groß ist.

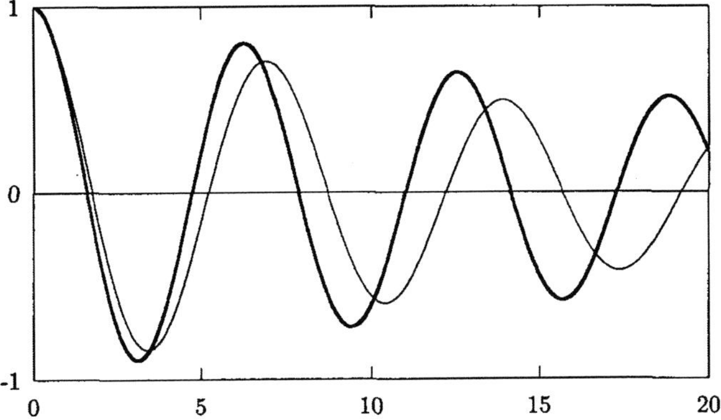

Abb. 2.12: Exakte Funktion f (—) und Näherung $\tilde{f}$ (—)

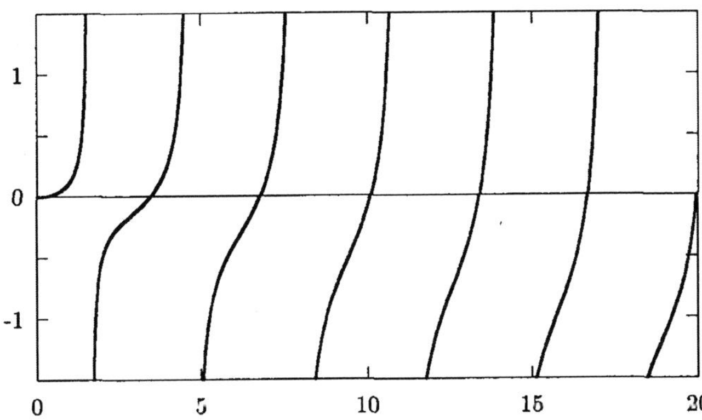

Abb. 2.13: Relativer Fehler $e_{\mathrm{rel}}(x) := [\tilde{f}(x) - f(x)]/f(x)$, $x \in [0, 20]$. Dieser besitzt Polstellen bei den Nullstellen von f (vgl. Abb. 2.12).

Wie definiert man den relativen Fehler bzw. dessen Norm für Funktionen? Am nächstliegenden ist die Definition einer *Fehlerfunktion*, die auf der *punktweisen* Anwendung von (2.14) beruht (siehe Abb. 2.12 und 2.13):

$$e_{\mathrm{rel}}(t) := \frac{\tilde{f}(t) - f(t)}{f(t)}, \qquad t \in [a, b] \tag{2.17}$$

Diese Fehlerfunktion kann aber nur dann auf dem ganzen Intervall $[a, b]$ gebildet werden, wenn $f(t) \neq 0$ für alle $t \in [a, b]$ gilt.

Durch Normbildung $\|e_{\mathrm{rel}}\|$ kann aus der Funktion (2.17) eine einzelne (skalare) Fehlerkenngröße gewonnen werden. Um bei der Lösung eines numerischen Problems erreichen zu können, daß z. B. die Genauigkeitsforderung

$$\|e_{\mathrm{rel}}\|_\infty < \varepsilon_{\mathrm{rel}}$$

erfüllt werden kann, muß, wo $|f(t)|$ sehr klein ist, auch $|\tilde{f}(t) - f(t)|$ fast verschwinden, eine Forderung, die praktisch nur schwer zu realisieren ist. Um auch in Fällen, wo f in $[a, b]$ Null oder fast Null wird, den Fehler auf die „Größenordnung" der Lösung beziehen zu können, wird als Bezugsgröße anstelle der exakten Lösungsfunktion f oft nur *ein* Wert, z. B. eine Norm von f, zur Definition einer Fehlerfunktion verwendet:

$$e_{\text{rel}}(t) := \frac{\tilde{f}(t) - f(t)}{\|f\|}, \qquad t \in [a, b];$$

$$\|e_{\text{rel}}\| := \left\| \frac{\tilde{f}(t) - f(t)}{\|f\|} \right\| = \frac{\|\tilde{f}(t) - f(t)\|}{\|f\|}.$$

Analog kann man bei Vektoren $x = (x_1, \ldots, x_n)^\top, \tilde{x} = (\tilde{x}_1, \ldots, \tilde{x}_n)^\top \in \mathbb{R}^n$ den relativen Fehler entweder durch

$$e_{\text{rel}} := \left\| \left(\frac{\tilde{x}_1 - x_1}{x_1}, \ldots, \frac{\tilde{x}_n - x_n}{x_n} \right)^\top \right\| \qquad \text{oder durch} \qquad e_{\text{rel}} := \frac{\|\tilde{x} - x\|}{\|x\|}$$

charakterisieren. Bei Matrizen wird der relative Fehler fast ausschließlich durch

$$e_{\text{rel}} := \frac{\|\tilde{A} - A\|}{\|A\|}$$

gekennzeichnet.

Schätzwerte als Bezugsgrößen

Wenn sich die Toleranzparameter eines numerischen Programms auf den *relativen* Fehler beziehen, wird als Bezugsgröße zur Ermittlung eines Schätzwertes für den relativen Fehler der Näherungswert selbst genommen, da der exakte Wert nicht zur Verfügung steht:

$$\tilde{e}_{\text{rel}} := \frac{\|\tilde{f} - f\|}{\|\tilde{f}\|} \quad \text{bzw.} \quad \tilde{e}_{\text{rel}} := \frac{\|\tilde{x} - x\|}{\|\tilde{x}\|} \quad \text{bzw.} \quad \tilde{e}_{\text{rel}} := \frac{\|\tilde{A} - A\|}{\|\tilde{A}\|}.$$

Auch die Werte $\|\tilde{f} - f\|$, $\|\tilde{x} - x\|$ und $\|\tilde{A} - A\|$ müssen in der Praxis durch Fehler*schätzungen* ersetzt werden.

2.3 Fehlerbegriffe der Numerik

Die vier Fehlerarten der Numerik – *Modellfehler, Datenfehler, Verfahrensfehler* und *Rechenfehler* – sind *nicht* die Ergebnisse falschen Denkens oder irrtümlicher Entscheidungen. Es sind somit nicht, wie z. B. Programmierfehler, vermeidbare bzw. korrigierbare Irrtümer, sondern prinzipiell unvermeidbare oder bewußt in Kauf genommene Erscheinungen. Man kann versuchen, diese Fehler unter Kontrolle zu bekommen und sie unter gegebene Schranken (Genauigkeitsforderungen) zu bringen, völlig vermeiden kann man sie jedoch im allgemeinen nicht.

Um garantieren zu können, daß die Summe der Fehlereffekte die Genauigkeitsanforderung – die Bestandteil der Definition des numerischen Problems ist –
nicht überschreitet, also

$$\|\text{Modellfehlereffekt} \quad + \quad \text{Datenfehlereffekt} \quad +$$
$$+ \quad \text{Verfahrensfehlereffekt} \quad + \quad \text{Rechenfehlereffekt}\| \quad \leq \quad \text{Toleranz}$$

gilt, muß jeder einzelne Fehler erkannt und seine Auswirkungen auf das numerische Resultat abgeschätzt werden.

In den folgenden vier Abschnitten werden die vier grundlegenden Fehlerarten bzw.
deren Auswirkungen einer groben Charakterisierung unterzogen. Eine detaillierte
Behandlung erfolgt in den späteren Kapiteln.

2.3.1 Modellfehler

Bei jedem Modellbildungsprozeß werden bekannte und unbekannte Einflußgrößen
vernachlässigt (siehe Kapitel 1), die Wirklichkeit wird nur vereinfacht abgebildet.
Die Abweichungen von Original und Modell bezeichnet man als *Modellfehler*.

Um die Einhaltung einer vorgegebenen Fehlertoleranz garantieren zu können,
wäre es notwendig, den Modellfehler*effekt*, d. h. die Auswirkungen aller Modellfehler, quantitativ abschätzen zu können. Wegen *unbekannter* und nicht zugänglicher Einflußgrößen ist dies jedoch prinzipiell unmöglich.

Beispiel (Unbekannte Modellfehlereffekte) Bei den mechanischen Modellen in der Physik des neunzehnten Jahrhunderts waren relativistische Effekte – aus damaliger Sicht – *unbekannt*; sie sind jedoch auch den Modellfehlern hinzuzuzählen, da sie Abweichungen der Modelle
von der Realität verursachen.

Die Effekte bekannter Modellfehler können – als Datenfehler interpretiert (siehe
Abschnitt 2.4) – oft durch Konditionsuntersuchungen abgeschätzt werden.

Beispiel (Pendel) Beim mathematischen Pendel ist die bekannte, jedoch bewußt vernachlässigte Reibung als Modellfehler anzusehen. Wenn eine Abschätzung für den Reibungsterm R in der Differentialgleichung (2.4) verfügbar ist, so kann die Auswirkung der Vernachlässigung von Reibungskräften – d. h. des entsprechenden Modellfehlers – mit Hilfe von Konditionsaussagen für Anfangswertprobleme gewöhnlicher Differentialgleichungen untersucht werden.

2.3.2 Datenfehler

Modelle decken im allgemeinen nicht nur einen konkreten Einzelfall, sondern eine
ganze Schar gleichartiger Situationen ab. Die Festlegung eines konkreten Falles
erfolgt durch Parameter des Modells: so sind z. B. die Pendellänge l, die Anfangsauslenkung φ_0 und die Fallbeschleunigung g (die regional verschiedene Werte hat)
Parameter des mathematischen Pendelmodells und müssen zur Behandlung eines
konkreten Falles als Zahlenwerte vorgegeben werden.

Verursacht durch Meßungenauigkeiten etc. weisen die Zahlenwerte der Modellparameter üblicherweise Abweichungen von den „wahren" Werten auf, die man als *Datenfehler* bezeichnet. Die Auswirkungen der Datenfehler auf die gesuchten Resultate werden dementsprechend als Datenfehler*effekte* bezeichnet. Sie können mit Konditionsuntersuchungen abgeschätzt werden.

Daten des Problems sind aber nicht immer nur skalare Größen (wie etwa beim Pendelmodell) oder Vektoren und Matrizen, sondern können auch *Funktionen* sein, wie z. B. die zu integrierende Funktion bei einer Flächen- oder Volumsbestimmung. Man spricht dann von *analytischen Daten* im Gegensatz zu *algebraischen Daten* (Skalare, Vektoren, Matrizen etc.). Auch die Effekte solcher Datenfehler können mit Konditionsabschätzungen untersucht werden.

Beispiel (Pendel)   Die Funktionen $f : \mathbb{R} \times \mathbb{R} \to \mathbb{R}$ der Differentialgleichungen (2.2), (2.3) und (2.4)

$$\varphi''(t) = f(\varphi(t), \varphi'(t)) = \begin{cases} -\omega^2 \varphi(t) \\ -\omega^2 \sin(\varphi(t)) \\ -\omega^2 \sin(\varphi(t)) - R(\varphi'(t)) \end{cases}$$

sind analytische Daten des Pendelproblems. In diesem Sinn kann man die Unterschiede dieser Funktionen den Datenfehlern zurechnen und deren Auswirkungen durch Konditionsuntersuchungen quantifizieren.

2.3.3 Verfahrensfehler

Mathematische Probleme, die nicht – oder nur mit unvertretbar hohem Aufwand – durch Formelmanipulation, rationale Rechenoperationen etc. lösbar sind, können nur mit numerischen Näherungsverfahren gelöst werden. Bei der Entwicklung derartiger Näherungsverfahren sind verschiedene Vereinfachungen notwendig, um die Finitisierung zu erreichen oder den Aufwand zu reduzieren.

Beispiel (Iterative Lösung linearer Gleichungssysteme)   Eines der ältesten Gebiete, auf dem Näherungsverfahren zur Aufwandsreduktion verwendet werden, ist die Lösung großer linearer Gleichungssysteme (siehe Kapitel 16)

$$Ax = b, \qquad A \in \mathbb{R}^{n \times n}, \quad b, x \in \mathbb{R}^n.$$

Der Aufwand direkter Methoden (z. B. der Gauß-Elimination) wächst proportional zu n^3. Wenn man sich mit einer Näherungslösung $\tilde{x}$ zufriedengibt, die

$$\|A\tilde{x} - b\| < \varepsilon$$

erfüllt, kann man den Rechenaufwand senken. Man findet etwa, wenn man über die Struktur von A keine besonderen Voraussetzungen macht, mit

$$k \approx \sqrt{\kappa_2} \cdot \frac{\ln(2/\varepsilon)}{2}, \qquad \kappa_2 := \|A\|_2 \|A^{-1}\|_2$$

Matrix-Vektor-Multiplikationen das Auslangen (Traub, Wozniakowski [383]). Die Zahl κ_2 nennt man die Euklidische Kondition der Matrix A (siehe Abschnitt 13.8).

Beispiel (Eindimensionales Verschnittproblem)   Die Teile $\mathcal{T}_n = \{T_1, T_2, \ldots, T_n\}$ mit den Längen $l(T_i) \in (0, 1]$ sollen aus vorgegebenen Stücken $B_1, B_2, \ldots$ der Länge 1 herausgeschnitten werden; jedes T_i aus einem B_j, sodaß die Anzahl L der erforderlichen B-Stücke *minimal* wird. Der Rechenaufwand aller bekannten Algorithmen zur *exakten* Lösung dieses Problems wächst (mindestens) exponentiell mit n. Bereits für „mittelgroße" Werte von n kann das eindimensionale Verschnittproblem auch auf den schnellsten Computern *nicht* mehr exakt gelöst werden. Gibt man sich allerdings mit einer ε-Näherung zufrieden, indem man ein L akzeptiert, das nur geringfügig größer ist als der optimale Wert L_{opt}, d. h.

$$\max_{\mathcal{T}_n} \frac{L}{L_{\mathrm{opt}}} \leq 1 + \varepsilon \qquad \text{für alle} \quad n \in \mathbb{N},$$

dann kann man eine Lösung des Problems mit *erheblich* geringerem Rechenaufwand – bis herunter zu $O(n \log n)$ – ermitteln (Karmarkar, Karp [256], Johnson, Garey [253]).

Abbruchfehler

Numerische Näherungsverfahren auf einem Computer können grundsätzlich nur aus einer *endlichen* Folge arithmetischer Rechenoperationen (Addition, Subtraktion, Multiplikation, Division) bestehen, wobei Anzahl und Abfolge der Rechenschritte im allgemeinen nicht a priori festliegen, sondern – abhängig von Daten und Zwischenergebnissen – im Verlauf der Berechnung durch Vergleiche, Abfragen etc. festgelegt werden. Auch in den vordefinierten Unterprogrammen für die elementaren Funktionen *sin, cos, exp, ...* wird rechnerintern nur eine endliche Folge arithmetischer Operationen ausgeführt.

Den Fehler, den man beim Abbruch eines unendlichen Prozesses begeht, bezeichnet man als *Abbruchfehler (truncation error)*.

Beispiel (Standardfunktionen) Die mathematischen Standardfunktionen – Exponentialfunktion, Sinus- und Kosinusfunktion etc. – werden in der Analysis durch unendliche Reihen (Potenzreihen) definiert:

$$e^x = \sum_{k=0}^{\infty} \frac{x^k}{k!}, \quad \sin x = \sum_{k=0}^{\infty} \frac{(-1)^k}{(2k+1)!} x^{2k+1}, \dots .$$

Um zu Funktionsunterprogrammen für diese Funktionen zu gelangen – wie sie als vordefinierte Unterprogramme Bestandteil vieler Programmiersprachen sind – müssen die unendlichen Reihen durch endliche Ausdrücke – z. B. die Taylorpolynome, die man durch *Abbruch* der unendlichen Taylorreihen erhält – ersetzt werden.

Ersetzt man die unendliche Reihe

$$\cos x = \sum_{k=0}^{\infty} \frac{(-1)^k}{(2k)!} x^{2k} \qquad \text{durch} \qquad P_8(x) = 1 - \frac{x^2}{2!} + \frac{x^4}{4!} - \frac{x^6}{6!} + \frac{x^8}{8!},$$

so tritt ein Abbruchfehler

$$e_{\mathrm{trunc}}(x) := P_8(x) - \cos(x)$$

auf, der umso größer ist, je weiter x von 0 entfernt ist (siehe Abb. 2.14).

Diskretisierungsfehler

Den Fehler, den man durch das Ersetzen kontinuierlicher Information durch diskrete Information begeht, nennt man *Diskretisierungsfehler*.

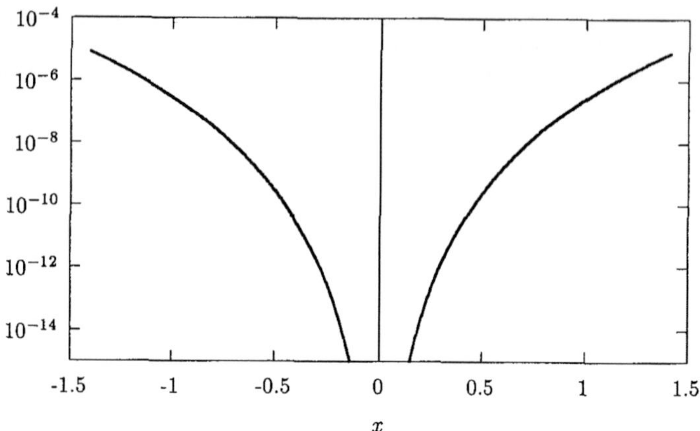

Abb. 2.14: Abbruchfehler $e_{\text{trunc}}(x) = P_8(x) - \cos(x)$ für $x \in [-1.5, 1.5]$

Beispiel (Numerische Integration)   Für die Ermittlung des Integralwertes

$$\mathrm{I}f := \int_a^b f(t)\,dt \tag{2.18}$$

liegt im allgemeinen *vollständige* Information vor; die Integrandenfunktion f ist z. B. in Form eines algebraischen Ausdrucks verfügbar, dessen Auswertung an *jeder* beliebigen Stelle $t \in [a, b]$ den Wert $f(t)$ liefert. In einem Computerprogramm können jedoch nur *endlich* viele Werte $\{f(t_1), \ldots, f(t_N)\}$ berücksichtigt werden. Von der im Prinzip vorhandenen, aber numerisch nicht nutzbaren kontinuierlichen Information können nur endlich viele diskrete Punkte zur Berechnung eines Näherungswertes Q_N Verwendung finden:

$$Q_N f := \sum_{i=1}^N c_i f(t_i) \approx \mathrm{I}f.$$

Verfahrensfehler (effekte)

Alle bei der Konstruktion eines numerischen Verfahrens (Algorithmus) gemachten Vereinfachungen werden als *Verfahrensfehler* und ihre Auswirkungen auf das gesuchte Resultat als Verfahrensfehler*effekt* bezeichnet. Der Verfahrensfehlereffekt ist die Abweichung der (durch rundungsfehlerfreie Berechnungen gewonnenen) Näherungslösung von der „exakten" Lösung des mathematischen Problems.

Terminologie (Verfahrensfehler)   In der Numerischen Mathematik ist meist folgende Bezeichnungsweise gebräuchlich: Jene Größe, die soeben als Verfahrensfehler*effekt* bezeichnet wurde, wird kurz als Verfahrensfehler bezeichnet. Für Verfahrensfehler im obigen Sinn gibt es in der Literatur im allgemeinen *keine* spezielle Bezeichnung.

Im folgenden wird der übliche Sprachgebrauch übernommen, d. h., die Bezeichnung „Verfahrensfehler" wird anstelle des „Verfahrensfehlereffekts" verwendet.

Reduktion des Verfahrensfehlers

In den meisten Fällen kann der Verfahrensfehler durch Erhöhung des Aufwandes beliebig verkleinert werden. Man spricht dann von *konvergenten* Näherungsverfahren. Durch den bei praktischen Berechnungen stets erforderlichen Abbruch nach endlich vielen Berechnungsschritten ist der Verfahrensfehler *unvermeidlich*.

Beispiel (Pendel) Das iterative Verfahren von Gauß – (2.7) bis (2.9) – zur Berechnung von Werten des vollständigen elliptischen Integrals erster Gattung ist konvergent, d. h. durch Fortsetzung der Berechnung kann ein immer kleineres Intervall gefunden werden, das den gesuchten Wert enthält.

Schranken für den Verfahrensfehler

Bei vielen Näherungsverfahren können *Fehlerschranken* hergeleitet werden, die es im Prinzip gestatten, in einem konkreten Anwendungsfall ein bestimmtes Verfahrensfehlerniveau zu garantieren.

Beispiel (Kosinus-Reihe) Die Kosinusfunktion wird durch eine unendliche Reihe

$$\cos x = 1 - \frac{x^2}{2!} + \frac{x^4}{4!} - \frac{x^6}{6!} + \cdots$$

definiert. Für $x \in (-\sqrt{2}, \sqrt{2})$ handelt es sich um eine Reihe, deren Glieder alternierende Vorzeichen haben und betragsmäßig *monoton* fallend gegen 0 konvergieren. Für solche Reihen gilt die Abschätzung

$$|s_k(x) - S(x)| \le |a_{k+1}(x)|,$$

wenn eine endliche Summe $s_k(x) := a_0(x) + a_1(x) + \cdots + a_k(x)$ als Approximation für

$$S(x) := \sum_{i=0}^{\infty} a_i(x)$$

verwendet wird. Dementsprechend gilt für

$$p_k(x) := 1 - \frac{x^2}{2!} + \frac{x^4}{4!} - \cdots + (-1)^k \frac{x^{2k}}{(2k)!}$$

die mathematisch strenge Abschätzung des Verfahrensfehlers

$$|p_k(x) - \cos x| < \frac{x^{2k+2}}{(2k+2)!} =: e_k(x), \qquad x \in (-\sqrt{2}, \sqrt{2}).$$

Beispiel (Rekursive Approximation von 2π) Eine untere und eine obere Schranke für 2π, den Umfang des Einheitskreises, erhält man durch die Summe der Seitenlängen eines dem Einheitskreis eingeschriebenen bzw. umschriebenen regelmäßigen k-Ecks. Wenn man die Eckenzahl stets verdoppelt, erhält man die Rekursion:

$$s_{2k} := \sqrt{2 - \sqrt{4 - s_k^2}}, \qquad s_4 = \sqrt{2} \tag{2.19}$$

für die Länge s_k *einer* Seite des eingeschriebenen regelmäßigen k-Ecks. Für die Länge c_k einer Seite des *umschriebenen* regelmäßigen k-Ecks gilt folgender Zusammenhang mit s_k:

$$c_k = \frac{2s_k}{\sqrt{4 - s_k^2}}. \tag{2.20}$$

Die Folgen $\{ks_k\}$ und $\{kc_k\}$ konvergieren *monoton* gegen den Grenzwert 2π:

$$ks_k \uparrow 2\pi, \qquad kc_k \downarrow 2\pi. \tag{2.21}$$

$kc_k - ks_k$ ist daher eine *Schranke* für die beiden Verfahrensfehler $ks_k - 2\pi$ und $kc_k - 2\pi$.

Voraussetzung für die Anwendbarkeit von Verfahrensfehlerschranken ist oft die explizite (zahlenmäßige) Kenntnis bestimmter problemcharakterisierender Größen wie z. B. der Ableitungsschranken der Integrandenfunktion etc. Da diese Größen bei konkreten Anwendungen oft *nicht* bekannt sind oder nur mit unzumutbar hohem Aufwand ermittelt werden können, werden derartige Fehlerschranken für quantitative Fehlerschätzungen in der Praxis nur selten eingesetzt. Trotzdem spielen detaillierte Aussagen über Verfahrensfehler eine wichtige Rolle bei der *qualitativen* Beurteilung bzw. Bewertung numerischer Näherungsverfahren, da sie Aussagen über deren Effizienz hinsichtlich *ganzer Problemklassen* gestatten.

Beispiel (Numerische Integration)   Zur Berechnung eines numerischen Näherungswertes für das bestimmte Integral (2.18) kann man das Intervall $[a, b]$ in N gleiche Teile der Länge

$$h := \frac{b-a}{N}$$

teilen. Die beiden Formeln

$$R_N^l f \;=\; h[f(a) + f(a+h) + \cdots + f(a+(N-1)h)] \tag{2.22}$$

$$T_N f \;=\; h[f(a)/2 + f(a+h) + \cdots + f(a+(N-1)h) + f(b)/2] \tag{2.23}$$

liefern beide Näherungswerte für If. Die einfache Riemann-Summe (2.22) hat einen Verfahrensfehler, den man durch

$$|If - R_N^l f| \leq h\frac{b-a}{2}M_1 \qquad \text{mit} \quad M_1 := \max\{|f'(x)| : x \in [a,b]\}$$

abschätzen kann. Bei der zusammengesetzten Trapezregel (2.23) gibt es die Abschätzung

$$|If - T_N f| = h^2\frac{b-a}{2}M_2 \qquad \text{mit} \quad M_2 := \max\{|f''(x)| : x \in [a,b]\}.$$

Diesen Abschätzungen kann man einen qualitativen Unterschied der beiden Verfahren hinsichtlich ihrer Konvergenzordnung entnehmen. Die einfache Riemann-Summe hat nur die Konvergenzordnung 1 bezüglich des Grenzübergangs $N \to \infty$ bzw. $h \to 0$, während der Verfahrensfehler der zusammengesetzten Trapezregel wie h^2 gegen Null strebt.

Um die Einhaltung vorgegebener Toleranzen in praktischen Situationen überprüfen zu können, sind Abschätzungen des tatsächlichen Verfahrensfehlers erforderlich. In den meisten numerischen Anwendungen wird mit *a-posteriori-*Fehlerschätzungen gearbeitet. Dabei wird der Verfahrensfehler auf Grund von Information geschätzt, die man erst während des Rechenverlaufs erhält. Diese Art der Fehlerschätzung gestattet es in vielen Fällen nicht, Fehlerschranken zu garantieren, liefert jedoch für große Problemklassen mit hoher Wahrscheinlichkeit ausreichend genaue Hinweise auf das tatsächliche Fehlerniveau.

2.3.4 Rundungsfehler (Rechenfehler)

Auf jedem Computer stehen nur *endlich viele* Zahlen zur Verfügung: INTEGER- und *Gleitpunktzahlen* mit fester Stellenanzahl. Daher können die in einem Algorithmus auftretenden Rechenoperationen im allgemeinen nicht exakt ausgeführt werden; bei jedem Rechenschritt muß das Ergebnis auf eine der verfügbaren (meist auf eine der nächstgelegenen) Gleitpunktzahlen abgebildet – gerundet – werden. Der Unterschied zwischen dem exakten Resultat und dem gerundeten Ergebnis einer Rechenoperation wird als *Rundungsfehler (round-off error)* oder *Rechenfehler* bezeichnet. Die Auswirkungen aller Rundungsfehler auf das Endergebnis des Näherungsverfahrens bezeichnet man als Rundungsfehler- bzw. Rechenfehler*effekt*.

Beispiel (Lineares Gleichungssystem) Die Lösung des linearen Gleichungssystems $Ax = b$ mit komplexen Koeffizienten

$$A = \begin{pmatrix} 100 - 100\,i & -100 & 100\,i & 0 \\ -100 & 150 + 150\,i & -50 & 150\,i \\ 100\,i & -50 & 250 - 100\,i & 200 \\ 0 & 150\,i & 200 & 200 + 150\,i \end{pmatrix}, \quad b = \begin{pmatrix} 50 \\ 0 \\ 0 \\ 50 \end{pmatrix}$$

in einfach genauer, komplexer Arithmetik mit Hilfe einer Implementierung des Gauß-Algorithmus ergab folgenden Vektor:

$$x = \begin{pmatrix} 0.2437 + 0.2083\,i \\ 0.0111 - 0.0638\,i \\ -0.0283 - 0.0591\,i \\ 0.1719 - 0.0781\,i \end{pmatrix}.$$

Im Verlauf der Berechnung traten kein Exponentenüberlauf, keine Division durch Null und auch kein außergewöhnlich großes Zwischenresultat auf. Man könnte also verleitet sein, zu vermuten, daß es sich bei x um die eindeutige Lösung eines linearen Gleichungssystems mit regulärer Matrix ($\det(A) \neq 0$) handelt. Das ist jedoch nicht der Fall: Die Matrix A ist *singulär*; die Zeilenvektoren z_i dieser Matrix erfüllen die Relation

$$z_4 = z_1 + z_2 + z_3.$$

Bei diesem Beispiel gibt es keine Datenfehler (da sämtliche Koeffizienten ganzzahlig sind) und keine Verfahrensfehler (da der Gauß-Algorithmus, exakte Rechnung vorausgesetzt, entweder das exakte Resultat liefert oder abbricht). Es war nur der Effekt der Rundungsfehler in den einzelnen Operationen des Algorithmus, der dem Anwender eine reguläre Situation auf Grund des problemlosen Lösungsvorganges vorgetäuscht hat.

Beispiel (Kosinus-Reihe) Mit einem geeigneten Abbruchkriterium versehen, kann man die Reihenentwicklung

$$\cos x = 1 - \frac{x^2}{2!} + \frac{x^4}{4!} - \frac{x^6}{6!} + \cdots$$

in Algorithmen zur Berechnung der Kosinusfunktion verwenden. Auf Grund der Konvergenz der Taylorreihe für alle $x \in \mathbb{R}$ läßt sich für *jedes* Argument x und *jedes* $\varepsilon > 0$ ein $k(x;\varepsilon)$ finden, mit dem das Taylor-Polynom (die abgebrochene Taylor-Reihe)

$$p(x;\varepsilon) = 1 - \frac{x^2}{2!} + \cdots + (-1)^{k(x;\varepsilon)} \frac{x^{2k(x;\varepsilon)}}{[2k(x;\varepsilon)]!}$$

die geforderte Approximationsgenauigkeit

$$|p(x;\varepsilon) - \cos(x)| < \varepsilon$$

liefert. Das ist ein Ergebnis der Analysis, in der die Rechenoperationen im Bereich der reellen Zahlen vorausgesetzt werden („exakte" Rechnung). Man kann sich leicht durch Implementierung des folgenden Taylor-Polynom-Algorithmus überzeugen, daß diese Aussage nicht ohne Schwierigkeiten auf die Situation am Computer übertragbar ist.[4]

---

[4] In Fortran 90 liefert die vordefinierte Funktion EPSILON($\cdot$) eine Schranke für den relativen Rundungsfehler des Gleitpunkt-Datentyps ihres Arguments (siehe Abschnitt 4.8).

```
kosinus = 0.;   term = 1.;   k2 = 0;   xx = x*x
DO WHILE (ABS(term) > ABS(kosinus)*EPSILON(kosinus))
   kosinus = kosinus + term
   k2      = k2 + 2
   term    = (-term*xx)/REAL(k2*(k2 - 1))
END DO
```

Für x = 3.14159265 $\approx \pi$ liefert der Algorithmus (mit einfach genauer Maschinenarithmetik) das in allen Stellen richtige Ergebnis

$$\texttt{kosinus} = -1.000000E + 00.$$

Das gleiche Programm mit dem Wert x = 31.4159265 $\approx 10\pi$ liefert jedoch statt des erwarteten Resultats $\cos 10\pi = 1$ den für eine Funktion, deren Werte ausschließlich im Intervall $[-1, 1]$ liegen, völlig absurden Wert

$$\texttt{kosinus} = -8.593623E + 04.$$

Die Ursache für das totale Versagen dieses Algorithmus liegt an den sogenannten „Auslöschungseffekten" (speziellen Effekten im Bereich der Rechenfehler), die für große Werte von x immer stärker werden: Der Betrag der einzelnen Reihenterme wird im Fall x $\approx 10\pi$ zunächst bis

$$\texttt{term} = -\frac{x^{30}}{30!} \approx -3.09 \cdot 10^{12}$$

immer größer und nimmt von da an monoton ab (siehe Abb. 2.15). Dementsprechend treten sehr große Zwischensummen auf, obwohl das exakte Resultat im Intervall $[-1, 1]$ liegt. Bei der weiteren Summation tritt Auslöschung sämtlicher signifikanter Stellen ein.

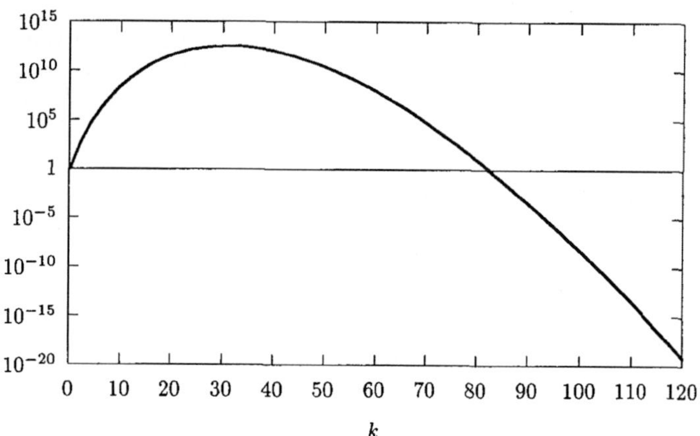

Abb. 2.15: Größe der Reihenterme $x^k/k!$, $k = 0, 2, 4, \ldots, 120$ für $x = 10\pi$

Beispiel (Rekursive Approximation von 2π) Bei der praktischen Berechnung der Rekursionen (2.19) und (2.20) ergab sich – wie auf Grund der Konvergenz (2.21) zu erwarten war – ein monotones Abnehmen der Verfahrensfehlerschranke $kc_k - ks_k$ bis zum Wert $2.38 \cdot 10^{-7}$ nach 11 Verdoppelungen der Eckenzahl, d. h. bei $k = 8192$. Ab dem nächsten Iterationsschritt ergab sich unveränderlich als errechnete Fehlerschranke der Wert *Null*. Man könnte nun versucht sein, daraus den Schluß zu ziehen, die so erhaltenen Näherungswerte ks_k und kc_k seien „exakt" im Rahmen der Darstellungsgenauigkeit von Gleitpunktzahlen. Tatsächlich ergaben sich aber nach 11, 12 bzw. 13 Verdoppelungen der Eckenzahl mit

$$8\,192 \cdot s_{8192} = 6.324556$$
$$16\,384 \cdot s_{16384} = 5.656854$$
$$32\,768 \cdot s_{32768} = 0.$$

außerordentlich schlechte bzw. völlig unbrauchbare Näherungen für $2\pi \approx 6.28318531$. Die Ursache für dieses völlige „Versagen" der rekursiven Approximation von 2π liegt wieder in Auslöschungseffekten, die bei den Subtraktionen der Rekursionsformel (2.19) auftreten.

In Abb. 2.16 ist der relative Fehler

$$e_{\text{rel}}^{(k)} := \left| \frac{k s_k - 2\pi}{2\pi} \right|$$

dargestellt. Wie man sieht, kann man auch durch Übergang zu doppelt genauer Rechnung die störenden Auslöschungseffekte nicht beseitigen, sondern ihr Auftreten nur verzögern.

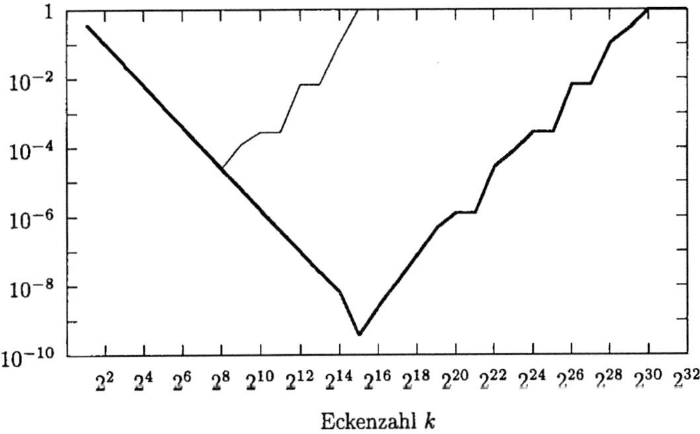

Abb. 2.16: Relativer Fehler bei der rekursiven Approximation von 2π bei Rechnung in einfacher (—) und doppelter (**—**) Genauigkeit.

In der einschlägigen Fachliteratur werden Möglichkeiten aufgezeigt, Rundungsfehlereffekte abzuschätzen. In der Praxis hat sich gezeigt, daß diese Rundungsfehlerabschätzungen bei umfangreicheren Algorithmen zu aufwendig sind und oft zu große (pessimistische) Fehlerschranken liefern. Bei Verfahren mit einer großen Anzahl von Rechenoperationen ist im allgemeinen ein Kompensationseffekt der einzelnen Rundungsfehler zu beobachten, der jedoch bei den garantierten Fehlerschranken nicht berücksichtigt werden kann.

2.3.5 Fehlerhierarchie

Um die – als Teil der numerischen Problemstellung – festgelegte Genauigkeitsanforderung zu erreichen, kann jede der Fehlerquellen innerhalb bestimmter Grenzen beeinflußt werden. Dabei sollte man auf *ausgeglichene Fehlerniveaus* achten.

Bei einem Modell, das nur mit 10 % Genauigkeit den zu beschreibenden Vorgang wiedergibt, ist es im allgemeinen sinnlos, mit einer 15-stelligen Arithmetik zu arbeiten oder bei der Datenbeschaffung Präzisionsmeßgeräte einzusetzen.

Modellfehlereffekte können im Rahmen des Modellbildungsvorganges gesteuert werden; so ergibt sich z. B. die Notwendigkeit der Berücksichtigung von Reibungskräften beim Pendel aus der geforderten Genauigkeit. Als Hilfsmittel für diese Entscheidung können unter Umständen Konditionsabschätzungen Verwendung finden. Eine prinzipielle Unsicherheit ist jedoch unvermeidbar.

Datenfehlereffekte können fallweise beeinflußt werden, wenn man z. B. bei der Datengewinnung die Meßgenauigkeit verändern kann. Sollte eine Konditionsabschätzung in Verbindung mit der bestmöglichen Datengenauigkeit jedoch eine zu große Schranke für den Datenfehlereffekt ergeben, so ist das geforderte Genauigkeitsniveau insgesamt nicht erreichbar. Auch durch extremes Steigern von Verfahrens- und Rechengenauigkeit ist in solchen Fällen die gewünschte Genauigkeit des Resultats nicht erreichbar.

Verfahrensfehler (effekte) können bei konvergenten Verfahren durch entsprechende Aufwandssteigerung beliebig klein gehalten werden. Aus Effizienzgründen ist es aber nicht sinnvoll, einen Verfahrensfehlereffekt anzustreben, der wesentlich kleiner als die anderen Fehlereffekte ist.

Rechenfehlereffekte können durch die Wahl der zu verwendenden Gleitpunktzahlen (mit einfacher, doppelter und eventuell noch höherer Genauigkeit) innerhalb gewisser Grenzen in einigen groben Stufen beeinflußt werden.

Bedingt durch Verfahrens- und Rechenfehlereffekte stimmt die Lösung $\tilde{x}$ eines numerischen Problems im allgemeinen nicht genau mit der Lösung x des entsprechenden mathematischen Problems überein, sollte jedoch (definitionsgemäß) die vorgegebene Genauigkeitsanforderung erfüllen:

$$\|\tilde{x} - x\| < \varepsilon.$$

Auf Grund der Modell- und Datenfehlereffekte beschreibt die Lösung x des mathematischen Problems nicht genau den der Modellbildung zugrundeliegenden realen Vorgang. Verfügt man in einer konkreten Situation über eine Abschätzung

$$\|x - x_{\text{real}}\| < \delta,$$

so kann man auch den *Gesamtfehlereffekt* abschätzen:

$$\|\tilde{x} - x_{\text{real}}\| \leq \|\tilde{x} - x\| + \|x - x_{\text{real}}\| \leq \varepsilon + \delta.$$

Aus dieser Ungleichung erkennt man, daß es *nicht* ausreicht, die Toleranz ε des numerischen Problems hinreichend klein zu wählen, um eine bestimmte Gesamtgenauigkeit der Näherungsgröße $\tilde{x}$ garantieren zu können. Man muß sich stets auch Rechenschaft darüber ablegen, wie groß der Modell- und Datenfehlereffekt $\|x - x_{\text{real}}\|$ sein kann, um in einem konkreten Anwendungsfall Aussagen über den Gesamtfehlereffekt $\|\tilde{x} - x_{\text{real}}\|$ machen zu können.

Beispiel (Pendel) Bei dem linearen Differentialgleichungsproblem (2.3) sind g, l und φ_0 numerische Daten. Zu den „Daten" dieses Problems gehört aber z. B. auch der φ'-Term (Reibungsterm) in der rechten Seite $f : \mathbb{R} \times \mathbb{R} \to \mathbb{R}$ der Differentialgleichung (2.4)

$$\varphi''(t) = f(\varphi(t), \varphi'(t)).$$

Alle Zahlen, Annahmen, Formeln, etc. sind im Begriff „Daten" zusammengefaßt. Änderungen dieser Größen sind daher in diesem Sinn sämtlich Datenänderungen. Der Modellfehler, der durch Weglassen des Reibungsterms entsteht, kann daher auch als Datenfehler interpretiert werden. Nur wenn man dessen Auswirkungen untersucht, kann man Aussagen über den Gesamtfehlereffekt machen.

Die zuverlässige Abschätzung der verschiedenen Fehlereffekte ist oft nur sehr schwer und in manchen Fällen überhaupt nicht möglich. Eine realistische Beurteilung der Rechenergebnisse kann aber in vielen praktischen Situationen durch geplante (Computer-) Experimente im Rahmen einer sorgfältigen *Validierung* erreicht werden, in der untersucht wird, ob die verwendeten Modelle, Algorithmen und Computerprogramme in der gewünschten Genauigkeit dem gestellten Problem entsprechen (siehe Abschnitt 2.7).

Wenn sich bei der Validierung herausstellt, daß das erreichte Genauigkeitsniveau nicht den Erwartungen entspricht, muß zunächst versucht werden, jene Größen zu ermitteln, die Ursache dieser Abweichungen sind. Um deren Einflußnahme zu quantifizieren, kann man Konditionszahlen heranziehen.

2.4 Kondition mathematischer Probleme

Die Auswirkung der Datenfehler (und mancher Modellfehler) $\|x - x_{\text{real}}\|$ kann abgeschätzt werden, indem man für das mathematische Problem eine *Datenfehleranalyse* durchführt. Man untersucht dabei, wie stark sich dessen Lösung x ändert, wenn die zugrundeliegenden Daten $\mathcal{D}$ geändert werden. Dem gedanklichen Übergang vom ungestörten Datensatz $\mathcal{D}$ des ursprünglichen Problems zu den gestörten Daten $\overline{\mathcal{D}}$ des geänderten Problems entspricht dabei der Übergang von der Lösung x zur Lösung $\bar{x}$.

2.4.1 Ungestörtes und gestörtes Problem

Wenn man eine Datenfehleranalyse zur Abschätzung von $\|x - x_{\text{real}}\|$ verwenden will, so ist die folgende Identifikation möglich: der exakten Lösung des mathematischen Problems entspricht in der Datenfehleranalyse das Ergebnis des ungestörten Problems und der Größe x_{real} das Ergebnis $\bar{x}$ des gestörten Problems (es wird also z. B. der Reibungsterm R des Pendelbeispiels als Störung interpretiert). Mehr oder weniger genaue Abschätzungen für $\|\overline{\mathcal{D}} - \mathcal{D}\|$ sind im jeweiligen Anwendungsfall bekannt. So kennt man beim Pendelbeispiel die Größenordnung der Meßfehler, die bei der Ermittlung von φ_0, g und l auftreten; etwas schwieriger ist in diesem Fall die Ermittlung von Schranken für $\|\bar{f} - f\|$, den Fehler der durch „Reibungseinflüsse" etc. gestörten rechten Seite der Differentialgleichung (2.4).

Man hat im allgemeinen die Freiheit, darüber zu verfügen, welches der beiden betrachteten Probleme man als das gestörte und welches man als das ungestörte ansieht. Bei linearen Gleichungssystemen wäre es z. B. naheliegend, das „wahre" (dem realen Vorgang entsprechende) Gleichungssystem als das ungestörte anzusehen und das im Computer gespeicherte System (dessen Koeffizienten mit Meß- und Konvertierungsfehlern behaftet sind) mit dem gestörten System zu identifizieren. In der Praxis ist es jedoch oft zweckmäßig, die Rollen zu vertauschen: das im Computer gespeicherte System ist wirklich verfügbar, während das reale System im allgemeinen unbekannt ist. Eine Konditionszahl (die von der Koeffizientenmatrix abhängt) läßt sich also nur für das im Computer gespeicherte System ermitteln. Da im Sinne der Datenfehleranalyse stets Konditionszahlen des ungestörten Problems ermittelt werden, identifiziert man daher das am Computer verfügbare System mit dem *ungestörten* Problem.

2.4.2 Absolute Konditionszahl

Erstrebenswert für eine Charakterisierung der Empfindlichkeit der Lösung x gegenüber Datenänderungen sind Abschätzungen der Form

$$\|\bar{x} - x\| \leq l \cdot \|\overline{\mathcal{D}} - \mathcal{D}\|, \tag{2.24}$$

wobei $\| \cdot \|$ auf der rechten Seite der Ungleichung (2.24) eine geeignet gewählte Norm im „Raum der Daten" bezeichnet, die ein Abstandsmaß für $\mathcal{D}$ und $\overline{\mathcal{D}}$ liefert. Den kleinstmöglichen Faktor

$$k = \inf\{l : \|\bar{x} - x\| \leq l \cdot \|\bar{\mathcal{D}} - \mathcal{D}\|; \ \bar{\mathcal{D}}, \mathcal{D} \in \text{Datenmenge}\} \tag{2.25}$$

bezeichnet man als *absolute Konditionszahl* des betrachteten mathematischen Problems bezüglich einer bestimmten Datenmenge.

2.4.3 Relative Konditionszahl

Die Konditionsabschätzung (2.25) wurde bezüglich *absoluter* Datenänderungen formuliert, und die dadurch definierte Konditionszahl wird dementsprechend als *absolute* Konditionszahl bezeichnet. Wenn man die relativen Änderungen des Resultats durch Abschätzungen der Form

$$\frac{\|\bar{x} - x\|}{\|x\|} \leq K \cdot \frac{\|\overline{\mathcal{D}} - \mathcal{D}\|}{\|\mathcal{D}\|}$$

in Beziehung zu relativen Datenänderungen setzt, so erhält man die *relative Konditionszahl* des mathematischen Problems, wenn man den kleinstmöglichen Faktor K bezüglich einer bestimmten Datenmenge ermittelt.

Zur quantitativen Erfassung der relativen Störungsempfindlichkeit einer Abbildung $a \mapsto y$

$$F : \mathbb{R}^m \to \mathbb{R}^n$$

kann man zunächst *eine* einzelne Datengröße $a_i \in \mathbb{R}$ und die Auswirkung ihrer Störung auf *eine* bestimmte Ergebnisgröße $y_j \in \mathbb{R}$ untersuchen. Durch den

Vergleich der *relativen Ergebnisänderung*

$$\frac{|y_j(a_1, \ldots, a_{i-1}, \tilde{a}_i, a_{i+1}, \ldots, a_m) - y_j(a_1, \ldots, a_m)|}{|y_j(a_1, \ldots, a_m)|}$$

mit der *relativen Datenänderung*

$$\frac{|\tilde{a}_i - a_i|}{|a_i|}$$

kommt man zur Beschreibung der relativen Änderungsempfindlichkeit der Ergebnisgröße y_j an einer konkreten Stelle a_i durch

$$\frac{\dfrac{|y_j(a_1, \ldots, a_{i-1}, \tilde{a}_i, a_{i+1}, \ldots, a_m) - y_j(a_1, \ldots, a_m)|}{|y_j(a_1, \ldots, a_m)|}}{\dfrac{|\tilde{a}_i - a_i|}{|a_i|}}. \qquad (2.26)$$

Variiert man $a_1, \ldots, a_i, \ldots, a_m$ und $\tilde{a}_i \neq a_i$ so, daß

$$(a_1, \ldots, a_i, \ldots, a_m) \quad \text{und} \quad (a_1, \ldots, \tilde{a}_i, \ldots, a_m)$$

in einer vorgegebenen Datenmenge B liegen, so erhält man als Supremum der Quotienten (2.26) die der Empfindlichkeit von y_j bezüglich a_i entsprechende *relative Konditionszahl* $K_{y_j \leftarrow a_i}(B)$.

Bemerkung (Auswirkung auf das Ergebnis) Eine Konditionszahl $K_{y_j \leftarrow a_i} = 5$ für die Wirkung von a_i auf y_j bedeutet also, daß sich bei einer Änderung von a_i um 1 % das Ergebnis y_j möglicherweise um 5 % ändern kann. Natürlich muß man bei der Bestimmung der Konditionszahl $K_{y_j \leftarrow a_i}$ versuchen, den ungünstigsten Fall einer Änderung (innerhalb eines sinnvollen Bereichs) zu erfassen, damit die Konditionszahl die Störungsempfindlichkeit von y_j gegenüber *beliebigen* Änderungen von a_i richtig wiedergibt.

Will man die *Gesamtfehlerempfindlichkeit* einer Abbildung mit m Daten und n Ergebnissen durch *eine* Konditionszahl charakterisieren, so muß man in geeigneter Weise die relativen Änderungen der verschiedenen Daten und Ergebnisse in jeweils einer Kenngröße „Datenänderung" bzw. „Ergebnisänderung" zusammenfassen. Wie das am sinnvollsten geschieht, ist im Einzelfall zu entscheiden.

Beispiel (Lineare Gleichungen) Das lineare Gleichungssystem $Ax = b$ mit den Daten

$$A = \begin{pmatrix} 4 & 6 & 4 & 1 \\ 10 & 20 & 15 & 4 \\ 20 & 45 & 36 & 10 \\ 35 & 84 & 70 & 20 \end{pmatrix}, \qquad b = \begin{pmatrix} 602 \\ 2012 \\ 4581 \\ 8638 \end{pmatrix} \qquad (2.27)$$

hat die Lösung x mit

$$x_1 = 22, \quad x_2 = 57, \quad x_3 = 36, \quad x_4 = 28.$$

Ändert man jedoch die rechte Seite b nur um den relativ „kleinen" Vektor

$$\Delta b = (-0.31, 0.72, -0.59, 0.17)^{\mathsf{T}},$$

dann ändert sich die (gerundete exakte) Lösung in

$$\tilde{x}_1 = 13.91, \quad \tilde{x}_2 = 84.03, \quad \tilde{x}_3 = -25.54, \quad \tilde{x}_4 = 144.03.$$

Benützt man als Maß für die Abweichungen in Daten und Ergebnis die Euklidische Norm, so könnte man etwa die relative Datenänderung mit

$$\frac{\|\Delta b\|_2}{\|b\|_2} \approx 0.0001 \quad (0.01\,\%)$$

beschreiben, die relative Ergebnisänderung durch

$$\frac{\|\Delta x\|_2}{\|x\|_2} = 1.76 \quad (176\,\%)$$

Demgemäß müßte eine Gesamtkonditionszahl in diesem Sinn für das obige Gleichungssystem mindestens $1.76/0.0001 = 17\,600$ betragen. Tatsächlich ist die Konditionszahl (vgl. Kapitel 13)

$$\mathrm{cond}_2(A) = \|A\|_2\|A^{-1}\|_2 \doteq 18\,200.$$

Bei der Ermittlung von Konditionszahlen kommt es meist weniger auf den genauen Zahlenwert an, sondern mehr auf die *Größenordnung*: Man will ja wissen, welche Genauigkeit man beim Ergebnis einer numerischen Aufgabe erwarten kann, wenn die Daten mit einer ihrerseits nur ungefähr bestimmten Genauigkeit vorliegen. Haben die Daten eines Problems z. B. eine relative Genauigkeit von 10^{-4} (d. h. 4 bis 5 korrekte Stellen können zuverlässig bestimmt werden), dann ergibt sich folgende Situation:

relative Konditionszahl	1	10	100	1000
richtige Stellen im Ergebnis	4–5	3–4	2–3	1–2

Liegt der Kehrwert der Konditionszahl in derselben Größenordnung wie die relative Datengenauigkeit, dann ist schon die führende Stelle des Ergebnisses nicht mehr sicher.

Beispiel (Lineares Gleichungssystem) Im obigen linearen Gleichungssystem $Ax = b$ mit den Daten (2.27) liegt die Konditionszahl tatsächlich deutlich über 100, dementsprechend kann sich bei einer 1 % igen Datenänderung bereits die erste Stelle des Ergebnisses ändern.

ACHTUNG: Zu beachten ist, daß die Konditionszahlen die Störungsempfindlichkeit der *mathematischen* Problemstellung charakterisieren. Sie sind deshalb völlig unabhängig davon, wie das Problem *numerisch* gelöst wird. Betrachtet wird ja die Änderung der exakten Lösung der Aufgabe.

2.4.4 Einschränkung der Problemklasse

In der bisherigen Diskussion wurde implizit vorausgesetzt, daß von der Anwendungssituation her feststeht, welche Menge von Problemen man zugrundelegt, aus der man diejenigen wählt, deren Ergebnisse dann jeweils verglichen werden sollen. Einer solchen Festlegung entspricht eine Einschränkung der Datenmenge, wie z. B. in (2.25).

Beispiel (Lineares Gleichungssystem) Wenn man die Lösung eines linearen Gleichungssystems $Ax = b$ sucht, so kann in einem gestörten System $\bar{A}x = \bar{b}$ die Koeffizientenmatrix $\bar{A}$ und die rechte Seite $\bar{b}$ gegenüber den ursprünglichen Daten verändert sein, aber die Dimension n des linearen Gleichungssystems wird sich nicht ändern.

In den folgenden Kapiteln werden bezüglich verschiedener Problemklassen (Integrationsprobleme, lineare Gleichungssysteme etc.) Formeln vom Typ (2.25) angegeben, denen die Konditionszahl (oder eine Schranke für die Konditionszahl) für eine bestimmte Problemklasse entnommen werden kann.

Bei nichtlinearen Problemen ist es zweckmäßig, die Konditionsuntersuchung auf eine Teilmenge der betrachteten Problemklasse zu beziehen, die im allgemeinen aus einer „Umgebung" des ungestörten Problems bestehen wird.

Beispiel (Anfangswertproblem) Bei Anfangswertproblemen gewöhnlicher Differentialgleichungen kann man neben dem gegebenen Problem

$$
\begin{aligned}
y' &= f(t,y), \qquad t \in [0,T] \\
y(0) &= y_0
\end{aligned}
$$

z. B. auch noch die Menge aller Anfangswertprobleme

$$
\begin{aligned}
y' &= \bar{f}(t,y), \qquad t \in [0,T] \\
y(0) &= \bar{y}_0
\end{aligned}
$$

betrachten, wobei $\bar{f}$ und $\bar{y}_0$ durch

$$
\begin{aligned}
\|\bar{f}(t,y) - f(t,y)\| &\leq \varrho_1 \qquad \text{für alle} \quad (t,y) \in G \\
\|\bar{y}_0 - y_0\| &\leq \varrho_0
\end{aligned}
$$

eingeschränkt werden. G ist dabei ein geeignet gewähltes Gebiet um die Lösung. Die Konditionszahl ist in diesem Fall der kleinstmögliche Faktor in (2.24), wobei alle gestörten Probleme aus der betrachteten Teilklasse zu berücksichtigen sind.

Je kleiner man die zu untersuchende Teilmenge der Klasse nichtlinearer Probleme wählt, umso schärfer wird die Konditionsabschätzung sein und umso kleiner wird die Konditionszahl ausfallen; die Teilklasse muß aber selbstverständlich groß genug gewählt werden, um die in der Realität und bei der Modellbildung auftretenden Datenfehler noch erfassen zu können.

2.4.5 Konditionszahlen durch Differentiation

Zur quantitativen Erfassung der Auswirkungen von Änderungen wurden in der Mathematik die *Differentialrechnung* und der *Ableitungsbegriff* eingeführt: Sei f eine stetig differenzierbare Abbildung, die dem Datenwert a das Ergebnis y zuordnet

$$
y = f(a).
$$

Ändert man a in $\tilde{a} = a + \Delta a$, dann ändert sich y in

$$
\tilde{y} = f(\tilde{a}) = f(a + \Delta a) = f(a) + f'(\tilde{a}) \cdot \Delta a = y + \Delta y;
$$

nach dem Mittelwertsatz der Differentialrechnung ist dabei $a \leq \bar{a} \leq a + \Delta a$. Für die Ergebnisänderung gilt also

$$\Delta y = \tilde{y} - y = f'(\bar{a}) \cdot \Delta a.$$

Durch reines Umformen erhält man daraus den Zusammenhang zwischen den *relativen* Änderungen $\Delta y / y$ und $\Delta a / a$ (mit $y = f(a)$):

$$\frac{\Delta y}{y} = \frac{a \cdot f'(\bar{a})}{f(a)} \cdot \frac{\Delta a}{a}.$$

Somit ist die zu (2.26) analoge Größe gegeben durch

$$\left| \frac{a f'(\bar{a})}{f(a)} \right|.$$

Für hinreichend kleine Datenbereiche B erhält man damit und wegen $\bar{a} \approx a$ mit

$$K_{y \leftarrow a} := \left| \frac{a f'(\bar{a})}{f(a)} \right| \approx K_{y \leftarrow a}(B) \tag{2.28}$$

eine gute Vorstellung von der relativen Konditionszahl auf B.

Bei mehrdimensionalen Datengrößen kann man entweder die Schätzung (2.28) sinngemäß mehrdimensional interpretieren oder aber die partiellen Ableitungen nach den einzelnen Datenelementen verwenden, um *individuelle* Konditionszahlen zu erhalten.

2.4.6 Fallstudie: Quadratische Gleichung

Durch die quadratische Gleichung

$$y^2 + a_1 y + a_0 = 0$$

werden im Fall $a_1^2 - 4a_0 > 0$ den beiden Datengrößen a_0 und a_1 die beiden Ergebnisgrößen y_1 und y_2 zugeordnet:

$$\begin{aligned}
y_1 &= (\sqrt{a_1^2 - 4a_0} - a_1)/2, \\
y_2 &= (-\sqrt{a_1^2 - 4a_0} - a_1)/2.
\end{aligned}$$

Zur Bestimmung der relativen Konditionszahlen $K_{y_j \leftarrow a_i}$ muß man die partiellen Ableitungen $\partial y_j / \partial a_i$ bilden:

$$\frac{\partial y_j}{\partial a_1} = \frac{1}{2}\left(\pm \frac{a_1}{\sqrt{a_1^2 - 4a_0}} - 1 \right) = \frac{\pm a_1 - \sqrt{a_1^2 - 4a_0}}{2\sqrt{a_1^2 - 4a_0}},$$

also

$$\frac{\partial y_1}{\partial a_1} = -\frac{y_1}{\sqrt{a_1^2 - 4a_0}}, \qquad \frac{\partial y_2}{\partial a_1} = \frac{y_2}{\sqrt{a_1^2 - 4a_0}}.$$

Analog erhält man

$$\frac{\partial y_1}{\partial a_0} = -\frac{1}{\sqrt{a_1^2 - 4a_0}}, \qquad \frac{\partial y_2}{\partial a_0} = \frac{1}{\sqrt{a_1^2 - 4a_0}}.$$

Die Konditionszahlen $K_{y_j \leftarrow a_i}$ sind daher nach (2.28)

$$K_{y_j \leftarrow a_1} = \frac{|a_1|}{\sqrt{a_1^2 - 4a_0}}, \quad j = 1, 2 \tag{2.29}$$

$$K_{y_j \leftarrow a_0} = \frac{|a_0|}{|y_j|\sqrt{a_1^2 - 4a_0}} = \frac{|y_{3-j}|}{\sqrt{a_1^2 - 4a_0}}, \quad j = 1, 2; \tag{2.30}$$

bei der letzten Umformung wurde $y_1 \cdot y_2 = a_0$ verwendet. Will man nicht nur die Kondition in der Nähe einer bestimmten Stelle (a_0, a_1) bestimmen, so hat man jetzt noch a_1 und a_0 über den interessierenden Datenbereich zu variieren und eine obere Schranke für die Werte von (2.29) und (2.30) zu bilden.

Beschränkt man sich z.B. auf den Fall $a_0 < 0$, so sieht man sofort, daß

$$|y_j| < \sqrt{a_1^2 - 4a_0} \qquad \text{und} \qquad |a_1| < \sqrt{a_1^2 - 4a_0};$$

damit sind alle vier Konditionszahlen kleiner als eins! Eine relative Änderung eines Datenwerts um einen bestimmten Prozentsatz wirkt sich auf beide Lösungen der quadratischen Gleichung sogar in einem geringeren Ausmaß aus. Das Problem ist also für $a_0 < 0$ als sehr gut konditioniert zu bezeichnen.

Zahlenbeispiel: Für $a_1 = -5$ und $a_0 = -0.1$ ergibt sich

$$y_1 = 5.01992\ldots \qquad \text{und} \qquad y_2 = 0.0199206\ldots.$$

Eine Änderung der Daten in $\tilde{a}_1 = -4.9$ und $\tilde{a}_0 = -0.098$, also um $2\,\%$, ändert die Lösungen in

$$\tilde{y}_1 = 4.91992\ldots \qquad \text{und} \qquad \tilde{y}_2 = -0.0199190\ldots,$$

d.h. ebenfalls um $2\,\%$ bei y_1 und nur um weniger als $0.01\,\%$ bei y_2.

2.4.7 Schlecht konditionierte Probleme

Wenn die Konditionszahl des mathematischen Problems „groß" ist ($K \gg 1$), dann sind auch bei „kleinen" Datenänderungen starke Abweichungen zwischen $\tilde{x}$ und x zu befürchten. Diesem Sachverhalt entstammt die Sprechweise, Probleme mit großen Konditionszahlen als *schlecht konditioniert* zu bezeichnen, während man Probleme mit „kleinen" Konditionszahlen als *gut konditioniert* bezeichnet.

Dabei gibt es natürlich keine scharfe Grenze zwischen gut und schlecht konditionierten Problemen; die Kondition muß stets in Relation zur gewünschten Gesamtgenauigkeit gesehen werden.

Eine Genauigkeitsforderung für den Gesamtfehlereffekt

$$\|\tilde{x} - x_{\text{real}}\| < \tau$$

mit einer vom Anwender spezifizierten Toleranz τ wird man einhalten können, wenn man gewährleisten kann, daß

$$\|\tilde{x} - x_{\text{real}}\| \leq \|\tilde{x} - x\| + \|x - x_{\text{real}}\| \leq \varepsilon + \delta < \tau$$

bzw., was eine stärkere Bedingung ist,

$$\varepsilon + K \cdot \|\overline{\mathcal{D}} - \mathcal{D}\| < \tau$$

gilt. Bei bekannter Größe des Datenfehlers $\|\overline{\mathcal{D}} - \mathcal{D}\|$ und gegebener Konditionszahl K wird man das Problem als schlecht konditioniert bezeichnen, sobald

$$K \cdot \|\overline{\mathcal{D}} - \mathcal{D}\| \geq \tau$$

oder auch nur $K \cdot \|\overline{\mathcal{D}} - \mathcal{D}\| \approx \tau$ gilt, da man in diesem Fall selbst durch die Wahl von extrem kleinen Werten ε (was meist gleichbedeutend mit einem extrem hohen Rechenaufwand ist) nicht mehr ohne weiteres gewährleisten kann, daß $\tilde{x}$ die geforderte Genauigkeit besitzt.

Man erkennt auch, daß es im allgemeinen sinnlos sein wird, den Toleranzparameter ε des numerischen Problems viel kleiner als $K \cdot \|\overline{\mathcal{D}} - \mathcal{D}\|$ zu wählen, da in diesem Fall das *Gesamt*genauigkeitsniveau fast ausschließlich durch den Effekt von Modell- und Datenfehlern bestimmt wird. Der hohe Rechenaufwand, der zum Erzielen kleiner Fehler der numerischen Lösung $\tilde{x}$ benötigt wird, bringt bei schlecht konditionierten Problemen keine signifikante Verbesserung des Gesamtfehlereffekts.

Wie man sieht, ermöglicht erst die Kenntnis der Konditionszahl des mathematischen Problems zusammen mit der vom Anwender gewünschten Gesamtgenauigkeit τ und Information über die Größe $\|\overline{\mathcal{D}} - \mathcal{D}\|$ des Datenfehlers eine sinnvolle Festlegung der Fehlertoleranz ε des numerischen Problems. Man beachte, daß die Toleranzparameter, die als Eingangsgrößen numerischer Programme auftreten, sich stets auf den Fehler $\tilde{x} - x$ beziehen und somit die Rolle von ε spielen. Das liegt natürlich daran, daß ein solches Programm nur versuchen kann, den Grad der Abweichung eines vorläufigen Ergebnisses vom idealen mathematischen Resultat zu beeinflussen. Seine eigenen Abweichungen oder jene des zugrundeliegenden Modells von der Realität können nur durch einen „unabhängigen" Beobachter beurteilt werden.

2.4.8 Inkorrekt gestellte Probleme

Falls das Ergebnis eines mathematischen Problems *unstetig* von kontinuierlich veränderlichen Daten abhängt, dann ist eine numerische Lösung dieses Problems im allgemeinen nicht möglich, wenn die konkret gegebenen Daten in der Nähe der Unstetigkeitsstelle liegen. In solchen Fällen kann das Ergebnis beachtlich gestört sein, auch bei noch so genauen Daten und noch so genauer Rechnung. Derartige Probleme nennt man *unsachgemäß* oder *inkorrekt gestellt* (engl. *ill posed*).

Inkorrekt gestellte Probleme können z. B. dann auftreten, wenn ein ganzzahliges Ergebnis aus reellen (kontinuierlich veränderlichen) Daten bestimmt werden soll; wenn z. B. die Anzahl der reellen Nullstellen einer reellen Funktion oder der Rang einer Matrix mit reellen Elementen gesucht ist.

Beispiel (Anzahl der reellen Nullstellen eines Polynoms) Das kubische Polynom

$$P_3(x; c_0) = c_0 + x - 2x^2 + x^3$$

hat

$$\left.\begin{array}{l} \text{eine} \\ \text{zwei} \\ \text{drei} \end{array}\right\} \text{reelle Nullstelle(n), falls } c_0 \left\{\begin{array}{l} > 0 \\ = 0 \\ < 0 \end{array}\right. \text{ist}$$

(siehe Abb. 2.17). Für Werte von c_0 nahe bei 0 ist deshalb die Bestimmung der *Anzahl* der reellen Nullstellen von P_3 ein unsachgemäß (inkorrekt) gestelltes Problem.

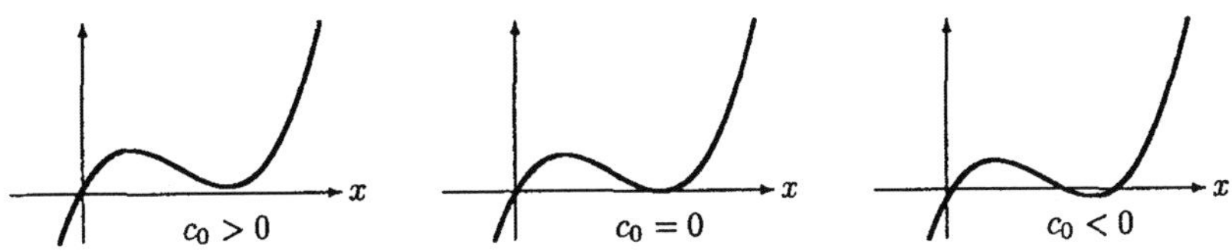

Abb. 2.17: Nullstellen des Polynoms $P_3(x; c_0) = c_0 + x - 2x^2 + x^3$

2.5 Kondition der Anwendungsprobleme

Analog zur Kondition mathematischer Probleme kann man Anwendungsprobleme als gut bzw. schlecht konditioniert bezeichnen, wenn geringe Änderungen der Versuchsbedingungen oder der Ausgangssituation das Ergebnis x_{real} nur wenig bzw. stark beeinflussen.

Eine wichtige Eigenschaft *relevanter* mathematischer Modelle ist die Ähnlichkeit zwischen Anwendungsproblem und mathematischem Problem bezüglich deren Störungsempfindlichkeit. Sollte diese Ähnlichkeit für ein konkretes mathematisches Modell *nicht* gegeben sein, so ist dies ein starker Hinweis darauf, daß das Modell in der untersuchten Konstellation unrealistisch ist.

Beispiel (Vorwärts-Rückwärtsschieben eines Fahrrads) Ein einfaches Modell eines Fahrrads erhält man durch die Verbindung des gelenkten Vorderrades V durch einen Stab der Länge a mit dem ungelenkten Hinterrad H. Das Fahrrad wird so geschoben, daß sich sein Vorderrad ständig auf einer Geraden – der x-Achse – bewegt. Untersucht wird die Bewegung von H, nachdem es durch eine Störung um δ aus der x-Achse – die der ungestörten geradlinigen Bewegung entspricht – versetzt wurde (siehe Abb. 2.18).

Der Mittelpunkt des Hinterrades H bewegt sich entlang einer sogenannten Schleppkurve (Traktrix), die Lösung der Differentialgleichung

$$y' = -\frac{y}{\sqrt{a^2 - y^2}} \tag{2.31}$$

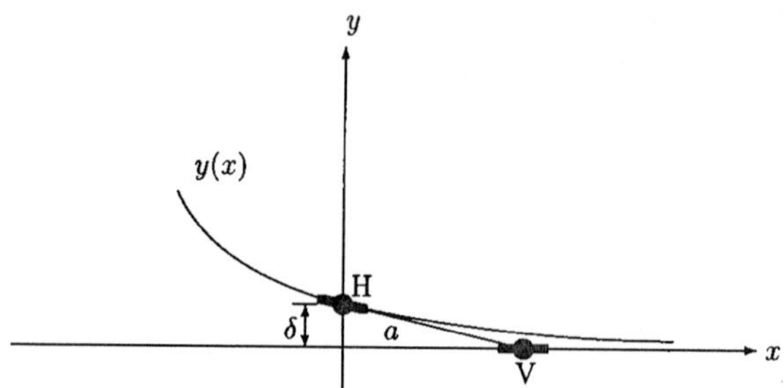

Abb. 2.18: Modell des geschobenen Fahrrads: Das gelenkte Vorderrad V wird entlang der x-Achse geführt; y ist der Abstand des ungelenkten Hinterrades H von der x-Achse.

ist. Bei einer Bewegung nach rechts („Vorwärtsschieben") nähert sich H rasch der x-Achse, die Störung δ wird abgebaut. Bei einer Bewegung nach links („Rückwärtsschieben") entfernt sich das Hinterrad immer weiter und immer schneller von der x-Achse, die Störung wird verstärkt.

Setzt man in (2.31) einen Radstand von $a = 1\,\mathrm{m}$ voraus, so hat eine Störung $\delta = 0.01\,\mathrm{m} = 1\,\mathrm{cm}$ folgende Auswirkungen auf die y-Koordinate von H:

			Vorwärts	*Rückwärts*
nach	1 m	Bewegung	0.37 cm	2.7 cm
nach	2 m	Bewegung	0.14 cm	7.4 cm
nach	3 m	Bewegung	0.05 cm	19.7 cm
nach	4 m	Bewegung	0.02 cm	50.9 cm

Man erkennt aus dem exponentiellen Abklingen bzw. Ansteigen des Störungseinflusses die gute Kondition der Vorwärtsbewegung bzw. die schlechte Kondition der Rückwärtsbewegung. Die Tabellenwerte sind – als Dämpfungs- bzw. Verstärkungsfaktoren einer Störung der „Größe 1" – die *Konditionszahlen* des Anwendungsproblems.

Sehr schlechte Kondition des Anwendungsproblems kann bis zur praktischen Nichtdeterminiertheit der vorliegenden realen Situation gehen.

Beispiel (Pendel) Wenn man sich bemüht, ein Pendel in die obere, instabile Gleichgewichtslage zu bringen, so wird dies kaum gelingen. Die Anfangsbedingung $\varphi(0) = \pi$, $\varphi'(0) = 0$ kann nicht völlig exakt realisiert werden, und bei kleinsten Störungen $\varphi(0) = \pi + \alpha_0$, $\varphi'(0) = \alpha_1$ kann das Pendel die Ausgangslage verlassen. Da jedoch die Richtung, in der die Ausgangslage verlassen wird, von winzigsten Änderungen der Störungen abhängt, kann man diesen Vorgang als praktisch undeterminiert bezeichnen.

Bei derartig schlechter Kondition des Anwendungsproblems ist es oft besser, eine Problemlösung auf mathematisch-rechnerischem Weg überhaupt nicht in Angriff zu nehmen. Es gibt aber Situationen, wo erst nach erfolgter Modellbildung eine Konditionsuntersuchung des mathematischen Problems erkennen läßt, daß schlechte Kondition des untersuchten Vorgangs vorliegt. In manchen Fällen *weiß* der Anwender, daß sein reales Problem gut konditioniert ist, das mathematische Problem stellt sich jedoch als schlecht konditioniert heraus. Damit ist die Relevanz des mathematischen Modells in Frage gestellt; bei der Modellbildung hat das Problem seinen Charakter verändert. Es ist denkbar, daß sorgfältigere Modellbildung zu einem besser konditionierten mathematischen Problem führt.

In der Praxis wird in solchen Situationen aber oft ein anderer Weg beschritten: Information über die erwartete Lösung (z.B. Monotonie oder Konvexität der Lösungsfunktion) werden dem mathematischen Modell hinzugefügt und bewirken oft eine erhebliche Konditionsverbesserung. Diese Vorgangsweise, die man als *Regularisierung* bezeichnet, wird in den Kapiteln über Interpolation und Lineare Gleichungssysteme noch ausführlicher behandelt.

2.6 Mathematische Grundlagen der Konditionsabschätzung

Nach den einleitenden Betrachtungen folgt nun eine formalere Diskussion der Kondition mathematischer Probleme. Dabei wird nur die Kondition direkter und inverser Probleme diskutiert, weil man Identifikationsprobleme im Normalfall auf inverse Probleme zurückführt.

2.6.1 Kondition direkter mathematischer Probleme

Bei direkten Problemen, d.h. bei der „Auswertung von F an der Stelle x"

$$y := Fx$$

besteht der allgemeinste Fall einer Datenstörung in der gemeinsamen Störung von x und F (siehe Abb. 2.19). Da dieser Fall aber in den folgenden Kapiteln keine Rolle spielt, wird er hier nicht weiter diskutiert.

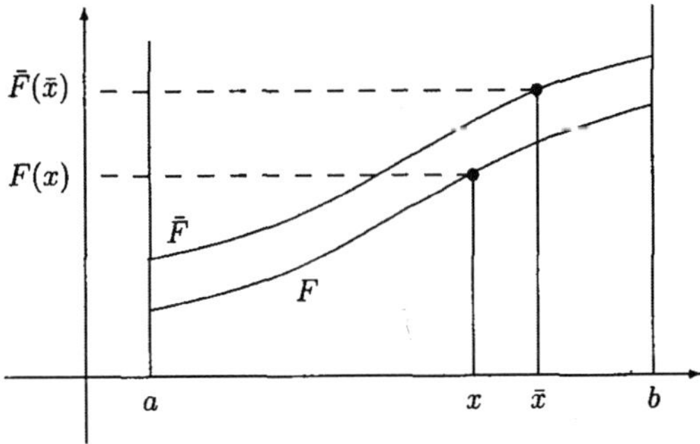

Abb. 2.19: Gemeinsame Störung von x und von F durch $\Delta x := \bar{x} - x$ und $\Delta F := \bar{F} - F$ im Fall einer Funktion $F : [a, b] \to \mathbb{R}$.

Die Auswirkungen der Änderungen von x auf das Resultat y können durch die Abschätzung (2.24) quantifiziert werden. Diese hat im Fall direkter mathematischer Probleme die Form

$$\|\bar{y} - y\| = \|F\bar{x} - Fx\| \leq k \cdot \|\bar{x} - x\|.$$

Es ist daher zweckmäßig, die Datenfehlerempfindlichkeit direkter Probleme durch Lipschitz-Konstanten und die Lipschitz-Norm von F zu charakterisieren.

Definition 2.6.1 (Lipschitz-Konstante) *$F : X \to Y$ heißt Lipschitz-stetig auf dem Bereich $B \subseteq X$, falls es eine Zahl $l(F, B) \in \mathbb{R}_+$ gibt, sodaß gilt*

$$\|Fx_1 - Fx_2\| \leq l(F, B) \cdot \|x_1 - x_2\| \qquad \text{für alle} \quad x_1, x_2 \in B. \tag{2.32}$$

Jedes solche $l(F, B)$ bezeichnet man als Lipschitz-Konstante der Abbildung F auf dem Bereich B.

Die beste Abschätzung erhält man natürlich mit der kleinstmöglichen Lipschitz-Konstanten $\mathrm{Lip}(F, B)$, die man als Lipschitz-Norm von F auf B bezeichnet.

Definition 2.6.2 (Lipschitz-Norm) *Die Größe*

$$\mathrm{Lip}(F, B) \ := \ \inf\{l \in \mathbb{R} : \|Fx_1 - Fx_2\| \leq l\|x_1 - x_2\|, \quad x_1, x_2 \in B\} \ =$$

$$= \ \sup\left\{ \frac{\|Fx_1 - Fx_2\|}{\|x_1 - x_2\|} : \quad x_1, x_2 \in B, \ x_1 \neq x_2 \right\} \tag{2.33}$$

bezeichnet man als Lipschitz-Norm der Abbildung $F : X \to Y$ auf $B \subseteq X$.

Die Lipschitz-Norm $\mathrm{Lip}(F, B)$ ist die absolute Konditionszahl des direkten Problems $y = Fx$ auf der Datenmenge $B \subseteq X$.

Abhängigkeit der Kondition von der Datenmenge

Bei einer nichtlinearen Funktion F ist die Datenmenge B von wesentlicher Bedeutung für die Größe der Konditionszahl.

Beispiel (Unterschiedliche Kondition)   Für die Auswertung von $F : \mathbb{R} \to \mathbb{R}$

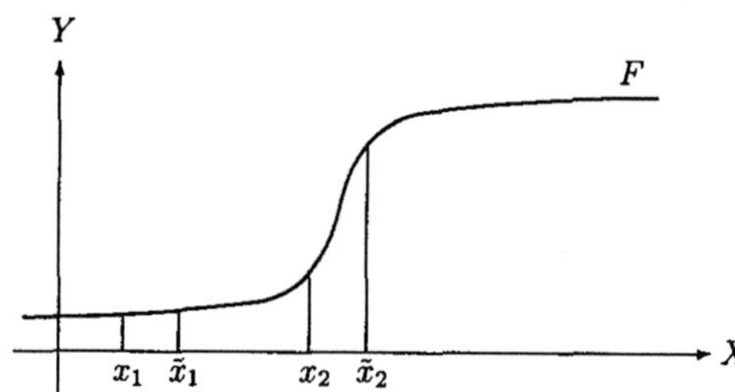

sollen Konditionszahlen ermittelt werden. Das direkte Problem der Auswertung von F ist in einem Bereich um die Stelle x_1 sehr gut konditioniert, während in der Nähe von x_2 und $\tilde{x}_2$ ein schlecht konditioniertes Problem vorliegt.

Stets gilt aber die Eigenschaft der Monotonie

$$B_1 \subseteq B_2 \quad \Longrightarrow \quad \mathrm{Lip}(F, B_1) \leq \mathrm{Lip}(F, B_2). \tag{2.34}$$

Kondition linearer Probleme

Wenn die Abbildung F auf X linear ist und auf $B \subseteq X$ eine Lipschitz-Konstante $\mathrm{Lip}(F, B)$ hat, wobei B eine offene Kugel[5]

$$S_\delta(x_0) := \{x \in X : \|x - x_0\| < \delta\} \qquad (\delta > 0)$$

enthält, so gilt für alle $x_1, x_2 \in X$

$$
\begin{aligned}
\|Fx_1 - Fx_2\| \;=\; & \|F(x_1 - x_2)\| = \left\| cF\left(\frac{x_1}{c} - \frac{x_2}{c}\right) \right\| = \\
=\; & \left\| cF\left(\left(x_0 + \frac{x_1}{c}\right) - \left(x_0 + \frac{x_2}{c}\right)\right) \right\| \le \\
\le\; & c \cdot \mathrm{Lip}(F, B) \cdot \left\| \left(x_0 + \frac{x_1}{c}\right) - \left(x_0 + \frac{x_2}{c}\right) \right\| = \\
=\; & c \cdot \mathrm{Lip}(F, B) \cdot \left\| \frac{x_1 - x_2}{c} \right\| = \mathrm{Lip}(F, B) \cdot \|x_1 - x_2\|.
\end{aligned}
$$

Dabei ist $c > 0$ so zu wählen, daß

$$\|x_1/c\| < \delta \quad \text{und} \quad \|x_2/c\| < \delta$$

ist, sodaß

$$x_0 + \frac{x_1}{c} \in S_\delta(x_0) \quad \text{und} \quad x_0 + \frac{x_2}{c} \in S_\delta(x_0)$$

gilt, z. B. $c = (1 + \|x_1\| + \|x_2\|)/\delta$.

Im linearen Fall hängt also die Lipschitz-Konstante nicht vom Gebiet $B \subseteq X$ ab, was in der Notation $l(F)$ zum Ausdruck gebracht wird, soferne B „kugelhaltig" ist, also eine Kugel $S_\delta(x_0)$ mit $x_0 \in X$ und $\delta > 0$ enthält.[6]

Für nicht kugelhaltige B kann $\mathrm{Lip}(F, B)$ im allgemeinen nicht auf ganz X eine Lipschitz-Konstante sein, wie die trivialen Sonderfälle $B = \emptyset$ oder $B = \{x_0\}$, aber auch folgendes Beispiel zeigen:

Beispiel (Lineare Funktion) Die auf $X = \mathbb{R}^2$ definierte Funktion $F(x, y) = x + 2y$ hat auf

$$B = \{(x, 0) : x \in \mathbb{R}\} \subset \mathbb{R}^2$$

die Lipschitz-Konstante $\mathrm{Lip}(F, B) = 1$, da für alle $(x_1, y_1), (x_2, y_2) \in B$ gilt:

$$\|F(x_1, y_1) - F(x_2, y_2)\| = |x_1 - x_2|.$$

Für $(x_1, y_1) = (0, 0) \in B$ und $(x_2, y_2) = (0, 1) \notin B$ ist aber

$$\|F(x_1, y_1) - F(x_2, y_2)\| = 2 > 1 = \|(x_1, y_1) - (x_2, y_2)\|.$$

Anschaulich bedeutet das: Die Menge B enthält jene Richtungen nicht, in denen die Abbildung F besonders stark „streckt".

---

[5] Man spricht von einer *Kugelumgebung* von x_0.
[6] Man bezeichnet eine solche Menge B als *Umgebung* von x_0.

Die kleinstmögliche Konstante, für die (2.32) gilt, ist wegen

$$\|Fx_1 - Fx_2\| = \|F(x_1 - x_2)\| \le \|F\| \cdot \|x_1 - x_2\|$$

die *Norm* $\|F\|$ der linearen Abbildung F (siehe Kapitel 13). Im linearen Fall liefert (2.33) folglich

$$\mathrm{Lip}(F_{\mathrm{linear}}, B) = \|F_{\mathrm{linear}}\|\,.$$

Die Lipschitz-Norm $\mathrm{Lip}(F, B)$ kann daher als Verallgemeinerung des Begriffs der Norm von linearen Operatoren auf nichtlineare Operatoren angesehen werden.

Konditionsbestimmung durch Differentiation

Für das mathematische Problem der Auswertung einer skalaren reellwertigen Funktion $F : B \subseteq \mathbb{R} \to \mathbb{R}$ ist jede Zahl, die alle Sehnenanstiege zwischen zwei Punkten (x_1, Fx_1), (x_2, Fx_2) mit $x_1, x_2 \in B$ nach oben beschränkt, eine Lipschitz-Konstante $l(F, B)$. Für den folgenden konvexen Funktionsverlauf

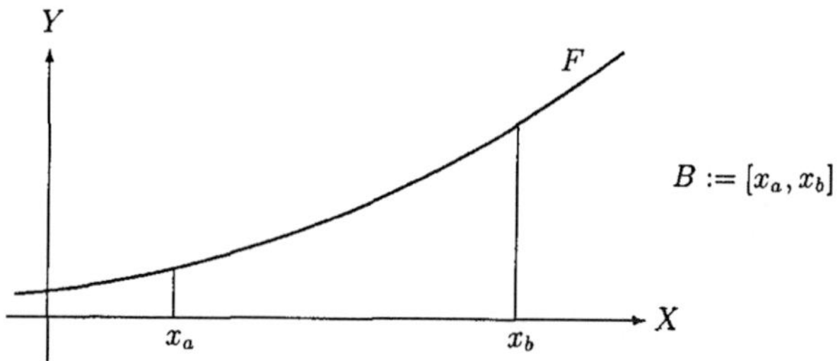

ist $\mathrm{Lip}(F, B)$ offensichtlich durch $F'(x_b)$, den steilsten Tangentenanstieg über B, gegeben, weil keine Sehne steiler als $F'(x_b)$ verlaufen kann. Diese im eindimensionalen Fall sehr anschauliche Tatsache läßt sich stark verallgemeinern:

Satz 2.6.1 *Ist $F : X \to Y$ auf dem konvexen Bereich $B \subseteq X$ stetig differenzierbar, dann gilt*

$$\mathrm{Lip}(F, B) = \sup\{\|F'(x)\| : x \in B\},$$

wobei $\|\cdot\|$ die zu den Normen auf X und Y gehörende Abbildungsnorm für lineare Abbildungen bezeichnet.

Beweis: Nach dem Mittelwertsatz in Integralform ist für alle $x_1, x_2 \in B$

$$Fx_1 - Fx_2 = \int_0^1 F'(x_2 + \lambda(x_1 - x_2))(x_1 - x_2)\, d\lambda,$$

$$\|Fx_1 - Fx_2\| \le \int_0^1 \|F'(x_2 + \lambda(x_1 - x_2))(x_1 - x_2)\|\, d\lambda \le$$

$$\le \sup\{\|F'(x_2 + \lambda(x_1 - x_2))\| : \lambda \in [0,1]\} \cdot \|x_1 - x_2\| \le$$

$$\le \sup\{\|F'(x)\| : x \in B\} \cdot \|x_1 - x_2\|.$$

Andererseits kann wegen

$$Fx_1 - Fx_2 = F'(x_2)(x_1 - x_2) + R(x_1, x_2) \quad \text{mit} \quad \|R(x_1, x_2)\| = o(\|x_1 - x_2\|)$$

der Quotient in (2.33) der Größe $\sup\{\|F'(x)\| : x \in B\}$ beliebig nahe kommen. $\Box$

Beispiel (Ableitung als Konditionszahl) Für das mathematische Problem der Auswertung der durch

$$\begin{aligned}
F_1(x_1, x_2) &:= (\sin x_1 + \cos x_2)/2 \\
F_2(x_1, x_2) &:= (\cos x_1 - \sin x_2)/2
\end{aligned}$$

definierten Funktion $F : \mathbb{R}^2 \to \mathbb{R}^2$ soll die Kondition abgeschätzt werden. Der Mittelwertsatz liefert:

$$\begin{aligned}
F_1(x_1^1, x_2^1) - F_1(x_1^2, x_2^2) &= \frac{\partial F_1}{\partial x_1}(\vartheta_{11}, \vartheta_{12})(x_1^1 - x_1^2) + \frac{\partial F_1}{\partial x_2}(\vartheta_{11}, \vartheta_{12})(x_2^1 - x_2^2) = \\
&= \frac{1}{2}\cos\vartheta_{11}(x_1^1 - x_1^2) - \frac{1}{2}\sin\vartheta_{12}(x_2^1 - x_2^2) \\
F_2(x_1^1, x_2^1) - F_2(x_1^2, x_2^2) &= \frac{\partial F_2}{\partial x_1}(\vartheta_{21}, \vartheta_{22})(x_1^1 - x_1^2) + \frac{\partial F_2}{\partial x_2}(\vartheta_{21}, \vartheta_{22})(x_2^1 - x_2^2) = \\
&= -\frac{1}{2}\sin\vartheta_{21}(x_1^1 - x_1^2) - \frac{1}{2}\cos\vartheta_{22}(x_2^1 - x_2^2),
\end{aligned}$$

wobei $(\vartheta_{11}, \vartheta_{12})$ auf der Verbindungsstrecke von (x_1^1, x_2^1) und (x_1^2, x_2^2) liegt. Man erhält damit

$$Fx^1 - Fx^2 = \frac{1}{2}\begin{pmatrix} \cos\vartheta_{11} & -\sin\vartheta_{12} \\ -\sin\vartheta_{21} & -\cos\vartheta_{22} \end{pmatrix}(x^1 - x^2).$$

Schätzt man $\cos\vartheta_{11}, \sin\vartheta_{12}, \sin\vartheta_{21}$ und $\cos\vartheta_{22}$ betragsmäßig durch 1 ab, so erhält man die Ungleichung

$$\|Fx^1 - Fx^2\|_\infty \le \|x^1 - x^2\|_\infty;$$

$l = 1$ ist also eine auf ganz $\mathbb{R}^2$ gültige Lipschitz-Konstante $l(F, \mathbb{R}^2)$.

Grenzkondition

Unter geeigneten Voraussetzungen ist zu erwarten, daß mit $B \to \{x_0\}$ die Konditionszahl $\mathrm{Lip}(F, B)$ gegen $\|F'(x_0)\|$ strebt. Bei kleinen Störungen $x - x_0$ könnte man dann $\|F'(x_0)\|$ oft in guter Näherung als Konditionszahl verwenden. Diese Vermutung soll im folgenden präzisiert und bestätigt werden.

Eine mathematisch präzise Formulierung des Übergangs von B zu einer einelementigen Menge $\{x_0\}$ führt zum Begriff der Grenzkondition.

Definition 2.6.3 (Absolute Grenzkondition) *Sei $F : X \to Y$ und $x_0 \in X$, dann heißt*

$$k_{F \leftarrow x}(x_0) := \lim_{\delta \to 0+} \mathrm{Lip}(F, S_\delta(x_0))$$

die absolute Grenzkondition[7] von F im Punkt x_0.

---

[7]Eigentlich sollte man genaugenommen „Grenzkondition*zahl*" sagen, die konzise Bezeichnung „Grenzkondition" dürfte aber zu keinen Mißverständnissen führen.

Wegen der Monotonie (2.34) ist

$$k_{F \leftarrow x}(x_0) \leq \mathrm{Lip}(F, B)$$

für alle Umgebungen[8] B von x_0.

Wegen $\mathrm{Lip}(F, S_\delta(x_0)) \geq 0$ für alle auftretenden $S_\delta(x_0)$ gilt $k_{F \leftarrow x}(x_0) \geq 0$. Für $k_{F \leftarrow x}(x_0) > 0$ ist die Grenzkondition als gute Schätzung von $\mathrm{Lip}(F, B)$ für kleine Umgebungen B von x_0 verwendbar. Es gilt nämlich:

Satz 2.6.2 *Ist $k_{F \leftarrow x}(x_0) > 0$, dann gibt es für alle $\rho > 0$ ein $\delta > 0$ so, daß man für alle Umgebungen B von x_0 mit $B \subseteq S_\delta(x_0)$ die Konditionszahl $\mathrm{Lip}(F, B)$ durch die Grenzkondition $k_{F \leftarrow x}(x_0)$ folgendermaßen abschätzen kann:*

$$k_{F \leftarrow x}(x_0) \leq \mathrm{Lip}(F, B) \leq (1 + \rho) \cdot k_{F \leftarrow x}(x_0).$$

Beweis: Die linke Abschätzung $k_{F \leftarrow x}(x_0) \leq \mathrm{Lip}(F, B)$ gilt nach obigen Betrachtungen für alle Umgebungen B von x_0.

Um die rechte Ungleichheit zu zeigen, setzt man $\varepsilon := \rho \cdot k_{F \leftarrow x}(x_0) > 0$ nach Voraussetzung. Dann gibt es wegen

$$k_{F \leftarrow x}(x_0) := \lim_{\delta \to 0+} \mathrm{Lip}(F, S_\delta(x_0))$$

ein $\delta > 0$ mit $\mathrm{Lip}(F, S_\delta(x_0)) \leq k_{F \leftarrow x}(x_0) + \varepsilon$. Einsetzen von ε und Anwendung der Monotonieeigenschaft (2.34) auf $B \subseteq S_\delta(x_0)$ schließen den Beweis ab. $\square$

Bemerkung Satz 2.6.2 sagt insbesondere aus, daß die Kondition in einer hinreichend kleinen Umgebung von x_0 in derselben Größenordnung liegt wie $k_{F \leftarrow x}(x_0)$.

Im Gegensatz zur Lipschitz-Norm $\mathrm{Lip}(F, B)$ kann die Grenzkondition $k_{F \leftarrow x}(x_0)$ oft leicht berechnet werden, was sie speziell in einfachen Problemstellungen zu einem sehr brauchbaren Werkzeug macht. Ist nämlich F stetig differenzierbar, so folgt aus Satz 2.6.1 und der Monotonie (2.34) unmittelbar

$$k_{F \leftarrow x}(x_0) = \|F'(x_0)\|. \tag{2.35}$$

Wenn die Grenzkondition verschwindet, d.h. $k_{F \leftarrow x}(x_0) = 0$ ist, darf man allerdings nicht den Schluß ziehen, daß F auf Änderungen von x nahe x_0 überhaupt nicht reagiere.

Beispiel (Verschwindende Grenzkondition) Für die Funktion $F(x) = x^2$ an der Stelle $x_0 = 0$ verschwindet die Grenzkondition:

$$k_{F \leftarrow x}(x_0) = 2 \cdot 0 = 0.$$

Es ist aber $|x_1^2 - x_2^2|$ nicht 0 für $x_2 \notin \{x_1, -x_1\}$. Anschaulich dargestellt

---

[8]Die bevorzugte Betrachtung von *Umgebungen* eines Punktes entspricht dem Umstand, daß man im allgemeinen Veränderungen von x nach *allen* Richtungen im Raum X in ihren Auswirkungen auf den Funktionswert $F(x)$ untersuchen möchte.

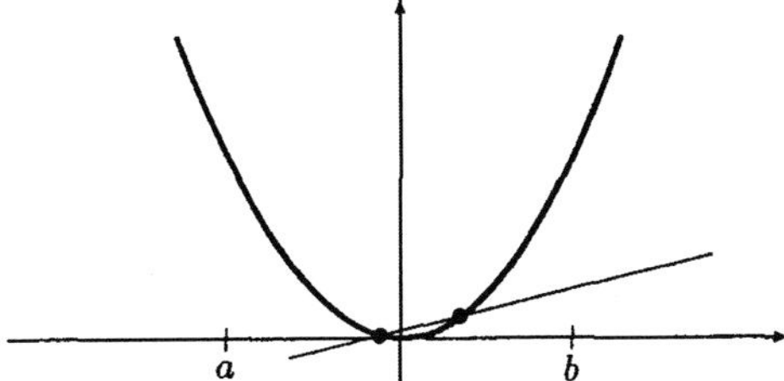

ist die Sehne zwischen zwei Punkten aus $B = (a, b) \ni 0$ so gut wie nie waagrecht, und zwar auch für noch so kleine Umgebungen B von 0. Die Grenzkondition $k_{F \leftarrow x}(x_0) = 0$ liefert daher in diesem Fall kein gutes Bild von der Störungsempfindlichkeit von F nahe der Stelle x_0.

Für lineare Abbildungen F ist

$$k_{F \leftarrow x}(x_0) = \text{Lip}(F, B) = \|F\| \tag{2.36}$$

für alle $x_0 \in X$ bzw. für alle kugelhaltigen $B \subseteq X$.

Relative Grenzkondition

Um lokale Schätzungen für die relative Kondition zu erhalten, kann die absolute Grenzkondition zu auftretenden Daten x und Ergebnissen Fx in Relation gesetzt werden. Man gelangt so zum Begriff der *relativen Grenzkondition*:

$$K_{F \leftarrow x}(x_0) := \frac{\|x_0\|}{\|Fx_0\|} k_{F \leftarrow x}(x_0).$$

Natürlich muß man hier voraussetzen, daß $\|Fx_0\| > 0$ ist. Ohne diese Voraussetzung ist aber überhaupt kein relativer Konditionsbegriff sinnvoll zu definieren.

Aus (2.35) ergeben sich für stetig differenzierbares F unmittelbar die Formeln

$$K_{F \leftarrow x}(x_0) = \frac{\|x_0\|}{\|Fx_0\|} \|F'(x_0)\| \qquad \text{bzw.} \qquad K_{F \leftarrow x}(x_0) = \frac{|x_0|}{|Fx_0|} \left| \frac{\partial F}{\partial x}(x_0) \right|$$

für den eindimensionalen Fall.

Den Konditionsuntersuchungen der folgenden Kapitel wird zumeist der Begriff der relativen Grenzkondition zugrundegelegt. Wo aus dem Zusammenhang heraus keine Mißverständnisse zu erwarten sind, wird dabei die Angabe „(x_0)" oft auch weggelassen.

2.6.2 Kondition inverser mathematischer Probleme

Beim inversen Problem $Fx = y$, bei dem F und y gegeben sind und x gesucht ist, soll das gestörte Problem

$$\bar{F}\bar{x} = \bar{y}$$

mit Störungen von y *und* F untersucht werden:

$$\bar{F} := F + \Delta F, \qquad \bar{x} := x + \Delta x, \qquad \bar{y} := y + \Delta y.$$

Dabei muß über F und $\bar{F}$ die Voraussetzung gemacht werden, daß beide Funktionen in einer Umgebung der gesuchten Lösung umkehrbar eindeutig sind und daß man entweder für F^{-1} oder $\bar{F}^{-1}$ über eine Lipschitz-Norm verfügt:

$$\|x_1 - x_2\| \leq \mathrm{Lip}(F^{-1}, B) \cdot \|Fx_1 - Fx_2\| \tag{2.37}$$

oder

$$\|x_1 - x_2\| \leq \mathrm{Lip}(\bar{F}^{-1}, B) \cdot \|\bar{F}x_1 - \bar{F}x_2\|. \tag{2.38}$$

In der Folge wird angenommen, daß die Menge $B \subseteq Y$, die der Lipschitz-Norm zugrunde liegt, in beiden Fällen dieselbe ist.

Abschätzung der absoluten Konditionszahlen

Unter den obigen Voraussetzungen gilt:

$$
\begin{aligned}
F\bar{x} - Fx \;&=\; F\bar{x} - y \;=\; F\bar{x} - y - \Delta y + \Delta y \;= \\
&=\; F\bar{x} - \bar{y} + \Delta y \;=\; F\bar{x} - \bar{F}\bar{x} + \Delta y \;= \\
&=\; -\Delta F\bar{x} + \Delta y.
\end{aligned}
$$

Setzt man in (2.37) $x_1 = \bar{x}$ und $x_2 = x$, so erhält man

$$
\begin{aligned}
\|\Delta x\| \;&\leq\; \mathrm{Lip}(F^{-1}, B) \cdot \|F\bar{x} - Fx\| \;\leq \\
&\leq\; \mathrm{Lip}(F^{-1}, B) \cdot (\|\Delta F\bar{x}\| + \|\Delta y\|).
\end{aligned}
\tag{2.39}
$$

Analog erhält man

$$
\begin{aligned}
\bar{F}\bar{x} - \bar{F}x \;&=\; \bar{y} - \bar{F}x \;=\; y + \Delta y - \bar{F}x \;= \\
&=\; Fx - \bar{F}x + \Delta y \;=\; -\Delta Fx + \Delta y,
\end{aligned}
$$

und aus (2.38) folgt:

$$
\begin{aligned}
\|\Delta x\| \;&\leq\; \mathrm{Lip}(\bar{F}^{-1}, B) \cdot \|\bar{F}\bar{x} - \bar{F}x\| \;\leq \\
&\leq\; \mathrm{Lip}(\bar{F}^{-1}, B) \cdot (\|\Delta Fx\| + \|\Delta y\|).
\end{aligned}
\tag{2.40}
$$

Als absolute Konditionszahlen für das inverse Problem bezüglich Störungen der rechten Seite und des Operators kann man gemäß (2.39) bzw. (2.40) $\mathrm{Lip}(F^{-1}, B)$ oder $\mathrm{Lip}(\bar{F}^{-1}, B)$ wählen. Die Schranken (2.39) und (2.40) werden wegen der Monotonieeigenschaft (2.34) umso schärfer, je kleiner B wird. Im Idealfall wird für die Konditionsuntersuchung B als eine möglichst kleine Umgebung des Punktes $y \in Y$ gewählt, die alle Werte $y + \Delta y$ enthält, die auf Grund der Datenfehler Δy auftreten können.

Wenn die Lipschitz-Norm $\text{Lip}(\Delta F, B)$ der Störung ΔF bekannt ist, dann ist es möglich, in Formel (2.40) die Größe $\text{Lip}(\bar{F}^{-1}, B)$ zu eliminieren, indem man sie durch $\text{Lip}(F^{-1}, B)$ und $\text{Lip}(\Delta F, B)$ abschätzt. Aus

$$\|\Delta F x_1 - \Delta F x_2\| \le \text{Lip}(\Delta F, B)\|x_1 - x_2\| \qquad \text{für alle} \quad x_1, x_2 \in B$$

und aus

$$\begin{aligned}
F x_1 - F x_2 &= (F x_1 - \bar{F} x_1) + (\bar{F} x_1 - \bar{F} x_2) + (\bar{F} x_2 - F x_2) = \\
&= -\Delta F x_1 + (\bar{F} x_1 - \bar{F} x_2) + \Delta F x_2
\end{aligned}$$

folgt

$$\|F x_1 - F x_2\| \le \|\bar{F} x_1 - \bar{F} x_2\| + \text{Lip}(\Delta F, B)\|x_1 - x_2\|,$$

weiters

$$\|x_1 - x_2\| \le \text{Lip}(F^{-1}, B) \cdot (\|\bar{F} x_1 - \bar{F} x_2\| + \text{Lip}(\Delta F, B)\|x_1 - x_2\|)$$

und schließlich

$$\|x_1 - x_2\| \le \frac{\text{Lip}(F^{-1}, B)}{1 - \text{Lip}(F^{-1}, B) \cdot \text{Lip}(\Delta F, B)} \|\bar{F} x_1 - \bar{F} x_2\|,$$

falls der Nenner größer als Null ist, falls also für die Störung $\text{Lip}(\Delta F, B)$ hinreichend klein ist. Es ergibt sich damit eine Schranke

$$\text{Lip}(\bar{F}^{-1}, B) \le \frac{\text{Lip}(F^{-1}, B)}{1 - \text{Lip}(F^{-1}, B) \cdot \text{Lip}(\Delta F, B)}. \tag{2.41}$$

Wegen (2.41) läßt sich (2.40) jetzt schreiben:

$$\|\Delta x\| \le \frac{\text{Lip}(F^{-1}, B)}{1 - \text{Lip}(F^{-1}, B) \cdot \text{Lip}(\Delta F, B)} \cdot (\|\Delta F x\| + \|\Delta y\|). \tag{2.42}$$

Beachtenswert ist die „Komplementarität" der Konditionsabschätzungen (2.39) und (2.40): In (2.39) tritt $\text{Lip}(F^{-1}, B)$ in Verbindung mit $\|\Delta F \bar{x}\|$ auf, während in (2.40) $\text{Lip}(\bar{F}^{-1}, B)$ mit $\|\Delta F x\|$ kombiniert auftritt. Wie schon einleitend bemerkt wurde, hat man die Freiheit, zu wählen, welches der beiden untersuchten Probleme man als das gestörte und welches als das ungestörte Problem ansieht. In diesem Sinne ergibt sich (2.40) sofort aus (2.39), wenn man die Bezeichnungen „gestörtes Problem" und „ungestörtes Problem" vertauscht (d. h. quergestrichene und nicht quergestrichene Größen vertauscht).

Wie bei den direkten Problemen kann man als guten Näherungswert für die allenthalben auftretenden Lipschitz-Normen von F^{-1} und $\bar{F}^{-1}$ häufig die Norm einer Ableitung verwenden – $\|(F^{-1})'\|$ oder $\|(\bar{F}^{-1})'\|$ –, vorausgesetzt, die Störungen sind nicht zu groß.

Abschätzung der relativen Konditionszahlen linearer Probleme

Im folgenden werden relative Konditionszahlen *linearer* inverser Probleme (z. B. linearer Gleichungssysteme) angegeben. Für lineare Operatoren F und ΔF gilt gemäß (2.36) für eine Menge B, die eine nichtleere offene Kugel $S_\delta(x_0)$ um einen Punkt $x_0 \in B$ enthält:

$$\text{Lip}(F, B) = \|F\|, \qquad \text{Lip}(F^{-1}, B) = \|F^{-1}\| \quad \text{und} \quad \text{Lip}(\Delta F, B) = \|\Delta F\|,$$

d. h., die Lipschitz-Normen gehen in diesem Fall in die Abbildungsnormen über, die Abhängigkeit von B entfällt, und man erhält in einfacher Weise relative Konditionsabschätzungen.

Auswirkung der Störungen von y

Nimmt man an, daß nur y gestört ist (F bleibt ungestört: $\Delta F = 0$), so erhält man aus (2.39)

$$\|\Delta x\| \leq \text{Lip}(F^{-1}, B)\|\Delta y\| = \|F^{-1}\|\|\Delta y\|$$

und zusammen mit

$$\|y\| = \|Fx\| \leq \|F\|\|x\|$$

schließlich

$$\frac{\|\Delta x\|}{\|x\|} \leq \|F\|\|F^{-1}\|\frac{\|\Delta y\|}{\|y\|}.$$

Auswirkung der Störungen von F

Wenn nur Störungen der Funktion F berücksichtigt werden (y bleibt ungestört, sodaß $\Delta y = 0$ gilt) erhält man aus (2.39)

$$\begin{aligned}
\|\Delta x\| &\leq \text{Lip}(F^{-1}, B)\|\Delta F\bar{x}\| = \\
&= \|F^{-1}\|\|\Delta F\bar{x}\| \leq \|F^{-1}\|\|\Delta F\|\|\bar{x}\|
\end{aligned}$$

und somit

$$\frac{\|\Delta x\|}{\|\bar{x}\|} \leq \|F\|\|F^{-1}\|\frac{\|\Delta F\|}{\|F\|}. \tag{2.43}$$

Aus beiden Abschätzungen, d. h. bei beiden Arten der Störung eines linearen inversen Problems, erhält man $\|F\|\|F^{-1}\|$ als Konditionszahl, wobei aber in (2.43) der relative Fehler auf die gestörte Lösung $\bar{x}$ bezogen ist. Die zu (2.43) analoge Formel, bei der der relative Fehler auf x bezogen ist, folgt aus (2.42) mit $\Delta y = 0$:

$$\frac{\|\Delta x\|}{\|x\|} \leq \frac{\|F\|\|F^{-1}\|}{1 - \|F^{-1}\|\|\Delta F\|}\frac{\|\Delta F\|}{\|F\|}.$$

Relative Konditionsabschätzungen sind auch im nichtlinearen Fall möglich, falls geeignete Abschätzungen der Form

$$\|\Delta Fx\| \leq M(\Delta F)\|x\| \qquad \text{und} \qquad \|Fx\| \leq M(F)\|x\|$$

vorliegen, falls sich also die Funktionen F und ΔF im betrachteten Gebiet B „ähnlich" linearen Abbildungen verhalten.

2.7 Validierung numerischer Berechnungen

Numerische Berechnungen sind mit Unsicherheiten verschiedenen Ursprungs behaftet. Es besteht z. B. immer die Möglichkeit, daß die zugrundeliegenden naturwissenschaftlichen Modelle inadäquat sind, daß die verwendeten Daten mit gravierenden Ungenauigkeiten behaftet sind etc. Es drängt sich daher die Frage auf: Wie kann man sich *Gewißheit* darüber verschaffen, daß die Ergebnisse einer numerischen Berechnung hinsichtlich ihrer Genauigkeit den gestellten Anforderungen entsprechen? Die Antwort auf diese Frage ist vielleicht enttäuschend: Es gibt diese Gewißheit nicht!

Man kann durch verschiedene Techniken, die in diesem Abschnitt kurz besprochen werden, den Grad der Unsicherheit (in einem praktisch nicht zu quantifizierenden Sinn) reduzieren, vollständig beseitigen läßt sich die inhärente Unsicherheit numerischer Berechnungen aber nie.

Maßnahmen zur Reduktion des Unsicherheitsgrades sind meist sehr aufwendig. Überprüfung und Analyse der Unsicherheitsfaktoren einer numerischen Berechnung erhöhen den Gesamtaufwand oft um eine Größenordnung (Faktor 10) oder mehr.

Beispiel (Lineare Gleichungssysteme) Die Lösung linearer Gleichungssysteme durch eine Implementierung des Gauß-Algorithmus ist mit beträchtlicher Unsicherheit behaftet: Das Vorliegen eines schlecht konditionierten Systems wird vom Programm im allgemeinen nicht erkannt; es können Fälle eintreten, wo dem Benutzer ein völlig unbrauchbarer Resultatvektor geliefert wird. Die zusätzliche Berechnung von Konditionsschätzungen ist – je nach Art der dabei verwendeten Methode – mit wesentlich umfangreicheren und komplexeren Programmen und mit einem *Mehraufwand* an Rechenzeit von ca. 30 % (für die Berechnung einer Schätzung oder Schranke für die Konditionszahl) bis ca. 200 % (Singulärwertzerlegung) verbunden.

Die Untersuchung der Validität, d. h. die Überprüfung, in welchem Maß die Resultate numerischer Berechnungen den (Genauigkeits-) Anforderungen der ursprünglichen Problemstellung entsprechen, bezeichnet man als *Validierung*. Das dabei am häufigsten angewendete Prinzip ist das Testen, d. h. die indirekte Verifikation mittels mangelnder Falsifikation – wenn also trotz intensiver Bemühungen eine Falsifikation nicht möglich scheint.

2.7.1 Unsicherheit numerischer Berechnungen

Das Ergebnis jeder numerischen Berechnung ist mit einem mehr oder weniger großen Unsicherheitsfaktor behaftet. Diese Unsicherheit ist einerseits auf Modell-, Daten-, Verfahrens- und Rechenfehler zurückzuführen und kann auch durch Schwierigkeiten bei der Software-Auswahl und -Verwendung verursacht sein.

Modell-Unsicherheit

Modelle erfassen stets nur einen Teil aller Eigenschaften des Originals (siehe Kapitel 1 und 8). Die aus Modellen gewonnenen Erkenntnisse und Informationen können daher nur mit einer bestimmten Unsicherheit – ausgedrückt durch den

Modellfehler (siehe Abschnitt 2.3.1) – auf das Original übertragen werden. Jede aus dem Modell erschlossene Aussage über die Eigenschaften des Originals müßte dementsprechend auf ihre Signifikanz überprüft werden.

Ungünstig konzipierte Modelle oder Modellformulierungen, die schlecht konditioniert sind oder auf instabile Algorithmen führen, tragen in Verbindung mit *Datenfehlern* (siehe Abschnitt 2.3.2) ebenfalls zur Modellunsicherheit bei.

Numerische Unsicherheiten

Eine erste Modellbildung ist immer erforderlich, um ein reales Problem in mathematische Form zu bringen. Eine zweite Modellbildung wird im allgemeinen benötigt, wenn man aus einer idealen (meist praktisch unrealisierbaren) Lösungsmethode einen implementierbaren Algorithmus konstruieren möchte. Die Unsicherheiten, die mit letzterem Schritt zusammenhängen, treten in Form von *Verfahrensfehlern* auf (siehe Abschnitt 2.3.3).

Eine zweite Quelle numerischer Unsicherheiten sind die *Rechenfehler* (siehe Abschnitt 2.3.4), die durch die unvermeidbaren Unzulänglichkeiten der Maschinenzahlen und der Rechnerarithmetik bedingt sind.

Software-Unsicherheit

Weitere Ursachen für die Unsicherheit numerischer Berechnungen ergeben sich bei der Verwendung numerischer Software

1. bei der *Auswahl* fertiger Software: Es besteht die Gefahr, für ein gegebenes Problem ein unpassendes Programm auszuwählen, das unter Umständen zu ungenauen oder falschen Resultaten führt;

2. bei der fehlerhaften *Anwendung* fertiger Software oder durch falsche Interpretation der Resultate;

3. durch die praktisch unvermeidlichen *Softwarefehler* (*bugs*) – Entwurfsfehler, Programmierfehler, Dokumentationsfehler – sowohl bei fertiger (kommerzieller oder über Computer-Netze frei verfügbarer) Software wie auch vor allem bei selbstentwickelter numerischer Software;

4. durch *Fehler* oder *Fehlbedienung* von Systemsoftware.

Für die Bewertung der Unsicherheit numerischer Berechnungen und für deren Validierung gibt es kein einzelnes universelles Verfahren. Die drei Ursachenkomplexe werden daher in den folgenden Abschnitten separat besprochen.

2.7.2 Modell-Validierung

Modell-Validierung ist ein zentrales Anliegen der Angewandten Mathematik. Dabei werden für konkrete Parameterkonstellationen die Rechenergebnisse (die man mit dem zu untersuchenden Modell und den entsprechenden Parametern erhalten hat) den zu modellierenden realen Phänomenen gegenübergestellt. Die gesuchten Größen müssen in geplanten Experimenten empirisch ermittelt und mit den Rechenergebnissen verglichen werden.

Die Grundfragen der Modell-Validierung richten sich nach dem Grad der Übereinstimmung mit den zu modellierenden realen Vorgängen: Wie gut stimmt das Modellverhalten mit dem Verhalten des korrespondierenden Originalsystems überein? Mit welcher Zuverlässigkeit und Genauigkeit werden vom Modell die empirischen Systemwerte reproduziert? Ist die Modellstruktur zu hoch aggregiert („zu grob") und muß sie weiter verfeinert werden? Für welche Datenkonstellationen verhält sich das Modell stabil, für welche instabil?

Man muß sich stets klar darüber sein, daß auch bei einem auf diese Weise validierten Modell keine absolute Sicherheit bezüglich der Einhaltung des gewünschten Genauigkeitsniveaus besteht: Die Abweichungen zwischen Realität und Rechenergebnis können bei speziellen Konstellationen, die bei der Validierung nicht abgedeckt wurden, erheblich *über* dem geforderten Genauigkeitsniveau liegen.

2.7.3 Sensitivitätsanalyse und Fehlerschätzung

Eine *Sensitivitätsanalyse* ist eine qualitative und quantitative Untersuchung darüber, wie empfindlich die numerischen Berechnungsergebnisse auf Änderungen der Modellstruktur, der Eingangsparameter, der Lösungsalgorithmen, der Maschinenarithmetik etc. reagieren. Art und Größe der bewußt herbeigeführten Änderungen hängen stark vom jeweiligen Problem ab. Wenn diese Änderungen der Modellstruktur etc. nur kleine Änderungen des Berechnungsergebnisses verursachen, die man im Rahmen der Problemstellung akzeptieren kann, so wird sich der Grad der Unsicherheit verringern. Obwohl Sensitivitätsuntersuchungen sehr problembezogen zu planen und durchzuführen sind, gibt es allgemeine Gesichtspunkte.

Numerische Daten

Auswirkungen der Daten- und Rechenfehler auf die Resultate können durch Anwendung der Monte-Carlo-Methode folgendermaßen experimentell untersucht werden: Einige konkrete (für den betrachteten Anwendungsfall repräsentative) Datensätze werden durch Zufallszahlen mit Störungen versehen, deren Verteilung und Korrelation möglichst genau jener der tatsächlichen, praktisch auftretenden Datenfehler entspricht. Aus den empirisch beobachteten Verteilungen (Streuung etc.) der Berechnungsergebnisse kann man auf die Daten- und Rechenfehlerempfindlichkeit der verwendeten Algorithmen und Programme schließen.

Stellt sich bei einer derartigen Monte-Carlo-Studie heraus, daß die untersuchten Einflußgrößen als Ursache zu großer Ungenauigkeiten ausgeschlossen werden können und auch der Verfahrensfehler hinreichend klein gehalten wurde, so ist offensichtlich das verwendete Modell unzureichend. In diesem Fall muß mit einem anderen, besser angepaßten Modell gearbeitet werden, und der gesamte Validierungsvorgang ist zu wiederholen.

Software (Sensitivitätsanalysen) Die *Software for Round-off Analysis* in TOMS/532 kann als Werkzeug bei Sensitivitätsuntersuchungen eingesetzt werden. Die dort enthaltenen Programme untersuchen bei Fortran 77 - Programmen (speziell aus dem Bereich der Linearen Algebra), für welche Eingangsdaten die größten numerischen Instabilitäten auftreten.

Rundungseffekte

Wenn vorhandene Software einmal mit einfach genauer Arithmetik und einmal mit doppelt genauer Arithmetik zur Lösung eines gegebenen Problems verwendet wird, dann sind in vielen Fällen die übereinstimmenden Dezimalstellen beider Lösungen – hinsichtlich des Einflußfaktors Computerarithmetik – korrekt.

Beispiel (Iterative Lösung einer nichtlinearen Gleichung) Zum Lösen der Gleichung

$$\cosh x + \cos x = a \quad \text{mit} \quad a \in \mathbb{R} \tag{2.44}$$

wurde auf der Basis des Newton-Verfahrens

$$x_{n+1} = x_n - \frac{f(x_n)}{f'(x_n)}$$

mit $f(x) := \cosh x + \cos x - a$ und der Abbruchbedingung

$$\textbf{if} \quad |x_n - x_{n+1}| < \varepsilon \quad \textbf{then exit}$$

ein Programm geschrieben. Für $a = 2$, $x_0 = 1$ und $\varepsilon = 10^{-6}$ lieferte das Programm folgende Werte als Lösung:

$$x_{13} = 0.0310\,800 \quad \text{bei } \textit{einfach} \text{ genauer Arithmetik;}$$
$$x_{32} = 0.0001\,307 \quad \text{bei } \textit{doppelt} \text{ genauer Arithmetik.}$$

Auf Grund der großen Diskrepanz zwischen den beiden Werten kann man auf Schwierigkeiten schließen, die mit Effekten der Gleitpunktarithmetik in Verbindung stehen. Im vorliegenden Fall sind die Komplikationen im speziellen darauf zurückzuführen, daß es sich bei der exakten Lösung $x^* = 0$ um eine mehrfache Nullstelle der Gleichung (2.44) handelt.

Dieses Beispiel ist auch deshalb interessant, weil hier die Variation des Toleranzparameters ε *nicht* dazu verwendet werden kann, die Schwierigkeiten zu entdecken: Für alle Werte

$$\varepsilon = 10^{-2}, 10^{-3}, 10^{-4}, \ldots, 10^{-8}$$

erhält man in einfach genauer Arithmetik stets das gleiche Resultat: $x_{13} = 0.0310\,800$.

Algorithmen

Für viele mathematische Standardaufgabenstellungen gibt es sowohl eine Vielzahl verschiedener Algorithmen als auch eine beträchtliche Menge fertiger Software. Hier besteht oft die Möglichkeit, die Abhängigkeit der numerischen Resultate von der Verwendung spezieller Algorithmen durch den Austausch eines Bibliotheksprogrammes gegen ein anderes zu untersuchen.

Numerische Software hängt meist von Parametern zur Algorithmus-Steuerung ab (z. B. zur Spezifikation der geforderten Genauigkeit, der maximalen Anzahl an Iterationsschritten etc.). Die Abhängigkeit des Resultats von diesen Parametern sollte im Rahmen einer Sensitivitätsuntersuchung überprüft werden.

Beispiel (Numerische Integration) Wenn zur Lösung eines Integrationsproblems ein Integrationsprogramm eingesetzt wird, das auf Gauß-Kronrod-Formeln mit einem global-adaptiven Algorithmus beruht, z. B. das Programm QUADPACK/qag, dann kann man die Abhängigkeit der Resultate vom Algorithmus z. B. dadurch untersuchen, daß man durch die Wahl des Parameters key verschiedene Gauß-Kronrod-Formelpaare (zwischen 7/15-Punkt-Formeln und 30/61-Punkt-Formeln) zum Einsatz bringt.

Auf jeden Fall sollte man auch die Abhängigkeit der Resultate von den Genauigkeitsparametern (epsabs und epsrel beim Programm QUADPACK/qag) durch mindestens drei Computerläufe untersuchen: mit den ursprünglich gewählten Parameterwerten sowie Werten, die sich um die Faktoren 10 und 0.1 davon unterscheiden. Man kann aber auch durch diese Maßnahmen nicht ausschließen, daß Konstellationen auftreten, bei denen z. B. ein *peak* des Integranden nicht erkannt wird und dementsprechend ungenaue Resultate die Folge sind.

Modelle

Die Sensitivitätsanalyse bezüglich der zugrundeliegenden Modelle ist ein wichtiger Teil des Modellbildungsvorganges. Die Modelländerungen, die dabei durchzuführen und zu untersuchen sind, gestalten sich oft sehr aufwendig.

Im Bereich der Numerischen Datenverarbeitung können Hilfsmittel bereitgestellt werden, mit denen die experimentelle Sensitivitätsuntersuchung von Modellen oft erheblich erleichtert wird.

Experimentelle Konditionsuntersuchung

In den Betrachtungen der Abschnitte 2.4 und 2.6 wurde stets (implizit) angenommen, daß man Konditionszahlen wie $\mathrm{Lip}(F, B)$ bzw. $\mathrm{Lip}(F^{-1}, D)$ berechnen bzw. abschätzen kann. Bei komplexeren Aufgabenstellungen ist man in der Praxis jedoch oft nicht imstande, für einen konkreten Fall Konditionszahlen zu ermitteln. Da es jedoch für die Beurteilung der Genauigkeit einer Lösung unumgänglich ist, über die Datenfehlerempfindlichkeit Bescheid zu wissen, muß man sich diese Kenntnis auf einem anderen Weg verschaffen: durch Simulation der Störungen. Man ersetzt dabei den Vorgang

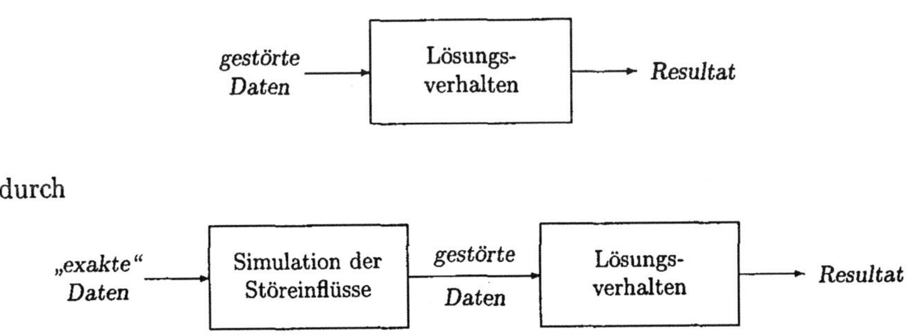

durch

Da man im allgemeinen die exakten Daten des untersuchten Anwendungsproblems nicht kennt, ist man gezwungen, einen Datensatz (der möglichst große Ähnlichkeit mit den realen Daten hat) als „exakten" Datensatz anzusehen. Wenn möglich, sollte dies ein Datensatz sein, für den man das exakte Resultat kennt. Diesen festen Datensatz stört man nun in möglichst derselben Weise, wie es den

Störeinflüssen (Meßfehler usw.) entspricht. Dies kann z. B. mit Hilfe eines Zufallszahlengenerators erfolgen, dessen Ausgangswerte eine Verteilungsfunktion besitzen, die mit jener des simulierten Störfaktors übereinstimmt (siehe Kapitel 17).
Der Zufallszahlengenerator kann nun dazu verwendet werden eine bestimmte Anzahl von „gestörten Datensätzen" zu generieren, die als Input für das zu untersuchende Lösungsverfahren verwendet werden. Man erhält eine Menge von
Lösungen (zu einem „exakten" Datensatz), deren Variabilität Aufschlüsse über
die Datenfehlerempfindlichkeit gibt. Es soll hier nicht weiter auf die statistische
Analyse der erhaltenen Werte eingegangen werden, es sei nur davor gewarnt, aus
einer kleinen Variabilität (Streuung) auf kleine Fehler zu schließen. Man betrachte
z. B. die Dichtefunktionen in Abb. 2.20.

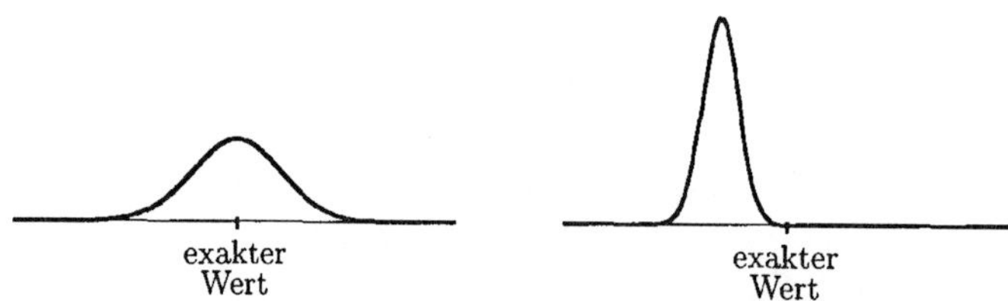

Abb. 2.20: Resultate mit großer Streuung, bei denen Mittelwert und exakter Wert übereinstimmen, und solche mit kleiner Streuung, die einen systematischen Fehler aufweisen.

Die experimentelle Sensitivitätsanalyse ist ein sehr nützliches Hilfsmittel zur Reduktion von Unsicherheiten, das aber auch seine Grenzen hat, vor allem dann,
wenn man eine *systematische* Untersuchung *aller* Datenvariationen in Angriff
nehmen will. Wenn z. B. ein Problem 100 skalare Eingangsdaten besitzt (z. B.
die Elemente einer 10×10-Matrix) und man alle Konstellationen untersuchen
will, die sich ergeben, wenn jedes Element entweder ungestört oder um $+1\%$
oder -1% gestört ist, dann sind hierfür $3^{100} \approx 5 \cdot 10^{47}$ Berechnungen erforderlich. Erst mit *statistischen* Methoden kann man in dieser Situation eine sinnvolle
Sensitivitätsanalyse durchführen, indem man mit Hilfe eines Zufallszahlengenerators eine handhabbare Teilmenge aus den 3^{100} möglichen Datenkonstellationen
auswählt und als Berechnungseingang verwendet. Die Anzahl der durchzuführenden Berechnungen kann man dann nach statistischen Gesichtspunkten und freilich
nur nach Maßgabe des Aufwandes, den man zu investieren bereit ist, festlegen.

Beispiel (Experimentelle Konditionsuntersuchung) An einer Widerstandsschaltung
(siehe Abb. 2.21) wurde eine experimentelle Konditionsuntersuchung durchgeführt. Dieser lagen folgende Werte zugrunde:

$$R_1 = 60\Omega, \quad R_2 = 10\Omega, \quad R_3 = 5\Omega, \quad R_4 = 70\Omega, \quad R_5 = 5\Omega, \quad R_6 = 100\Omega,$$
$$R_7 = 30\Omega, \quad R_8 = 50\Omega, \quad R_9 = 30\Omega, \quad R_{10} = 10\Omega, \quad R_{11} = 5\Omega, \quad R_{12} = 80\Omega,$$
$$I_0 = 100A.$$

Mit Hilfe der Knotenpotentialmethode (Schüssler [357]) kann man für diese Schaltung ein lineares Gleichungssystem[9] für die sechs unbekannten Potentiale $\varphi_1, \ldots, \varphi_6$ aufstellen:

---

[9]Die Einheiten V, A und Ω werden in der Folge weggelassen.

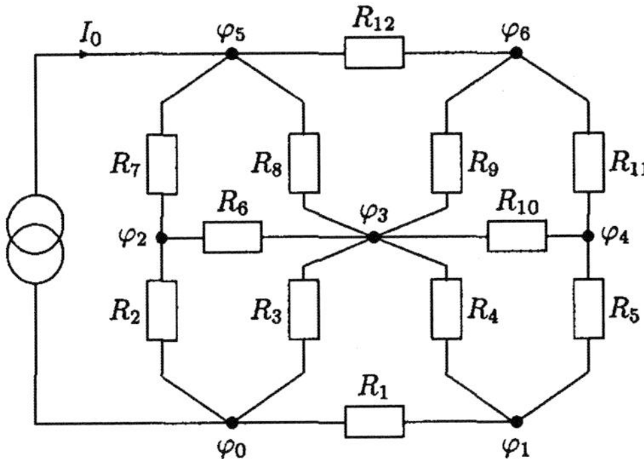

Abb. 2.21: Elektrische Schaltung mit 12 Widerständen

$$\begin{pmatrix} a_{11} & 0 & a_{13} & a_{14} & 0 & 0 \\ 0 & a_{22} & a_{23} & 0 & a_{25} & 0 \\ a_{31} & a_{32} & a_{33} & a_{34} & a_{35} & a_{36} \\ a_{41} & 0 & a_{43} & a_{44} & 0 & a_{46} \\ 0 & a_{52} & a_{53} & 0 & a_{55} & a_{56} \\ 0 & 0 & a_{63} & a_{64} & a_{65} & a_{66} \end{pmatrix} \cdot \begin{pmatrix} \varphi_1 \\ \varphi_2 \\ \varphi_3 \\ \varphi_4 \\ \varphi_5 \\ \varphi_6 \end{pmatrix} = \begin{pmatrix} 0 \\ 0 \\ 0 \\ 0 \\ I_0 \\ 0 \end{pmatrix} . \qquad (2.45)$$

Die Koeffizienten $a_{11}, \ldots, a_{66}$ ergeben sich aus den Widerständen $R_1, \ldots, R_{12}$:

$$
\begin{aligned}
a_{11} &= G_1 + G_4 + G_5 &&\approx 0.231 & a_{13} &= -G_4 &&\approx -0.014 \\
a_{22} &= G_2 + G_6 + G_7 &&\approx 0.143 & a_{14} &= -G_5 &&= -0.200 \\
a_{23} &= -G_6 &&= -0.010 & a_{25} &= -G_7 &&\approx -0.033 \\
a_{31} &= -G_4 &&\approx -0.014 & a_{32} &= -G_6 &&= -0.010 \\
a_{33} &= G_3 + G_4 + G_6 + G_8 + G_9 + G_{10} &&\approx 0.378 & a_{43} &= -G_{10} &&= -0.100 \\
a_{34} &= -G_{10} &&= -0.100 & a_{35} &= -G_8 &&= -0.020 \\
a_{36} &= -G_9 &&\approx -0.030 & a_{41} &= -G_5 &&= -0.200 \\
a_{44} &= G_5 + G_{10} + G_{11} &&= 0.500 & a_{56} &= -G_{12} &&\approx -0.013 \\
a_{63} &= -G_9 &&\approx -0.033 & a_{64} &= -G_{11} &&= -0.200 \\
a_{66} &= G_9 + G_{11} + G_{12} &&\approx 0.246 & a_{65} &= -G_{12} &&\approx -0.013
\end{aligned}
$$

$$\text{Leitwerte} \quad G_i := \frac{1}{R_i}, \quad i = 1, 2, \ldots, 12.$$

Die Widerstände wurden nun auf spezielle Art gestört: Die Störungen sind gemäß einer „abgeschnittenen" Normalverteilung verteilt, sodaß die gestörten Widerstandswerte um mindestens 5 % und höchstens 10 % vom exakten Wert abweichen (siehe Abb. 2.22). Mit einem geeignet konstruierten Zufallszahlengenerator wurden nun die Widerstandswerte $R_1, \ldots, R_{12}$ gestört und die so erhaltenen Gleichungssysteme (2.45) jedesmal neu gelöst. Die statistische Auswertung ergab dann interessante Phänomene – wie z. B. die in Abb. 2.23 gezeigte Verteilung des Werts von I_8, dem Strom durch R_8.

Die Anzahl der Simulationsläufe wurde in diesem Demonstrationsbeispiel bewußt sehr groß gewählt: 10 000 Läufe liegen der in Abb. 2.23 gezeigten Verteilung der Werte des Stroms I_8 zugrunde. In der Praxis ist die Anzahl der Simulationsläufe nach den konkreten Eigenschaften der untersuchten Größen, den Genauigkeitsanforderungen an die Ergebnisse und abhängig von der verfügbaren Computerzeit zu wählen.

Fehleranalyse

Eine Alternative zur Sensitivitätsanalyse ist die *Fehleranalyse*, bei der eine *mathematische* Untersuchung der Auswirkungen verschiedener Unsicherheitsfaktoren

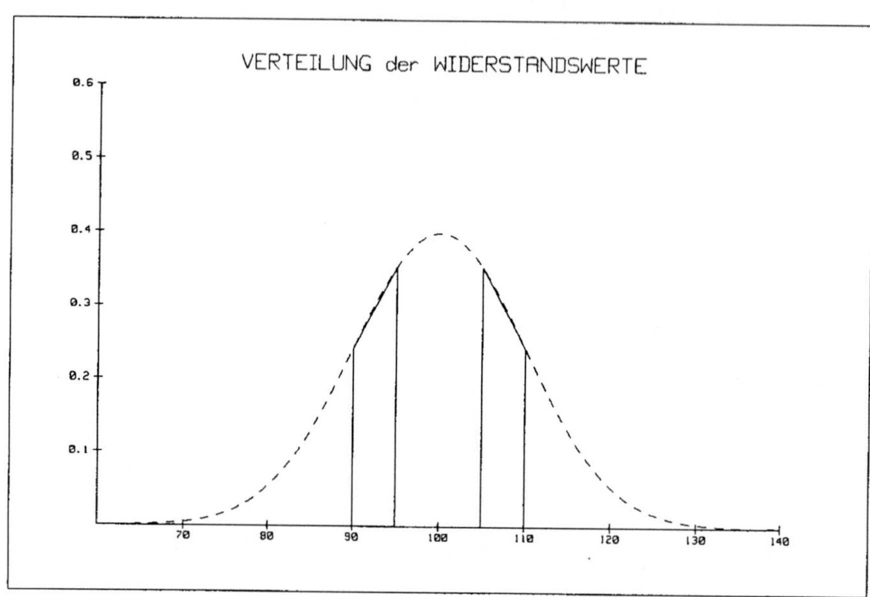

Abb. 2.22: Verteilung der Störungen der Widerstände R_i (bezogen auf $R_i = 100\%$)

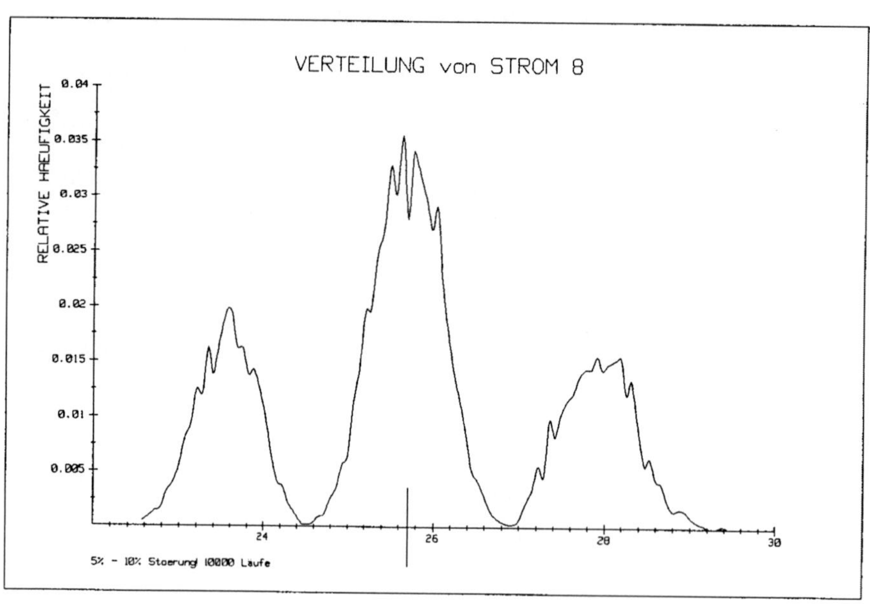

Abb. 2.23: Häufigkeitsverteilung von I_8 (10 000 Simulationsläufe)

in qualitativer und quantitativer Form vorgenommen wird. Für einen Berechnungsvorgang können oft verschiedene Arten von Fehleranalysen vorgenommen werden, die zu verschiedenen Ergebnissen führen. So gibt es z. B. bei der Lösung linearer Gleichungssysteme verschiedene mathematische Untersuchungen und entsprechend unterschiedliche Resultate bezüglich der Auswirkung von Datenfehlern (Datenunsicherheiten) auf den Resultatvektor.

Die Fehleranalyse kann in mehrfacher Hinsicht Schwierigkeiten bereiten:

1. Die erforderlichen mathematischen Untersuchungen können so kompliziert und aufwendig sein, daß eine Fehleranalyse unmöglich wird.

2. Die Abschätzung der Auswirkungen der verschiedenen Unsicherheitsfaktoren kann unter Umständen so pessimistisch sein (d. h. die Auswirkungen werden so stark überschätzt), daß diese Aussagen der Fehleranalyse praktisch wertlos sind.

3. Die Voraussetzungen der Fehleranalyse können so einschränkend sein, daß eine praktische Anwendung in den meisten Fällen nicht in Frage kommt; z. B. mathematische Aussagen über die Genauigkeit von Integrationsresultaten, bei denen Schranken für die höheren Ableitungen der Integrandenfunktion benötigt werden, eignen sich kaum für eine praktische Fehleranalyse.

Zusammenfassend kann gesagt werden: Weder die Sensitivitätsanalyse noch die mathematische Fehleranalyse liefern automatisierbare Möglichkeiten für die Validierung numerischer Berechnungen. Beide Techniken sind jedoch brauchbare Hilfsmittel, um den Grad der Zuverlässigkeit numerischer Berechnungen zu erhöhen. Für komplexe Problemstellungen mit hohen Zuverlässigkeitsanforderungen muß man stets auch mit einem großen Validierungsaufwand rechnen.

2.7.4 Softwarefehler

Ein Softwarefehler tritt – grob gesagt – dann auf, wenn ein Softwareprodukt etwas anderes leistet, als der Benutzer erwartet. Für typische Aufgabenstellungen der nicht-numerischen Datenverarbeitung ist es im allgemeinen problemlos möglich, zu entscheiden, ob ein geliefertes Resultat den Anforderungen entspricht oder nicht, so kann man z. B. bei einem Sortierprogramm sehr leicht überprüfen, ob der Programm-Output tatsächlich dem geforderten Sortierkriterium genügt. Im Fall numerischer Software ist die Frage, ob ein Programmfehler vorliegt, oft nicht einfach und manchmal überhaupt unmöglich zu beantworten. Diese Schwierigkeit ist nicht oder nur teilweise auf mangelhafte Dokumentation, sondern auf verwendete Heuristiken zurückzuführen. Heuristik bezeichnet hier Teile von Algorithmen, die nicht auf mathematisch-naturwissenschaftlichen Analysen und Prinzipien beruhen, sondern vom Programmierer eher intuitiv hinzugefügt wurden. Numerische Software enthält fast immer heuristische Abschnitte.

Beispiel (Numerische Integration) Viele Programme des Integrationspakets QUADPACK [23] enthalten heuristische Programmteile, um „verrauschte" Integrandenfunktionen (d. h.

Integrandenfunktionen, die von stochastischen Störeinflüssen überlagert sind) ohne großen Rechenaufwand zu erkennen und die Berechnung zu stoppen, sobald keine Genauigkeitsverbesserung durch den iterativen Algorithmus mehr möglich ist (siehe Abschnitt 12.5.6). In Spezialfällen – etwa bei extrem stark oszillierenden Integranden – kann es vorkommen, daß ein völlig „ungestörter" Integrand von diesem Programmabschnitt als „gestört" eingestuft wird. Die Entscheidung, ob es sich dabei um einen Programmfehler handelt, ist praktisch nicht möglich: Numerische Integrationsprogramme beruhen *alle* auf dem Prinzip der punktweisen Abtastung (*sampling*) der Integrandenfunktion; auf Grund dieses Abtastvorgangs ist es unmöglich, mit vertretbarem Aufwand stochastisch gestörte von stark oszillierenden Funktionen zu unterscheiden. Weil jedoch ein *noise detector* ein praktisch nicht verzichtbarer Algorithmusteil ist, *muß* hier zu Heuristiken gegriffen werden.

Die Funktionsüberprüfung numerischer Software durch Tests und Verifikation bereitet besondere Schwierigkeiten.

Testen

Im mathematisch-analytischen Sinn hat bei vielen Problemstellungen die Datenmenge eine sehr große Mächtigkeit, wenn man z. B. an die Integrationsprobleme denkt, bei denen die Datenmenge alle integrierbaren Funktionen (auf einem bestimmten Bereich) umfaßt.

Das Testen, das sich auf eine endliche (und im allgemeinen sehr kleine) Stichprobe beschränken muß, kann nicht einmal in einem statistischen Sinn Aussagen über die Qualität von Algorithmen oder Programmen liefern.

Beispiel (Mächtigkeit der Funktionenmenge)   Auf jedem Computer wird das Kontinuum $\mathbb{R}$ der reellen Zahlen der Analysis durch eine *endliche* Menge $\mathbb{F}$ rationaler Zahlen – die *Gleitpunktzahlen* – ersetzt (siehe Kapitel 4).

Dementsprechend gibt es auf einem Computer anstelle der Funktionen $F : \mathbb{R}^n \to \mathbb{R}^m$ nur Funktionen $\tilde{F} : \mathbb{F}^n \to \mathbb{F}^m$. Die Menge *aller* verschiedenen Funktionen $\tilde{F}$, die für eine bestimmte Maschinenzahlenmenge $\mathbb{F}$ definiert werden kann, ist eine *endliche* Menge. Selbst im einfachsten Fall, $m = n = 1$, d. h. $\tilde{f} : \mathbb{F} \to \mathbb{F}$, ist aber die Anzahl der verschiedenen Funktionen außerordentlich groß: ca. $10^{40\,000\,000\,000}$ für einfach genaue IEC/IEEE-Gleitpunktzahlen. Auch in sehr umfangreichen Experimenten ist es nicht möglich, eine repräsentative Stichprobe aus dieser Menge zu untersuchen.

Software-Verifikation

Für die Software-Verifikation müssen folgende Grundannahmen erfüllt sein:

1. Es gibt eine formale (mathematische) Spezifikation dessen, was das zu untersuchende Programm leisten soll, d. h., eine genaue Beschreibung des Programm-Outputs als Funktion des Programm-Inputs ist erforderlich.

2. Es gibt analytische Mechanismen, mit denen man die Korrektheit von Anweisungen verifizieren kann, die eine Transformation der Eingabewerte in die gewünschten Ausgabewerte vornehmen.

Die erste Annahme ist bei Programmen, die Heuristiken verwenden, im allgemeinen *nicht* erfüllt. Man kann natürlich für heuristische Programmabschnitte nachträglich eine formale Spezifikation liefern, die davon ausgeht, was dieser Abschnitt tatsächlich leistet. Auf diese Weise erhält man aber natürlich keine Information über die Brauchbarkeit dieses Programmteils.

Beispiel (Numerische Integration) Der *noise detector* eines numerischen Integrationsprogramms beruht stets auf heuristischen Überlegungen, d. h., es wird noch vor der eigentlichen Programmierung ein Teilalgorithmus festgelegt, der folgende Aufgabe erfüllen soll: Stochastisch gestörte Integrandenfunktionen sollen rechtzeitig entdeckt werden. Die Verifikation kann nun nicht das erwartungsgemäße Funktionieren dieses Programmabschnitts hinsichtlich der Aufgabenstellung gewährleisten, sondern kann allenfalls die korrekte Implementierung des in der Spezifikation enthaltenen Algorithmus feststellen.

Die erste Voraussetzung ist auch in allen Fällen *nicht* erfüllt, in denen eine präzise mathematische Beschreibung des Problembereichs, den ein Softwareprodukt abdecken soll, nicht möglich ist.

Beispiel (Numerische Integration) Im Programmpaket QUADPACK [23] gibt es z. B. das nicht-adaptive Programm QUADPACK/qng, das für „glatte" Funktionen (ohne Singularitäten, Oszillationen etc.) gedacht ist. Eine präzise Spezifikation der Menge der Integrandenfunktionen $\mathcal{F}$, für die dieses Programm zuverlässig und effizient funktioniert, ist jedoch unmöglich.

Die zweite Voraussetzung ist im allgemeinen auf Grund der Größe und Komplexität numerischer Programme *nicht* erfüllt. Auch für automatische Verifikationssysteme sind numerische Programme in den meisten Fällen viel zu komplex. Weitere Hindernisse beim Einsatz solcher Verifikationssysteme ergeben sich z. B. durch Rundungsfehlereffekte oder durch die Berücksichtigung spezieller mathematischer Eigenschaften der gesuchten Lösungen (z. B. die geforderte Orthogonalität einer Lösungsmatrix).

Teil II

Lösen numerischer Probleme am Computer

Kapitel 3

Computer für die Numerische Datenverarbeitung

Dieses Werk wurde als Naturwunder angesehen, weil dadurch eine Wissenschaft, die ganz und gar im Geiste wohnt, in eine Maschine eingefangen wurde und weil damit die Mittel gefunden waren, alle Operationen dieser Wissenschaft mit absoluter Sicherheit auszuführen, ohne die Vernunft zu benötigen.

Bericht über die von PASCAL entwickelte Rechenmaschine (1642)

Die Simulation und Optimierung von Prozessen, die Gegenstand naturwissenschaftlicher, technischer oder wirtschaftswissenschaftlicher Untersuchungen sind, erfordert oft eine sehr große Anzahl von Berechnungsschritten, die innerhalb eines mehr oder weniger streng festgelegten Zeitrahmens durchgeführt werden müssen.

Bei komplexen, rechenintensiven Problemen hat daher seit Beginn der Ära der elektronischen Datenverarbeitung von Anwenderseite der Wunsch bestanden, die Anzahl der von einem Computer pro Zeiteinheit ausgeführten Rechenschritte so weit wie möglich zu erhöhen. Hardwareentwickler und -hersteller haben dieser Benutzer-Forderung nach immer schnelleren Rechnern auch stets in hohem Maß entsprochen. So konnten sie seit 1984 die Maximalleistung der Mikroprozessoren jedes Jahr ungefähr verdoppeln.

Die verblüffende Leistungssteigerung moderner Rechnersysteme verdanken wir im wesentlichen der fortwährenden Miniaturisierung elektronischer Komponenten und den innovativen Neuerungen auf dem Gebiet der Rechnerarchitektur.

Moderne Schaltkreistechnik

Die Fortschritte im Bereich der Halbleitertechnik sind in erster Linie auf eine kontinuierliche Miniaturisierung der elektronischen Komponenten zurückzuführen. In den letzten zehn Jahren konnte die Anzahl der Transistoren pro Flächeneinheit eines Halbleiterbausteins (dessen *Integrationsdichte*) jedes Jahr um ca. 60 % erhöht werden. Im Jahr 1961 enthielt der erste planare integrierte Schaltkreis ganze vier Transistoren (und andere Bauelemente) auf einem Chip. Heute finden bis zu neun Millionen Transistoren auf einem Prozessor-Chip mit einer Fläche von 1 bis 3 cm^2 Platz.

Die ständig steigende Integrationsdichte ermöglicht die Konstruktion von immer komplexeren Prozessoren und den Bau von Speicherbausteinen mit immer größerer Kapazität. Aber auch die Schaltgeschwindigkeit der Transistoren wächst indirekt proportional zu deren Abmessung, was eine Möglichkeit zur Erhöhung der Prozessor-Taktfrequenz und damit zur Leistungssteigerung eröffnet. Eine weitere Möglichkeit zur Erhöhung der Prozessor-Taktfrequenz besteht in der Verwendung neuer Halbleitertechnologien, wie z. B. der BiCMOS-Technik.[1]

Ein technisches Hindernis für weitere Steigerungen der Taktfrequenz ist die dadurch bedingte Erhöhung der elektrischen Leistungsaufnahme. Die Wärmeentwicklung eines Hochleistungsprozessors erfordert aufwendige technische Maßnahmen zu dessen Kühlung.

Fortschrittliche Rechnerarchitekturen

Die erfolgreichsten Möglichkeiten zur Steigerung der Leistungsfähigkeit moderner Computer liegen in Veränderungen ihrer Architektur, also in der Einführung neuer Organisations- und Funktionsprinzipien. In den letzten Jahrzehnten war der *Parallelismus* das wichtigste Prinzip zum Erzielen höherer Rechnerleistungen: Konventionelle Computer nehmen Probleme Schritt für Schritt in Angriff, während moderne Rechner imstande sind, mehrere Teile eines Problems gleichzeitig zu bearbeiten. Auf diesem Sektor fanden in den letzten Jahrzehnten unter anderem folgende wichtige Entwicklungen statt:

siebziger Jahre: Entwicklung der Vektorrechner,
achtziger Jahre: „RISC-Revolution",
neunziger Jahre: verbreiteter Einsatz von Parallelrechnersystemen.

Die Fortschritte bei der Entwicklung immer leistungsfähigerer Computer haben für deren Anwender aber nicht nur Vorteile gebracht. Mit wachsender Hardware-Leistung wurde nämlich die Diskrepanz zwischen der theoretisch möglichen Maximalleistung eines Computers – dessen *Peak Performance* – und der bei der Ausführung von Anwendungsprogrammen tatsächlich erzielten Leistung immer größer. Für den Anwendungsprogrammierer wurde es zunehmend schwerer, die potentiell vorhandenen Hardware-Ressourcen zufriedenstellend nutzen zu können.

Beispiel (Matrizenmultiplikation) Die Matrizenmultiplikation ist ein Grundbaustein vieler Algorithmen der numerischen Linearen Algebra. Die von Computern bei dieser Operation erreichte Leistung ist daher für das *Scientific Computing* von besonderer Wichtigkeit.

Der nächstliegende Algorithmus für die Matrizenmultiplikation – „Zeilen mal Spalten" – ergibt sich aus der Definition des Matrizenproduktes. Zur Berechnung von

$$C = A \cdot B \quad \text{mit} \quad A \in \mathbb{R}^{m \times p},\ B \in \mathbb{R}^{p \times n},\ C \in \mathbb{R}^{m \times n}$$

erhält man auf diese Weise z. B. folgenden Programmabschnitt:

```
DO i = 1, m
  DO j = 1, n
    DO k = 1, p
      c(i,j) = c(i,j) + a(i,k)*b(k,j)                    (3.1)
    END DO
  END DO
END DO
```

---

[1]Bei BiCMOS-Schaltkreisen wird die CMOS-Technik (komplementäre Metalloxyd-Feldeffekttransistoren) mit bipolaren Transistoren auf einem Chip kombiniert (Giloi [45]).

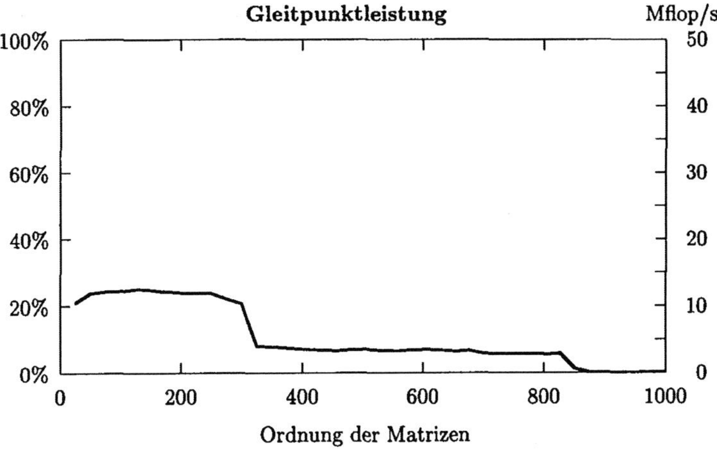

Abb. 3.1: Leistung und Wirkungsgrad einer typischen RISC-Workstation bei der „klassischen"
Matrizenmultiplikation (3.1)

Dieser „klassische" Algorithmus ist aber *nicht* geeignet, auf modernen Computersystemen
eine zufriedenstellende Rechenleistung zu erzielen. In Experimenten auf einer mit 16 MByte
Hauptspeicher ausgestatteten RISC-Workstation mit einer Maximalleistung von 50 Mflop/s
wurde damit für kleinere quadratische Matrizen ($n = m = p \leq 300$) in doppelter Genauigkeit
nur eine Leistung von bis zu 13 Mflop/s erzielt (vgl. Abb. 3.1). Für Matrizen mittlerer Größe
($300 \leq n = m = p \leq 800$) wurden generell weniger als 5 Mflop/s, also nicht einmal 10 % der
maximalen Gleitpunktleistung, erreicht. Für größere Matrizen, mit $n = m = p \geq 800$, bricht
die Rechnerleistung überhaupt vollständig zusammen.

Selbst bei einem derart einfachen Algorithmus ist offensichtlich die Ausnutzung des vorhandenen Hardware-Potentials nicht trivial.

Wie dieses für moderne Computersysteme typische Beispiel zeigt, ist gerade bei
sehr großen Problemen, wo man auf Grund des hohen Rechenaufwandes eine
zufriedenstellende Computerleistung besonders dringend brauchen würde, die real
beobachtbare Leistung mehr als enttäuschend.

Die mit Hilfe innovativer Architekturen ständig verbesserte Maximalleistung
ist nur dann in einem zufriedenstellenden Ausmaß real nutzbar, wenn die Anwendungsprogramme in geeigneter Weise restrukturiert und modifiziert werden. Um die für numerische Programme erforderlichen Leistungsdiagnosen und
-optimierungen selbst vornehmen zu können, muß man über ein Grundverständ-
nis des inneren Aufbaus und der Funktionsweise moderner Computer verfügen.

Ziel dieses Kapitels ist es zunächst, einige Grundlagen der Rechnerarchitektur zu
vermitteln, soweit diese für die Numerische Datenverarbeitung von Bedeutung
sind. Insbesondere wird auf die wichtigsten, für die rasante Leistungssteigerung
der letzten Jahre maßgeblichen Entwicklungen kurz eingegangen.

Die für numerische Anwendungen adäquate Leistungsbewertung von Computersystemen (Hardware plus Software) steht im Mittelpunkt der letzten Abschnitte dieses Kapitels. Die Leistungsoptimierung numerischer Programme wird
in dem später folgenden Kapitel 6 behandelt.

3.1 Prozessoren

Für die Leistungssteigerung eines Prozessors gibt es zwei wesentliche Ansätze: Erhöhen der Taktfrequenz und paralleles Verarbeiten von Operationen.

Erhöhen der Taktfrequenz

Die Rechenleistung eines Prozessors kann linear mit der Erhöhung seiner Taktfrequenz gesteigert werden, soferne nicht an der Schnittstelle des Prozessors mit anderen Systemeinheiten, insbesondere mit dem Speicher des Computers (vgl. Abschnitt 3.2), leistungshemmende Verzögerungen eintreten.

Beispiel (DEC-Alpha-Prozessoren) Die Single-Chip-Implementierung der DEC-Alpha-Architektur im RISC-Prozessor Digital 21064 wird derzeit mit Taktfrequenzen von 100 bis 133 MHz betrieben, der Prozessor 21064A mit 225 bis 275 MHz und der Prozessor 21164 mit 266 bis 300 MHz.

Steigerungen der Taktfrequenz werden durch die bereits genannten Fortschritte im Bereich der Schaltkreistechnik, aber auch durch Maßnahmen im Bereich der Rechnerarchitektur (z. B. das im Abschnitt 3.1.2 behandelte Superpipelining[2]) ermöglicht. Aber selbst wenn die Fortschritte auf diesem Gebiet noch so hervorragend sind, gibt es einen Faktor, der dieser Entwicklung eine unüberwindliche Grenze setzt: die Lichtgeschwindigkeit. In $1\,\text{ns} = 10^{-9}\,\text{s}$ legt ein elektrischer Impuls in und zwischen den Bauteilen eines Computers (je nach Leitermaterial) nur etwa 10 bis 25 cm zurück[3], und die momentan schnellsten Computer haben bereits Prozessorzykluszeiten in dieser Größenordnung.

Parallelismus

Wenn alle aktuellen technischen Möglichkeiten zur Erhöhung der Taktfrequenz ausgeschöpft sind, ist eine weitere Erhöhung der Prozessor-Leistung möglich, wenn der für RISC-Prozessoren charakteristische Wert CPI = 1 (ein benötigter Taktzyklus pro Instruktion; siehe Abschnitt 3.4.2) noch unter 1 gesenkt wird. Dies gelingt nur, wenn man davon abgeht, zu jedem Zeitpunkt nur eine einzige Instruktion auszuführen. Die *parallele*, also gleichzeitige und voneinander unabhängige Durchführung von Arbeitsabläufen bzw. deren Einzelschritten eröffnet neue Wege zur Leistungssteigerung. In diese Kategorie der Prozessor-Beschleunigung durch Parallelismus fallen z. B. das *Pipeline-Prinzip*, das *Superskalar-Prinzip* und die *Vektorverarbeitung*. Bei solchen Prozessoren wird das klassische von-Neumann-Konzept verlassen, das die serielle, also zeitlich aufeinanderfolgende Ausführung der einzelnen Instruktionen vorsieht.

Bemerkung Die Möglichkeit der Leistungssteigerung durch den Einsatz von mehr als einer CPU, die in den verschiedenen *Parallelrechnern* realisiert ist, wird im folgenden nicht behandelt.

---

[2] Man beachte, daß Superpipelining in erster Linie eine Maßnahme zur parallelen Bearbeitung einzelner Arbeitsabläufe bei der Ausführung von Instruktionen darstellt. Die Unterteilung der Abläufe in kleine Teil-Arbeitsschritte ermöglicht jedoch auch eine Anhebung der Taktfrequenz.

[3] Im *Vakuum* legt das Licht ca. 30 cm in 1 ns zurück.

3.1.1 Pipeline-Prinzip

Die bedeutendsten Leistungssteigerungen konnten in den letzten Jahren die RISC-Workstations verzeichnen. Seit ihrer Einführung hat sich die Maximalleistung dieser Computer jedes Jahr etwa verdoppelt (Giloi [45]). Eine Verdopplung der Taktfrequenz fand aber im Durchschnitt nur alle drei Jahre statt!

Die zusätzliche Leistungssteigerung wurde vor allem durch eine immer weitergehende Anwendung des Pipeline-Prinzips, d. h. durch die überlappende, gleichzeitige Ausführung von Teilphasen von Instruktionen erreicht (Kogge [264]).

Terminologie (RISC) Das Akronym RISC (*Reduced Instruction Set Computer*), das ursprünglich Computerarchitekturen mit verringertem Befehlssatz von solchen mit komplexeren Befehlsvorrat (CISC, *Complex Instruction Set Computer*) unterscheiden sollte, ist heute weitgehend irreführend. Viele der sogenannten RISC-Computer haben Instruktionssätze, die alles andere als einfach sind. Tatsächlich wurden in der „RISC-Bewegung" der achtziger Jahre neben einer Reduktion des Instruktionssatzes noch eine Reihe weiterer Änderungen der Rechnerarchitektur durchgeführt, darunter z. B. die Eliminierung der *Mikroprogrammierung* (die Realisierung von Befehlen einer Maschinensprache innerhalb der Mikroprogrammeinheit des Steuerwerks eines Prozessors) oder die Einführung des Pipeline-Prinzips. Es stellte sich heraus, daß im Vergleich zu diesen Modifikationen der Rechnerarchitektur die Reduktion des Befehlssatzes nur von untergeordneter Bedeutung für die Leistungsverbesserung von Prozessoren ist. Daher wurde in RISC-Prozessoren zunehmend wieder von der ursprünglich namensgebenden Eigenschaft des verkleinerten Befehlssatzes abgegangen (Hennessy, Patterson [53], Giloi [45]).

Die Abarbeitung eines Befehls besteht aus einer ständig wiederholten Folge von Aktionen, dem sogenannten *Befehlszyklus*. Ein Befehlszyklus enthält typischerweise folgende Teilphasen:[4]

Befehlsholphase (BH): Transport des nächsten Befehls aus einer „langsamen Ebene" der Speicherhierarchie in ein Instruktionsregister.

Dekodierphase (D): Entschlüsselung und Interpretation des Befehls; Extraktion der Operandenadressen.

Operandenholphase (OH): Transport der benötigten Operanden aus den langsameren Speicherebenen in Datenregister.

Ausführungsphase (AF): Verarbeitung der Operanden im Rechenwerk.

Speicherungsphase (SP): Transport des Resultats in ein Register bzw. in die langsameren Speicherebenen.

Werden aufeinanderfolgende Befehle seriell abgearbeitet, so ergibt sich der in Abb. 3.2 gezeigte zeitliche Ablauf der Teilphasen.[5] Wenn dabei in der Befehls-

---

[4]Die beschriebene Phasenabfolge ist nur als generischer Befehlszyklus zu verstehen. Die genaue Einteilung in Teilphasen ist für verschiedene Prozessoren unterschiedlich.

[5]Wie dies bei RISC-Architekturen üblich ist, wird hier vorausgesetzt, daß jede Teilphase eines Befehls nicht mehr als einen Taktzyklus benötigt. In der Praxis können sich einzelne Teilphasen, z. B. das Holen von Operanden aus dem Cache-Speicher oder dem Hauptspeicher, auch über mehrere Taktzyklen erstrecken.

oder Operandenholphase Daten oder Anweisungen aus dem Speicher geholt werden, bleiben alle Funktionseinheiten des Prozessors (Schaltkreise, welche die einzelnen Rechenschritte ausführen) in der Zwischenzeit ungenutzt. Auch am Ende der Operation, wenn das Ergebnis gespeichert wird, sind wieder alle Funktionseinheiten inaktiv. In einem Prozessor, der die Teilphasen eines Befehls seriell abarbeitet, sind folglich zu einem bestimmten Zeitpunkt alle Funktionseinheiten bis auf eine untätig – eine große Verschwendung von Ressourcen.

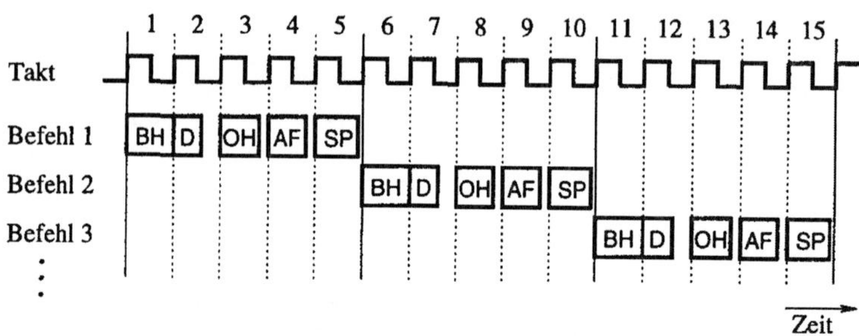

Abb. 3.2: Teilphasenabfolge bei serieller Bearbeitung von Maschinenbefehlen

Eine Verbesserung dieser unbefriedigenden Situation kann durch ein Prinzip erreicht werden, das in der industriellen Fertigung seit langem bekannt ist: das Fließband- (*Pipeline-*) Prinzip. Dabei wird der Produktionsprozeß in viele kleine Teilschritte zerlegt, die gleichzeitig und unabhängig voneinander erledigt werden.

Wenn sich Teilphasen von Instruktionen unabhängig voneinander, gleichzeitig ausführen lassen, dann können aufeinanderfolgende Befehle überlappend abgearbeitet werden. Wie bei der industriellen Fließbandproduktion spricht man von einer Befehlsabarbeitung nach dem *Pipeline-Prinzip*. Dabei ergibt sich das in Abb. 3.3 gezeigte Zeitdiagramm der Teilphasen.

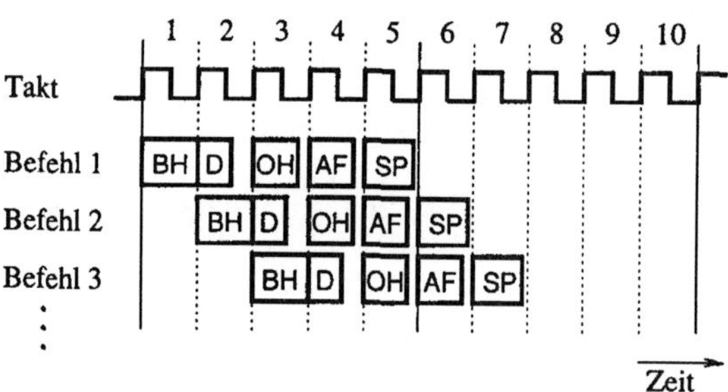

Abb. 3.3: Überlappende Bearbeitung von Maschinenbefehlen in einer 5-stufigen Pipeline

Bei überlappender Ausführung von Instruktionen verringert sich die Anzahl der zur Ausführung eines einzelnen Befehls notwendigen Maschinenzyklen nicht, die Ausführungszeit eines einzelnen Befehls bleibt also unverändert.

Dagegen reduziert sich die Anzahl der zwischen der Beendigung aufeinanderfolgender Maschinenbefehle liegenden Maschinenzyklen um einen Faktor, der der

Anzahl der Pipeline-Stufen (der *Pipeline-Tiefe*) entspricht; der Befehlsdurchsatz, die Anzahl der pro Zeiteinheit beendeten Instruktionen, erhöht sich also um diesen Faktor. Je größer die Anzahl der Befehle ist, die in überlappender Weise ausgeführt werden können, desto mehr nähert sich der Geschwindigkeitsgewinn gegenüber sequentieller Ausführung diesem Faktor.

Beispiel (RISC-Prozessoren) Bei serieller Bearbeitung von Maschinenbefehlen gemäß Abb. 3.2 liegen mindestens 5 Taktzyklen zwischen der Beendigung aufeinanderfolgender Befehle. Beim Einsatz einer 5-stufigen Pipeline wie in Abb. 3.3 ist jedoch im günstigsten Fall nur mehr ein einziger Taktzyklus notwendig, um nach der Beendigung eines Befehls bereits das Resultat der nachfolgenden Instruktion zu erhalten. Das entspricht einer Reduktion auf 1/5 der seriellen Bearbeitungszeit, also genau der Tiefe der Pipeline.

Die unabhängige Ausführbarkeit der verschiedenen Teilphasen von Instruktionen ist allerdings nur möglich, wenn für jede Teilphase eine autonome Bearbeitungseinheit existiert, was ein entsprechendes Prozessordesign voraussetzt.[6]

Pipeline-Hemmnisse

Idealisierend wurde bisher angenommen, daß sich alle erforderlichen Speicherzugriffe stets in einem einzigen Befehlszyklus durchführen lassen. Diese Ein-Zyklus-Speicherzugriffe werden bei RISC-Prozessoren dadurch erreicht, daß die Operanden aus den Registern geholt und die Resultate ebenfalls in Register gespeichert werden. Man versucht, Cache- und Hauptspeicherzugriffe (siehe Kapitel 3.2.1) durch Lokalhaltung und Mehrfachverwendung von Daten nur so selten wie möglich durchzuführen. In der Praxis kann man den Idealzustand von ausschließlichen Registerzugriffen natürlich nicht unbegrenzt aufrechterhalten; es muß auch gelegentlich auf langsamere Ebenen der Speicherhierarchie zugegriffen werden. In diesem Fall wird die Ausführung sämtlicher in der Pipeline stehenden Instruktionen so lange angehalten, bis der erforderliche Speicherzugriff durchgeführt ist (siehe Abb. 3.4). Man spricht daher von einem *Pipeline-Hemmnis* (*pipeline stall*). Pipeline-Hemmnisse entstehen z.B. auch dann, wenn ein Befehl Ergebnisse benötigt, die einer seiner noch mit der Verarbeitung beschäftigten Vorgänger liefern muß – man spricht in diesem Fall von logischen Abhängigkeiten der Teilphasen, die eine Parallelisierung unmöglich machen.

Es ist die Aufgabe des Compilers, die Programmbefehle so anzuordnen, daß Pipeline-Hemmnisse nach Möglichkeit vermieden werden. Spezielle Programmiertechniken wie z.B. das Aufrollen von Schleifen (siehe Abschnitt 6.6) können den Compiler bei dieser Aufgabe unterstützen. Es wird ihm nämlich dadurch ermöglicht, z.B. zwischen einem Ladebefehl und dem zugehörigen verarbeitenden Befehl andere, davon unabhängige Befehle zu setzen, sodaß ein Pipelinehemmnis nicht entstehen kann.

---

[6]In der Praxis wird für die Bearbeitung verschiedener Teilphasen bestimmter Maschinenbefehlssequenzen unter Umständen dieselbe Funktionseinheit verwendet; die betroffenen Teilphasen dieser Befehlssequenzen können dann natürlich *nicht* gleichzeitig ausgeführt werden.

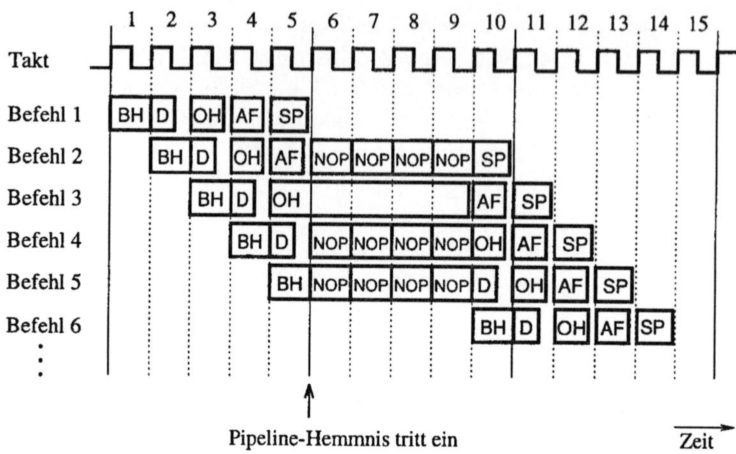

Abb. 3.4: *Pipeline-Hemmnis* durch Verzögerung in der Operandenholphase von Befehl 3. Der Befehlszyklus wird durch eine entsprechende Anzahl von Leerbefehlen (NOP = *no operation*) verlängert (Bode [120]).

Andere Anwendungen des Pipeline-Prinzips

Das Pipeline-Prinzip läßt sich ganz allgemein zur Beschleunigung von Prozessen anwenden, die sich in eine Anzahl aufeinanderfolgender, im allgemeinen *unabhängig* voneinander ausführbarer Teilschritte zerlegen lassen. Die Verkürzung der Ausführungszeit eines Prozesses wird dabei durch die überlappende Abarbeitung der einzelnen Teilphasen erzielt. Die maximal erreichbare Beschleunigung ist in jedem Fall durch die Anzahl der Teilschritte begrenzt.

In modernen Rechnern wird das Pipeline-Prinzip vor allem auch zur Beschleunigung von Speicherzugriffen und von Gleitpunktoperationen (Additionen, Multiplikationen, Vergleichen, Typkonversionen – manchmal auch Quadratwurzelfunktionen und Divisionen) verwendet.

Die Anwendbarkeit des Pipeline-Prinzips ist an die unabhängige Bearbeitbarkeit der Teilphasen aufeinanderfolgender Instruktionen gebunden. Diese Voraussetzung ist für die in der Praxis auftretenden Befehlssequenzen nur in beschränktem Maß erfüllt. Oft treten Teilsequenzen auf, bei denen die Pipeline nicht vollständig ausgelastet werden kann. Diese stellen Pipeline-Hemmnisse dar, deren mögliche Ursachen in Abschnitt 6.2 genauer besprochen werden.

3.1.2 Superpipeline-Architektur

Die Anwendung des Pipeline-Prinzips zielt in erster Linie auf eine Leistungssteigerung durch Erhöhung der pro Taktzyklus gleichzeitig ausgeführten Instruktionen ab, die Taktfrequenz selbst bleibt jedoch zunächst unberührt. Mit zunehmender Verfeinerung der Zerlegung von Instruktionen werden die Ausführungszeiten der so erhaltenen Teilschritte aber immer kürzer. Damit ergibt sich bei hinreichender Feinheit der Zerlegung auch die Möglichkeit, eine weitere Leistungssteigerung durch das Erhöhen der Taktfrequenz des Prozessors zu erreichen.

Man spricht bei Pipelines mit mehr als fünf Stufen von *Superpipelines*. Die älteren RISC-Prozessoren mit drei, vier oder fünf Stufen werden hingegen als „*underpipelined*" bezeichnet.

Die Anzahl der Pipelinestufen kann aber nicht beliebig gesteigert werden, da (1) die Anzahl der Teilschritte, in die sich eine Instruktion sinnvoll zerlegen läßt, beschränkt ist, (2) eine Erhöhung der Anzahl der Pipelinestufen zu einer komplexeren Hardware führt, was sich auf die Signallaufzeiten ungünstig auswirkt und damit einer weiteren Steigerung der Taktfrequenz im Wege steht und (3) die Startzeit (das „Anlaufen") der Pipeline, die z. B. nach jedem Sprungbefehl anfällt, mit der Stufenzahl linear steigt. Für komplexe Operationen sind im allgemeinen mehr Pipelinestufen sinnvoll als für einfache. Pipelines für Gleitpunktoperationen sind daher oft länger als jene von Ganzzahloperationen.

Beispiel (DEC-Alpha-Prozessor) Der DEC-Alpha-Prozessor hat 3 parallele Superpipelines: eine 10-stufige Pipeline in der Gleitpunkteinheit, eine 7-stufige Pipeline für Lade- und Speicher-Operationen und eine ebenfalls 7-stufige Pipeline in der Ganzzahleinheit.

3.1.3 Superskalar-Architekturen

Durch Anwendung des Pipeline-Prinzips kann man im günstigsten Fall – wenn keine Pipeline-Hemmnisse auftreten – erreichen, daß in jedem Taktzyklus ein Maschinenbefehl terminiert. Die Superskalar-Technologie erzielt eine noch weitergehende Erhöhung der Anzahl der pro Taktzyklus bearbeiteten Instruktionen.

Der Superskalar-Ansatz geht davon aus, daß der Instruktionssatz eines Prozessors aus mehreren, grundsätzlich verschiedenen Klassen von Befehlen – vor allem den Gleitpunkt-, INTEGER- und Speicher-Operationen – besteht. Diesen Instruktionsklassen entsprechen im allgemeinen auch weitgehend unabhängige Teile der Hardware. So steht z. B. auf allen Computern, die sich für numerisch intensives Rechnen eignen, für Gleitpunktoperationen eine eigene Gleitpunkteinheit zur Verfügung, die von der Ganzzahleinheit, die für INTEGER-Operationen verwendet wird, vollständig getrennt ist. Die Gleitpunkteinheit kann auch noch weiter unterteilt sein, z. B. in eine Addier- und eine Multipliziereinheit.

Es liegt nahe, zu versuchen, Befehle, die verschiedenen Instruktionsklassen angehören, *gleichzeitig* auf den verschiedenen Hardware-Einheiten auszuführen. Das *Superskalar-Prinzip* besteht darin, mehrere parallel arbeitende Basis-Pipeline-Prozessoren einzusetzen. Um dies zu ermöglichen, sind einige Modifikationen der Rechnerarchitektur und erhöhte Anforderungen an die Compiler erforderlich:

Gleichzeitiges Laden mehrerer Befehle: Damit man mehr als eine Instruktion pro Zyklus ausführen kann, muß es möglich sein, die entsprechende Anzahl Instruktionen pro Zyklus aus der Speicherhierarchie zu laden.

Erhöhung der Zugriffsbandbreite: Bei gleichzeitiger Ausführung mehrerer Befehle müssen auch entsprechend mehr Daten zwischen Prozessor und Speicherhierarchie transferiert werden. Eine Erhöhung der Zugriffsbandbreite des Prozessors auf den Speicher kann dabei mit Hilfe zeitlich überlappender

Lade- bzw. Speicher-Operationen und durch die Implementierung mehrerer unabhängiger Lade- und Speichereinheiten erreicht werden.

Synchronisation von Instruktionen: Bei der gleichzeitigen Ausführung von Instruktionen ist auf bestehende Abhängigkeiten Rücksicht zu nehmen (vgl. Abschnitt 6.2). Der Ablauf der Operationen ist sehr sorgfältig zu steuern, um Konflikte zu vermeiden, wie sie beispielsweise entstehen können, wenn eine Operation die Ergebnisse einer anderen benötigt. Insbesondere ist dabei zu beachten, daß verschiedene Operationen auch unterschiedliche Ausführungszeiten haben können. Wenn z. B. eine Gleitpunktoperation vor einer Ganzzahloperation gestartet wird, heißt das noch lange nicht, daß beide auch in dieser Reihenfolge terminieren.

Ablaufplanung der Instruktionen: Neben der Vermeidung von Pipelinehemmnissen müssen die Programmbefehle vom Compiler auch zeitlich so geordnet werden, daß aufeinanderfolgende Befehle soweit wie möglich gleichzeitig ausführbar sind. Wenn möglich sollte z. B. eine Reihenfolge der Instruktionen vermieden werden, bei der mehrere Gleitpunktoperationen unmittelbar aufeinanderfolgen, da in diesem Fall die Ganzzahleinheit unbeschäftigt bleibt.

Neuere Prozessoren haben oft mehrere Hardware-Einheiten *derselben* Klasse, sodaß z. B. zwei Gleitpunktmultiplikationen gleichzeitig ausgeführt werden können.

Beispiel (IBM-POWER2-Prozessor)　Der RISC-Prozessor IBM-POWER2 hat in der Ganzzahleinheit zwei parallele Pipelines für INTEGER-Operationen und auch in der Gleitpunkteinheit zwei parallele Pipelines für Gleitpunktoperationen (Weiss, Smith [394]).

Superskalar- und VLIW-Prozessoren

Das Superskalar-Prinzip kommt sowohl in einer statischen als auch in einer dynamischen Variante zum Einsatz:

Superskalar-Prozessoren sind so konzipiert, daß sie selbst – ohne Zutun des Compilers – die Zuordnung der Instruktionen zu den ausführenden Hardwareeinheiten *dynamisch* (d. h. zur Laufzeit) vornehmen.

VLIW-Prozessoren (*very long instruction word processors*) können diese Zuordnung nicht selbst vornehmen, sie erfolgt ausschließlich *statisch* (d. h. zur Übersetzungszeit) durch den Compiler.

Es existieren auch Mischformen der beiden Varianten. So erfolgt z. B. beim Intel-Prozessor i860 die Zuordnung der Instruktionen zu den Ausführungseinheiten normalerweise dynamisch. Der i860 kann aber auch in einen Modus versetzt werden, bei dem sich Ganzzahl- und Gleitpunktoperationen abwechseln müssen.

Die Grenzen der möglichen Leistungssteigerung durch das Superskalar-Prinzip werden bei beiden Prozessorvarianten – Superskalar- und VLIW-Prozessoren – durch die Parallelisierbarkeit der zu verarbeitenden Instruktionenfolgen gesetzt.

3.1.4 Vektorprozessoren

Bei vielen numerischen Algorithmen lassen sich jene Algorithmusteile, die den
Hauptteil der gesamten Rechenzeit beanspruchen, in Form von Vektoroperatio-
nen ausdrücken. Dies trifft z. B. auf praktisch alle Algorithmen der numerischen
Linearen Algebra zu (Golub, Van Loan [48], Dongarra et al. [169]). Will man die
Leistungsfähigkeit von Prozessoren für die Numerische Datenverarbeitung stei-
gern, liegt es daher nahe, sowohl einen speziellen Befehlssatz als auch spezielle
Hardware für Vektoroperationen vorzusehen.

Diese Grundidee wurde in Vektorarchitekturen verwirklicht, die über spezielle
Vektorinstruktionen verfügen, mit denen die komponentenweise Addition, Multiplikation bzw. Division von Vektoren und die Multiplikation eines Skalars mit
den Komponenten eines Vektors ausgeführt werden kann. Weiters gibt es auch
spezielle Lade- und Speicherinstruktionen, mit deren Hilfe alle Komponenten eines Vektors vom Hauptspeicher in den Prozessor geladen bzw. von diesem in den
Hauptspeicher transferiert werden können.

Den Vektorinstruktionen stehen auf der Hardware-Seite entsprechende *Vektorregister* und *Vektoreinheiten* gegenüber. Vektorregister sind spezielle Speichereinheiten, die Vektoren einer bestimmten Maximallänge enthalten können.
Die Vektoreinheiten führen die oben genannten Vektoroperationen aus, wobei die
Vektoroperanden im allgemeinen in den Vektorregistern enthalten sein müssen.
Ihre hohe Leistung bei Gleitpunktoperationen erzielen die Vektoreinheiten hauptsächlich durch eine sehr stark überlappende Ausführung dieser Operationen (entsprechend einer sehr tiefen Pipeline).

Im Vergleich zu anderen Prozessoren, die ebenfalls überlappende Gleitpunktoperationen durchführen, haben Vektorprozessoren aber noch weitere Vorteile:

- Die Anzahl abzuarbeitender Instruktionen wird stark reduziert, da eine einzige
  Vektorinstruktion die Bearbeitung einer großen Zahl arithmetischer Operationen repräsentiert. Dadurch wird das Speichersystem entlastet.

- Da die Komponenten eines Vektors im Normalfall hintereinander im Speicher
  abgelegt sind, ergibt sich ein von vornherein bekanntes, lineares Zugriffsmuster
  auf den Datenspeicher. Diese Tatsache nützt man bei Vektorrechnern aus, um
  Vektordaten sehr schnell aus dem Hauptspeicher holen zu können (sehr starke
  Speicherverschränkung; siehe Abschnitt 3.2.6).

- Bei Vektoroperanden, die vollständig in Vektorregistern gespeichert werden
  können, gibt es keine Geschwindigkeitsverluste durch Speicherverzögerungen.

- Implementiert man die Verarbeitung eines Vektors in Form einer Schleife, so
  können durch die Überprüfung der Abbruchbedingung der Schleife Verzögerungen entstehen. Diese treten bei Vektorinstruktionen nicht auf.

Zur weiteren Leistungssteigerung wird auch in Vektorprozessoren das Superskalar-Prinzip angewendet, indem pro Zeiteinheit mehrere Vektorinstruktionen ausgeführt werden (Dongarra et al. [171]).

Abb. 3.5 zeigt schematisch zusammenfassend, wie die zwei Grundkonzepte zur Leistungssteigerung – Erhöhen der Taktfrequenz und Senken der Anzahl an Taktzyklen pro Instruktion – in verschiedenen Prozessortypen realisiert sind.

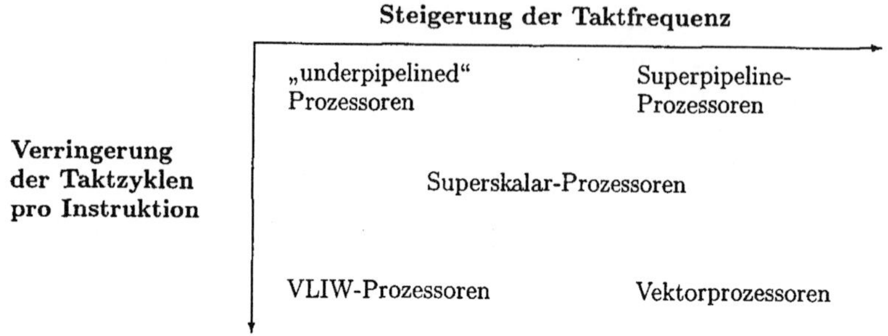

Abb. 3.5: Realisierung der zwei leistungssteigernden Konzepte der Computer-Architektur in verschiedenen Prozessortypen (Hennessy, Patterson [53])

3.2 Speicher

Eine der wichtigsten Eigenschaften des von-Neumann-Computermodells besteht darin, daß der Speicher sowohl den Code des auszuführenden Programms als auch die entsprechenden Daten enthält. In den verschiedenen Phasen der Ausführung eines Befehls werden aus dem Speicher der Befehlscode und ein oder mehrere Operanden geladen sowie das Ergebnis der Operation im Speicher abgelegt. Für die Abarbeitung jeder Instruktion sind also unter Umständen *mehrere* Speicherzugriffe erforderlich. Erhöht sich – sei es durch Fortschritte in der Schaltkreistechnik und/oder Verbesserungen der Rechnerarchitektur – die Verarbeitungsgeschwindigkeit eines Prozessors, so muß auch die Zugriffszeit auf den Speicher entsprechend verringert werden, da sonst leistungsmindernde Verzögerungen durch die Speicherzugriffe eintreten.

Eines der fundamentalen Probleme der Computerentwicklung der letzten zehn Jahre war es, daß die Zugriffszeiten auf den Hauptspeicher bei weitem *nicht* so rasch abgenommen haben, wie die Prozessorleistung zugenommen hat. Die Ursache dieses Phänomens liegt unter anderem in folgender Entwicklung:

Die Erhöhung der Integrationsdichte ist einer der größten Fortschritte der Halbleitertechnik. Bei gleichen physikalischen Abmessungen eines Speicherbausteins führt eine Erhöhung der Transistor-Integrationsdichte zu einer quadratischen Zunahme der Speicherkapazität. Da bislang stets Bedarf nach immer größeren Hauptspeicherkapazitäten bestanden hat (und noch immer besteht), wurde von dieser Möglichkeit der Kapazitätsvergrößerung des Hauptspeichers auch immer Gebrauch gemacht. Die Kapazität der Speicherbausteine konnte in den letzten Jahrzehnten mit erstaunlicher Regelmäßigkeit alle drei Jahre vervierfacht werden, was einer durchschnittlichen Kapazitätssteigerung von etwa 60 % pro Jahr entspricht. Das Maximum stellen derzeit die 64-MBit-Chips dar.

Jede Erhöhung der Speicherkapazität eines Speicherbausteins wirkt sich nachteilig auf dessen Zugriffsgeschwindigkeit aus, weil damit auch der Overhead, z. B. der Aufwand für die *Adreßdekodierung*, also die Ansteuerung der gewünschten Speicherzellen, wächst. Dieser erhöhte Dekodieraufwand macht die durch Steigerung der Transistorschaltgeschwindigkeit erzielte Verringerung der Zugriffszeiten weitgehend zunichte. Dementsprechend langsam war auch die Zunahme der Zugriffsgeschwindigkeit bei den Speicherbausteinen: nur etwa 6 % pro Jahr.

In den letzten Jahren sind eine Reihe von Maßnahmen ergriffen worden, um der immer krasser werdenden Diskrepanz zwischen der mit 100 % pro Jahr steigenden Prozessorleistung und der mit nur 6 % pro Jahr wachsenden Speicherzugriffsgeschwindigkeit Herr zu werden. So werden z. B. immer breitere Datenbusse zwischen Prozessor und Speicher verwendet, wodurch mehrere Speicherworte gleichzeitig zwischen Prozessor und Speicher übertragen werden können. Auch die Abarbeitung von Speicherzugriffen nach dem Pipeline-Prinzip ermöglicht eine Durchsatzsteigerung bei den Speicherzugriffen.

Für den Software-Entwickler, der an der Leistungsoptimierung von Programmen der Numerischen Datenverarbeitung interessiert ist, sind diese technischen Neuerungen nur von geringer Bedeutung. Von entscheidender Wichtigkeit für die Leistungsoptimierung ist es jedoch, über die Konzepte der *Speicherhierarchie* und der *Speicherverschränkung* Bescheid zu wissen, auf die im folgenden näher eingegangen wird.

3.2.1 Speicherhierarchie

Die unbefriedigende Steigerungsrate bei der Zugriffsgeschwindigkeit des Hauptspeichers ist – wie bereits erwähnt wurde – vor allem darauf zurückzuführen, daß Fortschritte der Halbleitertechnik bisher in erster Linie der Speicherkapazität und nicht einer Senkung der Zugriffszeiten zugute kamen. Hält man hingegen die Speicherkapazität bei verbesserter Schaltkreistechnik annähernd konstant, kann man die Zugriffszeiten auf Grund der erhöhten Transistor-Schaltgeschwindigkeit ungefähr proportional zu den Abmessungen eines einzelnen Transistors senken. Dazu kommt noch, daß für Speicher mit kleiner Kapazität schnellere Schaltkreistechnologien eingesetzt werden können, deren Verwendung für Speicher mit großer Kapazität zu teuer käme. Kurze Zugriffszeiten sind daher bei kleinen Speichern viel leichter ökonomisch zu realisieren als bei solchen mit großer Kapazität.

Eine naheliegende Strategie zur Vermeidung von leistungsmindernden Verzögerungen bei Speicherzugriffen ist die Verwendung von kleinen, aber schnellen *Zwischenspeichern (Pufferspeichern)*. Legt man häufig verwendete Daten bzw. Programmteile statt im Hauptspeicher in einem schnellen Zwischenspeicher ab, so kann man das Ausmaß der Speicherverzögerungen deutlich verringern. Eine wichtige Entscheidung in diesem Zusammenhang betrifft die Auswahl jener Daten bzw. Programmteile, die man im Zwischenspeicher ablegt. Die Hardware-Entwickler greifen dabei auf das empirisch ermittelte Prinzip der *zeitlichen Referenz-Lokalität* zurück, welches besagt, daß auf ein einmal referenziertes Speicherwort in naher Zukunft mit hoher Wahrscheinlichkeit wieder zugegriffen wird. Nach diesem Prinzip wird jedes einmal referenzierte Speicherwort im schnellen Zwischenspeicher abgelegt und bleibt dort solange, bis auf Grund der begrenzten Kapazität des Zwischenspeichers der von ihm belegte Platz für neue, aktuellere Daten benötigt wird.

Verwendet man nicht nur einen einzigen Pufferspeicher, sondern ein abgestuftes System von Zwischenspeichern, so erhält man eine ganze *Speicherhierarchie.*

Definition 3.2.1 (Speicherhierarchie) *Eine Speicherhierarchie besteht aus mehreren Speicherebenen. Jede dieser Ebenen hat einerseits eine geringere Kapazität und andererseits eine kürzere Zugriffszeit als darunterliegende Ebenen. Tiefere Speicherebenen enthalten im allgemeinen Kopien aller Daten der darüberliegenden Ebenen.*

Ein referenziertes Speicherwort wird in der höchsten Ebene abgelegt. Jedes in einer Speicherebene abgelegte Wort bleibt dort zumindest so lange, bis die Kapazität dieser Ebene erschöpft ist.[7]

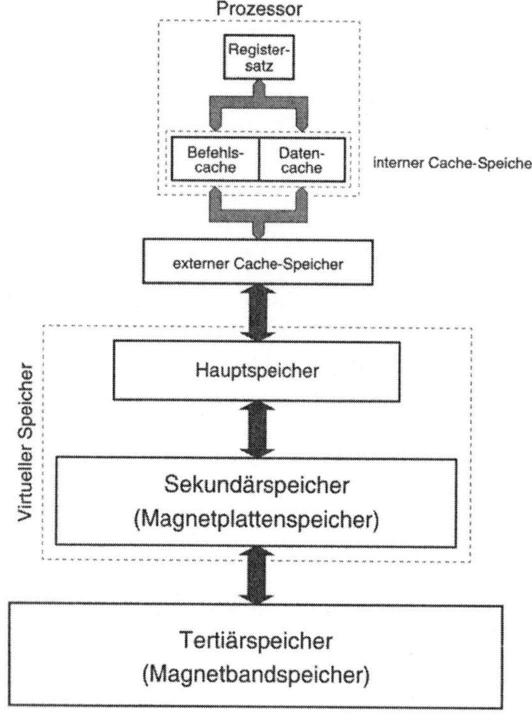

Abb. 3.6: Speicherhierarchie mit sechs Ebenen

Die Speicherhierarchie aktueller Computer für die Numerische Datenverarbeitung besteht üblicherweise aus sechs Ebenen (siehe Abb. 3.6). Die Register des Prozessors mit der kürzesten Zugriffszeit und auch der kleinsten Speicherkapazität bilden die oberste Ebene. Zwei oder mehr Cache-Ebenen liegen zwischen den

---

[7]Auf Ausnahmen dieser letzten Regel wird in Abschnitt 3.2.4 (Cache-Speicher) eingegangen.

Registern und den immer langsamer, aber auch immer größer werdenden Ebenen der Primär-, Sekundär- und Tertiärspeicher.

Der Unterschied der Zugriffszeiten auf die verschiedenen Speicherebenen macht viele Größenordnungen (Zehnerpotenzen) aus. So haben z. B. die schnellsten Speicher, die Register, Zugriffszeiten im Nanosekundenbereich, während für den Zugriff auf einen Magnetplattenspeicher Millisekunden erforderlich sind. Auch der Kapazitätsunterschied ist außerordentlich groß: Die Speicherkapazität von Registern liegt höchstens im Bereich von einigen KByte, die Kapazität von Sekundärspeichern im Bereich von Gigabytes und jene von Tertiärspeichern im Bereich von Terabytes (1 TByte = 10^{12} Byte).

3.2.2 Adressierungsarten

Die Lokalisierung eines Datums (Datenelements) im Speicher erfolgt durch eine *Adresse*. Üblicherweise ist nicht jedem elementaren *Speicherelement* (das ein Bit speichern kann) eine Adresse zugeordnet, sondern nur Gruppen von Speicherelementen, die alle eine für den Speicher charakteristische feste Größe aufweisen, meist 8 Bit = 1 Byte. Eine solche Gruppe, also eine kleinste adressierbare Einheit eines Speichers, nennt man *Speicherzelle*. Die Zusammenfassung mehrerer Speicherzellen (meist 4 oder 8) nennt man *Speicherwort* oder kurz *Wort*. Die Adressierung bietet eine Möglichkeit zur eindeutigen Identifikation jener Speicherzelle oder jenes Speicherworts, in dem sich ein Datenelement befindet.

Physische und logische Adressierung

Auf der schnellsten Ebene der Speicherhierarchie, bei der Speicherung von Programmdaten in den Operandenregistern eines Prozessors, erfolgt die Adressierung meist explizit durch den Compiler, d. h., der vom Compiler erzeugte Code enthält Registernamen, die eindeutig und unveränderbar den physischen Speicherworten, den Registern des Prozessors, zugeordnet sind. Man spricht daher in diesem Fall auch von *physischer* Adressierung.

Der Cache-Speicher kann sowohl physisch als auch logisch adressiert werden. Das liegt im Ermessen der Hardwareentwickler. Auf die Software-Entwicklung hat das keinen Einfluß, da die Adressierungsart des Cache-Speichers für die Software völlig transparent, also unsichtbar und unzugänglich ist.

Alle anderen Ebenen der Speicherhierarchie werden nur *logisch* adressiert: Die vom Compiler erzeugten Adressen beziehen sich *nicht* direkt auf physische Adressen des Hauptspeichers, des Sekundärspeichers etc. Um von einer logischen Adresse zu einer physischen zu gelangen, ist daher stets eine *Adreßtransformation* notwendig, die von der Hardware und/oder von der Systemsoftware des Computers durchgeführt wird.

Eine physische Adressierung ermöglicht immer – weil kein Transformationsaufwand erforderlich ist – einen schnelleren Speicherzugriff als eine logische. Deshalb wird auf der obersten Ebene der Speicherhierarchie, den Prozessorregistern und eventuell auch bei den Cache-Speichern, wo die Minimierung der Zugriffszeit von größter Bedeutung ist, generell eine physische Adressierung verwendet.

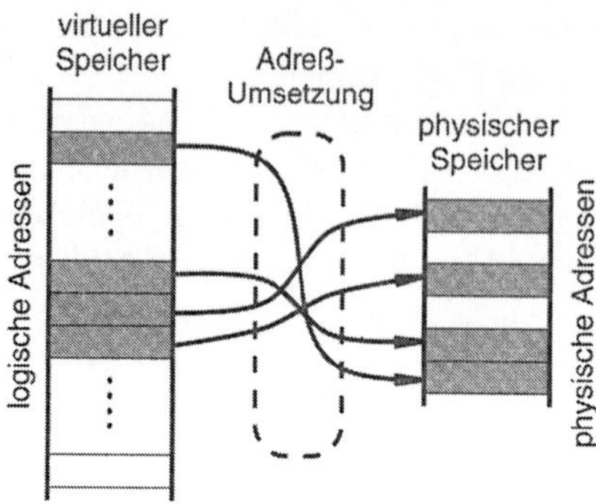

Abb. 3.7: Umsetzung (Transformation) von logischen auf physische Adressen

Bei den anderen Ebenen der Speicherhierarchie spielt die Zugriffszeit zwar auch eine wichtige Rolle, die Vorteile einer Entkopplung von programmbezogenem und physischem Adreßraum durch eine logische Adressierung überwiegen jedoch bei weitem den Nachteil des zusätzlichen Transformationsaufwandes. So erleichtert z. B. die Verwendung von logischen Adressen die „gleichzeitige" Ausführung verschiedener Programme im selben physischen Adreßbereich, wie dies z. B. für den Multitasking- und Multiuser-Betrieb notwendig ist.

Bei logischer Adressierung ist es auch einfacher, Programmdaten gleichzeitig in den verschiedenen physischen Ebenen (Adreßbereichen) einer Speicherhierarchie abzuspeichern. Bei der logischen Adressierung kann man grob zwei Methodenklassen unterscheiden: Seitenadressierung (*paging*) und Segmentierung (*segmentation*), die oft in kombinierter Form verwendet werden.

Seitenadressierung

Um den Mehraufwand (Overhead) der Adreßtransformation in akzeptablen Grenzen zu halten, wird die Transformation nicht auf Wortebene durchgeführt. Es wird also nicht für jede einzelne logische Adresse vermerkt, welcher physischen Adresse sie entspricht. Vielmehr unterteilt man den logischen Adreßraum in Blöcke *konstanter* Größe, sogenannte *Seiten* (*pages*), denen physische Speicherbereiche derselben Größe zugeordnet werden.

Soll eine logische Adresse auf eine physische abgebildet werden, so genügt es, die physische Seite zu ermitteln, die der logischen Seite dieser Adresse entspricht. Die relative Lage der Adresse in Bezug auf den Beginn der Seite ist für logische und physische Seiten gleich.

Der Vorteil der Seitenadressierung liegt in ihrer Einfachheit und Schnelligkeit im Vergleich zu anderen Methoden logischer Adressierung (z. B. der Segmentierung). So können z. B. die Seitengrößen an die Eigenheiten des jeweiligen Speichermediums angepaßt werden. Aus diesem Grund unterscheidet sich die Blockgröße eines Cache-Speichers meist von der ungefähr hundertmal so großen Seitengröße des Hauptspeichers (typischer Wert: 4 KByte).

Segmentierung

Aus der Sicht des Programmierers liegt es nahe, die Zerlegung des Adreßraumes nach *inhaltlichen* Gesichtspunkten vorzunehmen und diese Bereiche als sogenannte *Segmente* zu verwalten. Segmente sind voneinander unabhängige geschützte Adreßbereiche *variabler* Größe. Es ist sogar möglich, die Größe eines Segments dynamisch zu verändern. Segmente können mit einer Kennzeichnung ihres Typs (Codesegmente enthalten Programmteile, Datensegmente enthalten Daten eines Programmteils etc.) und der Zugriffsrechte (auf Systemsegmente hat nur das Betriebssystem Zugriff, auf Benutzersegmente nur die Anwenderprogramme etc.) versehen werden. Man kann damit ein hohes Maß an Schutz für die gespeicherte Information realisieren.

Um sowohl die Vorteile der Segment- als auch jene der Seitenverwaltung gleichermaßen nutzen zu können, werden beide Techniken oft miteinander kombiniert, indem man die Segmente in Seiten unterteilt. Die Adreßtransformation ist dann ein zweistufiger Prozeß.

3.2.3 Register

Register sind spezielle Speicherzellen mit besonders kurzen Zugriffszeiten, die Teil des Prozessors sind. Die Menge der Register wird oft als *Registersatz* oder *Registerfile* bezeichnet. Um die elektrischen Signallaufzeiten möglichst kurz zu halten, befindet sich der Registersatz räumlich sehr nahe an den Funktionseinheiten des Prozessors. Außerdem kann auf mehrere Register gleichzeitig zugegriffen werden.

Je nach ihrem Verwendungszweck ordnet man die Register eines Prozessors verschiedenen Registerklassen zu. Insbesondere unterscheidet man *Adreß-*, *Instruktions-* und *Operandenregister*. Bei superskalaren Prozessoren mit ihren unabhängigen Funktionseinheiten für die gleichzeitige Ausführung von Ganzzahl- und Gleitpunktoperationen wird das Registerfile oft noch weiter unterteilt in Ganzzahl- und Gleitpunkt-Instruktionsregister sowie Ganzzahl- und Gleitpunkt-Operandenregister.

Da einerseits die Zugriffszeit auf das Registerfile linear mit dessen Größe steigt (Giloi [45]) und sich andererseits hohe Zugriffszeiten in erhöhten Prozessorzykluszeiten auswirken, ist die sinnvolle Anzahl der Register sehr beschränkt. Die gesamte Speicherkapazität des Registerfiles beträgt (außer bei Vektorregistern) selten mehr als 1 KByte.

Beispiel (Register) Viele Workstations besitzen 32 Ganzzahl- und 32 Gleitpunkt-Register, die je ein 32-Bit-Wort aufnehmen können, also eine Gesamtkapazität von 256 Byte aufweisen.

Vektorcomputer besitzen spezielle *Vektorregister*, die ganze Vektoren von Daten enthalten. Länge und Anzahl der Vektorregister sind beschränkt und können manchmal umkonfiguriert werden.

Beispiel (Vektorregister) Der Vektorrechner Fujitsu VP100 besitzt ein Vektorregisterfile der Größe 32 KByte, das *dynamisch* (zur Laufzeit) aufteilbar ist:

Anzahl der Vektorregister	8	16	32	$\cdots$	256
64-Bit-Worte pro Register	512	256	128	$\cdots$	16

Die Aufteilung des Vektorregisterfiles wird ausschließlich vom Compiler vorgenommen, der Benutzer hat darauf keinen direkten Zugriff.

3.2.4 Cache-Speicher

Caches sind schnelle Zwischenspeicher (Pufferspeicher) zwischen den Registern des Prozessors und dem Hauptspeicher (Handy [227]). Moderne Mikroprozessoren haben meist einen *internen* Cache-Speicher (*On-Chip-Cache*), dessen Größe sowohl aus technischen Gründen als auch wegen der Kosten derzeit auf etwa 112 KByte beschränkt ist. Der interne Cache-Speicher kann in der Speicherhierarchie (siehe Abb. 3.6) *zwei* Ebenen einnehmen; man unterscheidet dann einen *Level 1 Cache* (näher beim Prozessor) und einen *Level 2 Cache*.

Externe Cache-Speicher, die sich nicht auf dem Prozessorchip befinden, können wesentlich größer sein, derzeit bis etwa 4 MByte. Ähnlich, wie es für verschiedene Arten von Daten verschiedene Registerklassen gibt, verwendet man auch oft – vor allem für interne Cache-Speicher – getrennte Bereiche für Instruktionen und Daten.

Beispiel (Workstations)   Die Cache-Bereiche – Daten- und Instruktionen-Cache – und die Cache-Größen einiger Workstations zeigt die folgende Tabelle:

Prozessor	interner Cache-Speicher		externer Cache-Speicher
	Daten	Instruktionen	
HP-PA 7100	—	—	wählbar (typisch 256 KByte/512 KByte) Daten und Instruktionen getrennt
HP-PA 7200	2 KByte vollassoziativ	—	wählbar (typisch 256 KByte/512 KByte) Daten und Instruktionen getrennt
IBM POWER IBM POWER2	64 KByte 128/256 KByte	32 KByte 32 KByte	— wählbar (typisch 512 KByte/1 MByte)
DEC Alpha 21164	8 KByte	8 KByte	wählbar (z. B. 512 KByte)
	96 KByte *Level 2 Cache*		
MIPS R4400	16 KByte	16 KByte	wählbar (z. B. 1 MByte)

Da die Prozessoren immer schneller und die Hauptspeicher immer größer werden, müßten die Cache-Speicher laufend kürzere Zugriffszeiten und auch größere Kapazitäten erhalten. Da sich beide Ziele gleichzeitig bei Verwendung *einer* Cache-Ebene nur schwer erreichen lassen, ist man zu Systemen mit *zwei* oder mehr Ebenen übergegangen: Der kleinere und schnellere interne Cache greift dabei nicht direkt auf den Hauptspeicher, sondern auf einen größeren und dafür langsameren externen Cache zu. Dieser wiederum bezieht seine Daten aus dem Hauptspeicher.

In ihrer Verwaltung unterscheiden sich Cache-Speicher von Registern zunächst
dadurch, daß der Compiler für sie keine Lade-/Speicher-Operationen explizit erzeugen muß; diese Operationen werden nach Bedarf von speziellen Teilen der
Hardware erzeugt. Für den Compiler sind die Lade-/Speicher-Operationen des
Caches transparent (unsichtbar). Außerdem kann der Prozessor auf mehrere Register gleichzeitig zugreifen, während immer nur ein Cache- oder Hauptspeicherwort
gleichzeitig gelesen oder geschrieben werden kann.

Ein zweiter wesentlicher Unterschied zwischen Cache-Speicher und Regi-
ster betrifft die bei jeder Lade-/Speicher-Operation übertragene Datenmenge.
Während bei den Registern bei jeder Lade-/Speicher-Operation nur ein einziges
Speicherwort übertragen wird, ist es bei den Cache-Speichern aus Geschwindig-
keitsgründen ein ganzer Block von Wörtern, eine sogenannte *Cachezeile* (auch
Cacheblock genannt). Die Länge (Größe) einer Cachezeile variiert abhängig vom
Computer typischerweise zwischen 32 und 128 Byte.

Laden und Aktualisieren

Bei Lesezugriffen kann zur Vermeidung unnötiger Wartezeiten sowohl der Cache
und vorsorglich parallel dazu auch der Speicher der nächstlangsameren Ebene der
Hierarchie adressiert werden. Bei Multiprozessor-Maschinen ist diese Vorgangsweise aber nicht ratsam, da man dadurch den Speicherbus viel zu stark belasten
würde (Handy [227]).

Ist das adressierte Wort im Cache vorhanden, so spricht man von einem Cache-
Trefferzugriff (*cache hit*). Wird hingegen ein referenziertes Speicherwort nicht als
gültiger Eintrag im Cache gefunden, so spricht man von einem Cache-*Fehlzugriff*
(*cache miss*). In diesem Fall muß die Programmausführung unterbrochen werden, bis der angeforderte Speicherinhalt aus einer der niedrigeren Ebenen der
Speicherhierarchie in den Cache-Speicher geladen ist.

Die bei Cache-Operationen übliche Datenübertragung ganzer Cachezeilen
hat ihren Grund nicht nur in der vereinfachten Adreßtransformation, sondern
auch im Prinzip der *räumlichen Referenz-Lokalität*: Wird auf eine der Cache-
Speicherzellen zugegriffen, so erfolgen mit hoher Wahrscheinlichkeit in naher Zukunft auch Zugriffe auf benachbarte Speicherzellen, d. h. solche mit „ähnlichen"
Adressen. Bringt man daher beim Zugriff auf ein Speicherwort nicht nur dieses,
sondern auch eine bestimmte Anzahl benachbarter Speicherworte, eine ganze Cachezeile, in den Cache-Speicher, so geschieht dies in der Hoffnung, daß in naher
Zukunft auch noch andere Speicherworte dieser Zeile benötigt werden. Deren
Zugriffe erfordern dann keine weiteren Ladeoperationen aus dem Hauptspeicher
und verursachen daher nur geringe Verzögerungen.

Die Restrukturierung von Speicherzugriffen im Hinblick auf eine sinnvolle Nutzung des Cache-Speichers ist eine der wichtigsten Methoden zur Leistungsoptimierung moderner Einprozessor-Computer. Will man diese auf der Ebene numerischer Anwendungsprogramme betreiben, so ist – neben der Kenntnis der Größe
des Cache-Speichers – auch (in beschränktem Maße) Information über seine interne Funktionsweise notwendig.

Plazieren von Cachezeilen

Im folgenden wird die Anzahl der physischen Zeilen eines Cache-Speichers mit Z bezeichnet; die einzelnen Zeilen werden mit $z = 0, 1, \ldots, Z - 1$ numeriert. Die Anzahl der Zeilen des logischen Adreßraums eines Segments wird mit N bezeichnet; die Zeilen werden fortlaufend mit $n = 0, 1, \ldots, N - 1$ numeriert.

Bei der Plazierung von Zeilen geht es zunächst um die Frage, in welchen der Z physischen Cachezeilen eine neu zu speichernde logische Zeile mit der Nummer n überhaupt abgelegt werden kann und ob die logische Zeile n bereits im Cache-Speicher enthalten ist. Dazu müssen jene physischen Zeilen, in denen die logische Zeile n bereits abgelegt sein könnte, überprüft werden. Je kleiner dabei die Menge $\mathcal{Z}$ der dafür in Frage kommenden Zeilen ist, desto einfacher und rascher gestaltet sich die Überprüfung, und desto geringer ist der erforderliche Hardware-Aufwand. In welcher der in Frage kommenden physischen Zeilen die logische Zeile n dann tatsächlich abgelegt wird, hängt von der noch zu besprechenden *Ersetzungsstrategie* des Cache-Speichers ab.

Für das Plazieren von Datenblöcken in den Cachezeilen gibt es unterschiedliche Vorgangsweise, die sich in den Cache-Organisationsformen und den Cachetypen niederschlagen. Die drei wichtigsten Cachetypen sind:

Einfach assoziativer Cache (*direct mapped cache*): Bei diesem Cachetyp kann jede logische Zeile in jeweils genau *einer* physischen Zeile $\mathcal{Z} := \{z\}$ mit der Nummer $z := n \bmod Z$ abgelegt werden (siehe Abb. 3.8).

Beispiel (Workstations) Die Prozessoren HP-PA 7100, DEC 21 064 (Alpha) und MIPS R4400 verwenden eine einfach assoziative Cache-Organisation (*direct mapped caches*).

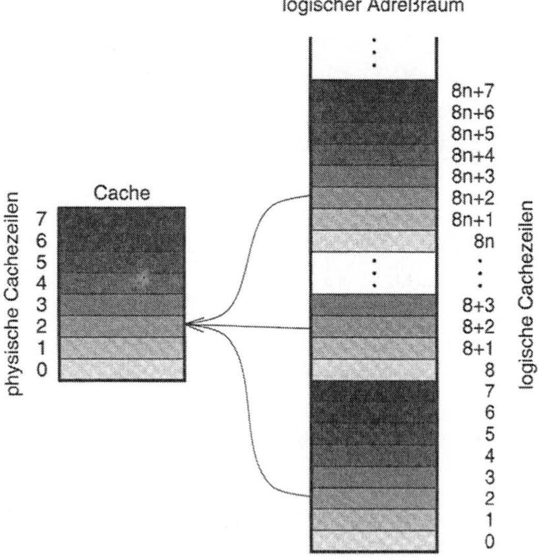

Abb. 3.8: Einfach assoziative Plazierung (*direct mapping*) von Zeilen in einem hypothetischen Cache-Speicher mit $Z = 8$ Zeilen.

Vollassoziativer Cache ist ein Cache-Speicher, bei dem im Gegensatz zum einfach assoziativen Cache jede logische Zeile ohne Einschränkung bezüglich ihrer Numerierung in *jeder* physischen Zeile abgespeichert werden kann (siehe Abb. 3.9), d. h. $\mathcal{Z} := \{0, 1, \ldots, Z-1\}$.

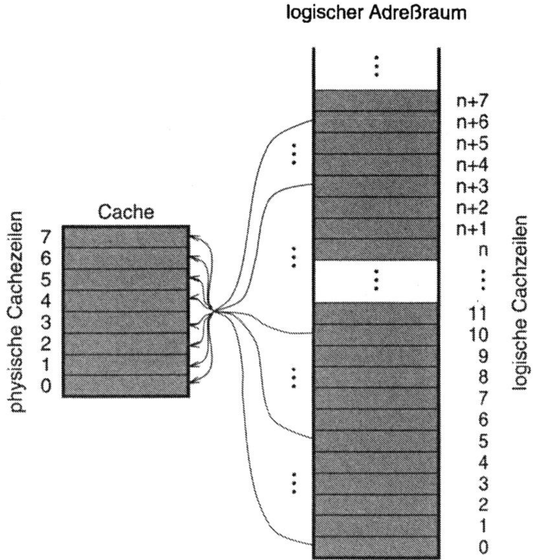

Abb. 3.9: Vollassoziative Plazierung von Cachezeilen

Gleichzeitig mit jedem Speicherwort wird auch dessen Hauptspeicheradresse im Cache abgespeichert. Der Zugriff auf Speicherworte im Cache erfolgt mit dieser Adresse als Schlüssel. Diese flexible Art der Plazierung erfordert einen hohen technischen Aufwand, der höhere Kosten verursacht und niedrigere Cache-Kapazitäten bedingt.

Beispiel (HP-Workstations)   Der Prozessor HP-PA 7200 besitzt zur Unterstützung des externen Caches einen kleineren (nur 2 KByte großen) internen, *vollassoziativen* Cache.

Mengenassoziativer Cache (mehrfach assoziativer Cache) ist ein Cachetyp, der zwischen dem einfach assoziativen und dem vollassoziativen Cache steht: Zwar ist bei vorgegebener logischer Cachezeile die entsprechende physische Zeile nicht eindeutig bestimmt wie bei einem einfach assoziativen Cache, es kommen aber auch nicht alle physischen Zeilen wie bei einem vollassoziativen Cache in Frage. Beim mengenassoziativen Cache ist die Menge $\mathcal{Z}$ bei einem vorgegebenen Teiler k von Z durch $\mathcal{Z} := \{z : z \equiv n \bmod k\}$ gegeben.

Jede logische Zeile kann also in $l := Z/k$ physischen Zeilen abgelegt werden (siehe Abb. 3.10). Man spricht in diesem Fall auch von einem l-fach mengenassoziativen Cache.

3.2.5 Virtueller Speicher

Wird mit Hilfe von sekundären Speichermedien ein viel größerer Hauptspeicher
simuliert, als real vorhanden ist, so spricht man von einem *virtuellen Speicher*.
Programminstruktionen und -daten werden bei Bedarf dynamisch in den realen
Hauptspeicher geladen und auch wieder in den Sekundärspeicher ausgelagert, um
Platz für andere Daten zu schaffen. Der real vorhandene Speicher wird vor der
Software verborgen, die nur den virtuellen Speicher „sieht". Ermöglicht wird dies
durch die Verwendung logischer Adreßräume, die eine vollständige Entkopplung
logischer und physischer Adressen bewirken.

Beim virtuellen Speicher entspricht das Verhältnis des Hauptspeichers zum
Sekundärspeicher im wesentlichen jenem zwischen Cache- und Hauptspeicher:
Der Hauptspeicher übernimmt für den Sekundärspeicher die Rolle des Caches.

Wichtig für die Leistungsoptimierung numerischer Software ist die vom virtuellen Speicher verwendete Seiten-Plazierungs- bzw. -Ersetzungsstrategie. Auch
die Adreßtransformationsmethode – *Seitenidentifikationsstrategie* genannt – kann
wesentlichen Einfluß auf die Programmleistung haben.

Der Einfluß dieser Strategien ist beim virtuellen Speicher viel gravierender
als beim Cache-Speicher. Ein Fehlzugriff auf den virtuellen Speicher bedingt
einen Zugriff auf den Sekundärspeicher, dessen Zugriffszeiten um ca. einen Faktor
von 100 000 größer sind als jene des Hauptspeichers. Die Zugriffszeiten zwischen
Cache-Speicher und Hauptspeicher unterscheiden sich hingegen oft nur um eine
Größenordnung.

Plazieren und Ersetzen von Seiten

Jede logische Seite des virtuellen Speichers kann grundsätzlich in jede physische Hauptspeicherseite geladen werden. Dadurch ist sichergestellt, daß alle
freien Hauptspeicherseiten genutzt werden und Zugriffe auf den Sekundärspeicher so weit wie möglich vermieden werden. Diese Minimierung der Zugriffe ist
außerordentlich wichtig, weil die Zugriffszeiten auf den Sekundärspeicher um viele
Größenordnungen höher sind – um einen Faktor von ca. 10^5 – als jene auf den
Hauptspeicher.

Als Seitenersetzungsstrategie wird auch beim virtuellen Speicher oft eine nä-
herungsweise LRU-Strategie verwendet. Meist ist dies eine einfache *Not-Used-
Recently*-Strategie (NUR-Strategie), die eine Seite dann ersetzt, wenn sie in letzter
Zeit nicht benutzt wurde.

Adressierung

Die Adreßtransformation der logischen Seiten in physische Adressen des Haupt-
bzw. Sekundärspeichers erfolgt mit Hilfe einer sogenannten *Seitentafel*. In dieser
sind – vereinfachend gesagt – für alle logischen Seiten eines Segments die Adressen der entsprechenden physischen Seiten eingetragen. Die Adreßtransformation
besteht also im wesentlichen aus der Suche nach dem passenden Eintrag in der
Seitentafel (*table lookup*).

Nach den empirischen Gesetzmäßigkeiten der Referenzlokalität wird oft eine logische Seite mehrmals unmittelbar hintereinander referenziert. Damit in diesem Fall die erforderlichen Adreßtransformationen möglichst rasch erfolgen, werden die momentan verwendeten Teile der Seitentafel in einem schnellen Zwischenspeicher abgelegt. Es handelt sich dabei meist um einen speziellen vollassoziativen Cache, den sogenannten *Translation Lookaside Buffer* (TLB), der – je nach System – zwischen 20 und 200 Einträgen enthalten kann.

Wird eine gesuchte virtuelle Seite nicht im TLB gefunden, muß auf den im Hauptspeicher abgelegten Teil der Seitentafel zugegriffen werden, was auf Grund der dabei erforderlichen Hauptspeicherzugriffe die Adreßtransformation verlangsamt. Für Seiten, die nicht im Hauptspeicher stehen, kann es sogar passieren, daß auch der entsprechende Teil der Seitentafel auf den Sekundärspeicher ausgelagert wurde, wodurch die Zugriffszeit stark anwächst.

3.2.6 Speicherverschränkung

Die Speicherverschränkung (*bank phasing*, *interleaving*) ist ein Verfahren zur Zugriffsbeschleunigung, das in erster Linie für den Hauptspeicher angewendet wird. Dabei wird der Hauptspeicher in B gleichgroße, voneinander unabhängige Bereiche (*Module*, *Speicherbänke*) unterteilt, die zeitlich verschränkt gelesen oder beschrieben werden können.

Ist w die Länge eines Speicherwortes in Byte, so erfolgt die Zuordnung der physischen Adresse a zur Speicherbank b gemäß der Relation $b = \lfloor a/w \rfloor \bmod B$, d. h., aufeinanderfolgende Speicherworte werden zyklisch in aufeinanderfolgenden Speicherbänken abgespeichert (vgl. Abb. 3.11). Die Sinnhaftigkeit dieser

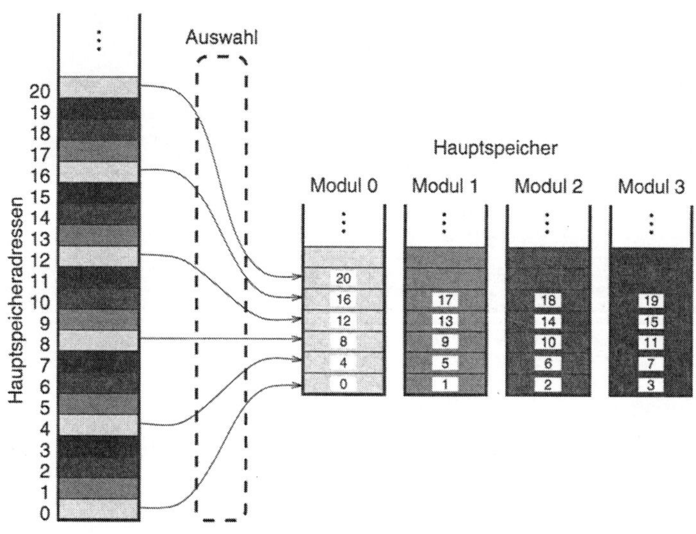

Abb. 3.11: Speicherverschränkung mit $B = 4$ Speicherbänken

Maßnahme ergibt sich aus der Diskrepanz zwischen Zugriffs- und Zykluszeit der

Hauptspeichermodule. Während die *Zugriffszeit* jene Zeit angibt, die zum Lesen bzw. Schreiben eines Speicherwortes benötigt wird, beschreibt die *Zykluszeit* eines Speichers[9] die Zeitspanne vom Beginn eines Zugriffs bis zu jenem Zeitpunkt, zu dem der nächste Zugriff beginnen kann. Daß Zugriffs- und Zykluszeit für Hauptspeichermodule nicht übereinstimmen, liegt daran, daß sich der Speicher nach einem Zugriff zunächst *regenerieren* muß, bevor er neue Zugriffe erlaubt. Für gängige Halbleiterbauteile ist die Zykluszeit eines Speichers etwa drei- bis viermal so groß wie dessen Zugriffszeit.

Für den Durchsatz eines nichtverschränkten Speichers ist dessen Zykluszeit, nicht die Zugriffszeit, ausschlaggebend. Bei einem verschränkten Speicher ist dagegen – wenn auf die verschiedenen Module in geeigneter Reihenfolge zugegriffen wird – für den Durchsatz die deutlich kürzere Zugriffszeit sowie die Anzahl der Module entscheidend. Die größte Beschleunigung der mittleren Zugriffszeit wird erreicht, wenn aufeinanderfolgende Speicherzugriffe auf verschiedene Module erfolgen. Wird z. B. nacheinander auf Speicherworte mit aufeinanderfolgenden Adressen zugegriffen, so betrifft nur jeder B-te physische Zugriff ein Modul, der Zeitabstand zwischen den einzelnen Zugriffen ist daher mindestens das B-fache der Zugriffszeit. Ist die Zykluszeit nicht mehr als B-mal so groß wie die Zugriffszeit, so hat jedes Speichermodul zwischen den einzelnen Zugriffen genügend Zeit, sich zu regenerieren – Verzögerungen durch Regenerationszeiten treten also in diesem Fall keine auf.

3.3 Quantifizierung der Leistung

Bei der Beurteilung und Auswahl von Computerhardware, bei der Qualitätsbewertung numerischer Software und ähnlichen Problemstellungen benötigt man analytisch oder empirisch ermittelte Zahlenwerte zur quantitativen Leistungsbeschreibung. Welche Kenngrößen man dabei verwendet und welche Bedeutung ihnen zukommt, hängt ganz wesentlich davon ab, *was* bewertet werden soll.

Für den Benutzer eines Computersystems, der auf die Lösung einer konkreten Aufgabenstellung wartet, ist vor allem die dafür erforderliche Zeit von Interesse, die von zwei Einflußgrößen – Arbeit und Leistung – abhängt:

$$\text{Zeit} = \frac{\text{Arbeit}}{\text{Leistung}_{\text{effektiv}}} - \frac{\text{Arbeit}}{\text{Leistung}_{\text{maximal}} \cdot \text{Wirkungsgrad}} \ .$$

Für den Anwender sind daher folgende Kenngrößen von Interesse:

1. Die zu verrichtende *Arbeitsmenge*, die sowohl von der Art und Komplexität der Problemstellung als auch von Eigenschaften des Lösungsalgorithmus abhängt (siehe Kapitel 5). Bei gegebener (bekannter) Problemkomplexität ist die benötigte Arbeitsmenge eine charakteristische Maßzahl des verwendeten Algorithmus. Die Arbeitsmenge und damit der Zeitbedarf für die Problemlösung kann durch algorithmische Verbesserungen reduziert werden.

---

[9]Die *Speicher*zykluszeit darf nicht mit der kleineren *Prozessor*zykluszeit verwechselt werden.

2. Die *Maximalleistung* ist ein Hardware-Charakteristikum des eingesetzten Computersystems, das von speziellen Anwendungsproblemen unabhängig ist. Die Anschaffung neuer Hardware mit größerer Maximalleistung führt (fast) immer zu einer Verringerung des Zeitbedarfs der Problemlösung.

3. Der *Wirkungsgrad* ist der Prozentsatz der Maximalleistung, der bei der Ausführung einer bestimmten Arbeitsmenge erreicht wird. Er bringt zum Ausdruck, in welchem Ausmaß die potentiellen Möglichkeiten des Computersystems von einem Programm genutzt werden. Er ist also eine Maßzahl dafür, wie gut die Implementierung, also die Umsetzung des Algorithmus in ein Computerprogramm, gelungen ist. Eine Erhöhung des Wirkungsgrades läßt sich durch Optimieren der Programme herbeiführen (siehe Kapitel 6).

Eine korrekte und umfassende Leistungsbewertung erfordert die Beantwortung eines ganzen Fragenkomplexes: Welche Grenzen setzt die Hardware, unabhängig von speziellen Programmiertechniken? Wie wirken sich verschiedene Algorithmusvarianten auf die erzielbare Leistung aus? Welchen Einfluß haben spezielle Programmiertechniken? Wieviel trägt ein optimierender Compiler zur Ausnutzung der potentiell vorhandenen Hardware-Maximalleistung bei?

3.3.1 Der Begriff „Leistung"

Leistung (performance) ist ein in den Computerwissenschaften zwar sehr häufig verwendeter, aber oft nur unscharf definierter Begriff.

In der Physik definiert man die *mittlere Leistung P* als das Verhältnis zwischen der Gesamtmenge an verrichteter Arbeit ΔW und der dafür benötigten Zeitspanne Δt: *„Leistung ist Arbeit pro Zeiteinheit"*. Analog kann man die mittlere Leistung eines informationsverarbeitenden Systems in einem Zeitintervall $[t_1, t_2]$ durch den Differenzenquotienten

$$P_{[t_1,t_2]} = \frac{W(t_2) - W(t_1)}{t_2 - t_1} = \frac{\Delta W}{\Delta t} \tag{3.2}$$

definieren. Von der mittleren Leistung bezüglich eines ganzen Zeitintervalls ist die *Momentanleistung P(t)* zu einem einzigen Zeitpunkt t zu unterscheiden. Diese ist als mathematischer Grenzwert der mittleren Leistung, als Ableitung der verrichteten Arbeit nach der Zeit erklärt:

$$P(t) = \frac{\mathrm{d}W}{\mathrm{d}t} = \lim_{\Delta t \to 0} P_{[t,t+\Delta t]} = \lim_{\Delta t \to 0} \frac{W(t + \Delta t) - W(t)}{\Delta t}. \tag{3.3}$$

In der Praxis wird im Computerbereich die Momentanleistung nicht durch den Differentialquotienten (3.3), sondern durch einen Differenzenquotienten (3.2) mit einem hinreichend kurzen Zeitintervall $[t_1, t_2]$, z. B. einem Taktzyklus, verwendet.

Notation (Zeitintervalle, Arbeitsmengen) Feste Zeitintervalle werden im folgenden mit T bezeichnet, z. B. die Zykluszeit des Prozessors mit T_c. Feste Arbeitsmengen werden mit W bezeichnet, z. B. die für die Abarbeitung eines bestimmten Programms erforderliche Gesamtmenge an auszuführenden Instruktionen mit W_I.

Die Leistung eines informationsverarbeitenden Systems hängt also definitionsgemäß von zwei Einflußfaktoren ab:

1. der Arbeit, die dem System auferlegt wird, und
2. der Zeit, die das System für die Erledigung dieser Arbeit benötigt.

Um Aussagen über die Leistung eines Computersystems machen zu können, muß daher immer Information über *beide* Faktoren vorhanden sein! Ein Fehler, der bei Leistungsuntersuchungen oft begangen wird, ist die ungenaue Quantifizierung der verrichteten Arbeit, auf die sich die Untersuchung bezieht.

Computer-Leistungsbewertungen können auf zwei Arten konzipiert werden: Oft wird eine bestimmte Menge an Arbeit – ein zu lösendes Problem – vorgegeben, und die vom Computersystem (Hardware plus Systemsoftware plus Anwendungssoftware) bis zur vollständigen Verrichtung dieser Arbeit benötigte Zeit gemessen. Es ist aber auch die umgekehrte Vorgangsweise sinnvoll: Es wird eine feste Zeitspanne vorgegeben und die in diesem Zeitintervall erledigte Arbeit ermittelt. Der auf diese Weise erhaltene Wert wird als *Durchsatz* des Systems, im Zusammenhang mit der Bewertung von Speichersystemen auch als *Bandbreite* bezeichnet (siehe Abschnitt 3.4.4).

Beispiel (LINPACK-Benchmark) *Benchmarks* sind Programme zur vergleichenden Leistungsbeurteilung ganzer Computersysteme (Hardware plus Systemsoftware plus Anwendungssoftware). Ermittelt wird dabei in der Numerischen Datenverarbeitung meist die Anzahl der Gleitpunktoperationen (*floating point operations*), die im Mittel pro Sekunde ausgeführt werden. Die Einheit dieser *Gleitpunktleistung* ist dementsprechend flop/s (*floating point operations per second*) bzw. Mflop/s oder Gflop/s (siehe Abschnitt 3.4.1).

Beim LINPACK-Benchmark (Dongarra [165]) verwendet man die Programme LINPACK/sgefa und LINPACK/sgesl zur Lösung von linearen Gleichungssystemen mit $n = 100$ Unbekannten. Aus der dafür erforderlichen Arbeitsmenge, gemessen durch die Anzahl der ausgeführten Gleitpunktoperationen $W_F \approx 2n^3/3 + 2n^2$, und der benötigten Zeit T ergibt sich die (effektive) Gleitpunktleistung

$$P = \frac{W_F}{T} \quad [\text{flop/s}].$$

Vergleicht man den dabei erhaltenen Wert mit der Maximalleistung (*peak performance*) des verwendeten Computers, so erhält man den *Wirkungsgrad*, d. h. die Ausnutzung der potentiell vorhandenen Rechnerleistung durch die verwendeten LINPACK-Programme.

NEC-Computer der Type SX-3/14R haben eine Maximalleistung von 6400 Mflop/s. Mit den oben genannten LINPACK-Programmen erzielt man aber für 100 × 100-Gleichungssysteme nur eine effektive Leistung von 368 Mflop/s, der Wirkungsgrad beträgt also nur magere 6 %. Entwickelt man hingegen ein äquivalentes Programm, das den Besonderheiten des Rechners so weit wie möglich entgegenkommt, und wendet dieses auf ein Gleichungssystem mit $n = 1000$ Unbekannten an, so erhält man eine Gleitpunktleistung von 5199 Mflop/s und damit einen (zufriedenstellenden) Wirkungsgrad von 81 %.

3.3.2 Leistungsfaktor Zeit

Um die bis jetzt eher intuitiv als Leistungsfaktoren verwendeten Begriffe Arbeit und Zeit exakter zu fassen, und damit vergleichbare und aussagekräftige Leistungsanalysen zu ermöglichen, sind noch weitergehende Unterscheidungen und Festlegungen erforderlich. Dieser Abschnitt beschäftigt sich mit dem Leistungsfaktor Zeit. Eine genaue Diskussion des Leistungsfaktors Arbeit erfolgt erst später, in Kapitel 5.

Antwortzeit

Für den Benutzer ist fast immer nur jene Zeitdauer von Bedeutung, die der Computer für die Erledigung einer ihm übertragenen Aufgabe braucht. Diese Zeit, die als *Antwortzeit* (*response time*, *elapsed time*, manchmal auch als *wall-clock time*) bezeichnet wird, liegt zwischen dem Absenden des Kommandos zum Starten einer bestimmten Datenverarbeitungsaktivität (der vom Benutzer gewünschten Problemlösung) und deren Beendigung, also der „Antwort" des Rechners.

Dieser aus der Sicht jedes Anwenders entscheidende Wert ist jedoch meist von Faktoren abhängig, die sich geplanten, reproduzierbaren Experimenten entziehen. So kann z. B. *Multitasking* die Ursache sein, daß der betrachtete Prozeß nicht die ganze Zeit aktiv ist, sondern die CPU zeitweise auch andere Aufgaben bearbeitet.

Besonders groß wird der Unterschied zwischen der Antwortzeit für den einzelnen Benutzer und dem systemintern für dessen Aufgabenstellungen benötigten Zeitaufwand im *Multi-user-Betrieb*. Die anderen Benutzer, denen die Rechenanlage auch einen Teil ihrer Gesamtleistung zukommen läßt, bleiben unsichtbar: Es entsteht der Eindruck, *alleine* über die gesamte Rechnerkapazität verfügen zu können, während in Wirklichkeit die Antwortzeit von der Systemauslastung und der Art der Prozessorzuteilung abhängt. Diese Situation kann von einem Experimentator, der Leistungsbewertungen durchführen will, nicht beeinflußt werden, ohne unrealistische Bedingungen (z. B. *Single-user-Betrieb*) herbeizuführen.

CPU-Zeit

Dem Umstand, daß beim Multi-user-Betrieb meist nur ein kleiner Teil der potentiell verfügbaren Rechnerkapazität einem speziellen Auftrag (*job*) gewidmet wird, trägt die *CPU-Zeit* Rechnung. Sie gibt an, wie lange die CPU effektiv mit der gestellten Aufgabe beschäftigt war, ohne deren zwischenzeitliche Belegung durch andere Prozesse oder Ein-/Ausgabe-Wartezeiten zu berücksichtigen.

Die CPU-Zeit wird noch unterteilt in die Benutzer-CPU-Zeit und die System-CPU-Zeit. Die *Benutzer-CPU-Zeit* ist jene Zeit, während der die Instruktionen des Anwendungsprogramms und der dazugebundenen Routinen ausgeführt werden. Die *System-CPU-Zeit* dient der Ausführung von Betriebssystemfunktionen, die für die Abarbeitung des Anwendungsprogramms zusätzlich benötigt werden, wie z. B. Zugriffe auf Seiten des virtuellen Speichers im Sekundärspeicher oder die Durchführung von Ein-/Ausgabe-Operationen.

Die CPU-Zeit enthält jedoch *nicht* die Zeiten, die ein Anwendungsprogramm inaktiv warten muß (um z. B. das Eintreffen von Daten aus dem Sekundärspeicher abzuwarten), auch dann, wenn es das einzige im Computersystem ist!

Bei der Bewertung der Leistung eines Computersystems muß a priori die Entscheidung getroffen werden, welche Art der Zeitmessung die zu untersuchende Leistung charakterisieren soll. Dementsprechend unterscheidet man zwischen der

Gesamtsystemleistung (*System Performance*), falls die Antwortzeit zugrundegelegt wird, und der *CPU-Leistung* (*CPU Performance*), wenn die Benutzer-CPU-
Zeit verwendet wird (Hennessy, Patterson [53]). Die Art der Zeitmessung wirkt
sich auch auf die verschiedenen Leistungskenngrößen des folgenden Abschnitts
aus. Es ist daher sehr wichtig, in jeder Leistungsbewertung zu dokumentieren,
welche Art der Zeitmessung den Untersuchungen zugrundegelegt wurde.

3.4 Analytische Leistungsbewertung

Die Abschnitte 3.1 und 3.2 dieses Kapitels waren auf ein grundsätzliches Verständnis aktueller Rechnerarchitekturen ausgerichtet. Dabei war es völlig ausreichend,
den Leistungsaspekt von Computersystemen rein *qualitativ* zu erfassen. Daß z. B.
die überlappende Abarbeitung von Befehlen zu einer Zeitverkürzung und damit
zu einer Leistungssteigerung führt, ist auch ohne jede zahlenmäßige Aufschlüsse-
lung unmittelbar einsichtig.

Oft ist es jedoch notwendig, die Leistung von Computersystemen auch *quantitativ* zu beschreiben. Will man z. B. Aussagen darüber machen, in welchem
Ausmaß ein Rechner „schneller" oder „langsamer" ist als ein anderer, kann auf
eine quantitative Leistungsanalyse nicht verzichtet werden, auch wenn die Komplexität der verschiedenen Einflußfaktoren und die große Vielfalt der existierenden
Rechnerarchitekturen derartige Untersuchungen erschwert.

Ausgangspunkt von *analytischen Bewertungen* der Hardwareleistung sind die
technischen Daten und physikalischen Merkmale des Computers, wie z. B.

- Typ des Prozessors;

- Zykluszeit T_c bzw. deren Kehrwert, die Taktfrequenz f_c;

- Größe und Zugriffszeiten der einzelnen Ebenen der Speicherhierarchie;

- Struktur, Hierarchie und Verbindung der Teile des Speichers;

- Breite der Datenleitungen (Anzahl der innerhalb der CPU und von der CPU
  zur Speicherhierarchie bzw. Peripherie parallel übertragbaren Bits).

Von diesen Hardwaremerkmalen läßt sich rein rechnerisch eine Reihe von Werten
ableiten, die Anhaltspunkte für die Beurteilung der Systemleistung liefern.

In der Praxis erhält man fast immer eine schlechtere Leistung, als es den rechnerisch ermittelten Werten entsprechen würde. Daher bezeichnet man die analytischen Leistungskenngrößen dieses Abschnitts auch als *ideale Leistungsdaten*,
im Gegensatz zu den *realen Leistungsdaten*, die man vor allem auf empirischem
Weg durch Messung erhält und die in Abschnitt 3.5 behandelt werden.

3.4.1 Maximale Gleitpunktleistung

Eine wichtige Hardware-Kennzahl ist die *Maximalleistung* (*peak performance*)
$P_{\max}$ eines Computers. Sie entspricht der theoretisch möglichen Maximalanzahl

von Gleitpunkt- (oder anderen) Operationen, die von diesem Computer pro Zeiteinheit (meist pro Sekunde) durchgeführt werden können.

Die Maximalleistung eines Computers errechnet sich aus dessen Zykluszeit T_c und der Anzahl N_c der während eines Taktzyklus maximal durchführbaren Operationen:

$$P_{\max} = \frac{N_c}{T_c}.$$

Falls sich $P_{\max}$ auf die pro Sekunde ausführbaren Gleitpunktoperationen bezieht, so erhält man die *maximale Gleitpunktleistung* mit der Einheit

flop/s   (*floating point operations per second*)

bzw. Mflop/s (10^6 flop/s) , Gflop/s (10^9 flop/s) oder Tflop/s (10^{12} flop/s). Es wird dabei oft irreführenderweise nicht zwischen den verschiedenen Arten von Gleitpunktoperationen und deren unterschiedlichen Ausführungszeiten unterschieden (siehe Abschnitt 5.5.6).

Notation (flop/s)   Manche Autoren verwenden anstelle von flop/s, Mflop/s etc. die Schreibweise flops, Mflops etc. Da diese aber den Charakter der Leistungskennzahl *nicht* zum Ausdruck bringt, sondern eher einer Mehrzahlform entspricht, wird sie hier nicht verwendet.

Eine Aussage, die man auf Grund einer Maximalleistungsangabe mit Sicherheit machen kann, ist, daß man sie mit keinem noch so guten Programm, das auf dem betreffenden Computer läuft, je übertreffen wird. Selbst in die Nähe der Maximalleistung kommen nur einzelne, besonders optimierte Programmabschnitte. Die Ursache dafür liegt unter anderem in der Vernachlässigung des Zeitaufwandes aller unterstützenden Adreßberechnungen, Speicheroperationen etc., die nur indirekt zur Ermittlung des Resultates beitragen. Man kann daher die Maximalleistung als eine Art „Lichtgeschwindigkeit" des jeweiligen Computers ansehen.

Beispiel (Cray 2)   Eine CRAY 2 hat eine Zykluszeit von $T_c = 4.1\,\text{ns} = 4.1 \cdot 10^{-9}\,\text{s}$. In einem Taktzyklus kann jeder Prozessor maximal $N_c = 2$ Gleitpunktoperationen – eine Addition *und* eine Multiplikation – ausführen. Die maximale Gleitpunktleistung eines Prozessors ist daher:

$$P_{\max} = \frac{N_c}{T_c} = \frac{2\ \text{Operationen}}{4.1 \cdot 10^{-9}\ \text{Sekunden}} = 0.488 \cdot 10^9\,\text{flop/s} = 488\,\text{Mflop/s}.$$

Eine CRAY 2 mit vier Prozessoren hat dementsprechend eine Maximalleistung von 1952 Mflop/s, die theoretisch dann erreichbar wäre, wenn alle vier Prozessoren über einen bestimmten Zeitraum in *jedem* Taktzyklus zwei Gleitpunktadditionen und -multiplikationen ausführten.

Beispiel (IBM-Workstation)   Das Modell 990 der IBM-POWER2-Workstations hat eine Zykluszeit von $T_c = 14\,\text{ns}$. In einem Taktzyklus können maximal vier Gleitpunktoperationen – je eine Multiply-*and*-Add-Instruktion in den zwei parallelen Gleitpunkt-Pipelines – ausgeführt werden (White, Dhawan [394]). Als maximale Gleitpunktleistung ergibt sich damit:

$$P_{\max} = \frac{N_c}{T_c} = \frac{4\ \text{Operationen}}{14 \cdot 10^{-9}\ \text{Sekunden}} = 286\,\text{Mflop/s}.$$

Je geringer der Anteil der Multiply-and-Add-Instruktionen an der Gesamtheit der konkret auszuführenden Gleitpunktoperationen eines Programms ist, desto weiter entfernt sich die reale Leistung dieser Workstation von ihrer Maximalleistung.

3.4.2 Instruktionenleistung

Der CPI-Wert (*cycles per instruction*) eines Prozessors gibt an, wieviele Taktzyklen er für die Abarbeitung einer Instruktion benötigt. Da die verschiedenen Instruktionen eines Instruktionssatzes im allgemeinen eine unterschiedliche Anzahl von Zyklen benötigen, muß man sich darauf beschränken, einen CPI-*Mittelwert* zu berechnen. Dieser ist umso aussagekräftiger, je genauer man über die Häufigkeiten des Auftretens der einzelnen Instruktionen in speziellen Anwendungsgebieten (z. B. durch Hardware-Monitoring) Bescheid weiß und diese durch entsprechende Gewichtung bei der Mittelbildung berücksichtigt.

Der CPI- (Mittel-) Wert hängt aber nicht nur vom jeweils ausgeführten Programm, sondern auch von der Art des Instruktionssatzes ab. Komplexere Instruktionen (z. B. bei CISC-Architekturen) benötigen meist mehr Zeit zur Ausführung und führen damit zu einer Vergrößerung des CPI-Werts. Gleichzeitig ermöglichen sie im Normalfall aber auch eine Senkung der erforderlichen Gesamtanzahl der Instruktionen eines Programms.

Nimmt man in der physikalischen Leistungsformel (3.2) die Anzahl N der abgearbeiteten Instruktionen (N wird oft auch als *Pfadlänge* bezeichnet) als Maß für die verrichtete Arbeit, so erhält man die mittlere Leistung

$$P_I = \frac{W_I}{T} = \frac{N}{T_c \cdot N \cdot \text{CPI}} = \frac{1}{T_c \cdot \text{CPI}} \tag{3.4}$$

gemessen in Instruktionen pro Zeiteinheit. Dieses Leistungsmaß – die *Instruktionenleistung* – wird sowohl bei der Konzeption neuer Rechnerarchichtekturen als auch bei der praktischen Leistungsbeurteilung verwendet (siehe Abschnitt 3.5.2). Falls sich P_I auf die pro Mikrosekunde ausführbaren Instruktionen bezieht, ist die Einheit der Instruktionenleistung *Mips* (*million instructions per second*) oder bei einer Nanosekunde als Bezugszeitraum *Bips* (*billion instructions per second*, also 10^9 Instruktionen pro Sekunde)[10].

Beispiel (RISC – CISC) Aus der Leistungsformel (3.4) erkennt man, daß eine Vergrößerung der Instruktionenleistung sowohl durch Senkung der Zykluszeit als auch durch Verringerung des CPI-Werts erreicht werden kann. Für die Senkung der Zykluszeit gibt es technologische Grenzen, die sich aus der endlichen Signalausbreitungsgeschwindigkeit ergeben. Nimmt man die Zykluszeit T_c als gegeben an, so macht die Formel

$$T = \frac{W_I}{P_I} = T_c \cdot \text{CPI} \cdot N$$

deutlich, daß die Ausführungszeit nicht allein vom CPI-Wert, sondern auch von der Pfadlänge N abhängt, die ihrerseits von der Art des Instruktionssatzes beeinflußt wird.

Der Instruktionssatz von klassischen CISC-Rechnern besteht aus sehr komplexen Anweisungen. Jede einzelne dieser Instruktionen kann relativ viel Arbeit erledigen, daher wird die Pfadlänge N eines Programms – als Maß für die zu verrichtende Arbeit – durch diese Art des Befehlssatzes verringert. Mit der Komplexität der einzelnen Instruktion steigt aber gleichzeitig die Anzahl der Zyklen, die für deren Durchführung notwendig ist, es ergibt sich somit ein höherer CPI-Wert und damit eine niedrigere Instruktionenleistung.

---

[10]Analog zur Schreibweise Mflop/s, Gflop/s etc. wäre auch Mi/s, Gi/s etc. eine sinnvolle Bezeichnungsweise. Diese ist aber überhaupt nicht gebräuchlich.

Klassische RISC-Architekturen gehen umgekehrt vor: Der Instruktionssatz besteht aus vergleichsweise einfacheren Anweisungen. Dadurch gelingt eine Senkung des CPI-Werts – oft bis zu CPI = 1, den *Ein-Zyklus-Instruktionen*, die charakteristisch für RISC-Prozessoren sind. Eine weitere Senkung des CPI-Wertes unter 1 ist möglich, erfordert aber den Einsatz mehrerer paralleler Ausführungseinheiten, wie dies z. B. bei den Superskalar-Architekturen der Fall ist (siehe Abschnitt 3.1.3). Die Einfachheit der Instruktionen führt aber auch dazu, daß die Pfadlänge der Programme größer wird, da jede einzelne Anweisung weniger Arbeit ausführt. Um diesen Nachteil aufzuwiegen und den Vorteil des geringeren CPI-Werts nicht wieder zu verlieren, sind bei RISC-Befehlssätzen die Anforderungen an optimierende Compiler besonders hoch.

Bessere (höhere) Instruktionenleistung kann unter Umständen zu einer schlechteren (längeren) Ausführungszeit führen und umgekehrt. Bei der Verwendung der Instruktionenleistung zur vergleichenden Hardware- bzw. Software-bewertung ist daher größte Vorsicht angebracht, wie auch das folgende Beispiel zeigt:

Beispiel (Optimierender Compiler) Die folgenden Daten stellen die empirisch ermittelten Häufigkeiten der vom GNU-C-Compiler generierten Instruktionen und die zugehörigen Taktzyklen dar (Hennessy, Patterson [53]).

Operation	Häufigkeit	benötigte Taktzyklen
arithmetisch-logische Operationen	43 %	1
Verzweigungen	24 %	2
Ladeoperationen	21 %	2
Speicheroperationen	12 %	2

Der zugehörige mittlere CPI-Wert beträgt 1.57. Nimmt man die Taktfrequenz des Prozessors mit $f_c = 50$ MHz an, was einer Zykluszeit von $T_c = 20$ ns entspricht, so ist die Instruktionenleistung

$$P_I = \frac{1}{T_c \cdot \text{CPI}} = \frac{1}{20 \cdot 10^{-9} \cdot 1.57} = 31.8\,\text{Mips}.$$

Die CPU-Zeit, die ein Programm mit dieser Befehlszusammensetzung benötigt, ergibt sich zu

$$T = \frac{W_I}{P_I} = \frac{W_I}{31.8 \cdot 10^6} = 31.4 \cdot 10^{-9} \cdot W_I,$$

wobei W_I die Anzahl der benötigten Instruktionen bezeichnet. Angenommen, ein besser optimierender Compiler kann die Anzahl der arithmetisch-logischen Operationen halbieren, dann steigt der mittlere CPI-Wert auf

$$\text{CPI}_{\text{optimiert}} = \frac{(.43/2) \cdot 1 + .24 \cdot 2 + .21 \cdot 2 + .12 \cdot 2}{1 - (.43/2)} = 1.73,$$

und die Instruktionenleistung für den optimierten Code *sinkt* auf

$$\overline{P}_I = \frac{1}{T_c \cdot \text{CPI}} = \frac{1}{20 \cdot 10^{-9} \cdot 1.73} = 28.9\,\text{Mips}.$$

Die Ausführungszeit wird aber durch die Optimierung dieses Compilers kürzer (besser), obwohl die Instruktionenleistung des Prozessors niedriger (schlechter) wurde:

$$\overline{T} = \frac{\overline{W}_I}{\overline{P}_I} = \frac{\overline{W}_I}{28.9 \cdot 10^6} = \frac{0.785 \cdot W_I}{28.9 \cdot 10^6} = 27.2 \cdot 10^{-9} \cdot W_I,$$

wobei $\overline{W}_I$ die Anzahl der nach der Optimierung benötigten Instruktionen bezeichnet.

3.4.3 Leistung von Vektorprozessoren

In diesem Abschnitt werden Kenngrößen diskutiert, die eine grobe Bewertung von Vektorprozessoren und deren Vergleich mit skalaren Prozessoren ermöglichen. Dabei werden nur *arithmetische Pipelines* betrachtet, also Pipelines, die arithmetische Operationen auf Datenvektoren der Länge n durchführen. Bei den analytischen Leistungsformeln wird angenommen, daß die Pipeline nur auf Operanden aus Vektorregistern zugreift. Der Einfluß des Ladens der Vektoren aus dem Hauptspeicher in die Vektorregister und andere leistungsmindernde Faktoren werden erst bei der empirischen Leistungsbewertung von Vektorprozessoren berücksichtigt (siehe Abschnitt 3.5.4).

Ergebnisrate einer Pipeline

Zur analytischen Leistungsbeschreibung arithmetischer Pipelines ist in den meisten Fällen eine lineare Modellierung der *Laufzeit $T_v(n)$ von Vektoroperationen* ausreichend:

$$T_v(n) = T_0 + n \cdot T_c.$$

Abb. 3.12 zeigt schematisch den Ablauf einer Vektoroperation an Vektoren der Länge n in einer 5-stufigen Pipeline ($s = 5$).

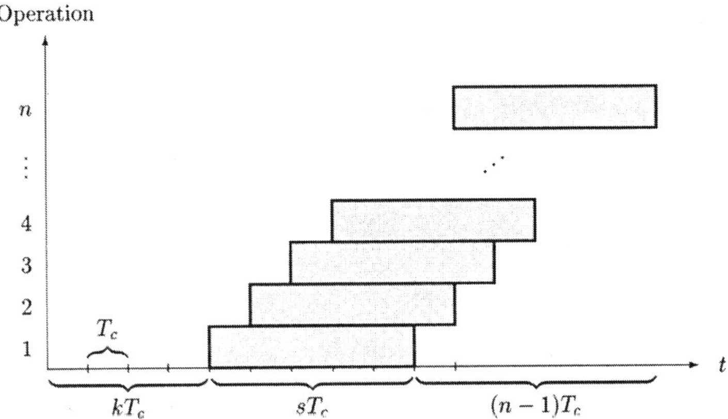

Abb. 3.12: Überlappende Vektoroperation in einer fünfstufigen Pipeline

Anhand dieses Schemas ist die Modellierung der Ausführungszeit einer gegebenen Vektoroperation durch folgende Formel intuitiv leicht verständlich, soferne die Vektorlänge n nicht kleiner als die Stufenanzahl s ist:

$$T_v(n) = (k + s + (n - 1))T_c. \tag{3.5}$$

Zu Beginn der Vektoroperation dienen k Taktzyklen der Initialisierung. Es wird also eine gewisse, fixe Zeit $k \cdot T_c$ benötigt, um die Vektoroperation vorzubereiten. In diesen Zeitraum fällt unter anderem die Adreßberechnung der ersten und letzten Komponente der Operanden-Vektoren und der Transport von Datenelementen aus den Vektorregistern zur arithmetischen Pipeline. Nach anschließenden s

Taktzyklen liefert die Pipeline das erste Ergebnis. Nun ist die Pipeline „gefüllt",
und für jede weitere Komponente des Ergebnis-Vektors wird nur mehr ein einziger Taktzyklus benötigt. Die restlichen $n - 1$ Komponenten werden also in der
Zeit $(n - 1) \cdot T_c$ berechnet.

Aus der Formel (3.5) läßt sich die *Anlaufzeit* T_0 ableiten:

$$T_0 = (k + s - 1) \cdot T_c.$$

Die *Ergebnisrate* $r(n)$ ist die von der Vektorlänge n abhängige Leistung einer
arithmetischen Pipeline, also die Anzahl der Resultate, die von der Pipeline pro
Zeiteinheit (für $n \geq s$) geliefert werden:

$$r(n) = \frac{n}{T_v(n)} = \frac{n}{T_0 + nT_c}. \tag{3.6}$$

Der Grenzwert der Ergebnisrate ist die sogenannte *asymptotische Ergebnisrate*:

$$r_\infty = \lim_{n \to \infty} r(n) = \frac{1}{T_c} = f_c.$$

Allein aus der Taktfrequenz f_c eines Vektorrechners und der Maximalanzahl von
Gleitpunktoperationen pro Ergebnis der Pipeline läßt sich also die theoretische
Maximalleistung einer arithmetischen Pipeline errechnen.

Beispiel (Asymptotische Ergebnisrate)   Der Vektorrechner Fujitsu VP100 hat die Taktfrequenz $f_c = 312.5\,\mathrm{MHz}$. Daher ist seine asymptotische Ergebnisrate

$$r_\infty = f_c = 312.5 \cdot 10^6\,\mathrm{s}^{-1}.$$

Für die Vektoroperation „*Vektor Add and Multiply Scalar*", die pro Takt *zwei* Gleitpunktoperationen beenden kann, entspricht das einer Maximalleistung von 625 Mflop/s.

Charakteristische Vektorlängen

Eine wichtige Kenngröße für Vektorpipelines ist jene Vektorlänge $n_{1/2}$, für die
man die halbe asymptotische Ergebnisrate erreicht:

$$r(n_{1/2}) = \frac{r_\infty}{2}. \tag{3.7}$$

Aus (3.6) erhält man $r(n_{1/2})$

$$n_{1/2} = \frac{T_0}{T_c} = k + s - 1. \tag{3.8}$$

Dieser Wert liefert einen Anhaltspunkt dafür, in welcher Größenordnung die Vektorlänge n liegen muß, um die Vektorisierung sinnvoll nutzen zu können.

Wie zu erwarten war, ist $n_{1/2}$ direkt proportional zur benötigten Anlaufzeit T_0.
Die indirekte Proportionalität zum Zeitabstand T_c zwischen den Teiloperationen
erklärt sich daraus, daß bei größerem T_c auch r_∞ geringer ausfällt und daher
kürzere Vektoren genügen, um die Hälfte der Leistung r_∞ zu erreichen.

Die Zeitdauer $T_v(n)$ für eine Vektoroperation läßt sich auch durch folgende Formel ausdrücken:

$$T_v(n) = \frac{n + n_{1/2}}{r_\infty} = (n + n_{1/2})T_c. \tag{3.9}$$

Der Parameter $n_{1/2}$ erhält damit eine weitere Interpretation: Er gibt die um 1 verminderte Anzahl der internen Zyklen der Pipeline an, die vergehen, bis das erste Teilresultat einer Vektoroperation die Pipeline verläßt. Die Anlaufzeit (die den Initialisierungsaufwand einschließt) kann also durch die Annahme modelliert werden, daß zusätzlich zu dem real vorhandenen Datenvektor der Länge n ein fiktiver Vektor der Länge $n_{1/2}$ bearbeitet wird. Damit sich die Anlaufzeit nicht zu stark auf die Ergebnisrate auswirkt, sollte $n \gg n_{1/2}$ sein.

Durch Einsetzen von (3.9) in (3.6) erhält man die Formel

$$r(n) = \frac{r_\infty}{1 + n_{1/2}/n}, \tag{3.10}$$

die zum Ausdruck bringt, wie das Verhältnis $n_{1/2}/n$ die Abweichung der tatsächlich erreichten Ergebnisrate $r(n)$ vom theoretischen Maximum beeinflußt.

Dem Vergleich zwischen Vektorprozessoren und skalaren Prozessoren dient der *Cross-over-point* n_v, der jene Vektorlänge angibt, ab der die Vektorarithmetik „schneller" ist als die skalare Arithmetik. Dazu vergleicht man die Durchführung von n skalaren Operationen mit *einer* entsprechenden Vektoroperation (realisiert durch eine Pipeline mit s Stufen), die auf Vektoren der Länge n wirkt. Für die Zeitdauer $T_1(n)$ von n skalar durchgeführten Operationen gilt

$$T_1(n) \leq sT_c n. \tag{3.11}$$

In der Realität benötigt eine einzelne skalare Operation weniger Zeit als die Durchlaufzeit von skalaren Operanden durch die Pipeline, da die Pipelinestufen für die einzelnen Teiloperationen meist synchronisiert arbeiten. Vereinfachend soll aber angenommen werden, daß in (3.11) das Gleichheitszeichen gilt, daß also die skalare Durchführung der Operation genauso lange dauert wie das Durchlaufen der s Pipelinestufen.

Wenn die Bedingung $T_1(n) > T_v(n)$ erfüllt ist, können die n Operationen vektoriell schneller ausgeführt werden als skalar. Aus (3.5) und (3.11) ergibt sich

$$n > \frac{k}{s-1} + 1 \qquad \text{und folglich} \qquad n_v = \left\lceil \frac{k}{s-1} \right\rceil + 1.$$

3.4.4 Leistungseinfluß des Speichers

Wie bereits im Abschnitt 3.2 ausgeführt wurde, hat der technische Fortschritt der letzten Jahre auf dem Speichersektor vor allem starke Kapazitätszuwächse gebracht. Die „Schnelligkeit" der Speicherbausteine hatte bei weitem nicht vergleichbare Zuwachsraten wie jene der Prozessoren.

Der Speicher, also die ganze Speicherhierarchie eines Computers, hat großen Einfluß auf die Leistung. Wenn es z. B. durch ungünstige Programmierung zu zahlreichen Fehlzugriffen auf die „raschen" Ebenen der Speicherhierarchie kommt, ist ein starker Leistungseinbruch zu erwarten (siehe Abschnitt 6.2.3).

Transferrate

Die *Transferrate* charakterisiert den Durchsatz der Speicherschnittstelle eines Prozessors und wird oft auch als *Bandbreite* bezeichnet. Sie gibt an, welche Informationsmenge pro Zeiteinheit zwischen Prozessor und Speicher übertragen werden kann, und berechnet sich folglich als Produkt der Breite der Übertragungsleitung in Byte und der Übertragungsfrequenz für die einzelnen Speicherworte, die meist direkt proportional zur Taktfrequenz f_c des Prozessors ist.

Zugriffszeit

Als *mittlere Speicherzugriffszeit* wird der statistische Erwartungswert der Zeitdauer des Zugriffs auf Daten einer Speicherhierarchie bezeichnet. Nicht immer ist der Zugriff auf eine höhere Ebene (mit kürzeren Zugriffszeiten) erfolgreich – mit einer gewissen Wahrscheinlichkeit treten auch Fehlzugriffe auf, die einen Zugriff auf eine tiefere Ebene erforderlich machen und damit eine Verzögerung des Speicherzugriffs bewirken.

Für die Berechnung der mittleren Speicherzugriffszeit benötigt man empirische Werte beziehungsweise Schätzungen der Wahrscheinlichkeit p_m eines Cache-Fehlzugriffs bei anschließend erfolgreichem Hauptspeicherzugriff und der Wahrscheinlichkeit p_p eines Hauptspeicherfehlzugriffs nach einem Cache-Fehlzugriff. Weiters benötigt man die Cache-Zugriffszeit T_h, die Zeit T_m für einen Cache-Fehlzugriff und den anschließend notwendig gewordenen Hauptspeicherzugriff und schließlich jene Zeit T_p, die vergeht, wenn sowohl ein Cache-Fehlzugriff als auch ein anschließender Hauptspeicherfehlzugriff auftreten. Auf Grund der Eigenschaften einer Speicherhierarchie gilt $T_p \gg T_m \gg T_h$. Mit diesen Werten ergibt sich die mittlere Speicherzugriffszeit:

$$\overline{T} = p_p T_p + p_m T_m + (1 - p_p - p_m)T_h. \tag{3.12}$$

Die Wahrscheinlichkeiten p_m und p_p hängen außer von den Kapazitäten der einzelnen Ebenen der Speicherhierarchie auch von den Speicherorganisationsstrategien ab und sind in der Praxis meist nicht einfach zu bestimmen. Sie werden entweder durch Messungen an der Hardware ermittelt (mit Hardwaremonitoren) oder durch aufwendige Simulationen gewonnen (Gee et al. [215]).

Durch entsprechende Modifikation der Formel (3.12) kann man auch *Level 2 Caches* und *Translation Lookaside Buffers* (TLBs) berücksichtigen.

Leistungsparameter

Der wichtigste Fall des Zugriffs auf einen ganzen Datenvektor der Länge n kann, analog zur Modellierung der Zeitdauer einer Vektoroperation durch (3.9), mit folgender Formel beschrieben werden:

$$T_s(n) = \frac{n + n_{1/2}^s}{r_\infty^s}.$$ (3.13)

Die Parameter r_∞^s und $n_{1/2}^s$ geben sowohl die Zugriffszeit als auch die Speicher-Transferrate wieder.

3.5 Empirische Leistungsbewertung

Im Gegensatz zu Leistungsbewertungen, die man auf rein rechnerischem (analytischem) Weg aus Kennzahlen des Computersystems gewinnt, werden empirische Leistungsbewertungen auf Grund von Experimenten und Messungen an konkreten Systemen oder abstrakten Modellen (durch *Simulation*) vorgenommen.

3.5.1 Temporale Leistung

Zum Vergleich verschiedener Algorithmen zur Lösung eines bestimmten Problems auf ein und demselben Rechner kann entweder direkt die *Ausführungszeit*

$$T := t_{\text{end}} - t_{\text{start}}$$

oder deren Kehrwert, die sogenannte *temporale Leistung* $P_T := T^{-1}$ herangezogen werden. Die Ausführungszeit T wird dabei *gemessen* – im Gegensatz zur *rechnerischen* Ermittlung der CPU-Leistung in Abschnitt 3.4. Die Arbeitsmenge, die zu erledigen ist, wird bei der temporalen Leistung als normiert durch $\Delta W = 1$ angenommen, da laut Voraussetzung immer nur *ein* vollständig bearbeitetes Problem betrachtet wird.

· Diese Art der Bewertung ist dann sinnvoll, wenn es darum geht, zu entscheiden, durch welchen Algorithmus bzw. welches Programm man ein gegebenes Problem am schnellsten lösen kann (Addison et al. [80]). Speziell für den Anwender ist die Ausführungszeit eines Programms das einzig interessante Kriterium. Er will nur wissen, wie lange er zu warten hat, bis *sein* Problem gelöst ist. Der leistungsfähigste Algorithmus und das effizienteste Programm sind für ihn durch die kürzeste Ausführungszeit bzw. die größte temporale Leistung charakterisiert. Die Arbeitsmenge, die dabei zu verrichten ist, und andere algorithmische Details sind vom Anwenderstandpunkt meist irrelevant.

3.5.2 Empirische Instruktionenleistung

Ermittelt man experimentell die in einem bestimmten Zeitraum T ausgeführte Anzahl W_I an Instruktionen (als Maß für die verrichtete Arbeit), so erhält man die *empirische Instruktionenleistung*

$$P_I = \frac{W_I}{T} = \frac{\text{Anzahl der durchgeführten Instruktionen}}{\text{benötigte Zeit}},$$

für die wie in Abschnitt 3.4.2 die Einheit *Mips* (Millionen Instruktionen pro Sekunde bzw. Instruktionen pro Mikrosekunde) verwendet wird:

$$P_I \, [\text{Mips}] \; = \; \frac{\text{Anzahl der durchgeführten Instruktionen}}{\text{Zeitdauer in Mikrosekunden}} =$$

$$= \; \frac{N}{N \cdot \text{CPI} \cdot T_c} = \frac{f_c}{\text{CPI} \cdot 10^6}. \qquad (3.14)$$

Maschinen mit größerer Leistung führen in einer bestimmten Zeitspanne mehr Instruktionen aus und haben demnach einen höheren Mips-Wert, was der Intuition entgegenkommt. Trotzdem ist bei der Interpretation von Mips-Angaben Vorsicht geboten, da die Instruktionenleistung z. B. sehr stark von der Art des Instruktionssatzes des verwendeten Computers abhängt. Mips-Angaben von Maschinen mit verschiedenen Instruktionssätzen sind *nicht* vergleichbar.

Beispiel (RISC – CISC) Da laut Formel (3.14) der Mips-Wert nur von der Taktfrequenz f_c des Prozessors und dem CPI-Wert abhängt, erreichen RISC-Prozessoren *immer* höhere Mips-Werte als CISC-Prozessoren, da ihr Instruktionssatz aus relativ einfachen Befehlen besteht, die weniger Taktzyklen benötigen als die aufwendigeren Instruktionen von CISC-Rechnern (vgl. das Beispiel auf Seite 107).

Höhere Mips-Werte führen aber nicht automatisch zu kürzeren Ausführungszeiten, da zur Erledigung derselben Arbeitsmenge eine größere Anzahl der einfacheren RISC-Instruktionen abgearbeitet werden muß als von den mächtigeren CISC-Instruktionen. Welcher Effekt sich stärker auswirkt, ist nur durch genauere Untersuchungen zu entscheiden.

Relative Leistungskennzahlen

Eine mögliche Alternative zu den bis jetzt betrachteten absoluten Leistungsindizes ist die Verwendung *relativer Leistungsindizes*. Dabei wird die Leistung eines zu untersuchenden Computersystems im Verhältnis zu einem festen Bezugscomputer bewertet. Im Fall der Instruktionenleistung dient eine Maschine mit einem festgesetzten oder allgemein akzeptierten Mips-Wert als Referenz:

$$\text{Mips}_{\text{relativ}} = \frac{T_{\text{ref}}}{T} \cdot \text{Mips}_{\text{Referenz}}.$$

T_{ref} ist dabei die Ausführungszeit des Programms auf der Referenzmaschine.

Beispiel (VAX-Mips-Werte) In den achtziger Jahren war die VAX-11/780 eine allgemein anerkannte „1-Mips-Maschine" und wurde bei vielen Leistungsbewertungen als Referenzcomputer verwendet. VAX-Mips-Werte (auch als VUPs – *VAX units of processing* – bezeichnet) sind relative Leistungsangaben, die sich auf diesen Rechner beziehen.

Durch die Weiterentwicklung der Betriebssoftware (Betriebssystem und Compiler) werden im Laufe der Zeit auf fast jedem Computer die Ausführungszeiten der Programme kürzer – selbst ohne Hardwareveränderungen. Es stellt sich daher die Frage, ob nicht auch die Softwarekomponenten eines Referenzrechners fixiert werden müssen, damit dieser nicht auf Grund der Software-Weiterentwicklung mit der Zeit schneller und damit zu einer „variablen Bezugsgröße" wird (Hennessy, Patterson [53], Weicker [393]).

3.5.3 Empirische Gleitpunktleistung

Wenn man die in einem Zeitraum T verrichtete Arbeit durch die Anzahl W_F der in T ausgeführten Gleitpunktoperationen charakterisiert, so erhält man die *Gleitpunktleistung (floating point performance)*

$$P_F\,[\text{flop/s}] = \frac{W_F}{T} = \frac{\text{Anzahl der ausgeführten Gleitpunktoperationen}}{\text{Zeitdauer in Sekunden}}.$$

Im Gegensatz zu der in Abschnitt 3.4 rechnerisch ermittelten Maximalleistung gewinnt man diesen empirischen Wert durch Messungen an laufenden Programmen. Zahlenangaben erfolgen wie bei der analytischen Leistungsbewertung in Mflop/s, Gflop/s oder Tflop/s.

Da die Messung der verrichteten Arbeit bei der Gleitpunktleistung auf *Operationen* statt auf *Instruktionen* beruht, liefert diese oft bessere Vergleichswerte für verschiedene Maschinen als die Instruktionenleistung, da davon ausgegangen werden kann, daß ein Programm auf zwei verschiedenen Rechnern zwar in eine unterschiedliche Anzahl von Instruktionen umgesetzt wird, daß aber die Anzahl der Gleitpunktoperationen im wesentlichen gleich bleibt.

Die Leistungsermittlung auf der Grundlage einer simplen „Abzählung" aller ausgeführten Gleitpunktoperationen ist oft zu ungenau, um aussagekräftige Werte für die Gleitpunktleistung bestimmen zu können, wenn nicht zwischen den verschiedenen Arten von Gleitpunktoperationen und der von ihnen benötigten unterschiedlichen Anzahl von Taktzyklen unterschieden wird. Unter Vernachlässigung dieser Unterschiede erreicht z. B. ein Programm, das nur Gleitpunkt*additionen* durchführt, auf ein und derselben Maschine erheblich höhere Gleitpunktleistungen als ein Programm, das dieselbe Anzahl von Gleitpunktoperationen aufweist, aber lauter *Divisionen* ausführt (die z. B. auf einem POWER-Prozessor etwa zwanzigmal so lange wie Gleitpunktadditionen brauchen).

Um den Werten der Gleitpunktleistung mehr Aussagekraft für den Leistungsvergleich verschiedener Computer zu verleihen, kann man z. B. eine *Normierung* der Gleitpunktleistung durchführen (siehe Abschnitt 5.5.6).

Interpretation empirischer Leistungswerte

Die empirische Ermittlung der Gleitpunktleistung eines Computersystems kann (im Gegensatz zur rechnerisch ermittelbaren Maximalleistung) nur mit Hilfe konkreter Algorithmen – in Form von Programmen – erfolgen. Man darf aber nicht den Fehler machen, die Gleitpunktleistung als absoluten Qualitätsmaßstab zur Beurteilung von *Algorithmen* heranzuziehen.

Ein Programm, das eine größere Gleitpunktleistung erzielt, ermöglicht nicht notwendigerweise auch eine größere temporale Leistung, also eine kürzere Gesamtzeit. Trotz besserer (höherer) flop/s-Werte kann ein Programm unter Umständen *länger* für die Lösung des Problems brauchen, wenn bei seiner Verwendung mehr Arbeit zu verrichten ist. Nur bei Programmen mit demselben Arbeitsaufwand liefern die Werte der Gleitpunktleistung eine Vergleichsbasis für die Qualität der *Im-*

plementierungen. Adäquate Maße zur Beurteilung von Algorithmen unabhängig von deren Implementierung werden in Kapitel 5 besprochen.

Beispiel (Leistung und Zeit)   Bei der Lösung eines speziellen Diffusionsproblems auf einem Parallelrechner wurden mit einem iterativen, lokalen Jakobi-Verfahren 5.6-fach bessere Mflop/s-Raten erzielt als mit einem Multigrid-Verfahren. Das Jacobi-Verfahren benötigte jedoch – auf Grund des wesentlich höheren Arbeitsaufwandes – die 317-fache Gesamtrechenzeit des Multigrid-Verfahrens. Eine sinnvolle Beurteilung der beiden Verfahren ist hier nur mit Hilfe der temporalen Leistung möglich.

Zur Bewertung verschiedener Computersysteme mit ein und demselben Programm (*Benchmark*-Bewertung) ist die empirische Gleitpunktleistung ebenfalls geeignet und wird auch häufig verwendet (z. B. LINPACK-Benchmark, SPECfp92).

Empirischer Wirkungsgrad

Setzt man eine empirisch ermittelte Gleitpunktleistung in Relation zur Maximalleistung des verwendeten Computers, so erhält man Aufschluß darüber, in welchem Ausmaß das untersuchte Programm und der involvierte Compiler imstande sind, die potentielle Leistungsfähigkeit des Computers zu nutzen.

Der so erhaltene *empirische Wirkungsgrad* liegt, nicht zuletzt bedingt durch die starken Vereinfachungen bei der Berechnung der Maximalleistung, meist deutlich unter 100 %.

Beispiel (LINPACK-Benchmark)   (Dongarra [167]) Beim LINPACK-Benchmark ergeben sich z. B. die in Tabelle 3.1 zusammengestellten Leistungen und empirischen Wirkungsgrade. Die Werte für $n = 100$ Gleichungen sind auf Grund von Zeitmessungen mit den unveränderten „Originalprogrammen" LINPACK/sgefa und LINPACK/sgesl ermittelt worden.

Für $n = 1000$ wurden äquivalente Programme entwickelt, die eine möglichst gute Ausnutzung der Ressourcen ermöglichen. Wie man sieht, führt eine derartige (maschinenabhängige) Programmoptimierung zu erheblich besseren Wirkungsgraden.

Tabelle 3.1: Empirische Leistungen und Wirkungsgrade beim LINPACK-Benchmark

Computer		LINPACK-Benchmark			
Type	Maximalleistung	$n = 100$		$n = 1000$	
	[Mflop/s]	[Mflop/s]	[%]	[Mflop/s]	[%]
NEC SX-3/14R	6400	368	6	5199	81
CRAY C90	952	387	41	902	95
IBM RS/6000-590 (POWER2)	264	130	49	236	89
HP 9000/735	198	41	21	120	61
IBM RS/6000-580 (POWER)	125	38	30	104	83

3.5.4 Empirische Leistung von Vektorprozessoren

Bei den analytischen Leistungskennzahlen aus Abschnitt 3.4.3 war nur die Taktfrequenz f_c eines Vektorprozessors ausschlaggebend für dessen Ergebnisrate r_∞.

In der Praxis haben jedoch neben der Taktfrequenz auch noch andere Faktoren einen wesentlichen Einfluß auf die Leistung eines Vektorprozessors. So dürfen z. B. Vektoren nur eine bestimmte Maximallänge aufweisen, wenn man keine Leistungsverluste erleiden möchte. Längere Vektoren müssen nämlich vor ihrer Verarbeitung in entsprechend kleinere Teile aufgespalten werden. Dieses *stripmining*, das oft von der Hardware durchgeführt wird, bedeutet einen zusätzlichen, von der Vektorlänge n abhängigen Overhead, der die asymptotische Ergebnisrate senkt. Ein noch wesentlich größerer Overhead entsteht durch das Laden der Operanden-Vektoren aus dem Hauptspeicher in die Vektorregister.

r_∞ wird auch von der *Art* der Vektoroperation (als Konstrukt einer höheren Programmiersprache) und ihrer Umsetzung vom Compiler unter Berücksichtigung der Besonderheiten des Computers (Instruktionssatz, Speicherhierarchie etc.) stark beeinflußt. So wirken sich z. B. indirekt adressierte Vektoren und ein schlechtes Verhältnis von Speicherzugriffen zu durchgeführten, arithmetischen Operationen stark leistungsmindernd aus.

Derartige Einflüsse können z. B. durch eine empirische Ermittlung von $\bar{r}_\infty$ berücksichtigt werden, wobei man folgendermaßen vorgeht:

1. Messung der Laufzeit des Vektorkonstrukts für verschiedene n;
2. Bestimmung von $\bar{r}_\infty$ für $n \rightarrow \infty$ durch Kurvenanpassung nach der Methode der kleinsten Fehlerquadrate.

Die empirischen Werte $\bar{r}_\infty$, die man dabei erhält, liegen oft erheblich unter der Maximalleistung r_∞. Sie sind natürlich auch nur für das gemessene Vektorkonstrukt und das der Messung zugrundegelegte Computersystem gültig.

Beispiel (Schleifen)   (Dongarra et al. [169]) Ein Prozessor einer CRAY 2 hat eine maximale Gleitpunktleistung von 488 Mflop/s. Für die Schleife

```
DO i = 1, n              ! Update-Schleife
   vektor_1(i) - voktor_1(i) + a*vektor_2(i)
END DO
```

erhält man experimentell eine asymptotische Ergebnisrate $\bar{r}_\infty = 71$ Mflop/s. Selbst unter günstigsten Verhältnissen ist also kein größerer Wirkungsgrad als 14 % erzielbar. Für die Schleife

```
DO i = 1, n              ! Bidiagonal-Schleife
   vektor_1(i) = vektor_2(i) - voktor_3(i) * vektor_1(i-1)
END DO
```

hat die asymptotische Ergebnisrate $\bar{r}_\infty$ überhaupt nur einen Wert von 8.5 Mflop/s, also nicht einmal 2 % der Maximalleistung.

Für die „Update-Schleife" erhält man $\bar{n}_{1/2} = 41$ und für die „Bidiagonal-Schleife" $\bar{n}_{1/2} = 10$. Speziell der letztere Wert zeigt, daß die Vektorisierung an und für sich bereits für relativ kleine Vektorlängen sinnvoll ist, auch wenn die damit erzielbaren Leistungswerte (im Verhältnis zur Maximalleistung) alles andere als günstig sind.

Beispiel (LINPACK-Benchmark) Auch mit den Unterprogrammen LINPACK/sgefa und LINPACK/sgesl des LINPACK-Benchmarks kann man die empirischen Kenngrößen $\bar{r}_\infty$ und $\bar{n}_{1/2}$ ermitteln.

Für die CRAY 2 erhält man dabei auf experimentellem Weg (Dongarra et al. [169]) die Werte

$$\bar{r}_\infty = 138\,\text{Mflop/s}, \qquad \bar{n}_{1/2} = 305.$$

Auch für sehr große Gleichungssysteme ist also auf einem Prozessor einer CRAY 2 mit den Programmen LINPACK/sgefa und LINPACK/sgesl, also den *unveränderten* LINPACK-Routinen, kein größerer Wirkungsgrad als

$$\frac{\bar{r}_\infty}{P_{\max}} \cdot 100 = \frac{138\,\text{Mflop/s}}{488\,\text{Mflop/s}} \cdot 100 = 28\,\%$$

zu erreichen. Für $n = 100$ liefert der LINPACK-Benchmark einen Wert von 44 Mflop/s, also einen Wirkungsgrad von nur 9 %. Für $n = \bar{n}_{1/2} = 305$ wird ein Wirkungsgrad von 14 % erzielt, die Hälfte des bei der Ausführung dieses Programms theoretisch erreichbaren Maximalwirkungsgrades von 28 %.

Kapitel 4

Numerische Daten und Operationen

Darin zeigt sich der Unterrichtete,
daß er für jedes Gebiet nur so viel Genauigkeit fordert,
wie die Natur des Gegenstandes es zuläßt.

ARISTOTELES

4.1 Daten der Mathematik

Die Methoden der Mathematik können nicht unmittelbar auf reale, z. B. physikalische Objekte angewendet werden; dazu bedarf es immer mathematischer Modelle. Die gleichartigen Objekte, die man durch Abstraktion in Form eines mathematischen Modells zusammenfaßt, werden durch Daten voneinander unterschieden. Alle numerischen Verfahren werden letztlich auf diese Daten angewendet, man spricht daher auch von Numerischer Datenverarbeitung.

4.1.1 Elementare mathematische Daten

Die elementaren Daten der Mathematik sind die *Zahlen*. Fundament der klassischen Analysis ist die Menge $\mathbb{R}$ der *reellen Zahlen* mit ihren überabzählbar vielen Werten, die die „Zahlengerade" von $-\infty$ bis $+\infty$ bilden. Mögliche reelle Zahlenwerte sind z. B.

$$0, \quad 1995, \quad 10^{10^{24}}, \quad -273.15, \quad 1/3, \quad \sqrt{2}, \quad \pi, \quad e, \quad \ldots.$$

Alle Naturwissenschaften benützen die reellen Zahlen als elementare Daten. Sie werden praktisch jeder quantitativen Beschreibung von technisch-naturwissenschaftlichen Vorgängen zugrundegelegt – auch dort, wo man mit Teilmengen der reellen Zahlen das Auslangen fände. Solche Teilmengen der reellen Zahlen (z. B. die ganzen oder die rationalen Zahlen) lassen sich in einfachster Weise in die Menge der reellen Zahlen einbetten.

4.1.2 Algebraische Daten

Aus den reellen Zahlen lassen sich durch Aggregation (das Bilden von Tupeln), Rekursion (das Bilden von linearen Listen, Bäumen etc.) und andere Konstruktionen zusammengesetzte, vielschichtige Datenobjekte – *Datenstrukturen* – aufbauen. Beispiele derartiger Datenobjekte sind (Kleinbuchstaben $x, y, z, \ldots$ stehen für reelle Zahlen):

Komplexe Zahlen: $(x_1, x_2) := x_1 + i \cdot x_2 \in \mathbb{C}$, wobei i hier die „imaginäre Einheit" bezeichnet, für die $i^2 + 1 = 0$ gilt;

Vektoren: eindimensionale Felder[1] reeller Zahlen $(x_1, x_2, \ldots, x_n) \in \mathbb{R}^n$;

Matrizen: rechteckige zweidimensionale Felder reeller Zahlen $A \in \mathbb{R}^{m \times n}$;

Schwach besetzte Matrizen (*sparse matrices*): Hier werden nur wenigen Indexpaaren (i, j) einer großen Matrix $A \in \mathbb{R}^{m \times n}$ Werte $a_{ij} \neq 0$ zugewiesen; die anderen Elemente sind (implizit) mit dem Wert Null belegt. Zur Verbesserung der Speichereffizienz läßt man im allgemeinen bei solchen Matrizen die Elemente mit dem Wert Null bei der Speicherung unberücksichtigt, wählt also eine *verdichtete Speicherung*.

Homogene Koordinaten: Vektoren $P = (x_1, x_2, x_3, w) \in \mathbb{R}^4$, deren Elemente als Koordinaten bezüglich eines projektiven Koordinatensystems interpretiert werden und damit Punkte des $\mathbb{R}^3$ (oder Fernpunkte) bezeichnen.

Homogene Koordinaten kommen z. B. in der graphischen Datenverarbeitung zum Einsatz (Reisenfeld [335]). Sie gestatten eine einheitliche Beschreibung geometrischer Transformationen durch 4×4-Matrixoperationen, die durch Graphikstandards (PHIGS) und die Hardware von Graphik-Workstations unterstützt werden.

Aus diesen Datenstrukturen kann man noch umfassendere, mehrschichtige Datenstrukturen aufbauen. So kann man z. B. Vektoren und Matrizen komplexer Zahlen, drei- und höher-dimensionale Felder usw. einführen. Alle derartigen Datenobjekte werden im folgenden als *algebraische Daten* bezeichnet.

4.1.3 Analytische Daten

Eine reelle Funktion $f : D \subseteq \mathbb{R}^n \to \mathbb{R}$ ordnet jedem Element aus ihrem Definitionsbereich genau eine reelle Zahl aus ihrem Wertebereich zu; der Definitionsbereich ist typischerweise eine aus *unendlich* vielen Zahlen bestehende Menge, zumeist ein Intervall oder aus Intervallen zusammengesetzt.

Beispiel (Reelle Funktionen einer Veränderlichen)

$$
\begin{array}{lll}
f_1 : x & \mapsto & 1 + 2x + 5x^3 \qquad & D = \mathbb{R} \\
f_2 : x & \mapsto & \sin x \qquad & D = \mathbb{R} \\
f_3 : x & \mapsto & \ln x \qquad & D = \mathbb{R}_+ := \{x \in \mathbb{R} : x > 0\} \\
f_4 : x & \mapsto & 2x/(x^2 - 1) \qquad & D = \mathbb{R} \backslash \{-1, 1\} = \{x \in \mathbb{R} : x \neq \pm 1\}.
\end{array}
$$

Natürlich kann man als Definitionsbereich oder als Wertebereich an Stelle der reellen Zahlen einen algebraischen Datentyp zulassen und so kompliziertere Funktionen definieren. Diese Vorgangsweise läßt sich auch rekursiv fortsetzen (Funktionen von Funktionen usw.). Eine besondere praktische Bedeutung kommt den

---

[1] *Felder* sind in der Informatik Datenverbunde gleichartiger Komponenten (Elemente). Auf die Komponenten wird mit Hilfe eines Index zugegriffen.

Funktionalen zu, das sind Abbildungen, die jeder reellen Funktion (aus einer gewissen Menge von Funktionen) eine reelle Zahl zuordnen, etwa den Wert des bestimmten Integrals der jeweiligen Funktion:

$$I(f; [0,1]) \ : \ f \to \int_0^1 f(x)\,dx.$$

Die verschiedenartigen Funktionen von einer oder mehreren Veränderlichen werden im folgenden als *analytische Daten* bezeichnet.

4.2 Numerische Daten am Computer

Die technischen Funktionen eines Computers kann man auf verschiedenen Abstraktionsebenen betrachten: Von der Halbleiterphysik über die Transistoren, Flipflops, Schaltwerke, Prozessoren usw. bis zum kompletten Computer. Auf jeder dieser Hardware-Ebenen gibt es entsprechende Daten und Operationen.

Ein fundamentales Prinzip der Informatik, das *Geheimnisprinzip* (engl. *information hiding*), verlangt, daß in jeder Abstraktionsebene die *genaue* Arbeitsweise und die Implementierung der tieferliegenden (weniger abstrakten) Schichten nicht bekannt zu sein braucht. Das Arbeiten mit den jeweiligen Objekten muß auch ohne diese Detailkenntnis möglich sein. Stattdessen müssen abstrakte Beschreibungen von Eigenschaften und Funktionalität der Objekte existieren, die für deren sachgemäße Verwendung ausreichen. Solche meist modellhaften Beschreibungen werden *Schnittstellenspezifikationen* genannt.

Die Methode, zu immer größerer Abstraktion überzugehen, hat erstens den praktischen Vorteil, daß Veränderungen der Details vorgelagerter Schichten nicht auch die Veränderung höherer Schichten nötig machen[2] und kommt zweitens dem menschlichen Denken sehr entgegen, weil man nicht durch unnötige Details von den eigentlichen Fragestellungen abgelenkt wird.

Beispiel (Rechenfehler) (Kulisch, Miranker [270]) Um zu verstehen, warum das Programm

```
REAL  ::  x, y, z
...
x = 192119201.
y =  35675640.
z = (1682.*X*(Y**4) + 3.*(X**3) + 29.*X*(Y**2) - 2.*(X**5) + 832.)/107751.
PRINT *, "z = ", z
...
```

bei doppelt genauer Rechnung (doppelt genaue IEC/IEEE-Arithmetik) anstelle der korrekten Lösung $z = 1783$ den völlig unbrauchbaren Wert z = 7.18056E20 liefert, muß man über das Rundungsverhalten der arithmetischen Operatoren +, -, *, / sowie des Exponentiationsoperators ** auf Gleitpunkt-Datenobjekten Bescheid wissen, was lediglich eine modellhafte Vorstellung von der rechnerinternen Repräsentation dieser Objekte erfordert (vgl. z. B. das Modell (4.4) in Abschnitt 4.4.3), nicht aber Kenntnis der Details der Hardware, die dieses Programm ausführt.

---

[2]So stellt z. B. das Betriebssystem UNIX seine Funktionalität stets in gleicher Art zur Verfügung, weitgehend unabhängig davon, auf welcher Rechnerarchitektur gearbeitet wird.

4.2.1 Elementare numerische Daten

Die fundamentale Datengröße auf der Ebene der Flipflops und Schaltwerke eines
Computers ist das *Bit*[3] mit den möglichen Werten 0 (binär Null) = *false* und
1 (binär Eins) = *true* sowie den binären Operationen (Booleschen Funktionen)
Disjunktion ($\vee$, „oder"), Konjunktion ($\wedge$, „und") und einer unären Operation,
der Negation ($\neg$, „nicht"):

x	y	$x \vee y$	$x \wedge y$	$\neg x$
0	0	0	0	1
0	1	1	0	1
1	0	1	0	0
1	1	1	1	0

Auf der Prozessorebene eines Computers kommt eine weitere elementare Datengröße zur Darstellung von Information hinzu: das *Zeichen* (engl. *character*).
Zeichen sind Elemente einer endlichen Menge, des *Zeichenvorrats* (engl. *character set*). Ein Zeichenvorrat, in dem eine Ordnungsrelation (Reihenfolge) für die
Zeichen definiert ist, heißt ein *Alphabet*. Die wichtigsten Alphabete der Informationsverarbeitung sind der ASCII-Code[4], der 128 Zeichen umfaßt, und der
EBCDIC-Code[5] mit 256 Zeichen (Engesser, Claus, Schwill [14]). Zum Zeichenvorrat dieser Alphabete gehören große und kleine Buchstaben, Ziffern und Son-
derzeichen; zur Codierung dient eine Folge von 8 Bits, ein *Byte*, was einen Umfang
von maximal $2^8 = 256$ verschiedenen Werten gestattet.

In diesem Sinn bedeuten Folgen von Ziffern (als spezielle Zeichen) häufig die
durch sie dargestellten natürlichen Zahlen, etwa Mengenangaben, Jahreszahlen,
Bewertungen usw. Arithmetische und andere Operationen mit Zahlen, die sich
nicht in bloßer Zeichenmanipulation der Ziffernfolgen erschöpfen, werden aber
besser nicht auf der Grundlage der Zahlendarstellung durch Zeichen durchgeführt.
Wesentlich günstiger ist die rechnerinterne Verwendung spezieller Codierungen
von Zahlen durch Bitfolgen. Man vergleiche dazu etwa den Binär-Dezimal-Code
(BCD-Code[6]) zur binärverschlüsselten Darstellung von Dezimalzahlen. Bei diesem Code wird im Computer jede Dezimalziffer in vier Bits, einer *Tetrade*, codiert:

Dezimalziffer	0	1	2	3	4	$\cdots$	9
Binärcode	0000	0001	0010	0011	0100	$\cdots$	1001

Dezimalzahlen werden ziffernweise codiert. So hat z. B. die Dezimalzahl 1995 die
BCD-Darstellung 0001 1001 1001 0101.

---

[3]Bit ist die Abkürzung für *binary digit* (Binärziffer).
[4]ASCII ist die Abkürzung für *American Standard Code for Information Interchange*.
[5]EBCDIC ist die Abkürzung für *Extended Binary Coded Decimal Interchange Code*.
[6]BCD ist die Abkürzung für *Binary Coded Decimal*.

Für das effiziente Rechnen mit Zahlen – eine der Grundforderungen der Numerischen Datenverarbeitung – gibt es spezielle rechnerinterne Zahlendarstellungen: Die INTEGER-Zahlensysteme (siehe Abschnitt 4.4.1) für ganze Zahlen und die Gleitpunkt-Zahlensysteme (siehe Abschnitt 4.4.3), bei denen Zahlen der Form

$$x = \pm M \cdot b^e \qquad \text{mit} \quad b, e \in \mathbb{Z}$$

für die näherungsweise Darstellung reeller Zahlen verwendet werden. Grob gesprochen legt M die Ziffernfolge einer Zahl und e die Position der Einerstelle innerhalb dieser Folge, also die Größenordnung der Zahl, fest.

4.2.2 Algebraische Daten

Grundlegend für die gesamte Datenverarbeitung ist der Aufbau neuer Wertebereiche aus elementaren Wertebereichen (der Menge der Wahrheitswerte, der Menge der Zeichen etc.) durch Aggregation (Bildung von Tupeln), Generalisation (disjunkte Vereinigung von Wertebereichen), Potenzmengenbildung oder andere konstruktive Methoden. Die Manipulation dieser Daten bildet den wesentlichen Inhalt der nicht-numerischen Datenverarbeitung (Aho, Hopcroft, Ullman [81], King [260]). Einige von ihnen haben universelle Bedeutung und treten dementsprechend auch in den Programmiersprachen der Numerischen Datenverarbeitung als eigene vordefinierte Datentypen auf.

Bei den algebraischen Daten wird jedem Element aus einer *endlichen Indexmenge* (einem k-Tupel natürlicher Zahlen) genau eine reelle Zahl zugeordnet. Bei den komplexen Zahlen besteht die Indexmenge etwa aus den Zahlen 1 und 2, bei einem Vektor $x \in \mathbb{R}^n$ aus den Zahlen $1, 2, \ldots, n$, bei einer (schwach besetzten) Matrix $A \in \mathbb{R}^{m \times n}$ aus (einer Untermenge) der Menge der Paare

$$\{(i,j) : \; i = 1, 2, \ldots, m, \; j = 1, 2, \ldots, n\}.$$

Diese Zuordnung, die bei kompliziert strukturierten Daten auf verschiedene Weise möglich ist, spielt bei der effizienten Implementierung solcher Daten und ihrer rechnerinternen Verarbeitung eine zentrale Rolle.

4.2.3 Analytische Daten

Die Implementierung und Verarbeitung von Funktionen – analytischen Daten – ist eine wichtige Aufgabe der Numerischen Datenverarbeitung (siehe Abschnitt 4.11 und Kapitel 8).

Die Bildung von Funktionenräumen (Mengen von Abbildungen, z. B. der Menge $C^2[a, b]$ aller zweimal stetig differenzierbaren Funktionen $f : [a, b] \to \mathbb{R}$) hat noch wenig Einfluß auf die Entwicklung von Programmiersprachen gehabt, da ihre Implementierung auf große Probleme stößt. In den imperativen Programmiersprachen der Numerischen Datenverarbeitung (wie z. B. Fortran oder C) kann man nur „unveränderbare Abbildungen" in Form von Unterprogrammen definieren. Unterprogramme, die andere Unterprogramme als Werte liefern, gibt es in diesen Programmiersprachen nicht.

4.2.4 Numerische Datentypen

Der Begriff des *Datentyps* (engl. *data type*) ist für die gesamte Datenverarbeitung
von fundamentaler Bedeutung. Man versteht darunter eine Zusammenfassung
von Wertebereichen (Datenstrukturen) und den dazugehörenden Operationen zu
einer Einheit. Um zu betonen, daß der Schwerpunkt auf den Eigenschaften, die
die Operationen und Wertebereiche besitzen, und nicht auf deren rechnerinternen
Umsetzung liegt, spricht man oft von *abstrakten Datentypen*. Die abstrakten
numerischen Datentypen sind das Thema dieses Kapitels.

In allen für die Numerische Datenverarbeitung geeigneten Programmiersprachen werden die abstrakten numerischen Datentypen durch die *konkreten Datentypen* REAL (bzw. FLOAT etc.) und INTEGER (bzw. INT etc.) implementiert.

Der Wertebereich des Datentyps INTEGER ist eine Teilmenge der ganzen
Zahlen $\{i \in \mathbb{Z} : i_{\min} \leq i \leq i_{\max}\}$. Der Wertebereich des Datentyps REAL ist
eine spezielle Teilmenge der reellen Zahlen, die im Abschnitt 4.4.3 ausführlich
diskutiert wird. In manchen Programmiersprachen (z. B. Fortran 90) gibt es auch
den Datentyp COMPLEX zur Darstellung komplexer Zahlen.

Die vordefinierten Operationen der konkreten numerischen Datentypen sind
die arithmetischen Operationen, die in Abschnitt 4.7 besprochen werden.

Vektoren und Matrizen können durch „Aggregation" (Bildung von Tupeln)
aus einfachen Datenobjekten vom Typ INTEGER, REAL oder COMPLEX gebildet werden. In manchen Programmiersprachen können die arithmetischen Operationen auf derartige Datenverbunde angewendet werden.

Beispiel (Fortran 90)   In Fortran 90 sind die Operationen auf Feldern *elementweise* definiert.
So hat z. B. die Multiplikation von zwei Matrizen **A*B** das elementweise Produkt $(a_{ij} \cdot b_{ij})$ zum
Resultat und nicht das Matrizenprodukt (mit $c_{ij} = a_{i1}b_{1j} + a_{i2}b_{2j} + \cdots + a_{in}b_{nj}$) der Linearen Algebra, für das es in Fortran 90 die vordefinierte Funktion MATMUL gibt (Überhuber,
Meditz [76]).

Beispiel (Fortran-XSC)   In FORTRAN-XSC, einer speziell für die Numerische Datenverarbeitung konzipierten Spracherweiterung von Fortran 90, gibt es den Datentyp INTERVAL.
Mit Intervalldaten kann man (im Fall $\underline{x} < \overline{x}$) eine unendliche Menge von reellen Zahlen
$[\underline{x}, \overline{x}] := \{x \in \mathbb{R} : \underline{x} \leq x \leq \overline{x}\}$ durch ein Paar reeller Zahlen darstellen und durch die arithmetischen Operationen verknüpfen.

In vielen imperativen Programmiersprachen besteht die Möglichkeit, neue Datentypen (*derived data types*) zu definieren. Auf diese Weise kann man z. B. für
homogene Koordinaten oder Intervalle eigene Wertebereiche und dazugehörige
Operationen definieren.

4.3 Operationen mit numerischen Daten

Hier sollen vorerst nur die für die Numerische Datenverarbeitung wichtigsten
Operationen mit numerischen Daten ohne Bezug auf deren Implementierung untersucht werden. Gemäß der vorgenommenen Einteilung der Daten werden arithmetische, algebraische und analytische Operationen unterschieden.

4.3.1 Arithmetische Operationen

Die Grundlage der gesamten Numerischen Datenverarbeitung bilden die *rationalen Operationen* Addition, Subtraktion, Multiplikation und Division. Die Grundgesetze der rationalen Operationen – Kommutativität und Assoziativität von Addition und Multiplikation, Distributivität zwischen Addition und Multiplikation etc. – werden als bekannt vorausgesetzt. Daß man einige dieser elementaren Beziehungen bei der Implementierung der rationalen Funktionen auf einem Computer nicht aufrechterhalten kann, stellt eines der gravierendsten Probleme der Numerischen Datenverarbeitung dar.

Neben den rationalen Operationen haben einige *Standardfunktionen* eine so grundlegende Bedeutung für die Numerische Datenverarbeitung, daß man sie oft zu den *arithmetischen Operationen* rechnet. Dazu gehören jedenfalls

Vorzeichenumkehr	$-$ (als unärer Präfix-Operator)
Betragsfunktion	$\lvert x \rvert$
Potenzen	x^m
Quadratwurzelfunktion	$\sqrt{x}$
Exponentialfunktion	$\exp x$
Logarithmusfunktionen	$\ln x,\ \log x$
Trigonometrische Funktionen	$\sin x,\ \cos x,\ \tan x,\ \dots$

Für diese Standardfunktionen gibt es in allen Programmiersprachen der Numerischen Datenverarbeitung feste Notationen (z. B. -, ABS, **, SQRT, EXP, LOG, LOG10, SIN, COS, TAN in Fortran 90) und vordefinierte Funktionen. Dadurch sind sie in gewisser Weise den rationalen Operationen gleichgestellt. In Fortran 90 ist die Menge der obigen Standardfunktionen noch um einige erweitert (z. B. durch die hyperbolischen Funktionen SINH, COSH, TANH und die Umkehrfunktionen der trigonometrischen Funktionen ASIN, ACOS, ATAN).

Es treten auch Standardfunktionen mit einer beliebigen Anzahl (zwei oder mehr) reeller Argumente (Operanden) auf, wie z. B. die Minimumfunktion MIN und die Maximumfunktion MAX.

Zu den arithmetischen Operationen zählen im weiteren Sinn auch die *Vergleichsoperationen*, die einem Paar von reellen Operanden einen Wahrheitswert zuweisen. Sie werden für numerisch bedingte Verzweigungen im Programmablauf (bei Fallunterscheidungen) benötigt. Es sind dies die durch die Relationszeichen

$$< \quad \geq \qquad > \quad \leq \qquad = \quad \neq$$

erklärten Operationen. An und für sich könnte man auf je eine Operation der drei Paare verzichten, da sie genau den entgegengesetzten Wahrheitswert der jeweils anderen liefert. Im Dienste guter Lesbarkeit sind jedoch stets alle sechs Operationen in den Programmiersprachen der Numerischen Datenverarbeitung vorgesehen, wie z. B. < >= > <= == /= in Fortran 90.

4.3.2 Algebraische Operationen

Da die Implementierung der algebraischen Datentypen auf einer endlichen Menge
reeller Zahlen beruht, müssen sich alle Operationen mit solchen Daten auf arithmetische Operationen mit den konstituierenden reellen Bestandteilen (Komponenten, Elementen u. ä.) zurückführen lassen.

So lassen sich z. B. die *rationalen Operationen mit komplexen Operanden* durch
zusammengesetzte rationale Operationen mit den Real- und Imaginärteilen der
Operanden $z_1 = x_1 + i \cdot y_1$, $z_2 = x_2 + i \cdot y_2 \in \mathbb{C}$ darstellen:

$$z_1 \pm z_2 = (x_1 \pm x_2) + i \cdot (y_1 \pm y_2)$$

$$z_1 \cdot z_2 = (x_1 \cdot x_2 - y_1 \cdot y_2) + i \cdot (x_1 \cdot y_2 + y_1 \cdot x_2)$$

$$z_1/z_2 = \frac{x_1 \cdot x_2 + y_1 \cdot y_2}{x_2^2 + y_2^2} + i \cdot \frac{y_1 \cdot x_2 - x_1 \cdot y_2}{x_2^2 + y_2^2} \qquad (z_2 \neq 0).$$

Wesentlich für die benutzerfreundliche und effiziente *Programmierung von algebraischen Operationen* ist aber, daß diese *nicht* in Form von arithmetischen
Operationen (an ihren Elementen) „ausprogrammiert" werden müssen.

Beispiel (Komplexe Zahlen)   Für die komplexen Zahlen gibt es in Fortran 90 den Datentyp
COMPLEX. Alle algebraischen Operationen und sämtliche Standardfunktionen sind für den
Typ COMPLEX vordefiniert.

```
COMPLEX  ::  z_1, z_2, z_sum, z_mult, z_div, z_sin
...
z_sum  = z_1 + z_2
z_mult = z_1 * z_2
z_div  = z_1 / z_2
...
z_sin  = SIN (z_1)
...
```

Beispiel (Intervalle) In FORTRAN-XSC kann man auch Größen vom Datentyp INTERVAL
unmittelbar mit arithmetischen Operatoren verknüpfen. Für zwei Intervalle $[\underline{x}, \overline{x}]$, $[\underline{y}, \overline{y}]$ gibt es
folgende rationale Operationen:

$$[\underline{x},\overline{x}] + [\underline{y},\overline{y}] := [\underline{x}+\underline{y}, \overline{x}+\overline{y}]$$

$$[\underline{x},\overline{x}] - [\underline{y},\overline{y}] := [\underline{x}-\overline{y}, \overline{x}-\underline{y}]$$

$$[\underline{x},\overline{x}] \cdot [\underline{y},\overline{y}] := [\min\{\underline{x}\cdot\underline{y}, \underline{x}\cdot\overline{y}, \overline{x}\cdot\underline{y}, \overline{x}\cdot\overline{y}\}, \max\{\underline{x}\cdot\underline{y}, \underline{x}\cdot\overline{y}, \overline{x}\cdot\underline{y}, \overline{x}\cdot\overline{y}\}]$$

$$1 / [\underline{y},\overline{y}] := [1/\overline{y}, 1/\underline{y}]$$

$$[\underline{x},\overline{x}] / [\underline{y},\overline{y}] := [\underline{x},\overline{x}] \cdot (1/[\underline{y},\overline{y}])$$

$$\left. \right\} \quad \text{für} \quad \underline{y},\overline{y} > 0 \quad \text{oder} \quad \underline{y},\overline{y} < 0.$$

Wie bei den Operationen mit komplexen Zahlen oder Intervallen lassen sich
die *Grundoperationen der Linearen Algebra* durch (zusammengesetzte) rationale
Operationen mit den Komponenten der beteiligten Vektor-Operanden bzw. den
Elementen der Matrix-Operanden darstellen, z. B. mit $x, y \in \mathbb{R}^n$, $A \in \mathbb{R}^{m \times n}$:

$$\langle x, y \rangle = \sum_{k=1}^{n} x_k \cdot y_k$$

$$(A \cdot x)_j = \sum_{k=1}^{n} a_{jk} \cdot x_k, \qquad j = 1, 2, \ldots, m.$$

Feldverarbeitung ist ein außerordentlich wichtiger Zweig der Numerischen Datenverarbeitung. Auf Grund dieser Bedeutung wurden sogar eigene Rechnerarchitekturen bzw. eigene Rechnertypen – die *Vektorrechner* – entwickelt, die solche Aufgaben besonders effizient bewältigen können.

4.3.3 Feldverarbeitung in Fortran 90

Mit den gängigen Universal-Programmiersprachen – die größtenteils für sequentielle Algorithmen auf konventionellen Rechnern entwickelt wurden – ist es *nicht* möglich, die Leistungsfähigkeit von Vektorrechnern voll auszuschöpfen (siehe z. B. Dongarra et al. [169], Ling [277], Sekera [360]). Von den Herstellern der Vektorrechner wurden daher nichtportable (nichtgenormte), firmenspezifische Spracherweiterungen von Fortran 77 vorgenommen, die es erlauben, die Möglichkeiten dieser Rechner wesentlich besser auszunützen, z. B. *Cray Fortran* für die verschiedenen Cray-Modelle oder *VECTRAN*, eine IBM-Entwicklung.

Viele Elemente dieser rechnerspezifischen Sprachelemente wurden (zum Teil in etwas modifizierter Form) in die rechnerunabhängige genormte Sprachdefinition von Fortran 90 aufgenommen (Überhuber, Meditz [76]).

Feld-Operationen

Die arithmetischen Operationen sind in *elementweiser* Definition in Fortran 90 verfügbar; so sind z. B. die Operationen $C = A + B$ oder $C = A/B$ erlaubt, vorausgesetzt, A, B und C sind Felder gleicher Form (z. B. Matrizen mit gleicher Zeilen- und Spaltenanzahl).

Skalare Konstanten werden automatisch zu konstanten Feldern derselben Form ergänzt, sodaß z. B. dem Ausdruck $1/B$ der äquivalente Ausdruck A/B mit $A = (a_{ij}) = (1)$ entspricht.

Feld-Aufbau und Teilfeld-Extraktion

Der rekursive Aufbau n-dimensionaler Felder aus $(n-1)$-dimensionalen Feldern oder der Aufbau einer $n \times n$-Matrix aus einer $(n-1) \times (n-1)$-Matrix durch Hinzufügen eines Zeilen- und eines Spalten-Vektors wird unterstützt. Die Extraktion von kleineren Feldern aus gegebenen größeren Feldern kann einfach und in natürlicher Weise ausgedrückt werden.

Die Standardfunktionen sind in Fortran 90 auch auf Felder anwendbar; so ist z. B. LOG $(A) := (\log a_{ij})$ für das Feld $A = (a_{ij})$ elementweise definiert.

Vordefinierte Funktionen

Das Matrizenprodukt (vgl. das Beispiel auf Seite 124) und die Matrix-Transposition sind als vordefinierte Funktionen verfügbar. *Vektor*-Operationen sind Teil der *Matrix*-Algebra; jeder Vektor wird als $(n \times 1)$-Matrix interpretiert.

Beispiel (Inneres Produkt)　In Fortran 90 liefert `DOT_PRODUCT (vektor_u,vektor_v)` das innere Produkt

$$u^\mathsf{T} v := u_1 v_1 + \cdots + u_n v_n$$

zweier Vektoren u und v. Die Feld-Operation `vektor_u * vektor_v` liefert den *Vektor*

$$(u_1 \cdot v_1, u_2 \cdot v_2, \ldots, u_n \cdot v_n)^\mathsf{T}.$$

Zusätzlich zur Matrix-Algebra mit allgemeinen, vollbesetzten Matrizen gibt es auch spezielle vordefinierte Funktionen für die komprimierte Speicherung von schwach besetzten Matrizen (PACK und UNPACK). Vordefinierte Funktionen für die Verknüpfung und Manipulation schwach besetzter Matrizen gibt es in Fortran 90 jedoch nicht.

Mächtigkeit der Feldoperationen und -funktionen

Die Sprachelemente von Fortran 90 zur Feldverarbeitung sind so mächtig, daß die Darstellung von Algorithmen zum Teil drastisch verkürzt werden kann.

Beispiel (Vektor- und Matrixnormen)　Für Vektoren und Matrizen liefert der folgende Programmteil verschiedene Normen in einfacher Weise.

```
REAL, DIMENSION (n)     ::  x, y
REAL, DIMENSION (n,n)   ::  a, b
...                                      ! VEKTOR-Normen:
x_norm_1   = SUM (ABS (x))               !   Betragssummen-Norm
x_norm_2   = SQRT (SUM (x**2))           !   Euklidische Norm
x_norm_max = MAXVAL (ABS (x))            !   Maximum-Norm
                                         ! MATRIX-Normen:
a_norm_1   = MAXVAL (SUM (ABS (a), DIM = 1))  !   Spaltensummen-Norm
a_norm_max = MAXVAL (SUM (ABS (a), DIM = 2))  !   Zeilensummen-Norm
a_norm_f   = SQRT (SUM (a**2))           !   Frobenius-Norm
```

Beispiel (Statistische Datenauswertung)　Die $m \times n$-Matrix $T = (t_{ij})$ enthält Testergebnisse (bewertet durch Punkte $t_{ij} \geq 0$) von m Studenten nach n Tests. Durch die nachstehenden Fortran 90-Anweisungen werden verschiedene Auswertungen der Testresultate geliefert.

1.　Wie groß ist die höchste Punktezahl jedes Studenten?

```
MAXVAL (t, DIM = 2)    ! Das Ergebnis ist ein Vektor der Laenge m
```

2.　Wieviele Testergebnisse lagen über dem Durchschnitt (gebildet über alle Tests und alle Studenten)?

```
ueber_dem_durchschnitt = t > SUM (t)/SIZE (t)        ! Matrix
anzahl_guter_tests = COUNT (ueber_dem_durchschnitt)  ! Skalar
```

3.　Jede Punktezahl, die über dem Durchschnitt liegt, soll um 10 % erhöht werden!

```
WHERE (ueber_dem_durchschnitt) t = 1.1*t
```

4.　Wie hoch war die *niedrigste* Punktezahl aller Ergebnisse, deren Punktewerte *über* dem Durchschnitt lagen?

```
min_ueber_mittel = MINVAL (t, MASK = ueber_dem_durchschnitt)
```

5. Gab es mindestens einen Studenten, dessen Einzelergebnisse (Punkte) *alle* über dem Durchschnitt lagen?

```
antwort_logical = ANY (ALL (ueber_dem_durchschnitt, DIM = 2))
```

Beispiel (Chi-Quadrat-Statistik)   Aus den beobachteten Häufigkeiten b_{ij} und den erwarteten Häufigkeiten e_{ij} wird die Größe χ^2 folgendermaßen definiert:

$$\chi^2 := \sum_{i,j} \frac{(b_{ij} - e_{ij})^2}{e_{ij}},$$

wobei die Elemente der Matrix $E = (e_{ij})$ durch

$$e_{ij} := \frac{\left(\sum_k b_{ik}\right) \cdot \left(\sum_k b_{kj}\right)}{\sum_{k,l} b_{kl}}$$

gegeben sind. Die Berechnung von χ^2 leisten *vier* Fortran 90 - Anweisungen:

```
REAL                     ::  chi_quadrat
REAL, DIMENSION (m,n) ::  b, e
REAL, DIMENSION (m)      ::  r
REAL, DIMENSION (n)      ::  c
...
r = SUM (b, DIM = 2)
c = SUM (b, DIM = 1)
e = SPREAD(r, DIM=2, NCOPIES=n) * SPREAD(c, DIM=1, NCOPIES=m) / SUM(b)
chi_quadrat = SUM (((b-e)**2)/e)
```

4.3.4 Analytische Operationen

Bei der Analyse und Auswertung mathematischer Modelle spielen in der Numerischen Datenverarbeitung nicht selten auch Operationen mit Funktionen, die als Daten der Problemstellung auftreten, eine Rolle. Schon die Auswertung einer Funktion an einer vorgegebenen Stelle ist - mathematisch gesehen - eine Operation an der als Datenelement betrachteten Funktion.

Klarer als Operationen an einer Funktion erkennbar sind die (ein- oder mehrfache) Differentiation sowie die unbestimmte oder bestimmte Integration.

In den heute gängigen Programmiersprachen der Numerischen Datenverarbeitung können Operationen an Funktionen nur dann programmiert werden, wenn sie auf Auswertungen der Funktionen zurückgeführt werden, was - wie sich später herausstellen wird - eine wesentliche Einschrankung darstellt.

Direkte Manipulationen an dem eine Funktion definierenden Ausdruck können in Computer-Algebrasystemen - MAPLE, MATHEMATICA, AXIOM u. a. - vorgenommen werden (Davenport et al. [152]).

Beispiel (Mathematica)   Im folgenden werden einige Möglichkeiten der Manipulation von Formelausdrücken an Hand des Computer-Algebrasystems MATHEMATICA aufgezeigt.

Symbolisches Differenzieren: Mit MATHEMATICA kann man alle elementaren mathematischen Funktionen symbolisch ableiten. So erhält man z. B. mit

```
In[1]:= -3x^4 + 12x^2 + 25x^3 +2
                  2       3      4
Out[1]= 2 + 12 x  + 25 x  - 3 x

In[2]:= D[%,x]
                      2       3
Out[2]= 24 x + 75 x  - 12 x
```

für das Polynom

$$P(x) = -3x^4 + 25x^3 + 12x^2 + 2 \quad \text{die Ableitung} \quad p(x) := P'(x) = -12x^3 + 75x^2 + 24x.$$

Symbolisches Integrieren: MATHEMATICA ermöglicht auch das symbolische Integrieren. Falls man keine Integrationsgrenzen vorgibt, wird zur gegebenen Funktion eine Stammfunktion ermittelt. So erhält man beim Integrieren der oben erhaltenen Funktion

$$p(x) = -12x^3 + 75x^2 + 24x \quad \text{die Funktion} \quad \overline{P}(x) = -3x^4 + 25x^3 + 12x^2,$$

die eine Stammfunktion ist:

```
In[3]:= Integrate[24x +75x^2 -12x^3,x]
                2       3      4
Out[3]= 12 x  + 25 x  - 3 x
```

Kann MATHEMATICA keinen geschlossenen Ausdruck für eine Stammfunktion der vorgegebenen Funktion finden, so wird die Eingabefunktion wieder in ihrer ursprünglichen Form ausgegeben.

Bestimmen von Nullstellen: Mit MATHEMATICA kann man die Nullstellen elementarer Funktionen bestimmen. Es muß dabei angeben werden, nach welcher Variablen aufgelöst werden soll. Die anderen Platzhalter werden dann als konstant angenommen.

```
In[4]:= Solve[4 a x + 25 a x^2 - 4 x^3==0, x]
                                                  2
                    25 a - Sqrt[128 a + 625 a ]
Out[4]= {{x -> 0}, {x -> ----------------------------},
                                      8
                                  2
            25 a + Sqrt[128 a + 625 a ]
>     {x -> ----------------------------}}
                         8
```

Die drei Nullstellen der Funktion $g(x) = -4ax^3 + 25ax^2 + 24x$, $a \in \mathbb{R}$ sind daher

$$x_1 = 0, \quad x_{2,3} = \frac{25a \pm \sqrt{128a + 625a^2}}{8}.$$

Lösen von Differentialgleichungen: Interessant und wichtig ist auch die Möglichkeit, gewöhnliche Differentialgleichungen symbolisch zu lösen. So findet MATHEMATICA z.B. als Lösung der Differentialgleichung $y'(x) = ay(x) + 4x$ die Funktion

$$y(x) = \frac{-4}{a^2} - \frac{4x}{a} + C_1 e^{ax}$$

durch folgende Anweisung:

```
In[6]:= DSolve[y'[x] == a y[x] +4x, y[x],x]
                     -4   4 x     a x
Out[6]= {{y[x] -> -- - ---- + E    C[1]}}
                  2     a
                 a
```

Werden Anfangsbedingungen vom Benutzer angegeben, so bestimmt MATHEMATICA auch den passenden Wert für die Konstante C_1.

4.4 Zahlensysteme am Computer

Die Implementierung der elementaren mathematischen Daten, der reellen Zahlen, auf einem Computer, gleich welcher Architektur, muß auf einer festen Codierung – oder einigen wenigen verschiedenen Codierungen – beruhen, weil sonst eine effiziente Verarbeitung nicht möglich ist.

Bei einer Codierung müssen den reellen Zahlen bestimmte *Bitmuster einer festen Länge (Formatbreite)* N zugeordnet werden. Damit werden aber maximal 2^N verschiedene reelle Zahlen erfaßt, während die Gesamtheit aller reellen Zahlen überabzählbar unendlich (von der Mächtigkeit des Kontinuums) ist. Dieses krasse Mißverhältnis läßt sich auch durch die Wahl einer sehr großen Formatbreite oder durch die Verwendung verschiedener Codierungen nicht beseitigen. Aus praktischen Gründen sind der Größe von N außerdem Grenzen gesetzt, da der Code für eine reelle Zahl in ein Register passen sollte.[7]

Jede wie immer gewählte Codierungsform kann somit nur eine *endliche Menge* reeller Zahlen darstellen. Es ergibt sich deshalb die Frage, wie man die Zahlen dieser Menge auswählen kann, damit den Anforderungen der verschiedenen Anwender so weit wie möglich entsprochen wird. Dabei muß außerdem berücksichtigt werden, daß man mit den codierten Zahlen effizient arbeiten will.

Beispiel (32-Bit-Zahlen)   Bei einer Formatbreite von $N = 32$ Bit können maximal

$$2^{32} = 4\,294\,967\,296$$

Zahlen codiert werden. Sehr oft werden nicht alle Bitmuster zur Zahlendarstellung verwendet.

4.4.1 INTEGER-Zahlensysteme

Die natürlichste Weise, Bitmuster $d_{N-1}d_{N-2}\cdots d_2 d_1 d_0$ der Länge N als reelle Zahlen zu interpretieren, besteht in ihrer Interpretation als Ziffernschreibweise nichtnegativer ganzer Zahlen im Stellenwertcode zur Basis $b = 2$, d. h.[8]

$$d_{N-1}d_{N-2}\cdots d_2 d_1 d_0 \; \doteq \; \sum_{j=0}^{N-1} d_j \cdot 2^j, \qquad d_j \in \{0, 1\}. \tag{4.1}$$

Damit werden genau alle ganzen Zahlen von 0 bis $2^N - 1$ erfaßt:

$$
\begin{aligned}
0000\cdots 0000 &\doteq 0 \\
0000\cdots 0001 &\doteq 1 \\
&\;\vdots \\
1111\cdots 1111 &\doteq 2^N - 1.
\end{aligned}
$$

Um auch negative ganze Zahlen darstellen zu können, wird der Bereich der darstellbaren nichtnegativen ganzen Zahlen eingeschränkt. Die frei werdenden Bitmuster werden als negative Zahlen interpretiert. Es sind drei Methoden üblich: Getrennte Codierung des Vorzeichens, Einer- und Zweierkomplement.

---

[7]Übliche Formatbreiten von Registern sind $N = 32$ und 64 Bit (siehe Abschnitt 3.2.3).

[8]Das Symbol $\doteq$ wird hier im Sinne von „entspricht" verwendet.

Getrennte Codierung des Vorzeichens

Zur Darstellung ganzer Zahlen kann man das Vorzeichen getrennt codieren. Verwendet man ein Bit $v \in \{0,1\}$ zur Darstellung des Vorzeichens, so erhält man folgende Interpretation eines Bitmusters der Länge N:

$$v d_{N-2} d_{N-3} \cdots d_2 d_1 d_0 \quad \doteq \quad (-1)^v \sum_{j=0}^{N-2} d_j \cdot 2^j.$$

Man erhält damit die ganzen Zahlen $[-(2^{N-1} - 1), 2^{N-1} - 1] \subset \mathbb{Z}$:

$0000 \cdots 0000$	$\doteq$	0	$1000 \cdots 0000$	$\doteq$	-0
$0000 \cdots 0001$	$\doteq$	1	$1000 \cdots 0001$	$\doteq$	-1
	$\vdots$			$\vdots$	
$0111 \cdots 1111$	$\doteq$	$2^{N-1} - 1$	$1111 \cdots 1111$	$\doteq$	$-(2^{N-1} - 1).$

Die Codierung der Zahl Null ist dabei nicht eindeutig: es gibt $+0$ und -0.

Einerkomplement

Beim *Einerkomplement* wird

$$\overline{x} = \sum_{j=0}^{N-1} (1 - d_j) \cdot 2^j$$

als Darstellung für $-x$ verwendet:

$0000 \cdots 0000$	$\doteq$	0	$1111 \cdots 1111$	$\doteq$	-0
$0000 \cdots 0001$	$\doteq$	1	$1111 \cdots 1110$	$\doteq$	-1
	$\vdots$			$\vdots$	
$0111 \cdots 1111$	$\doteq$	$2^{N-1} - 1$	$1000 \cdots 0000$	$\doteq$	$-(2^{N-1} - 1).$

Die Codierung der Zahl Null ist auch hier nicht eindeutig. Positive Zahlen werden durch (4.1) dargestellt.

Zweierkomplement

Beim *Zweierkomplement* wird $-x$ durch

$$\overline{\overline{x}} = 1 + \sum_{j=0}^{N-1} (1 - d_j) \cdot 2^j$$

codiert:

$0000 \cdots 0000$	$\doteq$	0			
$0000 \cdots 0001$	$\doteq$	1	$1111 \cdots 1111$	$\doteq$	-1
	$\vdots$			$\vdots$	
$0111 \cdots 1111$	$\doteq$	$2^{N-1} - 1$	$1000 \cdots 0001$	$\doteq$	$-(2^{N-1} - 1)$
			$1000 \cdots 0000$	$\doteq$	$-2^{N-1}.$

Beim Zweierkomplement gibt es eine eindeutige Codierung der Zahl Null, allerdings ist jetzt der Zahlenbereich $[-2^{N-1}, 2^{N-1} - 1]$ unsymmetrisch.

Beispiel (Intel) Die Intel-Mikroprozessoren haben Zweierkomplement-Codierungen der ganzen Zahlen mit Formatbreiten $N = 16, 32$ und 64 Bit, die als *short integer*, *word integer* und *long integer* bezeichnet werden. Der Bereich der *Word-integer*-Zahlen ist

$$[-2^{31}, 2^{31} - 1] = [-2\,147\,483\,648, \ 2\,147\,483\,647] \subset \mathbb{Z}.$$

Datentyp INTEGER

Teilmengen der ganzen Zahlen sind in den meisten Programmiersprachen mit den arithmetischen Operationen $+$, $-$, $\times$ und

div	(ganzzahlige Division)
mod	(Rest bei ganzzahliger Division)
abs	(Absolutbetrag)

zum Datentyp INTEGER (bzw. INT etc.) zusammengefaßt; man spricht daher von *INTEGER-Zahlensystemen*. Jede derartige Zahlenmenge ist durch $i_{min} \leq 0$, die kleinste, und $i_{max} > 0$, die größte ganze Zahl dieser Menge, charakterisiert. $i_{min} = 0$ entspricht einer Menge nichtnegativer ganzer Zahlen.

Im Fall $i_{min} = -i_{max}$ spricht man von symmetrischer, andernfalls von unsymmetrischer Codierung. Im besonderen gilt $i_{min} = -(i_{max} + 1)$ bei der Codierung negativer Zahlen durch das Zweierkomplement.

Beispiel (C) Auf HP-Workstation-Implementierungen der Programmiersprache C gibt es folgende INTEGER-Zahlensysteme:

Datentyp	i_{min}	i_{max}
unsigned short int	0	65 535
short int	-32 768	32 767
unsigned int	0	4 294 967 295
int	-2 147 483 648	2 147 483 647
unsigned long int	0	4 294 967 295
long int	-2 147 483 648	2 147 483 647

Die Datentypen `int` und `long int` sind beide mit einer Formatbreite $N = 32$ Bit codiert. Der Datentyp `long int` hat somit *keine* größere Zahlenmenge als der Datentyp `int`.

Modulo-Arithmetik

Reicht bei einer arithmetischen Operation der Zahlenbereich $[i_{min}, i_{max}]$ nicht aus, um das Ergebnis darzustellen, so spricht man von einer *Bereichsüberschreitung* (*integer overflow*). Das Auftreten einer Bereichsüberschreitung wird entweder von der Rechenanlage als Fehler angezeigt, oder es wird (*ohne* Fehlermeldung) ein zum tatsächlichen Resultat x kongruenter Zahlenwert x_{wrap} geliefert, der im Bereich $[i_{min}, i_{max}]$ liegt und durch folgende Beziehung definiert ist:

$$x_{wrap} \equiv x \bmod m, \qquad m := i_{max} - i_{min} + 1$$

$$x_{wrap} \in [i_{min}, i_{max}].$$

Man spricht in diesem Fall von *Modulo-Arithmetik*.

Beispiel (C)   In der im obigen Beispiel behandelten C-Implementierung ist die INTEGER-Arithmetik in allen Fällen eine *Modulo-Arithmetik*; eine Umstellung auf *Overflow*-Modus ist weder durch Maßnahmen in den C-Programmen noch auf der Ebene des Betriebssystems möglich.

Beispiel (Zufallszahlengenerator)   Die Modulo-Arithmetik der INTEGER-Zahlen wird bei den meisten Generatoren für gleichverteilte (Pseudo-) Zufallszahlen ausgenutzt. So kann z. B. mit 17 ungeraden 32-Bit-INTEGER-Zahlen, den Startwerten $x_{-16}, x_{-15}, \ldots, x_0$, durch die Iterationsvorschrift

$$x_k := x_{k-17} \cdot x_{k-5} \mod 2^{32}, \qquad k = 1, 2, 3, \ldots \tag{4.2}$$

eine Folge von Pseudo-Zufallszahlen mit der sehr langen Periode von ca. $7 \cdot 10^{13}$ erzeugt werden (siehe Abb. 4.1). Die Modulofunktion in (4.2) wird dabei in sehr effizienter Weise durch die Modulo-Arithmetik realisiert.

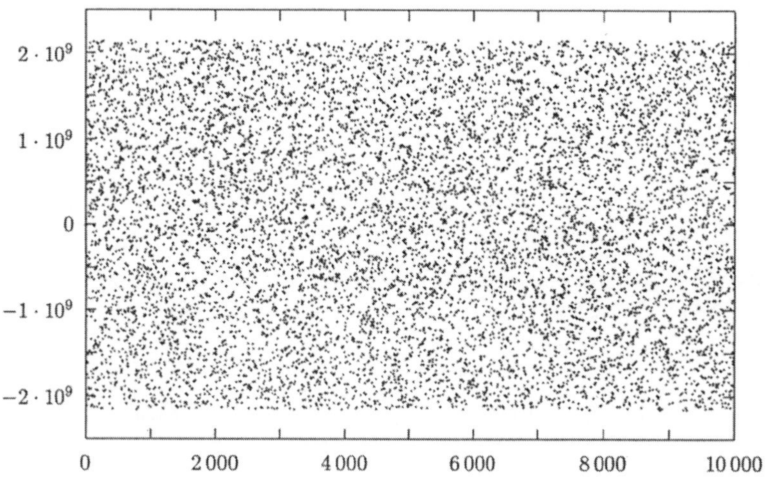

Abb. 4.1: 10 000 gleichverteilte (Pseudo-) Zufallszahlen

4.4.2 Festpunkt-Zahlensysteme

Durch eine *Skalierung* mit 2^k (k kann eine beliebige ganze Zahl sein) kann man das von codierbaren Zahlen überdeckte[9] Intervall der reellen Zahlengeraden verkleinern oder vergrößern. Die *Dichte* der darstellbaren Zahlen wird dadurch größer bzw. kleiner. Die Skalierung mit 2^k, $k < 0$, entspricht der Interpretation der Bitfolge $v d_{N-2} d_{N-3} \cdots d_2 d_1 d_0$ als vorzeichenbehafteter Binärbruch mit $-k > 0$ Stellen nach dem Binärpunkt.

$$v\, d_{N-2} d_{N-3} \cdots d_2 d_1 d_0 \;\doteq\; (-1)^v \cdot 2^k \sum_{j=0}^{N-2} d_j \cdot 2^j \;\doteq\; \tag{4.3}$$

$$\doteq\; (-1)^v \cdot d_{N-2} \cdots d_{-k} . d_{-k-1} \cdots d_0$$

---

[9]Es handelt sich dabei *nicht* um den Überdeckungsbegriff der Analysis, der eine vollständige Überdeckung *aller* Punkte einer Menge bezeichnet. Endliche Zahlenmengen können ein Intervall der reellen Zahlengeraden nur mit „Zwischenräumen" überdecken. Man spricht in der Numerischen Datenverarbeitung daher auch von einem Punkt*gitter*.

Fest skalierte Zahlenmengen dieser Art nennt man *Festpunkt-Zahlensysteme*.

Beispiel (Festpunkt-Zahlensystem) Bei einem Festpunkt-Zahlensystem mit der Formatbreite $N = 16$ Bit und einer Skalierung mit 2^k, $k = -4$ ist die Zahlenmenge durch

$$v d_{14} d_{13} \ldots d_1 d_0 \doteq (-1)^v \cdot 2^{-4} \sum_{j=0}^{14} d_j \cdot 2^j$$

gegeben. Ein Beispiel einer Festpunktzahl ist:

$$1000\,0001\,1011\,0101 \doteq -1\,1011.0101_2 = -27.3125_{10}.$$

Für $k = -(N-1)$ steht der angenommene Binärpunkt genau vor der ersten Ziffer d_{N-2} der Folge von Binärziffern. Wie bei den INTEGER-Zahlen kann man ein Bit $v \in \{0,1\}$ zur Darstellung des Vorzeichens $(-1)^v$ verwenden. Für $k = -(N-1)$ wird dann von diesen Zahlen das Intervall $(-1,1)$ gleichmäßig mit konstantem Abstand $2^k = 2^{-N+1}$ überdeckt.

Die durch die Bitmuster nahegelegte Verwendung der Basis $b = 2$ bei der Interpretation ist natürlich keineswegs zwingend. Die Zusammenfassung von je vier Binärstellen zu je einer Ziffer bezüglich der Basis 16 führt zu den *Hexadezimal-* oder *Sedezimalzahlen* mit der Ziffernmenge $\{0, \ldots, 9, A, \ldots, F\}$.

Beispiel (Hexadezimalzahlen) Die Zahl 2842_{10}, deren Binärdarstellung $1011\,0001\,1010_2$ ist, wird im Hexadezimalsystem $B1A_{16}$ geschrieben.

Die Hexadezimalschreibweise ist offensichtlich viel kompakter als die entsprechende Binärform.

Man kann je 4 Bits auch zur Codierung einer Dezimalziffer $d_i \in \{0, 1, \ldots, 9\}$ verwenden (allerdings mit einer nicht unbeträchtlichen Redundanz). Das ergibt die *dezimalen Festpunkt-Codierungen*, die der menschlichen Vorstellung (dem konventionellen Denken in Zehnerpotenzen) mehr entgegenkommen. Solche Codierungen werden oft für Taschenrechner verwendet (ausschließlich oder wahlweise neben anderen Codierungen).

Beispiel (Intel) Die Intel-Mikroprozessoren haben neben den oben erwähnten binären INTEGER-Zahlensystemen eine 18-stellige *dezimale* INTEGER-Codierung mit einer Formatbreite $N = 73$ Bit (18×4 Bit und ein Vorzeichenbit).

Alle Festpunkt-Zahlensysteme haben für die Numerische Datenverarbeitung den großen Nachteil, daß das von den darstellbaren reellen Zahlen überdeckte Intervall der reellen Achse ein für allemal festliegt. Die Größenordnungen der bei den Aufgaben der Numerischen Datenverarbeitung auftretenden Daten variieren aber über einen sehr weiten Bereich, der oft nicht a priori bekannt ist. Auch können während der Lösung der Aufgabe reelle Zahlen mit sehr großen oder sehr kleinen Absolutbeträgen auftreten.

4.4.3 Gleitpunkt-Zahlensysteme

Um den genannten Nachteil der Festpunkt-Codierungen zu vermeiden, liegt es
nahe, einen Skalierungsparameter e nicht fest zu wählen, sondern veränderlich zu
lassen und seine aktuelle Größe in der Codierung mit anzugeben. Man kommt so
zu den *Gleitpunkt-* (*floating point*) *Codierungen*, die in der Numerischen Datenverarbeitung fast ausschließlich verwendet werden.

Terminologie (Gleitpunktzahlen) In der Numerischen Datenverarbeitung wird meist von
Gleit*punkt*zahlen (*floating point numbers*) und nicht von Gleit*komma*zahlen gesprochen. Diese
Konvention steht nicht nur mit dem Dezimal*punkt*, wie er in den englischsprachigen Ländern
üblich ist, in Verbindung. Das Komma wird in den meisten Programmiersprachen als Trenn-
zeichen für zwei lexikalische Elemente verwendet, sodaß z. B. die Zeichenkette 12, 25 demgemäß
zwei ganze Zahlen, nämlich 12 und 25 bezeichnet, während 12.25 die (rationale) Zahl 49/4
symbolisiert.

Bei den Gleitpunkt-Codierungen wird eine Bitfolge für die Interpretation in drei
Teile zerlegt: in das *Vorzeichen v*, den *Exponenten e* und die *Mantisse M* (den
Signifikanden). Die Aufteilung (*Formatierung*) des Bitfeldes, das einer reellen
Zahl entspricht, ist bei jeder Gleitpunkt-Codierung unveränderbar festgelegt.

Beispiel (IEC/IEEE-Gleitpunktzahlen) In der Norm IEC 559 : 1989 für binäre Gleit-
punkt-Arithmetiken werden zwei *Grundformate* spezifiziert:

Einfach langes Format (*single format*): Formatbreite $N = 32$ Bit

1	8 Bit	23 Bit
v	e	M

Doppelt langes Format (*double format*): Formatbreite $N = 64$ Bit

1	11 Bit	52 Bit
v	e	M

Wie die oben schematisch vorgestellte IEC/IEEE-Codierung in ihren Feinheiten zu verstehen
ist, wird in Abschnitt 4.6 erläutert.

Die Mantisse M ist eine nichtnegative reelle Zahl in Festpunkt-Codierung (*ohne*
Vorzeichen)

$$M = d_1 b^{-1} + d_2 b^{-2} + \cdots + d_p b^{-p}$$

bezüglich einer festen Basis b mit dem Binärpunkt (Dezimalpunkt etc.) genau
vor der ersten Ziffer.

Notation (Position des Binär- bzw. Dezimalpunktes) Die Annahme des (Binär-,
Dezimal-) Punktes *vor* der ersten Stelle der Mantisse M ist willkürlich; ebenso ist die Indizierung mit d_1 als *erster* (engl. *most significant*) und d_p als *letzter* (engl. *least significant*) Stelle –
die nicht der Indizierung bei Festpunkt-Zahlensystemen (4.3) entspricht – bei Gleitpunkt-
Zahlensystemen üblich.

Beide Konventionen entsprechen sowohl dem internationalen Norm-Entwurf *Language Indepen-*
dent Integer and Floating Point Arithmetic [247] wie auch den Annahmen, die in der ANSI-C-
und der Fortran 90 - Norm festgeschrieben sind.

Der Exponent e ist eine ganze Zahl. Die dargestellte reelle Zahl x ist durch

$$x = (-1)^v \cdot b^e \cdot M$$

gegeben, wobei das Bit $v \in \{0, 1\}$ das Vorzeichen von x festlegt. Je nach Wahl der Basis b, der Festpunkt-Codierung für M und den zulässigen Werten für e erhält man eine bestimmte Menge von reellen Zahlen, die mit dieser Gleitpunkt-Codierung darstellbar sind. Eine solche Zahlenmenge – mit gewissen Einschränkungen bezüglich b, e und M – bezeichnet man als *Gleitpunkt-Zahlensystem* $\mathbb{F}$ (*floating-point numbers*).

Für die Numerische Datenverarbeitung kommt es letzten Endes gar nicht darauf an, *wie* die hardwaremäßige (rechnerinterne) Codierung im einzelnen erfolgt (siehe z. B. Swartzlander [378]), sondern nur darauf, wie die Zahlen eines Gleitpunkt-Zahlensystems $\mathbb{F}$ auf der reellen Achse verteilt sind und wie die Arithmetik in $\mathbb{F}$ funktioniert. Als Grundlage für die Betrachtung der digitalen Arithmetik werden daher nicht die Gleitpunkt-*Codierungen* selbst, sondern die Gleitpunkt-*Zahlensysteme* verwendet.

Ein Gleitpunkt-Zahlensystem mit der Basis b, der Mantissenlänge p und dem Exponentenbereich $[e_{\min}, e_{\max}] \subset \mathbb{Z}$ enthält die folgenden reellen Zahlen:

$$x = (-1)^v \cdot b^e \cdot \sum_{j=1}^{p} d_j b^{-j} \tag{4.4}$$

mit

$$v \in \{0, 1\} \tag{4.5}$$

$$e \in \mathbb{Z}, \quad e_{\min} \leq e \leq e_{\max}, \tag{4.6}$$

$$d_j \in \{0, 1, \ldots, b-1\}, \quad j = 1, 2, \ldots, p; \tag{4.7}$$

die d_j sind die *Ziffern* (*digits*) der Mantisse $M = d_1 b^{-1} + \cdots + d_p b^{-p}$.

Beispiel (Zahlendarstellung) Die reelle Zahl 0.1 wird in einem sechsstelligen, dezimalen Gleitpunkt-Zahlensystem ($b = 10$, $p = 6$) als

$$.100000 \cdot 10^0$$

dargestellt. In einem 24-stelligen, binären Gleitpunkt-Zahlensystem ($b = 2$, $p = 24$) kann 0.1 *nicht* exakt dargestellt werden; die Näherungsdarstellung

$$.110011001100110011001101 \cdot 2^{-3}$$

wird stattdessen verwendet.

Fast alle Computer besitzen neben dem „üblichen" Gleitpunkt-Zahlensystem („einfache Genauigkeit") noch weitere Codierungsformen mit größeren Mantissenlängen und teilweise auch größeren Exponentenbereichen. Obwohl die dabei verwendeten Mantissenlängen $p_2, p_3, \ldots$ meist keine ganzzahligen Vielfachen der einfachen Mantissenlänge p_1 sind, spricht man oft von „doppelter" bzw. „k-facher" Genauigkeit.

Normalisierte und denormalisierte Gleitpunktzahlen

Offenbar entspricht jeder Wahl von Werten v, e und $d_1, d_2, \ldots, d_p$, die den Einschränkungen (4.5), (4.6) und (4.7) genügen, eine bestimmte reelle Zahl. Es können aber verschiedene Werte zur gleichen Zahl x führen.

Beispiel (Mehrdeutige Zahlendarstellungen) Die Zahl 0.1 kann in einem dezimalen Gleitpunkt-Zahlensystem mit sechs Mantissenstellen durch

$$.100000 \cdot 10^0 \quad \text{oder} \quad .010000 \cdot 10^1 \quad \text{oder}$$
$$.001000 \cdot 10^2 \quad \text{oder} \quad .000100 \cdot 10^3 \quad \text{oder}$$
$$.000010 \cdot 10^4 \quad \text{oder} \quad .000001 \cdot 10^5$$

dargestellt werden. Die Darstellung von 0.1 als Gleitpunktzahl ist also *nicht* eindeutig.

Um die Eindeutigkeit der Zahlendarstellung zu erreichen, kann man die zusätzliche Forderung $d_1 \neq 0$ stellen, ohne daß man den Umfang des Gleitpunkt-Zahlensystems wesentlich einschränkt; die so erhaltenen Gleitpunktzahlen mit $b^{-1} \leq M < 1$ heißen *normalisierte* (oder *normale*) Gleitpunktzahlen. Die Menge der normalisierten Gleitpunktzahlen erweitert um die Zahl Null (charakterisiert durch die Mantisse $M = 0$) wird im folgenden mit $\mathbb{F}_N$ bezeichnet.

Durch die Einschränkung $d_1 \neq 0$ erhält man eine *umkehrbar-eindeutige* Beziehung zwischen den zulässigen Werten

$$v \in \{0, 1\}$$
$$e \in \mathbb{Z}, \quad e_{\min} \leq e \leq e_{\max},$$
$$d_1 \in \{1, 2, \ldots, b - 1\},$$
$$d_j \in \{0, 1, \ldots, b - 1\}, \quad j = 2, 3, \ldots, p;$$

und den Zahlen in $\mathbb{F}_N \setminus \{0\}$ (siehe Tabelle 4.1).

Tabelle 4.1: Eineindeutige Zuordnung der nichtnegativen Zahlen aus $\mathbb{F}$ zu den Tupeln (e, M). Analog für die negativen Zahlen aus $\mathbb{F}$, für die man $v = 1$ setzt.

	Exponent	Mantisse
normalisierte Gleitpunktzahlen	$e \in [e_{\min}, e_{\max}]$	$M \in [b^{-1}, 1 - b^{-p}]$
denormalisierte Gleitpunktzahlen	$e = e_{\min}$	$M \in [b^{-p}, b^{-1} - b^{-p}]$
Null	$e = e_{\min}$	$M = 0$

Die durch die Normalisierungsbedingung $d_1 \neq 0$ weggefallenen Zahlen, das sind jene Zahlen, die betragsmäßig so klein sind, daß sie keine Darstellung als normalisierte Gleitpunktzahlen besitzen, kann man ohne Verlust der Eindeutigkeit der Zahlendarstellung zurückgewinnen, indem man $d_1 = 0$ für $e = e_{\min}$ zuläßt. Die Zahlen mit $M \in [b^{-p}, b^{-1} - b^{-p}]$, die sämtlich im Intervall $(-b^{e_{\min}-1}, b^{e_{\min}-1})$ liegen, heißen *denormalisierte* (oder *subnormale*) Zahlen und werden im folgenden mit $\mathbb{F}_D$ bezeichnet.

Die Zahl Null (der die Mantisse $M = 0$ entspricht) wird nach obiger Festlegung zu $\mathbb{F}_N$ gezählt. Für ihre Darstellung muß man, um Eindeutigkeit zu gewährleisten, das Vorzeichen (willkürlich) festlegen, z. B. $v = 0$.

Parameter eines Gleitpunkt-Zahlensystems

Jedes Gleitpunkt-Zahlensystem ist durch vier ganzzahlige Parameter und einen Wahrheitswert gekennzeichnet:

1. Basis (*base, radix*) $b \geq 2$,
2. Mantissenlänge (*precision*) $p \geq 2$,
3. kleinster Exponent $e_{\min} < 0$,
4. größter Exponent $e_{\max} > 0$,
5. Normalisierungsindikator   *denorm* $\in$ *Boolean*

Der Wahrheitswert *denorm* gibt an, ob das Gleitpunkt-Zahlensystem denormalisierte Zahlen enthält (*denorm = true*) oder nicht (*denorm = false*).

Für Gleitpunkt-Zahlensysteme wird im folgenden die Kurzbezeichnung

$$\mathbb{F}(b, p, e_{\min}, e_{\max}, denorm)$$

verwendet. Dabei gilt

$$\mathbb{F}(b, p, e_{\min}, e_{\max}, true) = \mathbb{F}_N(b, p, e_{\min}, e_{\max}) \cup \mathbb{F}_D(b, p, e_{\min}, e_{\max})$$
$$\mathbb{F}(b, p, e_{\min}, e_{\max}, false) = \mathbb{F}_N(b, p, e_{\min}, e_{\max}).$$

Die Basis b ist heute auf allen Computern 2, 10 oder 16, d.h., es werden nur binäre, dezimale oder hexadezimale Gleitpunkt-Zahlensysteme eingesetzt.

Beispiel (Intel) Die Zahlensysteme $\mathbb{F}(2, 24, -125, 128, true)$ und $\mathbb{F}(2, 53, -1021, 1024, true)$ für einfach bzw. doppelt genaue Gleitpunkt-Zahlendarstellung entsprechend der IEC/IEEE-Norm (siehe Abschnitt 4.6) sind die im Normalfall verwendeten Zahlendarstellungen auf Intel-Mikroprozessoren. Darüber hinaus gibt es auch noch das *erweitert genaue* Gleitpunkt-Zahlensystem $\mathbb{F}(2, 64, -16381, 16384, true)$.

Beispiel (IBM System/390) Die Großrechner (*mainframes*) der Firma IBM haben drei hexadezimale Gleitpunkt-Zahlensysteme: *short precision* $\mathbb{F}(16, 6, -64, 63, false)$, *long precision* $\mathbb{F}(16, 14, -64, 63, false)$ und *extended precision* $\mathbb{F}(16, 28, -64, 63, false)$.

Beispiel (Cray) $\mathbb{F}(2, 48, -16384, 8191, false)$ und $\mathbb{F}(2, 96, -16384, 8191, false)$ sind die zwei Gleitpunkt-Zahlensysteme auf Cray-Computern.

Beispiel (Taschenrechner) Technisch-naturwissenschaftliche Taschenrechner haben meist nur *ein* Gleitpunkt-Zahlensystem: das dezimale System $\mathbb{F}(10, 10, -98, 100, false)$. Bei manchen Taschenrechnern ist die Mantissenlänge größer als 10, obwohl am Display nur maximal 10 Stellen angezeigt werden.

Für die Codierung des Exponenten werden in der Praxis nicht die symmetrischen (oder „fast symmetrischen") INTEGER-Zahlensysteme von Abschnitt 4.4.1 verwendet. Stattdessen codiert man die Exponenten rechnerintern durch nichtnegative INTEGER-Zahlen, indem man eine feste Zahl (*bias*) hinzuzählt (*biased notation*).

Implizites erstes Bit

Im Fall eines binären Gleitpunkt-Zahlensystems ($b = 2$) kann für die normalisierten Gleitpunktzahlen nur $d_1 = 1$ gelten, da nur die beiden Ziffern 0 und 1 existieren. Für die normalisierten Zahlen eines Binärsystems $\mathbb{F}(2, p, e_{\min}, e_{\max}, denorm)$ braucht also d_1 *nicht* explizit codiert zu werden, die Mantisse kann ein *implizites erstes Bit* (engl. *hidden bit*) haben. Auch die denormalisierten Zahlen $\mathbb{F}_D$, bei denen stets $d_1 = 0$ gilt, benötigen dieses Bit nicht. Wenn man das Bit d_1 bei der rechnerinternen Codierung wegläßt, muß man allerdings Vorsorge treffen, normalisierte und denormalisierte Zahlen dann noch unterscheiden zu können. Bei den meisten Implementierungen von Binärsystemen mit implizitem ersten Bit, z. B. den IEC/IEEE-Zahlen (siehe Abschnitt 4.6), charakterisiert man die denormalisierten Zahlen dadurch, daß man in jenem Teil des Bitfeldes, der dem Exponenten entspricht, einen festen Wert *außerhalb* von $[e_{\min}, e_{\max}]$, meist $e_{\min} - 1$, speichert.

Beispiel (IBM System/390) Die Gleitpunkt-Zahlensysteme der IBM-*mainframes* haben wegen der Basis $b = 16$ *kein* implizites erstes Bit. Die Mantisse der einfach genauen Gleitpunktzahlen hat 6 Hexadezimalstellen. Bei einer normalisierten Zahl wird nur $d_1 \neq 0000$ verlangt. Damit sind im Extremfall $d_1 = 1_{16} = 0001_2$ auch bei einer normalisierten Zahl die ersten *drei* Bits der Mantisse Null.

4.5 Struktur von Gleitpunkt-Zahlensystemen

Die Struktur der Gleitpunkt-Zahlensysteme $\mathbb{F}(b, p, e_{\min}, e_{\max}, denorm)$, d. h. die Anzahl und Anordnung (Lage) der Zahlen aus $\mathbb{F}$, soll in diesem Abschnitt genauer untersucht werden.

4.5.1 Anzahl der Gleitpunktzahlen

Wegen der (in Tabelle 4.1 dargestellten) eindeutigen Zuordnung der Zahlen aus $\mathbb{F}$ zu den Tupeln $(v, e, d_1, \ldots, d_p)$, kann es sich bei $\mathbb{F}$ nur um eine *endliche* Teilmenge der reellen Zahlen handeln. Die Anzahl der normalisierten Zahlen im Gleitpunkt-Zahlensystem $\mathbb{F}(b, p, e_{\min}, e_{\max}, denorm)$ ist

$$2\,(b - 1)\,b^{p-1}(e_{\max} - e_{\min} + 1).$$

Hinzu kommt noch die Zahl Null und die gegebenfalls vorhandenen denormalisierten Zahlen. Diese endliche Menge von Gleitpunktzahlen tritt bei numerischen Berechnungen an die Stelle der überabzählbar vielen reellen Zahlen, die die Zahlengerade kontinuierlich ausfüllen. Deshalb sind im folgenden mit den Zahlen aus $\mathbb{R}$, die von $\mathbb{F}$ „überdeckt" werden, jene gemeint, bei denen vergleichsweise nahe Zahlen aus $\mathbb{F}$ liegen (vgl. Fußnote auf Seite 134).

Beispiel (IEC/IEEE-Gleitpunktzahlen) Die den Grundformaten entsprechenden IEC/-IEEE-Gleitpunkt-Zahlensysteme $\mathbb{F}(2, 24, -125, 128, true)$ und $\mathbb{F}(2, 53, -1021, 1024, true)$ enthalten

$$2^{24} \cdot 254 \approx 4.26 \cdot 10^9 \qquad \text{bzw.} \qquad 2^{53} \cdot 2046 \approx 1.84 \cdot 10^{19}$$

normalisierte Zahlen.

4.5.2 Größte und kleinste Gleitpunktzahl

Weil $\mathbb{F}$ endlich ist, ist unmittelbar klar, daß es in jedem Gleitpunkt-Zahlensystem im Gegensatz zu den reellen Zahlen eine *größte Zahl* $x_{\max}$ und eine *kleinste positive* normalisierte Zahl $x_{\min}$ gibt.

Mit $M = M_{\max}$ und $e = e_{\max}$ erhält man die *größte Gleitpunktzahl*

$$x_{\max} := \max\{x \in \mathbb{F}\} = (1 - b^{-p})b^{e_{\max}};$$

größere reelle Zahlen gibt es im Gleitpunkt-Zahlensystem $\mathbb{F}$ nicht. Mit $e = e_{\min}$ und $M = M_{\min}$ ergibt sich die kleinste positive *normalisierte* Gleitpunktzahl

$$x_{\min} := \min\{x \in \mathbb{F}_N : x > 0\} = b^{e_{\min}-1}.$$

Beispiel (IEC/IEEE-Gleitpunktzahlen) Die größte und die kleinste positive einfach genaue normalisierte Gleitpunktzahl, d. h., das Minimum und das Maximum der Zahlenmenge $\{x \in \mathbb{F}_N(2, 24, -125, 128) : x > 0\}$ sind

$$\begin{aligned}
x_{\min} &= 2^{-126} &&\approx 1.18 \cdot 10^{-38}, \\
x_{\max} &= \left(1 - 2^{-24}\right)2^{128} &&\approx 3.40 \cdot 10^{38}.
\end{aligned}$$

Bei den doppelt genauen Zahlen $\mathbb{F}_N(2, 53, -1021, 1024)$ ist der Zahlenbereich erheblich größer:

$$\begin{aligned}
x_{\min} &= 2^{-1022} &&\approx 2.23 \cdot 10^{-308}, \\
x_{\max} &= \left(1 - 2^{-53}\right)2^{1024} &&\approx 1.80 \cdot 10^{308}.
\end{aligned}$$

Beispiel (IBM System/390) Die einfach genauen IBM-Gleitpunktzahlen überdecken einen deutlich größeren Bereich der reellen Zahlen als die einfach genauen IEC/IEEE-Gleitpunktzahlen. Minimum und Maximum von $\{x \in \mathbb{F}(16, 6, -64, 63, \textit{false}) : x > 0\}$ sind

$$\begin{aligned}
x_{\min} &= 16^{-65} &&\approx 5.40 \cdot 10^{-79}, \\
x_{\max} &= (1 - 16^{-6})16^{63} &&\approx 7.24 \cdot 10^{75}.
\end{aligned}$$

Die doppelt genauen Zahlen $\mathbb{F}(16, 14, -64, 63, \textit{false})$ überdecken nahezu den gleichen Bereich wie die einfach genauen Gleitpunktzahlen. Auf IBM-Großrechnern bringt daher der Übergang zu den doppelt genauen Maschinenzahlen nur einen Vorteil hinsichtlich der Genauigkeit, nicht jedoch hinsichtlich der Größe des Bereiches, der von den Maschinenzahlen überdeckt wird.

Wegen der separaten Darstellung des Vorzeichens durch $(-1)^v$ sind die Gleitpunktzahlen *symmetrisch zur Null* angeordnet:

$$x \in \mathbb{F} \iff -x \in \mathbb{F}.$$

Dementsprechend sind $-x_{\max}$ und $-x_{\min}$ die *kleinste* und die *größte negative* normalisierte Zahl in $\mathbb{F}$. Im Fall *denorm* = *true* gibt es in $\mathbb{F}$ auch eine kleinste positive denormalisierte Zahl

$$\bar{x}_{\min} = b^{e_{\min}-p}$$

und eine größte negative denormalisierte Zahl $-\bar{x}_{\min}$.

4.5.3 Absolute Abstände der Gleitpunktzahlen

Für jede feste Wahl von $e \in [e_{\min}, e_{\max}]$ sind die kleinste und die größte Mantisse einer normalisierten Gleitpunktzahl durch die Ziffern

$$d_1 = 1, \; d_2 = \cdots = d_p = 0 \qquad \text{bzw.} \qquad d_1 = d_2 = \cdots = d_p = \delta := b - 1$$

charakterisiert. Die Mantisse M durchläuft somit Werte zwischen

$$M_{\min} \;=\; .100\ldots00_b = b^{-1} \qquad \text{und}$$
$$M_{\max} \;=\; .\delta\delta\delta \cdots \delta\delta_b = \sum_{j=1}^{p}(b-1)b^{-j} = 1 - b^{-p},$$

wobei sie mit einer konstanten Schrittweite von b^{-p} fortschreitet. Dieses *Grundinkrement* der Mantisse, das dem Wert einer Einheit der letzten Stelle entspricht, wird oft als ein *ulp* (**u**nit **o**f **l**ast **p**osition) bezeichnet; im folgenden wird für das Grundinkrement die Kurzbezeichnung u verwendet:

$$u := 1\,\mathrm{ulp} = b^{-p}.$$

Benachbarte Zahlen aus $\mathbb{F}_N$ haben im Intervall $[b^e, b^{e+1}]$ *konstanten Abstand*

$$\Delta x = b^{e-p} = u \cdot b^e;$$

jedes solche Intervall ist also durch eine *konstante (absolute) Dichte* der normalisierten Gleitpunktzahlen charakterisiert. Beim Übergang zum nächstkleineren Exponenten e verringert sich dieser konstante Abstand auf ein b-tel, die Dichte der Zahlen aus $\mathbb{F}_N$ nimmt auf das b-fache zu. Analog springt der Abstand zwischen benachbarten Zahlen beim Übergang zum nächstgrößeren Exponenten auf das b-fache, und die Dichte reduziert sich entsprechend. Es wiederholen sich also Folgen von $(b - 1) \cdot b^{p-1}$ äquidistanten Zahlen, wobei jede solche Folge ein mit b skaliertes Bild der vorhergehenden ist.

Lücke um die Zahl Null

Bedingt durch die Normalisierung hat der von den Zahlen aus $\mathbb{F}_N$ überdeckte Bereich in $\mathbb{R}$ in der Umgebung der Zahl Null eine „Lücke" (vgl. Abb. 4.2).

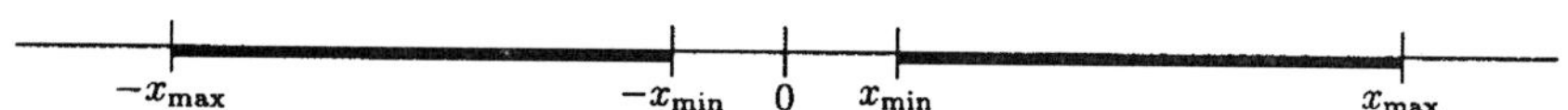

Abb. 4.2: Reelle Zahlen, die von $\mathbb{F}_N$ überdeckt werden

Im Fall *denorm* = *false* liegen im Intervall $[0, x_{\min}]$ nur *zwei* Zahlen aus $\mathbb{F}_N$, nämlich die beiden Randpunkte 0 und $x_{\min}$. Das anschließende, im Fall $b = 2$ gleichlange Intervall $[x_{\min}, bx_{\min}]$ enthält hingegen $1 + b^{p-1}$ Zahlen aus $\mathbb{F}_N(b, p, e_{\min}, e_{\max})$. Beim IEC/IEEE-System $\mathbb{F}_N(2, 24, -125, 128)$ sind das $8\,388\,609$ Zahlen.

Im Fall *denorm = true* wird hingegen das Intervall $(0, x_{\min})$ mit $b^{p-1} - 1$ denormalisierten Zahlen gleichmäßig überdeckt (vgl. Abb. 4.3), die dort den konstanten Abstand $u \cdot b^{e_{\min}}$ haben. Die kleinste positive denormalisierte Zahl

$$\overline{x}_{\min} := \min\{x \in \mathbb{F}_D : x > 0\} = ub^{e_{\min}} = b^{e_{\min}-p}$$

liegt wesentlich näher bei Null als $x_{\min} = b^{e_{\min}-1}$. Die negativen Zahlen aus $\mathbb{F}_D$ ergeben sich durch Spiegelung der positiven am Nullpunkt. Die Lücke um die Zahl Null wird also mit den denormalisierten Zahlen $\mathbb{F}_D$ geschlossen.

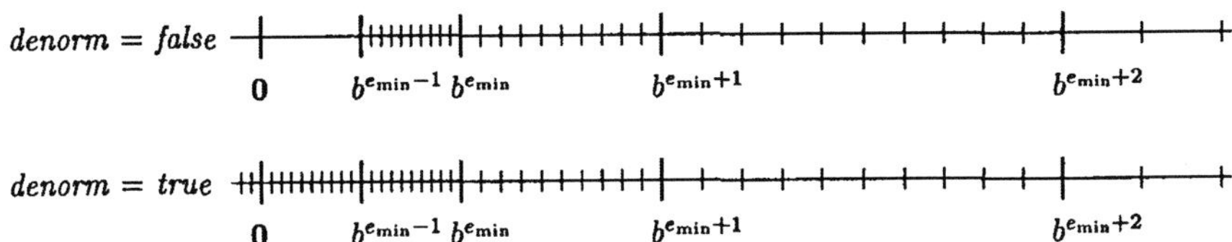

Abb. 4.3: Überdeckung von $\mathbb{R}$ durch normalisierte und denormalisierte Gleitpunktzahlen.

4.5.4 Relative Abstände der Gleitpunktzahlen

Während die absoluten Abstände $|\Delta x|$ mit $\Delta x = x_{\text{nearest}} - x$ zwischen einer Zahl x aus $\mathbb{F}_N$ und der (betragsmäßig) nächstgrößeren Zahl x_{nearest} aus $\mathbb{F}_N$ mit zunehmendem Exponenten e immer größer werden, bleibt der *relative Abstand* $\Delta x/x$ (nahezu) unverändert, da dieser nur von der Mantisse $M(x)$ und nicht vom Exponenten der Gleitpunktzahl x abhängt:

$$\frac{\Delta x}{x} = \frac{(-1)^v \cdot u \cdot b^e}{(-1)^v \cdot M(x) \cdot b^e} = \frac{u}{M(x)} = \frac{b^{-p}}{M(x)}.$$

Wegen $b^{-1} \leq M(x) < 1$ nimmt dieser relative Abstand für $b^e \leq x \leq b^{e+1}$ mit wachsendem x von $b \cdot u$ auf fast u ab; er springt für $x = b^{e+1}$ mit $M = b^{-1}$ wieder auf $b \cdot u$ und nimmt dann abermals ab. Dieser Vorgang wiederholt sich von einem Intervall $[b^e, b^{e+1}]$ zum nächsten (vgl. Abb. 4.4). In diesem eingeschränkten Sinn kann man also sagen, daß die *relative Dichte* der Zahlen in $\mathbb{F}_N$ annähernd *konstant* ist. Die Variation der Dichte beim Durchlaufen eines Intervalls $[b^e, b^{e+1}]$ um den Faktor[10] b ist natürlich für größere Werte der Basis b (etwa 10 oder 16) viel ausgeprägter als bei Binärsystemen.

Im Bereich der *denormalisierten* Zahlen $\mathbb{F}_D$ geht diese Gleichmäßigkeit der relativen Dichte verloren; wegen $M(x) \to 0$ vergrößert sich für $x \to 0$ der relative Abstand $\Delta x/x$ bei konstantem absoluten Abstand $\Delta x = b^{e_{\min}-p}$ sehr rasch.

Die verschiedenartige Verteilung der Zahlen aus einem Gleitpunkt-Zahlensystem

---

[10]Der Schwankungsfaktor b wird in der englischsprachigen Literatur *wobble* genannt.

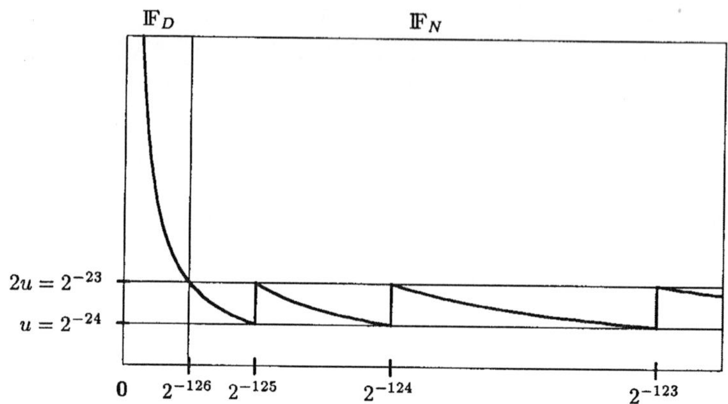

Abb. 4.4: Relative Abstände der einfach genauen IEC/IEEE-Gleitpunktzahlen.

$\mathbb{F}(b, p, e_{\min}, e_{\max}, true)$ in den drei Bereichen[11]

$$
\begin{aligned}
\mathbb{R}_N &:= [-x_{\max}, -x_{\min}] \cup [x_{\min}, x_{\max}] \\
\mathbb{R}_D &:= (-x_{\min}, x_{\min}) \\
\mathbb{R}_{\text{overflow}} &:= (-\infty, -x_{\max}) \cup (x_{\max}, \infty)
\end{aligned}
$$

legt eine entsprechende Unterteilung der reellen Achse in diese drei Bereiche bezüglich jedes Gleitpunkt-Zahlensystems $\mathbb{F}$ nahe:

1. $\mathbb{R}_N$ ist jene Teilmenge der reellen Zahlen, die mit annähernd gleichmäßiger *relativer* Dichte von den normalisierten Gleitpunktzahlen überdeckt wird;

2. $\mathbb{R}_D$ wird von der Zahl Null und den denormalisierten Zahlen $\mathbb{F}_D$ (soferne sie in $\mathbb{F}$ vorhanden sind) mit gleichmäßiger *absoluter* Dichte überdeckt;

3. $\mathbb{R}_{\text{overflow}}$ enthält überhaupt keine Zahlen aus $\mathbb{F}$.

Die (annähernd) konstante relative Dichte der Zahlen aus $\mathbb{F}_N$ spiegelt den Charakter der Daten in der Numerischen Datenverarbeitung gut wider. Diese kommen im allgemeinen durch Messungen zustande; dabei hängt die absolute Größe der Meßwerte von den verwendeten Einheiten ab, während die *relative Meßgenauigkeit* von diesen Einheiten und damit von der absoluten Größe der Daten oft *unabhängig* ist und einer konstanten Anzahl signifikanter Stellen entspricht.

Beispiel (Digital-Meßgeräte) Digitale elektronische Meßgeräte (z. B. Digital-Voltmeter) haben eine Genauigkeit, die in bezug auf die am Display angezeigten Stellen spezifiziert wird. Unabhängig vom absoluten Wert der Spannung (z. B. 220 V oder 10 mV) liefern manche Bauformen dieser Meßgeräte beispielsweise einen 4-stelligen Wert, dessen Genauigkeit nur von der Qualität des Meßgerätes und nicht von der absoluten Größe der gemessenen Werte abhängt.

---

[11]Bei der Zerlegung $\mathbb{R} = \mathbb{R}_N \cup \mathbb{R}_D \cup \mathbb{R}_{\text{overflow}}$ steht Art und Dichte der Überdeckung im Vordergrund. Sie unterscheidet sich daher von der Zerlegung $\mathbb{F} = \mathbb{F}_N \cup \mathbb{F}_D$, wo die Zahl Null der Zahlenmenge $\mathbb{F}_N$ zugeordnet wird.

4.5.5 Fallstudie: $\mathbb{F}(10, 6, -9, 9, \textit{true})$

Zur Veranschaulichung sollen nun die obigen Strukturüberlegungen anhand des prototypischen Gleitpunkt-Zahlensystems $\mathbb{F}(10, 6, -9, 9, \textit{true})$ konkretisiert werden. $\mathbb{F}$ enthält alle Zahlen

$$\pm . d_1 d_2 d_3 d_4 d_5 d_6 \cdot 10^e$$

mit $d_j \in \{0, 1, 2, \ldots, 8, 9\}$ und $e \in \{-9, -8, \ldots, 8, 9\}$. Bei den normalisierten Zahlen gilt $d_1 \in \{1, 2, \ldots, 9\}$. Die Zahl Null ist durch die Mantisse $M = 0$ charakterisiert. Im Fall der denormalisierten Zahlen $\mathbb{F}_D$ gilt $d_1 = 0$ und $e = -9$. Die kleinste positive Zahl aus $\mathbb{F}_N$ ist

$$x_{\min} = .100000 \cdot 10^{-9} = 10^{-10},$$

die größte Zahl aus $\mathbb{F}$ ist

$$x_{\max} = .999999 \cdot 10^9 = (1 - 10^{-6}) \cdot 10^9 \approx 10^9.$$

Außerhalb des Intervalls $[-x_{\max}, x_{\max}]$ gibt es keine Zahlen aus $\mathbb{F}$.

Die Mantisse der normalisierten Zahlen durchläuft die Werte von

$$M_{\min} = b^{-1} = .100000 \qquad \text{bis} \qquad M_{\max} = 1 - b^{-p} = .999999$$

in Schritten von $u = .000001 = 10^{-6}$. Dem entspricht ein Abstand der normalisierten Zahlen von $\Delta x = 10^{e(x)-6}$, wobei $e(x)$ der Exponent der Zahl $x \in \mathbb{F}$ ist. Das Intervall $[100, 1000]$ enthält z. B. die $900\,001$ Zahlen

$$100.000, \ 100.001, \ 100.002, \ \ldots \ 999.998, \ 999.999, \ 1000.00$$

mit dem konstanten Abstand 10^{-3}; die nächstgrößere Zahl ist dann 1000.01, die von 1000.00 bereits den Abstand 10^{-2} hat. Der *relative* Abstand benachbarter Zahlen nimmt im Intervall $[100, 1000)$ von

$$\frac{10^{-3}}{100} = 10^{-5} = 10 \cdot u = b \cdot u \qquad \text{auf} \qquad \frac{10^{-3}}{999.999} \approx 10^{-6} = u$$

um den Faktor $b = 10$ ab, um bei 1000 wieder auf seinen größten Wert

$$\frac{10^{-2}}{1000} = 10^{-5} = 10 \cdot u = b \cdot u$$

zurückzuspringen. Dieser relative Abstand besteht genauso zwischen den zwei kleinsten normalisierten Gleitpunktzahlen $0.100000 \cdot 10^{-9}$ und $0.100001 \cdot 10^{-9}$ wie zwischen der sehr großen Gleitpunktzahl $0.100000 \cdot 10^9$ und ihrer Nachbarzahl $0.100001 \cdot 10^9$, obwohl der *absolute* Abstand der Zahlen im ersten Fall nur 10^{-15} und im zweiten 10^{+3} beträgt.

Ohne die denormalisierten Zahlen $\mathbb{F}_D$ würde zwischen 0 und $x_{\min}$ die auf der Seite 142 erwähnte Lücke klaffen, da oberhalb von $x_{\min} = 10^{-10}$ die Zahlen aus $\mathbb{F}_N$ den im Vergleich zur Breite der Lücke sehr kleinen Abstand von 10^{-15} besitzen. Die $10^5 - 1$ positiven subnormalen Zahlen aus $\mathbb{F}_D$ überdecken diese Lücke mit dem konstanten absoluten Abstand 10^{-15}, wobei der relative Abstand bei der kleinsten positiven subnormalen Zahl $\overline{x}_{min} = 10^{-15}$ den Wert 1 erreicht. Entsprechendes gilt auch für den Bereich zwischen $-x_{min}$ und 0. Hier liegen die negativen denormalisierten Zahlen.

Insgesamt enthält $\mathbb{F}(10, 6, -9, 9, true)$ die $34\,200\,000$ normalisierten Gleitpunktzahlen und die Null, aus denen sich $\mathbb{F}_N$ zusammensetzt, sowie die $199\,998$ denormalisierten Zahlen aus $\mathbb{F}_D$. Von der Halbachse $[0, \infty)$ gehört

$$[0, 10^{-10}) \qquad \text{zu} \qquad \mathbb{R}_D,$$

$$[10^{-10}, (1 - 10^{-6})10^9] \qquad \text{zu} \qquad \mathbb{R}_N \text{ und}$$

$$((1 - 10^{-6})10^9, \infty) \qquad \text{zu} \qquad \mathbb{R}_{overflow}.$$

4.6 Normung von Gleitpunkt-Zahlensystemen

Normen sollen zu Vereinfachung, Vereinheitlichung, sowie zu rascherer und leichterer Arbeit führen. Sie sind die Grundlage geordneter Abläufe in allen Bereichen von Technik, Wirtschaft und Verwaltung. Normen bilden ein Fundament, von dem aus sinnvolle fachspezifische Weiterentwicklung möglich ist.

Ihrem Wesen nach sind technische Normen (und nur von solchen ist im folgenden die Rede) keine Gesetze[12], sondern qualifizierte Empfehlungen, gesammeltes Wissen und Erfahrungen zu einem bestimmten Sachgebiet, erarbeitet von Experten aller betroffenen Kreise. Kurz gesagt: Normen werden von jenen gemacht, die sie brauchen bzw. von ihnen betroffen sind.

Internationale Normen werden im Rahmen der Weltnormenorganisation ISO[13] erarbeitet. Ihr gehören rund 95 Normungsorganisationen aus aller Welt an. Von der ISO werden z. B. die Programmiersprachennormen festgelegt.

Ein Sonderfall der Normung ist der Bereich Elektrotechnik und Elektronik. Auf diesen Gebieten wird die internationale Normungstätigkeit von einer eigenen Organisation, der IEC[14], ausgeübt.

4.6.1 IEC/IEEE-Norm für Gleitpunktzahlen

In den Siebzigerjahren wurde mit Anstrengungen begonnen, eine Norm für eine Arithmetik mit binären Gleitpunktzahlen in Mikroprozessoren zu erarbeiten. Dabei ging es wie bei jeder Norm in erster Linie um eine Vereinheitlichung, sodaß sich Programme ohne Änderung von einem Computer auf einen anderen übertragen lassen und insbesondere programmtechnische Maßnahmen gegen Rundungsfehlereffekte oder arithmetische Ausnahmen (Exponentenüberlauf etc.) auf allen Maschinen gleich wirksam sind.

---

[12]Der Gesetzgeber kann jedoch Normen (oder Teile von Normen) durch Gesetze oder Verordnungen für verbindlich erklären.

[13]ISO ist die Abkürzung für *International Standardization Organization*.

[14]IEC ist die Abkürzung für *International Electrotechnical Commission*.

Nach langen und zähen Diskussionen und Verhandlungen wurde 1985 von der amerikanischen IEEE[15] Computer Society der IEEE Standard 754-1985, der *„IEEE Standard for Binary Floating Arithmetic"* (der oft kurz als „IEEE 754" bezeichnet wird), beschlossen. 1989 wurde diese amerikanische Norm durch die IEC zur internationalen Norm IEC 559 : 1989 *„Binary Floating-Point Arithmetic for Microprocessor Systems"* erhoben. W. Kahan (University of California, Berkeley) wurde 1989 von der *Association for Computing Machinery* (ACM) für seine (Mit-) Arbeit an diesem Normenwerk durch den *Turing Award*, die höchste Auszeichnung für Arbeiten auf dem Gebiet der Informatik, geehrt.

Noch vor der ersten offiziellen Normung im Jahr 1985 war IEEE 754 der de-facto-Standard auf diesem Gebiet, der folgendes festlegt:

1. Zahlenformat und Codierung für zwei Gruppen von Gleitpunkt-Zahlensystemen: *Grundformate* und *erweiterte Formate*. In jeder Gruppe gibt es ein Format einfacher Länge und doppelter Länge.

2. Verfügbare Grundoperationen und Rundungsvorschriften,

3. Konvertierung zwischen verschiedenen Zahlenformaten und zwischen Dezimal- und Binärzahlen sowie

4. Behandlung der Ausnahmefälle wie z. B. Exponentenüber- oder -unterlauf und Division durch Null.

Das einfach genaue Gleitpunkt-Zahlensystem $\mathbb{F}(2, 24, -125, 128, true)$ und das doppelt genaue System $\mathbb{F}(2, 53, -1021, 1024, true)$ bilden die Grundformate.

Bei den erweiterten Formaten werden in der Norm nur Unter- bzw. Obergrenzen für die Parameter festgelegt:

		Erweiterte IEEE-Formate	
		einfach lang	doppelt lang
Formatbreite	N	≥ 43	≥ 79
Mantissenlänge	p	≥ 32	≥ 64
kleinster Exponent	$e_{\min}$	≤ -1021	≤ -16381
größter Exponent	$e_{\max}$	≥ 1024	≥ 16384

Die meisten Implementierungen haben nur *ein* erweitertes Format, dem im allgemeinen das Gleitpunkt-Zahlensystem $\mathbb{F}(2, 64, -16381, 16384, true)$ entspricht.

Beispiel (HP-Workstations) Die HP-Workstations haben ein doppelt langes erweitertes Format, dem das Gleitpunkt-Zahlensystem $\mathbb{F}(2, 113, -16381, 16384, true)$ entspricht. Die Mantissenlänge überschreitet hier signifikant die von der Norm vorgeschriebene Untergrenze für p.

---

[15]IEEE ist die Abkürzung für *Institute of Electrical and Electronics Engineers*.

Im amerikanischen ANSI/IEEE-Standard 854-1987 „*A Radix Independent Standard for Floating-Point Arithmetic*" erfolgt eine genaue Spezifikation der Gleitpunkt-Zahlensysteme $\mathbb{F}(b, p, e_{min}, e_{max}, denorm)$ ohne Einschränkung auf den binären Fall ($b = 2$). Beide Normen – IEC 559 und ANSI/IEEE 854 – enthalten auch detaillierte und umfangreiche Forderungen an die Arithmetik in den Gleitpunkt-Zahlensystemen, die in Abschnitt 4.7 noch näher besprochen wird.

4.6.2 Implizites erstes Bit

Bei der Codierung der IEC/IEEE-Gleitpunktzahlen hat die Mantisse ein implizites erstes Bit, die führende Ziffer $d_1 = 1$ der normalisierten bzw. $d_1 = 0$ der denormalisierten Zahlen wird also *nicht* explizit codiert; man kommt also mit 23 bzw. 52 Bits für die Codierung der Mantisse aus.

Zur Unterscheidbarkeit der denormalisierten und der normalisierten Gleitpunktzahlen wird bei den denormalisierten Zahlen $\mathbb{F}_D$ im Exponentenfeld des Zahlenformates der Wert $e_{min} - 1$ gespeichert.

4.6.3 Unendlich, NaNs und Null mit Vorzeichen

Die IEC/IEEE-Gleitpunkt-Zahlensysteme verwenden Formatbreiten von $N = 32$, 64 und (meist) 80 Bits; dabei sind *nicht* alle Bitmuster mit einer Bedeutung als Gleitpunktzahl belegt, sondern es gibt auch ± 0, $\pm\infty$ und im Gleitpunktformat codierte symbolische Größen, sogenannte NaNs („*Nichtzahlen*").[16]

darzustellende Größe	Wert im Exponentenfeld	Wert im Mantissenfeld
$(-1)^v \cdot 0 = \pm 0$	$e_{min} - 1$	Null
$(-1)^v \cdot \infty = \pm\infty$	$e_{max} + 1$	Null
NaN	$e_{max} + 1$	$\neq$ Null

Diese speziellen Größen dienen in erster Linie der Behandlung von Sonderfällen wie z. B. der Quadratwurzel einer negativen Zahl (Goldberg [218]). Auf Prozessoren, bei denen alle Bitmuster zum Codieren von gültigen Gleitpunktzahlen verwendet werden, kann in einer derartigen Situation sinnvollerweise nur mit einem Abbruch (oder einer Unterbrechung) der Berechnungen reagiert werden.

Beispiel (IBM System/390) Wenn auf einem Computer der Serie IBM System/390 die Quadratwurzel aus -9 zu berechnen ist, so erfolgt entweder ein Programmabbruch mit einer Fehlermeldung oder es wird weitergerechnet. Da jedem Bitmuster eine gültige Gleitpunktzahl entspricht, muß die Quadratwurzelfunktion auch in diesem Fall eine solche liefern. Es wird von ihr konkret $\sqrt{|-9|} = 3$ geliefert. Mit dem Wert 3 wird dann weitergerechnet.

Die IEC/IEEE-Arithmetik liefert beim Auftreten von Sonderfällen ein NaN-Bitmuster. Ein sofortiger Abbruch ist nicht unbedingt erforderlich, da mit NaNs auch weiter „gerechnet" werden kann. Auch im Output sind NaNs möglich.

---

[16]*NaN* ist die Abkürzung für *Not a Number* und symbolisiert z. B. das Ergebnis von 0/0.

4.6.4 Auswirkungen auf die Programmiersprachen

In der IEEE-Normungsarbeit wurde ein wichtiger Personenkreis *nicht* einbezogen: Programmiersprachen- und Compilerspezialisten. Als Folge dieses unglücklichen Umstandes gibt es auch heute noch keine einzige Programmiersprache, in der alle Möglichkeiten der IEC/IEEE-Gleitpunkt-Zahlensysteme voll ausgeschöpft werden können. Die umfassendsten Sprachelemente in dieser Hinsicht bietet derzeit die Programmiersprache Fortran 90, deren Abfrage- und Manipulationsmöglichkeiten für Gleitpunktzahlen in Abschnitt 4.8 besprochen werden.

Bei der IEC ist derzeit ein Norm-Entwurf in Arbeit, der sich mit Spracherweiterungen befaßt, die das Ausnutzen der IEC/IEEE-Gleitpunkt-Zahlensysteme besser als bisher ermöglichen sollen (ISO/IEC [247]). Für die Programmiersprachen Ada, Basic, C, Common Lisp, Fortran 90, Modula-2, Pascal und PL/I werden diese Spracherweiterungen explizit angeführt.

Beispiel (Fortran 90) Die vordefinierten Funktionen DENORM und IEC_559 sollen in Zukunft die Abfrage gestatten, ob denormalisierte Gleitpunktzahlen vorhanden sind bzw. ob die Zahlensysteme und die Arithmetik der Norm IEC 559 genügen.

Mit RND_NEAREST, RND_TRUNCATE und RND_OTHER wird die momentan eingestellte Art der Rundung abgefragt werden können. Die Funktionen SET_INDICATORS, CLR_INDICATORS, TEST_INDICATORS und SAVE_INDICATORS werden zur Manipulation von Überlauf- und Unterlauf-Indikatoren dienen.

4.7 Arithmetik in Gleitpunkt-Zahlensystemen

Offenbar kann man sich bei der Numerischen Datenverarbeitung nur jener reellen Zahlen bedienen, die auf einem Computer vorhanden sind. Angesichts des Umstandes, daß es sich dabei nur um endlich viele Zahlen handelt, scheint die Möglichkeit einer sinnvollen Numerischen Datenverarbeitung in Frage gestellt. Es soll daher nun untersucht werden, wie gravierend die Einschränkungen sind, die sich aus der Finitheit der Zahlenmenge ergeben (vgl. auch Goldberg [218]). Der Einfachheit halber wird nur der Fall betrachtet, daß ein einziges Gleitpunkt-Zahlensystem $\mathbb{F}(b, p, e_{\min}, e_{\max}, denorm)$ als Grundlage der numerischen Operationen zur Verfügung steht.

Als erstes muß man überlegen, in welchem Sinn die in Abschnitt 4.3.1 betrachteten *arithmetischen Operationen* in einem Gleitpunkt-Zahlensystem $\mathbb{F}$ überhaupt durchgeführt werden können. Da $\mathbb{F}$ eine endliche Teilmenge der reellen Zahlen $\mathbb{R}$ ist, sind natürlich die rationalen und sonstigen arithmetischen Operationen für Operanden aus $\mathbb{F}$ unmittelbar erklärt, jedoch ist ihr Ergebnis im allgemeinen *keine* Zahl aus $\mathbb{F}$, wenn man von trivialen Operationen wie $x \mapsto |x|$ und $x \mapsto (-x)$ absieht.

Die Resultate der arithmetischen Operationen mit Operanden aus der Zahlenmenge $\mathbb{F}(b, p, e_{\min}, e_{\max}, denorm)$ benötigen zu ihrer Darstellung oft mehr als p Mantissenstellen und gelegentlich einen Exponenten außerhalb von $[e_{\min}, e_{\max}]$. Im Fall der Division[17] und der Standardfunktionen ist in der Regel überhaupt

---

[17]Die Basis b sei hier fest vorgegeben.

keine Gleitpunkt-Codierung der Ergebnisse mit *endlich* vielen Stellen möglich.

Den naheliegenden Ausweg kennt man schon lange vom Umgang mit Dezimalbrüchen: Das „exakte" Ergebnis wird auf eine Zahl aus $\mathbb{F}$ *gerundet*. Dabei wird hier und im folgenden unter *exaktem Ergebnis* stets jenes Ergebnis aus $\mathbb{R}$ verstanden, das sich bei Ausführung der Operationen im Bereich der reellen Zahlen ergäbe. Wegen $\mathbb{F} \subset \mathbb{R}$ ist das exakte Ergebnis auf diese Weise stets definiert.

Beispiel (Rundung von Resultaten) Im Zahlensystem $\mathbb{F}(10, 6, -9, 9, true)$ bildet die Funktion $\square : \mathbb{R} \to \mathbb{F}$ jedes $x \in \mathbb{R}$ auf die nächstgelegene Zahl aus $\mathbb{F}$ ab.

$$
\begin{aligned}
\textit{Argumente:} \qquad & x &=& \quad .123456 \cdot 10^5 = 12345.6 \\
& y &=& \quad .987654 \cdot 10^0 = .987654 \\[2mm]
\textit{Exakte Rechnung:} \qquad & x + y &=& \quad .123465\,87654 \cdot 10^5 \\
& x - y &=& \quad .123446\,12346 \cdot 10^5 \\
& x \cdot y &=& \quad .121931\,812224 \cdot 10^5 \\
& x/y &=& \quad .124999\,240624 \ldots \cdot 10^5 \\
& \sqrt{x} &=& \quad .111110\,755549 \ldots \cdot 10^3 \\[2mm]
\textit{Rundung:} \qquad & \square(x + y) &=& \quad .123466 \cdot 10^5 \\
& \square(x - y) &=& \quad .123446 \cdot 10^5 \\
& \square(x \cdot y) &=& \quad .121932 \cdot 10^5 \\
& \square(x/y) &=& \quad .124999 \cdot 10^5 \\
& \square\sqrt{x} &=& \quad .111111 \cdot 10^3
\end{aligned}
$$

4.7.1 Rundung

Eine *Rundungsfunktion* ist eine Abbildung (*Reduktionsabbildung*)

$$\square : \mathbb{R} \to \mathbb{F},$$

die jeder reellen Zahl x eine bestimmte, in einem noch zu präzisierenden Sinn „benachbarte" Zahl $\square x \in \mathbb{F}$ zuordnet.

Für eine feste Wahl der Rundungsfunktion $\square$ kann man zu einer mathematischen *Definition der arithmetischen Operationen*[18] in $\mathbb{F}$ folgendermaßen kommen: Zu jeder zweistelligen arithmetischen Operation

$$\circ : \mathbb{R} \times \mathbb{R} \to \mathbb{R}$$

definiert man die *analoge Operation*

$$\boxdot : \mathbb{F} \times \mathbb{F} \to \mathbb{F}$$

durch

$$x \boxdot y := \square(x \circ y). \tag{4.8}$$

Dieser Definition entspricht gedanklich eine zweistufige Vorgangsweise: Zunächst wird das exakte Ergebnis $x \circ y$ der Operation $\circ$ ermittelt, das anschließend durch eine Rundungsfunktion $\square$ auf ein Ergebnis in $\mathbb{F}$ abgebildet wird; $x \boxdot y$ ist so stets wieder eine Zahl aus $\mathbb{F}$.

---

[18]Die *Implementierung* der arithmetischen Operationen wird im Abschnitt 4.7.4 diskutiert.

Ebenso kann man Operationen mit nur einem Operanden, z. B. die Standardfunktionen, in $\mathbb{F}$ definieren. Für eine Funktion $f : \mathbb{R} \to \mathbb{R}$ erhält man durch

$$\boxed{f}(x) := \Box f(x) \tag{4.9}$$

die analoge Funktion

$$\boxed{f} : \mathbb{F} \to \mathbb{F} .$$

Natürlich darf man die Rundungsfunktion $\Box$ nicht willkürlich wählen, wenn die sich aus den Definitionen (4.8) und (4.9) ergebende Arithmetik praktisch verwendbar sein soll. In diesem Sinn unverzichtbare Forderungen an eine Rundungsfunktion sind *Projektivität*, d. h.

$$\Box x = x \qquad \text{für} \quad x \in \mathbb{F}, \tag{4.10}$$

und *Monotonie*, also

$$x \leq y \quad \Longrightarrow \quad \Box x \leq \Box y \qquad \text{für} \quad x, y \in \mathbb{R} . \tag{4.11}$$

Aus diesen beiden Forderungen folgt bereits, daß jede solche Rundungsfunktion von den reellen Zahlen zwischen zwei benachbarten Zahlen x_1 und $x_2 \in \mathbb{F}$ diejenigen unterhalb eines bestimmten Grenzpunktes $\hat{x} \in [x_1, x_2]$ auf x_1 abrundet und die oberhalb von $\hat{x}$ auf x_2 aufrundet (vgl. Abb. 4.5). Falls $\hat{x}$ weder mit x_1 noch mit x_2 übereinstimmt, muß gesondert festgelegt werden, ob $\Box \hat{x} = x_1$ oder $\Box \hat{x} = x_2$ gelten soll. Die spezielle Situation im Bereich $\mathbb{R}_{\text{overflow}}$ wird später behandelt.

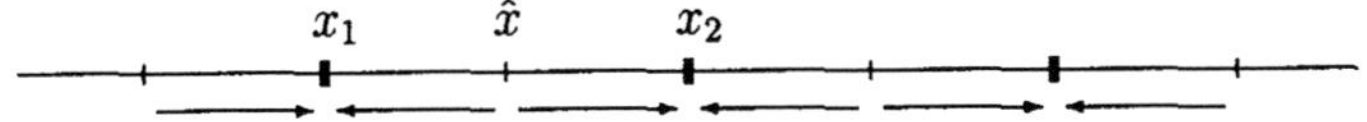

Abb. 4.5: Definition einer Rundungsfunktion durch den Grenzpunkt $\hat{x}$. Dicke senkrechte Striche (▮) symbolisieren die Zahlen aus $\mathbb{F}$.

Eine Rundungsfunktion $\Box$, die (4.10) und (4.11) erfüllt, wird auf dem Intervall $[x_1, x_2]$ durch die Angabe des Grenzpunktes $\hat{x}$ und im Fall $\hat{x} \notin \{x_1, x_2\}$ durch eine zusätzliche Rundungsvorschrift für $x = \hat{x}$ eindeutig festgelegt. Die gebräuchlichsten Rundungsfunktionen sind:

Rundung auf den nächstgelegenen Wert (optimale Rundung): Bei dieser Art der Rundung (*round to nearest*) liegt der Grenzpunkt $\hat{x}$ genau in der Mitte zwischen x_1 und x_2:

$$\hat{x} := \frac{x_1 + x_2}{2} .$$

Dadurch wird $x \in \mathbb{R}_N \cup \mathbb{R}_D$ immer zur *nächstgelegenen* Zahl aus $\mathbb{F}$ gerundet. Im Sonderfall $x = \hat{x}$, d. h. bei einer Zahl mit gleichem Abstand von x_1 und x_2, sind zwei Arten der Rundungsvorschrift in Verwendung.

Variante 1: Bei der „traditionellen" Rundung wird als $\Box x$ diejenige der beiden Nachbarzahlen genommen, die weiter von Null entfernt ist (*round away from zero*).

Beispiel (round away from zero) Bei $\mathbb{F}(10, 6, -9, 9, true)$ wird 0.1000005, wie gewohnt, auf $.100001 \cdot 10^0$ gerundet. Diese Art der Rundung wird z. B. auf den meisten Taschenrechnern verwendet.

Variante 2: Bei der „Rundung zur nächsten geraden Mantisse" (*round to even*) wird im Fall $x = \hat{x}$ als Wert $\Box x$ der Rundungsfunktion jene Nachbarzahl genommen, deren letzte Mantissenziffer gerade ist. Diese Art der Rundung ist nur möglich, wenn die Basis b eine gerade Zahl ist.

Beispiel (round to even) Bei $\mathbb{F}(10, 6, -9, 9, true)$ wird 0.1000005 auf $.100000 \cdot 10^0$ gerundet und *nicht* auf $.100001 \cdot 10^0$. Hingegen wird 0.1000015, wie gewohnt, auf $.100002 \cdot 10^0$ gerundet.

Abschneiden: Beim „Abschneiden" (*truncate, round toward zero*) hängt der Grenzpunkt vom Vorzeichen[19] der Zahl x ab:

$$\hat{x} := \text{sign}(x) \cdot \max(|x_1|, |x_2|).$$

Der Grenzpunkt $\hat{x}$ ist in diesem Fall die absolut größere der beiden Nachbarzahlen x_1 und x_2; dadurch ist im Fall $x \notin \mathbb{F}$ der Wert $\Box x$ stets die absolut kleinere der beiden Nachbarzahlen x_1 und x_2. Es gilt

$$x \in \mathbb{R} \setminus \mathbb{F} \quad \Rightarrow \quad |\Box x| < |x|.$$

Die durch Abschneiden von x erhaltene Zahl $\Box x$ ist die in Richtung des Nullpunktes nächstgelegene Zahl aus $\mathbb{F}$.

Auch die Rundung „weg von 0" wäre eine vernünftige Vorschrift, hat aber keine praktische Bedeutung.

Einseitige Rundung: Beim „Aufrunden" (*round toward plus infinity*) bzw. „Abrunden" (*round toward minus infinity*) wird der Grenzpunkt durch

$$\hat{x} := \min(x_1, x_2) \qquad \text{bzw.} \qquad \hat{x} := \max(x_1, x_2)$$

festgelegt. Unabhängig vom Vorzeichen von $x \notin \mathbb{F}$ ist bei einseitiger Rundung stets die kleinere bzw. die größere der beiden Nachbarzahlen x_1 und x_2 das Ergebnis. Im ersten Fall gilt für $x \notin \mathbb{F}$ stets $\Box x > x$ und im zweiten $\Box x < x$.

Wegen der Gültigkeit der Symmetriebeziehung

$$\Box(-x) = -(\Box x)$$

bezeichnet man optimale Rundung und Abschneiden als *symmetrische Rundungsfunktionen*, einseitige Rundung bezeichnet man als *gerichtete Rundungsfunktion* (*directed rounding*). Das gerichtete Runden ist wichtig für Anwendungen auf dem Gebiet der Rundungsfehler-Analyse, insbesondere für die Intervall-Arithmetik.

---

[19] $\text{sign}(x)$ bezeichnet hier die Funktion $\text{sign}(x) := -1$ bzw. 1 für $x < 0$ bzw. $x \geq 0$.

Beispiel (Arten der Rundung)   Für $\mathbb{F}(10, 6, -9, 9, \textit{true})$ und $x = .123456\,789$ ist

$$\Box x = \begin{cases} .123457 & \text{bei optimaler Rundung und} \\ & \text{bei einseitiger Rundung nach } +\infty, \\ .123456 & \text{bei Abschneiden und} \\ & \text{bei einseitiger Rundung nach } -\infty. \end{cases}$$

Die Rundungsvorschriften lassen sich aber nur dann vernünftig auf ein $x \in \mathbb{R} \setminus \mathbb{F}$ anwenden, wenn es tatsächlich „Nachbarzahlen" $x_1 < x$ und $x_2 > x$ aus $\mathbb{F}$ gibt. Für $x \in (\mathbb{R}_N \cup \mathbb{R}_D) \setminus \mathbb{F}$ ist das stets der Fall, nicht jedoch für $x \in \mathbb{R}_{\text{overflow}}$.

Überlauf: Im Fall $x \in \mathbb{R}_{\text{overflow}} = (-\infty, -x_{\max}) \cup (x_{\max}, \infty)$ bleibt $\Box x$ undefiniert. Falls ein solches x das exakte Ergebnis einer Operation mit Operanden aus $\mathbb{F}$ ist, dann sagt man, daß *Überlauf* (*overflow*) – genauer: Exponentenüberlauf – eintritt. Die meisten Computer unterbrechen im Normalfall bei Überlauf die Programmausführung mit einer Fehlermeldung. Die Art der Reaktion des Computers auf einen Exponentenüberlauf kann im allgemeinen durch den Benutzer beeinflußt werden.

Unterlauf: Im Fall $x \in \mathbb{R}_D = (-x_{\min}, x_{\min})$ läßt sich $\Box x$ stets definieren, egal, ob denormalisierte Zahlen zur Verfügung stehen oder nicht. Die hier vorliegende Sondersituation heißt (Exponenten-) *Unterlauf* (*underflow*). Bei Unterlauf wird meist mit dem Zwischenergebnis Null weitergerechnet.

Beispiel (Umrechnung von Koordinaten)   Im Gleitpunktsystem $\mathbb{F}(10, 6, -9, 9, \textit{true})$ sollen die kartesischen Koordinaten $(x_1, y_1) = (10^{-8}, 10^{-8})$ und $(x_2, y_2) = (10^5, 10^5)$ in Polarkoordinaten umgerechnet werden. In beiden Fällen ist $\tan\varphi = y_i/x_i = 1$, also $\varphi = 45°$. Bei der Berechnung des Radius $r = \sqrt{x_i^2 + y_i^2}$ ergibt sich im ersten Fall ein Unterlauf bei der Berechnung von x_1^2 und x_2^2. Falls der Rechner mit dem Zwischenergebnis 0 weiterrechnet, erhält man das unsinnige Ergebnis $r = 0$. Im zweiten Fall ergibt sich ein Überlauf, der im allgemeinen zu einem Abbruch führt. In beiden Fällen kann man durch geeignete Skalierung zu sinnvollen Resultaten gelangen.

4.7.2 Rundungsfehler

Wegen der Definitionen (4.8) und (4.9) für die Arithmetik in $\mathbb{F}$ ist es offenbar von zentraler Wichtigkeit, zu erfassen, wie stark $\Box x$ von x abweichen kann: Hiervon hängt ja ab, wie gut die Arithmetik in $\mathbb{F}$ die „wirkliche" Arithmetik in $\mathbb{R}$ modelliert bzw. wie sehr sich die beiden Arithmetiken unterscheiden.

Die Abweichung des gerundeten Wertes $\Box x \in \mathbb{F}$ von der zu rundenden Zahl $x \in \mathbb{R}$ wird üblicherweise als (*absoluter*) *Rundungsfehler* von x bezeichnet:

$$\varepsilon(x) := \Box x - x,$$

während

$$\rho(x) := \frac{\Box x - x}{x} = \frac{\varepsilon(x)}{x} \tag{4.12}$$

relativer Rundungsfehler von x heißt.

Schranken für den absoluten Rundungsfehler

Der Betrag $|\varepsilon(x)|$ ist offenbar durch Δx, die Länge des kleinsten x einschließenden Intervalls $[x_1, x_2]$, $x_1, x_2 \in \mathbb{F}$, begrenzt, im Fall der optimalen Rundung sogar nur durch die Hälfte dieser Intervallänge. Genauer läßt sich dies so formulieren: Für jedes $x \in \mathbb{R}_N$ läßt sich $\Box x \in \mathbb{F}$ in eindeutiger Weise in der Form

$$\Box x = (-1)^v \cdot M(x) \cdot b^{e(x)}$$

darstellen, wobei $M(x)$ die Mantisse und $e(x)$ den Exponenten von $\Box x$ symbolisiert. Da die Länge des kleinsten Intervalls $[x_1, x_2]$ mit $x_1, x_2 \in \mathbb{F}_N$, das $x \in \mathbb{R}_N \setminus \mathbb{F}_N$ enthält,

$$\Delta x = u \cdot b^{e(x)}$$

ist, gilt für den absoluten Rundungsfehler eines $x \in \mathbb{R}_N$:

$$|\varepsilon(x)| \begin{cases} < u \cdot b^{e(x)} & \text{für gerichtete Rundungen und Abschneiden,} \\ \leq \dfrac{u}{2} \cdot b^{e(x)} & \text{für die optimale Rundung.} \end{cases} \tag{4.13}$$

Für ein $x \in \mathbb{R}_D$ hat man bei Rundung auf denormalisierte Zahlen $e(x)$ durch $e_{\min}$ zu ersetzen.

Beispiel (Absoluter Rundungsfehler) Bei den positiven Zahlen aus $\mathbb{F}_N(2, 3, -1, 2)$ hat der absolute Rundungsfehler bei optimaler Rundung den in Abb. 4.7 dargestellten Verlauf. Bei Rundung durch Abschneiden ergibt sich der in Abb. 4.6 dargestellte Funktionsverlauf. Wegen des Treppenfunktionscharakters von $\Box x$ ist der absolute Rundungsfehler in beiden Fällen eine stückweise lineare Funktion.

Schranken für den relativen Rundungsfehler

Für den relativen Rundungsfehler $\rho(x)$ gibt es Schranken, die für ganz $\mathbb{R}_N$ gültig sind. Die Existenz derartiger Schranken ist auf die annähernd konstante relative Dichte der Maschinenzahlen in $\mathbb{R}_N$ zurückzuführen. Die kleinste gleichmäßige Schranke für den relativen Rundungsfehler eines $x \in \mathbb{R}_N$ ergibt sich aus (4.12) und der Schranke (4.13):

$$|\rho(x)| \begin{cases} < \dfrac{u}{|M(x)|} \leq b \cdot u & \text{für gerichtete Rundungen und Abschneiden,} \\ \leq \dfrac{u}{2|M(x)|} \leq b \cdot u/2 & \text{für die optimale Rundung.} \end{cases} \tag{4.14}$$

Diese Schranke für den relativen Rundungsfehler wird häufig mit *eps* bezeichnet und *relative Maschinengenauigkeit (machine epsilon)* genannt. Es gilt

$$eps = \begin{cases} b \cdot u = b^{1-p} & \text{für gerichtete Rundungen und Abschneiden,} \\ b \cdot u/2 = b^{1-p}/2 & \text{für die optimale Rundung.} \end{cases} \tag{4.15}$$

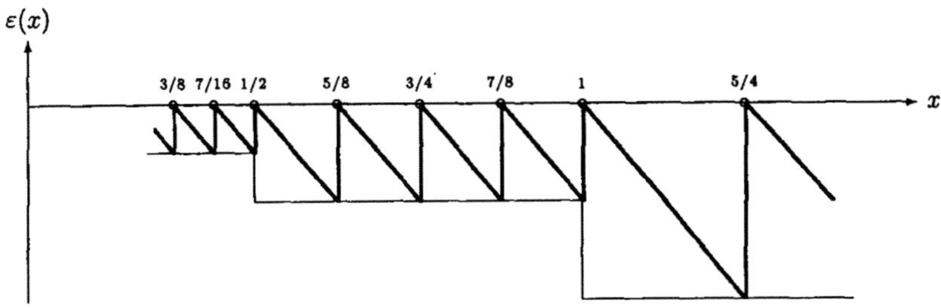

Abb. 4.6: Absoluter Rundungsfehler bei Rundung durch Abschneiden

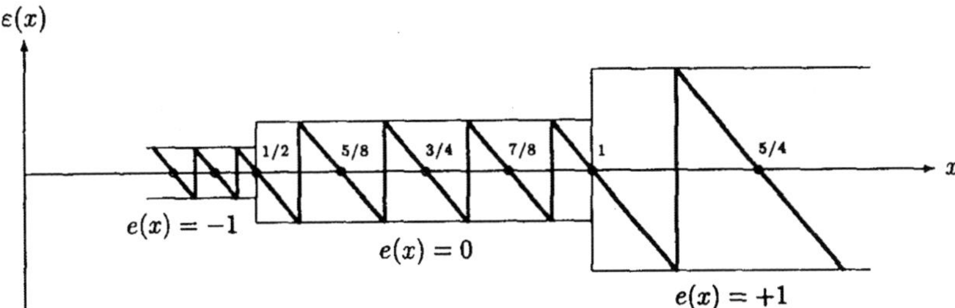

Abb. 4.7: Absoluter Rundungsfehler bei optimaler Rundung

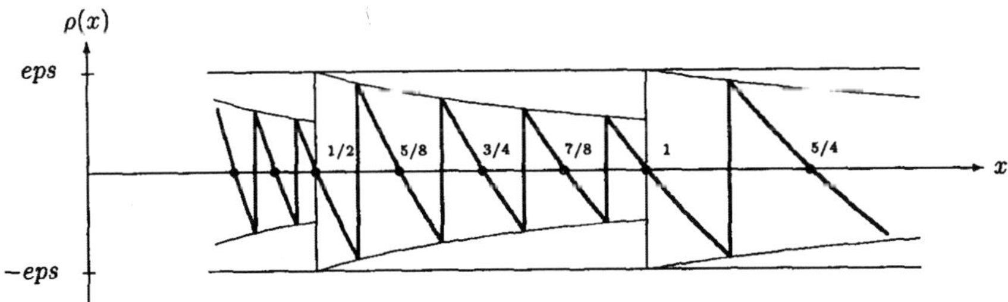

Abb. 4.8: Relativer Rundungsfehler bei optimaler Rundung

Beispiel (Relativer Rundungsfehler) Für die positiven Zahlen aus $\mathbb{F}_N(2, 3, -1, 2)$ hat der relative Rundungsfehler bei optimaler Rundung den in Abb. 4.8 dargestellten Verlauf. Die Schwankungen des relativen Fehlers sind in $\mathbb{R}_N$ bei Gleitpunktsystemen mit $b = 2$ relativ klein. Bei Systemen mit $b = 10$ und $b = 16$ sind die Schwankungen gravierend.

Beispiel (IEC/IEEE-Arithmetik) Bei einfach genauer IEC/IEEE-Arithmetik gilt

$$
eps = \begin{cases} 2^{-23} & \approx & 1.19 \cdot 10^{-7} & \text{für gerichtete Rundungen und Abschneiden,} \\ 2^{-24} & \approx & 5.96 \cdot 10^{-8} & \text{für die optimale Rundung,} \end{cases}
$$

was einer relativen Genauigkeit von ungefähr 7 Dezimalstellen entspricht. Bei doppelt genauer IEC/IEEE-Arithmetik gelten folgende Schranken:

$$
eps = \begin{cases} 2^{-52} & \approx & 2.22 \cdot 10^{-16} & \text{für gerichtete Rundungen und Abschneiden,} \\ 2^{-53} & \approx & 1.11 \cdot 10^{-16} & \text{für die optimale Rundung,} \end{cases}
$$

die einer relativen Genauigkeit von etwas mehr als 15 Dezimalstellen entsprechen.

Beispiel (IBM System/390) Auf den großen IBM-Rechnern gilt bei einfach genauer Arithmetik

$$
eps = \begin{cases} 16^{-5} & \approx & 9.54 \cdot 10^{-7} & \text{für gerichtete Rundungen und Abschneiden,} \\ 16^{-5}/2 & \approx & 4.77 \cdot 10^{-7} & \text{für die optimale Rundung,} \end{cases}
$$

was einer relativen Genauigkeit von nur etwas mehr als *6 Dezimalstellen* entspricht. Diese geringe Genauigkeit (die geringste von allen gängigen Computern) hat dazu geführt, daß portable Programme oft *nur* doppelt genaue Gleitpunkt-Zahlensysteme verwenden.

Die Formel (4.12) läßt sich mit (4.14) und (4.15) zu folgendem Satz verbinden:

Satz 4.7.1 *Für jedes $x \in \mathbb{R}_N$ gibt es ein $\rho \in \mathbb{R}$ mit*

$$
\square x = x \cdot (1 + \rho) \qquad und \qquad |\rho| \leq eps. \tag{4.16}
$$

Bei der Verwendung der daraus resultierenden gleichmäßigen Schranke für den relativen Rundungsfehler

$$
|\rho(x)| \leq eps \qquad \text{für} \qquad x \in \mathbb{R}_N \tag{4.17}
$$

sollte man aber stets bedenken, daß diese unter Umständen sehr *pessimistisch* sein kann. Tatsächlich auftretende relative Rundungsfehler können sehr viel kleiner als *eps* sein (vgl. Abb. 4.8).

Soferne zusätzliche Information vorliegt über die Lage der Mantisse $M(x)$ im Intervall $[b^{-1}, 1 - b^{-p}]$, kann die Abschätzung

$$
|\rho(x)| \leq \frac{u}{|M(x)|} \qquad \text{bzw.} \qquad |\rho(x)| \leq \frac{u}{2|M(x)|}
$$

verwendet werden, die schärfer ist als (4.17), insbesondere für größere Werte der Basis b, wie etwa $b = 10$ und $b = 16$.

4.7.3 Rundung und arithmetische Operationen

Eine unmittelbare Folge von Satz 4.7.1 ist wegen der Definitionen (4.8) und (4.9) die folgende Charakterisierung des relativen Fehlers der arithmetischen Operationen und der Standardfunktionen in $\mathbb{F}_N$.

Satz 4.7.2 *Unter der Voraussetzung, daß das exakte Ergebnis der arithmetischen Operation $\circ$ in $\mathbb{R}_N$ liegt, gibt es für $x, y \in \mathbb{F}_N$ ein $\rho \in \mathbb{R}$ mit*

$$x \boxcircle y = (x \circ y)(1 + \rho) \qquad und \qquad |\rho| \leq eps.$$

Satz 4.7.3 *Unter der Voraussetzung, daß für ein Argument $x \in D \cap \mathbb{F}_N$ der exakte Wert von $f : D \to \mathbb{R}$ in $\mathbb{R}_N$ liegt, gibt es ein $\rho \in \mathbb{R}$ mit*

$$\boxed{f}(x) = f(x)(1 + \rho) \qquad und \qquad |\rho| \leq eps.$$

Im Fall mehrerer Operationen oder Operanden tritt jedesmal ein neues ρ auf.

Beispiel (Summe von drei Zahlen) Drei Gleitpunktzahlen

$$x, y, z \in \mathbb{F}_N \qquad mit \qquad x + y,\ y + z,\ x + y + z \in \mathbb{R}_N$$

sollen addiert werden. Die Summe $x + y + z$ kann dabei entweder in der Form $(x \boxplus y) \boxplus z$ oder als $x \boxplus (y \boxplus z)$ berechnet werden. Im ersten Fall ist

$$\begin{aligned}
(x \boxplus y) \boxplus z &= (x + y)(1 + \rho_1) \boxplus z = \\
&= [(x + y)(1 + \rho_1) + z](1 + \rho_2) = \\
&= x + y + z + (x + y)(\rho_1 + \rho_2 + \rho_1 \cdot \rho_2) + z \cdot \rho_2,
\end{aligned}$$

im zweiten Fall

$$\begin{aligned}
x \boxplus (y \boxplus z) &= x \boxplus (y + z)(1 + \rho_3) = \\
&= [x + (y + z)(1 + \rho_3)](1 + \rho_4) = \\
&= x + y + z + x \cdot \rho_4 + (y + z)(\rho_3 + \rho_4 + \rho_3 \cdot \rho_4),
\end{aligned}$$

wobei für die relativen Rundungsfehler die Abschätzung (4.16) gilt:

$$|\rho_i| \leq eps, \qquad i = 1, 2, 3, 4.$$

Wenn man Terme der Größenordnung eps^2 gegenüber jenen der Größenordnung eps vernachlässigt, so erhält man für die zwei Arten der Summation folgende Fehlerabschätzungen:

$$\begin{aligned}
|(x \boxplus y) \boxplus z - (x + y + z)| &\leq K_1 \qquad mit \qquad K_1 \approx (2|x + y| + |z|)\, eps \quad oder \\
|x \boxplus (y \boxplus z) - (x + y + z)| &\leq K_2 \qquad mit \qquad K_2 \approx (|x| + 2|y + z|)\, eps.
\end{aligned}$$

In der Situation $|x| \gg |y|, |z|$ ist die *Schranke* im 2. Fall kleiner; in vielen Fällen liefert hier tatsächlich die zweite Berechnungsart einen kleineren Fehler als die erste. Bei der Summation einer größeren Anzahl von Termen (z. B. bei einer Reihen-Summation) erhält man die kleinste Fehlerschranke und oft auch den kleinsten Fehler, wenn man die Summation bei den betragskleinsten Termen beginnt.

Pseudo-Arithmetik

Sehr wichtig an obigem Beispiel ist die Beobachtung, daß im allgemeinen

$$x \boxplus (y \boxplus z) \;\neq\; (x \boxplus y) \boxplus z$$

und analog

$$x \boxdot (y \boxdot z) \;\neq\; (x \boxdot y) \boxdot z$$

gilt; die *Assoziativität* von Addition und Multiplikation kann also vom Körper der reellen Zahlen· *nicht* auf das Modell der Gleitpunktarithmetik in $\mathbb{F}$ übertragen werden. Verloren geht· in $\mathbb{F}$ auch die *Distributivität* zwischen Addition und Multiplikation:

$$x \boxdot (y \boxplus z) \;\neq\; (x \boxdot y) \boxplus (x \boxdot z).$$

Dagegen bleibt wegen

$$x \boxplus y = \square(x + y) = \square(y + x) = y \boxplus x$$

die *Kommutativität* der Addition und ebenso der Multiplikation in $\mathbb{F}$ erhalten.

Aus der Ungültigkeit von Assoziativ- und Distributivgesetz folgt, daß die vielen verschiedenen, aber algebraisch äquivalenten Formen eines zusammengesetzten arithmetischen Ausdrucks bei Übertragung nach $\mathbb{F}$ numerisch *nicht* äquivalent sind. Bei der Auswertung der verschiedenen Formen können unterschiedliche Ergebnisse entstehen. Man spricht daher auch von einer *Pseudo-Arithmetik* der Maschinenzahlen.

Beispiel (Pseudo-Arithmetik)   Wegen $x^{n+1} - 1 = (x - 1)(x^n + x^{n-1} + \ldots + x + 1)$ gilt bei Rechnung in $\mathbb{R}$

$$\frac{1.23456^4 - 1}{1.23456 - 1} = 1.23456^3 + 1.23456^2 + 1.23456 + 1 \approx 5.6403387. \tag{4.18}$$

Rechnung in $\mathbb{F}(10, 6, -9, 9, true)$ mit gerichteter Rundung (Abschneiden) führt bei Berechnung der Potenzen durch iterierte Multiplikation und Aufsummieren von links nach rechts zu

$$5.64022 \qquad \text{bzw.} \qquad 5.64031$$

für den in (4.18) links bzw. rechts stehenden Ausdruck.

Rundung und Vergleich

Eine wichtige Folge der Monotonie-Eigenschaft (4.11) für Rundungsoperationen ist, daß sich die Richtung einer *Vergleichsoperation* beim Übergang von $\mathbb{R}$ nach $\mathbb{F}$ nicht umkehren kann. Jedoch können verschiedene reelle Zahlen bei der Rundung nach $\mathbb{F}$ sehr wohl in die gleiche Maschinenzahl übergehen.

Um etwa mit einem in $\mathbb{F}$ berechneten Wert eines arithmetischen Ausdrucks zu entscheiden, ob der zugrundeliegende exakte Wert positiv ist, muß man verlangen, daß er hinreichend weit von Null entfernt ist, daß also

$$ausdruck \;\geq\; \alpha > 0$$

gilt, wobei α eine Schranke für den Fehler bei der Auswertung von *ausdruck* in $\mathbb{F}$ ist. Natürlich werden damit viele zulässige Grenzfälle ausgeschieden; man muß dies jedoch zur Gewährleistung einer sicheren Entscheidung in Kauf nehmen.

Beispiel (Viele Nullstellen)   Das Polynom

$$P_7(x) = x^7 - 7x^6 + 21x^5 - 35x^4 + 35x^3 - 21x^2 + 7x - 1 = (x-1)^7$$

hat eine einzige Nullstelle $x^* = 1$. Für $x > 1$ gilt $P_7(x) > 0$ und für $x < 1$ gilt $P_7(x) < 0$.
Wertet man P_7 in der Potenzform (x - 1.)**7 aus, so erhält man den in Abb. 4.9 dargestellten,
in seiner Genauigkeit völlig zufriedenstellenden Funktionsverlauf[20]. Wertet man hingegen die
Horner-Form von P_7

$$((((((x - 7.) * x + 21.) * x - 35.) * x + 35.) * x - 21.) * x + 7.) * x - 1.$$

in der Nähe von 1 aus, so zeigt sich ein einigermaßen chaotisches Bild (siehe Abb. 4.10 und
Abb. 4.11). Eine derartige Implementierung $\tilde{P}_7$ von P_7 liefert in der Nähe von 1 bei Auswertung
in einfach genauer IEC/IEEE-Arithmetik 128 749 Nullstellen sowie für $x > 1$ Tausende Stellen
mit $\tilde{P}_7(x) < 0$ und für $x < 1$ Tausende Stellen mit $\tilde{P}_7(x) > 0$. Die Ursache dieses Phänomens
ist *Auslöschung* (vgl. Abschnitt 5.7.4):

Bei der Addition/Subtraktion zweier dem Betrag nach annähernd gleich großer Zahlen mit
verschiedenen/gleichem Vorzeichen heben die vorderen übereinstimmenden Mantissenstellen der
beiden Operanden einander auf. Ungenauigkeiten an einer hinteren Stelle werden im Ergebnis
zu einer Ungenauigkeit an einer vorderen Stelle.

Rundungsart und Gesamtfehler

Obwohl sich die Fehler*schranken* (4.15) für gerichtete und optimale Rundung nur
um den Faktor 2 unterscheiden, ergibt sich bei großen Problemstellungen mit
sehr vielen arithmetischen Operationen oft ein erheblich größerer Unterschied in
der tatsächlichen Genauigkeit der Resultate. Dies ist darauf zurückzuführen, daß
bei optimaler Rundung sehr oft eine Kompensation der Rundungsfehler eintritt,
während dies bei gerichteter Rundung seltener der Fall ist.

Beispiel (Cray)   Die Computer der Serie Y-MP haben im Gegensatz zu jenen der Serie 2 eine
gerichtete Rundung. In einem konkreten Anwendungsfall erhielt man bei einem großen, schwach
besetzten linearen Gleichungssystem ($n = 16\,146$) auf einer Cray Y-MP einen Lösungsvektor,
der um einen *Faktor 100* weniger genau war als die Lösung der Cray 2 (Carter [139]).

4.7.4 Implementierung einer Gleitpunktarithmetik

Die mathematische Definition (4.8) für die zu den rationalen Operationen ∘ analogen Operationen ⊡ in einem Gleitpunkt-Zahlensystem $\mathbb{F}$ läßt sich nicht ohne
weiteres in einem digitalen Prozessor implementieren: Sie setzt ja die Kenntnis
des exakten Ergebnisses in $\mathbb{R}$ voraus. Aus diesem Grund haben bis vor wenigen
Jahren die meisten Computer als Ergebnis einer rationalen Verknüpfung zweier
Maschinenzahlen zwar in der Regel die der Forderung (4.8) – mit Abschneiden
als Rundungsfunktion – entsprechende Maschinenzahl geliefert; es gab aber stets
nicht wenige Situationen, in denen zum Teil beträchtliche Abweichungen von (4.8)
auftraten. Zuverlässige Aussagen über die Ergebnisse von arithmetischen Algorithmen waren deshalb nicht möglich.

---

[20]In Abb. 4.9 und Abb. 4.10 sind *alle* Funktionswerte für $x \in [1 - 2^{-19}, 1 + 2^{-19}]$ dargestellt.
Die diskrete Natur einer Gleitpunkt-Funktion wird dabei sehr deutlich sichtbar.

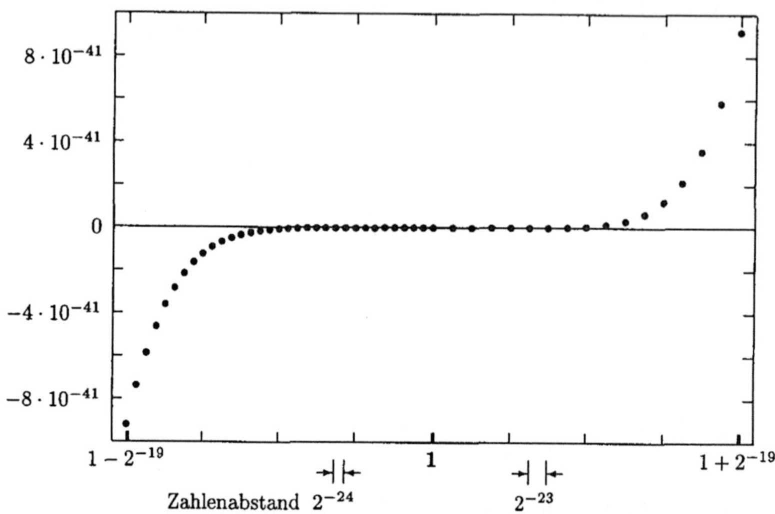

Abb. 4.9: $P_7(x) = (x-1)^7$ bei Auswertung in einfach genauer IEC/IEEE-Arithmetik auf dem Intervall $[1 - 2^{-19}, 1 + 2^{-19}]$

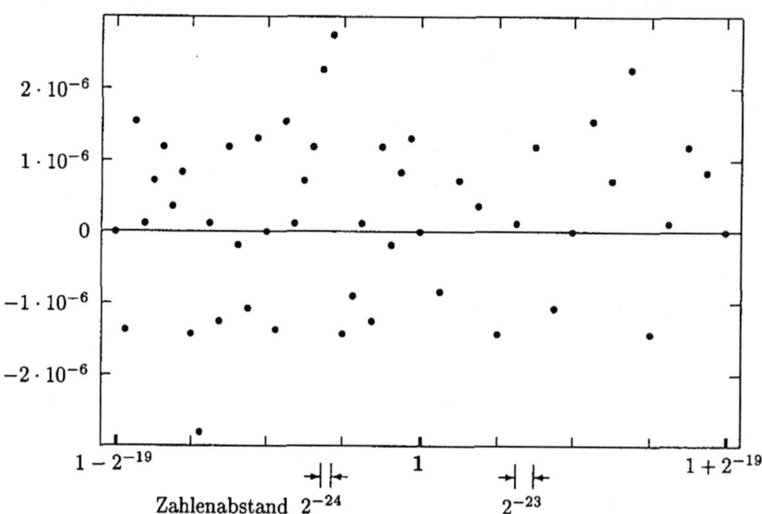

Abb. 4.10: $P_7(x) = ((((((x - 7)x + 21)x - 35)x + 35)x - 21)x + 7)x - 1$ bei Auswertung in einfach genauer IEC/IEEE-Arithmetik auf dem Intervall $[1 - 2^{-19}, 1 + 2^{-19}]$

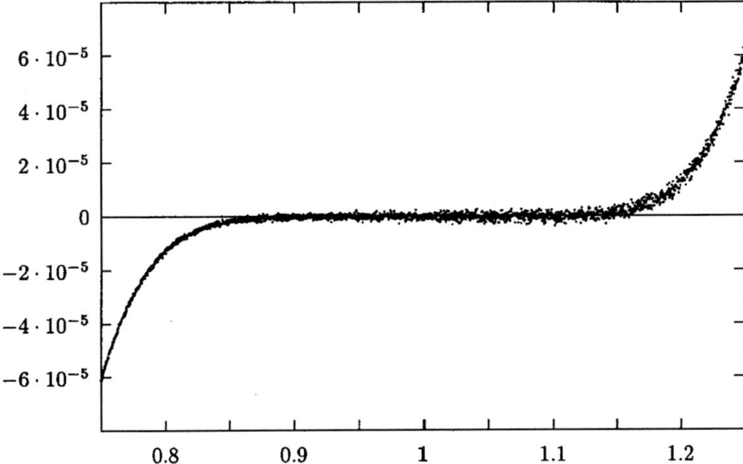

Abb. 4.11: $P_7(x) = ((((((x - 7)x + 21)x - 35)x + 35)x - 21)x + 7)x - 1$ bei Auswertung in einfach genauer IEC/IEEE-Arithmetik auf dem Intervall $[0.75, 1.25]$. In diesem Schaubild sind (wegen der großen Anzahl) *nicht alle* Funktionswerte dargestellt.

Tatsächlich muß man zur Gewinnung des durch (4.8) definierten Resultats mit Hilfe eines digitalen Prozessors folgendermaßen vorgehen: In einem etwas längeren Register muß ein Pseudoergebnis $\tilde{z}$ erzeugt werden, dessen Rundung nach IF mit Sicherheit dieselbe Gleitpunktzahl liefert wie die Rundung des exakten Ergebnisses $z = x \circ y$.

$$x \boxdot y := \Box \tilde{z} = \Box z \qquad (4.19)$$

Es war lange Zeit nicht klar, wieviele zusätzliche Mantissenstellen man für $\tilde{z}$ benötigt, damit (4.19) für jede Kombination von x und $y \in$ IF und für jede rationale Operation gewährleistet ist, und wie man die Generierung von z durchzuführen hat. Seit Ende der siebziger Jahre weiß man, daß bei geeigneter Generierung zwei zusätzliche Stellen (*guard digit* und *round digit*) für $\tilde{z}$ ausreichen und daß die Einhaltung von (4.8) für jede der gängigen Rundungen keine besonderen hardwaretechnischen Probleme aufwirft. Auf die technischen Details kann hier nicht näher eingegangen werden (siehe z. B. Hennessy, Patterson [53]).

Der *IEC/IEEE Floating-Point Standard* (vgl. Abschnitt 4.6) verlangt deshalb von einem standardkonformen binären Prozessor, daß das Ergebnis einer rationalen Verknüpfung zweier Maschinenzahlen *stets* die durch die Definition (4.8) festgelegte Maschinenzahl ist, solange das exakte Ergebnis nicht in $\mathbb{R}_{\text{overflow}}$ liegt, also kein Überlauf auftritt. Dabei muß als Voreinstellung (*default*) optimale Rundung verwendet werden. Als aktivierbare Optionen müssen aber auch Abschneiden und die beiden einseitigen Rundungsfunktionen implementiert sein.

Beispiel (Intel) Der 1981 auf den Markt gekommene arithmetische Prozessor Intel 8087 realisierte zusammen mit den Prozessoren 8086 oder 8088 als erster eine „saubere" Gleitpunktarithmetik[21]. Inzwischen erfüllen praktisch alle Mikroprozessoren die Forderungen der Norm IEC 559 : 1989.

---

[21]Die Arithmetik des 8087 erfüllte die Forderungen eines *Entwurfs* zur amerikanischen Norm

Beispiel (Cray)   Die Gleitpunktarithmetik der Cray-Computer entspricht *nicht* den Forderungen der IEC/IEEE-Norm. Sie wurde mit dem Ziel entwickelt, größtmögliche Rechengeschwindigkeit zu erreichen. Es gibt z. B. keine *guard digits*, wodurch bereits die Addition weniger genau ist als auf Prozessoren, die der IEC/IEEE-Norm entsprechen; Multiplikationen sind noch weniger genau. Divisionen a/b werden ausgeführt, indem a mit $1/b$ multipliziert wird. Für die Berechnung von $1/b$ wird eine Iteration verwendet, deren Genauigkeit auch nicht den Anforderungen der IEC/IEEE-Norm entspricht. Die Fehler bei der Berechnung von $1/b$ und $a \cdot (1/b)$ können gemeinsam dazu führen, daß die letzten *drei* Bits der Mantisse von a/b fehlerbehaftet sind. Es ist dementsprechend schwierig, Programme, die auf den Fehlerschranken dieses Kapitels beruhen, auf Cray-Computern zu implementieren.

Eine weitere (unangenehme) Besonderheit der Cray-Computer ist deren Uneinheitlichkeit der Gleitpunktarithmetik. Die Cray Y-MP hat z. B. ein wesentlich schlechteres Rundungsverhalten als die Cray 2 (vgl. das Beispiel auf Seite 159).

Höhere Genauigkeitsanforderungen

Einige sehr verbreitete Arithmetiken (so z. B. die IEC/IEEE-Arithmetik oder die IBM-Arithmetik) sind für *sehr* große Probleme, die eine sehr große Anzahl von Rechenoperationen zu ihrer numerischen Lösung benötigen und wo es dementsprechend zu einer starken Akkumulation von Rundungsfehlern kommen kann, *zu ungenau*. Zum Zeitpunkt ihrer Definition wurde die rasante Entwicklung der Rechnerleistung (bis hin zu „Teraflop-Computern", die 10^{12} Gleitpunktoperationen pro Sekunde ausführen können) nicht berücksichtigt. Die in naher Zukunft zu lösenden Probleme sind so groß, daß zu ihrer ausreichend genauen numerischen Lösung sehr genaue Arithmetiken benötigt werden (Bailey et al. [102]).

Beispiel (Lineares Gleichungssystem)   Bei der numerischen Lösung eines speziellen Systems von n linearen Gleichungen, das bei der Lösung bestimmter partieller Differentialgleichungen (biharmonischen Gleichungen) auftritt, wurde festgestellt, daß man bei einer Binärarithmetik ($b = 2$) eine Mantisse mit

$$p \geq 10 + 5 \cdot \log_2 n$$

Binärstellen benötigt, um eine Lösung mit (mindestens) drei korrekten Dezimalstellen zu erhalten. Selbst mit doppelt genauer IEC/IEEE-Arithmetik wird diese Genauigkeit der Lösung des Gleichungssystems nur bis ca. $n = 390$ erreicht; beim erweiterten doppelt langen IEC/IEEE-Format mit $p = 64$ steigt die bearbeitbare Systemgröße auf ca. $n = 1800$, bei doppelt genauer Cray-Arithmetik hingegen auf ca. $n = 100\,000$.

4.7.5 Multiple-Precision-Software

In manchen Anwendungsfällen erweisen sich die von einem Computersystem standardmäßig zur Verfügung gestellten Gleitpunkt-Zahlensysteme in bezug auf ihre Genauigkeit oder ihren Zahlenbereich als nicht zufriedenstellend. So kann es z. B. leicht vorkommen, daß im Zuge der Berechnungen Zwischenresultate auftreten, die zu einem Exponentenüberlauf führen, obwohl das Endergebnis selbst im Maschinenzahlenbereich liegt (vgl. Abschnitt 4.8.6). Weiters ist es möglich – etwa

---

IEEE 754-1985, da das Design des Intel 8087 noch vor der Veröffentlichung der endgültigen Version dieser Norm abgeschlossen wurde. Erst der Intel 80387 entsprach in vollem Umfang der Norm IEC 559 : 1989 (IEEE 754-1985).

im Fall numerisch instabiler Algorithmen (vgl. Abschnitt 5.7.3) –, daß ein Algorithmus auf Änderungen bestimmter Zwischenresultate besonders empfindlich reagiert. Diese Zwischenresultate sollten dann – um eine zufriedenstellende Genauigkeit des Endergebnisses zu sichern – mit entsprechend erhöhter Genauigkeit berechnet werden.

Werden die Berechnungen der Anwendung grundsätzlich mit einfacher Genauigkeit durchgeführt, so empfiehlt sich bei Auftreten eines der oben genannten Probleme zunächst (zumindest bei jenen Rechenschritten, bei denen Probleme auftreten) der Übergang auf doppelt genaue Gleitpunktzahlen. Reicht das nicht aus oder rechnet man ohnedies schon doppelt genau, so kann man unter Umständen auf erweitert doppelt genaues oder auf k-fach genaues Rechnen ausweichen. Diese Technik führt aber zu *nicht*-portablen Programmen, da nicht jedes Computersystem über mehr als zwei Genauigkeitsniveaus verfügt. In jedem Fall ist die Zahl der verschiedenen Genauigkeitsniveaus auf einem Computersystem sehr beschränkt (meist nicht mehr als vier), eine problemangepaßte Wahl des Genauigkeitsniveaus ist daher im allgemeinen nicht möglich.

In beiden Fällen kann durch spezielle *Multiple-Precision*-Software Abhilfe geschaffen werden. Mit Hilfe derartiger Software ist es einerseits möglich, auf jedem Computersystem mit erhöhter Genauigkeit bzw. mit vergrößertem Zahlenbereich zu rechnen – unabhängig davon, ob und wie viele verschiedene Maschinenzahlensysteme hardwaremäßig vorhanden sind. Dazu muß nur die entsprechende Multiple-Precision-Software auf dem Rechner lauffähig sein. Andererseits gestattet Multiple-Precision-Software oft auch eine sehr flexible Wahl des Genauigkeitsniveaus bzw. des Zahlenbereiches.

Software-Implementierung von Gleitpunkt-Zahlensystemen

Die in Multiple-Precision-Software verwendeten Gleitpunkt-Zahlensysteme und die darauf definierten arithmetischen Operationen unterscheiden sich *nicht* grundsätzlich von den hardwaremäßig (durch den Prozessortyp) vorgegebenen Maschinenzahlensystemen wie z. B. den IEC/IEEE-Gleitpunktzahlen. Der wesentliche Unterschied besteht in der Art der *Implementierung* der Zahlensysteme und der zugehörigen arithmetischen Operationen. Während Maschinenzahlensysteme in den für die Numerische Datenverarbeitung relevanten Prozessoren hardwaremäßig implementiert sind, werden die in Multiple-Precision-Software verwendeten Zahlensysteme softwaremäßig, d. h. durch geeignete Datenstrukturen und Algorithmen, realisiert. Die so codierten Zahlen entsprechen dabei nicht jenen elementaren Datentypen, die unmittelbar vom Prozessor verarbeitet werden können. Vielmehr setzt sich jede codierte Zahl aus mehreren solchen elementaren Daten zusammen. Analog dazu fallen die arithmetischen Operationen mit Multiple-Precision-Zahlen nicht einfach mit Prozessorinstruktionen zusammen, sondern werden durch geeignete Unterprogramme implementiert.

Durch diese softwaremäßige Realisierung von Zahlensystemen wird eine weitgehende Entkopplung der Rechengenauigkeit bzw. des Zahlenbereiches von speziellen Maschineneigenschaften erreicht. Weiters ist in besseren Multiple-Precision-

Softwarepaketen durch Setzen bestimmter Parameter eine Veränderung der Zahlendarstellung möglich. Dadurch lassen sich insbesondere die für die Eigenschaften des verwendeten Zahlensystems entscheidenden Parameter (Mantissenlänge, kleinster und größter Exponent etc.) in einfacher Weise ändern. Als entscheidender Nachteil der softwaremäßigen Realisierung ist insbesondere die im Vergleich zur Hardware-Gleitpunktarithmetik stark erhöhte Rechenzeit zu nennen. Bei der Verwendung von Multiple-Precision-Software ist – soferne diese ein weitgehend flexibles Setzen des Genauigkeitsniveaus gestattet – mit einer Erhöhung der Rechenzeiten um einen Faktor > 100 zu rechnen (Bailey [99]).

Qualitätsmerkmale von Multiple-Precision-Software

Für die Brauchbarkeit von Multiple-Precision-Software ist es zunächst wichtig, mit welchem Aufwand sich bestehende Programme auf den Einsatz der Multiple-Precision-Software umstellen lassen. Soll z. B. eine Addition zweier Gleitpunktzahlen mit erhöhter Genauigkeit ausgeführt werden, so müssen die beiden Operanden (soferne sie nicht ohnedies schon in konvertierter Form vorliegen) zunächst durch Aufruf geeigneter Konvertierungsprogramme in Multiple-Precision-Zahlen umgewandelt werden. Erst dann kann durch Aufruf des jeweiligen Multiple-Precision-Additionsprogramms die Operation ausgeführt werden. Weiters sind die verwendeten Multiple-Precision-Zahlen in geeigneter Weise zu deklarieren. Vor allem dann, wenn längere Programmabschnitte oder gar ganze Programmpakete in dieser Weise konvertiert werden sollen, erweist sich diese Umwandlungsprozedur – soferne sie manuell durchgeführt werden muß – als äußerst langwierig und fehleranfällig.

Ein weiterer qualitätsbestimmender Faktor ist der Leistungsumfang von Multiple-Precision-Software. Fehlen z. B. Multiple-Precision-Unterprogramme für die Berechnung elementarer oder spezieller Funktionen, wichtiger mathematischer Konstanten etc., lassen sich viele Programme nicht sinnvoll konvertieren.

Multiple-Precision-Software wird in zwei grundsätzlich verschiedenen Formen angeboten: als (Teil-)Pakete von aufrufbaren Unterprogrammen oder als integraler Bestandteil von Programmsystemen des symbolischen Rechnens. Der jeweilige Anwendungsbereich ändert sich dabei entsprechend. Mit Multiple-Precision-Software, die in Form von Unterprogrammpaketen angeboten wird, sollen unter Umständen extensive numerische Berechnungen durchgeführt werden. Dadurch werden an die Effizienz der zur Zahlendarstellung und -manipulation verwendeten Datenstrukturen und Algorithmen hohe Anforderungen gestellt. In Programmsystemen des symbolischen Rechnens dient Multiple-Precision-Software hingegen in erster Linie zur (beliebig genauen) numerischen Auswertung von symbolisch errechneten Resultaten. Größere Berechnungen mit erhöhter numerischer Genauigkeit kommen – genauso wie größere numerische Berechnungen an sich – kaum vor. Die Effizienz der mit erhöhter Genauigkeit durchgeführten numerischen Berechnungen ist in diesem Bereich nicht von wesentlicher Bedeutung. Entscheidend ist vielmehr die Benutzerfreundlichkeit der Schnittstelle zur Multiple-Precision-Software. Auf die Existenz von Multiple-Precision-Software in Systemen wie

MATHEMATICA, MACSYMA etc. soll daher an dieser Stelle nur kurz hingewiesen werden. Für die Praxis des *numerischen* Rechens spielt diese Software keine wichtige Rolle.

Software (Multiple-Precision-Programme) In `IMSL/MATH-LIBRARY` werden einige Unterprogramme zur exakten Multiplikation zweier doppelt genauer Gleitpunktzahlen zur Verfügung gestellt. Das exakte Resultat wird mittels einer vierfach genauen Gleitpunktzahl (die intern als doppelt genaues Feld der Länge zwei gespeichert wird) dargestellt. Mittels `IMSL/MATH-LIBRARY/dqini` können doppelt genaue Gleitpunktzahlen in Gleitpunktzahlen vierfacher Genauigkeit konvertiert werden. `IMSL/MATH-LIBRARY/dqsto` bewirkt die inverse Konversion. Mit `IMSL/MATH-LIBRARY/dqadd` kann eine doppelt genaue Gleitpunktzahl zu einer Gleitpunktzahlen vierfacher Genauigkeit addiert werden; mittels `IMSL/MATH-LIBRARY/dqmul` werden zwei doppelt genaue Gleitpunktzahlen exakt multipliziert und zu einer Gleitpunktzahl vierfacher Genauigkeit addiert. Einen analogen Satz von Unterprogrammen (`IMSL/MATH-LIBRARY/zqini` etc.) stellt die gleiche Funktionalität für doppelt genaue komplexe Zahlen zur Verfügung.

Die Unterprogramme `SLATEC/xadd` bzw. `SLATEC/dxadd` addieren Gleitpunktzahlen mit normaler einfacher bzw. doppelter Genauigkeit, aber mit vergrößertem Exponentenbereich. Entsprechende Initialisierungs- und Konversionsprogramme sind ebenfalls vorhanden.

Software (Paket MP) Das Softwarepaket MP (Brent [128]) stellt eine große Anzahl von Unterprogrammen – insgesamt sind es über hundert – zur Verarbeitung und Manipulation von sogenannten *MP*-Zahlen zur Verfügung. MP-Zahlen sind dabei normalisierte Gleitpunktzahlen, wobei sowohl die Basis b als auch die Mantissenlänge p sowie der Exponentenbereich variiert werden können. Die Mantissenlänge – und damit die Rechengenauigkeit – wird nur durch den verfügbaren Speicherplatz beschränkt. Hingegen muß die Basis b aus implementationstechnischen Gründen der Einschränkung genügen, daß $8b^2 - 1$ durch eine INTEGER-Zahl der Formatbreite $N = 32$ darstellbar ist. Analog gilt für den minimalen bzw. maximalen Exponenten $e_{\max} = -e_{\min}$ die Einschränkung, daß sich $4e_{\max}$ als ebensolche INTEGER-Zahl darstellen lassen muß. Die Einschränkungen bezüglich der Basis und des Exponentenbereichs resultieren in einer entsprechenden Einschränkung des MP-Zahlenbereichs.

Bezüglich seines Implementierungsumfanges war MP für alle folgenden Multiple-Precision-Softwarepakete beispielgebend. In MP sind insbesondere Unterprogramme für folgende Operationen mit MP-Zahlen enthalten:

- Addition, Subtraktion, Multiplikation und Division

- Exponentiation, Wurzelfunktion

- elementare Funktionen

- spezielle Funktionen und Konstanten

- Konversionsroutinen für INTEGER- sowie einfach und doppelt genaue Gleitpunktzahlen.

MP kann als `TOMS/524` (Brent [129]) bezogen werden.

Software (Paket FM) Das Multiple-Precision-Paket FM (Smith [368]) unterstützt alle rationalen Operationen sowie sämtliche Fortran 77-Standardfunktionen. Gegenüber anderer, vergleichbarer Software (z. B. MP) zeichnet sich FM durch eine höhere Genauigkeit bei transzendenten Funktionen aus. Dies wird dadurch erreicht, daß interne Zwischenergebnisse mit einer höheren Genauigkeit berechnet werden. Erst das Endergebnis einer Funktion wird auf die vom Benutzer geforderte Genauigkeit gerundet. So wird selbst bei transzendenten Funktionen für die meisten Eingangsdaten der Idealfall numerischer Berechnungen erreicht – das numerisch berechnete Resultat ist identisch mit dem durch Rundung des exakten Ergebnisses erhaltenen Wert. FM erhält man als `TOMS/693`.

Software (Paket MPFUN)   Das wahrscheinlich ausgereifteste Programmpaket im Bereich der Multiple-Precision-Software ist MPFUN (Bailey [99]). Gegenüber vergleichbarer Software – insbesondere MP und FM – zeichnet sich MPFUN durch die Möglichkeit einer automatischen Konvertierung von Fortran-Programmen sowie durch die auf möglichst hohe Rechenleistung abzielende Implementierung aus.

In MPFUN wird – gemäß der Bezeichnungsweise der Originalliteratur – vorwiegend mit *MP*-Zahlen gerechnet, die aber *nicht* mit den MP-Zahlen von MP identisch sind und daher im folgenden zur Verdeutlichung als MPF-Zahlen bezeichnet werden. Bei der Darstellung einer MPF-Zahl fällt insbesondere die Tatsache auf, daß deren *Mantisse* mit Hilfe eines Feldes von *Gleitpunkt*zahlen dargestellt wird. Jede Gleitpunktzahl entspricht dabei einer *einzelnen* Ziffer der Mantisse bezüglich einer entsprechend groß gewählten Basis des Gleitpunktsystems.[22] Diese Implementierungsvariante erscheint zunächst unlogisch, da die Ziffern der Mantisse ja stets *ganze* Zahlen sind und daher günstiger mittels INTEGER-Größen realisiert werden könnten (wie dies z. B. in MP der Fall ist). Allerdings erweist sich der unkonventionelle Ansatz von MPFUN auf den für die Numerische Datenverarbeitung relevanten Rechnersystemen durchaus als sinnvoll, da diese auf eine Maximierung der Gleitpunkt-Rechenleistung hin optimiert sind. Neben den MPF-Zahlen kann in MPFUN noch mit *MPFC*-Zahlen (komplexen MPF-Zahlen) und *DPE*-Zahlen (doppelt genauen Gleitpunktzahlen mit erweitertem Exponentenbereich) gerechnet werden.

Von seiner Funktionalität her ist MPFUN mit MP vergleichbar. Interessant ist, daß für viele Operationen sowohl eine „normale" als auch eine „*advanced*" Version implementiert ist, wobei letztere beim Rechnen mit hohen Genauigkeiten besonders effizient ist. Bei der Programmierung wurde weiters darauf geachtet, daß die jeweils innerste Schleife vektorisierbar ist, wodurch sich für Vektorprozessoren – in einem geringeren Ausmaß auch für moderne RISC-Prozessoren – eine gute Rechenleistung ergibt.

Für die Benutzerfreundlichkeit von MPFUN von entscheidender Bedeutung ist der zugehörige Präprozessor (Bailey [100]), durch den konventionelle Fortran 77-Programme mit Hilfe geeigneter Programm-Direktiven[23] automatisch in Multiple-Precision-Programme transformiert werden können. Dadurch entfällt die mühsame und fehleranfällige manuelle Konvertierungsarbeit weitgehend. Alle vom MPFUN-Präprozessor zu bearbeitenden Direktiven beginnen – ab der ersten Spalte der Anweisungszeile – mit der Zeichenkette `CMP+`. Durch die Direktive `CMP+ PRECISION LEVEL` nprec z. B. wird das Genauigkeitsniveau der MPF-Zahlen mit nprec signifikanten Stellen festgelegt. Mit Hilfe von `CMP+ MULTIP REAL` werden MPF-Zahlen, mit `CMP+ MULTIP COMPLEX` MPFC-Zahlen deklariert. Auf Grund solcher Deklarationen ersetzt dann der Präprozessor in allen Ausdrücken, in denen MPF- bzw. MPFC-Variablen vorkommen, die standardmäßig (für Gleitpunktzahlen) verwendeten Unterprogramme durch die entsprechenden MPFUN-Unterprogramme. Eine Beschreibung aller Direktiven findet man in Bailey [100].

Ein generelles Problem bei von Präprozessoren erzeugten Programmen ist das *Debugging* von fehlerhaften Programmen. Dadurch, daß das transformierte Programm zum Teil wesentlich von dem vom Programmierer geschriebenen abweicht (im allgemeinen wesentlich komplexer als dieses ist), ist ein vernünftiges Source-Code-Debugging nicht sinnvoll möglich. Für MPFUN wird dieses Problem mit dessen kürzlich erschienener Fortran 90-Version gelöst (Bailey [101]). Mit dieser MPFUN-Version (und einem Fortran 90-Compiler) läßt sich ein Fortran 77-Programm mit Standardgenauigkeit leicht in ein Fortran 90-Programm konvertieren, das sich vernünftig debuggen läßt, weil kein Präprozessor mehr erforderlich ist. Dazu muß nur in allen Unterprogrammen, in denen mit erhöhter Genauigkeit gerechnet werden soll, das MPFUN-Modul mittels einer `USE MPMODULE` Anweisung inkludiert werden sowie – ähnlich wie bei den Direktiven – MPF-Variablen entsprechend deklariert werden, nämlich als Variablen vom Typ `MP_REAL`.

Genaue Informationen über aktuelle MPFUN-Softwareprodukte und -Dokumentationen erhält man, wenn man `send index` an `mp-request@nas.nasa.gov` schickt.

---

[22] Beim IEC/IEEE-Gleitpunktsystem wird die Basis $b = 2^{24} = 16\,777\,216$ gewählt.

[23] *Direktiven* sind spezielle Programm-Kommentare, die zwar vom Compiler, nicht jedoch vom jeweiligen Präprozessor ignoriert werden.

4.8 Abfrage und Manipulation von Zahlen in Fortran 90

Der wichtigste Grundsatz bei der Entwicklung portabler Programme lautet: „Vermeide alle maschinenabhängigen Sprachelemente". Dies ist bei Gleitpunktzahlen und -arithmetik nur möglich, wenn die Programmiersprache geeignete Abfrage- und Manipulationsmöglichkeiten vorsieht.

Numerische Programme können mit numerischen Abfragefunktionen (*numeric inquiry functions*) und „Gleitpunkt-Funktionen" (*floating-point manipulation functions*) die Parameter des im Moment aktuellen Gleitpunkt-Zahlensystems $\mathbb{F}$ ermitteln sowie Gleitpunktzahlen analysieren, synthetisieren und skalieren. Durch diese Unterprogramme werden Operationen definiert, deren Resultate dem jeweiligen Computer (und dessen Gleitpunkt-Zahlensystemen) entsprechen; die Programme selbst, die von diesen Unterprogrammen Gebrauch machen, sind jedoch vollständig maschinenunabhängig. Durch die Normung dieser speziellen Unterprogramme, die Bestandteil aller Fortran 90 - Systeme sind, wurde somit die Entwicklung portabler Programme ermöglicht, die sich den Eigenschaften verschiedenartigster Gleitpunktsysteme anpassen können.

Um die Implementierbarkeit von Fortran 90 - Systemen auf beliebigen Zielmaschinen (PCs, Workstations, Großrechnern, Supercomputern) zu gewährleisten, war es nicht möglich, spezielle Eigenschaften und Besonderheiten zu berücksichtigen, die es nur auf einem oder einigen dieser Computersysteme gibt. So sind z. B. *denormalisierte* Gleitpunktzahlen $\mathbb{F}_D$ zwar auf allen Rechnern mit IEC/IEEE-konformen Zahlensystemen (den meisten Workstations und PCs) vorhanden, auf vielen Großrechnern und Supercomputern jedoch nicht. Denormalisierte Zahlen wurden deshalb in der Definition von Fortran 90 *nicht* explizit berücksichtigt.

In Fortran 90 sind die „Gleitpunkt-Funktionen" nur für eine Zahlenmenge definiert, die ein *Modell* für die Gleitpunkt-Zahlendarstellungen *aller* in Frage kommenden Computer bzw. Prozessoren ist. Das Zahlenmodell hat Parameter, die jeweils so bestimmt werden, daß es der konkreten Maschine, auf der das Programm gerade ausgeführt wird, am besten entspricht.

4.8.1 Parameter der Gleitpunktzahlen

Den Gleitpunktzahlen wird als Modell die folgende Zahlenmenge zugrundegelegt:

$$x = \begin{cases} 0 & \text{oder} \\ (-1)^v \cdot b^e \cdot [d_1 b^{-1} + d_2 b^{-2} + \cdots + d_p b^{-p}] \end{cases}$$

mit

Vorzeichen: $v \in \{0, 1\}$

Basis: $b \in \{2, 10, 16, \ldots\}$

Exponent: $e \in [e_{\min}, e_{\max}] \subset \mathbb{Z}$

Ziffern: $d_1 \in \{1, \ldots, b-1\}$
$d_j \in \{0, 1, \ldots, b-1\}, \quad j = 2, 3, \ldots, p.$

Für $x = 0$ wird $d_1 = \cdots = d_p = 0$ und $e = 0$ angenommen. Dies entspricht *nicht* der IEC/IEEE-Norm, wo bei der Darstellung der Zahl Null das Exponentenfeld den Wert $e_{\min} - 1$ enthält.

Die *Modell*-Gleitpunktzahlen in Fortran 90 enthalten *nur* die Zahlen $\mathbb{F}_N$ des betreffenden Gleitpunkt-Zahlensystems $\mathbb{F}$. Das Fortran 90 - Modell der Gleitpunktzahlen wird daher nur durch *vier* ganzzahlige Parameter gekennzeichnet:

1. Basis (*base, radix*) $b \geq 2$,

2. Mantissenlänge (*precision*) $p \geq 2$,

3. kleinster Exponent $e_{\min} < 0$,

4. größter Exponent $e_{\max} > 0$.

Diese Parameter der Modell-Zahlenmenge $\mathbb{F}_N$ können mit Hilfe der vordefinierten Unterprogramme RADIX, DIGITS, MINEXPONENT und MAXEXPONENT von jedem Fortran 90 - Programm abgefragt werden.

Beispiel (Workstation)   Auf einer Workstation mit IEC/IEEE-Gleitpunktzahlen wurden mit

```
b     = RADIX  (real_variable)
p     = DIGITS (real_variable)
e_min = MINEXPONENT (real_variable)
e_max = MAXEXPONENT (real_variable)
```

die Werte

      2   für die Basis b,
    24   für die Mantissenlänge p,
 −125   für den kleinsten Exponenten e_min und
 128   für den größten Exponenten e_max

jener Modellzahlen erhalten, die dem Datentyp der `real_variable` entsprechen.

4.8.2 Kenngrößen der Gleitpunktzahlen

Außer den vier Parametern der Zahlenmenge $\mathbb{F}_N(b, p, e_{\min}, e_{\max})$ können noch andere (von den Grundparametern abgeleitete) Kenngrößen abgefragt werden:

$$\begin{aligned}
&\text{die } \textit{kleinste positive} \text{ Zahl aus } \mathbb{F}_N \quad && x_{\min} = b^{e_{\min}-1}, \\
&\text{die } \textit{größte} \text{ Zahl aus } \mathbb{F}_N \text{ (und } \mathbb{F}) \quad && x_{\max} = b^{e_{\max}}(1 - b^{-p})
\end{aligned}$$

mittels der vordefinierten Unterprogramme TINY und HUGE, weiters

$$\begin{aligned}
&\text{die Anzahl der } \textit{Dezimal} \text{stellen} \quad && \lfloor (p - 1) \cdot \log_{10} b \rfloor \quad && \text{für} \quad b = 2, 16 \\
& && p \quad && \text{für} \quad b = 10
\end{aligned}$$

$$\text{der dezimale Exponentenbereich} \quad \lfloor \min\{- \log_{10} x_{\min} , \log_{10} x_{\max}\} \rfloor$$

mittels PRECISION und RANGE sowie (eine Schranke für)

$$\text{die relative Maschinengenauigkeit} \quad b^{1-p}$$

mittels EPSILON.

Beispiel (Workstation) Auf einer Workstation mit IEC/IEEE-Gleitpunktzahlen ergaben die Zuweisungen

```
x_min      = TINY       (real_variable)
x_max      = HUGE       (real_variable)
stellen_10 = PRECISION  (real_variable)
bereich_10 = RANGE      (real_variable)
eps        = EPSILON    (real_variable)
```

die Werte

$$1.17549 \cdot 10^{-38}$$ für die kleinste positive Modellzahl `x_min`,
$$3.40282 \cdot 10^{38}$$ für die größte Modellzahl `x_max`,
$$6$$ für die Dezimalstellen `stellen_10`,
$$37$$ für den Exponentenbereich `bereich_10` und
$$1.19209 \cdot 10^{-7}$$ für die relative Maschinengenauigkeit `eps`,

die dem Datentyp der einfach genauen `real_variable` entsprechen. Für die Anzahl der Dezimalstellen erhält man (definitionsgemäß korrekt) den Wert 6, obwohl binäre Gleitpunktzahlen mit $p = 24$ (und $(p-1) \cdot \log_{10} b \approx 6.92$) *nahezu* 7 Dezimalstellen darstellen können.

Beispiel (Reihe für den Sinus hyperbolicus) Für $|x| \leq 1$ konvergiert die Reihe

$$\mathrm{sh}(x) = \sum_{i=0}^{\infty} \frac{x^{2i+1}}{(2i+1)!}$$

sehr rasch. Ein Programmstück zur Reihensummation sieht folgendermaßen aus:

```
sh = x;   term = x;   i2 = 0;   xx = x*x
DO WHILE (ABS (term) > sh*EPSILON (sh))
    i2 = i2 + 2
    term = (term*xx)/(i2*(i2+1))
    sh = sh + term
END DO
```

Der Abbruch der Schleife erfolgt genau dann, wenn die bei dieser Art der Summation maximal erzielbare Genauigkeit erreicht worden ist.

Man beachte, daß der Wert b^{1-p}, der durch die Funktion EPSILON geliefert wird, eine Schranke für den relativen Rundungsfehler ist, die für *alle* üblichen Rundungsvorschriften gilt.

4.8.3 Abstände der Gleitpunktzahlen, Rundung

Über die Zahlenabstände können mit den vordefinierten Funktionen SPACING, RRSPACING und NEAREST folgende Abfragen vorgenommen werden:

der absolute Maschinenzahlenabstand $\Delta x = b^{e-p}$,
der reziproke relative Zahlenabstand $|x|/\Delta x$ und
die nächstgrößere/nächstkleinere Maschinenzahl.

Beispiel (Kleinste positive Gleitpunktzahl) Mit NEAREST kann man für den aktuell verwendeten Computer die *kleinste* positive Gleitpunktzahl aus $\mathbb{F}$ ermitteln. Die Anweisung

```
real_min = NEAREST (0.,1.)
```

produziert die zur Maschinenzahl Null in Richtung auf die Zahl 1 nächstgrößere Gleitpunktzahl. Dem entspricht auf einem Rechner mit einfach genauer IEC/IEEE-Arithmetik der Wert `1.40E-45` der kleinsten positiven *denormalisierten* Gleitpunktzahl. Man beachte, daß die Funktion TINY die kleinste positive *normalisierte Modellzahl* liefert:

```
real_min_modell = TINY (1.)
```

Auf einer Workstation mit IEC/IEEE-Arithmetik erhielt man z. B. für doppelt genaue Gleitpunktzahlen folgende Werte:

```
double_min        = NEAREST (0.D0,1.D0)   ! Wert: 4.94066E-324
                                          ! keine Modellzahl
                                          ! (denormalisierte Zahl)
double_min_modell = TINY (1.D0)           ! Wert: 2.22507E-308
```

Vordefinierte Funktionen, die Information über die aktuell vorliegende Art des Rundens liefern, gibt es in Fortran 90 *nicht*.

Beispiel (Rundung)   Mit folgendem Programmstück wird festgestellt, ob optimale Rundung vorliegt. Es beruht auf der Annahme, daß eine der Rundungsfunktionen aus Abschnitt 4.7.1 implementiert ist.

```
LOGICAL  ::  links = .FALSE., rechts = .FALSE.
...
x = 1.
x_p1q = x + 0.25*SPACING (x)
x_p3q = x + 0.75*SPACING (x)
IF (x_p1q == x)              links  = .TRUE.
IF (x_p3q == NEAREST (x,2.)) rechts = .TRUE.
...
eps = EPSILON (x)
IF (links .AND. rechts) eps = eps/2.   ! optimale Rundung liegt vor
```

4.8.4 Manipulation von Gleitpunktzahlen

Zum Zerlegen (Analysieren) von Gleitpunktzahlen gibt es in Fortran 90 die folgenden vordefinierten Unterprogramme:

> FRACTION liefert die Mantisse (den Bruchanteil),
> EXPONENT liefert den Exponenten

einer Modellzahl aus $\mathbb{F}_N$. Das Zusammensetzen (Synthetisieren) von Gleitpunktzahlen aus gegebenen Mantissen und Exponenten kann mit Hilfe der Funktionen SCALE und SET_EXPONENT realisiert werden.

Beispiel (Quadratwurzel)   Das folgende Programmstück implementiert – ohne Berücksichtigung von Sonderfällen – einen Algorithmus zur iterativen Bestimmung von $\sqrt{x}$ für eine *Binär*-Arithmetik. Der Exponent von x wird dabei halbiert, und die Quadratwurzel der Mantisse m wird mit Hilfe des Newton-Verfahrens zur Bestimmung der Nullstelle von $f(u) = u^2 - m$ näherungsweise ermittelt:

$$u_{i+1} = u_i - \frac{f(u_i)}{f'(u_i)} = u_i - \frac{u_i^2 - m}{2u_i} = u_i - \frac{u_i}{2} + \frac{m}{2u_i} = 0.5 \cdot (u_i + m/u_i)$$

```
INTEGER  ::  x_exponent
REAL     ::  x, x_mantisse, m_wurzel
...
x_exponent = EXPONENT (x)
x_mantisse = FRACTION (x)

m_wurzel  = 0.41732 + 0.59018*x_mantisse      ! Start-Naeherung

IF (MOD (x_exponent,2) == 1) THEN       ! ungerader Exponent
   m_wurzel   = m_wurzel*0.70710
   x_mantisse = x_mantisse*0.5
   x_exponent = x_exponent + 1
END IF

DO i = 1, (DIGITS(x)/15 + 1)             ! Newton-Iteration
   m_wurzel = 0.5*(m_wurzel + x_mantisse/m_wurzel)
END DO

x_wurzel = SCALE (m_wurzel,x_exponent/2)
```

Beispiel (Skalierung eines Vektors) Die Skalierung eines Vektors (sodaß seine betragsgrößte Komponente etwa bei 1 liegt) kann beispielsweise mit folgendem Programmstück vorgenommen werden:

```
INTEGER                  ::  exp_max
REAL                     ::  norm_max
REAL, DIMENSION (1000)   ::  vektor
...
norm_max = MAXVAL (ABS (vektor))
IF (norm_max > 0.) THEN
   exp_max = EXPONENT (norm_max)
   vektor  = SCALE (vektor,-exp_max)
END IF
```

Man beachte, daß dieses Programmstück *nicht* gegen Exponenten-Unterlauf gesichert ist. Für einen wirksamen Schutz gegen Exponenten-Unterlauf müssen aufwendigere Maßnahmen ergriffen werden (vgl. z. B. Blue [119]).

4.8.5 Parameter der INTEGER-Zahlen

Als Modell für die konkrete Zahlenmenge eines INTEGER-Zahlensystems (wie sie auf einem bestimmten Prozessor implementiert ist) wird in Fortran 90 die getrennte Codierung von Vorzeichen und Zahl angenommen:

$$i = (-1)^v \cdot \sum_{j=0}^{q-1} d_j \cdot b^j$$

Vorzeichen : $v \in \{0, 1\}$

Ziffern : $d_j \in \{0, 1, \ldots, b-1\}, \quad 0 \le j \le q - 1$.

Die zwei Parameter b und q charakterisieren die Menge der (Modell-) INTEGER-Zahlen. Sie können mit Hilfe der vordefinierten Unterprogramme RADIX und DIGITS von jedem Fortran 90 - Programm aus abgefragt werden:

```
b = RADIX  (integer_variable)  ! Basis des INTEGER-Zahlensystems
q = DIGITS (integer_variable)  ! max. Anzahl der Ziffern
```

Die größte INTEGER-Zahl $b^q - 1$ erhält man mit der Funktion HUGE z. B. durch

```
integer_max = HUGE (integer_variable)
```

Wegen der Symmetrie des Wertebereichs der *Modell*zahlen ergibt sich die kleinste INTEGER-Zahl aus

```
integer_min = -integer_max
```

Die Maximalzahl der *Dezimal*stellen erhält man mittels der Funktion RANGE.

4.8.6 Fallstudie: Produktbildung

Bei der Bildung von Produkten $a_1 \cdot a_2 \cdot a_3 \cdot \ \cdots \ \cdot a_n$ ist es vor allem bei großem n möglich, daß die schrittweise Berechnung auf Schwierigkeiten mit Über- bzw. Unterschreitungen des Zahlenbereichs stößt, obwohl das Endergebnis sehr wohl eindeutig innerhalb des darstellbaren Zahlenbereichs liegt.

Es sei z. B. eine Folge $\{a_i\}$ von 1000 Faktoren durch

$$
a_i := \begin{cases} 1.5 - \dfrac{(350 - i)^2}{2 \cdot 350^2} & \text{für} \quad i = 1, 2, \ldots, 700, \\[2mm] \exp((700 - i)/300) & \text{für} \quad i = 701, 702, \ldots, 1000 \end{cases}
\tag{4.20}
$$

gegeben (siehe Abb. 4.12).

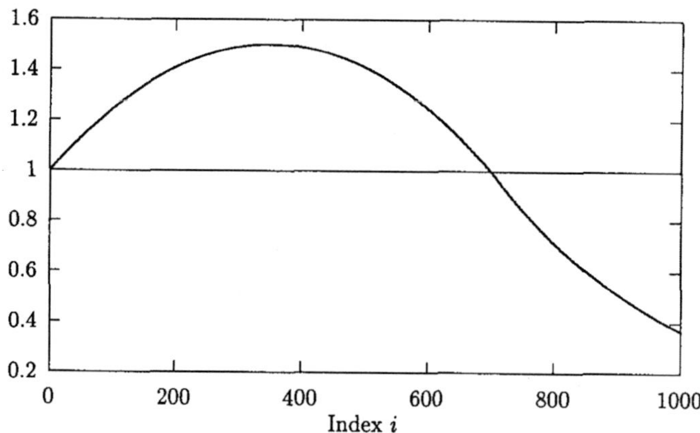

Abb. 4.12: Größe der durch (4.20) definierten Faktoren a_i

Wenn man auf einem Computer mit einfach genauer IEC/IEEE-Arithmetik das Produkt $a_1 \cdot a_2 \cdot \ \cdots \ \cdot a_{1000}$ der Faktoren (4.20) mit dem Programmsegment

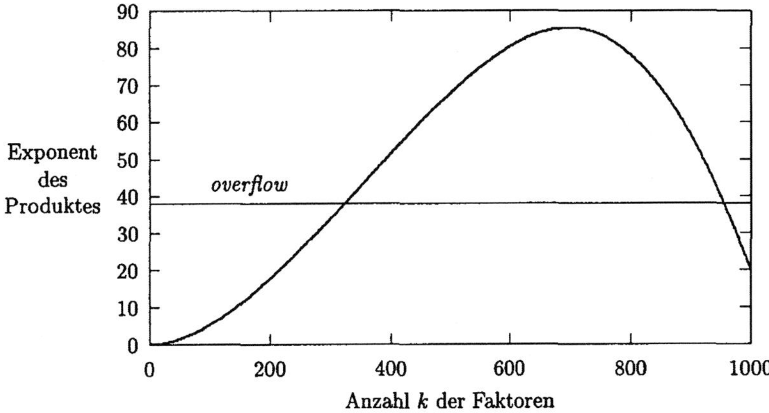

Abb. 4.13: Größe $\log_{10} \prod_{i=1}^{k} a_i$ der Zwischenresultate bei der Produktbildung

```
produkt = 1.
DO k = 1, 1000
    produkt = produkt * faktor(k)
END DO
```

berechnet, so erhält man bei $i = 326$ wegen eines Exponentenüberlaufs (*overflow*) als Zwischenergebnis INF (Symbol für $+\infty$). Nach den Rechenregeln der IEC/IEEE-Arithmetik gilt INF $* x =$ INF für alle $x > 0$ (bzw. INF $* 0 =$ NaN) daher sind alle weiteren Zwischenergebnisse und auch das Endergebnis gleich INF (oder NaN $=$ *Not a Number*).

In Fortran 90 kann man diesem Problem durch den Gebrauch der vordefinierten Funktionen zur Manipulation der Gleitpunktzahlen ausweichen.

Überlauffreie Produktbildung – Variante 1

Vom Zwischenergebnis werden Exponent und Mantisse getrennt gespeichert und bei jedem Schleifendurchlauf die Mantisse des neuen Faktors mit dem Zwischenprodukt der Mantissen multipliziert, und der Exponent des Faktors wird zur Zwischensumme der Exponenten addiert:

```
INTEGER            :: i, n, prod_exponent
REAL               :: prod_mantisse, produkt
REAL, DIMENSION (n) :: faktor
...
prod_mantisse = 1.
prod_exponent = EXPONENT (prod_mantisse)
prod_mantisse = FRACTION (prod_mantisse)

DO i = 1, n
    prod_exponent = prod_exponent + EXPONENT (faktor(i))
    prod_mantisse = prod_mantisse * FRACTION (faktor(i))
```

```
      prod_exponent = prod_exponent + EXPONENT (prod_mantisse)
      prod_mantisse = FRACTION (prod_mantisse)
   END DO

   PRINT *, "Ergebnis: "
   IF ((prod_exponent <= MAXEXPONENT (produkt)) .AND.          &
       (prod_exponent >= MINEXPONENT (produkt))) THEN
      produkt = SET_EXPONENT (prod_mantisse,prod_exponent)
      PRINT *, produkt
   ELSE
      PRINT *, "liegt ausserhalb des Bereichs der Gleitpunkt-Modellzahlen!"
   END IF
```

Nach Beendigung der Schleife wird mit Hilfe von SET_EXPONENT das Ergebnis, sofern es im Bereich der Gleitpunktzahlen liegt, zu einer REAL-Zahl zusammengesetzt. Dieses Programm kann im allgemeinen keinen Über- oder Unterlauf bewirken, weil für prod_mantisse, die normalisierte Mantisse der REAL-Variablen produkt, gilt

$$b^{-1} \le \text{prod\_mantisse} < 1.$$

Ein Exponentenüberlauf[24] der Variablen prod_exponent kommt nicht in Frage, weil EXPONENT(faktor(i)) und EXPONENT(prod_mantisse) betragsmäßig stets wesentlich kleiner als die größte darstellbare Zahl sind (wegen $e_{\max} \ll b^{e_{\max}}(1 - b^{-p})$ für übliche Gleitpunktdarstellungen). Bei den entsprechenden Additionen zu prod_exponent kann es daher schlimmstenfalls vorkommen, daß nach Rundung prod_exponent unverändert geblieben ist, was zwar zu völlig falschen Ergebnissen, nicht aber zu einem Exponentenüberlauf führt.[25]

Beim Zusammensetzen des Resultats aus den Bestandteilen prod_mantisse und prod_exponent wird schließlich durch eine Abfrage sichergestellt, daß der Bereich der Gleitpunktzahlen nicht verlassen wird.

Überlauffreie Produktbildung – Variante 2

Die zweite Methode, die ein wenig schneller ist, kann nur für eine kleinere Anzahl von Faktoren verwendet werden:

```
LOGICAL                 ::  vollstaendig,
INTEGER                 ::  i, n, gesamt_exponent, prod_exponent
REAL                    ::  prod_mantisse
REAL, DIMENSION (n)     ::  faktor
...
prod_exponent = 0
prod_mantisse = 1.
vollstaendig  = .TRUE.
```

---

[24]Unterlauf ist wegen der Ganzzahligkeit des Exponenten ohnehin unmöglich.

[25]Wie man sich überlegen kann, müssen, damit solche Effekte zum Tragen kommen, im allgemeinen schon *sehr* viele Faktoren multipliziert werden, sodaß auch prod_mantisse mit nicht unerheblichen Fehlern behaftet sein kann.

```fortran
DO i = 1, n
    IF ((prod_mantisse * FRACTION (faktor(i))) < TINY (prod_mantisse)) THEN
        PRINT *, "Modellzahlenbereich wird verlassen !"
        PRINT *, "Produkt wurde bis Faktor", (i-1), "berechnet."
        vollstaendig = .FALSE.
        EXIT
    END IF
    prod_exponent = prod_exponent + EXPONENT (faktor(i))
    prod_mantisse = prod_mantisse * FRACTION (faktor(i))
END DO

IF (vollstaendig) THEN
    PRINT *, "Produkt vollstaendig berechnet."
END IF

gesamt_exponent = prod_exponent + EXPONENT (prod_mantisse)
IF ((gesamt_exponent >= MINEXPONENT (prod_mantisse)) .AND.        &
    (gesamt_exponent <= MAXEXPONENT (prod_mantisse))) THEN
    PRINT *, "Ergebnis: "
    PRINT *, SCALE (prod_mantisse,prod_exponent)
ELSE
    PRINT *, "Ergebnis liegt ausserhalb der Modellzahlen !"
END IF
```

Hier werden die Exponenten der Faktoren addiert und ihre Mantissen mit dem
jeweiligen Zwischenergebnis multipliziert, *ohne* daß zwischendurch skaliert wird.
Da diese Multiplikationen jedoch die Variable `prod_mantisse` ständig verklei-
nern (es gilt: $b^{-1} \leq$ FRACTION (`faktor(i)`) < 1), kann es sehr leicht zu einem
Unterlaufen des Gleitpunktbereichs kommen. Dem wird durch eine Abfrage mit
Hilfe der Funktion `TINY` begegnet. Bei der Berechnung des oben angeführten
Produktes wird dieses Programm beim Faktor a_{209} abgebrochen.

4.9 Operationen mit algebraischen Daten

Algebraische Daten sind Datenstrukturen, deren elementare Bestandteile reelle
Zahlen sind (vgl. Abschnitt 4.2.1). Wenn es auf die Darstellung der Struktur
nicht ankommt, kann man die Elemente einer algebraischen Datenstruktur ein-
fach durchnumerieren: Die n-Tupel $(x_1, x_2, \ldots, x_n) \in \mathbb{R}^n$ sind dann die elementaren Daten einer algebraischen Datenstruktur X. Algebraische Daten (z. B.
Felder) werden rechnerintern als eine Einheit betrachtet und deren Elemente oft
in aufeinanderfolgenden Speicherplätzen abgelegt.

Bei einer zweistelligen Operation $Z = X \diamond Y$ mit algebraischen Daten, deren Ergebnis die gleiche Struktur besitzt, hat man also folgende Situation (ohne
Darstellung der Struktur): Die Operanden X und Y sind n- und m-Tupel

$$X := (x_1, \ldots, x_n) \in \mathbb{R}^n, \qquad Y := (y_1, \ldots, y_m) \in \mathbb{R}^m,$$

und das Ergebnis der Operation ist ein k-Tupel

$$Z := (z_1, \ldots, z_k) \in \mathbb{R}^k.$$

Zur Spezifikation der Operation $\Diamond$ ist die Angabe von k arithmetischen Operationen $\Diamond_1, \Diamond_2, \ldots, \Diamond_k$ notwendig, die die Elemente von Z aus den Elementen x_i und y_j erzeugen.

Beispiel (Komplexe Zahlen)   Die Speicherung komplexer Zahlen erfolgt in eindimensionalen reellen Feldern der Länge zwei:

$$m = n = k = 2.$$

Die Darstellung kann z. B. durch Real- und Imaginärteile erfolgen:

$$X = x_1 + i \cdot x_2 \qquad Y = y_1 + i \cdot y_2 \qquad Z = z_1 + i \cdot z_2.$$

Die Addition komplexer Zahlen $X + Y = (x_1 + y_1) + i \cdot (x_2 + y_2) = Z$ erfordert die zwei arithmetischen Operationen $\oplus_1$ und $\oplus_2$:

$$\oplus_1(x_1, x_2; y_1, y_2) \quad := \quad x_1 + y_1 = z_1,$$
$$\oplus_2(x_1, x_2; y_1, y_2) \quad := \quad x_2 + y_2 = z_2.$$

Die Multiplikation $X \cdot Y = (x_1 \cdot y_1 - x_2 \cdot y_2) + i \cdot (x_1 \cdot y_2 + x_2 \cdot y_1) = Z$ wird durch die Operationen $\otimes_1$ und $\otimes_2$ spezifiziert:

$$\otimes_1(x_1, x_2; y_1, y_2) \quad := \quad x_1 \cdot y_1 - x_2 \cdot y_2 = z_1,$$
$$\otimes_2(x_1, x_2; y_1, y_2) \quad := \quad x_1 \cdot y_2 + x_2 \cdot y_1 = z_2.$$

Der Absolutbetrag einer komplexen Zahl $|X| = \sqrt{x_1^2 + x_2^2}$ stellt eine einstellige Operation $\mathbb{C} \to \mathbb{R}$ dar und wird dementsprechend durch eine einzige arithmetische Operation festgelegt:

$$\mathrm{cabs}\,(x_1, x_2) \quad := \quad \sqrt{x_1^2 + x_2^2} = z_1.$$

Beispiel (Lineare Algebra)   Die Multiplikation einer Matrix $X \in \mathbb{R}^{m \times n}$ mit einem Vektor $Y \in \mathbb{R}^n$ hat einen Vektor $Z = X \cdot Y \in \mathbb{R}^m$ als Resultat. Die Komponenten-Operation $\odot_k$ der Matrix-Vektor-Multiplikation ist dann gegeben durch

$$\odot_k\,(x_1, \ldots, x_{mn}; y_1, \ldots, y_n) := \sum_{j=1}^{n} x_{k+(j-1)m} \cdot y_j, \quad k = 1, \ldots, m, \tag{4.21}$$

wobei eine *spaltenweise* Abbildung (*column mayor order*) der Datenstruktur „$m \times n$-Matrix" auf die Indexfolge $(1, \ldots, m \cdot n)$ angenommen wird, wie sie der Speicherung von Feldern in Fortran entspricht. Dabei enthält das Matrixelement in der i-ten Zeile und der j-ten Spalte also den Index $i + (j - 1) \cdot m$. Beim Durchlaufen der linearen Indexfolge variiert demnach der Zeilenindex (der erste Index) in dieser Indizierung der Matrixelemente am raschesten.

Bis jetzt wurden als Werte für die Elemente algebraischer Datenstrukturen beliebige reelle Zahlen angenommen, die es aber auf einem Computer nicht gibt; die Elemente der algebraischen Datenstrukturen können nur Werte aus einem Gleitpunkt-Zahlensystem $\mathbb{F}(b, p, e_{\min}, e_{\max}, denorm)$ enthalten.

     Bei der Implementierung algebraischer Operationen muß man daher darauf achten, wie man diese mit Elementen aus $\mathbb{F}$ „durchführen" kann. Insbesondere muß jede Komponente der Ergebnisstruktur wieder in $\mathbb{F}$ liegen. Zwei Wege bieten sich dafür primär an:

1. In Analogie zur Definition (4.8) von arithmetischen Operationen in $\mathbb{F}$ kann man für die Operanden

$$X = (x_1, \ldots, x_n) \in \mathbb{F}^n \qquad \text{und} \qquad Y = (y_1, \ldots, y_m) \in \mathbb{F}^m$$

die Komponenten-Operationen $\diamond_k$ einer algebraischen Operation $X \diamond Y$ durch

$$\boxed{\diamond_k}\,(x_1, \ldots, x_n; y_1, \ldots, y_m) := \Box\diamond_k(x_1, \ldots, x_n; y_1, \ldots, y_m) \qquad (4.22)$$

definieren. Wie bei den arithmetischen Operationen entsteht das Ergebnis der algebraischen Operation über $\mathbb{F}$ aus dem *Ergebnis* der entsprechenden Operation über $\mathbb{R}$ durch *komponentenweise Rundung*.

Beispiel (Komplexe Zahlen)   Für die *komplexe Addition* über $\mathbb{F}^2$ ergibt sich

$$X \boxplus Y := \Box(x_1 + y_1) + i \cdot \Box(x_2 + y_2) = (x_1 \boxplus y_1) + i \cdot (x_2 \boxplus y_2);$$

die komplexe Addition über $\mathbb{F}^2$ ist damit auf die Addition in $\mathbb{F}$ zurückgeführt.

Bei der *komplexen Multiplikation* über $\mathbb{F}^2$ läßt sich eine analoge Definition mit

$$X \boxdot Y := \Box(x_1 \cdot y_1 - x_2 \cdot y_2) + i \cdot \Box(x_1 \cdot y_2 + x_2 \cdot y_1) \qquad (4.23)$$

zwar leicht formulieren, es bleibt jedoch unklar, ob eine Auswertung der beiden Komponenten-Ausdrücke in der Arithmetik von $\mathbb{F}$ möglich ist.

Bei Verwendung des IEC/IEEE-Datenformats kann man mit einem Akkumulator, dessen Länge die Formatbreite der Zahlen aus $\mathbb{F}$ entsprechend überschreitet, und einem Algorithmus von Kulisch und Miranker [271] immer das richtige Ergebnis erzeugen.

2. Wegen der möglichen Schwierigkeiten bei der in (4.22) verlangten, bis auf *eine* abschließende Rundung exakten Auswertung der arithmetischen Ausdrücke in den Komponenten-Operationen kann man sich auch mit der Auswertung dieser arithmetischen Ausdrücke in der Arithmetik von $\mathbb{F}$ begnügen und nur durch genaue Bezeichnung der Operationsreihenfolge für eine eindeutige Definition sorgen.

Beispiel (Komplexe Zahlen)   Während die komplexe Addition unverändert bleibt, ergibt die komplexe Multiplikation

$$X \boxdot Y := ((x_1 \boxdot y_1) \boxminus (x_2 \boxdot y_2)) + i \cdot ((x_1 \boxdot y_2) \boxplus (x_2 \boxdot y_1))$$

ein von (4.23) unterschiedliches Resultat.

Bei der analogen Definition des Matrix-Vektor-Produkts mit den Komponenten-Operationen (4.21) hat man über $\mathbb{F}$ nicht nur alle rationalen Operationen in der Arithmetik von $\mathbb{F}$ auszuführen, sondern auch die Summationsreihenfolge in (4.21) festzulegen, damit das Matrix-Vektor-Produkt über $\mathbb{F}$ definiert ist.

Die Problematik der Definition der algebraischen Operationen über einem Gleitpunkt-Zahlensystem ist bisher nicht verbindlich gelöst. Die Situation wurde lange Zeit deshalb nicht als dringend empfunden, weil einerseits bis vor kurzem

nicht einmal die arithmetischen Grundoperationen in den Gleitpunkt-Zahlensystemen der gängigen Computer verbindlich festgelegt waren (vgl. Abschnitt 4.7)
und andererseits zunächst alle algebraischen Operationen „ausprogrammiert"
werden mußten: Ein Matrix-Vektor-Produkt erforderte die explizite Programmierung einer zweifachen Schleife. Damit war die Sorge für das „richtige" Ergebnis
auf den Benutzer abgewälzt.

Die heutigen Programmiersprachen gestatten mehr und mehr die direkte Verwendung von algebraischen Datentypen und von entsprechenden Operationen. In
Fortran 90 gibt es beispielsweise Operationen mit Feldern (vgl. Abschnitt 4.3).

Beispiel (XSC-Sprachen)   Einen Sonderfall bilden die an der Universität Karlsruhe entwickelten Programmiersprachen PASCAL-XSC, C-XSC und FORTRAN-XSC. Hier werden die
sehr zahlreichen in diesen Sprachen verfügbaren algebraischen Operationen so implementiert,
daß sie der Forderung (4.22) genügen. Wie man am Ausdruck (4.21) sieht, setzt dies jedoch voraus, daß etwa eine ganze Summe von Produkten von Maschinenzahlen so ausgewertet werden
kann, daß das Ergebnis gleich dem gerundeten exakten Ergebnis ist.

Ein wichtiges Teilproblem vieler Algorithmen der Linearen Algebra ist die Berechnung des *Skalarproduktes* (inneren Produktes) zweier Vektoren $u, v \in \mathbb{R}^n$:

$$\langle u, v \rangle = u^\top v = \sum_{i=1}^{n} u_i \cdot v_i \ \in \mathbb{R}.$$

Nach Definition (4.22) ist für $u, v \in \mathbb{F}^n$ die Generierung des Maschinenresultats

$$u \, \boxdot \, v := \Box \langle u, v \rangle \in \mathbb{F}$$

erforderlich. Dies kann entweder durch die Verwendung eines extrem langen Akkumulators (der durch ein Feld im Hauptspeicher realisiert wird) geschehen oder
durch einen speziellen iterativen Prozeß (Kulisch, Miranker [271]).

Mit Hilfe dieses „exakten Skalarproduktes" lassen sich die meisten gängigen
algebraischen Operationen der Forderung (4.22) gemäß implementieren, wie dies
in den XSC-Sprachen vorgesehen ist.

4.10 Operationen mit Feldern

Wegen der fundamentalen Bedeutung von Algorithmen der Linearen Algebra für
die Numerische Datenverarbeitung kommt – neben der Genauigkeit (vgl. Abschnitt 4.9) – einer effizienten Speicherung und Verarbeitung ein- und mehrdi-
mensionaler Felder höchste Wichtigkeit zu. Nicht selten werden bei Aufgaben
der Numerischen Datenverarbeitung 90% und mehr der Operationen für die Manipulation von Feldern aufgewendet.

Fast alle neueren im Bereich der Numerischen Datenverarbeitung verwendeten
Computer sind in Hinblick auf eine wesentlich beschleunigte Durchführung von
Prozeduren der Linearen Algebra entwickelt worden. Tatsächlich können sie aber
ihre höhere Effizienz nur entfalten, wenn die Speicherung und die Verarbeitung
der auftretenden Felder optimal aufeinander abgestimmt sind:

- Die optimale Ausnützung von Speicher-Hierarchien erfordert Programme, die nach dem Gesichtspunkt der *Datenlokalität* (*locality of reference*) entworfen sind. Damit sind Programme gemeint, die zu einem bestimmten Zeitpunkt ihrer Ausführung nur auf Daten zugreifen, deren Adressen „eng benachbart" sind (siehe Kapitel 3 und 6).

- Bei manchen Vektorrechnern muß der Input der Pipeline aus Gleitpunktzahlen bestehen, die im Speicher *aufeinanderfolgende* Plätze belegen.

- Bei Parallelrechnern mit *distributed memory* (deren Prozessoren eigene Arbeitsspeicher besitzen), müssen die Datenstrukturen in geeigneter Weise auf die Speicher verschiedener Prozessoren verteilt werden, wobei es zweckmäßig sein kann, dieselben Elemente an mehreren Stellen verfügbar zu haben. Die Datenverteilung auf die einzelnen Prozessoren und deren lokale Speicher wird z. B. von HPF (*High Performance Fortran*), einer Erweiterung der Sprache Fortran 90, weitgehend unterstützt (HPFF [17], Loveman [279]).

Aus all diesen Gründen ist es für eine effiziente Nutzung von Hochleistungsrechnern unbedingt erforderlich, die wichtigsten Grundalgorithmen der Linearen Algebra in einer der Rechenarchitektur optimal angepaßten Weise zu implementieren. Dies ist oft in einer höheren Programmiersprache nur schwer möglich, obwohl spezielle „vektorisierende" und „parallelisierende" Compiler nach vielerlei Gesichtspunkten optimierte Objektprogramme erzeugen.

Ein sinnvolleres Vorgehen ist jedoch das folgende: Man definiert für wichtige Grundalgorithmen Prozeduren, die auf allen in Frage kommenden Computersystemen mit einem einmaligen Aufwand optimal implementiert werden. Die Benützung dieser Unterprogramme anstelle selbst zu programmierender Programmteile erleichtert dem Anwendungsprogrammierer die Arbeit und führt zu Programmen, die auf *verschiedenen* Rechnerarchitekturen effizient laufen.

4.10.1 BLAS

Für einige Grundalgorithmen der Linearen Algebra (Berechnung von Skalarprodukten, Vektornormen und -summen etc.) wurde im Jahr 1979 eine Menge von *Basic Linear Algebra Subroutines* (BLAS) definiert und in Fortran implementiert (Lawson et al. [275]). Dieses mittlerweile als BLAS-1 bezeichnete Paket von Unterprogrammen hat rasch eine breite Akzeptanz gefunden und ist heute überall verfügbar, wo Numerische Datenverarbeitung betrieben wird.

In das BLAS-1-Paket wurden nur Programme für Vektor-Vektor-Operationen ($O(n)$-Operationen) aufgenommen, die einem einzigen Schleifenniveau entsprechen, etwa

$$x_i := x_i + c \cdot y_i, \qquad i = 1, 2, \ldots, n.$$

Allerdings stellte sich heraus, daß auf den etwa zur gleichen Zeit wie die BLAS-1 entwickelten Vektorrechnern mit optimierten Vektoroperationen mit den BLAS-1-Programmen alleine keine zufriedenstellende Rechenleistung erzielt werden konnte. Um diesem Manko abzuhelfen, wurden die auf Matrix-Vektor-Operationen beruhenden BLAS-2-Programme (Dongarra et al. [168]) für eine

Reihe von $O(n^2)$-Operationen (Schleifen-Schachtelungstiefe: 2) definiert. Diese erwiesen sich allerdings wiederum für die zur gleichen Zeit entwickelten Rechnersysteme (RISC-Workstations und Parallelrechner) als ungeeignet, da sie deren Speichersysteme (insbesondere hierarchische und verteilte Speicherstrukturen) nicht gut ausnutzen konnten. Aus diesem Grund wurden schließlich die BLAS-3-Programme (Dongarra et al. [166]) für $O(n^3)$-Operationen (Schleifen-Schachtelungstiefe: 3) entwickelt, die auf Matrix-Matrix-Operationen beruhen.

Von einem Hochleistungsrechner für die Numerische Datenverarbeitung wird heute erwartet, daß er zusammen mit einem (für seine Architektur) optimierenden Fortran-Compiler eine effiziente Implementierung der BLAS-1-, BLAS-2- und BLAS-3-Unterprogramme in der Laufzeit-Bibliothek besitzt. Nur so kann die potentielle Rechenleistung dieser Geräte im praktischen Einsatz ausgenützt werden.

4.11 Operationen mit analytischen Daten

Die mathematischen Funktionen sind die *analytischen Daten* der Numerischen Datenverarbeitung. Unter einer (univariaten) *Funktion* soll in diesem Abschnitt stets eine Abbildung verstanden werden, die jeder Zahl x aus ihrem Definitionsbereich $B \subseteq \mathbb{R}$ genau einen Funktionswert $f(x) \in \mathbb{R}$ zuweist:

$$f : x \mapsto f(x), \qquad x \in B \subseteq \mathbb{R}, \quad f(x) \in \mathbb{R}.$$

Das Funktionssymbol, z. B. f, bezeichnet die *Abbildung $f : B \to \mathbb{R}$* (im Sinne einer eindeutigen Relation), $f(x)$ den *Wert* der Funktion f an einer Stelle $x \in B$.

4.11.1 Darstellung von Funktionen

Wenn Funktionen als Daten einer Aufgabenstellung auftreten, liegt ein Hauptproblem darin, daß man sie im Computer in *endlicher Form* darstellen muß. Für diese Art der Darstellung gibt es im Prinzip zwei Möglichkeiten: die Spezifikation entweder der Abbildungsvorschrift oder der Parameter der Funktionen.

Spezifikation der Abbildungsvorschrift

In vielen Fällen sind die auftretenden Funktionen durch *arithmetische Ausdrücke* darstellbar, das sind Kombinationen von rationalen Operationen, Standardfunktionen und Klammern, die die Reihenfolge der Auswertung bestimmen. Ein arithmetischer Ausdruck läßt sich in allen einschlägigen Programmiersprachen durch eine Kette von endlich vielen Symbolen spezifizieren. Anstelle des Ausdrucks kann auch ein arithmetischer Algorithmus treten, von dem für jedes $x \in B$ gesichert ist, daß er nach endlich vielen Schritten terminiert.

Beispiel (Norm-Atmosphäre) Für verschiedene technische Anwendungen (z. B. im Flugzeugbau) verwendet man den folgenden Zusammenhang zwischen Höhe h [km] und Luftdruck p [bar]:

$$p = 1.0536 \left(\frac{288 - 6.5h}{288} \right)^{5.255}.$$

Das mit der folgenden Deklaration spezifizierte Unterprogramm liefert für die Eingangsgröße
hoehe_km den Ausgangswert druck_bar.

```
FUNCTION norm_druck_bar (hoehe_km) RESULT (druck_bar)
   REAL, INTENT (IN)  ::  hoehe_km          ! Eingangswert
   REAL               ::  druck_bar         ! Ausgangswert
   druck_bar = 1.0536*((288. - 6.5*hoehe_km)/288.)**5.255
END FUNCTION norm_druck_bar
```

Durch einen Aufruf dieses Unterprogramms, z. B.

```
druck_lhasa_bar = norm_druck_bar(3.7)
```

wird der berechnete Wert, in diesem Fall der Luftdruck am Flughafen von Lhasa (0.6663 bar),
an die Variable druck_lhasa_bar geliefert.

Spezifikation der Parameter

Häufig beschränkt man sich auf eine feste Klasse $\mathcal{F}$ von Funktionen, deren Abbildungsvorschrift durch einen festen „Ansatz" mit einer endlichen Anzahl reeller
Parameter $\{c_1, \ldots, c_m\}$ gegeben ist. Eine spezielle Funktion aus dieser Klasse
wird dann durch die Angabe eines konkreten Parameter-m-Tupels festgelegt.

Operationen mit Funktionen, die auf diese Weise spezifiziert sind, werden
auf entsprechende Operationen mit den Parametern zurückgeführt (siehe Abschnitt 4.11.3).

Beispiel (Polynome) $\mathcal{F} = \mathbb{P}_d$, die Klasse aller univariaten Polynome vom Maximalgrad
$d \in \mathbb{N}_0$, ist ein endlichdimensionaler Funktionenraum. Durch jedes Parameter-$(d+1)$-Tupel
$(c_0, c_1, \ldots, c_d)$ wird *ein* bestimmtes Polynom in $\mathbb{P}_d$ eindeutig festgelegt:

$$f(x) := c_0 + c_1 x + c_2 x^2 + \cdots + c_d x^d. \tag{4.24}$$

Es handelt sich dabei um die Darstellung dieses Polynoms bezüglich der Basis $\{1, x, x^2, \ldots, x^d\}$.
Jedes Polynom in $\mathbb{P}_d$ kann aber auch z. B. als Linearkombination der Tschebyscheff-Polynome
$\{T_0, T_1, \ldots, T_d\}$ dargestellt werden (vgl. Kapitel 9):

$$f(x) = \frac{a_0}{2} + a_1 T_1(x) + \cdots + a_d T_d(x),$$

eine Darstellung, die bei vielen numerischen Algorithmen vorteilhafter ist als (4.24). Das
Parameter-$(d+1)$-Tupel $(a_0, a_1, \ldots, a_d)$ liefert ebenfalls eine eindeutige Charakterisierung eines
Polynoms. Welche *Bedeutung* einem $(d+1)$-Tupel reeller Parameter $(p_0, p_1, \ldots, p_d)$ zukommt,
d. h. bezüglich welcher Basis sie als Koeffizienten aufzufassen sind, bildet in diesem Fall „Hintergrundinformation", die nicht explizit gespeichert wird.

4.11.2 Implementierung von Funktionen

Für die Implementierung von Funktionen ist es von entscheidender Wichtigkeit, ob im Rahmen der betrachteten Aufgabe der Numerischen Datenverarbeitung nur *Werte* der Funktion für verschiedene Argumente benötigt werden oder ob auch andere Operationen (Ableitungsbildung, Integration, Fourier-
Transformation etc.) an dieser Funktion durchgeführt werden müssen.

Berechnung von Funktionswerten

Wenn nur Werte der Funktion benötigt werden, kann die Implementierung z. B. mit einer *Funktionsprozedur* realisiert werden, deren genaue Gestalt an die Spezifikation und den Typ der Funktion angepaßt ist.

Beispiel (Polynome) Zur Berechnung von Werten eines Polynoms $P_d \in \mathbb{P}_d$ mit gegebenen Koeffizienten $c_0, c_1, \ldots, c_d$ bezüglich der Basis $\{1, x, x^2, \ldots, x^d\}$

$$P_d(x; c_0, \ldots, c_d) = c_0 + c_1 x + c_2 x^2 + \cdots + c_d x^d$$

genügt etwa eine Implementierung des *Horner-Schemas*

$$(\cdots ((c_d x + c_{d-1}) x + c_{d-2}) x + \cdots + c_1) x + c_0.$$

Software (Polynome) Für stückweise definierte Polynomfunktionen (Splines etc.) könnte man etwa das Bibliotheksprogramm IMSL/MATH-LIBRARY/ppval verwenden. Werte von Matrix-Polynomen

$$c_0 I + c_1 A + c_2 A^2 + \cdots + c_d A^d, \qquad I, A \in \mathbb{R}^{n \times n},$$

liefert z. B. das Programm IMSL/MATH-LIBRARY/polrg.

Analytische Operationen (Differentiation, Integration, etc.)

Wenn an der Funktion neben Funktionsauswertungen auch noch andere Operationen ausgeführt werden sollen, bringt die zweite Darstellungsform (Spezifikation der Funktion durch ein Parameter-m-Tupel) oft erhebliche Vorteile. Dies vor allem dann, wenn es möglich ist, die Ergebnisse der gewünschten Operationen für die Funktionen der parametrisierten Funktionenklasse $\mathcal{F}$ in Abhängigkeit von den Parametern $p_1, p_2, \ldots, p_m$ anzugeben. In diesem Fall ist das m-Tupel $(p_1, p_2, \ldots, p_m)$ die vollständige und für alle Zwecke ausreichende Darstellung einer speziellen Funktion $f \in \mathcal{F}$, und alle Operationen mit f lassen sich auf Operationen mit den arithmetischen Daten $p_1, p_2, \ldots, p_m$ zurückführen. Die Funktion f erscheint in diesem Fall wie eine algebraische Datenstruktur.

Beispiel (Polynome) Ein Polynom $P_d \in \mathbb{P}_d$, das durch seine $d+1$ Koeffizienten bezüglich der Monombasis $\{1, x, x^2, \ldots, x^d\}$ gegeben ist, kann sehr leicht differenziert werden. Die d Koeffizienten von

$$P_d' = (c_0 + c_1 x + \cdots + c_d x^d)' = e_0 + e_1 x + \cdots + e_{d-1} x^{d-1}$$

sind durch $e_i := (i + 1) \cdot c_{i+1}$, $i = 0, 1, \ldots, d - 1$ gegeben.

Eine ausführliche Diskussion dieser algebraischen Art der Operationen an Funktionen enthält Abschnitt 4.11.3.

Ist die Funktion nicht durch ein Parameter-m-Tupel, sondern durch einen arithmetischen Ausdruck spezifiziert, so können Operationen an der Funktion nur sehr viel schwerer auf Operationen an diesem Ausdruck (als Symbolkette) reduziert werden. Liegt die Funktion sogar in Form einer *Black-box*-Prozedur vor, von der man nur die funktionale Wirkungsweise, nicht aber die interne Struktur kennt, dann ist ein direktes Operieren mit ihr überhaupt nicht möglich. In diesem Fall kommt nur ein Operieren mit Funktionswerten in Betracht, die von diesem Unterprogramm geliefert werden.

Beispiel (Numerische Integration) Bei der numerischen Integration wird die Integranden-Funktion sehr oft in Form eines Funktionsunterprogramms vom Anwender definiert. Dieses ist aus der Sicht eines Integrationsprogramms eine Black-box-Prozedur, die Information über f in Form von Funktionswerten $f(x_1), f(x_2), \ldots, f(x_k)$ liefert, sobald ihr die Werte $x_1, x_2, \ldots, x_k$ übergeben werden. Um die gewünschte Operation – hier die Integration – ausführen zu können, müssen die algebraischen Daten $\{(x_i, f(x_i)) : i = 1, 2, \ldots, k\}$ z.B. durch Interpolation mit möglichst einfach integrierbaren Funktionen zu analytischen Daten umgeformt werden. Die so erhaltene Funktion – meist ein stückweises Polynom – wird dann integriert (siehe Kapitel 12).

4.11.3 Operationen mit Funktionen

Neben der Auswertung an vorgegebenen Stellen spielen noch viele andere Operationen mit Funktionen in der Numerischen Datenverarbeitung eine wichtige Rolle: Arithmetische Verknüpfungen mehrerer Funktionen zu einer neuen; Verkettung von Funktionen (Substitution einer Funktion in eine andere); Differenzieren; Integrieren; Integraltransformationen (Fourier-, Laplace-Transformationen etc.).

Bei der Verknüpfung und Verkettung (Ineinander-Einsetzen) von Funktionen genügt für das Berechnen eines Wertes der Ergebnisfunktion natürlich die entsprechende Rechnung mit den Werten der beteiligten Funktionen. Dies kann also auch geschehen, wenn nur Black-box-Darstellungen der Funktionen vorliegen.

Das analytische Integrieren erfordert die explizite Kenntnis des Funktionsausdrucks, auch wenn man nur den Wert eines bestimmten Integrals benötigt.

Operationen mit Polynomen

Da praktisch alle Operationen mit *Polynomen* in sehr einfacher Weise durchgeführt werden können, spielen die Polynome als Ansatzfunktionen mit freien Parametern die mit Abstand wichtigste Rolle in der Numerischen Datenverarbeitung. Es führt auch das Linearkombinieren, Multiplizieren, Substituieren, Differenzieren und Integrieren von Polynomen immer wieder auf Polynome mit genau vorhersagbarem Maximalgrad, sodaß die Ergebnisse sofort wieder durch ihren *Koeffizientenvektor* in einfacher Weise dargestellt werden können und sich die genannten analytischen Operationen zur Gänze auf algebraische reduzieren.

Um dies zu veranschaulichen, werden zwei Polynome $P \in \mathbb{P}_k, Q \in \mathbb{P}_m$ vom Maximalgrad k bzw. m herangezogen:

$$P(x) = c_0 + c_1 x + c_2 x^2 + \cdots + c_k x^k, \qquad Q(x) = d_0 + d_1 x + d_2 x^2 + \cdots + d_m x^m.$$

Ohne Einschränkung der Allgemeinheit wird $m \leq k$ angenommen; die Koeffizienten e_i des Ergebnis-Polynoms für die folgenden Operationen mit P und Q ergeben sich dann wie folgt:

$$\alpha P + \beta Q : \quad e_i := \begin{cases} \alpha c_i + \beta d_i, & i = 0, \ldots, m \\ \alpha c_i, & i = m+1, \ldots, k \end{cases}$$

$$P \cdot Q : \quad e_i := \sum_{l=\max(0, i-k)}^{\min(i,m)} c_{i-l} d_l, \quad i = 0, \ldots, m+k$$

$$P(Q(x)): \quad e_i := \text{Koeffizient von } x^i \text{ in } \sum_{j=0}^{k} c_j \left(\sum_{l=0}^{m} d_l x^l \right)^j \qquad i = 0, \ldots, m \cdot k$$

$$P': \quad e_i := (i+1) \cdot c_{i+1}, \qquad\qquad\qquad\qquad\qquad\qquad i = 0, \ldots, k-1$$

$$\textstyle\int P\, dx: \quad e_0 \text{ beliebig}, \quad e_i := c_{i-1}/i, \qquad\qquad\qquad\qquad i = 1, \ldots, k+1.$$

Parametrisierte Funktionenmengen

Neben den Polynomen sind auch noch andere in einfacher Weise parametrisierbare Funktionenmengen $\mathcal{F}$ für die praktische Realisierung der oben genannten Operationen gut geeignet:

Rationale Funktionen mit maximalem Zählergrad k und Nennergrad m:

$$f = P/Q \qquad \text{mit} \qquad P \in \mathbb{P}_k, \quad Q \in \mathbb{P}_m.$$

Trigonometrische Polynome vom Maximalgrad m:

$$f(x) := \frac{a_0}{2} + \sum_{k=1}^{m} a_k \cos kx + \sum_{k=1}^{m} b_k \sin kx.$$

Exponentialsummen vom Typ

$$f(x) := c_0 + \sum_{k=1}^{m} c_k \exp(d_k x);$$

dabei können die Koeffizienten d_k fixe Zahlen oder ebenfalls Parameter sein.

Symbolische Verarbeitung analytischer Daten

Bei Funktionen, die durch einen arithmetischen Ausdruck explizit spezifiziert sind, bereiten arithmetische Kombination und Substitution keine Schwierigkeiten. Eine Differentiation ist händisch nach den bekannten Regeln leicht durchführbar, und dieser Kalkül läßt sich ohne weiteres algorithmisieren und auf einem Computer implementieren. Nur handelt es sich dabei nicht um einen numerischen Algorithmus, sondern um einen solchen mit den Symbolen, die den arithmetischen Ausdruck darstellen. Ein solcher Algorithmus läßt sich in den üblichen Programmiersprachen der Numerischen Datenverarbeitung nur mit sehr großem Aufwand programmieren, da es sich um eine Aufgabe der *symbolischen* Datenverarbeitung handelt.

Speziell für die Manipulation mathematischer Formeln wurden Computer-Algebrasysteme wie MACSYMA, MAPLE, MATHEMATICA, AXIOM oder DERIVE geschaffen. Diese Programmier-Umgebungen sind in erster Linie auf interaktive Benützung angelegt und gestatten nur beschränkt die Programmierung klassischer numerischer Algorithmen.

In der für die digitale Analysis unbedingt notwendigen Verknüpfung von numerischen und symbolischen Algorithmen zu – für den Benutzer – einheitlichen Softwareprodukten bzw. in der Bereitstellung der hierfür notwendigen Programmmierwerkzeuge liegt ein wichtiger Schwerpunkt künftiger Entwicklungen.

Automatische Differentiation

Will man für einen arithmetischen Ausdruck nur *Werte* der Ableitung für vorgegebene Werte der unabhängigen Variablen ausrechnen, dann läßt sich dies auf einen rein numerischen Kalkül zurückführen, der häufig als *automatische Differentiation* bezeichnet wird.

Beispiel (Automatische Differentiation)   Der Wert eines Ausdrucks w_0 und der seiner Ableitung w_1 werden in einem Paar (w_0, w_1) von reellen Zahlen zusammengefaßt. Ausgehend von den Paaren

$$\begin{pmatrix} x \\ 1 \end{pmatrix} \quad \text{für den (vorgegebenen) Wert der unabhängigen Variablen} \quad x \quad \text{und}$$

$$\begin{pmatrix} c \\ 0 \end{pmatrix} \quad \text{für die (vorgegebenen) Werte von Konstanten} \quad c$$

braucht nur die Darstellung des arithmetischen Ausdrucks z. B. nach folgenden *Rechenregeln* abgearbeitet werden (w_0 ist dabei der Wert der ersten Komponente der rechten Seite):

$$\begin{pmatrix} u_0 \\ u_1 \end{pmatrix} \pm \begin{pmatrix} v_0 \\ v_1 \end{pmatrix} = \begin{pmatrix} u_0 \pm v_0 \\ u_1 \pm v_1 \end{pmatrix}$$

$$\begin{pmatrix} u_0 \\ u_1 \end{pmatrix} \cdot \begin{pmatrix} v_0 \\ v_1 \end{pmatrix} = \begin{pmatrix} u_0 \cdot v_0 \\ u_0 \cdot v_1 + u_1 \cdot v_0 \end{pmatrix} \qquad \textit{Produktregel}$$

$$\begin{pmatrix} u_0 \\ u_1 \end{pmatrix} / \begin{pmatrix} v_0 \\ v_1 \end{pmatrix} = \begin{pmatrix} u_0 / v_0 \\ (u_1 \cdot v_0 - u_0 \cdot v_1) / v_0^2 \end{pmatrix} \qquad \textit{Quotientenregel}$$

$$\begin{pmatrix} u_0 \\ u_1 \end{pmatrix}^q = \begin{pmatrix} u_0^q \\ (q \cdot u_1 \cdot w_0) / u_0 \end{pmatrix} \qquad \textit{Potenzregel} \quad (q \in \mathbb{R})$$

$$\exp \begin{pmatrix} u_0 \\ u_1 \end{pmatrix} = \begin{pmatrix} \exp(u_0) \\ w_0 \cdot u_1 \end{pmatrix} \qquad \textit{Kettenregel}$$

Eine *Differentiationsarithmetik* läßt sich leicht implementieren, etwa über einen *Präprozessor*, der die arithmetischen Ausdrücke entsprechend umschreibt und so ihre symbolische Differentiation durchführt.

Numerische Verarbeitung analytischer Daten

Nicht alle analytischen Operationen lassen sich so einfach algorithmisieren wie die Differentiation. Schon die Integration arithmetischer Ausdrücke führt bekanntlich nicht immer auf Ausdrücke mit einer endlichen Darstellung. Für große Klassen von Funktionen, die Stammfunktionen besitzen, kennt man zwar heute konstruktive symbolische Verfahren zur Gewinnung arithmetischer Ausdrücke für das unbestimmte Integral, aber in vielen Fällen muß man den Weg einschlagen, der bei durch Black-box-Prozeduren spezifizierten Funktionen der einzig mögliche ist: Man wählt eine Funktionenmenge $\mathcal{F}$, für die die analytische Operation mit vernünftigem Aufwand durchführbar ist (z. B. stückweise Polynome für die Integration). Dann ersetzt man die gegebene Funktion f durch $\tilde{f} \in \mathcal{F}$ so, daß sich das Ergebnis der Operation angewendet auf $\tilde{f}$ in akzeptablem Ausmaß von jenem der Anwendung auf f unterscheidet. Die Auswahl einer Ersatzfunktion $\tilde{f}$ stützt sich dabei meist nur auf *Werte* der ursprünglich spezifizierten Funktion f.

Beispiel (Numerische Integration)   Zur numerischen Berechnung des Integrals

$$\mathrm{I}f := \int_0^1 f(x)\,dx$$

kann man die Funktion f an den Stellen

$$x_i = i/k, \quad i = 0, 1, \ldots, k, \qquad k \in \mathbb{N},$$

auswerten und dann f z. B. durch den Polygonzug $\tilde{f}$ ersetzen, der durch die Punkte $\{(x_i, f(x_i))\}$ geht. Für $x \in [x_i, x_{i+1}]$ ist dabei

$$\tilde{f}(x) = [(x - x_i) \cdot f(x_{i+1}) + (x_{i+1} - x) \cdot f(x_i)] \cdot k.$$

$\tilde{f}$ kann als stückweise lineare Funktion leicht integriert werden:

$$\mathrm{T}_k f := \int_0^1 \tilde{f}(x)dx = \frac{1}{k} \cdot \left[\frac{1}{2} f(x_0) + \sum_{i=1}^{k-1} f(x_i) + \frac{1}{2} f(x_k) \right].$$

Der Wert $\mathrm{T}_k f$ dient als Näherungswert für $\int_0^1 f(x)dx$.

Am vorliegenden Beispiel wird klar – und es ist auch allgemein so –, daß man nur auf Grund einer endlichen Menge von Funktionswerten und *ohne* zusätzliche Information über die Funktion f *keine* Aussagen über die Approximationsgüte eines solchen Vorgehens machen kann.

Beispiel (Numerische Integration)   Der Integrand könnte die Funktion

$$f = \tilde{f} + c \cdot |\sin(\pi k x)|, \quad c \in \mathbb{R},$$

sein, was einen Verfahrensfehler

$$\mathrm{T}_k f - \mathrm{I}f = \int_0^1 \tilde{f}(x)\,dx - \int_0^1 f(x)\,dx = -\frac{2}{\pi} \cdot c \tag{4.25}$$

nach sich zieht. Dieser kann, abhängig vom Wert der Konstanten c, beliebig groß sein.

Man muß also mindestens wissen, daß die zu integrierende Funktion f zu einer bestimmten, in quantitativer Weise charakterisierten Menge von Funktionen gehört, wenn man $\tilde{f}$ und damit die Ersatzoperation vernünftig wählen will. Weiß man etwa, daß f zweimal differenzierbar ist und kennt man eine Schranke M_2 mit

$$|f''(x)| \leq M_2 \qquad \text{für alle} \qquad x \in [0, 1],$$

dann kann man zeigen, daß die Fehlerabschätzung

$$|\mathrm{T}_k f - \mathrm{I}f| = \left| \int_0^1 \tilde{f}(x)\,dx - \int_0^1 f(x)\,dx \right| \leq \frac{M_2}{12k^2}$$

gilt. Man kann also durch Wahl eines hinreichend großen k bei bekannter Ableitungsschranke M_2 den Verfahrensfehler $\mathrm{T}_k f - \mathrm{I}f$ unter jede vorgegebene (positive) Fehlertoleranz bringen.

Bei numerischen Operationen mit Funktionen kommt in den meisten Fällen die prinzipielle *Endlichkeit* jedes Computers entscheidend ins Spiel. Muß schon bei der Handhabung reeller Zahlen eine unvermeidbare Ungenauigkeit in Kauf genommen werden, so ist man bei der „Verarbeitung" von Funktionen zusätzlich mit einer unvermeidbaren Unschärfe auf einer höheren mathematischen Komplexitätsstufe konfrontiert. In beiden Fällen kommt es darauf an, die Effekte dieser prinzipiellen Ungenauigkeiten durch geeignete Maßnahmen unter Kontrolle zu bringen oder sich wenigstens der unvermeidbaren Fehler bewußt zu sein.

4.11.4 Funktionen als Ergebnisse

Kommen unter den *Ergebnissen* einer Aufgabe der Numerischen Datenverarbeitung Funktionen vor, so hängt es sehr von den speziellen Umständen ab, in welcher Form eine solche Ergebnis-Funktion dargestellt werden soll.

Wird diese Funktion als Eingangsgröße für weitere Aufgaben benötigt, so muß man natürlich eine der bisher behandelten Darstellungstypen wählen. Bei im Verlauf der Rechnungen auftretenden Funktionen wird man oft eine *graphische Darstellung* des Funktionsverlaufs auf dem Bildschirm oder über Laserdrucker bzw. Plotter wünschen. Ist die erhaltene Funktion das „Endergebnis" der Rechnung, dann genügt oft sogar eine hinreichend genaue graphische Darstellung für die Erfüllung der Gesamtaufgabe (vgl. Abb. 4.14 oder z.B. Nielson, Shriver [312]).

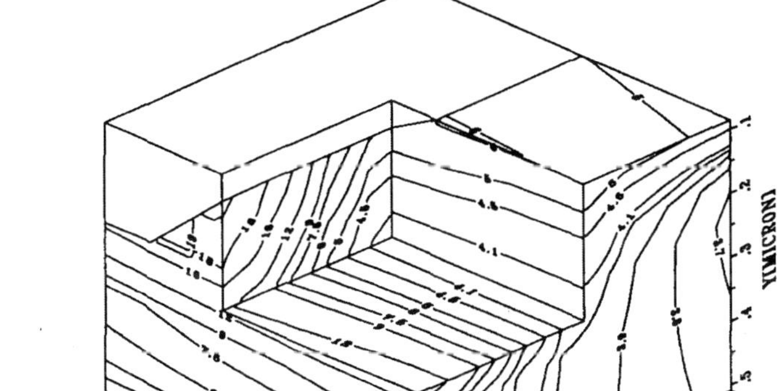

Abb. 4.14: Elektronenkonzentration eines N-Kanal MOSFET-Transistors: Der dargestellte Quader entspricht einem Teil des Transistors. Die Elektronenkonzentration wird – als Funktion des 3-dimensionalen Raumes – an den Randflächen des Transistorteiles in Form von Isolinien visualisiert. So entsteht eine räumliche Vorstellung der Konzentrationsfunktion.

Kapitel 5

Numerische Algorithmen

So sehr man auch den menschlichen Geist in den Feinheiten der Arithmetik zu bewundern pflegt, ist dieses ganze hohe und tiefe Denken nichts anderes als bloß mechanisches Spiel, das jede hölzerne Maschine noch weit leichter und besser betreiben kann als der verständigste Mensch.

DINGLERS POLYTECHNISCHES JOURNAL (1823)

Die Formulierung von *praktischen* Verfahren zur Problemlösung, die aus theoretisch erhaltenen Lösungswegen gewonnen werden, erfolgt in der Mathematik, der Informatik und in anderen Gebieten in Form von Algorithmen.

Unter einem Algorithmus soll vorerst intuitiv eine Verarbeitungsvorschrift verstanden werden, die so präzise formuliert ist, daß sie von einem Menschen oder einem elektronisch arbeitenden Gerät durchgeführt werden kann. Ein *numerischer* Algorithmus ist dementsprechend eine Vorschrift zur Ausführung numerischer Operationen auf numerischen Daten.

In diesem Kapitel wird zunächst der intuitive Algorithmusbegriff präzisiert. In weiterer Folge werden in zwei Schwerpunkten wichtige allgemeine Beurteilungskriterien numerischer Algorithmen behandelt:

1. der Aufwand, der für ihre Abarbeitung notwendig ist, und

2. der Einfluß, den Gleitpunktzahlen und -operationen auf ihre Resultate haben.

Speziellere Arten der Algorithmusbewertung, die eng an konkrete Problemstellungen gebunden sind, z. B. Verfahrensfehleruntersuchungen, erfolgen in den entsprechenden Kapiteln.

5.1 Ein intuitiver Algorithmusbegriff

Definition 5.1.1 (Algorithmus, intuitiv) *Unter einem Algorithmus versteht man eine präzise, durch einen endlichen Text beschriebene Vorschrift zum Vollzug einer endlichen Reihe von Elementaroperationen, um Aufgaben einer bestimmten Klasse oder eines bestimmten Typs zu lösen.*

Die Anzahl der verfügbaren Elementaroperationen – wie immer man „elementar" in einem gegebenen Zusammenhang definiert – ist beschränkt, ebenso ihre Ausführungszeit. Aus der sprachlichen Beschreibung des Algorithmus muß die Abfolge der einzelnen Verarbeitungsschritte eindeutig hervorgehen. Hierbei sind gegebenfalls Wahlmöglichkeiten zuzulassen, denn es kann vorkommen, daß innerhalb einer *Klasse* von gleichartigen Problemen, die sich z. B. nur durch den Wert gewisser Parameter voneinander unterscheiden, unterschiedliche Lösungswege zu beschreiten sind. In solchen Fällen muß genau festgelegt werden, *wie* die Auswahl eines Verarbeitungsablaufs zu erfolgen hat.

Beispiel (Bisektion) Von einer stetigen Funktion $f : [a, b] \to \mathbb{R}$, deren Werte an den Randpunkten des Intervalls $[a, b]$ unterschiedliches Vorzeichen besitzen, also

$$f(a) \cdot f(b) < 0$$

erfüllen, weiß man aus der Analysis, daß sie mindestens eine *Nullstelle* besitzt: Es gibt ein

$$x^* \in (a, b) \quad \text{mit} \quad f(x^*) = 0.$$

Zur (näherungsweisen) Bestimmung einer dieser Nullstellen kann man folgendermaßen vorgehen: Man ermittelt den Funktionswert $f(x_m)$ am Intervall-Mittelpunkt $x_m := (a + b)/2$. Ist $f(x_m) = 0$, so wurde mit x_m bereits eine Nullstelle gefunden. Andernfalls muß entweder

$$f(a) \cdot f(x_m) < 0 \qquad \text{oder} \qquad f(x_m) \cdot f(b) < 0$$

gelten. Im ersten Fall liegt in (a, x_m) mindestens eine Nullstelle von f, im zweiten Fall in (x_m, b). Man hat somit ein Intervall der Länge $(b - a)/2$ gefunden, das für eine weitere Nullstellensuche in Frage kommt.

Wiederholt man diesen Vorgang, so trifft man entweder einmal exakt auf eine Nullstelle am Mittelpunkt eines Teilintervalls von $[a, b]$, oder man kann auf diese Art ein Intervall hinreichend kleiner Länge ermitteln, von dem man sicher weiß, daß es eine Nullstelle von f enthält.

Bei diesem Beispiel fallen einige wesentliche Punkte auf:

1. Die Anleitung zur Bestimmung immer kleinerer Teilintervalle ist *ausführbar*. Eine mathematische Aussage der Form

   „Eine stetige reelle Funktion $f \in C[a, b]$, deren Werte an den Stellen a und b verschiedenes Vorzeichen besitzen, hat in (a, b) mindestens eine Nullstelle."

   ist hingegen nicht ausführbar und damit kein Algorithmus.

2. Die Ausführung (Abarbeitung, Elaboration) des Algorithmus erfolgt *schrittweise*. Die Folge von Schritten bei der Ausführung eines Algorithmus nennt man einen von diesem Algorithmus beschriebenen *Prozeß*.

3. Zum Abarbeiten eines Algorithmus benötigt man einen Ausführenden, den man *Prozessor* nennt. Dies kann ein Mensch oder eine Maschine sein.

4. Jeder Schritt bei der Ausführung eines Algorithmus besteht selbst wieder aus der Ausführung eines oder mehrerer (anderer) Algorithmen, die durch einen *Namen* symbolisiert werden. So beschreibt z. B. „Ermitteln des Funktionswertes" einen Algorithmus zur Berechnung von $f(x)$ an einer vorgegebenen Stelle x. Diese Teilalgorithmen werden in der Anleitung als *elementar* aufgefaßt. Wer einen Algorithmus ausführen will, muß dessen elementare Algorithmen kennen und in der Lage sein, sie auszuführen.

Beispiel (Lösung eines linearen Gleichungssystems) Wenn man sich einmal die Schritte zur Lösung eines linearen Gleichungssystems

$$Ax = b, \qquad A \in \mathbb{R}^{n \times n}, \quad b, x \in \mathbb{R}^n$$

überlegt und sie als Algorithmus formuliert, braucht man nicht jedesmal nachzusehen, wie man vorzugehen hat, sondern kann diese Verarbeitungsvorschrift als *elementaren Algorithmus* auffassen und ihm einen Namen, z. B. `loese_lin_gleichungen`, geben.

5. Das Bisektionsverfahren enthält zwei wichtige Mechanismen zur Zusammensetzung von Algorithmen: die *Auswahl* und die *Wiederholung*. Eine Auswahl jenes Abarbeitungsweges, auf dem der Algorithmus fortzusetzen ist, erfolgt auf Grund des Vorzeichens des Funktionswertes am momentanen Intervall-Mittelpunkt. Der Unterteilungsvorgang wird solange wiederholt, bis eine bestimmte Bedingung („Nullstelle gefunden" oder „hinreichende Genauigkeit der Nullstellennäherung ist erreicht") erfüllt ist und der Algorithmus *terminiert*.

   Nur eine Rechenvorschrift, von der a priori feststeht, daß sie terminieren wird, kann als Algorithmus bezeichnet werden.

6. Von einem Algorithmus ist zu fordern, daß er hinreichend *genau* ist, d. h., daß jeder der Schritte und die Reihenfolge ihrer Ausführung unmißverständlich sind. Die Formulierung eines Algorithmus muß aber bei einem wohlgewählten Detaillierungsgrad aufhören.

Beispiel (Bisektion) Die obige Beschreibung des Bisektions-Algorithmus ist für einen Leser mit mathematischen Vorkenntnissen hinreichend detailliert, um ihm etwa die Lösung von $xe^{-x} = 0.06$, d. h. die näherungsweise Bestimmung einer Nullstelle von

$$f(x) := xe^{-x} - 0.06,$$

ausgehend z. B. vom Startintervall $[0, 1]$, mit Hilfe eines Taschenrechners zu ermöglichen. Die *Anzahl* der Schritte, die im Algorithmus nur sehr vage angedeutet ist, wird von ihm bestimmt ohne Schwierigkeit adäquat gewählt werden.

Für eine maschinelle Durchführung am Computer oder einen mathematisch nicht vorgebildeten Menschen ist die Beschreibung aber zu wenig genau.

7. Die Sprache, die einen Algorithmus mit Hilfe von Elementar-Algorithmen beschreibt, die sogenannte *Algorithmus-Notation*, muß dem Ausführenden angemessen sein. Will man Vorschriften formulieren, die von einem Computer ausgeführt werden können, so benötigt man spezielle Algorithmus-Notationen: *Programmiersprachen*. Algorithmen lassen sich nur in Form von Programmen auf einer Rechenanlage verwenden.

   Numerische Programme sind demnach spezielle Darstellungen numerischer Algorithmen, die zur Verwendung auf Computern geeignet sind.

5.2 Eigenschaften von Algorithmen

Im folgenden werden die bereits beim intuitiven Algorithmusbegriff und dem Beispiel der Bisektion auf Seite 189 aufgetretenen Eigenschaften genauer herausgearbeitet und diskutiert.

5.2.1 Abstraktion

Durch einen Algorithmus wird ein Problemlösungsprozeß auf einem bestimmten Abstraktionsniveau beschrieben, das durch die elementaren Algorithmen, die elementaren Objekte und den verwendeten Formalismus festgelegt wird.

Eine der wichtigsten Möglichkeiten der Abstraktion besteht darin, (Teil-) Algorithmen einen *Namen* zu geben und diesen Namen dann stellvertretend für die detaillierte Realisierung des Algorithmus zu verwenden.

Beispiel (BLAS)   Die Programmpakete BLAS-1, BLAS-2 und BLAS-3 (siehe Abschnitt 4.10.1) sind heutzutage auf den meisten für die Numerische Datenverarbeitung eingesetzten Computern dauernd installiert. Den Programmentwicklern wird damit die Nutzung vorgefertigter Unterprogramme ermöglicht, mit denen sie elementare Probleme aus dem Bereich der Linearen Algebra lösen können. Die Unterprogramme können über ihre genormten Namen von anderen Programmen verwendet (aufgerufen) werden, was viel unnötige Programmierarbeit (und vor allem Fehlersuche) erspart. Weiters kann bei der Verwendung der BLAS-Programme davon ausgegangen werden, Software hoher Qualität, was Rechenzeit und Rechengenauigkeit betrifft, einzusetzen.

Die BLAS-Programmpakete spielen schon bei der Erstellung neuer Programmkonzepte eine wichtige Rolle, indem sie Einheitlichkeit und Übersichtlichkeit fördern.

5.2.2 Allgemeinheit

Ein Algorithmus ist eine *allgemeine* Tätigkeitsbeschreibung, mit der nicht nur die Lösung einer einzelnen konkreten Aufgabe ermittelt wird, sondern die Lösung verschiedener (eventuell aller) Aufgaben einer bestimmten Klasse oder eines bestimmten Typs. Diese Problemklasse kann aus einer unendlichen Menge konkreter Aufgaben bestehen, die sich durch Daten (*Parameter*) voneinander unterscheiden. Die Auswahl eines einzelnen Problems erfolgt über diese Parameter.

Beispiel (Lineare Gleichungssysteme)   Die Problemklasse der linearen Gleichungssysteme

$$Ax = b, \qquad \text{mit} \quad A \in \mathbb{R}^{n \times n}, \quad b, x \in \mathbb{R}^n$$

hat $n^2 + n$ reelle Parameter: $a_{11}, \ldots, a_{nn} \in \mathbb{R}$ und $b_1, \ldots, b_n \in \mathbb{R}$.

Beispiel (Bisektion)   Das Nullstellenproblem hat nicht nur die Zahlen $a, b \in \mathbb{R}$, sondern auch eine auf $[a, b]$ definierte *Funktion* $f \in C[a, b]$ als Parameter. Bei diesem Problemtyp gibt es also sowohl algebraische als auch analytische Daten zur Spezifikation eines konkreten Problems.

5.2.3 Finitheit

Die Beschreibung eines Algorithmus besitzt nur eine endliche Länge (*statische Finitheit*). Ein Algorithmus kann auch, soll er je ein Resultat liefern (siehe Abschnitt 5.2.4), während seiner Ausführung nur endlich viel Platz zur Speicherung von Zwischenresultaten in Anspruch nehmen (*dynamische Finitheit*).

5.2.4 Terminierung

Einen Algorithmus nennt man *terminierend*, wenn er bei jeder Anwendung nach endlich vielen Verarbeitungsschritten anhält und ein Resultat liefert.

Das Terminieren eines Algorithmus darf nicht mit seiner Finitheit verwechselt werden. Es ist durchaus möglich, durch eine endliche Beschreibung einen Prozeß (z. B. mit Endlosschleife) zu definieren, der *nicht* nach endlicher Zeit beendet wird, also terminiert. Es gibt sogar Algorithmen mit praktischem Nutzen, die (potentiell) „endlos laufen", z. B. Algorithmen zur Steuerung „nichtabbrechender" Vorgänge (z. B. in chemischen Produktionsstätten) oder das zentrale Steuerungsprogramm (Betriebssystem) eines Computers, der Tag und Nacht in Verwendung steht.

Die Überlegungen und Beispiele dieses Buches beschäftigen sich ausschließlich mit terminierenden Algorithmen.

Beispiel (Bisektion)   Beim Bisektionsverfahren kann das Terminieren auf verschiedene Arten erreicht werden. Dabei ist grundsätzlich zu unterscheiden, ob eine als Ergebnis des Verfahrens akzeptable Näherungslösung $\tilde{x}$ entweder durch die Eigenschaft $f(\tilde{x}) \approx 0$ (Residuums-Kriterium; vgl. Abb. 14.6) oder durch ihre Nähe $\tilde{x} \approx x^*$ zu einer Nullstelle mit $f(x^*) = 0$ (Fehler-Kriterium; vgl. Abb. 14.7) charakterisiert werden soll. Im einen Fall wird man den Prozeß beenden, wenn $|f(\tilde{x})| \leq \tau_f$ erreicht wird, im anderen Fall, wenn die Länge des zuletzt erhaltenen Intervalls eine Bedingung der Art $(b - a)/2^k < \tau_k$ erfüllt.

Man beachte, daß man im ersten Fall a priori, also vor Ausführung des Verfahrens, *nicht* sagen kann, *wann* (also nach wieviel Intervallhalbierungen) es terminieren wird. Man weiß nur sicher, *daß* es terminieren wird (wenn man von Schwierigkeiten absieht, die von der Maschinenarithmetik herrühren können). Beim zweiten Abbruchkriterium kann man hingegen von vornherein sagen, nach wievielen Intervallhalbierungen der Prozeß spätestens terminieren wird.

Bei manchen Daten kann sich ein Algorithmus als unanwendbar erweisen; in diesem Fall sollte der Lösungsprozeß mit einer entsprechenden Mitteilung abgebrochen werden.

Beispiel (Bisektion)   Der Bisektionsalgorithmus ist nur anwendbar, wenn die Funktion, deren Nullstelle bestimmt werden soll, an den Endpunkten des Ausgangsintervalls Werte mit *verschiedenen* Vorzeichen besitzt. Diese Voraussetzung ist leicht zu überprüfen.

Eine andere wichtige Voraussetzung des Bisektionsverfahrens ist die *Stetigkeit* von f. Wenn diese Voraussetzung nicht erfüllt ist, kann es unter Umständen dazu kommen, daß der Algorithmus *nicht terminiert*. Wenn z. B. die Bisektion auf dem Intervall $[0, 1]$ für

$$f = \begin{cases} -1 & \text{für} \quad x \leq 0.1 \\ +1 & \text{für} \quad x > 0.1 \end{cases}$$

ausgeführt wird, so terminiert sie nicht.

Dieses Beispiel beleuchtet eine fundamentale Schwierigkeit numerischer Algorithmen: Aus einer endlichen Menge von Werten – bei der Bisektion sind dies die Funktionswerte $f(a)$, $f(b)$, $f((a + b)/2)$, ... – kann nicht auf ein Kontinuum, z. B. auf die Eigenschaft der Stetigkeit von f, geschlossen werden. Eine algorithmisch formulierte (in einem Programm automatisch ablaufende) Überprüfung der Stetigkeitsvoraussetzung ist daher prinzipiell unmöglich.

Es liegt im Verantwortungsbereich des Anwenders, zu überprüfen, ob alle Voraussetzungen erfüllt sind, oder sich zumindest der möglichen Konsequenzen einer Nicht-Erfülltheit voll bewußt zu sein.

Die Voraussetzungen für die Anwendbarkeit eines Algorithmus klar zu formulieren, ist ein notwendiger Teil der *Dokumentation* von Algorithmen.

5.2.5 Determinismus

Einen Algorithmus nennt man *deterministisch*, wenn zu jedem Zeitpunkt seiner Ausführung höchstens eine Möglichkeit der Fortsetzung besteht, also der Folgeschritt eindeutig bestimmt ist.[1]

Hat ein Algorithmus an mindestens einer Stelle zwei oder mehr Möglichkeiten der Fortsetzung, von denen eine nach Belieben ausgewählt werden kann, so heißt er *nichtdeterministisch*.

Nichtdeterministische Algorithmen, bei denen man den alternativen Fortsetzungsmöglichkeiten Wahrscheinlichkeiten zuordnen kann, nennt man *stochastische Algorithmen*. Derartige Algorithmen entwickelt man häufig für Probleme, zu deren Lösung ein deterministischer Algorithmus zu viel Zeit benötigt.

Beispiel (Primzahltest)   Von R. Solovay und V. Strassen stammt ein stochastischer Algorithmus zur Entscheidung, ob eine vorgegebene Zahl m eine Primzahl ist oder nicht. Falls der Algorithmus das Resultat „*nein*" liefert, so ist gesichert, daß m keine Primzahl ist. Liefert der Algorithmus hingegen das Resultat „*ja*", so weiß man nur, daß diese Antwort mit einer Wahrscheinlichkeit $p \geq 0.5$ korrekt ist. Die Sicherheit der Entscheidung kann man verbessern, indem man den Algorithmus mit demselben Eingangswert öfter aufruft. Bei k-maligem Aufruf verringert sich dann die Wahrscheinlichkeit $\overline{p}_k$ einer Fehlentscheidung auf 2^{-k}. Jede noch so kleine Irrtumswahrscheinlichkeit ist unterschreitbar:

$\overline{p}_k$	1 %	0.1 %	0.01 %	0.001 %
$k \geq$	7	10	14	17

Die beim Solovay-Strassen-Algorithmus nicht vermeidbare Unsicherheit bei der Entscheidung „m ist eine Primzahl" wird, speziell bei sehr großen Zahlen (die z. B. bei Verschlüsselungsverfahren auftreten), durch einen deutlich verringerten Rechenaufwand aufgewogen. Während ein naheliegender deterministischer Algorithmus $O(\sqrt{m})$ Rechenoperationen benötigt (um für $l = 2, 3, \ldots, \lfloor \sqrt{m} \rfloor$ zu probieren, ob m geteilt wird), verringert der stochastische Algorithmus den Aufwand auf $O(k \cdot \log m)$ Rechenschritte (vgl. Abschnitt 5.5).

5.2.6 Determiniertheit

Ein Algorithmus heißt *determiniert*, wenn er mit den gleichen Parametern und Startbedingungen stets das gleiche Ergebnis liefert.

Einen numerischen Algorithmus A kann man als eine Abbildung $A: E \longrightarrow A$ von der Menge E der möglichen Eingabewerte in die Menge A der möglichen Ausgabewerte auffassen. Bei einem determinierten Algorithmus ist diese Abbildung

---

[1]Besteht keine Möglichkeit zur Fortsetzung der Ausführung, so vereinbart man, daß der Algorithmus terminiert.

eine Funktion im mathematischen Sinn, jedem Eingabewert entspricht also genau ein Ausgabewert.

Determinismus und Determiniertheit sind auseinanderzuhalten: *Determinismus* kennzeichnet einen Algorithmus, bei dem der *gesamte Ablauf* eindeutig bestimmt ist. *Determiniertheit* bezieht sich nur auf die eindeutige Bestimmtheit des *Resultats*.

Deterministische Algorithmen haben durch ihren eindeutigen Ablauf auch ein eindeutiges Resultat, sie sind daher stets determiniert. Die Umkehrung gilt jedoch nicht: es gibt nichtdeterministische Algorithmen, die über verschiedene Wege stets zum gleichen Ziel kommen, also determiniert sind.

Beispiel (Quicksort) Das Quicksort-Verfahren ist ein schnelles Sortierverfahren, das auf dem rekursiven Sortieren von Teilfeldern beruht. Die Unterteilung in Teilfelder kann stochastisch erfolgen, sodaß der Ablauf nicht eindeutig bestimmt ist. Das Resultat ist aber stets dasselbe: das sortierte Feld. Das stochastische Quicksort-Verfahren ist also trotz des nichtdeterministischen Ablaufs ein determinierter Algorithmus.

Beispiel (Primzahltest) Der stochastische Primzahltest von R. Solovay und V. Strassen ist sowohl *nichtdeterministisch*, d. h., der Ablauf ist nicht eindeutig bestimmt, als auch *nichtdeterminiert*, d. h., das Resultat kann anders ausfallen, wenn man den Vorgang wiederholt.

Monte-Carlo-Algorithmen

Unter dem Begriff der *Monte-Carlo-Methode* faßt man eine Vielzahl von Verfahren zur numerischen Lösung verschiedener mathematischer Probleme zusammen, die alle auf Erkenntnissen und Techniken der Wahrscheinlichkeitstheorie und der mathematischen Statistik beruhen.

Die Monte-Carlo-Methode ist durch folgende Schritte charakterisiert:

1. Für das vorliegende (determinierte) Problem wird ein *stochastisches Modell* entwickelt.

2. Mit diesem Modell werden – mit Hilfe von (Pseudo-)Zufallszahlen – am Computer *Experimente* (Simulationen) ausgeführt.

3. Die Ergebnisse der Zufallsexperimente wertet man mit Methoden der statistischen Schätztheorie aus.

4. Die erhaltenen statistischen Schätzwerte werden als (Näherungs-)Lösung des ursprünglichen mathematischen Problems interpretiert.

Die Monte-Carlo-Methode kann z. B. zur Berechnung von Integralen, zur Lösung partieller Differentialgleichungen oder zur Lösung algebraischer Gleichungssysteme eingesetzt werden. Besonders vorteilhaft ist ihr Einsatz, wenn es sich um mehrdimensionale Probleme handelt (Kalos, Whitlock [59]).

Monte-Carlo-Algorithmen, die man durch Anwendung der Monte-Carlo-Methode auf spezielle Problemklassen (z. B. numerische Integrationsprobleme, siehe Abschnitt 12.4.4) erhält, sind *nichtdeterminiert*. Bei jeder Wiederholung eines Monte-Carlo-Algorithmus mit anderen Zufallszahlen erhält man auch andere Ausgabewerte.

5.3 Existenz von Algorithmen

Ist für eine Problemklasse ein Algorithmus bekannt, so braucht für die Lösung eines Problems dieser Klasse keine schöpferische Arbeit mehr geleistet werden. Jedes Problem der betreffenden Klasse kann durch rein schematisches Befolgen der algorithmischen Vorschrift gelöst werden.

In der Mathematik bemühte man sich jahrhundertelang um die Aufstellung möglichst allgemeiner Algorithmen, und noch Leibniz war der Ansicht, daß jedes mathematische Problem durch einen Algorithmus lösbar sei. Diese Ansicht wurde jedoch später immer mehr angezweifelt, als immer weitere Probleme auftraten, deren algorithmische Lösung nicht gelang.

Beispiel (Beweisbarkeit zahlentheoretischer Formeln) Die Frage, ob eine gegebene zahlentheoretisch-logische Formel bewiesen werden kann, ist unentscheidbar[2]. Dieses Resultat (siehe z. B. Stegmüller [373]) ist zumindest theoretisch interessant, denn wenn für eine Formel feststeht, daß es für sie einen Beweis gibt, kann man ihn auch finden. Theoretisch könnte man dann bisher ungelöste Probleme, wie etwa die *Goldbachsche Vermutung*, daß jede gerade natürliche Zahl $n \geq 4$ als Summe von zwei Primzahlen darstellbar ist, computergestützt lösen. Praktischen Nutzen hätte so etwas vermutlich aber nie, weil die benötigte Rechenzeit ohnehin jenseits von Gut und Böse läge.

Hat man ein allgemeines Lösungsverfahren gefunden, so kann man leicht nachprüfen, ob es die charakteristischen Eigenschaften des intuitiven Algorithmusbegriffs besitzt. Eine negative Aussage der Form „Es gibt nachweisbar *keinen* Algorithmus zur Lösung eines bestimmten Problems" bedarf dagegen grundsätzlich einer exakten, präzisen Definition des Begriffs Algorithmus.

5.3.1 Präzisierungen des Algorithmusbegriffs

Die ersten Präzisierungen des Algorithmusbegriffs wurden um 1936 vorgeschlagen. Sie entstanden vor allem durch Arbeiten von A. Church, K. Gödel, S. C. Kleene, A. M. Turing und A. A. Markov. Man kennt heute eine Vielzahl verschiedener Möglichkeiten, den Begriff Algorithmus zu präzisieren, z. B. durch den Mechanismus der Turingmaschine (vgl. Appelrath, Ludewig [32]) oder der Registermaschine, durch μ-rekursive Funktionen, durch Formelsysteme der Logik usw. Diese und auch alle übrigen Präzisierungen des intuitiven Algorithmusbegriffs sind zueinander in dem Sinne äquivalent, daß die zu ihnen gehörige Klasse von berechenbaren Funktionen (siehe Abschnitt 5.3.2) immer dieselbe ist (die *partiell-rekursiven Funktionen*).

Die Churchsche These

Die Äquivalenz der verschiedenen Algorithmuspräzisierungen legt die Vermutung nahe, daß durch sie der intuitive Algorithmusbegriff gut erfaßt wird, d. h., daß sie adäquate Abstraktionen für die intuitiven Vorstellungen sind. Diese Vermutung wurde zuerst um 1936 von A. Church ausgesprochen und wird heute als

---

[2]Vorausgesetzt wird dabei, daß der Kalkül formal widerspruchsfrei ist.

Churchsche These bezeichnet: „Jede im intuitiven Sinne berechenbare Funktion ist Turing-berechenbar." Anschaulich bedeutet diese These, daß man zu jedem in irgendeiner Form aufgeschriebenen algorithmischen Verfahren eine Turingmaschine (ein spezielles mathematisches Modell von Geräten, die Informationen verarbeiten) finden kann, die die gleiche Funktion berechnet.

5.3.2 Berechenbare Funktionen

Die *Theorie der Berechenbarkeit* ist jener Teil der Algorithmentheorie, der sich mit berechenbaren Funktionen auseinandersetzt. Die Frage nach der Existenz numerischer Algorithmen und Programme ist äquivalent zur Frage nach der Existenz berechenbarer Funktionen, da jedes Programm P als eine Funktion von der Menge der Eingabedaten E in die Menge der Ausgabedaten A

$$P : E \longrightarrow A$$

angesehen werden kann. Eine Funktion f nennt man *berechenbar*, wenn es einen Algorithmus gibt, der für jeden Eingabewert $e \in E$, für den f definiert ist, nach endlich vielen Schritten anhält und als Ergebnis $a = f(e)$ liefert. In allen Fällen, in denen $f(e)$ nicht definiert ist, bricht der Algorithmus nicht ab.

Eine berechenbare Funktion f, die für jedes $e \in E$ definiert ist, nennt man auch *rekursive Funktion*. Berechenbare Funktionen, die nur auf einer echten Teilmenge von E definiert sind, heißen *partiell-rekursive Funktionen*.

Nicht-berechenbare Funktionen

Als reine *Existenzaussage* kann folgende Feststellung getroffen werden: Es gibt nur abzählbar unendlich viele berechenbare Funktionen, aber es gibt überabzählbar viele *nicht*-berechenbare Funktionen, d. h., die Berechenbarkeit einer Funktion kann als eine Ausnahme angesehen werden. Dies kann man sich durch Abzählung überlegen: Alle Algorithmen werden mit einer endlichen Beschreibung über einem endlichen Alphabet formuliert. Die Menge aller möglichen Formulierungen von Algorithmen ist daher abzählbar. Andererseits gibt es überabzählbar viele Funktionen $f : E \longrightarrow A$, falls E eine unendliche und A eine mindestens zweielementige Menge ist (Cantorsches Diagonalverfahren).

Nicht-berechenbare Funktionen können durch *kein* Verfahren auf einem Computer nachvollzogen werden.

Beispiel (Halteproblem)   Sei A die Menge aller Algorithmen und E die Menge aller Eingabedaten. Die Funktion

$$f_H : A \times E \longrightarrow \{true, false\}$$

mit $f_H(A, e) := true$, falls der Algorithmus $A \in A$, angewendet auf die Eingabe e, nach endlich vielen Schritten hält (terminiert), sonst *false*.

Es gibt keinen Algorithmus, der f_H berechnet, also als Eingabe einen *beliebigen* anderen Algorithmus und dessen Daten erhält und feststellt, ob die Berechnung terminieren wird.

Für viele konkrete Algorithmen ist es möglich, zu entscheiden, ob sie terminieren werden. Die Nicht-Berechenbarkeit von f_H besagt, daß es aber kein *allgemeines* Verfahren gibt, eine derartige Untersuchung für beliebige Algorithmen durchzuführen. Daraus folgt auch: Es gibt kein automatisches Verfahren, mit dem man für jedes Programm entscheiden kann, ob es eine Wiederholung enthält, deren Ausführung nie abbricht („Endlosschleife"), oder nicht.

Beispiel (Ungelöste Terminierungsfrage) Von folgendem Fortran-Unterprogramm ist (noch) nicht bekannt, ob es für *alle* $i \in \mathbb{N}$ terminiert:

```
FUNCTION unklar (i) RESULT (k)
   INTEGER, INTENT (IN)  ::  i
   INTEGER               ::  k
   k = i
   DO
      IF (k <= 1)           EXIT    ! Terminierung
      IF (MOD(k,2) == 1) THEN
         k = 3*k + 1
      ELSE
         k = k/2
      END IF
   END DO
END FUNCTION unklar
```

Eine Konsequenz dieser Tatsache ist die prinzipielle Unmöglichkeit, die Korrektheit eines Programms *automatisch* überprüfen zu können. Jeder Beweis, daß ein Programm auf Eingabewerte immer mit den erwarteten Ausgabewerten reagiert, muß daher zwangsläufig (jedenfalls teilweise) manuell erfolgen.

Beispiel (Äquivalenzproblem)   Auch die Funktion

$$f_{\ddot{a}} : A \times A \longrightarrow \{true, false\},$$

die für je zwei Algorithmen A_1, $A_2 \in A$ entscheidet, ob diese dieselbe Funktion berechnen (also für beliebige Eingaben jeweils das gleiche Resultat liefern), ist nicht berechenbar. Es gibt also keinen Algorithmus, der als Eingabe zwei andere Algorithmen erhält und automatisch feststellt, ob beide dasselbe leisten.

5.4 Praktische Lösbarkeit von Problemen

Die reine Existenz von Algorithmen ist noch nicht ausreichend, um auch die praktische Lösbarkeit von Problemen einer gewissen Klasse sicherzustellen. Es gibt Situationen, wo für eine gegebene Problemstellung theoretische Lösungsansätze und auch Algorithmen zu deren praktischer Umsetzung existieren und das Problem trotzdem praktisch unlösbar ist.

Beispiel (RSA-Verschlüsselung)   Das Verschlüsselungsverfahren von R. Rivest, A. Shamir und L. Adleman – das nach ihnen benannte *RSA-System* – verwendet zur Ver- und Entschlüsselung von Daten zwei separate Schlüssel, die beide aus sehr großen Primzahlen p und q gewonnen werden ($p, q > 10^{200}$). Die Besonderheit des RSA-Systems besteht darin, daß die Verschlüsselungsfunktion veröffentlicht wird (man spricht von einem *Public-key*-Kryptosystem), während die entsprechende Entschlüsselungsfunktion geheim bleibt. Zur Verschlüsselung wird nur das Produkt $s_v = p \cdot q$ benötigt, zur Entschlüsselung müssen beide Faktoren p und q bekannt sein.

Das System wäre „geknackt", wenn es gelänge, die beiden Primfaktoren des öffentlichen Schlüssels s_v zu berechnen, da man aus ihnen den Dechiffrierschlüssel s_d ermitteln kann. Die theoretische Lösung des Problems besteht also in einer „simplen" Primfaktorenzerlegung. Praktisch ist das Problem der Zerlegung von 200stelligen Zahlen in Primfaktoren jedoch nicht lösbar, da mit den heute bekannten Algorithmen auch auf den derzeit schnellsten Rechnern Jahre vergehen, bis man ein Resultat erhält (Rivest [340]).

Das RSA-Verschlüsselungsverfahren kann also aus heutiger Sicht als de facto sicher angesehen werden. Die Entwicklung schnellerer Computer macht das RSA-Verfahren (angeblich) noch sicherer, da eine Erhöhung der Rechenleistung dem Verschlüsselungsverfahren derzeit stärker zugute kommt (längere Schlüssel werden praktikabel) als den „Code-Knackern". Mit der Auffindung neuer Algorithmen kann sich das jedoch ändern.

Wie man an diesem Beispiel sieht, entscheidet oft nicht die reine Existenz eines Algorithmus über die praktische Lösbarkeit von Problemen, sondern der erforderliche Aufwand für die Durchführung eines bekannten Algorithmus – die Komplexität des Algorithmus – und der Schwierigkeitsgrad der Aufgabenstellung, die Komplexität des Problems.

5.5 Komplexität von Algorithmen

Bei Problemen der Numerischen Datenverarbeitung steht oft die Frage nach der Existenz von Algorithmen nicht (mehr) im Vordergrund, da es für sehr viele Fragestellungen bereits Algorithmen oder wenigstens Konzepte zu deren algorithmischer Lösung gibt. Wesentlich größere praktische Bedeutung besitzt hingegen die Suche nach „möglichst guten" Algorithmen, die zur Problemlösung möglichst wenig Aufwand erfordern.

Zur Beurteilung des Lösungsaufwandes eines konkreten Programms, z. B. für die Ermittlung der numerischen Lösung eines linearen Gleichungssystems auf einem bestimmten Computer bei festgelegten Daten, genügt eine *Zeitmessung* (mit der „eingebauten Uhr" des Computers oder von Hand). Zählt man hingegen die erforderlichen Berechnungsschritte, so kommt man zu einer Beurteilung, die von einem speziellen Computer und den Daten des konkreten Problems unabhängig ist. Damit hat man eine abstrakte Beschreibungsform zur Beurteilung des Lösungsaufwandes von Algorithmen gefunden.

Die *Komplexität* eines Algorithmus ist ein Maß für die Arbeit, die bei dessen Abarbeitung zu verrichten ist. Sie ist nicht nur ein Charakteristikum des Lösungsverfahrens, sondern hängt auch vom Schwierigkeitsgrad (Umfang) des behandelten Problems ab. Meist verwendet man zur Charakterisierung des Schwierigkeitsgrades eines Problems nur eine einzige skalare Kennzahl.

Beispiel (Lineare Gleichungssysteme) Der Arbeitsaufwand zur Lösung eines Systems von n linearen Gleichungen in n Unbekannten wird im allgemeinen in Abhängigkeit von der Dimension n als Parameter angegeben. Einem Gleichungssystem

$$Ax = b \quad \text{mit} \quad A \in \mathbb{R}^{n \times n}, \, x, b \in \mathbb{R}^n$$

wird also die Kennzahl n für den Schwierigkeitsgrad seiner Lösung zugeordnet.

Die Charakterisierung des Schwierigkeitsgrades eines Problems kann unter Umständen auch durch mehr als einen Parameter erfolgen.

Beispiel (Molekulardynamik) (Addison et al. [80]) Bei Algorithmen aus dem Bereich der Molekulardynamik wird die Bewegung von Teilchen in Kraftfeldern simuliert. Bei Implementierungen auf Parallelrechnern wird das betrachtete Gebiet in rechteckige Teilbereiche zerlegt. Jeder Prozessor berechnet laufend die Koordinaten aller Teilchen, die sich gerade in seinem Bereich befinden. Berücksichtigt man direkte Interaktionen zwischen allen Partikeln, dann müssen die Koordinaten aller Partikel auf allen Prozessoren vorhanden sein.

Für den Arbeitsaufwand bei der Berechnung sind die Feinheit der Gebietsunterteilung und die Anzahl der betrachteten Teilchen maßgeblich. In diesem Fall kann die Größe des Problems also durch einen (dreidimensionalen) *Parametervektor* (Anzahl der Teilintervalle in x- und y-Richtung, Anzahl der Partikel) quantifiziert werden.

Im Vergleich zu skalaren Kenngrößen ist es dann aber schwieriger, Probleme der Größe nach zu ordnen, da man dazu eine Ordnungsrelation für die Parametervektoren braucht.

Aussagen über den Abarbeitungsaufwand eines Algorithmus werden immer in Abhängigkeit von der Schwierigkeitskennzahl des Problems gemacht. Dabei wird meist die Anzahl der *Berechnungsschritte*, die zur Durchführung des Algorithmus bei einem bestimmten Problemumfang benötigt werden, ermittelt.

Trotz der Abstraktion, die in der Verwendung von „Rechenschritten" (anstelle von Zeitmessungen) zum Ausdruck kommt, sind derartige Komplexitätsbetrachtungen nicht von speziellen Hardwareeigenschaften unabhängig. Je nachdem, was als gleichsam „unteilbare" *Einheit der Arbeit* angesehen wird, ergeben sich signifikante Unterschiede bei der Bestimmung der Komplexität eines Algorithmus. Im Bereich der Numerik ist es üblich, eine Gleitpunktoperation als eine solche elementare Einheit der Arbeit anzusehen.

Beispiel (Gauß-Algorithmus) Der Eliminationsalgorithmus (LU-Zerlegung) zur Lösung linearer Gleichungssysteme benötigt, abhängig von der Anzahl n der Gleichungen,

$$K(n) = 2n^3/3 + 3n^2/2 - 7n/6 \qquad \text{Gleitpunktoperationen.}$$

Wenn man mit dieser Formel den Rechenaufwand des Eliminationsalgorithmus charakterisiert, so vernachlässigt man den Zeitaufwand, der für spezielle algorithmische Maßnahmen (Pivotsuche, Zeilenvertauschen etc.) erforderlich ist.

Jedoch ist es vor allem im Bereich der Parallelrechner möglich und sinnvoll, auch komplexere Operationen (Matrix-Vektor-Operationen, Matrix-Matrix-Operationen, Transponieren einer Matrix, eine schnelle Fourier-Transformation) zu einem elementaren „Rechenschritt" zusammenzufassen (Hockney, Jesshope [236]). Welche Art und Menge an Arbeit in einem solchen nicht weiter zerlegten Berechnungsschritt zusammengefaßt wird, hängt sehr stark vom verwendeten abstrakten Computermodell ab.

5.5.1 Abstrakte Computermodelle

Abstrakte Computermodelle dienen dazu, unabhängig von Hardware-Details zu beschreiben, welche grundsätzlichen Aktionen in einem Berechnungsschritt ausgeführt werden können und auf welche Art auf Daten zugegriffen wird (Almasi,

Gottlieb [85], Mayr [298], Blelloch [118]). Solche Modelle bilden einen Rahmen, der festlegt, welche Algorithmen überhaupt realisierbar sind. Außerdem ermöglichen sie Komplexitätsanalysen von Algorithmen, die unabhängig von den Eigenheiten spezieller Computersysteme sind.

RAM-Modell

Das Standardmodell für konventionelle Computer (Einprozessorsysteme) ist die sogenannte *Random Access Machine*[3] (RAM). Ein RAM-Modell besteht aus folgenden Komponenten:

- einer zentralen Recheneinheit samt einem Akkumulator, der vor der Ausführung einer Operation die Operanden aufnimmt und in dem nach der Ausführung des Befehls Zwischenergebnisse gespeichert werden,

- einem *unbeschränkten* Speicher, der beliebig viele Speicherzellen besitzt, die unbeschränkt große und kleine Zahlen enthalten können,

- einem Programm und

- einer Ein- und einer Ausgabevorrichtung.

Das Programm besteht aus *Instruktionen* (z. B. Addition einer Zahl zum aktuellen Wert des Akkumulators, Übertragen des Akkumulatorinhalts in den Speicher, Laden einer Zahl aus dem Speicher in den Akkumulator etc.). Während eines Berechnungsschrittes wird von einer RAM genau eine Instruktion ihres Programms ausgeführt. Dabei wird die Annahme getroffen, daß alle Instruktionen gleich lange dauern, unabhängig von Art und Größe der Operanden. Das Programm wird sequentiell abgearbeitet. Nur im Fall einer Verzweigung (bedingter oder unbedingter Sprung) wird die sequentielle Abarbeitungsreihenfolge durchbrochen.

Beispiel (Summation)   Die Summation von n Zahlen nach dem simplen Schema

$$s := 0; \quad s := s + x_1, \quad s := s + x_2, \ldots, s := s + x_n$$

erfordert offensichtlich n RAM-Rechenschritte (wenn man die Initialisierung vernachlässigt, sonst $n+1$ Schritte).

PRAM-Modell

Das RAM-Modell als Abstraktion eines Einprozessorsystems kann man zu einem Modell eines Mehrprozessorsystems (Parallelrechners) mit *gemeinsamem* Speicher erweitern. Man erhält eine *Parallel Random Access Machine* (PRAM) der Größe p, indem man p RAMs und einen gemeinsamen Speicher in einem Modell zusammenfaßt.

Die gravierendste Vereinfachung beim PRAM-Modell ist die Annahme, daß die für die Bearbeitung benötigte Zeitdauer für alle Instruktionen und speziell

---

[3]deutsch: Maschine mit wahlfreiem Zugriff auf die Speicherzellen; man spricht auch von *verallgemeinerten Registermaschinen*.

auch für alle Speicherzugriffe unabhängig von der Größe p der PRAM ist; es wird angenommen, daß der Inhalt jeder Speicherzelle von jedem Programm in einem Zeitschritt erreicht werden kann.

Beispiel (Summation)   Die Summation von n Zahlen erfordert nur $\lceil \log_2 n \rceil$ Rechenschritte einer PRAM, sofern $p \geq \lceil n/\log_2 n \rceil$ ist. Ein Rechenschritt besteht hier aus der paarweisen Summation, bei der die Nachbarelemente (x_1, x_2), $(x_3, x_4), \ldots$ jeweils gleichzeitig zueinander addiert werden. So wird die Anzahl der Summanden wiederholt halbiert[4], bis nur mehr einer übrigbleibt, der dann die Gesamtsumme ist.

MPRAM-Modell

Als Modell von Parallelrechnern mit verteiltem Speicher verwendet man die *Message Passing Random Access Machine* (MPRAM). Sie setzt sich wie die PRAM aus mehreren RAMs zusammen, wobei jetzt aber auch die Speicher vervielfacht werden, sodaß jede einzelne RAM nur auf ihren eigenen Speicher Zugriff hat.

Kommunikation zwischen den p RAMs ist möglich; welche RAMs kommunizieren können, wird durch einen Verbindungsgraphen ausgedrückt.

VRAM-Modell

Eine *Vector Random Access Machine* (VRAM) enthält zusätzlich zu den RAM-Komponenten einen unbeschränkten Vektorspeicher, Möglichkeiten der Ein- und Ausgabe von Vektoren und spezielle Vektorinstruktionen.

Eine VRAM kann in einem Zeitschritt Instruktionen auf einer festen Anzahl von Vektoren aus dem Vektorspeicher und Skalaren aus dem Skalarspeicher ausführen, wie z. B. die elementweise Summation von zwei Vektoren oder die Multiplikation eines Vektors mit einem Skalar.

Im Gegensatz zur PRAM, wo die *sequentiellen* Instruktionen der RAM *parallel* ausgeführt werden, kommen bei einer VRAM neue, *parallele* Instruktionen (Vektorinstruktionen) dazu, die *sequentiell* ausgeführt werden.

5.5.2 Theoretischer Abarbeitungsaufwand

Wenn man festgelegt hat, welche Operationen als Einheitsmenge der Arbeit anzusehen sind, kann ermittelt („abgezählt") werden, wie viele dieser Operationen von dem zu bewertenden Algorithmus zur Lösung eines Problems der Größe n benötigt werden. Damit erhält man die Komplexität des Algorithmus, die jeder Problemgröße die entsprechende Anzahl der erforderlichen Operationen zuordnet.

Es wird dabei auf der Grundlage der obigen Modellvorstellungen angenommen, daß alle Operationen gleich lange dauern, unabhängig von der speziellen Art der Operationen und unabhängig von den Operanden. Eine Abschätzung des gesamten Zeitaufwandes der Algorithmus-Ausführung (abhängig von der Problemgröße) ist möglich, wenn man den Zeitaufwand für die Durchführung *einer* Operation kennt.

---

[4]Im Fall einer ungeraden Anzahl von Summanden wird der übrig bleibende Summand unverändert in den nächsten Schritt übernommen.

Diese reine Abzählung der gleich gewichteten Operationen setzt aber eine identische Arbeitsmenge für jede Operation voraus. Auf Grund dieser Vereinfachung kann der *theoretische Abarbeitungsaufwand* nur für qualitative oder grobe quantitative Aussagen verwendet werden.

Grenzen theoretischer Aufwandsuntersuchungen

Damit der theoretische Abarbeitungsaufwand eines Algorithmus bzw. seine Komplexität durch Abzählen geeignet gewählter Operationen überhaupt bestimmt werden kann, ist es wichtig, daß die Anzahl dieser Operationen beim untersuchten Algorithmus vorhersagbar ist.

Direkte Algorithmen der linearen Algebra (Eliminationsalgorithmen) erfüllen beispielsweise diese Bedingung. Ganz anders ist die Situation bei *iterativen* Algorithmen, da hier nicht allein die Größe des Problems Einfluß auf die Anzahl der erforderlichen Operationen hat, sondern auch noch andere Parameter, wie Genauigkeitsschranken, Distanz des Startwerts der Iteration von der gesuchten Lösung, Eigenschaften der Gleitpunktarithmetik etc. (Mayes [297]). Die Anzahl der Operationen, die für die Durchführung eines derartigen Algorithmus benötigt werden, ist daher *nicht* vorhersagbar. Eine Komplexitätsanalyse solcher Algorithmen ist allenfalls unter sehr einschränkenden Zusatzvoraussetzungen möglich.

Grundsätzlich kann man bei Algorithmen, bei denen der Arbeitsaufwand a priori nicht bekannt ist, keine allgemeinen theoretischen Aussagen darüber machen, welche Arbeitsmenge zur Problemlösung anfällt. In diesen Fällen kann man allenfalls die Komplexität *eines* Berechnungsschritts bestimmen. Wie oft jedoch so ein Schritt durchgeführt werden muß, damit die Ergebnisse den Anforderungen genügen, hängt von den Eigenschaften der konkreten Problemstellung ab.

Beispiel (Adaptive Verfahren der numerischen Integration) Ein adaptiver Algorithmus zur numerischen Integration ist folgendermaßen aufgebaut (vgl. Kapitel 12): Die Werte des Integranden an bestimmten Stellen des Integrationsbereichs sind die Information, aus der ein Integralnäherungswert und eine Fehlerschätzung berechnet werden. Aus der laufenden Erfassung von Integralnäherungswerten und Fehlerschätzungen auf Teilbereichen wird anhand eines Gütekriteriums entschieden, auf welchen Teilbereichen weitere Unterteilung und Durchführung von Integrationsschritten notwendig ist. Der numerische Integrationsvorgang kann eventuell schon nach dem *ersten* Schritt beendet sein, sodaß überhaupt kein *Teil*bereich, sondern nur der gesamte Integrationsbereich betrachtet werden muß.

Der Arbeitsaufwand eines Integrationsschrittes auf einem festen Bereich läßt sich zwar genau bestimmen, aber die zur Erfüllung des Gütekriteriums benötigte Unterteilungstiefe und damit die Anzahl der Integrationsschritte hängt von den Eigenschaften des Integranden ab und läßt sich *nicht* von vornherein abschätzen.

Die bei einem adaptiven Verfahren zu leistende Arbeit kann also a priori *nicht* festgestellt werden. In solchen Fällen ist es sinnvoll, für Aufwandsbewertungen die Arbeit auf Teilbereichen anstelle der gesamten Arbeit heranzuziehen. Die in Abschnitt 3.3.1 angesprochene Verwendung von hinreichend kleinen *zeitlichen* Intervallen läßt sich analog auf hinreichend kleine *örtliche* Bereiche umsetzen.

5.5.3 Asymptotische Komplexität von Algorithmen

In manchen Fällen ist man nicht am exakten Ergebnis einer Operationen-Zählung interessiert, sondern nur an ihrem qualitativen Verlauf in Abhängigkeit von den Problemparametern. Vor allem zur Charakterisierung des Lösungsaufwandes für große Probleme ist die *asymptotische Komplexität* von großer Bedeutung.

Definition 5.5.1 (Ordnung der Komplexität) *Die von einem Parameter p abhängende Komplexität $K(p)$ eines Algorithmus hat die Ordnung von $f(p)$, falls es Konstanten b und c gibt, für die*

$$K(p) \leq c \cdot f(p) \qquad \textit{für alle} \quad p \geq b$$

gilt.

Dieser Sachverhalt wird mit Hilfe des *Landauschen Symbols*[5] O ausgedrückt:

$$K(p) = O(f(p)) \tag{5.1}$$

(gesprochen: Groß-O von $f(p)$). Die Algorithmen mit Komplexitäten bestimmter Ordnungen faßt man zu Komplexitätsklassen zusammen. Die praktisch wichtigsten asymptotischen Komplexitätsklassen sind:

Ordnung	Komplexitätsklasse	Beispiel für $K(p)$
$O(1)$	konstant	$c \in \mathbb{R}_+$
$O(\log p)$	logarithmisch	$c \cdot \log p$
$O(p)$	linear	$c_1 p + c_0$
$O(p^2)$	quadratisch	$c_2 p^2 + c_1 p + c_0$
$O(p^3)$	kubisch	$c_3 p^3 + c_2 p^2 + \cdots$
$\vdots$	$\vdots$	$\vdots$
$O(p^m),\ m \in \mathbb{N}$	polynomial	$c_m p^m + c_{m-1} p^{m-1} + \cdots$
$O(c^p)$	exponentiell	$c^{d \cdot p} + \text{Polynom}(p)$
$O(p!)$	faktoriell	$c \cdot p!$

Wegen $\log_b(p) = \log_B(p) \cdot \log_b(B)$ ist die Angabe der Basis bei der logarithmischen Ordnung irrelevant.

Die obige Tabelle ist nach steigender asymptotischer Komplexität geordnet. Ein Algorithmus mit kubischer Komplexität erfordert asymptotisch (ab einer gewissen Größe des Parameters p) mehr Aufwand als ein Algorithmus mit logarithmischer Komplexität.

Die asymptotische Komplexität kann zu einer groben Klassifizierung von Algorithmen zur Lösung eines bestimmten Problems herangezogen werden. Haben zwei Algorithmen die gleiche asymptotische Komplexität, so bedeutet das, daß ihr Abarbeitungsaufwand bei immer größer werdenden Problemen gleich schnell steigt. Das gilt natürlich nur unter der Voraussetzung, daß dieselben Maßstäbe zur Bestimmung der Komplexität verwendet wurden!

---

[5]Man beachte, daß (5.1) keine Gleichung im üblichen mathematischen Sinn ist, sondern daß eine „von links nach rechts"-Bedeutung vorliegt: $O(f(p)) = K(p)$ ist sinnlos.

Beispiel (Sortieralgorithmen)   Im Fall von Sortieralgorithmen ist der Parameter die Anzahl k der zu sortierenden Elemente. Der Arbeitsaufwand wird durch die Anzahl der benötigten Größenvergleiche zweier Elemente charakterisiert. Er ist natürlich abhängig von der Art der Anordnung der Elemente zum Startzeitpunkt der jeweiligen Algorithmen.

Sortierverfahren wie *Sortieren durch Minimum-Suchen*, *Sortieren durch Einordnen* oder *Quicksort* gehören einer gemeinsamen Algorithmenklasse an, insoferne sie alle im schlechtesten Fall eine quadratische Komplexität aufweisen. Die asymptotische Komplexität von *Sortieren durch Mischen* oder *Heapsort* ist unabhängig vom Ausgangszustand der zu sortierenden Folge durch $O(k \log k)$ charakterisiert. Diese Verfahren gehören dementsprechend zu einer Klasse asymptotisch effizienterer Algorithmen.

Beispiel (NP-Vollständigkeit)   Es gibt eine Klasse von Problemen (aus dem Gebiet des Operations Research, der Graphentheorie etc.), für die alle bekannten deterministischen Algorithmen exponentielle Komplexität besitzen, für die es aber nichtdeterministische Algorithmen mit lediglich polynomialem Aufwand (P-Komplexität) gibt. Diese Problemklasse bezeichnet man mit NP (*nichtdeterministisch polynomial*). Innerhalb von NP gibt es die sogenannten NP-*vollständigen* Probleme, auf die sich alle NP-Probleme mit polynomialem Zusatzaufwand zurückführen lassen: Wenn es gelänge, auch nur ein einziges NP-vollständiges Problem mit polynomialem Aufwand zu lösen, so könnte man *alle* Probleme der Klasse NP mit polynomialem Aufwand lösen.

Es ist ein zentrales offenes Problem der Komplexitätstheorie, ob P = NP oder P $\neq$ NP ist, ob es also deterministische Lösungsverfahren mit polynomialem Aufwand für alle Probleme der Klasse NP gibt.

Bei theoretischen Untersuchungen, die sich auf die asymptotische Komplexität stützen, darf vor allem auch nicht übersehen werden, daß Rückschlüsse auf die praktische Leistungsfähigkeit der untersuchten Algorithmen bei der Lösung konkreter Probleme nur mit Vorsicht gemacht werden dürfen bzw. überhaupt nicht zulässig sind. Bedingt durch die Definition der Landauschen „O-Symbolik" kann ein Algorithmus mit geringerer asymptotischer Komplexität für praktisch relevante Werte des Parameters p *arbeitsaufwendiger* sein als ein Algorithmus, der eine größere asymptotische Komplexität aufweist.

Beispiel (Algorithmenvergleich)   Zwei Algorithmen mit den Komplexitäten $K_1(p) = 0.67p^3$ und $K_2(p) = 260p^{2.3}$ sollen verglichen werden. Asymptotisch gesehen hat der zweite Algorithmus mit einem $O(p^{2.3})$-Aufwand die geringere Komplexität als der Algorithmus mit der kubischen Komplexität. Für Parameterwerte $p \leq 5\,000$ erfordert jedoch der erste Algorithmus den geringeren Aufwand, für kleine Werte von p sogar einen deutlich geringeren.

5.5.4 Komplexität von Problemen

Die Komplexität eines *Algorithmus* ist ein Maß für den bei seiner Abarbeitung erforderlichen Aufwand bei einer konkreten Realisierung innerhalb bestimmter Modellannahmen.

Von der Komplexität eines *Problems* kann man nicht ohne weiteres sprechen, weil es dazu meist eine Vielzahl möglicher Lösungsalgorithmen unterschiedlicher Komplexität gibt. Den Begriff der Komplexitätsklasse kann man jedoch leicht auf Probleme übertragen: Eine Komplexitätsklasse von Problemen enthält alle Probleme, die mit Algorithmen einer entsprechenden Komplexitätsklasse von Algorithmen lösbar sind.

Falls es eine minimale Komplexitätsklasse gibt, in der ein Problem liegt, so gibt das ein gutes Bild der intuitiven „Komplexität des Problems". Es gelingt aber nur in den seltensten Fällen, eine solche minimale Komplexitätsklasse (im folgenden „Komplexität des Problems" genannt) zu bestimmen. Hiezu müßte man durch Analyse des Problems eine untere Schranke für den Arbeitsaufwand bei der Lösung des Problems bestimmen *und* auch einen optimalen Algorithmus finden, dessen asymptotische Komplexität gleich dieser unteren Schranke ist.

Beispiel (Sortieren)   Für die Umordnung einer Folge von $k \geq 2$ Objekten $a_1, a_2, \ldots, a_k$ in eine Folge $a_{(1)}, a_{(2)}, \ldots, a_{(k)}$, für die eine Ordnungsrelation

$$a_{(1)} \leq a_{(2)} \leq \cdots \leq a_{(k)}$$

gilt, benötigt ein allgemeines Sortierverfahren, das seine Information über die Anordnung der zu sortierenden Elemente ausschließlich aus Vergleichsoperationen zwischen den Elementen bezieht, *mindestens* $O(k \log k)$ Vergleiche.

Da es andererseits Algorithmen gibt, die nicht mehr als diese Zahl von Vergleichen benötigen (z. B. das Sortierverfahren *Heapsort*), kann man daraus schließen, daß die Komplexität des allgemeinen Sortier*problems* $O(k \log k)$ ist.

Beispiel (Lineare Gleichungssysteme)   Der Gauß-Algorithmus zur Lösung n linearer Gleichungen ist ein $O(n^3)$-Algorithmus. Lange Zeit war man der Meinung, daß auch die Komplexität des Problems der Lösung eines linearen Gleichungssystems von kubischer Ordnung ist. Seit 1969 weiß man, daß dies nicht der Fall ist (Strassen [376]).

Auf Grund eines explizit bekannten $O(n^{2.376})$-Algorithmus kann man derzeit die intuitive Komplexität der Lösung linearer Gleichungssysteme ungefähr einschränken: Man weiß, daß das Problem in der Klasse der $O(n^{2.376})$-lösbaren Probleme liegt und weiters, daß jeder Algorithmus zumindest n^2 Zugriffe auf die Matrixelemente benötigt. Sehr salopp könnte man die Komplexität K des Problems daher folgendermaßen eingrenzen:

$$O(n^2) \leq K \leq O(n^{2.736}).$$

Die Komplexität dieses Problems ist auf das engste mit jener der Matrizenmultiplikation verknüpft, die in der folgenden Fallstudie genauer untersucht wird (vgl. auch Pan [322]).

5.5.5 Fallstudie: Matrizenmultiplikation

Der englische Mathematiker J. Sylvester führte 1850 den Namen *Matrix* für ein rechteckiges Schema von Zahlen ein, das für ihn eine lineare Abbildung zweier endlichdimensionaler Vektorräume repräsentierte. Beim Versuch, das Produkt (die Verknüpfung) zweier linearer Abbildungen $L_1, L_2 : \mathbb{R}^n \longrightarrow \mathbb{R}^n$ formal zu beschreiben, wurde er in natürlicher Weise auf die folgende Definition der Matrizenmultiplikation geführt:

$$(A \cdot B)_{ij} := \sum_{k=1}^{n} a_{ik} b_{kj}, \quad A, B \in \mathbb{R}^{n \times n}. \tag{5.2}$$

Der „*Zeilen-mal-Spalten-Algorithmus*", der sich in natürlicher Weise aus (5.2) ableiten läßt, erfordert n^3 Multiplikationen und $n^2(n-1)$ Additionen, seine asymptotische Komplexität bezüglich der arithmetischen Operationen ist daher kubisch sowohl hinsichtlich der Additionen als auch der Multiplikationen.

Für mehr als ein Jahrhundert war die Zeilen-mal-Spalten-Methode der einzige bekannte Algorithmus zur Multiplikation von Matrizen. Da dessen Einfachheit und Natürlichkeit seine Optimalität lange als selbstverständlich erscheinen ließen, kam es zu keiner weiteren Beschäftigung mit anderen Methoden.

Im Jahre 1967 fand S. Winograd zur allgemeinen Überraschung einen Weg, die Hälfte der n^3 Multiplikationen des auf Formel (5.2) beruhenden Matrizenmultiplikationsalgorithmus durch Additionen zu ersetzen. Sein Vorgehen nutzte die Gleichheit bestimmter innerer Produkte, die berechnet und wiederverwendet werden können. Winograds Arbeit erregte großes Aufsehen, weil die damaligen Computer Gleitpunkt-*Additionen* zwei- bis dreimal so schnell ausführten wie Gleitpunkt-*Multiplikationen*. (Auf den meisten heutigen Rechnern benötigen beide Operationen die gleiche Rechenzeit.)

Bald nach der Veröffentlichung von Winograds Arbeit fand V. Strassen eine neue Methode zur Matrizenmultiplikation, deren Komplexitätsordnung mit $O\left(n^{\log_2 7}\right)$ deutlich unter der kubischen Komplexität der „klassischen" Zeilen-mal-Spalten-Methode liegt ($\log_2 7 \approx 2.807$). Strassen warf damals auch die Frage nach der Problemkomplexität auf, nämlich ob es einen kleinsten Exponenten ω gibt, sodaß jede Matrizenmultiplikation mit $O(n^\omega)$ Operationen ausgeführt werden kann. Klarerweise gilt $\omega \geq 2$, da jedes Element der beiden Matrizen in wenigstens einer Operation als Operand vorkommen muß. Trotz intensiver Forschung ist das Minimum (bzw. das Infimum) dieser Exponenten, die asymptotische Komplexität des Problems der Matrizenmultiplikation, noch immer unbekannt.

Auf die Veröffentlichung von Strassens Arbeit folgten in der Zwischenzeit noch viele weitere Verbesserungen des Exponenten ω, wobei der geschickte Einsatz von Tensoren, Bilinear- und Trilinearformen eine große Rolle spielte; einen Überblick über diese Arbeiten gibt Pan [321]. Der „Weltrekord" Ende 1990 war $\omega = 2.376$. Abb. 5.1 zeigt die historische Entwicklung von $O(n^\omega)$.

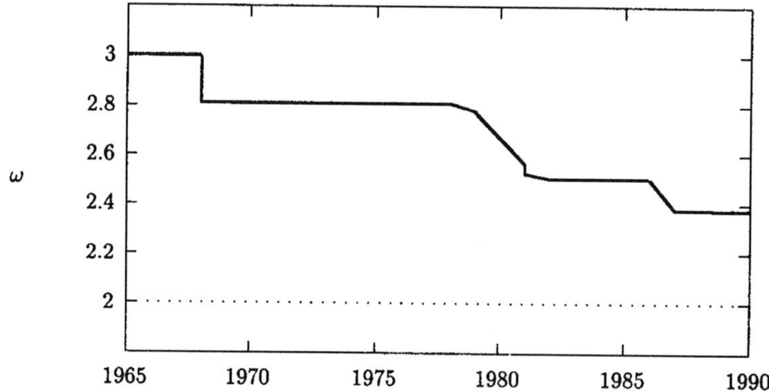

Abb. 5.1: Historische Entwicklung des „Komplexitäts-Exponenten"

Entwicklungsprinzip des Strassen-Algorithmus

Der Strassen-Algorithmus beruht auf dem *Divide-and-conquer*-Prinzip. Diese Methode zur Entwicklung von Algorithmen besteht aus zwei Schritten:

1. Schritt (*divide*): Das gesamte Problem wird in zwei oder mehr möglichst gleichgroße Teilprobleme derselben Art wie das Originalproblem aufgespalten, die unabhängig voneinander gelöst werden können.

2. Schritt (*conquer*): Die Lösungen der Teilprobleme werden zur Lösung des Gesamtproblems zusammengesetzt.

Die Aufteilungsschritte werden solange ausgeführt, bis man zu Teilproblemen gelangt, die sehr einfach gelöst werden können.

Der einfachste Fall bei der Matrizenmultiplikation ist die Verknüpfung von zwei 2×2-Matrizen $A, B \in \mathbb{R}^{2 \times 2}$

$$A = \begin{pmatrix} a_{11} & a_{12} \\ a_{21} & a_{22} \end{pmatrix}, \qquad B = \begin{pmatrix} b_{11} & b_{12} \\ b_{21} & b_{22} \end{pmatrix}.$$

Definiert man die Hilfsgrößen

$$\begin{aligned} p_1 &:= (a_{11} + a_{22}) \cdot (b_{11} + b_{22}) \\ p_2 &:= (a_{21} + a_{22}) \cdot b_{11} \\ p_3 &:= a_{11} \cdot (b_{12} - b_{22}) \\ p_4 &:= a_{22} \cdot (b_{21} - b_{11}) \\ p_5 &:= (a_{11} + a_{12}) \cdot b_{22} \\ p_6 &:= (a_{21} - a_{11}) \cdot (b_{11} + b_{12}) \\ p_7 &:= (a_{12} - a_{22}) \cdot (b_{21} + b_{22}), \end{aligned} \tag{5.3}$$

dann gilt für das Produkt

$$A \cdot B =: C = \begin{pmatrix} c_{11} & c_{12} \\ c_{21} & c_{22} \end{pmatrix},$$

wie man durch einfaches Nachrechnen leicht bestätigen kann:

$$\begin{aligned} c_{11} &= p_1 + p_4 - p_5 + p_7 \\ c_{12} &= p_3 + p_5 \\ c_{21} &= p_2 + p_4 \\ c_{22} &= p_1 + p_3 - p_2 + p_6. \end{aligned} \tag{5.4}$$

Dieser Algorithmus zur Matrizenmultiplikation, der *Strassen-Algorithmus* (Strassen [376]), benötigt sieben Multiplikationen und 18 Additionen bzw. Subtraktionen, insgesamt also 25 arithmetische Operationen, während der Standardalgorithmus 8 Multiplikationen und 4 Additionen, also insgesamt nur 12 arithmetische Operationen, verwendet. Der Strassen-Algorithmus ist im Fall von 2×2 Matrizen dem Standardalgorithmus bezüglich des Rechenaufwandes deutlich *unterlegen*, doch erkannte Strassen, daß die Formeln (5.3) und (5.4) gültig bleiben, wenn die

a_{ij} und b_{ij} selbst Matrizen sind. Für diesen allgemeinen Fall werden im folgenden die Algorithmen $\mathcal{A}_{m,k}$, die zwei Matrizen der Ordnung $m2^k$ multiplizieren, durch Induktion über k definiert.

Falls n keine gerade Zahl ist, dann berechnet man die letzte Spalte von C nach der üblichen Methode und wendet das Verfahren auf die verbleibenden Matrizen der Dimension $n - 1$ an.

Definition 5.5.2 *$\mathcal{A}_{m,0}$ sei der Standardalgorithmus zur Matrizenmultiplikation (dieser benötigt m^3 Multiplikationen und $m^2(m-1)$ Additionen). Ist $\mathcal{A}_{m,k}$ bereits bekannt, dann sei $\mathcal{A}_{m,k+1}$ wie folgt definiert:*
Sollen die Matrizen A und B der Ordnung $m2^{k+1}$ multipliziert werden, dann unterteilt man A, B und $A \cdot B$ in Blöcke

$$A = \begin{pmatrix} A_{11} & A_{12} \\ A_{21} & A_{22} \end{pmatrix}, \qquad B = \begin{pmatrix} B_{11} & B_{12} \\ B_{21} & B_{22} \end{pmatrix}, \qquad A \cdot B = \begin{pmatrix} C_{11} & C_{12} \\ C_{21} & C_{22} \end{pmatrix},$$

wobei A_{ij}, B_{ij}, C_{ij} Matrizen der Ordnung $m2^k$ sind, und berechnet die Hilfsmatrizen der Ordnung $m2^k$

$$\begin{aligned}
P_1 &:= (A_{11} + A_{22}) \cdot (B_{11} + B_{22}) \\
P_2 &:= (A_{21} + A_{22}) \cdot B_{11} \\
P_3 &:= A_{11} \cdot (B_{12} - B_{22}) \\
P_4 &:= A_{22} \cdot (B_{21} - B_{11}) \\
P_5 &:= (A_{11} + A_{12}) \cdot B_{22} \\
P_6 &:= (A_{21} - A_{11}) \cdot (B_{11} + B_{12}) \\
P_7 &:= (A_{12} - A_{22}) \cdot (B_{21} + B_{22})
\end{aligned}$$

$$\begin{aligned}
C_{11} &= P_1 + P_4 - P_5 + P_7 \\
C_{12} &= P_3 + P_5 \\
C_{21} &= P_2 + P_4 \\
C_{22} &= P_1 + P_3 - P_2 + P_6,
\end{aligned}$$

indem man für die Multiplikationen den Algorithmus $\mathcal{A}_{m,k}$ und für die Additionen und Subtraktionen den gewöhnlichen (elementweisen) Algorithmus verwendet.

Die Matrizen P_1, P_2, ..., P_7 können alle *gleichzeitig* berechnet werden. Dies gilt auch für die Matrizen C_{11}, ..., C_{22}, obwohl deren Berechnungsaufwand verglichen mit jenem für die Hilfsmatrizen P_1, P_2, ..., P_7 verhältnismäßig klein ist, sodaß sich die parallele Berechnung oft nicht lohnt. Der Strassen-Algorithmus ist auf jeden Fall für eine Verwendung auf Parallelrechnern gut geeignet (Bailey [98], Laderman et al. [272]).

Komplexität des Strassen-Algorithmus

Der Strassen-Algorithmus ermöglicht die Berechnung des Produktes zweier Matrizen der Ordnung $n = 2^k$ mit 7^k Multiplikationen und weniger als $6 \cdot 7^k$ Additionen und Subtraktionen, genauer:

$$K_{\text{mult}}(n) = n^{\log_2 7} \qquad \text{Multiplikationen und}$$
$$K_{\text{add}}(n) = 6(n^{\log_2 7} - n^{\log_2 4}) \qquad \text{Additionen/Subtraktionen.}$$

Dieser Algorithmus hat also sowohl bezüglich der Additionen als auch bezüglich der Multiplikationen eine asymptotische Komplexität $O(n^{\log_2 7})$, die deutlich niedriger ist als jene des Standardalgorithmus.

Für Matrizen mit allgemeiner Ordnung (nicht notwendigerweise $n = 2^k$) gilt:

Satz 5.5.1 *Das Produkt zweier quadratischer Matrizen der Ordnung n kann mit dem Strassen-Algorithmus mit weniger als $28 \cdot n^{\log_2 7}$ arithmetischen Operationen berechnet werden.*

Beweis: Strassen [376].

Software für den Strassen-Algorithmus

Aus dem Grundkonzept des Strassen-Algorithmus effiziente Programme zu entwickeln, ist keine einfache Aufgabe. Der Strassen-Algorithmus galt daher auch lange nur als theoretisch interessantes Beispiel zur Komplexitätsreduktion bei der Matrizenmultiplikation. Von C. C. Douglas, M. Heroux, G. Slishman und R. M. Smith [176] gibt es jedoch seit kurzem sehr effiziente Implementierungen für Einprozessor-Computer und Parallelrechner. Auch in die Softwarebibliotheken der Computerhersteller wurden bereits Implementierungen des Strassen-Algorithmus aufgenommen (z. B. **sgemms** und **dgemms** in der ESSL-Bibliothek).

Die „Grenzdimension" $n_{\min}$, ab der eine Strassen-Implementierung weniger Rechenzeit erfordert als das entsprechende BLAS-3-Programm **sgemm** bzw. **dgemm**, liegt bei den meisten Computern zwischen 32 und 256. Bei größeren Matrizen tritt eine signifikante Verringerung der erforderlichen Gleitpunktoperationen (siehe Abb. 5.2) und eine entsprechende Verkürzung der Rechenzeit ein (siehe Abb. 5.3).

5.5.6 Praktische Aufwandsermittlung

Im Unterschied zu theoretischen Untersuchungen ist bei der praktischen Aufwandsermittlung nicht die asymptotische, sondern die „*finite*" Komplexität eines Algorithmus relevant, z. B. die konkrete Anzahl $K(n)$ der verschiedenen Arten von (Gleitpunkt-) Operationen, die der Algorithmus zur Bearbeitung eines Problems der Größe n erfordert.

Beispiel (Gauß-Algorithmus) Der Eliminationsalgorithmus (LU-Zerlegung) zur Lösung eines linearen Gleichungssystems der Dimension n benötigt (Golub, Ortega [47])

$$K_{\text{add}}(n) = n^3/3 + n^2/2 - 5n/6 \qquad \text{Additionen,}$$
$$K_{\text{mult}}(n) = n^3/3 + n^2/2 - 5n/6 \qquad \text{Multiplikationen und}$$
$$K_{\text{div}}(n) = n^2/2 + n/2 \qquad \text{Divisionen.}$$

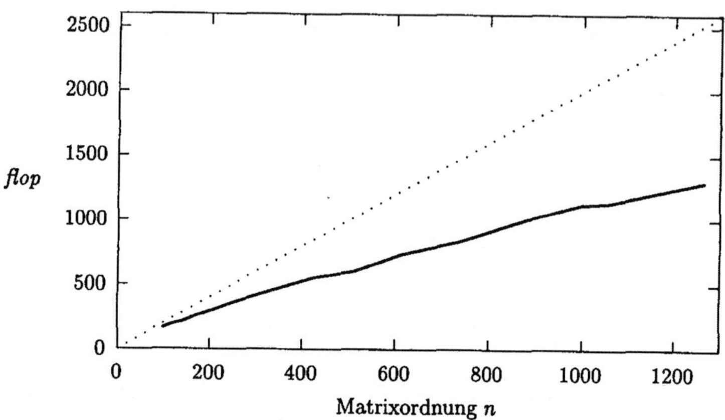

Abb. 5.2: Von den Programmen sgemmw (—) bzw. BLAS/sgemm (·····) benötigte Anzahl *flop* an Gleitpunktoperationen pro Element der Ergebnismatrix.

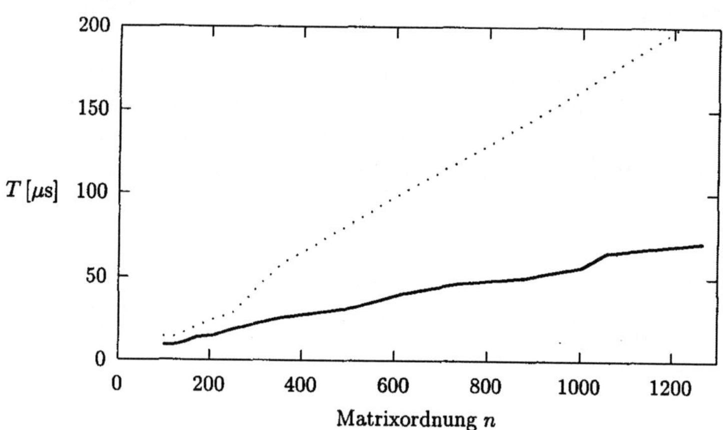

Abb. 5.3: Zeitaufwand T in Mikrosekunden pro Element der Ergebnismatrix bei Verwendung von sgemmw (—) bzw. BLAS/sgemm (·····) auf einer HP-Workstation.

Der Aufwand, der zur Sicherung der numerischen Stabilität erforderlich ist (Pivotsuche, Zeilen-
und/oder Spaltenvertauschungen (Golub, Van Loan [48])), kommt in den Komplexitätszahlen
$K_{\mathrm{add}}(n)$, $K_{\mathrm{mult}}(n)$ und $K_{\mathrm{div}}(n)$ *nicht* zum Ausdruck. Wegen seiner starken Datenabhängigkeit
läßt sich dieser Zusatzaufwand auch nur schwer durch Formelausdrücke quantifizieren. Man
weiß aber, daß seine asymptotische Komplexität ungünstigstenfalls $O(n^2)$ ist.

In jenen Fällen, wo es nicht möglich ist, eine präzise Aufwandsermittlung
durch „Abzählung" der zu erwartenden Operationen durchzuführen, besteht die
Möglichkeit, während der Ausführung eines Programms die Anzahl der verschiedenen Operationen mitzuzählen und damit den Arbeitsaufwand eines bestimmten
Programms bei der Lösung eines speziellen Problems auf einem konkreten Computersystem exakt festzustellen. Solche experimentellen Aufwandsermittlungen
ermöglichen die sogenannten *Software-* und *Hardwaremonitore* (Jain [248]).

Präzisierung des Begriffs „Operation"

Die praktische Ermittlung des Arbeitsaufwandes eines bestimmten Algorithmus
erfordert eine noch genauere Auseinandersetzung mit dem Begriff der „Operation", als dies beim theoretischen Abarbeitungsaufwand der Fall war.

In der Praxis der Numerischen Datenverarbeitung wird der Aufwand, den ein
Programm für die Lösung eines Problems der Größe n benötigt, oft durch die
Anzahl der erforderlichen Gleitpunktoperationen charakterisiert. Die Funktion
$K(n)$, die jeder Problemgröße n die Anzahl der Gleitpunktoperationen des Algorithmus zuordnet, wird als *Rechen-Komplexität des Algorithmus* bezeichnet.
Es sind aber weder die verrichtete Arbeit noch die tatsächliche Zeitdauer der
verschiedenen Gleitpunktoperationen gleich groß.

Außer dem Umstand, daß oft auch andere Operationen (z. B. Anzahl und
Art der Speicherzugriffe) bezüglich ihres Zeitaufwandes eine Rolle spielen, muß
berücksichtigt werden, daß auf verschiedenen Computersystemen Gleitpunktoperationen in unterschiedlicher Form vorhanden sind. Beispielsweise sind auf vielen
Mikroprozessoren neben den Instruktionen für die arithmetischen Operationen
$+ - \cdot /$ eigene Instruktionen für die Berechnung der Quadratwurzel-, Sinus- und
Kosinusfunktion etc. vorhanden. Solche Funktionsaufrufe stellen aber erheblich
mehr Arbeit dar und benötigen auch deutlich mehr Zeit als die Ausführung einer
Gleitpunktaddition oder -multiplikation.

Beispiel (Quadratwurzel) In älteren IBM-Workstations mit POWER-Architektur wurde die
Quadratwurzelfunktion durch den Aufruf einer Bibliotheksroutine realisiert, deren Ausführung
ungefähr 50 Taktzyklen benötigte. Die POWER2-Architektur enthält eine Instruktion zur Berechnung der Quadratwurzel, die nur mehr halb soviele Taktzyklen erfordert.

Beispiel (Multiply and Add) POWER- und POWER2-Prozessoren besitzen eine Instruktion, die eine Multiplikation und eine davon abhängige Addition – die Operation $(a \cdot b) + c$
– in derselben Zeit wie eine einzelne Gleitpunktaddition bzw. -Multiplikation ausführen kann
(*Floating Point Multiply and Add*). Ein weiterer Vorteil dieser zusammengesetzten Instruktion
ist, daß das Zwischenergebnis nicht gerundet wird und daher insgesamt nur *ein* Rundungsfehler
auftritt (White, Dhawan [394]).

Die im Instruktionssatz eines Prozessors verfügbaren arithmetischen Gleitpunktoperationen sind – im Gegensatz zu den vereinfachenden Annahmen z. B. des
RAM-Modells – *nicht* homogen bezüglich ihres Zeitaufwandes; so benötigen z. B.
Gleitpunktadditionen und -Multiplikationen meist deutlich weniger Taktzyklen
als Gleitpunktdivisionen. Diese Tatsache darf sowohl bei der Aufwandsbewertung
von Algorithmen als auch bei der empirischen Leistungsbewertung von Computersystemen nicht vernachlässigt werden (vgl. Abschnitt 3.5).

Für eine einfachere und einheitlichere Aufwandsbeurteilung werden gelegentlich
normalisierte Gleitpunktoperationen verwendet. Dabei wird jede Gleitpunktoperation gewichtet gezählt, z. B. mit der Anzahl an Taktzyklen, die sie benötigt.

Folgende Normalisierung des Aufwands ist gebräuchlich[6] (Addison et al. [80]):

Gleitpunktoperation	Gewichtung
Addition, Subtraktion, Multiplikation	1 flop
Division, Quadratwurzel	4 flop
Exponentialfunktion, Winkelfunktionen	8 flop

Der auf diese Art ermittelte Wert für die Anzahl der Gleitpunktoperationen ist
zwar unabhängig von der *Art* der auftretenden Gleitpunktoperationen, er ist
allerdings nicht unabhängig von den Hardware-Besonderheiten des Prozessors.
Falls z. B. der Instruktionssatz zusammengesetzte Instruktionen wie die bereits
erwähnte *Floating-Point-Multiply-and-Add*-Instruktion enthält, muß das in der
Normalisierung ebenfalls berücksichtigt werden.

5.6 Darstellung von Algorithmen

Zur Darstellung von Algorithmen gibt es verschiedene Möglichkeiten:

Natürliche Sprache: Diese Form der Algorithmusdarstellung ist sehr anpas-
sungsfähig an Fachsprachen. Sie erlaubt es, dort vage zu sein, wo man sich
nicht genauer ausdrücken will, ist aber oft ausdrucksfähig genug, um zu sagen,
was man will.

Strukturelle Darstellung: Bei der Algorithmus- und Programm-Entwicklung
werden oft graphische Darstellungsformen wie *Struktogramme* (Nassi-Shnei-
derman-Diagramme) oder *Ablaufpläne* (Flußdiagramme) verwendet.

Programmiersprachen: Eine besondere Art der Algorithmus-Notation sind die
Programmiersprachen. Sie ermöglichen eine Darstellung, die auch von einem
Computer ausgeführt werden kann.

Im vorliegenden Buch werden zwei Formen der Algorithmusdarstellung verwendet: Programmteile in Fortran 90 und Pseudocode-Darstellungen.

---

[6]Die passende Gewichtung für einen konkreten Computer ermittelt man am besten experimentell. Alle flop/s-Angaben, die sich auf etwas anderes als Additionen und Multiplikationen
stützen, sind generell mit Vorsicht zu genießen.

5.6.1 Fortran 90

Die Notation durch Programmteile in Fortran 90 (Überhuber, Meditz [76]) wird
vor allem dort verwendet, wo es auf die präzise Darstellung numerischer Algorithmen unter Einbeziehung von speziell für die Numerische Datenverarbeitung
konzipierten Sprachelementen ankommt. Es handelt sich dabei fast ausschließlich um Programm*fragmente*. So werden z. B. Deklarationen, wenn sie für das
Verständnis des behandelten Programmteils nicht erforderlich sind, weggelassen.
Dies sollte jedoch keineswegs als eine Ermunterung zum Weglassen expliziter
Vereinbarungen (und dem Ausnutzen der veralteten impliziten Typfestlegungen)
mißverstanden werden.

Beispiel (Bisektion)   Das folgende Programmstück realisiert einen (nicht sehr effizienten)
Bisektionsalgorithmus:

```
   ...
   DO iteration = 1, DIGITS(a)
      x_mitte = (a + b)/2.
      IF (ABS(f(x_mitte)) < tol_f) EXIT
      IF (f(a)*f(x_mitte) < 0.) THEN
         b = x_mitte
      ELSE
         a = x_mitte
      END IF
   END DO
   ...
```

An vielen Stellen (z. B. in Kapitel 6) werden Fortran 90-Programmstücke verwendet, um die Implementierung von Algorithmen beispielhaft zu illustrieren. Daraus
sollte man nicht den Schluß ziehen, daß diese Programmfragmente in *jedem* Fall
eine *optimale* Implementierung sind. So können z. B. alle in Abschnitt 6.7 behandelten Algorithmusvarianten zur effizienten Matrizenmultiplikation durch einen
einzigen Aufruf der in Fortran 90 vordefinierten Funktion MATMUL ersetzt werden, was im Fall kleiner Matrizen (wo die Effizienz keine große Rolle spielt) auch
sehr zu empfehlen ist.

5.6.2 Pseudocode

Diese Algorithmusdarstellung durch Pseudocode ist noch fragmentarischer als die
eben erwähnten Programmabschnitte in Fortran 90. Sie wird überall dort verwendet, wo keine Numerik-spezifischen Sprachkonstrukte benötigt werden bzw. wo
eine vereinfachte Darstellung zum leichteren Verständnis beiträgt.

Vollständig aufgelistete Programme, die man direkt ausführen kann, wurden be-
wußt *nicht* aufgenommen, da es eine Fülle qualitativ hochwertiger numerischer
Software gibt (siehe Kapitel 7). Der Leser sollte sich in erster Linie an diese
Produkte halten, auf die an allen relevanten Stellen im Buch verwiesen wird.

Sprachkonstrukte

Die *Wertzuweisung* wird durch den Operator := symbolisiert.

Folgende *Steuerkonstrukte* werden verwendet:

Endlosschleife	**do** ... **end do**

Zählschleife	**do** laufvariable = anfwert, anfwert+schritt, ..., endwert ... **end do**

WHILE-*Schleife*	**do while** bedingung ... **end do**

FORALL-*Schleife*	**do for** variable $\in$ indexmenge ... **end do**

IF-*Anweisungen*	**if** bedingung **then** anweisung

---

if bedingung **then**
   ...
end if

---

if bedingung **then**
   ...
else
   ...
end if

Die syntaktische Bedeutung dieser Konstrukte ist der Sprachdefinition von Fortran 90 angelehnt. Eine Endlosschleife kann also auch im Pseudocode mit einem **exit** verlassen werden:

```
do
   ...
   if bedingung then exit
   ...
end do
```

Wenn Ort und nähere Umstände des Abbruchs einer Wiederholung für die jeweilige Diskussion irrelevant sind, so wird im Pseudocode gegebenenfalls auch eine Endlosschleife *ohne* Abbruch verwendet.

5.7 Rundungsfehlereinfluß auf numerische Algorithmen

Operationen an algebraischen und analytischen Daten müssen – wenn sie nicht symbolisch ausgeführt werden – auf arithmetische Operationen (rationale Operationen und die Auswertung der Standardfunktionen) an den Komponenten strukturierter Daten zurückgeführt werden. Jeder numerische Algorithmus im engeren Sinn besteht also nach seiner Zerlegung in elementare Schritte nur aus arithmetischen Operationen – abgesehen von Vergleichsoperationen, die man bei Fallunterscheidungen (Verzweigungen) benötigt.

Typische Lösungsverfahren der Numerischen Datenverarbeitung führen oft auf arithmetische Algorithmen mit sehr vielen arithmetischen Operationen (oft 10^8 und mehr). Es ist daher unbedingt erforderlich, zu untersuchen, wie sich die speziellen Eigenschaften der Gleitpunktarithmetik beim Aufeinanderfolgen sehr vieler arithmetischer Operationen auswirken.

5.7.1 Arithmetische Algorithmen

Als Beispiel eines arithmetischen Algorithmus soll die Auflösung eines linearen Gleichungssystems mit 3 Gleichungen für 3 Unbekannte dienen:

$$
\begin{aligned}
a_{11}x_1 + a_{12}x_2 + a_{13}x_3 &= a_{14} \\
a_{21}x_1 + a_{22}x_2 + a_{23}x_3 &= a_{24} \\
a_{31}x_1 + a_{32}x_2 + a_{33}x_3 &= a_{34}.
\end{aligned}
\tag{5.5}
$$

Das Standardverfahren zur Ermittlung der Lösung linearer Gleichungssysteme ist das *Eliminationsverfahren*, das auch als „Gauß-Elimination" bezeichnet wird. Beim Gleichungssystem (5.5) multipliziert man dabei zunächst die erste Gleichung mit $-a_{31}/a_{11}$ und addiert sie zur zweiten Gleichung; so erhält man eine neue Gleichung, die nur mehr x_2 und x_3 enthält. Eine zweite derartige Gleichung erhält man durch Addition der mit $-a_{31}/a_{11}$ multiplizierten ersten Gleichung zur dritten Gleichung:

$$
\begin{aligned}
\bar{a}_{22}x_2 + \bar{a}_{23}x_3 &= \bar{a}_{24} \\
\bar{a}_{32}x_2 + \bar{a}_{33}x_3 &= \bar{a}_{34}.
\end{aligned}
$$

Wendet man dieses Eliminationsprinzip jetzt auch auf das neu erhaltene Gleichungssystem an, so führt dies zu *einer* Gleichung in x_3

$$
\bar{\bar{a}}_{33}x_3 = \bar{\bar{a}}_{34},
$$

deren Lösung man leicht berechnen kann

$$x_3 := \bar{a}_{34}/\bar{\bar{a}}_{33}.$$

Nach Einsetzen von x_3 in die Gleichung $\bar{a}_{22}x_2 + \bar{a}_{23}x_3 = \bar{a}_{24}$ erhält man x_2, nach Einsetzen von x_3 und x_2 in die ursprüngliche erste Gleichung kann man die noch fehlende Lösungskomponente x_1 berechnen.

Offenbar müssen mit den *Daten*

$$\begin{array}{cccc} a_{11}, & a_{12}, & a_{13}, & a_{14} \\ a_{21}, & a_{22}, & a_{23}, & a_{24} \\ a_{31}, & a_{32}, & a_{33}, & a_{34} \end{array}$$

des Problems folgende *arithmetische Operationen* durchgeführt werden:

$$
\begin{aligned}
&\textbf{do } i = 2,3 \\
&\quad m_i := a_{i1}/a_{11} \\
&\quad \textbf{do } j = 2,3,4 \\
&\qquad \bar{a}_{ij} := a_{ij} - m_i \cdot a_{1j} \\
&\quad \textbf{end do} \\
&\textbf{end do} \\
&\overline{m}_3 := \bar{a}_{32}/\bar{a}_{22} \\
&\textbf{do } j = 3,4 \\
&\quad \bar{\bar{a}}_{3j} := \bar{a}_{3j} - \overline{m}_3 \cdot \bar{a}_{2j} \\
&\textbf{end do} \\
&x_3 := \bar{\bar{a}}_{34}/\bar{\bar{a}}_{33} \\
&x_2 := (\bar{a}_{24} - \bar{a}_{23} \cdot x_3)/\bar{a}_{22} \\
&x_1 := (a_{14} - a_{12} \cdot x_2 - a_{13} \cdot x_3)/a_{11}.
\end{aligned}
\tag{5.6}
$$

Insgesamt führen 28 arithmetische Operationen von den 12 Daten $a_{11}, \ldots, a_{34}$ über eine Folge von 11 Zwischenergebnissen zu den 3 Endresultaten x_1, x_2, x_3.

So wie dieser einfache Eliminationsalgorithmus stellt jeder arithmetische Algorithmus eine *Vorschrift* dar, wie aus vorgegebenen numerischen *Daten* durch eine Folge von arithmetischen Operationen an diesen Daten und an den aus ihnen erzeugten Zwischenergebnissen die gewünschten *Ergebnisgrößen* zu berechnen sind. Ein solcher arithmetischer Algorithmus läßt sich stets unmittelbar in einer imperativen Programmiersprache (wie Fortran oder C) formulieren.

Offenbar beschreibt jeder derartige Algorithmus eine *mathematische Abbildung*, die einem k-Tupel von reellen Zahlen, den *Daten*, ein m-Tupel von reellen Zahlen, die *Ergebnisse*, zuordnet (im Beispiel ist $k = 12$ und $m = 3$). Die Abbildung braucht allerdings nicht für jedes beliebige k-Tupel von Daten definiert zu sein; im obigen Beispiel ist etwa $a_{11} \neq 0$ vorauszusetzen, aber auch die Zwischenergebnisse $\bar{a}_{22}$ und $\bar{a}_{33}$ dürfen nicht Null werden.

Äquivalente Algorithmen

Mathematisch läßt sich eine Abbildung vom Datenraum in den Lösungsraum häufig ganz unabhängig von einem konkreten Algorithmus beschreiben, hier etwa durch ein lineares Gleichungssystem

$$Ax = b, \qquad A \in \mathbb{R}^{n \times n}, \quad x, b \in \mathbb{R}^n. \tag{5.7}$$

Die mathematische Aufgabenstellung ist die Lösung der Gleichung (5.7) bei gegebener Matrix A, gegebenem Vektor b (der rechten Seite des Gleichungssystems) und gesuchtem Lösungsvektor x. Zu dieser grundlegenden mathematischen Aufgabe existiert eine Vielzahl verschiedener arithmetischer Algorithmen, die von denselben Daten ausgehend über verschiedene Folgen von Operationen und Zwischenergebnissen zu denselben Resultaten führen. (Im Beispiel hätte man etwa zuerst x_3 eliminieren können.)

Definition 5.7.1 (Äquivalente arithmetische Algorithmen) *Arithmetische Algorithmen, die derselben mathematischen Abbildung von gegebenen Daten-k-Tupeln auf Ergebnis-m-Tupel entsprechen, werden äquivalent genannt.*

Äquivalente arithmetische Algorithmen liefern zu identischen Daten identische Ergebnisse. Man beachte, daß hier zunächst noch die Voraussetzung exakter (rechenfehlerfreier) Operationen im Bereich der reellen Zahlen gilt. Der Einfluß von Gleitpunktzahlen und Gleitpunktarithmetik wird erst später behandelt.

Der Einfachheit halber soll zugelassen werden, daß für zwei äquivalente arithmetische Algorithmen die Mengen der *Ausnahme-Daten*, für die der Algorithmus nicht durchführbar ist, nicht oder nicht vollständig übereinstimmen. Eliminiert man etwa zuerst x_3 aus dem Gleichungssystem (5.5), dann muß $a_{33} \neq 0$ sein, während $a_{11} = 0$ nicht stört.

Im obigen Beispiel ist die Ausnahme-Datenmenge des linearen Gleichungssystems (5.5) viel kleiner als die des einfachen Eliminationsalgorithmus (5.6) oder jedes analog aufgebauten arithmetischen Algorithmus: Für die durch ein lineares Gleichungssystem definierte mathematische Zuordnung $A, b \mapsto x$ darf lediglich die Determinante det (A) nicht verschwinden; für jede Datenmenge mit regulärer Matrix A existiert also ein Lösungsvektor x. Arithmetische Algorithmen, die nur diese minimale Ausnahme-Datenmenge besitzen, treffen im allgemeinen Fallunterscheidungen in Form von *Verzweigungen*, z. B. auf Grund einer *Pivotstrategie* (siehe Kapitel 13).

Das Auftreten von Verzweigungen auf Grund von Bedingungen, die von den Problemdaten oder von Zwischenergebnissen der Berechnung abhängen, ändert an der grundlegenden Struktur eines arithmetischen Algorithmus nichts: Grundsätzlich läuft für jedes vorgegebene k-Tupel von reellen Zahlen, das einen zulässigen Datensatz darstellt, eine wohldefinierte Folge von arithmetischen Operationen an den Daten und den Zwischenergebnissen ab.

Ebenso ändert der Umstand, daß Teilabläufe voneinander unabhängig sein können und daß man sie deshalb in beliebiger Reihenfolge und auch *parallel* durchführen kann, nichts am prinzipiellen Charakter eines arithmetischen Algorithmus. Wenn es für das Ergebnis belanglos ist, ob gewisse Schritte nacheinander oder gleichzeitig nebeneinander ablaufen, kann man im Interesse einer übersichtlichen Analyse von einer festen linearen Abfolge der Operationen ausgehen. Man vergleiche dazu im Algorithmus (5.6) die erste geschachtelte Schleife.

Für die effektive Durchführung eines solchen Algorithmus auf einem Parallelrechner ist natürlich das Vorhandensein parallelisierbarer Abläufe von zentraler Bedeutung, nicht jedoch für die Analyse des Einflusses von Rechenfehlern, wie sie im folgenden behandelt wird.

5.7.2 Implementierung arithmetischer Algorithmen

Die Implementierung eines arithmetischen Algorithmus in Form eines Programms auf einem Computer mit Gleitpunktarithmetik ist normalerweise *nicht* äquivalent mit dem ihm zugrundeliegenden „exakten Algorithmus", der auf der Grundlage der reellen Zahlen und der zugehörigen arithmetischen Operationen entwickelt wurde, die man auf einem Computer *nicht* implementieren kann.

Selbst wenn die Daten Maschinenzahlen sind, ist ein implementierter arithmetischer Algorithmus im allgemeinen nicht äquivalent mit dem zugehörigen exakten Algorithmus. Der Grund liegt in der Nicht-Abgeschlossenheit von $\mathbb{F}$ bezüglich der exakten arithmetischen Operationen. Diese liefern nur in trivialen Sonderfällen für die Endresultate und *alle Zwischenergebnisse* wieder Zahlen aus der zugrundeliegenden Gleitpunkt-Zahlenmenge $\mathbb{F}$.

Bei der Übertragung des in einer Programmiersprache formulierten Algorithmus in ein Objektprogramm müssen die arithmetischen Operationen durch die zu dem ausgewählten Maschinenzahlenbereich $\mathbb{F}$ gehörigen Pseudooperationen ersetzt werden (Kulisch, Miranker [271]). Der *Objektcode* realisiert also einen *anderen Algorithmus* als der *Quellcode* und damit auch eine *andere mathematische Abbildung* von den Daten in die Ergebnisse.

Es ist von fundamentaler Bedeutung für die Numerische Datenverarbeitung, zu erfassen, wie sich die implementierte Abbildung von der „exakten" (d. h. der eigentlich im Bereich der reellen Zahlen beabsichtigten) Abbildung unterscheidet. Insbesondere ist es wichtig, zu erkennen, von welchen Eigenheiten eines Algorithmus es abhängt, ob sich die Ergebnisse des implementierten Algorithmus, den man auch als *Maschinenalgorithmus* bezeichnet, erheblich oder nur geringfügig von denen des exakten Algorithmus unterscheiden.

Die Implementierungen *äquivalenter* arithmetischer Algorithmen liefern nämlich im allgemeinen *verschiedene* Maschinenalgorithmen, die infolgedessen auch verschiedene Ergebnisse generieren, weil sie ja unterschiedliche Zuordnungen zwischen Daten und Ergebnissen in $\mathbb{F}$ darstellen. Dabei kann es sein, daß sich die Ergebnisse von Implementierungen äquivalenter Algorithmen bezüglich ihrer Nähe zu den exakten Ergebnissen ganz wesentlich unterscheiden. Es ist dann ganz und gar nicht gleichgültig, welchen der äquivalenten Algorithmen man zur Lösung einer Aufgabe implementiert.

Beispiel (Quadratische Gleichung) Die Lösungen y_1 und y_2 der quadratischen Gleichung

$$y^2 + a_1 y + a_0 = 0$$

sollen berechnet werden. Mit der Formel

$$y_1 := \frac{\sqrt{a_1^2 - 4a_0} - a_1}{2}$$

berechnet man zunächst y_1 und kann dann y_2 entweder als

$$y_2 := -a_1 - y_1$$

oder als

$$y_2 := a_0/y_1$$

bestimmen. Die beiden arithmetischen Algorithmen unterscheiden sich nur im letzten Schritt:

Algorithmus QG-1			**Algorithmus QG-2**		
z_1	$:=$	$a_1 \cdot a_1$	z_1	$:=$	$a_1 \cdot a_1$
z_2	$:=$	$4 \cdot a_0$	z_2	$:=$	$4 \cdot a_0$
z_3	$:=$	$z_1 - z_2$	z_3	$:=$	$z_1 - z_2$
z_4	$:=$	$\sqrt{z_3}$	z_4	$:=$	$\sqrt{z_3}$
z_5	$:=$	$z_4 - a_1$	z_5	$:=$	$z_4 - a_1$
y_1	$:=$	$z_5/2$	y_1	$:=$	$z_5/2$
y_2	$:=$	$-a_1 - y_1$	y_2	$:=$	a_0/y_1

Wegen $y_1 + y_2 = -a_1$ und $y_1 \cdot y_2 = a_0$ (nach dem Wurzelsatz von Vietà) sind beide Algorithmen zur Berechnung von y_2 natürlich äquivalent.

Die Implementierung der Algorithmen QG-1 und QG-2 soll nun in der Gleitpunktarithmetik zum Zahlenbereich $\mathbb{F}(10, 4, -9, 9, true)$ mit optimaler Rundung (zur nächstgelegenen Maschinenzahl) untersucht werden. Ausgangspunkt sind die in $\mathbb{F}$ liegenden Daten $a_1 = -.5000 \cdot 10^1$ und $a_0 = -.1000 \cdot 10^0$. Das exakte Ergebnis für diese Daten ist

$$y_1 = 5.01992\ldots, \qquad y_2 = -0.0199206\ldots.$$

Wie man leicht sieht, weichen die Zwischenergebnisse $\tilde{z}_1$, $\tilde{z}_2$ und $\tilde{z}_3$ im Maschinenalgorithmus nicht von den exakten Zwischenergebnissen ab, weil diese in $\mathbb{F}$ liegen. Erst bei

$$z_4 = \sqrt{25.4} = 5.03984\ldots$$

ergibt sich in der Implementierung

$$z_4 = .5040 \cdot 10^1$$

und ohne weiteren Rundungsfehler

$$\tilde{z}_5 = .1004 \cdot 10^2 \quad \text{und} \quad \bar{y}_1 = .5020 \cdot 10^1.$$

Dann erhält man jedoch mit

$$\text{QG-1:} \quad \bar{y}_2 \;=\; -.2000 \cdot 10^{-1},$$
$$\text{QG-2:} \quad \bar{y}_2 \;=\; -.1992 \cdot 10^{-1}.$$

Obwohl $\bar{y}_1 = \square y_1$ ist, also optimale Genauigkeit besitzt, erhält man $\bar{y}_2 = \square y_2$ nur mit dem Algorithmus QG-2, während sich bei QG-1 $\bar{y}_2$ und y_2 beträchtlich (um ca. $0.4\,\%$) unterscheiden. Es wird sich herausstellen, daß dies kein Zufall ist.

5.7.3 Fehlerfortpflanzung

Im allgemeinen muß man bei jedem Schritt eines arithmetischen Algorithmus
damit rechnen, daß die im Maschinenalgorithmus, d. h. im Objektcode, implementierte Operation $\boxdot$ geringfügig von der exakten arithmetischen Operation
$\circ$ abweicht. Bei einem arithmetischen Algorithmus mit insgesamt N *Einzelope-*
rationen können also ebensoviele einzelne Rechenfehler entstehen, deren relative
Größe in jeder Gleitpunktoperation (im Bereich der normalisierten Maschinenzahlen) mit *eps* beschränkt ist:

$$x \boxdot y = (x \circ y)(1 + \rho) \qquad \text{mit} \qquad |\rho| \leq eps.$$

Dazu kommt ein weiterer Effekt: Auf Grund der Rechenfehler weichen im allgemeinen sämtliche Zwischenergebnisse eines Maschinenalgorithmus von denen
des exakten Algorithmus ab. Da die Zwischenergebnisse aber als Operanden in
weiteren Schritten des Algorithmus auftreten – sonst wäre ihre Berechnung ja
sinnlos gewesen –, haben alle Operationen in den später ausgeführten Schritten
auch *verfälschte Argumente*. Auch wenn bei diesen Operationen keine *neuen*
Rechenfehler entstehen sollten, wirken sich die Fehler der Argumente in der Regel störend auf das Ergebnis dieser Operationen aus. Ein einziger Rechenfehler
kann also die Zwischenergebnisse vieler späterer Schritte und schließlich auch das
Endergebnis verfälschen. Man bezeichnet diesen Effekt als *Fehlerfortpflanzung*.

Numerische Stabilität arithmetischer Algorithmen

Bei der Analyse eines arithmetischen Algorithmus geht es also darum, festzustellen, wie sich ein Fehler in einem beliebigen Zwischenergebnis durch dessen
Weiterverwendung auf das Endresultat auswirkt. Algorithmen, die bei „exakter
Rechnung" äquivalent sind, also bei identischen Daten auch identische Resultate liefern, können ihr Endergebnis über verschiedene Zwischenergebnisse auf
verschiedenen Wegen erzeugen. Bei den Implementierungen dieser Algorithmen,
den „Maschinenalgorithmen", wird im allgemeinen das Ausmaß der Fehlerfortpflanzung unterschiedlich sein, d. h., selbst bei identischen Daten werden sie verschieden genaue Resultate liefern.

Einen Algorithmus mit einer geringen Fehlerfortpflanzung bezeichnet man als
„gutartig" oder *numerisch stabil*, einen solchen mit einer starken Fehlerfortpflanzung als „*nicht* gutartig" oder *numerisch instabil*. Natürlich wird man, wenn
man die Wahl hat, unter äquivalenten Algorithmen einen möglichst gutartigen
für eine Implementierung heranziehen.

Bewertung der Fehlerfortpflanzung

Bei der Beurteilung der Fehlerfortpflanzung muß man berücksichtigen, daß ein
arithmetischer Algorithmus als Darstellung einer mathematischen Abbildung zwischen den Daten und den Ergebnissen eine typische Störungsempfindlichkeit aufweist: Eine „Störung" der *Daten* bewirkt in ganz bestimmter Weise eine Veränderung der *Ergebnisse*. Diese Störungsempfindlichkeit, die man als *Kondition* be-

zeichnet, stellt eine fundamentale Eigenschaft des *mathematischen* Zusammenhangs dar (siehe Kapitel 2).

Ein arithmetischer Algorithmus, der einen schlecht konditionierten (d. h. gegenüber Datenänderungen empfindlichen) Zusammenhang zwischen seinen Daten und Ergebnissen darstellt, wird auch auf Änderungen an seinen Zwischenergebnissen empfindlich reagieren, ein gut konditionierter Algorithmus dagegen kaum. Die für die Fehlerfortpflanzung wesentliche *Empfindlichkeit gegenüber Änderungen an Zwischenergebnissen* ist also *relativ zur Kondition* des durch den exakten Algorithmus dargestellten mathematischen Zusammenhangs zu beurteilen.

Beispiel (Quadratische Gleichung) Es läßt sich einfach feststellen, daß die Kondition jener Abbildung, die den Daten (a_1, a_0) das Resultat (y_1, y_2) zuordnet, bei Betrachtung der relativen Änderungen in der Größenordnung 1 liegt. Der mathematische Zusammenhang zwischen Daten und Resultaten ist also gut konditioniert. Die relative Verfälschung des Zwischenergebnisses z_4 beim Wurzelziehen in der vierstelligen Dezimalarithmetik von ca. $3 \cdot 10^{-5}$ sollte sich also nur gleich stark auf das Ergebnis auswirken. Eine Verfälschung des Ergebnisses um ca. $4 \cdot 10^{-3}$, wie sie beim Algorithmus QG-1 auftritt, ist um 2 Größenordnungen größer; der Algorithmus QG-1 ist also (für diese Daten) als *instabil* zu bezeichnen.

5.7.4 Analyse der Fehlerfortpflanzung

Wenn in einem Algorithmus nur ein einziger Rechenfehler entsteht (wie es im Beispiel der quadratischen Gleichung bei Algorithmus QG-1 der Fall war), dann kann man die Empfindlichkeit des Endergebnisses bezüglich dieser Störung folgendermaßen erfassen:

Angenommen, der Fehler entsteht bei der Berechnung des Zwischenergebnisses z_i, sodaß man anstelle des exakten Wertes z_i das Resultat $\tilde{z}_i$ erhält. Dann betrachtet man den verbleibenden Teil des arithmetischen Algorithmus nach der Berechnung von z_i als einen *eigenen* Algorithmus: den „Restalgorithmus nach z_i". Dieser hat als *Daten* jene des ursprünglichen Algorithmus – $a_1, a_2, \ldots, a_m$ – und die bisher errechneten Zwischenergebnisse $z_1, z_2, \ldots, z_i$, soweit sie im Restalgorithmus noch explizit vorkommen. Der Wert z_i selbst gehört in jedem Fall zu den Daten des Restalgorithmus, sonst wäre seine Berechnung sinnlos gewesen. Die *Endresultate* des Restalgorithmus sind dieselben wie die des ursprünglichen Algorithmus.

Kondition bezüglich der Zwischenergebnisse

Für den Restalgorithmus kann man wie für jeden anderen Algorithmus die *Kondition* bezüglich der Änderung seiner Daten, insbesondere bezüglich der Änderungen von z_i, definieren, indem man die Empfindlichkeit seiner Ergebnisse bezüglich dieser Änderungen betrachtet. Diese Empfindlichkeit kann man wieder mit Hilfe von *Konditionszahlen* (siehe Kapitel 2) quantitativ erfassen. Damit kann man dann die Änderung des Endresultates des ursprünglichen Algorithmus auf Grund der Abänderung von z_i in $\tilde{z}_i$ abschätzen.

Beispiel (Quadratische Gleichung)   Der Restalgorithmus nach z_4 lautet:

bei QG-1:

$$z_5 := z_4 - a_1$$
$$y_1 := z_5/2$$
$$y_2 := -a_1 - y_1$$

bei QG-2:

$$z_5 := z_4 - a_1$$
$$y_1 := z_5/2$$
$$y_2 := a_0/y_1$$

Daten sind a_1 und z_4 in der Version QG-1 bzw. a_1, a_0 und z_4 in der Variante QG-2.

Die durch QG-1 vermittelte mathematische Abbildung $(a_1, z_4) \to y_2$ lautet

$$y_2 = -a_1 - \frac{z_4 - a_1}{2} = -\frac{1}{2}(a_1 + z_4),$$

und die relative Konditionszahl (Grenzkondition, siehe Kapitel 2)

$$\frac{z_4}{y_2} \cdot \frac{\partial y_2}{\partial z_4} = \frac{z_4}{-\frac{1}{2}(a_1 + z_4)} \cdot \left(-\frac{1}{2}\right) = \frac{z_4}{a_1 + z_4}$$

ist für den Einfluß einer Änderung von z_4 auf die relative Genauigkeit von y_2 maßgeblich. Für $a_1 = -5$ und $z_4 \approx 5.04$ ergibt sich

$$\frac{z_4}{a_1 + z_4} \approx \frac{5.04}{0.04} \approx 125,$$

was die festgestellte Vergrößerung des relativen Fehlers um mehr als 2 Größenordnungen erklärt.

Auf diese Weise kann man im Prinzip[7] bei jedem arithmetischen Algorithmus seine Kondition bezüglich einer Änderung jedes einzelnen Zwischenergebnisses untersuchen. Allerdings beziehen sich die so gewonnenen Konditionszahlen auf die artifizielle Situation, daß sich *nur* das jeweils betrachtete Zwischenergebnis ein wenig ändert und der Algorithmus sonst exakt abläuft. Eine derartige Situation liegt natürlich in der Praxis nie vor. Es ist jedoch fast immer der Fall, daß die direkten Auswirkungen eines gestörten Zwischenergebnisses auf das Endergebnis wesentlich stärker sind als die indirekten Effekte über eine geringfügige Änderung des Restalgorithmus selbst, etwa durch eine Beeinflussung der Details der Rundungsvorgänge.

In einer Analyse der Fehlerfortpflanzungseigenschaften geht es in erster Linie darum, *qualitativ* festzustellen (etwa größenordnungsmäßig), ob die Konditionszahlen bezüglich der Zwischenergebnisse diejenigen des Gesamtalgorithmus bezüglich seiner Daten deutlich übertreffen oder nicht. Man ist ja in der Praxis nicht einmal in der Lage (wegen des damit verbundenen prohibitiven Aufwands), die Konditionszahlen auch nur näherungsweise zu berechnen.

Umso wichtiger ist es, zu erkennen, welche Situationen in einem arithmetischen Algorithmus regelmäßig zu einer Verschlechterung seiner Stabilität führen. Es wird sich herausstellen, daß hierfür fast immer eine typische arithmetische Konstellation verantwortlich ist, die sich bei insgesamt gut konditionierten Abbildungen zwischen Daten und Ergebnissen durch geeignete Gestaltung eines arithmetischen Algorithmus oft vermeiden läßt. Zu diesem Zweck wird im nächsten Abschnitt die Kondition der einzelnen arithmetischen Operationen untersucht.

---

[7]Daß eine solche Analyse stetige Differenzierbarkeit der untersuchten Zusammenhänge voraussetzt, ist noch das geringere Problem, weil sich die detaillierte Untersuchung eines komplizierten Algorithmus wegen des damit verbundenen Aufwandes von selbst verbietet.

Fehlerfortpflanzung in Einzeloperationen – Auslöschung

Im folgenden wird die Empfindlichkeit einzelner *exakter* arithmetischer Operationen auf Änderungen in ihren „Daten", d. h. in ihren Operanden, untersucht. Da es in einer Gleitpunktarithmetik fast immer um die relative Größe von Änderungen, Störungen und Fehlern geht – „wieviele *Stellen* der Mantisse sind richtig?" –, beschränkt man sich bei der Analyse von Auswirkungen der Fehlerfortpflanzung meist auf die Untersuchung der *relativen* Kondition und die Ermittlung relativer Konditionszahlen (siehe Kapitel 2). Die absolute Kondition einzelner Operationen spielt für die Fehlerfortpflanzung nur äußerst selten eine maßgebliche Rolle.

Schlechte relative Kondition bedeutet für eine Einzeloperation, daß sich die Änderung eines Operanden an einer hinteren (weniger wichtigen) Stelle der Mantisse seiner Gleitpunktdarstellung auf vorderen (bedeutsamen) Stellen der Mantisse des Ergebnisses auswirkt. Diese unerwünschte Situation ergibt sich am häufigsten durch *Auslöschung führender Stellen (cancellation of leading digits)* bei *Addition/Subtraktion zweier annähernd (gegen-)gleicher Zahlen* mit verschiedenen/gleichem Vorzeichen. In diesem Fall heben einander die vorderen, übereinstimmenden Mantissenstellen der beiden Operanden auf; Störungen an einer hinteren Mantissenstelle der Daten werden im Ergebnis zu einer Störung an einer vorderen Stelle.

Beispiel (Auslöschung) Es soll die Differenz der zwei annähernd gleich großen Zahlen a und b berechnet werden:

$$a = 7.64352, \quad b = 7.64286, \quad a - b = 0.00066.$$

Verändert man a um 0.00007, das ist eine relative Änderung von 10^{-5}, in $\tilde{a} = 7.64359$, dann ändert sich die Differenz natürlich auch nur um 0.00007 in $\tilde{a} - b = 0.00073$. Die *relative* Änderung der Differenz ist hingegen erheblich größer, nämlich

$$\frac{(\tilde{a} - b) - (a - b)}{a - b} = \frac{0.00073 - 0.00066}{0.00066} \approx 10^{-1}.$$

Im Gleitpunkt-Zahlensystem $\mathbb{F}(10, 6, -9, 9, \textit{true})$ ergibt sich

$$\begin{aligned}
a - b &= .764352 \cdot 10^1 - .764286 \cdot 10^1 &= .660000 \cdot 10^{-3} \\
\tilde{a} - b &= .764359 \cdot 10^1 - .764286 \cdot 10^1 &= .730000 \cdot 10^{-3}.
\end{aligned}$$

Eine Änderung der *letzten* Stelle der Mantisse von a hat eine Änderung an der *ersten* Stelle der Mantisse der Differenz $a - b$ bewirkt!

Besonders zu beachten ist die Tatsache, daß im Fall der Auslöschung *kein* Rechenfehler auftritt. Der große relative Fehler des Resultats ist ausschließlich auf die bereits *vor* der ausgeführten arithmetischen Operation vorhandenen Fehler der Operanden (Daten) zurückzuführen.

Auslöschungssituationen sind die mit Abstand häufigste Ursache für die Instabilität arithmetischer Algorithmen. Die lokale Verstärkung des relativen Effekts der Änderung (Störung) einer Eingangsgröße kann im allgemeinen auch nicht mehr rückgängig gemacht werden.

Kondition von Addition und Subtraktion

Aus den Formeln

$$K_{(a+b)\leftarrow a} = \left|\frac{a}{a+b}\right| \qquad \text{und} \qquad K_{(a+b)\leftarrow b} = \left|\frac{b}{a+b}\right|$$

für die Konditionszahlen der Addition sowie aus den analogen Formeln

$$K_{(a-b)\leftarrow a} = \left|\frac{a}{a-b}\right| \qquad \text{und} \qquad K_{(a-b)\leftarrow b} = \left|\frac{b}{a-b}\right|$$

für die Konditionszahlen der Subtraktion erhält man die im folgenden angegebenen Konditionszahlen für die Summe von Operanden mit verschiedenen Vorzeichen (bzw. die Differenz von Operanden mit gleichem Vorzeichen):

$$K_{y\leftarrow a} = \left|\frac{a}{|a|-|b|}\right| \qquad \text{und} \qquad K_{y\leftarrow b} = \left|\frac{b}{|a|-|b|}\right|.$$

Dabei wurden in den Nennern die Beträge der Operanden a und b verwendet, um nicht jede Formel zweimal fast gleich – einmal für die Addition und einmal für die Subtraktion – hinschreiben zu müssen.

Wenn das Ergebnis $a - b$ betragsmäßig sehr viel kleiner ist als die Operanden a und b, werden die Konditionszahlen sehr viel größer als 1; im obigen Beispiel gilt $K \approx 10^4$.

Bei der Addition von Operanden mit gleichem Vorzeichen bzw. der Subtraktion von Operanden mit verschiedenen Vorzeichen ergibt sich

$$K_{y\leftarrow a} = \left|\frac{a}{|a|+|b|}\right| < 1 \qquad \text{und} \qquad K_{y\leftarrow b} = \left|\frac{b}{|a|+|b|}\right| < 1.$$

Ist $|b| \ll |a|$, so ist $K_{y\leftarrow b} \ll 1$, und eine Änderung von b wirkt sich relativ wenig auf das Resultat $a + b$ aus.

Auch bei der Addition von Operanden mit *verschiedenen Vorzeichen* ist der Fall $|b| \ll |a|$ harmlos:

$$K_{y\leftarrow a} = \left|\frac{a}{|a|-|b|}\right| \approx 1 \qquad \text{und} \qquad K_{y\leftarrow b} = \left|\frac{b}{|a|-|b|}\right| \ll 1.$$

Kondition von Multiplikation und Division

Die *Multiplikation* $y = a \cdot b$ ist wegen

$$K_{y\leftarrow a} = \left|\frac{a}{a\cdot b}\cdot b\right| = 1 \qquad \text{und} \qquad K_{y\leftarrow b} = 1,$$

unabhängig von der Größenordnung (und natürlich vom Vorzeichen) der Operanden, eine gänzlich harmlose, gut konditionierte Operation.

Bei der *Division* $y = a/b$ gilt ebenso

$$K_{y\leftarrow a} = \left|\frac{a}{a/b} \cdot \frac{1}{b}\right| = 1 \quad \text{und} \quad K_{y\leftarrow b} = \left|\frac{b}{a/b} \cdot \left(-\frac{a}{b^2}\right)\right| = 1.$$

Deshalb ist – im Gegensatz zur Addition/Subtraktion – die Entstehung eines kleinen Ergebnisses auf Grund einer Multiplikation (mit einem kleinen Faktor) oder einer Division (durch eine große Zahl) ungefährlich bezüglich der Fehlerfortpflanzung, es gibt keine Fehlerverstärkung.

Beispiel (Quadratische Gleichung) Im Beispiel mit der quadratischen Gleichung in Abschnitt 5.7.2 konnte im Algorithmus (ii) die kleine zweite Lösung y_2 *ohne* Instabilität, d. h. durch Auswertung eines gut konditionierten Restalgorithmus, über eine Division gewonnen werden.

Kondition der Standardfunktionen

Bei der Auswertung von *Standardfunktionen* tritt eine starke relative Fehlerfortpflanzung (Fehlerverstärkung) wiederum nur in gewissen Fällen auf, bei denen ein *kleiner* Funktionswert für ein Argument entsteht, das *nicht* in der Nähe von Null liegt. Hierfür gibt es z. B. folgende Möglichkeiten:

1. Bei logarithmischen Funktionen $y = \log a = c \ln a$ mit $a \approx 1$

$$K_{y\leftarrow a} = \left|\frac{\partial \log a}{\partial a} \cdot \frac{a}{\log a}\right| = \left|c\frac{1}{a} \cdot \frac{a}{c \ln a}\right| = \left|\frac{1}{\ln a}\right| \approx \frac{1}{|a-1|}$$

2. Bei trigonometrischen Funktionen, z. B. bei $y = \sin a$ in der Umgebung einer von Null verschiedenen Nullstelle $a \approx k \cdot \pi$, $k = \dots, -3, -2, -1, 1, 2, 3, \dots$

$$K_{y\leftarrow a} = \left|\frac{a}{\sin a} \cdot \cos a\right| \approx \frac{|a|}{|a - k \cdot \pi|}.$$

Dagegen ist $y = \sin a$ mit $|a| \approx 0$ eine für die Fehlerfortpflanzung harmlose Operation:

$$K_{y\leftarrow a} = \left|\frac{a}{\sin a} \cdot \cos a\right| \approx \left|\frac{a}{a} \cdot 1\right| = 1.$$

In einem übertragenen Sinn kann man die obigen Situationen auch als Auslöschungssituationen bezeichnen. Auslöschung ist somit die *einzige Grundsituation*, die zur Instabilität arithmetischer Algorithmen führt. Beim Entwurf eines numerischen Algorithmus hat man also stets darauf zu achten, daß in dem zugehörigen arithmetischen Algorithmus keine Auslöschungssituationen auftreten.

Das Vermeiden von Auslöschung ist aber nicht einfach, weil das Eintreten von Auslöschungseffekten ja von den *Werten* der beteiligten Größen abhängt: Nur die Addition/Subtraktion von annähernd *gleichgroßen* Zahlen mit verschiedenen/gleichem Vorzeichen ist „gefährlich". Es kann deshalb notwendig sein, einen Test auf das Vorliegen einer solchen Situation bei der Ausführung des Programms vorzunehmen und eine von seinem Ausgang abhängige Verzweigung des Programms vorzusehen. Auf diese Weise können Instabilitäten vermieden werden, die nur bei bestimmten Datenkonstellationen auftreten.

Beispiel (Trigonometrischer Ausdruck)   Die Berechnung des Wertes von

$$y = \frac{1 - \cos x}{x^2}$$

ist auch für Werte von x, die nahe bei 0 liegen, eine gut konditionierte Aufgabe. Die Taylor-Entwicklung von $\cos x$ zeigt, daß für kleine $|x|$

$$y = \frac{1}{2} - \frac{x^2}{24} + \cdots$$

gilt, sodaß eine kleine relative Änderung von x den Wert von y praktisch unverändert läßt.

Bei der *numerischen* Berechnung nach

$$\textbf{Algorithmus TA-1} \qquad \begin{aligned} z_1 &:= \cos x \\ z_2 &:= 1 - z_1 \\ z_3 &:= x \cdot x \\ y &:= z_2/z_3 \end{aligned}$$

erhält man jedoch wegen $z_1 = \cos x \approx 1$ starke Auslöschung bei der Berechnung von z_2. Der Rundungsfehler, der schon bei der Gleitpunktberechnung des Zwischenergebnisses z_1 entsteht, verfälscht in stark vergrößertem Ausmaß das Endergebnis.

Benützt man dagegen die trigonometrische Identität $1 - \cos x = 2\sin^2(x/2)$ in Form von

$$\textbf{Algorithmus TA-2} \qquad \begin{aligned} z_1 &:= x/2 \\ z_2 &:= \sin z_1 \\ z_3 &:= z_2 \cdot z_2 \\ z_4 &:= 2 \cdot z_3 \\ z_5 &:= x \cdot x \\ y &:= z_4/z_5, \end{aligned}$$

dann hängt das Endresultat y nur in harmloser Weise vom Zwischenergebnis z_2 ab.

Für $x = 0.1$ ist $y \approx 0.499583$. Bei Rechnung in $\mathbb{F}(10, 5, -9, 9, \mathit{true})$ mit echter Rundung ergibt sich nach TA-1 wegen $\tilde{z}_1 = 0.99500$ ein Ergebnis $\tilde{y} = 0.50000$ mit einem sehr großen relativen Fehler von fast $0.1\,\%$. Dagegen erhält man nach Algorithmus TA-2

$$\begin{aligned} \tilde{z}_2 &= .49979 \cdot 10^{-1} \\ \tilde{z}_3 &= .24979 \cdot 10^{-2} \\ \tilde{z}_4 &= .49958 \cdot 10^{-2} \\ \tilde{y} &= .49958 \cdot 10^{0}, \end{aligned}$$

also das nach $\mathbb{F}$ gerundete exakte Ergebnis.

Für einen Wert von x in der Umgebung von $\pi/2$ kann dagegen wegen $\cos x \ll 1$ ohne Gefahr der Auslöschung Algorithmus TA-1 verwendet werden.

Gesamtanalyse eines arithmetischen Algorithmus

Bei der Implementierung eines realistischen (d. h. eines aus *sehr vielen* Einzeloperationen bestehenden) arithmetischen Algorithmus in einer Gleitpunktarithmetik ergibt sich im allgemeinen in jedem Schritt folgende Situation:

1. Die Operanden der durchzuführenden Operation sind Zwischenergebnisse vorangegangener Berechnungen, die bereits durch Rundungsfehler verfälscht sind.

2. Das Ergebnis der Operation liegt nicht in $\mathbb{F}$, es muß also gerundet werden, wodurch ein weiterer Fehler neu entsteht.

Während im Kapitel 4 die Entstehung von Rundungsfehlern behandelt wurde, waren die bisherigen Teile von Abschnitt 5.7 vornehmlich der Auswirkung einzelner Operationsfehler auf das Ergebnis gewidmet.

Eine detaillierte Analyse der Überlagerung all dieser Einzeleffekte in einem größeren Algorithmus ist in der Praxis völlig unmöglich. Sie ist aber auch meist nicht nötig: Ist nämlich jeder einzelne Rundungsfehler „sehr klein", wie es bei der Verwendung eines Gleitpunkt-Zahlensystems mit einer hinreichend langen Mantisse (und damit einem hinreichend kleinen Wert der relativen Rundungsfehlerschranke *eps*) der Fall ist, dann pflanzen sich im allgemeinen die einzelnen Fehler *unabhängig voneinander* fort. Der Gesamtfehler im Ergebnis des Algorithmus ist dann im wesentlichen gleich der Summe der Effekte der Rundungsfehler der einzelnen Schritte des Algorithmus.

Beispiel (Trigonometrischer Ausdruck) Beim Algorithmus TA-2 zur Berechnung des Ausdrucks $(1 - \cos x)/x^2$ (siehe Seite 226) wird in einer binären Gleitpunktarithmetik je ein Rundungsfehler bei der Berechnung von z_2, z_3, z_5 und y auftreten. Gemäß Abschnitt 4.7 kann man jeweils das gerundete Zwischenergebnis $\tilde{z}_i$ durch das exakte Ergebnis z_i der vorgeschriebenen Operation mittels

$$\tilde{z}_i = z_i(1 + \rho_i) \qquad \text{mit} \qquad |\rho_i| \leq eps$$

ausdrücken. Es ist also (wegen $\tilde{z}_1 = z_1$)

$$\begin{aligned}
\tilde{z}_2 &= \sin(z_1) \cdot (1 + \rho_2) \\
\tilde{z}_3 &= (\tilde{z}_2 \cdot \tilde{z}_2) \cdot (1 + \rho_3) \\
\tilde{z}_5 &= (x \cdot x) \cdot (1 + \rho_5) \\
\tilde{y} &= (\tilde{z}_4/\tilde{z}_5) \cdot (1 + \rho_6).
\end{aligned}$$

Setzt man alle diese Ausdrücke (und $\tilde{z}_4 = 2 \cdot \tilde{z}_3$) ineinander ein, so erhält man unter Verwendung der Formel für die geometrische Reihe

$$\frac{1}{1 + \rho_5} = \sum_{k=0}^{\infty} (-\rho_5)^k$$

das Resultat

$$\begin{aligned}
\tilde{y} &= \frac{2 \cdot \left(\sin(x/2) \cdot (1 + \rho_2) \right)^2 (1 + \rho_3)}{x^2 \cdot (1 + \rho_5)} \cdot (1 + \rho_6) = \\
&= \frac{2 \sin^2 x/2}{x^2} \cdot \frac{(1 + \rho_2)^2 (1 + \rho_3)(1 + \rho_6)}{1 + \rho_5} = \\
&= y \cdot (1 + 2\rho_2 + \rho_3 - \rho_5 + \rho_6 + \cdots) \approx \\
&\approx y \cdot (1 + \rho).
\end{aligned} \qquad (5.8)$$

Die vernachlässigten Terme – angedeutet durch „$\ldots$" in der Formel (5.8) – sind Terme höherer Ordnung (Produkte oder Potenzen der ρ_i), also von der Ordnung eps^2 oder höher.

Der gesamte relative Fehler ρ des Resultats $\tilde{y}$ ist also bis auf vernachlässigbare Terme durch

$$\rho = 2\rho_2 + \rho_3 - \rho_5 + \rho_6,$$

also die Summe der Effekte der Einzelfehler, gegeben. Der Faktor 2 bei ρ_2 ist genau die Konditionszahl $K_{y\leftarrow z_2}$, die die Abhängigkeit des Endresultats vom Zwischenergebnis z_2 beschreibt:

$$y = \frac{2z_2^2}{x^2}, \qquad \frac{\partial y}{\partial z_2} = \frac{4z_2}{x^2}, \qquad K_{y\leftarrow z_2} = \frac{z_2}{y} \cdot \frac{\partial y}{\partial z_2} = 2.$$

In analoger Weise kann man allgemein zeigen, daß bei Vernachlässigung von Termen höherer Ordnung (der Größenordnung eps^2, eps^3 etc.) für den relativen Fehler ρ des Endresultates eines arithmetischen Algorithmus mit den Zwischenergebnissen z_i bei seiner Durchführung in einer Gleitpunktarithmetik folgende Abschätzung gilt:

$$|\rho| \le \sum_i K_{y\leftarrow z_i} \cdot |\rho_i|,$$

falls alle Restalgorithmen zweimal differenzierbare Abbildungen darstellen. Dies bedeutet, daß der Gesamteffekt der einzelnen Rundungsfehler nicht größer ist als die Summe der Effekte der Einzelfehler. Tatsächlich kann durch eine Kompensation von positiven und negativen Fehlern der Gesamtfehler viel kleiner sein als diese Summe (vgl. z. B. die Fehler-Nulldurchgänge in Abb. 5.9 auf Seite 237).

Das Vernachlässigen von Termen höherer Ordnung ist im allgemeinen gerechtfertigt, weil $|\rho_i \cdot \rho_j| \ll |\rho_i|$ gilt. Die unabhängige Fortpflanzung der einzelnen Fehler ist also meist eine realistische Beschreibung des tatsächlichen (komplexeren) Verhaltens. Wenn allerdings die Zahl der Operationen sehr groß wird, können auch Terme höherer Ordnung eine Rolle spielen. So ist z. B. in

$$(1 + eps)^n = 1 + n \cdot eps + \frac{n(n-1)}{2} eps^2 + \cdots$$

der quadratische Term nicht mehr vernachlässigbar, sobald $n \approx 1/eps$ gilt. Bei Verwendung einfach genauer Arithmetik tritt diese Situation bereits bei Problemen auf, die gar nicht so außerordentlich groß sein müssen. Der Übergang zu doppelt genauer Arithmetik kann in solchen Fällen einen Genauigkeitsgewinn bei den Resultaten mit sich bringen, der weit größer ist, als eine Verdoppelung der Mantissenlänge erwarten ließe.

Bei einem *stabilen* Algorithmus sind die Verstärkungsfaktoren $K_{y\leftarrow z_i}$ nicht größer als die Konditionszahl K des mathematischen Problems, die die Empfindlichkeit des Ergebnisses auf eine Datenänderung ausdrückt. Damit ergibt sich für einen stabilen Algorithmus mit N Einzeloperationen die grobe Abschätzung

$$|\rho| \le N \cdot K \cdot eps. \tag{5.9}$$

In der Praxis überschätzt diese Schranke aber den wirklichen Fehler stark; sie könnte ja nur dann angenommen werden, wenn bei jeder Operation tatsächlich ein relativer Rundungsfehler der Größe eps aufträte und sich noch dazu alle diese Fälle in die gleiche Richtung, d. h. mit demselben Vorzeichen auswirkten.

Auf Grund statistischer Überlegungen ist bei einer „zufälligen" Verteilung der Vorzeichen und der Größe der einzelnen relativen Rundungsfehler eher mit einem Verhalten proportional zu $\sqrt{N}$ und einem zusätzlichen Faktor $c < 1$ zu rechnen.

Im Fall eines *gut konditionierten* mathematischen Zusammenhangs ist die Vermeidung von Auslöschungssituationen bei arithmetischen Algorithmen die wichtigste Methode, um genaue Ergebnisse zu erzielen. Tatsächlich liegen jedoch nicht selten Problemstellungen vor, bei denen ein *schlecht konditionierter*, extrem empfindlicher Zusammenhang zwischen den Daten und dem exakten Resultat besteht. Beispiele dafür sind fast alle Aufgaben, bei denen ein sehr nahe bei Null liegendes Ergebnis aus „normalgroßen" Daten gewonnen wird:

- Auswertung eines Polynoms P an einer Stelle x mit $P(x) \approx 0$ und $|x| \gg 0$,

- Berechnung des Skalarproduktes zweier annähernd orthogonaler Vektoren,

- Berechnung des Residuums, das sich beim Einsetzen einer Näherungslösung in ein Gleichungssystem ergibt.

Beispiel (Residuum) Zur Überprüfung der Genauigkeit einer berechneten Näherungslösung $\tilde{x} = (\tilde{x}_1, \ldots, \tilde{x}_n)^\mathsf{T}$ eines linearen Gleichungssystems $Ax = b$

$$
\begin{aligned}
a_{11}x_1 + a_{12}x_2 + \cdots + a_{1n}x_n &= b_1 \\
a_{21}x_1 + a_{22}x_2 + \cdots + a_{2n}x_n &= b_2 \\
\vdots \qquad \vdots \qquad\qquad \vdots \qquad &\;\; \vdots \\
a_{n1}x_1 + a_{n2}x_2 + \cdots + a_{nn}x_n &= b_n
\end{aligned}
\tag{5.10}
$$

kann man untersuchen, wie gut $\tilde{x}$ das Gleichungssystem (5.10) erfüllt: Man bildet die Residuen

$$
r_i := \sum_{j=1}^{n} a_{ij}\tilde{x}_j - b_i, \qquad i = 1, 2, \ldots, n.
$$

Diese können nur klein werden, wenn der Wert der Summe fast genau gleich b_i ist; im Idealfall sollten ja beide Größen gleich sein. Bei der abschließenden Gleitpunktsubtraktion bei der Berechnung von r_i werden die meisten vorderen Mantissenstellen einander also aufheben, die verbleibenden hinteren Stellen sind aber genau diejenigen, die wegen der Rundungsfehler bei der Bildung von $\sum a_{ij}\tilde{x}_j$ verfälscht sind. Das Gleitpunktergebnis für die Residuen r_i besteht deshalb unter ungünstigen Umständen nur aus Rundungsfehlern, es braucht nicht einmal das Vorzeichen richtig zu sein.

Solche schlecht konditionierten Aufgaben lassen sich offenbar ohne besondere Vorkehrungen in einer Gleitpunktarithmetik nicht sinnvoll bearbeiten. Man muß entweder generell zu einer höheren Genauigkeit (einer größeren Mantissenlänge) übergehen oder spezielle Algorithmen verwenden, die mit einer dynamischen, der Situation sich anpassenden Genauigkeit arbeiten.

Im Fall der Residuumsberechnung des obigen Beispiels werden in manchen Programmen die inneren Produkte

$$
a_{i1}\tilde{x}_1 + a_{i2}\tilde{x}_2 + \cdots + a_{in}\tilde{x}_n, \quad i = 1, 2, \ldots, n
$$

in doppelter Genauigkeit berechnet. Da das Produkt von zwei Gleitpunktzahlen aus $\mathbb{F}_N(b, p, e_{\min}, e_{\max})$ stets in der Zahlenmenge $\mathbb{F}_N(b, 2p, 2e_{\min} - 1, 2e_{\max})$ liegt, tritt bei der Multiplikation *kein* Rundungsfehler auf, falls zwischen den

einfach genauen Gleitpunktzahlen (Mantissenlänge p_1, relative Maschinengenauigkeit eps_1) und den doppelt genauen Zahlen (p_2, eps_2) tatsächlich die Beziehung
$p_2 \geq 2p_1$ gilt. Beim Aufaddieren dieser Produkte sind die relativen Additionsfehler dann durch das $eps_2 \leq (eps_1)^2$ der doppelt genauen Gleitpunktarithmetik
beschränkt, die ersten p_1 Mantissenstellen der Summe $\sum_j a_{ij}\tilde{y}_j$ sind also im allgemeinen richtig. Die bei der abschließenden Subtraktion nach der Auslöschung an
die vorderen Stellen der Mantisse rückenden Ziffern sind also – von Extremfällen
abgesehen – richtig.

Es gibt sogar Arithmetik-Implementierungen, bei denen die Berechnung eines
Skalarprodukts eine Elementar-Operation ist, für die deshalb gilt:

$$\text{berechneter Wert von } \sum_j a_{ij}y_j = \square\Big(\sum_j a_{ij}y_j\Big).$$

Solche Implementierungen des Skalarprodukts nennt man *exaktes Skalarprodukt*.

5.8 Fallstudie: Gleitpunktzahlen-Summation

Die Summation von n Gleitpunktzahlen ist ein Grundbaustein vieler numerischer Algorithmen: Ihre Anwendungen reichen von inneren Produkten, Normen,
Mittelwerten etc. bis zu den unterschiedlichsten nichtlinearen Funktionen. Die
Berechnung der Summe

$$s_n := x_1 + x_2 + \cdots + x_n$$

scheint ein triviales Problem zu sein. Das simple Algorithmus-Schema der *rekursiven Summation*

$$
\begin{aligned}
&s := x_1 \\
&\textbf{do } \; i = 2, 3, \ldots, n \\
&\qquad s := s + x_i \\
&\textbf{end do}
\end{aligned}
\tag{5.11}
$$

ist jedem Programmieranfänger geläufig. Noch einfacher ist es, den Summationsvorgang überhaupt der Systemsoftware zu überlassen, wie dies etwa durch
Verwendung der in Fortran 90 vordefinierten Funktion SUM geschieht:

```
REAL                 ::  s
REAL, DIMENSION (n)  ::  x
...
s = SUM (x)          ! Summation: s = x(1) + x(2) + ... + x(n)
```

Daß diese naheliegenden Lösungen des Summationsproblems unter Umständen zu
unbefriedigenden Resultaten führen, liegt an den Besonderheiten der Gleitpunktarithmetik. Insbesondere die Nicht-Assoziativität der Gleitpunktaddition stellt
einen fundamentalen Unterschied zwischen der Arithmetik der Gleitpunktzahlen
in $\mathbb{F}$ und der Arithmetik auf dem Körper $\mathbb{R}$ der reellen Zahlen dar.

Rundungsfehler bei rekursiver Summation

Wie schon in Kapitel 4 (im Beispiel auf Seite 157) festgestellt wurde, bewirkt bereits bei der Summation von drei Gleitpunktzahlen die Art der Klammerung,

$$(x_1 + x_2) + x_3 \qquad \text{oder} \qquad x_1 + (x_2 + x_3),$$

unterschiedliche Fehlerschranken.

Um zu einer allgemeinen Fehlerabschätzung zu gelangen, setzt man für die Daten $x_1, \ldots, x_n \in \mathbb{F}_N$ voraus und nimmt weiters an, daß alle Zwischensummen in dem von $\mathbb{F}_N$ überdeckten Bereich der reellen Zahlen liegen:

$$x_1 + x_2, \ x_1 + x_2 + x_3, \ldots, x_1 + \cdots + x_n \in \mathbb{R}_N.$$

Unter diesen Voraussetzungen gelten folgende Beziehungen:

$$
\begin{aligned}
\hat{s}_1 &= s_1 &&= x_1 \\
\hat{s}_2 &= s_1 \boxplus x_2 &&= (x_1 + x_2)(1 + \rho_2) \\
\hat{s}_3 &= \hat{s}_2 \boxplus x_3 &&= (\hat{s}_2 + x_3)(1 + \rho_3) = (x_1 + x_2)(1 + \rho_2)(1 + \rho_3) + x_3(1 + \rho_3) \\
&\ \ \vdots && \ \ \vdots \\
\hat{s}_n &= \hat{s}_{n-1} \boxplus x_n &&= (\hat{s}_{n-1} + x_n)(1 + \rho_n) = \\
& && = (x_1 + x_2) \prod_{i=2}^{n}(1 + \rho_i) + \sum_{j=3}^{n} x_j \prod_{i=j}^{n}(1 + \rho_i).
\end{aligned}
$$

Mit einem Dach ($\hat{\ }$) werden dabei die mit Rundungsfehlern behafteten Größen gekennzeichnet. Eine Vereinfachung dieser Formeln ist unter Berücksichtigung der Schranken

$$|\rho_i| \leq eps, \quad i = 2, 3, \ldots, n$$

und

$$\prod_{i=j}^{n}(1 + \rho_i) = 1 + r_{n-j+1} \qquad \text{mit} \quad r_m \leq \frac{m \cdot eps}{1 - m \cdot eps} =: R_m$$

möglich, solange $m \cdot eps < 1$ ist. Man erhält die Darstellung

$$\hat{s}_n = (x_1 + x_2)(1 + r_{n-1}) + \sum_{i=3}^{n} x_i(1 + r_{n-i+1})$$

für die Näherungslösung $\hat{s}_n$ und damit die Fehlerabschätzung

$$
\begin{aligned}
|\hat{s}_n - s_n| &= \left| (x_1 + x_2) r_{n-1} + \sum_{i=3}^{n} x_i r_{n-i+1} \right| \leq \\
&\leq (|x_1| + |x_2|) R_{n-1} + \sum_{i=3}^{n} |x_i| R_{n-i+1}.
\end{aligned}
\tag{5.12}
$$

Diese Fehlerschranke ist dann am kleinsten, wenn man die Summation mit betragsmäßig steigenden Summanden ausführt. Daraus leitet sich sofort eine denkbare Alternative zur rekursiven Summation (5.11) ab: Man investiert den zusätzlichen $O(n \log n)$-Aufwand zum Sortieren der Summanden und summiert dann rekursiv nach aufsteigenden Beträgen. Wie sich jedoch in theoretischen Untersuchungen und praktischen Experimenten gezeigt hat (Higham [233]), ist diese und auch eine Reihe anderer Summationsvarianten, die je nach den Werten der Summanden die Klammern strategisch unterschiedlich setzen, den erhöhten Aufwand im allgemeinen *nicht* wert. Im folgenden werden zwei $O(n)$-Summationsalgorithmen vorgestellt, die meist wesentlich genauere Ergebnisse liefern als die rekursive Summation (5.11), zumal ihre Fehlerschranken geringer sind: paarweise Summation und fehlerkompensierende Summation.

5.8.1 Paarweise Summation

Bei der paarweisen Summation werden jeweils zwei benachbarte Elemente der Folge $(x_1, \ldots, x_n)$ addiert, was zu einer neuen Folge

$$\left(s_1^{(1)}, s_2^{(1)}, \ldots, s_{\lceil n/2 \rceil}^{(1)} \right) \qquad \text{mit} \quad s_i^{(1)} := x_{2i-1} + x_{2i} \tag{5.13}$$

führt. Falls eine *ungerade* Anzahl von Summanden vorliegt, wird folgende Festlegung[8] getroffen:

$$s_{\lceil n/2 \rceil}^{(1)} := x_n.$$

Auf die so entstandene Folge (5.13) wird wieder die paarweise Summation benachbarter Elemente angewendet, was zu der neuen Folge

$$\left(s_1^{(2)}, s_2^{(2)}, \ldots, s_{\lceil \lceil n/2 \rceil /2 \rceil}^{(2)} \right) \qquad \text{mit} \quad s_i^{(2)} := s_{2i-1}^{(1)} + s_{2i}^{(1)} \tag{5.14}$$

führt. Dieser Vorgang wird solange wiederholt, bis das Resultat

$$s_1^{(\lceil \log_2 n \rceil)} = x_1 + \cdots + x_n$$

vorliegt. In Abb. 5.4 ist dieser Vorgang für den übersichtlichen Spezialfall $n = 2^4$ dargestellt.

Alle Additionen in jeder der $\lceil \log_2 n \rceil$ Stufen können parallel ausgeführt werden, weshalb sich diese Art der Summation auch gut für Parallelrechner eignet.

---

[8]Diese kann auch als Hinzufügen eines Summanden $x_{n+1} = 0$ interpretiert werden. In diesem Sinne ist die in (5.14) angegebene Iterationsvorschrift zu lesen.

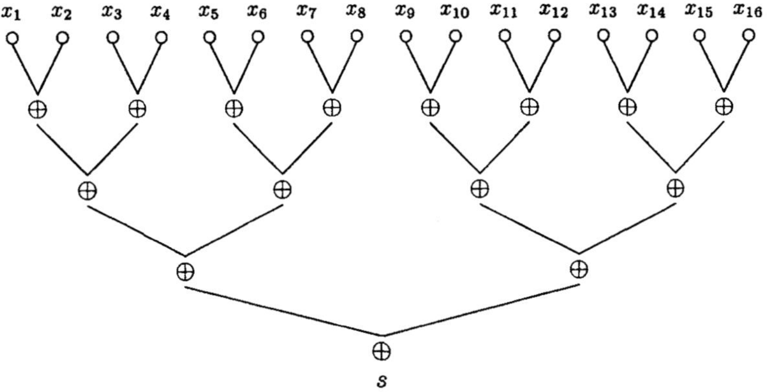

Abb. 5.4: Paarweise Summation von $(x_1, x_2, \ldots, x_{16})$

Rundungsfehler bei paarweiser Summation

Unter ähnlichen Voraussetzungen wie bei der rekursiven Summation ($x_1, \ldots, x_n \in$ $\mathbb{F}_N$ etc.) und der die Präsentation stark vereinfachenden Annahme $n = 2^k$ gilt:

$$
\begin{aligned}
\hat{s}_1^{(1)} &= x_1 \boxplus x_2 &= (x_1 + x_2)(1 + \rho_1^{(1)}) \\
\hat{s}_2^{(1)} &= x_3 \boxplus x_4 &= (x_3 + x_4)(1 + \rho_2^{(1)}) \\
&\ \ \vdots & \vdots \\
\hat{s}_{n/2}^{(1)} &= x_{n-1} \boxplus x_n &= (x_{n-1} + x_n)(1 + \rho_{n/2}^{(1)})
\end{aligned}
$$

und weiters

$$
\begin{aligned}
\hat{s}_1^{(2)} &= \hat{s}_1^{(1)} \boxplus \hat{s}_2^{(1)} &= \left(x_1 + x_2\right)\left(1 + \rho_1^{(1)}\right)\left(1 + \rho_1^{(2)}\right) + \\
& & + \left(x_3 + x_4\right)\left(1 + \rho_2^{(1)}\right)\left(1 + \rho_1^{(2)}\right) \\
&\ \ \vdots & \vdots \\
\hat{s}_{n/4}^{(2)} &= \hat{s}_{n/2-1}^{(1)} \boxplus \hat{s}_{n/2}^{(1)} &= \left(x_{n-3} + x_{n-2}\right)\left(1 + \rho_{n/2-1}^{(1)}\right)\left(1 + \rho_{n/4}^{(2)}\right) + \\
& & + \left(x_{n-1} + x_n\right)\left(1 + \rho_{n/2}^{(1)}\right)\left(1 + \rho_{n/4}^{(2)}\right)
\end{aligned}
$$

bis zur rundungsfehlerbehafteten Gesamtsumme

$$
\hat{s}_1^{(k)} = \sum_{j=1}^{n} x_j \prod_{i=1}^{k} \left(1 + \rho_{\lceil j/2^i \rceil}^{(i)}\right).
$$

Mit $\left|\rho_m^{(i)}\right| \le eps$ erhält man für $k \cdot eps < 1$ die Fehlerabschätzung

$$
\left|\hat{s}_1^{(k)} - s_1^{(k)}\right| \le R_k \sum_{i=1}^{n} |x_i| \qquad \text{mit} \quad R_k := \frac{k \cdot eps}{1 - k \cdot eps}. \tag{5.15}
$$

Diese Fehlerschranke ist im allgemeinen kleiner als die Schranke (5.12) der rekursiven Summation, weil sie nur proportional zu $k = \log_2 n$ und nicht wie (5.12) proportional zu n ist.

5.8.2 Fehlerkompensierende Summation

Die fehlerkompensierende Summation (*compensated summation*) oder *Kahan-Summation* folgt dem Grundschema der rekursiven Summation, schätzt aber bei jeder Addition den entstandenen Rundungsfehler und versucht, ihn zu kompensieren. Das Grundprinzip der verwendeten Fehlerschätzung kann man sich an Hand von Abb. 5.5 klarmachen, in der die Mantissen der beiden Summanden a und b durch balkenförmige Kästchen dargestellt sind.

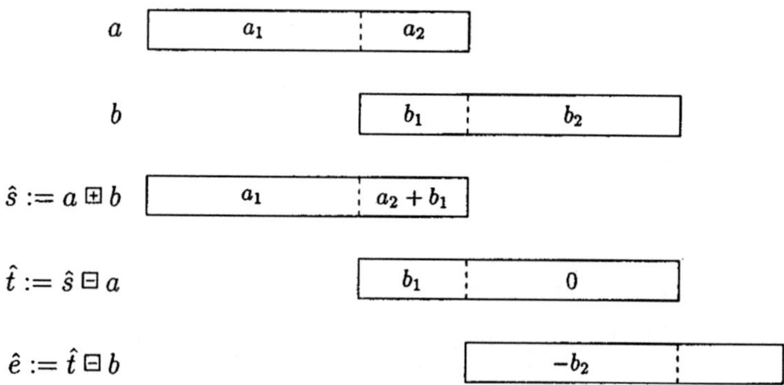

Abb. 5.5: Ermittlung des Rundungsfehlers $\hat{s} - s = -b_2$

Das in Abb. 5.5 dargestellte Prinzip zur Schätzung des Rundungsfehlers, das auf W. Kahan zurückgeht, kann man durch folgende Formel ausdrücken:

$$\hat{e} = ((a \boxplus b) \boxminus a) \boxminus b = (\hat{s} \boxminus a) \boxminus b. \tag{5.16}$$

Bei einer Binärarithmetik mit Runden gilt sogar (im Fall $a \geq b$)

$$\hat{e} = \hat{s} - (a + b),$$

der Rundungsfehler wird also in diesem Fall durch (5.16) *exakt* wiedergegeben (Dekker [158]).

Bei der fehlerkompensierenden Summation wird in jedem Schritt der Rechenfehler nach dem Kahan-Prinzip geschätzt und zu einer Korrektur verwendet:

$$\begin{aligned}
&s := x_1; \ e := 0 \\
&\textbf{do} \ \ i = 2, 3, \ldots, n \\
&\qquad y := x_i - e \\
&\qquad z := s + y \\
&\qquad e := (z - s) - y \\
&\qquad s := z \\
&\textbf{end do}
\end{aligned} \tag{5.17}$$

Rundungsfehler bei der Kahan-Summation

Für die fehlerkompensierende Summation gilt folgender Satz:

Satz 5.8.1 (Kahan-Summation) *Der Rechenfehler bei der Kahan-Summation gemäß (5.17) kann durch*

$$|\hat{s}_n - s_n| \leq \left(2\,eps + O(n \cdot eps^2)\right) \sum_{i=1}^{n} |x_i| \tag{5.18}$$

abgeschätzt werden.

Beweis: Goldberg [218].

Die Schranke (5.18), die (im wesentlichen) von n unabhängig ist, stellt (für nicht exzessiv große n) eine deutliche Verbesserung gegenüber den Schranken (5.12) und (5.15) der rekursiven bzw. paarweisen Summation dar.

5.8.3 Vergleich der drei Summationsverfahren

Von N. J. Higham wurden in einer umfangreichen Studie [233] acht verschiedene Summationsalgorithmen theoretisch untersucht und in praktischen Experimenten verglichen. Von diesen Verfahren hatten nur die drei in den vorangegangenen Abschnitten behandelten Summationsalgorithmen – rekursive, paarweise und fehlerkompensierende Summation – eine $O(n)$-Komplexität. Als eines der Resultate der Studie [233] konnte experimentell nachgewiesen werden, daß es sich *nicht* lohnt, Algorithmen mit höherer Komplexität (meist $O(n\log n)$ infolge der erforderlichen Sortiervorgänge) einzusetzen.

Summiert man z. B. $n = 4, 8, 16, \ldots, 2048$ Zufallszahlen, die auf $[0, 1]$ gleichverteilt sind (siehe Kapitel 17), so erhält man nach 1000 maliger Wiederholung (mit jeweils verschiedenen Zufallszahlen) Resultate, die in den Abbildungen 5.6, 5.7 und 5.8 dargestellt sind. Obwohl selbst die Extremwerte der bei rekursiver Summation aufgetretenen relativen Rechenfehler weit unter der theoretischen Fehlerschranke liegen, erkennt man die deutliche Überlegenheit der paarweisen und der fehlerkompensierenden Summation.

Um die Fehlerverläufe mit steigendem n genauer zu untersuchen, wurde folgendes Experiment gemacht: $n = 4, 5, 6, \ldots, 2048$ auf $[1, 2]$ gleichverteilte Zufallszahlen wurden mit jeder der drei Methoden summiert. Dabei wurde die jeweilige Summationsmethode zunächst auf die ersten 4, dann auf die ersten 5, ... Zufallszahlen angewendet. Bei der rekursiven Summation erhält man damit ein Bild (siehe Abb. 5.9), wie sich der relative Rechenfehler während des Vorgangs der Summation der 2048 Zufallszahlen entwickelt. Man sieht an den Nulldurchgängen des Fehlerverlaufs, wie durch Kompensation aufeinanderfolgender Rundungsfehler immer wieder ein (nahezu) fehlerfreies Zwischenergebnis auftritt.

Bei der paarweisen Summation ist die obige Interpretation einer Verlaufsdarstellung nicht möglich, da das Hinzufügen eines Summanden im allgemeinen eine völlig veränderte „Klammerung" bewirkt.

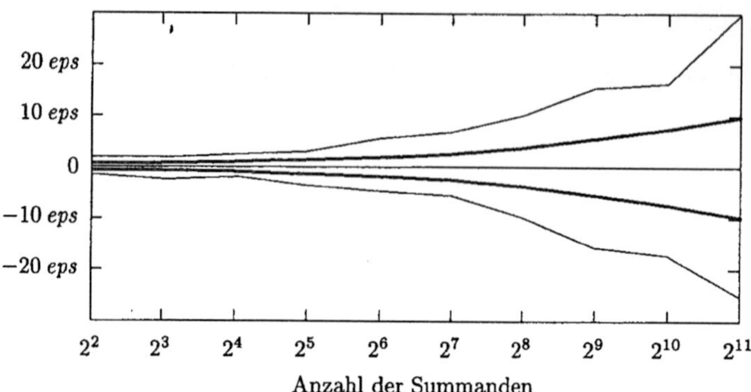

Abb. 5.6: (Rekursive Summation) Extremwerte der relativen Rundungsfehler (—) und Streuung der Rundungsfehler (—) bei rekursiver Summation von Zufallszahlen $x_i \in [0, 1]$.

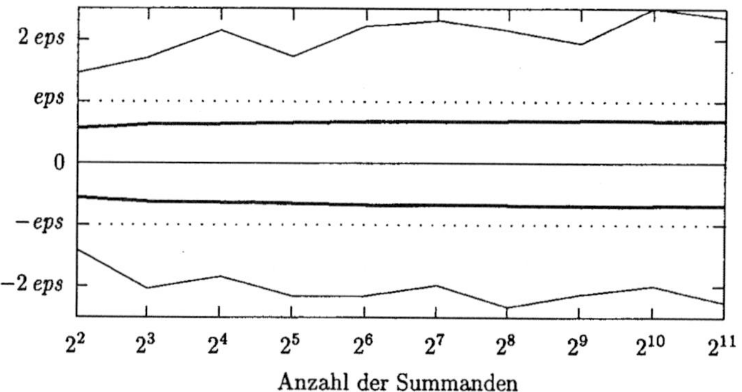

Abb. 5.7: (Paarweise Summation) Extremwerte der relativen Rundungsfehler (—) und Streuung der Rundungsfehler (—) bei paarweiser Summation von Zufallszahlen $x_i \in [0, 1]$.

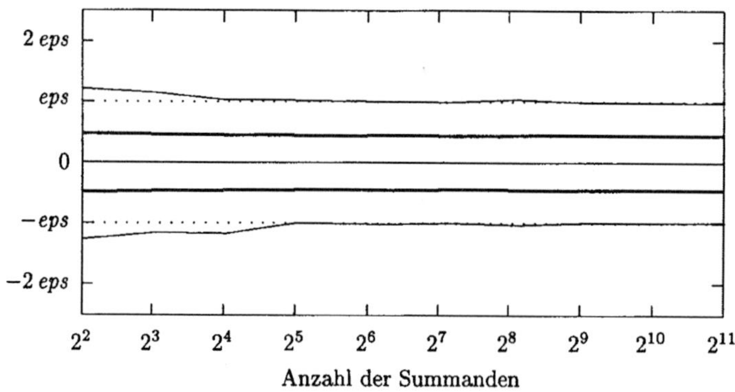

Abb. 5.8: (Kahan-Summation) Extremwerte der relativen Rundungsfehler (—) und Streuung der Rundungsfehler (—) bei Kahan-Summation von Zufallszahlen $x_i \in [0, 1]$.

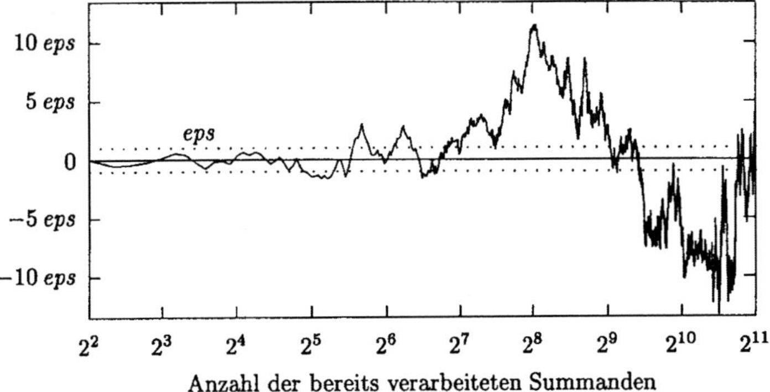

Abb. 5.9: (Rekursive Summation) Relativer Rundungsfehler bei rekursiver Summation von $4, 5, 6, \ldots, 2048$ Zufallszahlen $x_i \in [1, 2]$.

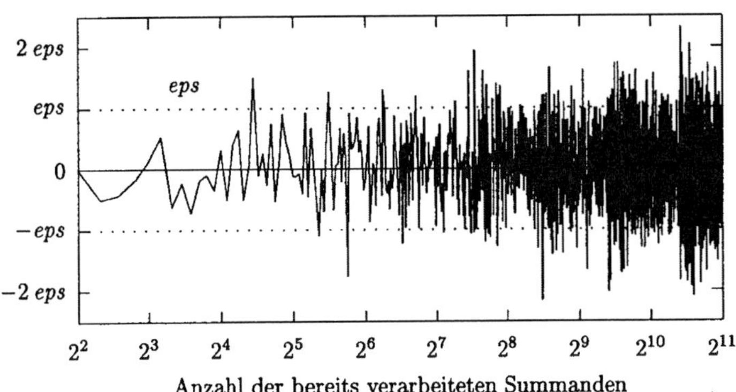

Abb. 5.10: (Paarweise Summation) Relativer Rundungsfehler bei paarweiser Summation von $4, 5, 6, \ldots, 2048$ Zufallszahlen $x_i \in [1, 2]$.

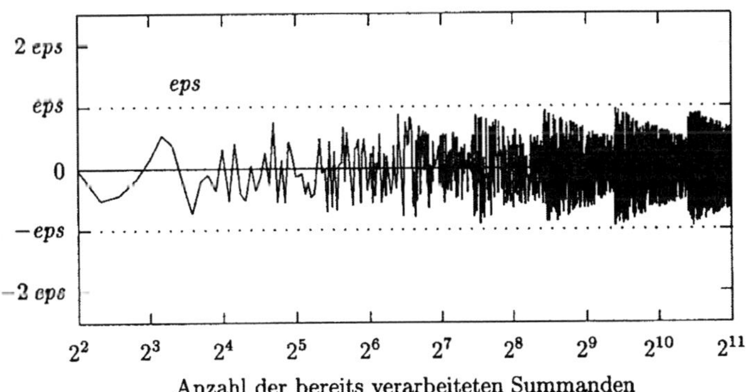

Abb. 5.11: (Kahan-Summation) Relativer Rundungsfehler bei fehlerkompensierender Summation von $4, 5, 6, \ldots, 2048$ Zufallszahlen $x_i \in [1, 2]$.

5.8.4 Steigende Summation

Zur Demonstration der Nützlichkeit „aufsteigender Summation" (rekursiver Summation betragsmäßig steigender Summanden) wurden in einem dritten Experiment verschiedene Summationsverfahren auf $s_n := \sum_{i=1}^{n} 1/i^2$, $n = 4, 5, 6, \ldots, 512$ angewendet. Die *Beträge* der sukzessive erhaltenen relativen Rechenfehler sind in den Abbildungen 5.12, 5.13 und 5.14 dargestellt. Wie man sieht, ist in diesem Fall die steigende Summation sogar der paarweisen Summation leicht überlegen. Die genauesten Resultate lieferte aber auch in diesem Experiment die fehlerkompensierende Summation.

Mit steigender Summation erhält man in ähnlichen Situationen wie der obigen Resultate mit hoher Genauigkeit. Soferne man also über A-priori-Information über die Größenordnung der einzelnen Summanden verfügt und diese in einfacher Weise zum aufsteigenden Summieren nutzen kann, ist diese Summationsmethode vorteilhaft einzusetzen. In allen anderen Fällen sollte man sich eher an die paarweise oder fehlerkompensierende Summation halten, sofern man sehr kleine Rechenfehler anstrebt.

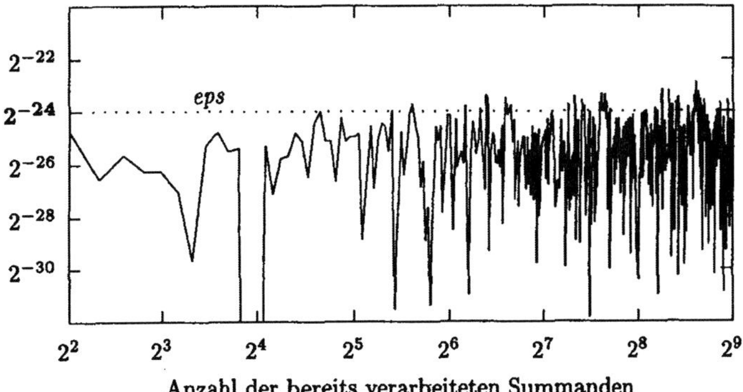

Abb. 5.12: (Paarweise Summation) Betrag des relativen Rundungsfehlers bei paarweiser Summation von $1 + 1/4 + 1/9 + \cdots + 1/n^2$ für $n = 4, 5, 6, \ldots, 512$.

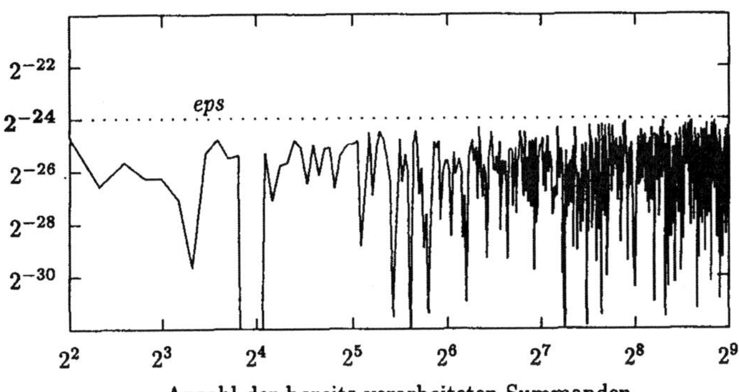

Abb. 5.13: (Steigende Summation) Betrag des relativen Rundungsfehlers bei rekursiver Summation aufsteigender Terme $1/n^2 + \cdots + 1/9 + 1/4 + 1$ für $n = 4, 5, 6, \ldots, 512$.

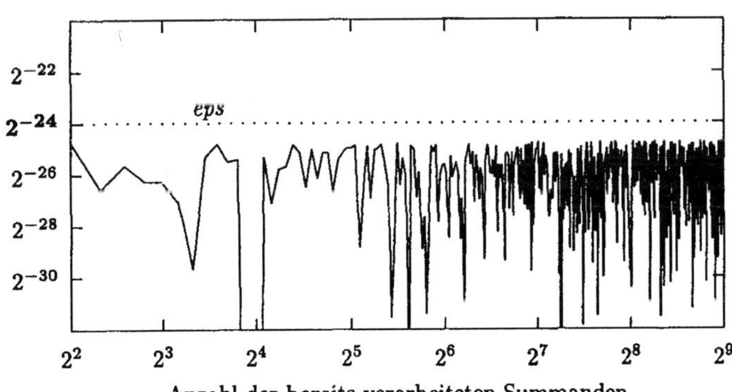

Abb. 5.14: (Kahan-Summation) Betrag des relativen Rundungsfehlers bei kompensierter Summation von $1 + 1/4 + 1/9 + \cdots + 1/n^2$ für $n = 4, 5, 6, \ldots, 512$.

Kapitel 6

Numerische Programme

> *Things are more complex than they seem to be.*
> *Things take longer than expected.*
> *Things cost more than expected.*
> *If something can go wrong, it will.*
>
> MURPHY's Laws

Programmiersprachen ermöglichen eine besondere Art der Algorithmus-Notation. Algorithmen, die in einer Programmiersprache formuliert sind, also von einem Computer ausgeführt werden können, nennt man *Programme*.

Numerische Programme dienen der Lösung numerischer Probleme (linearer und nichtlinearer Gleichungssysteme etc.) und sind ein wichtiges Hilfsmittel bei der Entwicklung technischer und naturwissenschaftlicher Anwendungssoftware.

6.1 Qualität numerischer Programme

Abhängig vom speziellen Einsatzgebiet, von der Verwendungsart und ähnlichen Charakteristika bestimmen jeweils andere Merkmale die Qualität eines numerischen Programms. Dementsprechend gibt es auch kein einzelnes summarisches Maß für dessen Qualität. Jede individuelle Bewertung wird sich jedoch, mit unterschiedlicher Gewichtung, auf die in diesem Abschnitt behandelten Qualitätsmerkmale stützen.

6.1.1 Zuverlässigkeit ›

Die Zuverlässigkeit (*reliability*) kennzeichnet den Grad der Wahrscheinlichkeit, mit dem ein Programm jene Funktionen erfüllt und Leistungen erbringt, die in seiner Dokumentation spezifiziert sind. Zuverlässigkeitsuntersuchungen hängen daher sehr stark vom Detaillierungsgrad der Spezifikation des zu untersuchenden Programms ab. Je präziser die Spezifikation (Dokumentation) ist, desto aussagekräftiger können die Resultate von Zuverlässigkeitsuntersuchungen sein.

Unter dem Oberbegriff Zuverlässigkeit subsumiert man die spezielleren Merkmale Korrektheit, Robustheit, Genauigkeit, Autarkie und Konsistenz.

Korrektheit

Die im Software-Engineering übliche Definition des Begriffs Korrektheit lautet: Ein Programm ist dann korrekt, wenn es für *alle* Eingabedaten aus seinem Spezifikationsbereich *richtige* Ausgabedaten erzeugt. Dabei sind auch Daten, die einen „Fehlerfall" darstellen, zu berücksichtigen. Dieser klassische Korrektheitsbegriff ist aber auf *numerische* Programme nicht ohne weiteres anwendbar, da es eine inhärente Eigenschaft numerischer Programme ist, mit steigender Schärfe ihrer Definition (Spezifikation) die Anforderungen, Vorstellungen und Wünsche der Anwender in immer geringerem Maß zu berücksichtigen.

Beispiel (Lineare Gleichungssysteme) Sofern die Spezifikation eines Programms zur Lösung linearer Gleichungssysteme festlegt, daß der Eliminationsalgorithmus in seiner Grundform (ohne Pivotstrategie, ohne Skalierung etc.) zu implementieren ist, reicht ihre Schärfe aus, um für ein gegebenes Programm sogar einen formalen Korrektheitsbeweis führen zu können.

Ein Programm, von dem auf diese Weise bewiesen ist, daß es eine korrekte Implementierung des Eliminationsalgorithmus darstellt, kann aber unter Umständen Ergebnisvektoren liefern, bei denen nicht eine einzige Dezimalstelle mit der exakten Lösung übereinstimmt.

Ein derartiges Versagen „korrekter" Programme kann z. B. auf Einflüsse der Maschinenarithmetik in Verbindung mit einer sehr großen Empfindlichkeit der Lösung gegenüber Daten- oder Rechenfehlern zurückzuführen sein. Die meisten Anwender werden aber ein Programm, das eine völlig unbrauchbare Lösung liefert, *nicht* als korrekt funktionierend empfinden.

Dieses Beispiel zeigt die Notwendigkeit *anwendungsorientierter Anforderungsdefinitionen*, die auch Genauigkeitsforderungen enthalten. Es zeigt aber auch sehr deutlich, daß man bei Korrektheitsuntersuchungen numerischer Programme Einflüsse der Maschinenarithmetik nicht vernachlässigen darf.

Neben der Maschinenarithmetik und der Problemkondition (Empfindlichkeit der Lösung des Problems gegenüber Datenänderungen) spielt im Bereich der Numerischen Datenverarbeitung auch die Diskretisierung, also der Übergang von kontinuierlichen mathematischen Modellen zu jenen diskreten Modellen, die dann am Computer verarbeitet werden, eine entscheidende Rolle.

Beispiel (Numerische Integration) Alle Programme zur numerischen Integration beruhen auf dem Prinzip der „Abtastung" (*sampling*) des Integranden an endlich vielen Stellen. Diese Stellen sind entweder unabhängig vom Integranden a priori festgelegt oder werden adaptiv an Besonderheiten des Integranden angepaßt (indem z. B. in der Umgebung einer Sprungstelle eine höhere Dichte der Abtastpunkte gewählt wird). In jedem Fall wird jedoch ein erster Näherungswert und eine dazugehörige Fehlerschätzung auf Grund einer endlichen Stützstellenmenge $\{x_1, \ldots, x_N\}$ bestimmt, die fester Bestandteil des Algorithmus ist (siehe Kapitel 12). Wendet man das Integrationsprogramm auf

$$P_{2N}(x) := c \prod_{i=1}^{N} (x - x_i)^2 \quad \text{mit} \quad c \neq 0$$

als Integrandenfunktion an, so geschieht folgendes: Das Polynom P_{2N} wird an den Abtastpunkten $x_1, \ldots, x_N$, also seinen Nullstellen, ausgewertet. Unabhängig von den Genauigkeitsforderungen wird jeder Algorithmus auf Grund dieser Information terminieren und

Integral-Näherungswert: $I_{\text{approx}} = 0$ Fehlerschätzung: $E_{\text{approx}} = 0$

als Resultat liefern. Trotz der vielversprechenden Fehlerschätzung kann der tatsächliche Fehler des Ergebnisses, abhängig von der Wahl des Wertes c, *beliebig groß* ausfallen.

Bei diesem Beispiel und in ähnlich gelagerten Fällen – wo unvermeidliche Diskretisierungsfehler das Ergebnis numerischer Berechnungen beeinflussen – muß in der Anforderungsdefinition eine Einschränkung der zulässigen Eingabedaten vorgenommen werden.

Beispiel (Numerische Integration) Wenn man verlangt, daß (abhängig von der verwendeten Integrationsformel) nur j-mal stetig differenzierbare Integrandenfunktionen $f \in C^j[a, b]$ zugelassen werden und daß der Wert einer Schranke M_j für die j-te Ableitung des Integranden

$$|f^{(j)}(x)| \le M_j, \qquad x \in [a, b],$$

als Eingangsparameter an das Integrationsprogramm zu übergeben ist, dann ist es möglich, Integrationsprogramme zu entwickeln, deren Resultate Genauigkeitsanforderungen der Art

$$\left| \int_a^b f(x)\, dx - I_{\text{approx}} \right| \le e_{\text{abs}}$$

garantiert einhalten (wenn man auch die Einflüsse der Maschinenarithmetik berücksichtigt).

Derartige Einschränkungen entsprechen aber sehr oft nicht den Wünschen und Möglichkeiten der Anwender. So bereitet z. B. die Bestimmung von Ableitungsschranken meist noch größere Schwierigkeiten als die ursprüngliche Integrationsaufgabe. Wenn man andererseits – wie dies dem Normalfall entspricht – auf die Vorgabe einer Ableitungsschranke durch den Benutzer verzichtet, so kann ein derartiges Integrationsprogramm nicht mehr Gegenstand von problemrelevanten Korrektheitsbetrachtungen sein. Man muß sich dann mit Plausibilitätsbetrachtungen und Tests begnügen.

Robustheit

Die Robustheit charakterisiert das Ausmaß, in dem ein Programm nicht vorgesehene bzw. falsche Eingangsdaten erkennt, für den Benutzer wohlverständlich reagiert und seine Funktionsfähigkeit bewahrt. Maximale Robustheit wird erreicht, wenn es keine Eingabe gibt, die zu Fehlreaktionen des Programms führt.

Bei der Anwendung des Robustheitsbegriffs auf numerische Programme liegt die Schwierigkeit wieder bei der Entscheidung, welche Eingabedaten als falsch oder nicht erlaubt einzustufen sind.

Beispiel (Numerische Integration) Bei allen Programmen zur numerischen Integration ist (unter Vernachlässigung von Rundungsfehler-Effekten) eine „Garantie" für das definitionsgemäße Funktionieren nur für Integranden möglich, die entweder Polynome bis zu einem bestimmten Maximalgrad oder Funktionen mit speziellen Beschränkungen der Ableitungen sind. Insbesondere die letztere Einschränkung ist, wie erwähnt, einer Überprüfung durch den Anwender im allgemeinen nicht zugänglich. Sie wird oft nicht einmal in der Dokumentation erwähnt – im Gegenteil, es wird sogar sehr oft von „universell anwendbaren" Programmen gesprochen.

Bei dieser Kategorie von numerischer Software ist dies jedoch ausschließlich ein Dokumentationsmangel, da eine Verbesserung der Programm-Robustheit theoretisch und praktisch auf Grund des verwendeten Abtastprinzips *nicht* möglich ist. Da dem Programm nur Information in Form endlich vieler Funktionswerte zugänglich ist, kann es grundsätzlich keinen Algorithmus geben, der z. B. über die Erfülltheit von Ableitungsschranken (die sich auf *alle* Punkte des Integrationsbereichs beziehen) entscheidet.

Beispiel (Euklidische Vektorlänge) Sowohl das Unterprogramm BLAS/snrm2 als auch das Programm x2norm von Blue [119] zur Berechnung der Euklidischen Länge eines Vektors

$$\|v\|_2 := \sqrt{v_1^2 + v_2^2 + \cdots + v_n^2}$$

funktionieren korrekt und ohne Exponenten-Überlauf, wenn das *Resultat* im Maschinenzahlenbereich liegt. Diese Eigenschaft ist keineswegs selbstverständlich. Das naheliegende Algorithmus-Schema

```
summe = 0.
DO i = 1, n
   summe = summe + v(i)**2
END DO
norm_2 = SQRT(summe)
```

kann selbst dann zum Exponenten-Überlauf oder -Unterlauf bei der Berechnung von Zwischenergebnissen führen, wenn das Resultat im Bereich der normalisierten Maschinenzahlen liegt.

Optimale Robustheit würde ein Programm besitzen, das auch bei Daten (Vektorkomponenten), die zu einem Resultat führen, das außerhalb des Bereiches der Maschinenzahlen liegt, keinen Abbruch hervorruft, sondern den Benutzer (z. B. mit Hilfe eines speziellen Parameters) über diese Situation informiert.

Noch schlimmer als ein Exponenten-Überlauf (*overflow*), der im allgemeinen mit einem Programm-Abbruch endet, kann ein Exponenten-Unterlauf (*underflow*) sein. Dabei wird gewöhnlich keine Fehlermeldung generiert und die Abarbeitung des Programms mit dem Wert Null stillschweigend fortgesetzt. Da man aber oft von vornherein nicht entscheiden kann, ob das in einem konkreten Fall sinnvoll ist oder nicht, sollte robuste Software möglichst frei von *underflows* sein.

Genauigkeit

Genauigkeit bezeichnet die Eigenschaft eines Programms, Resultate zu liefern, die mit implizit angenommenen oder explizit vorgegebenen Vergleichsgrößen (den *exakten* Ergebnissen) übereinstimmen.

Bei numerischen Programmen, deren Resultate Gleitpunktzahlen sind, wird der höchste Genauigkeitsgrad dann erreicht, wenn das erhaltene Resultat – das Ergebnis eines Programms – und die durch Rundung auf Maschinenzahlen abgebildete exakte Lösung des gestellten Problems übereinstimmen. Diesem Ideal können jedoch im allgemeinen nur Programme für bestimmte wohldefinierte Problemklassen entsprechen, die sich auf spezielle Maschinenarithmetiken stützen.

Beispiel (ACRITH-XSC)   Die derzeit auf einigen IBM-Rechnern (sowie auf einigen IBM-kompatiblen Rechnern) verfügbare Spezialarithmetik ermöglicht die Entwicklung von Software, die Lösungen mit dem jeweils (rechnerabhängigen) maximalen Genauigkeitsgrad liefert. Die „gängigen" Arithmetiken (wie z. B. die IEC/IEEE-Arithmetik) gestatten es *nicht*, Software maximaler Genauigkeit zu schreiben.

Beispiel (Standardfunktionen)   Für die „Standardfunktionen" *sin, cos, exp, log* etc. werden in allen für numerische Berechnungen geeigneten Programmiersprachen vordefinierte Funktionsunterprogramme bereitgestellt, die unmittelbar mit Hilfe spezieller Schlüsselwörter (z. B. SIN, COS, EXP, LOG etc.) aufgerufen werden können. Die in diesen Unterprogrammen implementierten Algorithmen und deren Genauigkeit bleiben dem Benutzer im allgemeinen verborgen und scheinen auch in der Dokumentation meist nicht auf.

Bei numerischen Verfahren zur Approximation der Standardfunktionen wird in den entsprechenden Unterprogrammen immer der Versuch unternommen, die maximal erreichbare Genauigkeit zu erzielen. Für die einfach genauen Unterprogramme wird dabei auf die doppelt genaue Arithmetik zurückgegriffen, für die doppelt genauen Standardfunktionen wird *extended precision* verwendet. Unter diesen Voraussetzungen kann zwar für wichtige Argumentbereiche eine Genauigkeit garantiert werden, die nahe bei der Maximalgenauigkeit liegt, es sind aber auch Situationen unvermeidbar, wo die Genauigkeit deutlich schlechter ist.

So wird z. B. die Sinusfunktion stets in einer Umgebung von Null (z. B. durch ein Polynom oder eine rationale Funktion) approximiert. Betragsgroße Argumente werden unter Ausnutzung der Periodizität und verschiedener Identitäten der Sinusfunktion auf das Approximationsintervall zurückgeführt (Cody, Waite [9]). Bei dieser Reduktion, bei der meist vom Argument x ein ganzzahliges Vielfaches von $\pi/2$ so abgezogen wird, daß sich ein reduziertes Argument

$$\bar{x} \in [-\pi/4, \pi/4]$$

ergibt, ist die Auslöschung signifikanter Stellen bei der Bildung von $\bar{x}$ mit größer werdendem x für Ungenauigkeiten des Resultats verantwortlich. Man kann sich z. B. auf jedem Taschenrechner überzeugen, wie ungenau der Wert ist, den man anstelle des exakten Ergebnisses

$$\sin 710_{\mathrm{rad}} = 0.0000\,60288\,70669\,15852\,65933\ldots$$

erhält. Auf den meisten Taschenrechnern erhält man ein Resultat, von dem nur 4 bis 5 der angezeigten 10 Dezimalstellen richtig sind.

Wie man am Beispiel der mathematischen Standardfunktionen sieht, können die Eigenschaften Genauigkeit und Robustheit einander beeinflussen. Ein Unterprogramm, das, ohne den Benutzer davon in Kenntnis zu setzen, statt eines Resultats mit 9 oder 10 richtigen Dezimalstellen ein Ergebnis liefert, von dem nur 4 Stellen korrekt sind, ist allerdings weder robust noch genau. Die beste Lösung wäre in diesem Fall ein Funktions-Unterprogramm, das für einen möglichst großen Bereich (nahezu) maximale Genauigkeit liefert und, falls dies nicht möglich ist, eine Warnung generiert (und gegebenenfalls die Berechnung abbricht).

Beispiel (Lineare Gleichungssysteme)   Sobald bei der Lösung eines linearen Gleichungssystems auf der Basis der Gauß-Elimination die zu verwendende Arithmetik (durch die verwendete Hardware bzw. durch Entscheidungen des Programmierers) festgelegt ist, besteht keine Möglichkeit mehr, Genauigkeitsanforderungen des Programmbenutzers durch algorithmische Maßnahmen „garantiert" sicherzustellen.

Den vom Gauß-Algorithmus gelieferten Lösungsvektor kann man allenfalls einer gesonderten Genauigkeitsuntersuchung unterziehen. Derartige a-posteriori-Untersuchungen ermöglichen z. B. einige LAPACK-Programme (siehe Abschnitt 13.17).

Bei vielen numerischen Problemen wird eine Lösung mit maximaler Genauigkeit aus Effizienzgründen überhaupt nicht angestrebt. Es wird nur verlangt, daß die numerische Lösung eine vorgegebene Genauigkeitsschranke einhält. Ein – im Sinne der Analysis – konvergenter Prozeß kann dazu verwendet werden, beliebig genaue Näherungen zu berechnen.

Beispiel (Archimedische Methode)   Von Archimedes stammt die Methode, mit Hilfe der eingeschriebenen bzw. umschriebenen regelmäßigen Polygone die Länge des Kreisumfangs beliebig genau anzunähern. Für die Länge s_k einer Seite des einem Kreis mit dem Durchmesser $d = 1$ und dem Umfang $U = \pi$ eingeschriebenen regelmäßigen k-Ecks gilt folgende Rekursion:

$$s_{2k} = \sqrt{2 - \sqrt{4 - s_k^2}}, \qquad \text{mit dem Startwert} \quad s_6 := \frac{1}{2}. \tag{6.1}$$

Für den Umfang $U_k = k \cdot s_k$ des regelmäßigen k-Ecks gilt die mathematische Konvergenzaussage:

$$U_k \to U \qquad \text{für} \qquad k \to \infty.$$

Für jede Genauigkeitsforderung ε gibt es somit ein K, für das der Verfahrensfehler die Ungleichung $|U_K - U| < \varepsilon$ erfüllt.

Selbst eine *korrekte* Implementierung eines konvergenten Prozesses kann aber am Computer zu unerwartet fehlerhaften Resultaten führen.

Beispiel (Archimedische Methode) Eine *korrekte* Implementierung der Rekursion (6.1) liefert bei Gleitpunkt-Rechnung auf einer Workstation folgende, für $k > 6 \cdot 2^9$ unbefriedigende (bei *Null* endende) Zahlenfolge:

k	$6 \cdot 2^1$	$6 \cdot 2^2$	$\cdots$	$6 \cdot 2^9$	$\cdots$	$6 \cdot 2^{17}$	$6 \cdot 2^{18}$	$6 \cdot 2^{19}$	$6 \cdot 2^{20}$
$k \cdot s_k$	3.105809	3.132629	$\cdots$	3.141592	$\cdots$	3.092329	3.000000	3.000000	0

In diesem speziellen Fall, wo man die gesuchte Lösung $U = \pi$ von Anfang an kennt, könnte man die Berechnung der Folge $\{s_{12}, s_{24}, s_{48}, \ldots\}$ bei $k = 6 \cdot 2^9$ abbrechen.

Wendet man aber (wie in jenen Fällen, bei denen man die Lösung von vornherein *nicht* kennt) das übliche Abbruchkriterium des „Stehens"[1] der numerisch erhaltenen Folge $\{\tilde{s}_k\}$ an, so erhält man im vorliegenden Fall das völlig unbrauchbare Resultat $\tilde{U} = 0$ als „Näherungswert" für die exakte Lösung $U = \pi$.

Dieses Beispiel demonstriert die Gefahren, die von der Einschränkung auf Verfahrensfehlereffekte bei Korrektheitsuntersuchungen herrühren. Noch schwieriger wird die Situation bei der Diskretisierung kontinuierlicher Information. Bei derartigen Problemen besteht weder a priori noch a posteriori die Möglichkeit, verläßliche Genauigkeitsinformationen zu erhalten. Wenn, wie im Normalfall, keine zusätzlichen Daten (z. B. Ableitungsschranken) zur Einschränkung der Lösungsmenge verfügbar sind, kann das numerische Resultat mit einem beliebig großen Fehler behaftet sein (wie etwa das Beispiel der numerischen Integration zeigt).

Autarkie

Autarkie (*self-containedness*) bezeichnet den Grad, in dem ein Programm oder ein ganzes Programmsystem von anderen gleichrangigen Programmen unabhängig ist. Ein autarkes Programm erfüllt alle erforderlichen Funktionen wie z. B. Initialisierung systemabhängiger Variablen, Kontrolle von Eingangsdaten, Ausgabe von Meldungen (*diagnostics*) etc. selbständig.

Beispiel (IMSL) Die zwei Teile der IMSL-Bibliothek (vgl. Abschnitt 7.2.3) – IMSL-C-Math-Library und IMSL-C-Stat-Library – bilden jeder für sich ein autarkes Softwareprodukt. Einzelne Teilprogramme dieser Bibliotheken sind jedoch *nicht* autark, sie benötigen Hilfsprogramme oder rufen andere Teilprogramme der jeweiligen Bibliothek auf.

Konsistenz

Konsistenz gibt an, wie stark ein Programm (system) nach einheitlichen Entwurfs- und Implementierungstechniken sowie in einheitlicher Notation entwickelt wurde bzw. in einheitlichem Stil kommentiert und dokumentiert ist. Interne Datenstrukturen sind vereinheitlicht, algorithmische Abläufe in ähnlichen Situationen

---

[1] Iterationen oder Rekursionen der Numerischen Datenverarbeitung werden sehr oft terminiert, wenn die berechnete Folge $\{\tilde{s}_k\}$ keine Veränderungen mehr zeigt, wenn sich also Gleichheit $\tilde{s}_i = \tilde{s}_{i+1} = \tilde{s}_{i+2} = \cdots$ oder wenigstens $\tilde{s}_i \approx \tilde{s}_{i+1} \approx \tilde{s}_{i+2} \approx \cdots$ einstellt.

entsprechen einander möglichst weitgehend, bei Input und Output werden einheitliche Formate und Terminologie verwendet etc.

Beispiel (Lineare Algebra) Die Softwarepakete LAPACK (*Linear Algebra Package*) [2] und TEMPLATES [3] wurden von großen Teams von Spezialisten entwickelt, die an örtlich über die ganzen USA (und auch an einigen Stellen in Europa) verteilten Universitäten und Forschungsinstitutionen tätig waren. Durch die Einhaltung strenger Entwicklungsrichtlinien besitzen diese Programmsysteme trotzdem ein sehr hohes Maß an Konsistenz.

6.1.2 Portabilität

Die Portabilität (*portability*) eines Programms ist ein Maß für den Umstellungsaufwand, der erforderlich ist, um dieses Programm von einer Computerumgebung (*computing environment*; Hardware- und Software-Umgebung) auf eine andere zu übertragen. Wenn der Aufwand für die Übertragung auf ein neues Computersystem relativ klein ist, spricht man von hoher Portabilität (Cowell [148]).

Die große und immer noch zunehmende Bedeutung der Portabilität ergibt sich aus der raschen technischen Entwicklung, durch die sich die Relation zwischen der Hardware- und der Software-Nutzungszeit und vor allem auch die Relation zwischen Hardware- und Softwarekosten ständig in Richtung Software verschiebt.

Die Bedeutung der Portabilität kann man nur auf Grund ökonomischer Überlegungen richtig einschätzen. Sowohl die Entwicklung eigener Software als auch die Beschaffung fertiger Software entsprechen einer Investition. Der Ertrag dieser Investition (*return of investment*) ist stark vom Nutzungsgrad (Einsatzhäufigkeit, Nutzungsdauer) abhängig. Alle lebensdauerverlängernden Software-Eigenschaften dienen somit einer Steigerung der Rentabilität.

Die Lebensdauer eines Softwareproduktes wird sowohl von der Benutzerseite als auch von der Wartungsseite beeinflußt. Hohe Qualität für den Anwender (z. B. in Form hoher Zuverlässigkeit) führt zu einem stärkeren und längeren Benutzungsgrad; gute Wartbarkeit ist überhaupt die Voraussetzung für einen langdauernden Einsatz. In der Praxis wird zum Zeitpunkt der Software-Entwicklung bzw. -Anschaffung deren Lebensdauer oft sehr stark *unter*schätzt.

Beispiel (UNIX) Das Betriebssystem UNIX wurde 1973 von D. M. Ritchie und K. Thompson nur für den *Eigenbedarf* in den Bell Laboratories (dem Forschungszentrum von AT & T) entwickelt. Wegen seiner Portabilität hat es aber bekanntlich (vor allem auf Workstations und anderen technisch-naturwissenschaftlichen Computern) sehr große Verbreitung gefunden.

Erhöhung der Portabilität senkt den Aufwand für Anpassungs- bzw. Umstellungsarbeiten, der mit steigender Software-Lebensdauer meist dramatisch zunimmt. Portabilitätssteigerung ist daher auch ein Mittel zur Senkung der Wartungskosten, zur Lebensdauerverlängerung und damit zur Rentabilitätssteigerung.

Die Forderung nach hoher Softwareportabilität ist oft den Forderungen nach hoher Effizienz und kurzen Entwicklungszeiten entgegengesetzt. Ein wichtiges Konzept bei der Entwicklung portabler Software, bei der auch auf hohe Laufzeit-Effizienz Wert gelegt wird, besteht in der Eingrenzung laufzeitkritischer Teilalgorithmen in einer (möglichst kleinen) Menge spezieller Rechen-Module (*compu-

tational kernels) und deren Implementierung in einer genormten höheren Programmiersprache. Zusätzlich zu diesen portablen Rechen-Modulen können maschinen*abhängige*, hinsichtlich ihres Laufzeitverhaltens optimierte Versionen entwickelt werden.

Beispiel (BLAS) Für eine Reihe von elementaren Algorithmen der numerischen Linearen Algebra wurden Rechen-Module definiert und in Form von Fortran-Programmen allgemein zugänglich gemacht: *Basic Linear Algebra Subroutines* (BLAS; vgl. Abschnitt 4.10.1). Für viele Computersysteme gibt es individuell optimierte Versionen. Zur Effizienzsteigerung braucht man nur die portable Fortran-Version gegen die jeweilige Maschinenversion auszutauschen.

Das Softwareprodukt LAPACK (siehe Abschnitt 13.17) wurde auf der Basis der BLAS entwickelt. Eine optimierte Version für einen neuen Rechner[2] erfordert nur die möglichst effiziente Implementierung der BLAS-Module.

In der Numerischen Datenverarbeitung kommt der Forderung nach hoher Portabilität besonders große Bedeutung zu: Der Software-Entwicklungsaufwand ist im allgemeinen sehr groß und das erforderliche Know-How nur an sehr wenigen Stellen verfügbar, weshalb der Software-Einsatz an möglichst vielen Stellen (mit den unterschiedlichsten Computerumgebungen) besonders erstrebenswert ist.

Beispiel (Schwach besetzte Systeme) Die Entwicklung qualitativ hochwertiger Software zur Lösung schwach besetzter linearer Gleichungssysteme wird lediglich an einigen Universitäten und Forschungsinstitutionen auf der ganzen Welt (z. B. Yale oder Harwell) betrieben. Die Resultate dieser Entwicklungsarbeit (z. B. die *Harwell-Bibliothek*; vgl. Abschnitt 7.2.3) werden aber an hunderten bis tausenden Stellen verwendet. Da es für die Installation und Verwendung im allgemeinen keine Unterstützung gibt, muß der Portabilitätsgrad entsprechend hoch sein.

Hardwareunabhängigkeit

Die Hardwareunabhängigkeit eines Softwareprodukts (*device independence*) kennzeichnet dessen Grad der Unabhängigkeit von spezifischen Hardware-Eigenschaften und/oder -Konfigurationen.

Beispiel (Virtueller Speicher) Software, die auf Rechnern mit virtuellem Hauptspeicher (d. h. praktisch ohne explizite Einschränkungen bezüglich des Speicherbedarfs) entwickelt wurde, ist oft nur mit großem Umstellungsaufwand auf Rechner ohne diese Art der Speicherverwaltung (z. B. ältere PCs unter MS-DOS) umzustellen, wo ein von der Hardware-Ausstattung limitierter Hauptspeicherbereich zur Verfügung steht.

Software-Unabhängigkeit

Die Portabilität eines Softwareproduktes wird nicht nur durch dessen Hardware-, sondern auch dessen Software-Unabhängigkeit bestimmt. Software-Unabhängigkeit (*software independence*) ist der Grad der Unabhängigkeit eines Softwareprodukts von spezifischen Eigenschaften der Systemsoftware bzw. vom Vorhandensein unterstützender Anwendungssoftware.

---

[2]Ausnahmen sind Parallelrechner mit verteiltem Speicher. Für diese Computer wurde ein eigenes Softwarepaket entwickelt: PB-BLAS (*Parallel Block* BLAS; siehe Abschnitt 13.21).

Beispiel (Spracherweiterungen)   Die Verwendung von Programmiersprachen-Erweiterungen, die nur von einzelnen Herstellerfirmen unterstützt werden, erfordert zusätzlichen Umstellungsaufwand bei der Übertragung auf Computer anderer Hersteller. Besonders hoch wird dieser Umstellungsaufwand bei Verwendung von Programmiersprachen, die nicht genormt sind und auch nur von wenigen Herstellern angeboten werden. So erfordert z. B. die Übertragung eines PL/I-Programms in eine *Nicht*-IBM-Umgebung meist das völlige Umschreiben in eine andere Programmiersprache.

Maßnahmen zur Steigerung der Portabilität

Aus den obigen Faktoren ergeben sich sofort Hinweise, wie man die Portabilität von Softwaresystemen erhöhen kann.

Steigerung der Geräteunabhängigkeit: Hardwareabhängige Programmteile sind weitgehend zu reduzieren und – falls sie nicht vermeidbar sind – an möglichst wenigen, gut dokumentierten Stellen zu konzentrieren; verwendete Hardwareeigenschaften sind durch gut dokumentierte Parameter auszudrücken.

Steigerung der Software-Unabhängigkeit: Durch Verwendung normierter Software – z. B. normierter Programmiersprachen (Fortran 90 [76], ANSI C [289], Pascal etc.) oder von Standard-Graphiksoftware – mit ausreichend weiter Verbreitung kann weitgehende Software-Unabhängigkeit erreicht werden. Programmteile, die von der Betriebssoftware abhängen, sind an möglichst wenigen, gut dokumentierten Stellen zu konzentrieren.

Maschinenunabhängige *effizienz*steigernde Maßnahmen (siehe Abschnitt 6.5) können unter Umständen auch zu einer Steigerung der Portabilität beitragen, indem sie den Anwendungsbereich eines Softwareprodukts auf weniger leistungsfähige Computer ausdehnen.

6.1.3 Effizienz

Die Effizienz eines Programms drückt aus, wie stark dieses die Hardware-Betriebsmittel (siehe Kapitel 3) bei gegebenem Funktionsumfang in Anspruch nimmt. Man unterscheidet zwischen Laufzeit- und Speicher-Effizienz:

Laufzeit-Effizienz bewertet die Zeit, die zur Problemlösung erforderlich ist;

Speicher-Effizienz bewertet die Nutzung der Speicherhierarchie (Register, Cache, Hauptspeicher, Hintergrundspeicher).

Laufzeit- und Speicher-Effizienz sind nicht voneinander unabhängige Qualitätsmaßstäbe. So kann z. B. die sachgemäße Nutzung der Speicherhierarchie die Laufzeit eines Programms signifikant verkürzen.

Die *Übersetzungszeit-Effizienz* bewertet sowohl den (Hilfs-)Speicheraufwand des Compilers als auch die Zeit, die für das Übersetzen eines Programms benötigt wird. Je höher der Optimierungsgrad ist, den man von einem Compiler fordert, desto größer wird auch dessen Betriebsmittelbedarf. „Aggressives Optimieren" kann unter Umständen die erforderliche Übersetzungszeit um eine ganze Größenordnung (Faktor 10) oder mehr steigern. Wenn ein einmal übersetztes Programm oftmals ausgeführt wird, fällt diese Ineffizienz allerdings kaum ins Gewicht.

Abwägung zwischen Effizienz und Zuverlässigkeit

Vergleicht man die Merkmale Zuverlässigkeit und Effizienz, so gibt es eine Reihe von Argumenten zugunsten der Zuverlässigkeit:

- Unzuverlässige Software ist wertlos, unabhängig davon, wie effizient sie ist.

- Die Folgekosten, die durch unzuverlässige Software entstehen können, sind unter Umständen wesentlich höher als die Kosten, die von ineffizienten Programmen verursacht werden.

- Ineffiziente Software kann oft mit gezielten Maßnahmen stark verbessert werden; die Zuverlässigkeit im nachhinein zu erhöhen, ist im allgemeinen wesentlich schwieriger und aufwendiger.

- In großen Systemen können unzuverlässige (bzw. fehlerhafte) Teilprogramme den Entwicklungsaufwand des Gesamtsystems stark erhöhen oder die Integration der einzelnen Teilsysteme zu einem ablauffähigen Gesamtsystem überhaupt verhindern.

Diese gewichtigen Argumente zugunsten einer höheren Bewertung der Zuverlässigkeit im Vergleich zur Effizienz finden ihren Ausdruck im Bereich des Software-Engineering, wo sich Software-Qualitätssicherung und Softwareprüfung nahezu ausschließlich mit dem Qualitätsmerkmal Zuverlässigkeit beschäftigen (siehe z. B. Frühauf, Ludewig, Sandmayr [210]). Auf Grund der außerordentlich umfang reichen und vielfältigen Literatur, die es zu diesem Thema gibt, wird in diesem Buch auf allgemeine Fragen der Sicherstellung und Kontrolle der Zuverlässigkeit nicht weiter eingegangen.

Notwendigkeit und Nebenwirkungen der Effizienz

Die Effizienz numerischer Programme ist in einer Reihe von Anwendungsgebieten ein wichtiges und manchmal sogar entscheidendes Qualitätsmerkmal. So gibt es z. B. bei vielen Echtzeitsystemen[3] „harte Zeitbedingungen", also Zeitvorgaben, die unbedingt eingehalten werden müssen, damit das System korrekt arbeitet. Auch im Zusammenhang mit interaktiven Anwendungen, wo kurze Antwortzeiten wesentlich zur Akzeptanz eines Systems beitragen, ist die Laufzeit-Effizienz von großer Bedeutung. Bei numerisch orientierten Großprojekten in der Technik und den Naturwissenschaften (Mesirov [302]) entscheidet die erforderliche Laufzeit oft

---

[3] *Echtzeitsysteme (real-time systems)* sind Computersysteme (Hardware plus Software) zur „unmittelbaren" Steuerung und Abwicklung von Prozessen. Sie stehen mit den rechnerexternen Prozessen in dauerndem Informationsaustausch.

über deren prinzipielle Realisierbarkeit. Auch bei numerischen Programmbibliotheken ist die Effizienz neben der Zuverlässigkeit, der Benutzerfreundlichkeit, der Portabilität und der Wartbarkeit ein sehr wichtiges Qualitätsmerkmal.

Beispiel (BLAS) Im Programmpaket LAPACK werden effizienzsteigernde Maßnahmen (zur Senkung der Laufzeit) nur an einigen Stellen konzentriert angewendet. Vor allem werden in den BLAS (*Basic Linear Algebra Subroutines*) z. B. durch das Aufrollen von Schleifen deutliche Geschwindigkeitssteigerungen erreicht. Durch sorgfältige Programmierung und ausführliche Dokumentation geht dies nicht zu Lasten der Zuverlässigkeit.

Anhand praktisch ausgeführter Softwareprojekte wurde der Zusammenhang von Entwicklungskosten und Hardwareausnutzung untersucht. Dabei zeigte sich, daß der Entwicklungsaufwand sehr stark steigt, je mehr der Versuch unternommen wird, die Betriebsmittel möglichst optimal zu nutzen. So sind z. B. an dem verhältnismäßig einfachen Gauß-Algorithmus grundlegende Modifikationen vorzunehmen, wenn man die potentielle Leistungsfähigkeit moderner Vektor- oder Parallelrechner zu einem hohen Grad ausnutzen möchte (Robert [342]). Hohe Effizienz treibt aber nicht nur die Entwicklungskosten, sondern auch die späteren Wartungskosten drastisch in die Höhe.

Bei den qualitativ hochstehenden IMSL- und NAG-Programmbibliotheken (siehe Abschnitt 7.2.3), wo hohe Effizienz mit großer Zuverlässigkeit gekoppelt auftritt, wird der Entwicklungs- und Wartungsaufwand über die Lizenzgebühren auf viele Benutzer aufgeteilt, sodaß er für den einzelnen Anwender nicht stark ins Gewicht fällt.

Adaptive Programme

Portable Programme enthalten im Idealfall überhaupt keine maschinenspezifischen Teile. Effiziente Programme hingegen müssen optimalen Gebrauch von ihrer Rechnerumgebung (Prozessoreigenschaften, Speicherhierarchien etc.) machen. Die Software-Attribute Portabilität und Effizienz in einem Softwareprodukt zu vereinigen, ist auf Grund dieser Widersprüchlichkeit eine schwierige Aufgabe. Ein Lösungsweg besteht darin, den Programmen in portabler Form zu ermöglichen, sich Information über die aktuelle Rechnerumgebung zu beschaffen.[4] Diese Information kann dazu benützt werden, parametrisierte Programme zu entwickeln, die sich selbsttätig an die jeweiligen Umgebungsbedingungen anpassen und effizienten Gebrauch von ihrer Rechnerumgebung machen.

Die Informationsbeschaffung portabler Programme, die sich adaptiv an ihre Rechnerumgebung anpassen, kann z. B. durch genormte und damit portable Elemente der jeweiligen Programmiersprache geschehen. Die Normen von Fortran 90 und ANSI C definieren Funktionen (*inquiry functions*), die es einem Programm gestatten, Information über die Gleitpunkt-Zahlendarstellung und -Arithmetik des jeweiligen Rechners zu erhalten (vgl. Abschnitt 4.8). Mit dieser Information können z. B. Abbruchkriterien für iterative Algorithmen an die Computer-Eigenschaften angepaßt werden.

---

[4]Dieses Prinzip wurde bereits 1967 von P. Naur [307] im Zusammenhang mit den Maschinenzahlen und ihrer Arithmetik formuliert.

Die Informationsbeschaffung als Grundlage der Entwicklung portabler *und* effizienter Software spielt bei den modernen Rechnerarchitekturen (Vektorrechner, Parallelrechner) eine fundamentale Rolle (Krommer, Überhuber [265]).

6.2 Ursachen geringer Effizienz

Die in Kapitel 3 beschriebenen Maßnahmen zur Steigerung der potentiellen Hardwareleistung bleiben wirkungslos, wenn nicht gleichzeitig effiziente numerische Software vorhanden ist, die imstande ist, alle diese Hardwaremöglichkeiten auch auszunutzen. Insbesondere werden – um die im allgemeinen in höheren Programmiersprachen wie Fortran oder C entwickelten Programme in schnellen Maschinencode zu übersetzen – besondere, *optimierende* Compiler benötigt. Tatsächlich sind im Bereich der Compilertechnologie in den letzten Jahren so weitgehende Fortschritte erzielt worden, daß es Fälle gibt, wo direkt in Assembler geschriebene Programme nicht schneller (manchmal sogar langsamer) sind als der von einem Compiler erzeugte Code. Sehr oft bleibt hingegen selbst bei hochoptimierenden Compilern die erreichte Programmeffizienz sogar bei sehr einfachen Algorithmen und Datenstrukturen unbefriedigend (wie das Beispiel der Matrizenmultiplikation in der Fallstudie von Abschnitt 6.7 zeigt).

Bei Einsatz eines optimierenden Compilers sollte folgendes überprüft werden:

1. Die Effizienz des übersetzten Programms.

2. Die *Korrektheit* des übersetzten Programms, da speziell bei „aggressivem" Optimieren unerwartete Übersetzungsfehler auftreten können.

In diesem Abschnitt werden einige Gründe schlechter Programmeffizienz analysiert; auf Maßnahmen zur Steigerung der Effizienz numerischer Programme wird in Abschnitt 6.4 eingegangen.

6.2.1 Fehlender Parallelismus

Die in Kapitel 3 beschriebenen Rechnerarchitekturen beziehen ihre Leistungsfähigkeit in erster Linie aus der Abkehr von der seriellen Befehlsabarbeitung des von-Neumann-Computermodells. Es ist dabei die Aufgabe des Compilers (unter Umstanden mit weitreichender Hardware-Unterstützung), das Benutzerprogramm so in ein ausführbares Programm zu transformieren, daß die potentiellen Möglichkeiten der Hardware zur parallelen Befehlsausführung auch tatsächlich genutzt werden. Konkret bedeutet dies z. B. für einen nach dem Pipeline-Prinzip arbeitenden Prozessor, daß die Befehlspipeline möglichst unterbrechungsfrei arbeitet. Bei superskalaren Prozessoren ist zusätzlich darauf zu achten, daß alle unabhängigen Funktionseinheiten mit geeigneten Instruktionen versorgt werden. Bei Vektorprozessoren sollte der Compiler möglichst viele Instruktionen in Vektorinstruktionen zusammenfassen.

Die Fähigkeit des Compilers, Parallelität der Hardware auszunutzen, ist aber dort eingeschränkt, wo das Benutzerprogramm *inhärent* sequentiell ist (oder zumindest sein könnte), d. h. dort, wo Befehle auf Grund der Programmlogik schrittweise nacheinander in der vom Benutzer vorgegebenen Reihenfolge abgearbeitet werden müssen. In diesem Zusammenhang bezeichnet man eine Anweisungssequenz *B* eines Programms als *abhängig* von einer anderen Anweisungssequenz *A*, wenn *A* ausgeführt werden muß, bevor *B* durchgeführt werden kann.

Im folgenden werden verschiedene Arten der Abhängigkeit von Anweisungssequenzen dargestellt, um den Leser in die Lage zu versetzen, leistungshemmende inhärent sequentielle Abschnitte in seinen Programmen zu erkennen und wenn möglich zu vermeiden.

Daten- und Steuerabhängigkeit

Ist eine zwischen zwei Anweisungssequenzen *A* und *B* bestehende Abhängigkeit durch die in *A* und *B* gelesenen und geschriebenen Daten begründet, so spricht man von einer *Datenabhängigkeit*.

Beispiel (Datenabhängigkeit)   In der Sequenz

```
area = area + area12 - aream
errb = MAX (epsabs, epsrel*abs(area))
```

besteht eine Datenabhängigkeit der zweiten Anweisung von der ersten, da man den Wert der Variablen `errb` erst dann berechnen kann, wenn der Wert von `area` zur Verfügung steht.

Eine *Steuerabhängigkeit* besteht auf Grund von logischen Verzweigungen in Steuerkonstrukten, wie sie z. B. in bedingten Anweisungen oder Wiederholungsanweisungen auftreten.

Beispiel (Steuerabhängigkeit)   In der Sequenz

```
IF (errsum <= errb) THEN
   result = result + area12 - aream
END IF
```

besteht eine Steuerabhängigkeit der Berechnung der Variablen `result` vom Booleschen Ausdruck (der Bedingung) des IF-Blocks, da die Frage, ob `result` überhaupt ein neuer Wert zugewiesen werden soll, vom Resultat des Vergleichsausdrucks `errsum <= errb` abhängt. Bei

```
DO i = 1, n
   a(i) = a(i) + b(i)
END DO
```

besteht eine Steuerabhängigkeit der Berechnung der Variablen `a(i)` von der DO-Anweisung, da die Durchführung der Zuweisung von der Schleifensteuerung abhängt.

Typen von Datenabhängigkeit

Im folgenden bezeichnet w_A bzw. w_B die Menge der in der Sequenz A bzw. B geschriebenen sowie r_A bzw. r_B die Menge der in A bzw. B gelesenen Variablen. Die Anweisungssequenz B heißt von A *flußabhängig* (oder *echt abhängig*) bezüglich einer Variablen v, wenn $v \in w_A \cap r_B$, d. h. wenn v in A geschrieben und in B gelesen wird.

Beispiel (Flußabhängigkeit)   Im bereits angeführten Beispiel der Datenabhängigkeit

```
area = area + area12 - aream
errb = MAX (epsabs, epsrel*abs(area))
```

ist die zweite Anweisung von der ersten bezüglich **area** flußabhängig, da **area** in der ersten Anweisung geschrieben und in der zweiten gelesen wird.

Die Anweisungssequenz B heißt von A *antiabhängig* bezüglich einer Variablen v, wenn $v \in r_A \cap w_B$, d. h. wenn v in A gelesen und in B geschrieben wird.

Beispiel (Antiabhängigkeit)   Dreht man im obigen Beispiel die Anweisungsreihenfolge um, so erhält man die Antiabhängigkeit

```
errb = MAX (epsabs, epsrel*abs(area))
area = area + area12 - aream
```

Zwar können die arithmetischen Operationen der zweiten Anweisung vor oder gleichzeitig mit der ersten Anweisung durchgeführt werden, die Zuweisung der rechten Seite zur Variablen **area** selbst darf aber nicht durchgeführt werden, solange der alte Wert von **area** noch nicht in der ersten Anweisung verarbeitet wurde..

Die Anweisungssequenz B heißt von A *ausgabeabhängig* bezüglich einer Variablen v, wenn $v \in w_A \cap w_B$, also wenn v sowohl in A als auch in B geschrieben wird.

Beispiel (Ausgabeabhängigkeit)   In der Schleife

```
DO i = 2, n-1
   a(i-1) = 2*b(i)
   a(i+1) = c(i) + 1
END DO
```

sind die zu den Indizes $i = k$ und $i = k+2$ gehörenden Iterationen jeweils ausgabeabhängig, da in beiden die Variable $a(k+1)$ geschrieben wird.

Diese Schleife läßt sich allerdings leicht in eine andere Form bringen, bei der die Ausgabeabhängigkeit nicht mehr auftritt. Nichttriviale Fälle von Ausgabeabhängigkeit treten nur in Verbindung mit anderen Abhängigkeiten auf.

Ist aus dem Zusammenhang klar, auf welche Variable v Abhängigkeitsaussagen bezogen sind, so spricht man einfach von einer Flußabhängigkeit, Antiabhängigkeit bzw. Ausgabeabhängigkeit[5] zwischen A und B schlechthin.

---

[5]Es gibt noch einen vierten Typ von Abhängigkeit, die *Eingabeabhängigkeit*, die aber im Zusammenhang mit den hier behandelten numerischen Programmen keine Rolle spielt.

Potentielle Abhängigkeiten

Bei der Durchführung von Datenabhängigkeitsanalysen muß der Compiler *konservativ* sein, d. h. überall dort, wo eine Datenabhängigkeit nicht ausgeschlossen werden kann, annehmen, daß tatsächlich eine auftritt. Nimmt der Compiler nämlich umgekehrt an, es bestünde keine Datenabhängigkeit, und führt er Transformationen durch, die die Reihenfolge von Anweisungen ändern, so erzeugt er – falls doch eine Datenabhängigkeit besteht – unter Umständen ein *inkorrektes* Programm. Eine potentiell vorhandene Datenabhängigkeit ist daher vom Standpunkt der Programmeffizienz genauso (negativ) zu bewerten wie eine tatsächlich bestehende Abhängigkeit.

Eine offenkundige Quelle von potentiellen Datenabhängigkeiten sind Steuerkonstrukte und Unterprogrammaufrufe.

Beispiel (Potentielle Datenabhängigkeit durch Steuerkonstrukt)   In den Anweisungen

```
x = a/2
IF (c <= 0) THEN
   a = d + e
ELSE
   b = d + e
END IF
```

besteht nur dann eine (Anti-)Abhängigkeit zwischen der Zuweisung an x und dem darauffolgenden zweiseitigen IF-Block, wenn durch den Vergleich c <= 0 eine wahre Aussage zustandekommt. Ist der Wert von c zur Übersetzungszeit nicht bekannt, ist eine nur potentielle Datenabhängigkeit gegeben.

Beispiel (Potentielle Datenabhängigkeit durch Unterprogrammaufruf)   Bei

```
CALL prozedur (indikator, x)
x = y + z
```

ist nicht klar, ob – und wenn ja – welche Art der Datenabhängigkeit zwischen den beiden Anweisungen besteht, da der Compiler im allgemeinen nicht überprüfen kann, in welcher Weise der aktuelle Parameter x im Unterprogramm prozedur verwendet wird. So ist es z. B. denkbar, daß x in prozedur auf Grund des aktuellen Wertes von indikator überhaupt nicht verwendet wird, also nur eine *Dummy*-Variable ist; in diesem Fall besteht keinerlei Abhängigkeit. Wenn auf x in prozedur jedoch tatsächlich zugegriffen wird, kann dies entweder in nur lesender oder auch in schreibender Form geschehen, was im ersten Fall eine Antiabhängigkeit, im zweiten Fall eine Ausgabeabhängigkeit der Anweisungen bedeutet.

Beim Zugriff auf Feldelemente kommen unklare Datenabhängigkeiten oft dadurch zustande, daß die Indexwerte zur Übersetzungszeit noch nicht bekannt sind.

Beispiel (Potentielle Datenabhängigkeit durch Feldzugriff)   In der Schleife

```
DO i = 1, n
   a(i) = b(i) + c(i)
   b(i) = a(i + k)
END DO
```

wird in der zweiten Zuweisung auf die Elemente des Feldes a mittels des *Offsets* k zugegriffen. Ob und – wenn ja – welche Datenabhängigkeit zwischen den Iterationen mit Schleifenindex $i = j$ und $i = j + |k|$ besteht, hängt vom konkreten Wert der Variablen k ab, der unter Umständen zur Übersetzungszeit nicht bekannt ist: Für $k = 0$ besteht keinerlei Abhängigkeit, für $k < 0$ eine Flußabhängigkeit und für $k > 0$ eine Antiabhängigkeit.

6.2.2 Mangelnde Lokalität von Speicherzugriffen

In Abschnitt 3.2 wurde dargelegt, daß das Speichersystem eines Computers nur unter Verwendung einer Speicherhierarchie in der Lage ist, die immer schneller werdenden Prozessoren rasch genug mit Daten zu versorgen. Die Zuordnung von logischen Programmadressen zu den einzelnen Ebenen der Speicherhierarchie wird dabei von der Hardware und dem Betriebssystem so durchgeführt, daß – unter der Annahme, daß die Zugriffe des Benutzerprogramms dem Prinzip der Referenzlokalität folgen – die jeweils benötigten Daten zu einem hohen Prozentsatz in den schnellen Ebenen der Hierarchie gefunden werden können.

Weisen die Speicherzugriffe des Benutzerprogramms nur einen geringen Grad an Referenzlokalität auf, so versagt dieser Zuordnungsmechanismus. Die benötigten Daten müssen dann oft aus langsamen Ebenen der Speicherhierarchie geholt werden. Man spricht in diesem Fall von einem *Fehlzugriff* oder *Nichttreffer*. Wenn die benötigten Daten nicht in einer Cache-Ebene bzw. auch nicht im Hauptspeicher enthalten sind, so bezeichnet man diesen Fehlzugriff als *Cache-Miss* bzw. *Page-Fault*. Die Auswirkung der damit verbundenen Verzögerungen auf die Programmleistung kann gar nicht hoch genug eingeschätzt werden.

Beispiel (Mangelnde Referenzlokalität) Leistung und Effizienz einer in Assembler geschriebenen, handoptimierten Implementierung des Unterprogramms BLAS/sdot auf einer HP-Workstation sind in Abb. 6.1 dargestellt.

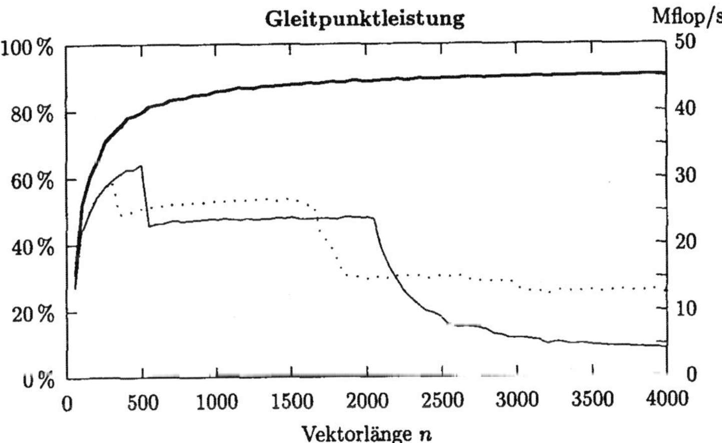

Abb. 6.1: Gleitpunktleistung des Unterprogramms SDOT der Vektorbibliothek einer HP-Workstation für $k = 1$ (——), $k = 32$ (—), $k = 50$ (·····).

Dabei wurde die Berechnung des inneren Produkts

```
summe = 0.
DO i = 1, n
   summe = summe + a(i*k)*b(i)
END DO
```

für eine große Anzahl von Vektorlängen mit $10 \leq n \leq 4000$ und für drei Schrittweiten $k = 1$, $k = 32$ und $k = 50$ ausgeführt. Es ist ersichtlich, daß bei optimaler Referenzlokalität ($k = 1$) die Maximalleistung zumindest für große Vektorlängen in guter Näherung erreicht werden kann. Für die anderen Schrittweiten ist die Effizienz von BLAS/sdot generell kleiner und nimmt vor allem bei wachsender Vektorlänge sukzessive ab.

Eine mangelnde Lokalität von Speicherzugriffen hat auch deshalb einen so gravierenden Einfluß auf die Programmleistung, weil die Fähigkeit des Compilers, durch Programmtransformationen die Referenzlokalität zu verbessern, sehr eingeschränkt ist. Das liegt einerseits daran, daß viele für die Wahl von optimalen Programmtransformationen entscheidende Parameter zur Übersetzungszeit nicht bekannt sind. So kann sich z. B. nach dem Übersetzen des Programms die Größe des verfügbaren Teils des Hauptspeichers noch zur Laufzeit ändern. Ähnliches gilt auch für wichtige Programmparameter (Dimension von Feldern etc.), über die erst zu Beginn oder während des Programmablaufs Aussagen gemacht werden können. Eine effiziente Ausnutzung der Speicherhierarchie durch den Compiler ist daher in vielen Fällen prinzipiell unmöglich. Vor allem aber ist die Analyse von Referenzmustern durch den Compiler eine sehr komplexe Aufgabe. Die *automatische* Bestimmung von Programmtransformationen, die zu einer besseren Referenzlokalität führen, ist daher derzeit nicht möglich.

6.2.3 Schlechte Referenzmuster bei Speicherzugriffen

Einzelne Ebenen einer Speicherhierarchie können unter Umständen nicht nur aus einer, sondern aus mehreren gleich großen Speichereinheiten bestehen. So sind z. B. verschränkte Hauptspeicher in mehrere Module untergliedert, und mengenassoziative Caches bestehen – zumindest konzeptionell – aus mehreren einfach assoziativen Caches.[6] Die Zuordnung von logischen Programmadressen zu den verschiedenen Einheiten einer Ebene erfolgt nach einem unveränderlichen *blockzyklischen* Verfahren: Aufeinanderfolgende Blöcke von logischen Adressen werden in zyklischer Weise auf aufeinanderfolgende Speichereinheiten abgebildet.

Bei speziellen Mustern von Speicherzugriffen eines Programms kann es geschehen, daß eine oder mehrere Speichereinheiten wesentlich stärker belastet werden als die anderen, d. h., daß die Mehrzahl der logischen Adressen diesen Speichereinheiten zugeordnet werden. Im Fall eines verschränkten Speichers (siehe Abschnitt 3.2.6) bedeutet dies, daß auf dasselbe Speichermodul in rascher Folge hintereinander zugegriffen wird. Wenn der zeitliche Abstand zwischen den Zugriffen kürzer ist als die Zykluszeit des Speichers, dann entstehen bei diesen Speicherzugriffen zusätzliche Verzögerungen. Im Fall des l-fach mengenassoziativen Speichers mit Z Cachezeilen (siehe Abschnitt 3.2.4) bedeutet eine Konzentrierung der Speicherzugriffe auf m der insgesamt Z/l Cachemengen, daß die effektiv nutzbare Cachegröße auf $l \cdot m$ Cachezeilen reduziert wird, da $(Z/l - m)$ Cachemengen praktisch nicht verwendet werden. Reduzierte Cachegrößen haben – in

---

[6]Besteht ein Cache aus Z Cachezeilen, so kann man einen einfach assoziativen Cache auch als 1-fach mengenassoziativen Cache auffassen. In diesem Sinne gelten alle Bemerkungen über mengenassoziative Caches auch für einfach assoziative Caches.

Abhängigkeit von der Referenzlokalität der jeweiligen Anwendung – mehr oder
minder starke Leistungsverluste zur Folge.

Beispiel (Schlechte Referenzmuster) Aus Abb. 6.1 ist ersichtlich, daß das Unterprogramm BLAS/sdot bei einer großen Anzahl von Vektorlängen – insbesondere für $n \geq 2000$
– für die Schrittweite $k = 32$ eine *geringere* Effizienz aufweist als für die Schrittweite $k = 50$.
Das widerspricht der Erwartung, daß eine geringere Schrittweite auf Grund der höheren Referenzlokalität eine höhere Effizienz nach sich ziehen müßte. Tatsächlich kann aber dieser Effekt
durch das für $k = 32$ besonders schlechte Referenzmuster der Speicherzugriffe erklärt werden.
Der Cache-Speicher der verwendeten Workstation ist einfach assoziativ (*direct-mapped*) und hat
eine Kapazität von 256 KByte bei einer Cachezeilen-Größe von 32 Byte. Wird nur auf jedes 32-te
Speicherwort zugegriffen, so reduziert sich die effektive Cachegröße um eben diesen Faktor, d. h.
auf 8 KByte bzw. 2048 Speicherworte. Man würde daher ab einer Vektorlänge von $n = 2048$ ein
starkes Abnehmen der Effizienz erwarten – ein Effekt, der in Abb. 6.1 auch klar zum Ausdruck
kommt. Man beachte, daß im Zusammenhang mit Cachespeichern schlechte Referenzmuster
auch zu geringer Datenlokalität führen, da aus jeder geladenen Zeile im allgemeinen nur ein
einziges Speicherwort verwendet wird.

6.2.4 Overhead

Als *Overhead* bezeichnet man Programmteile, deren Ausführung zur Ermittlung
des Programmresultats nicht direkt beitragen. Dabei treten im allgemeinen zwei
Arten von Overhead auf:

1. Mehr oder minder unvermeidbarer Overhead: Unterprogrammaufrufe, Index-
   berechnungen, *garbage collection*, diverse *bookkeeping*-Operationen etc. und

2. tatsächlich unnötige Operationen.

Der Laufzeitzuwachs durch Overhead ist zwar bei einmaliger Ausführung oft nur
sehr gering, bei oftmaliger Ausführung – vor allem in Schleifen – kann der durch
Overhead verursachte Effizienzverlust jedoch beträchtlich sein.

In diese Kategorie fallen zunächst sämtliche *Unterprogrammaufrufe*, bei denen
zur Sicherung von Registerinhalten, zur Übergabe von Parameterwerten etc. vor
allem eine Reihe von Speicherzugriffen notwendig sind. Weiters gehören in den
Bereich Overhead sämtliche mehrfach ausgewertete, *identische Ausdrücke* arithmetischer, logischer und sonstiger Art. Eine oft übersehene Quelle von Overhead
sind auch *implizite Typkonversionen*, die immer dann ausgeführt werden müssen,
wenn die Operanden eines Ausdrucks verschiedenen Datentypen, z. B. einfach
und doppelt genauen Gleitpunktzahlen, angehören. Besonders laufzeitkritisch
sind *logische Verzweigungen* in Schleifen, die einen vermeidbaren Overhead darstellen, falls deren Resultat von der jeweiligen Iteration unabhängig ist bzw. in
gesetzmäßiger Weise vom Schleifenindex abhängt.

Beispiel (Logische Verzweigungen) In dem Programmstück

```
DO i = 1, n
    IF (indikator > 0) THEN
        a(i) = b(i)
    ELSE
```

```
            a(i) = 0.
       END IF
   END DO
```

ist das Resultat des logischen Ausdrucks `indikator > 0` für jeden Schleifenindex gleich; $n - 1$ Auswertungen dieses Ausdrucks sind daher Overhead. In

```
   DO i = 1, n
      IF (MOD(i,2) == 0) THEN
         a(i) = b(i)
      ELSE
         a(i) = 0.
      END IF
   END DO
```

ist zwar das Ergebnis des logischen Ausdrucks `MOD(i,2) == 0` nicht für jeden Schleifenindex gleich, die Abhängigkeit vom Schleifenindex `i` ist aber sehr einfach: Für gerade Indizes `i` wird der IF-Zweig, für ungerade der ELSE-Zweig ausgeführt. Eine n-malige Auswertung der IF-Bedingung enthält beträchtlichen Overhead.

6.3 Messung und Analyse von Leistungsdaten

Eine Optimierung der Effizienz selbstentwickelter numerischer Software wird meist dann angestrebt, wenn die Programmausführung subjektiv oder objektiv gesehen zu lange dauert, also wenn zur Berechnung der Resultate zu viel Zeit benötigt wird. Bevor man aber daran denken kann, effizienzsteigernde Programmänderungen durchzuführen, muß man abklären, inwiefern eine Leistungssteigerung bei gegebener Hardware überhaupt möglich ist. Es ist nämlich durchaus denkbar, daß die Hardware durch die bestehende Software bereits zu einem hohen oder zumindest befriedigenden Grad ausgenutzt wird. In diesem Fall ist eine Leistungssteigerung nur durch Anschaffung eines schnelleren Rechnersystems oder durch Verwendung besserer Algorithmen möglich.

Weiters muß *vor* jeder Optimierung festgestellt werden, in welchen Programmabschnitten Änderungen überhaupt sinnvoll sein können. Numerische Software umfaßt oft tausende Programmzeilen, während ein Großteil der Rechenzeit oft für die Ausführung eines verhältnismäßig kleinen Teils des Programms aufgewendet wird. Bei der Leistungsoptimierung numerischer Software konzentriert man sich daher zweckmäßigerweise auf diese Programmteile.

Schließlich sollte vor jeder Optimierung die Menge der im konkreten Fall möglichen leistungshemmenden Faktoren identifiziert werden. Dadurch kann die große Anzahl anwendbarer Programmtransformationen auf eine kleinere Anzahl potentiell sinnvoller Transformationen reduziert werden, was den zur Optimierung notwendigen personellen Zeitaufwand entsprechend verringert.

In diesem Abschnitt wird auf das Instrumentarium eingegangen, das dem Software-Entwickler bei der praktischen Bewältigung der eben genannten Aufgabenstellungen zur Verfügung steht. Dieses Instrumentarium kann auch zur Evaluierung bereits durchgeführter Optimierungsmaßnahmen eingesetzt werden.

Beispiel (Cholesky-Zerlegung)   Im folgenden wird als Beispiel für die Verwendung der verschiedenen Werkzeuge ein einfaches Fortran 77 - Programm, `cholesky` genannt, herangezogen. Es weist zunächst den Elementen einer $n \times n$-Matrix A gemäß

$$a_{ij} = \left\{ \begin{array}{ll} 1 & \text{für } i = j \\ 1/(n \cdot |j - i|) & \text{sonst} \end{array} \right.$$

Werte zu und ruft dann das Unterprogramm `LAPACK/dottrf` zur Durchführung einer Cholesky-Zerlegung $A = L \cdot L^{\mathsf{T}}$ auf.

6.3.1 Messung des Leistungsfaktors Arbeit

Anzahl der Gleitpunktoperationen

Zur Beurteilung der Effizienz numerischer Software wäre vor allem eine Bestimmung der Anzahl der ausgeführten Gleitpunktoperationen erforderlich. Eine genaue Aussage über die Anzahl der zur Laufzeit ausgeführten Gleitpunktoperationen durch Abzählen dieser Operationen ist aber für die meisten Programme auf Grund der beträchtlichen Komplexität dieser Analysemethode und wegen der Datenabhängigkeit vieler Berechnungen nicht möglich. Eine Ausnahme stellen nur besonders einfache, datenunabhängige Algorithmen, wie sie etwa im Bereich der Linearen Algebra mit vollbesetzten Matrizen auftreten, dar. Größenordnungsmäßig kann man die Anzahl von Gleitpunktoperationen oft relativ einfach dadurch abschätzen, indem man nur jene Programmabschnitte einer „Abzählanalyse" unterzieht, die einen signifikanten Teil der Rechenzeit verbrauchen. Ein wichtiges Hilfsmittel bei dieser Art der Komplexitätsuntersuchung sind *Basisblock-Profile* (vgl. Abschnitt 6.3.3).

Die Anzahl der zur Laufzeit ausgeführten Gleitpunktoperationen kann auch mit Hilfe von *Hardwaremonitoren* ermittelt werden. Diese sind jedoch nur auf sehr wenigen Computersystemen (z. B. Cray-Computern) verfügbar.

Speicherbedarf

Neben der Anzahl der Gleitpunktoperationen steht auch der Speicherbedarf eines Programms in Zusammenhang mit dessen Komplexität. Ähnlich wie im Fall der Gleitpunktoperationen sind theoretische Analysen im Fall des Speicherbedarfs mühsam und oft ungenau. Im Gegensatz zu den Gleitpunktoperationen gibt es jedoch zur Bestimmung des Speicherbedarfs eine Reihe standardmäßig auf jedem UNIX-Rechner verfügbarer Werkzeuge, deren Verwendung im folgenden kurz durch Beispiele erläutert werden soll.

Der UNIX-Befehl `size` liefert für das als Argument spezifizierte Programm den *statischen*, d. h. zur Übersetzungszeit ermittelten, Speicherbedarf für Programminstruktionen und -daten.

Beispiel (Kommando size)   Im Fall einer 1000×1000-Matrix A erhält man für die statische Größe von `cholesky` auf einer DEC-AXP-Workstation unter OSF/1 mit Hilfe des Kommandos `size` folgende Angaben:

```
> size cholesky
text    data    bss     dec     hex
32768   8192    7993216 8034176 7a9780
```

Dabei gibt das Feld `text` den Speicherbedarf für die Maschineninstruktionen, das Feld `data` den Speicherbedarf für die bereits zur Übersetzungszeit initialisierten Daten und das Feld `bss` den Speicherbedarf für die zur Übersetzungszeit noch nicht initialisierten Daten an. Die restlichen zwei Felder, `dec` bzw. `hex`, geben die Gesamtgröße des benötigten Speicherbereichs in dezimaler bzw. hexadezimaler Darstellung an. Alle Größenangaben erfolgen in Byte.

Die von `size` gelieferte statische Information vermittelt allerdings oft einen falschen Eindruck von der Größe des zur Laufzeit tatsächlich verwendeten Speicherbereichs. Gibt es nämlich in der zur Implementierung des Algorithmus verwendeten Programmiersprache (wie z. B. Fortran 77) keine dynamischen Felder, so werden die benötigten Felder oft statisch mit der maximal sinnvollen Größe deklariert. Wird zur Laufzeit aber nur ein der jeweiligen Problemstellung entsprechender Teil dieser Felder verwendet, so liefert `size` in diesem Fall einen zu großen Wert für den Hauptspeicherbedarf. Gibt es dagegen – wie z. B. in Fortran 90 – dynamische Felder, so ist eine statische Aussage über den Laufzeit-Umfang der Programmdaten erst recht nicht möglich. `size` liefert in diesem Fall einen zu kleinen Wert für den Hauptspeicherbedarf.

Für eine Abschätzung des *dynamischen* (zur Laufzeit benötigten) Hauptspeicherbedarfs kann das UNIX-Kommando `ps` verwendet werden, das die *momentane* Größe des allokierten Hauptspeichers liefert.[7]

Beispiel (Kommando ps)   Wird die ursprüngliche statische Allokation einer 1000×1000-Matrix A in `cholesky` beibehalten, tatsächlich aber nur eine 500×500-Matrix in dieser gespeichert und zerlegt, so wird die Diskrepanz zwischen statischem und dynamischem Speicherbedarf mit Hilfe des ps Kommandos folgendermaßen offensichtlich:

```
> cholesky&
[1] 20423
> ps up 20423
USER         PID %CPU %MEM   VSZ  RSS TT  STAT STARTED       TIME COMMAND
ak         20423 52.0  4.4 9.80M 4.18 p3  R    13:04:00   0:02.23 cholesky
```

Unter RSS (*Resident Set Size*) steht die momentane Größe (in MByte) des für den jeweiligen Prozeß allokierten Hauptspeichers. Der dynamisch gemessene Wert von 4.18 MByte ist – da nur auf die Hälfte der Spalten der Matrix A zugegriffen wird – um fast die Hälfte kleiner als der statisch berechnete Wert.

Man beachte, daß RSS nur die dynamische Größe des allokierten Hauptspeicherbereichs, *nicht* aber den dynamischen Speicherbedarf, die dynamische Größe des allokierten virtuellen Speichers, angibt. Der unter RSS angegebene Wert ist daher stets kleiner als der physische Hauptspeicher, während der *virtuelle* Speicherbedarf diesen sehr wohl übertreffen kann.

Ein-/Ausgabe-Operationen

In vielen Programmen der Numerischen Datenverarbeitung werden zu Beginn Daten von sekundären oder tertiären Speichermedien (Festplatte, Magnetband etc.) eingelesen und beim Programmende andere Daten auf solche Speichermedien geschrieben. Mitunter werden auch während des Programmablaufs Daten mittels expliziter Ein-/Ausgabe-Operationen auf sekundären Speichermedien

---

[7]Voraussetzung für eine sinnvolle Anwendung des ps-Kommandos ist eine ausreichend lange Laufzeit des zu bewertenden Programms.

zwischengelagert – insbesondere dann, wenn die Kapazität des virtuellen Speicherbereiches nicht ausreicht. In diesen Fällen sind neben der Anzahl der Gleitpunktoperationen und der Größe des benötigten Speicherbereiches auch die Anzahl der Ein-/Ausgabe-Operationen und die übertragenen Datenmengen wichtige Kenngrößen einer Leistungsbewertung. Aktuelle Werte dieser Kenngrößen kann man sich am einfachsten mit Hilfe des Kommandos `time` der UNIX-Shell `csh` oder `tcsh` verschaffen.

Beispiel (Kommando time) Wird das Programm `cholesky` so modifiziert, daß die zu zerlegende symmetrische Matrix A aus einer Datei eingelesen und die resultierende Faktormatrix L in eine Datei geschrieben wird, so erhält man z. B. mit dem Kommando `time`:

```
> time cholesky
82.535u 40.662s 2:08.46 95.8% 0+0k 2+18io 0pf+0w
```

Die Anzahl der *geblockten* Ein- bzw. Ausgabe-Operationen wird im Feld $x+y$io durch die Größe x bzw. y angegeben. Unter die geblockten Ein-/Ausgabe-Operationen fallen im allgemeinen sämtliche Zugriffe auf sekundäre Speichermedien, nicht jedoch z. B. die Ein-/Ausgabe auf einen Bildschirm. Im vorliegenden Fall wurden also 2 Blöcke gelesen und 18 Blöcke geschrieben.

6.3.2 Messung des Leistungsfaktors Zeit

Zur Messung des (neben dem Arbeitsaufwand) zweiten maßgebenden Leistungsfaktors, der Laufzeit, verwendet man am einfachsten – soferne man die Leistung des *gesamten* Programms ermitteln will – das bereits erwähnte Kommando `time`.

Beispiel (Kommando time) In dem bereits behandelten Beispiel

```
> time cholesky
82.535u 40.662s 2:08.46 95.8% 0+0k 2+18io 0pf+0w
```

enthält xu die Benutzer-CPU-Zeit x (hier: 82.535 Sekunden) und ys die System-CPU-Zeit y (hier: 40.662 Sekunden), die zur Ausführung von `cholesky` benötigt wurden. Das auf Benutzer- und System-CPU-Zeit folgende Feld gibt die Antwortzeit (hier: 128.46 Sekunden) an.

Erzeugt man die Koeffizienten der Matrix A zu Programmbeginn, anstatt sie – wie im obigen Beispiel – von einer Datei einzulesen, und verzichtet man auf die Ausgabe der Faktormatrix L, so liefert das Kommando `time` folgendes Resultat:

```
> time cholesky
22.080u 0.371s 0:22.94 97.8% 0+0k 0+2io 0pf+0w
```

Es wird damit offenkundig, daß beinahe die gesamte System-CPU-Zeit und ein großer Teil der Benutzer-CPU-Zeit der Programmvariante mit Sekundärspeicherverwendung auf die dabei benötigten Ein-/Ausgabe-Operationen zurückzuführen ist.

Will man dagegen nur die in bestimmten Programmabschnitten verbrauchte Zeit ermitteln, so muß man im Programm entsprechende Zeitabfragen durchführen. In relativ portabler Weise geschieht dies mit Hilfe des in allen UNIX-Systemen vordefiniert verfügbaren C-Unterprogramms `times`.

Beispiel (Unterprogramm times) Der folgende C-Programmabschnitt zeigt, wie man mit Hilfe des vordefinierten Unterprogramms `times` die in einem Programmabschnitt verbrauchte Benutzer- und System-CPU-Zeit sowie die entsprechende *elapsed time* ermittelt.

```
#include <sys/times.h>
...
/* periode ist die Aufloesungsgenauigkeit des Unterprogramms times */
periode = (float) 1/sysconf(_SC_CLK_TCK);
...
start_time = times(&begin_cpu_time);
/* Beginn des untersuchten Programmabschnitts */
...
/* Ende des untersuchten Programmabschnitts */
end_time    = times(&end_cpu_time);
user_cpu    = periode*(end_cpu_time.tms_utime - begin_cpu_time.tms_utime);
system_cpu  = periode*(end_cpu_time.tms_stime - begin_cpu_time.tms_stime);
elapsed     = periode*(end_time - start_time);
```

Im Unterprogramm **times** werden sämtliche gemessene Zeiten als Vielfache einer bestimmten Zeitperiode angegeben. Diese Zeitperiode ist systemabhängig und muß daher vor der Verwendung von **times** mit Hilfe des UNIX-Standard-Unterprogramms **sysconf** bestimmt werden. **times** selbst muß unmittelbar vor und unmittelbar nach dem zu messenden Programmabschnitt aufgerufen werden. Dabei werden die akkumulierten Benutzer- und System-CPU-Zeiten im Argument von **times** zurückgeliefert, während man einen Indikator der jeweiligen Uhrzeit direkt als Funktionswert von **times** erhält. Durch Subtraktion entsprechender Anfangs- und Endzeiten und Skalierung mit der Periodendauer ergeben sich schließlich die gesuchten tatsächlichen Ausführungszeiten.[8]

Zuverlässigkeit von Zeitmessungen

Die Vorgänge, die auf einem in Betrieb befindlichen Computer ablaufen, sind derartig komplex, daß man mit gutem Grund von einem „undurchschaubaren System" sprechen kann. Bedingt durch Mehrprogrammbetrieb (Multi-Tasking-Betrieb) und Mehrbenutzerbetrieb (Multi-User-Betrieb) sind die Verarbeitungsabläufe praktisch *nicht reproduzierbar*. Bei der wiederholten Messung der Laufzeit von Programmen bzw. Programmteilen treten daher zwischen den einzelnen Messungen oft größere Diskrepanzen auf.

Diese Diskrepanzen stehen im Gegensatz zu dem in den Naturwissenschaften geforderten Prinzip der Reproduzierbarkeit von Experimenten und deren Resultaten. Treten bei verschiedenen Beobachtungen derselben Größe stark gestreute Werte auf, so bleibt unklar, welcher Wert der Meßgröße tatsächlich zugeordnet werden soll. Da im allgemeinen nicht bekannt ist, in welcher Weise der „exakte Wert" durch Störeinflüsse verfälscht wurde, sind statistische Methoden zur Informationsreduktion (Schätzung des Mittelwerts etc.) auch nur bedingt einsetzbar. Eindeutige Aussagen über die beobachtete Meßgröße (z. B. deren Übereinstimmung mit einem auf Grund theoretischer Überlegungen erwarteter Wert) lassen sich ohne eine genau Untersuchung der Einflußfaktoren (Störfaktoren der Messung) weder widerlegen noch bestätigen.

---

[8]Der Fehler, der durch die Nichtberücksichtigung der vom Unterprogramm **times** selbst verbrauchten Zeit entsteht, kann auf den heutigen Computersystemen vernachlässigt werden.

Noch gravierender ist allerdings der durch die breite Streuung von Meßwerten mögliche Mißbrauch von Daten. Durch selektives Herausgreifen einzelner Meßdaten kann z. B. der Eindruck erweckt werden, eine bestimmte theoretische Überlegung wurde experimentell bestätigt, während eine Gesamtschau aller Meßdaten (insbesondere deren Streuung) eine derartige Interpretation nicht zuläßt.

Aus diesen Gründen ist bei der Durchführung von Zeitmessungen – soferne deren Resultate als Messungen im Sinne der Experimentalwissenschaften aufgefaßt werden sollen – auf die weitgehende Ausschaltung von Störfaktoren zu achten. Dabei sind sowohl Faktoren zu berücksichtigen, die zu systematischen Verlängerungen der gemessenen Rechenzeiten führen (wie z. B. Hauptspeicher-Fehlzugriffe) wie auch jene, die systematische Rechenzeitverkürzungen zur Folge haben (wie z. B. die komplette Speicherung der benötigten Programmteile und Daten im Cache). Streuungen von Meßwerten resultieren im allgemeinen daraus, daß sich bestimmte Versuchsbedingungen zwischen den einzelnen Messungen verändern. Umgekehrt erhält man reproduzierbare Meßergebnisse, wenn man die jeweiligen Versuchsbedingungen klar definiert. Im folgenden soll auf die im Rahmen der Zeitmessung von numerischen Programmen relevanten Versuchsbedingungen sowie deren Festlegung und Kontrolle eingegangen werden.

Cache: Der Cache-Speicher (siehe Abschnitt 3.2.4) hat einen entscheidenden Einfluß auf die Rechenzeit und sollte sich daher zu Beginn der Zeitmessung in einem definierten, dem Experimentator bekannten Zustand befinden. Dabei kann man zwischen zwei extremen Fällen unterscheiden:

Cache leer: Weder der untersuchte Code noch die Daten, auf die er angewendet wird, befinden sich im Cache. In Multi-User- und Multi-Tasking-Betriebssystemen ist dieser Zustand nach dem Laden des Programms der Normalfall.

Daten und Code im Cache: Sowohl das Programm (stück) als auch die Daten, auf die es angewendet wird, stehen (möglichst vollständig) im Cache. Wenn man die Rechenzeit unter dieser Bedingung messen will, ist es eine gute Methode, wenn man (im selben Testprogramm) den Code auf dieselben Daten zweimal angewendet, aber nur die zweite Anwendung bei der Zeitmessung berücksichtigt. Es wird dabei vorausgesetzt, daß das untersuchte Programmstück und die benötigten Daten vollständig im Cache-Speicher Platz finden, was bei (sehr) kleinen Programmen und kleinen Datenmengen oft der Fall ist.

Translation Lookaside Buffer (TLB): Beim Zugriff auf *sehr* große Datenmengen kann es durch Fehlzugriffe auf den TLB (siehe Abschnitt 3.2.5) zu erhöhten Rechenzeiten kommen. Auch beim TLB ist daher auf einen definierten und bekannten Zustand zu achten.

Hauptspeicher: Hauptspeicher-Fehlzugriffe (*page faults*) wirken sich so stark auf die Laufzeit eines Code-Fragments aus, daß Laufzeiten, die mit verschiedenen Anzahlen von *page faults* gemessen wurden, oft überhaupt nicht vergleichbar sind. Soll daher bei Programmen, die auf Grund der Größe ihrer

Daten potentiell im Hauptspeicher Platz finden, eine Aussage über die Rechenleistung gemacht werden, sind *page faults* während der Zeitmessung so weit wie möglich zu unterbinden (z. B. durch das Referenzieren aller Daten unmittelbar vor der Zeitmessung).

Context-Switches: Ein *Context-Switch* (ein Wechsel der Tasks beim Multi-Tasking) erfordert die Ausführung von Betriebssystem-Routinen und (falls vorhanden) anderer ausführbereiter Tasks. Dadurch wird die gemessene Laufzeit wesentlich beeinflußt (unter anderem durch die Veränderung der Cache-Inhalte). Soferne man nicht an der Ausführungszeit eines Programmes unter einer bestimmten Systembelastung interessiert ist, sollte die Anzahl der Context-Switches während der Zeitmessung durch Elimination anderer rechenintensiver Tasks möglichst gering gehalten werden.

Interrupts: Eine durch die externe Peripherie ausgelöste Unterbrechung kann sich sehr störend auf die gemessene Laufzeit des untersuchten Programmteils auswirken und sollte unbedingt berücksichtigt werden, soferne ihr Auftreten ermittelt werden kann.

Compiler-Optimierung: Bei modernen RISC-Prozessoren kann eine Änderung der gewählten Optimierungsoption dramatische Auswirkungen auf die Rechenleistung des Computers hervorrufen. Die bei Zeitmessungen verwendete Optimierungsoption ist daher stets zu dokumentieren. Außer in Sonderfällen (in denen z. B. die Auswirkung der gewählten Optimierungsoption auf die Rechenleistung untersucht werden soll) wird man bei Zeitmessungen natürlich von der höchsten Optimierungsstufe ausgehen. Wenn die Auswirkung verschiedener Programmtransformationen untersucht werden soll, ist bei der Wahl der Optimierungsstufe aber darauf zu achten, daß der optimierende Compiler nicht gänzlich andere Programmtransformationen erzeugt.

Auch die Wahl der Programmiersprache kann unter Umständen entscheidend für die erzielte Leistung sein. So gibt es (wegen der fehlenden Pointer-Arithmetik) wesentlich besser optimierende Compiler für Fortran 77 als z. B. für die Programmiersprache C. Die bei der Implementierung des gemessenen Programmes verwendete Programmiersprache ist daher stets anzuführen.

Zur Überprüfung der Güte der Zeitmessung ist es empfehlenswert, bei unverändertem Problem (gleichen Daten) die zu untersuchenden CPU-Zeitintervalle mehrmals zu ermitteln und die Streuung der Ergebnisse zu berechnen. Eine große Streuung deutet auf Schwächen der Zeitmessung hin, unter Umständen auf eine Beeinflussung der Rechenzeit durch andere im System laufende Prozesse! Umgekehrt darf eine kleine Streuung aber nur dahingehend interpretiert werden, daß sich die Versuchsbedingungen zwischen den verschiedenen Zeitmessungen nicht wesentlich geändert haben. Nicht folgern darf man jedoch, daß in solchen Fällen die angenommenen Versuchsbedingungen mit den tatsächlichen übereinstimmen (siehe nächster Abschnitt, speziell Abb. 6.2 und Abb. 6.3). Dies muß durch gesonderte Überlegungen und Kontrollen sichergestellt werden.

Messung kurzer Zeitintervalle

Schwierigkeiten treten bei der Messung sehr kurzer Zeitintervalle auf, wenn die Auflösung der Systemuhr in der Größenordnung der zu messenden Zeiten oder sogar darunter liegt. Um dem entgegenzuwirken, kann man z. B. jenen Teil des Programms, der untersucht werden soll, in einer Schleife so oft wiederholen, daß die benötigte Zeit groß genug für die erreichbare Auflösung der Zeitmessung wird. Man darf aber nicht vergessen, den Zeitbedarf für die Schleifensteuerung entsprechend zu berücksichtigen (Addison et al. [80]).

Beispiel (Bestimmung der Anzahl der Wiederholungen) Bei der Matrizenmultiplikation mit dem Unterprogramm BLAS/sgemm benötigt eine typische HP-Workstation für Matrizenordnungen $n \leq 200$ einen Zeitaufwand von ungefähr 30 ns pro Gleitpunktoperation. Um eine für Zeitmessungen auf dieser Workstation brauchbare Laufzeit von mindestens 1 s zu erreichen, muß für die Anzahl k der notwendigen Wiederholungen

$$k \geq \frac{1}{2 \cdot n^3 \cdot 30 \cdot 10^{-9}} \approx \frac{16.7 \cdot 10^6}{n^3}$$

gelten. Der Faktor $2 \cdot n^3$ ist dabei eine untere Schranke für die Anzahl der für die Matrizenmultiplikation erforderlichen Gleitpunktoperationen. Für 100×100-Matrizen sind also mindestens $k = 17$ Wiederholungen notwendig, um eine Laufzeit von über einer Sekunde zu erhalten.

Die Technik der Wiederholungsschleifen kann aber den Cache-Einfluß deutlich verstärken, da immer wieder dieselben Instruktionen ausgeführt werden und nach dem ersten Durchlauf unter Umständen sogar eine Cache-Trefferrate von 100 % erreicht wird (Weicker [392]). Durch diesen bei der Zeitmessung unerwünschten Beschleunigungseffekt des Cache-Speichers wird fälschlicherweise eine kürzere Rechenzeit und damit eine größere Leistung vorgespiegelt. Man beachte, daß dieser Effekt durch eine Messung der Streuung nicht entdeckt werden kann, da sich (bei Gleichbleiben aller anderer Versuchsbedingungen) der Effekt bei jeder Messung in gleicher Weise wiederholt und die Zeitmessungen daher nur eine kleine Streuung aufweisen. Eine kleine Streuung darf also *nicht* als Qualitätsgarantie aufgefaßt werden (vgl. Abb. 6.2 und 6.3).

Für aussagekräftige Zeitmessungen von Programmteilen, die $1\,\text{ms} = 10^{-3}\,\text{s}$ oder noch weniger für ihre Ausführung benötigen, sollte man eine Meßgenauigkeit von ca. $10\,\mu\text{s} = 10^{-5}\,\text{s}$ erreichen. Die Wiederholungstechnik ist aus den obigen Gründen (z. B. wegen des Cache-Problems) nicht möglich. Ein Erhöhen der Laufzeit durch Vergrößerung der Datenmenge ist auch nicht ratsam, da dann bei Multi-Tasking-Systemen ein Context-Switch auftreten kann.

Für Laufzeitmessungen kurzer Code-Fragmente ohne Context-Switch und ohne Interrupt kann zur Zeitmessung die *Real-time* (die „tatsächliche Uhrzeit") herangezogen werden. Diese kann auf den meisten Rechnern mit einer höheren Genauigkeit gemessen werden als die eigentliche Prozeßzeit, die unter UNIX mit dem Aufruf times(2) ermittelt wird und meist nur eine Auflösung von 10 ms hat. Die Real-time wird unter UNIX mit dem Aufruf gettimeofday(2) ausgelesen, der die momentane Uhrzeit mit einer *Auflösung* von $1\,\mu\text{s} = 10^{-6}\,\text{s}$ liefert. Das bedeutet jedoch nicht, daß die Uhrzeit auch mit dieser *Genauigkeit* geliefert wird. Ein Test der Angaben ist leicht möglich, wenn man gettimeofday() so

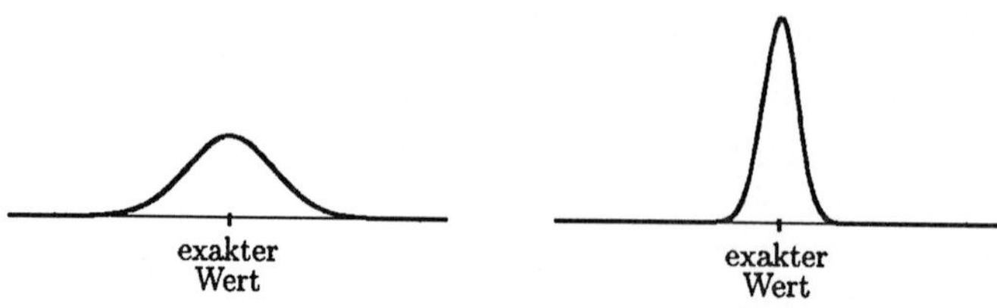

Abb. 6.2: Meßwerte mit starker und schwacher Variabilität (Streuung), aber ohne systematischen Fehler (Mittelwert = exakter Wert)

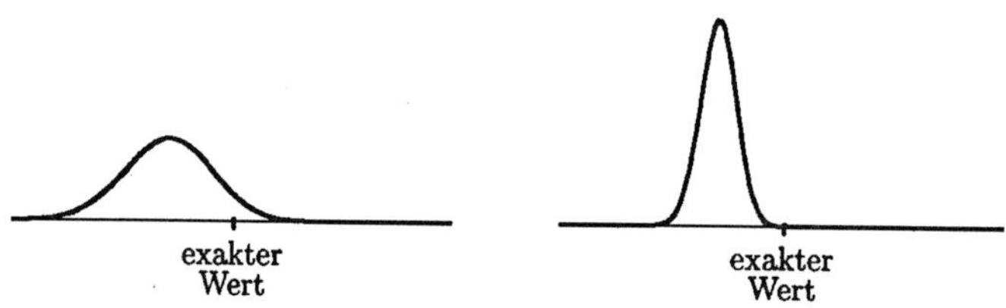

Abb. 6.3: Meßwerte *mit* systematischem Fehler

oft hintereinander aufruft, bis sich ein Unterschied zur vorigen Messung ergibt. Der kleinste gemessene Unterschied $\delta_{\min}$ ist eine Schranke für die Genauigkeit der Zeitmessung.

Beispiel (Genauigkeit der Zeitmessung) Auf einem PC wurde experimentell der sehr zufriedenstellende Wert $\delta_{\min} = 1\,\mu s$ ermittelt, auf einer HP-Workstation $\delta_{\min} = 24\,\mu s$ und auf einer IBM-Workstation $\delta_{\min} = 151\,\mu s$. Dieser relativ hohe Wert macht es praktisch unmöglich, die Laufzeit von Codeabschnitten genau zu bestimmen, die weniger als ca. 2 ms benötigen.

Zur Zeitmessung kurzer Programmteile ist folgende Vorgangsweise möglich: Bei jeder Messung wird der zu untersuchende Programmteil neu von der Platte geladen. Dadurch ist sichergestellt, daß sich zu Beginn der Zeitmessung weder Code noch Daten im Cache befinden. Die Messung wird öfter wiederholt. Dem Programm wird, falls es das Betriebssystem erlaubt, eine maximale Priorität gegeben. Ist die Messung k-mal wiederholt worden, so wird als Ergebnis das Minimum der gemessenen Laufzeiten genommen. Dieser Wert stellt eine obere Schranke der tatsächlichen Laufzeit dar, wenn man die CPU nur für den untersuchten Programmteil verwenden würde.

6.3.3 Untersuchung der Rechenzeitverteilung (Profiling)

Beim *Profiling* eines Programms wird dieses in nicht überlappende Abschnitte zerlegt und zur Laufzeit die auf jeden Abschnitt entfallende Rechenzeit gemessen. Dadurch ist es möglich, jene Programmabschnitte zu bestimmen, die die meiste Rechenzeit verbrauchen und auf die sich leistungssteigernde Programmtransformationen sinnvollerweise konzentrieren sollten.

Die Abschnitte, in die ein zu untersuchendes Programm von einem *Profiler*
(dem entsprechenden Hilfsprogramm) zerlegt wird, stimmen oft mit dessen Unterprogrammen überein. Das hat den Vorteil, daß der Benutzer die von einem
derartigen *Unterprogramm-Profiler* erhaltene Rechenzeitverteilung sehr leicht mit
den entsprechenden Stellen seines Quellprogramms in Zusammenhang bringen
kann. Auch die Zeitmessung der einzelnen Abschnitte gestaltet sich bei dieser
Zerlegung einfach.

Will man ein noch genaueres Rechenzeit-Profil haben, d. h. will man auch
über die Verteilung der Rechenzeit innerhalb einzelner Unterprogramme Bescheid
wissen, so kann man einen *Basisblock-Profiler* zu Rate ziehen.

Ein *Basisblock* ist eine Folge von Programmanweisungen maximaler Länge, die
vom Eintritt in diesen Programmabschnitt bis zum Austritt daraus genau einmal und in sequentieller Reihenfolge durchlaufen wird. Basisblock-Profiler geben
darüber Auskunft, wie oft die einzelnen Basisblöcke eines Programms durchlaufen
werden. Bei der Optimierung der Effizienz numerischer Programme konzentriert
man sich am besten auf jene Basisblöcke rechenintensiver Unterprogramme, die
besonders oft durchlaufen werden.

Bemerkung (Parallelrechner)   Auf Mehrprozessor-Computern (Parallelrechnern) ist die
Untersuchung der Rechenzeit-, Kommunikationszeit- und „Totzeit"-Verteilung noch erheblich
schwieriger als auf Einprozessor-Computern. Man bedient sich daher bei der Untersuchung des
Laufzeitverhaltens von Parallelrechnerprogrammen vorzugsweise graphischer Hilfsmittel (Tomas, Überhuber [379]).

Verteilung der Rechenzeit auf die Unterprogramme

Praktisch alle UNIX-Betriebssysteme sind mit einem oder mehreren Unterprogramm-Profilern ausgestattet. Im folgenden wird nur auf die Verwendung von
zwei der gebräuchlichsten Profiler, `prof` und `gprof`, eingegangen.

Die Zuordnung von Rechenzeitanteilen zu den verschiedenen Unterprogrammen erfolgt bei beiden Profilern durch ein Stichprobenverfahren. Dabei wird der
Programmablauf in regelmäßigen Abständen vom System unterbrochen und das
zum Zeitpunkt der Unterbrechung gerade ausgeführte Unterprogramm ermittelt.
Diesem Unterprogramm wird dann die *gesamte* Periodenlänge zwischen zwei Un-
terbrechungen als Rechenzeit zugeordnet. Da es aber durchaus möglich ist, daß
während einer Periode (also zwischen den Untersuchungszeitpunkten) mehrere
Unterprogramme ausgeführt werden, ist diese Methode zur Rechenzeitbestim-
mung mit einer unvermeidlichen Ungenauigkeit behaftet. Diese ist offensichtlich
umso gravierender, je größer die Periodenlänge ist.[9]

Profiling beeinflußt das Laufzeitverhalten des untersuchten Programms und
verzerrt unter Umständen die tatsächlichen Ergebnisse („Heisenberg-Unscharfe").
Zum Beispiel wird durch die periodische Abtastung der Cache-Inhalt verändert.
Das kann zu einer überproportionalen Anzahl von Cache-Fehlzugriffen führen,
die im Original-Programm nicht auftreten.

---

[9]In der Praxis sind Periodenlängen in der Größenordnung von 10 ms üblich.

Beispiel (Profiler prof)   Soll mit Hilfe des Unterprogramm-Profilers prof die Rechenzeit-verteilung ermittelt werden, so müssen zunächst alle Unterprogramme mit der Option -p neu übersetzt werden.[10] Danach muß das Programm ausgeführt werden. Zur Erstellung des Unter-programm-Profils ruft man nach abgeschlossener Programmausführung prof mit dem Namen des ausführbaren Programms als Argument auf.

Die beschriebene Vorgangsweise wird im folgenden anhand des Programms cholesky (mit einer 800×800-Matrix A) demonstriert:

```
> f77 -O -p -o cholesky *.f
> cholesky
> prof cholesky
Profile listing generated Wed Jun  1 10:08:32 1994 with:
  prof cholesky


-------------------------------------------------------------------------
* -p[rocedures] using pc-sampling;                                       *
* sorted in descending order by total time spent in each procedure;     *
* unexecuted procedures excluded                                        *
-------------------------------------------------------------------------


Each sample covers 4.00 byte(s) for 0.0079% of 12.3105 seconds

%time     seconds    cum %     cum sec   procedure (file)

77.7      9.5615     77.7         9.56   dgemm_ (dgemm.f)
10.1      1.2432     87.8        10.80   dtrsm_ (dtrsm.f)
 8.7      1.0703     96.5        11.88   dsyrk_ (dsyrk.f)
 3.0      0.3740     99.5        12.25   test_ (cholesky.f)
 0.4      0.0469     99.9        12.30   dgemv_ (dgemv.f)
 0.1      0.0088    100.0        12.30   ddot_ (ddot.f)
 0.0      0.0029    100.0        12.31   dscal_ (dscal.f)
 0.0      0.0020    100.0        12.31   dpotf2_ (dpotf2.f)
 0.0      0.0010    100.0        12.31   lsame_ (lsame.f)
```

prof listet nicht nur alle Unterprogramme, die zumindest einmal während einer Programmun-terbrechung ausgeführt wurden, geordnet nach der Größe des auf sie entfallenden Teils der Rechenzeit auf, sondern gibt auch die folgenden zugehörigen Daten an:

%time relative Rechenzeit des Unterprogramms [Prozent der Gesamtausführungszeit];

seconds absolute Rechenzeit des Unterprogramms [s];

cum % relative akkumulierte Rechenzeit aller bisher aufgelisteten Unterprogramme [Prozent der Gesamtausführungszeit];

cum sec absolute akkumulierte Rechenzeit aller bisher aufgelisteten Unterprogramme [s].

Im vorliegenden Fall ist aus der Profiling-Liste ersichtlich, daß mehr als 3/4 der gesamten Re-chenzeit auf ein einziges Unterprogramm, **dgemm**, welches eine einfache Matrizenmultiplikation durchführt, entfällt.

Als Profil des gleichen Programms mit einer 1600×1600-Matrix erhält man:

---

[10]Sollen nur bestimmte Unterprogramme im Profil aufscheinen, so genügt es, nur diese mit der Option -p neu zu übersetzen.

```
%time      seconds   cum %    cum sec  procedure (file)

85.9      86.1553    85.9      86.16 dgemm_ (dgemm.f)
 6.3       6.2803    92.2      92.44 dtrsm_ (dtrsm.f)
 6.0       5.9844    98.1      98.42 dsyrk_ (dsyrk.f)
 1.7       1.7178    99.9     100.14 test_ (cholesky.f)
 ...
```

Der Anteil von dgemm, also der Matrizenmultiplikation, an der Gesamtausführungszeit ist sichtlich noch weiter gestiegen. Bei größeren Matrizen sollten sich daher Optimierungsmaßnahmen in erster Linie auf dieses Unterprogramm konzentrieren.

Der Profiler gprof liefert, zusätzlich zur gesamten Funktionalität von prof, auch noch Information über den sogenannten *Aufrufgraphen*, d. h. über die Art und Weise, wie die verschiedenen Unterprogramme einander aufrufen. Diese Information ist insbesondere bei großen Programmsystemen von Bedeutung, bei denen man leicht die Übersicht über die Aufrufreihenfolge der verwendeten Unterprogramme verliert. gprof kann mit Hilfe dieser Zusatzinformation die Laufzeiten nicht nur der Routine selbst, sondern auch aller von ihr aufgerufenen Unterroutinen bestimmen und summieren. Dadurch kann der laufzeitkritische Teil des untersuchten Programmsystems viel leichter isoliert werden.

Beispiel (Profiler gprof) Soll mit Hilfe von gprof ein Unterprogramm-Profil erstellt werden, so müssen zunächst alle Unterprogramme mit der Option -pg neu übersetzt werden.[11] Die nachfolgende Vorgangsweise ist analog zur Vorgangsweise bei prof:

```
> f77 -pg -o cholesky *.f
> cholesky
> gprof cholesky
```

Von einer Erklärung der erzeugten Profil-Liste wird wegen des großen Platzbedarfs abgesehen.

Verteilung der Rechenzeit auf die Basisblöcke

Im Gegensatz zu Unterprogramm-Profilern gibt es im Bereich der Basisblock-Profiler keine de-facto-Standards. Auf SUN-Systemen steht tcov zur Verfügung, auf RS/6000-Rechnern tprof, auf Computern mit dem UNIX-System V lprof und auf MIPS-basierten Systemen wie Silicon-Graphics- oder DEC-Workstations pixie. tcov und lprof sind einander sehr ähnlich, während sich pixie grundsätzlich von ihnen unterscheidet.

Beispiel (Profiler pixie) Die Verwendung spezieller Compiler-Optionen ist beim Profiler pixie *nicht* notwendig; eine Neuübersetzung des zu untersuchenden Programms ist daher nicht erforderlich. Vielmehr wird pixie mit dem Namen des ausführbaren Programms als Parameter aufgerufen, wodurch ein auf Maschinencode-Ebene modifiziertes, ausführbares Programm erzeugt wird, dessen Name sich vom ursprünglichen nur durch die Erweiterung .pixie unterscheidet. Zur Erstellung des Basisblock-Profils ruft man schließlich nach erfolgter Ausführung des modifizierten Programms prof mit dem Namen des ausführbaren Programms als Argument und mit der Option -pixie auf. Die beschriebene Vorgangsweise sieht für das Programm cholesky folgendermaßen aus:

---

[11] Auf HP-Computersystemen ist die Option -G zu verwenden.

```
> pixie cholesky
> cholesky.pixie
> prof -pixie cholesky
```

In gewisser Hinsicht geht `pixie` über ein Basisblock-Profiling noch hinaus, da – wie der folgende Auszug zeigt – die Rechenzeiten sogar für jede einzelne *Programmzeile* angegeben werden.

```
------------------------------------------------------------------------------
* -h[eavy] using basic-block counts;                                         *
* sorted in descending order by the number of cycles executed in each        *
* line; unexecuted lines are excluded                                        *
------------------------------------------------------------------------------
```

procedure (file)	line	bytes	cycles	%time	cum %
dgemm_ (dgemm.f)	284	156	688414720	61.53	61.53
dgemm_ (dgemm.f)	283	80	208158720	18.61	80.14
dsyrk_ (dsyrk.f)	249	144	78977280	7.06	87.19
dtrsm_ (dtrsm.f)	360	136	74057760	6.62	93.81
dsyrk_ (dsyrk.f)	248	84	29105280	2.60	96.42
dtrsm_ (dtrsm.f)	359	88	22438080	2.01	98.42
dgemv_ (dgemv.f)	211	132	3414488	0.31	98.73
dsyrk_ (dsyrk.f)	245	52	1878660	0.17	98.89
dgemm_ (dgemm.f)	280	44	1723946	0.15	99.05
dtrsm_ (dtrsm.f)	353	84	1411200	0.13	99.17
dgemv_ (dgemv.f)	210	80	1365350	0.12	99.30

`pixie` liefert also eine Liste aller ausgeführten Programmzeilen, geordnet nach der Größe des auf sie entfallenden Teils der Rechenzeit. Die Rechenzeit wird dabei nicht in Sekunden, sondern in Vielfachen der Prozessor-Zykluszeit gemessen. Die Felder `%time` und `cum %` geben die (akkumulierte) relative Größe der Rechenzeit (im Verhältnis zur Gesamtausführungszeit) an.

Insbesondere geht aus diesem Auszug hervor, daß 61.53 % der gesamten Rechenzeit für die Ausführung einer *einzigen* Anweisung verbraucht werden. Bei dieser Anweisung handelt es sich um die innerste Anweisung der dreifachen Schleifenschachtelung der in `dgemm` ausgeführten Matrizenmultiplikation.

Die durch `pixie` berechneten Analysedaten beruhen auf der – unrealistischen – Annahme, daß *sämtliche* Daten stets im Cache enthalten sind. Zusätzliche Verzögerung beim Speicherzugriff werden *nicht* berücksichtigt.

6.3.4 Ermittlung leistungshemmender Faktoren

Die Analyse des beobachteten Leistungsverhaltens eines Programms gestaltet sich in den meisten Fällen äußerst schwierig. Dies ist in erster Linie auf das weitgehende *Fehlen* eines geeigneten Diagnoseinstrumentariums zurückzuführen. Ob z. B. die Anzahl der unabhängig voneinander ausführbaren Anweisungen eines Programms, d. h. dessen Grad an Parallelismus, groß genug ist, um den vorhandenen Hardware-Parallelismus zufriedenstellend auszunützen, ist nur mit auf speziellen Systemen vorhandenen Diagnosewerkzeugen zu eruieren.

Eine ähnlich unbefriedigende Situation findet man auch bei der Analyse von Speicherzugriffsverzögerungen vor, die durch eine mangelnde Referenzlokalität und/oder schlechte Referenzmuster verursacht werden können. Bereits die Frage, ob und in welchem Ausmaß Verzögerungen im Programmablauf durch Fehlzugriffe

auf den Cache-Speicher (*cache misses*) verursacht werden, kann – außer bei der
POWER2-Architektur – mit den standardmäßig vorhanden Diagnosewerkzeugen
derzeit nicht beantwortet werden.[12]

Ein Indiz für das mögliche Auftreten von Fehlzugriffen auf den virtuellen
Speicher (*page faults*) liefert das UNIX-Kommando **time**. Ist die Auslastung der
CPU durch das Programm signifikant kleiner als 100 % und kann dieses Phänomen
nicht durch Ein-/Ausgabe-Operationen bzw. durch das Vorhandensein anderer
aktiver Prozesse erklärt werden, kann man auf das Auftreten von Hauptspeicher-
Fehlzugriffen schließen.

Das Fehlen von geeigneten Werkzeugen zur Leistungsdiagnose stellt eines
der größten Hindernisse bei der Optimierung Numerischer Software dar, da die
Gründe für mangelnde Effizienz im allgemeinen nicht hinreichend genau bestimmt
werden können. Ein gezieltes Ausschalten von leistungsmindernden Faktoren ist
daher oft nicht möglich.

6.4 Programmtransformationen zur Steigerung der Effizienz

Kann eine Aufgabenstellung der Numerischen Datenverarbeitung auf einem gegebenen Computersystem nicht innerhalb eines bestimmten Zeitrahmens gelöst werden und ist man bestrebt, ohne Anschaffung neuer leistungsfähigerer Hardware
auszukommen, so muß eine Optimierung des Problemlösungsverfahrens durchgeführt werden. Diese kann auf mehreren Ebenen geschehen:

1. durch Modifikation des zugrundeliegenden mathematischen Modells,

2. durch Änderung der Diskretisierung des mathematischen Modells,

3. durch die Wahl besserer Algorithmen zur Lösung des diskreten Problems,

4. durch eine effizientere Implementierung der gewählten Algorithmen.

Die in den Bereich der Angewandten Mathematik fallende Aufgabe der Modellbildung kann im Rahmen dieses Buches nicht behandelt werden. Die zum Bereich
der Numerischen Mathematik gehörende Diskretisierung kontinuierlicher Modelle
und die Lösung der damit verbundenen diskreten Probleme stehen im Zentrum
der nachfolgenden Kapitel. In diesem Abschnitt wird nur auf die als letzte angesprochene Optimierungsmöglichkeit, die effizientere Programmierung (Implementierung) von Algorithmen, eingegangen. Dies soll aber in keiner Weise eine
Wertung (in Bezug auf die leistungssteigernde Wirkung) der verschiedenen Op-
timierungsebenen zum Ausdruck bringen. Die effizientere Programmierung eines
bestehenden Algorithmus gestattet oft nur eine weit geringere Beschleunigung als
sie z. B. durch die Entwicklung eines neuen Algorithmus mit stark verringertem
Arbeitsaufwand erzielt werden kann.

---

[12]Solche Diagnosewerkzeuge könnten allerdings in näherer Zukunft standardmäßig verfügbar
werden. Ein prototypischer Cache-Profiler ist z. B. CPROF (Lebeck, Wood [276]).

Die in den nächsten Abschnitten folgende Beschreibung einer Reihe von Programmtransformationen sollte auch nicht dahingehend mißverstanden werden, daß der Software-Entwickler nun sukzessive alle diese Transformationen anwenden muß, um eine befriedigende Programmeffizienz zu erzielen. Vielmehr wird ein Teil der im folgenden beschriebenen Transformationen von optimierenden Compilern automatisch erledigt. Es gibt sogar Fälle, wo sich händisches Optimieren durch den Programmierer und automatisches Optimieren durch den Compiler oder einen optimierenden Präprozessor (KAP, VAST etc.) in der Gesamtwirkung gegenseitig aufheben. Eine Kombination beider Wege der Leistungssteigerung ist nur bei guten Kenntnissen des Computersystems (vor allem des Compilers) zu empfehlen.

Der Software-Entwickler sollte aus der Vielzahl von möglichen Transformation jene auswählen, die auf Grund von Leistungsanalysen als zweckmäßig erscheinen und die vom Compiler nicht (oder nicht mit zufriedenstellendem Erfolg) durchgeführt werden. Einzelheiten über die von einem Compiler in seinen verschiedenen Optimierungsstufen potentiell vorgesehenen Transformationen kann man der zugehörigen Dokumentation entnehmen. Welche Transformationen ein spezieller Compiler tatsächlich an welcher Stelle eines konkreten Programms anwendet, läßt sich oft nur im nachhinein aus dem erzeugten Assembler-Programm erschließen, was auf Grund von dessen geringer Lesbarkeit allerdings einen erheblichen personellen Einsatz erfordert.

Es bleibt dem Software-Entwickler daher manchmal nicht erspart, die verschiedenen potentiell effizienzsteigernden Transformationen praktisch zu erproben und so das Programm mittels einer *Trial-and-error*-Strategie zu optimieren. Dabei kann auch die Wirkung der verschiedenen Optimierungsstrategien des Compilers (Tiefe des automatischen Schleifenaufrollens etc.) erprobt werden, wenn man diese über geeignete Compiler-Direktiven steuert.

6.5 Architektur-unabhängige Transformationen

Transformationen, die sich auf praktisch allen gängigen Rechnersystemen effizienzsteigernd auswirken, bezeichnet man als *architektur-unabhängig*. In diese Kategorie fallen vor allem jene Transformationen, die einer Verringerung des Overheads dienen.

Transformationen zur Vermeidung des Overheads sind zunächst solche, die in einer *Zusammenfassung gemeinsamer Terme* bestehen. Dadurch wird der zur Auswertung mehrfach auftretender, identischer Ausdrücke benötigte Mehraufwand vermieden. Weiters sind hier alle Transformationen zu nennen, durch die *Typkonversionen* vermieden werden. Treten z. B. in einem Ausdruck Variablen verschiedenen Typs auf, so kann man die Anzahl der benötigten Typkonversionen auf ein Minimum reduzieren, indem man (soweit dies möglich ist) Variablen gleichen Typs in Teilausdrücke zusammenfaßt.

Bei häufig aufgerufenen Unterprogrammen mit sehr kurzer Laufzeit stellen die Parameterübergabe und der Unterprogrammaufruf einen unverhältnismäßig großen Mehraufwand dar. Dieser kann etwa durch Einfügen des gesamten Unterprogramm-Quellcodes anstelle des Unterprogrammaufrufes (*inlining*) vermieden werden.[13] Die meisten Compiler verfügen über Optionen, mit denen *inlining* automatisch durchgeführt werden kann. Übertriebenes *inlining* kann allerdings zu Leistungsverschlechterungen führen.

In die Kategorie architektur-unabhängiger Transformationen fallen auch alle Umformungen, die die Komplexität einer Operation verringern, dabei aber deren Resultat (zumindest im algebraischen Sinne) unverändert lassen. Es kann sich dabei um das simple Ersetzen von zeitaufwendigen Divisionen durch die erheblich rascheren Multiplikationen mit dem Kehrwert handeln oder um Transformationen, die auf mathematischen Identitäten beruhen. So ermöglicht z. B. die Identität

$$\exp(x_1) \cdot \exp(x_2) \cdot \cdots \cdot \exp(x_n) = \exp(x_1 + x_2 + \cdots + x_n)$$

das Ersetzen von n aufwendigen Exponentiationen und $n-1$ Multiplikationen durch eine einmalige Exponentiation und $n-1$ Additionen. Diese Umformung hat darüber hinaus den Vorteil, daß mögliche Über- oder Unterläufe bei der Auswertung von Zwischenresultaten vermieden werden.

Weitere Beispiele und genauere Erläuterungen zu den hier nur kurz beschriebenen architektur-unabhängigen Transformationen findet man z. B. in Dowd [42].

6.6 Schleifen-Transformationen

Der überwiegende Teil der von Programmen der Numerischen Datenverarbeitung benötigten Rechenzeit geht auf Anweisungen in Schleifen zurück. Es ist daher nicht überraschend, daß viele optimierende Programmtransformationen in der Modifikation von Programmschleifen bestehen. Allerdings haben Schleifen-Transformationen eine sehr stark architektur- und compilerabhängige Auswirkung auf die Effizienz eines Programms. Bei Portierung eines Programms auf ein anderes Computersystem müssen daher sämtliche Schleifen-Transformationen neu überdacht werden, wenn auch auf dem neuen System eine zufriedenstellende Leistung erreicht werden soll.

Im folgenden werden Schleifen-Transformationen in erster Linie in Bezug auf ihre Bedeutung für moderne Skalarrechner (Workstations etc.) – auf denen ja der überwiegende Teil der Numerischen Datenverarbeitung abgewickelt wird – betrachtet. Für Vektorcomputer sind zum Teil gänzlich andere Überlegungen maßgebend (siehe z. B. Sekera [360], Dongarra et al. [171]).

---

[13]Vorsicht mit dem *inlining* ist geboten, wenn das betreffende Unterprogramm Seiteneffekte hat. Bei einem Seiteneffekt werden in einer Prozedur Variable verändert, die ihren Wert auch nach Beendigung der Prozedur behalten (globale Variablen, statische lokale Variablen). Diese Seiteneffekte werden bei einem einfachen *inlining* im allgemeinen nicht richtig reproduziert. Das *inlining* kann in diesem Fall das Programmverhalten ändern.

6.6.1 Aufrollen von Schleifen

Die vielleicht bekannteste leistungssteigernde Programmtransformation ist das sogenannte *Schleifen-Aufrollen* (*loop unrolling*). Man versteht darunter eine Programmtransformation, bei der der Schleifenrumpf einer Schleife ein- oder mehrmals dupliziert wird, wobei die Schleifensteuerung entsprechend angepaßt und eine Vorschleife vorgeschaltet wird.

Beispiel (SAXPY-Operation) Das Unterprogramm BLAS/`saxpy` (bzw. dessen doppelt genaue Version BLAS/`daxpy`) implementiert die Operation $y = y + ax$ mit $a \in \mathbb{R}$ und $x, y \in \mathbb{R}^n$. Dem entspricht im einfachsten Fall – wenn die Elemente der Vektoren x und y in aufeinanderfolgenden Feldelementen abgelegt sind – das folgende Programmsegment:

```
DO i = 1, n
   y(i) = y(i) + a*x(i)
END DO
```

In der Standard-Implementierung (Dongarra et al. [12]) wird diese Schleife *dreifach*[14] aufgerollt, d. h., die obige einfache Schleife wird zu einer Schleife mit der Aufrolltiefe *vier* transformiert:

```
nrest = MOD(n,4)
DO i = 1, nrest                     ! Vorschleife  (nicht-aufgerollter Teil)
   y(i) = y(i) + a*x(i)
END DO
n1 = nrest + 1

                                    ! 3-fach aufgerollte Schleife
DO i = n1, n, 4                     ! Aufrolltiefe: 4
   y(i  ) = y(i  ) + a*x(i  )
   y(i+1) = y(i+1) + a*x(i+1)
   y(i+2) = y(i+2) + a*x(i+2)
   y(i+3) = y(i+3) + a*x(i+3)
END DO
```

Das Schleifen-Aufrollen hat mehrere leistungssteigernde Wirkungen. Da sich durch ein m-faches Schleifen-Aufrollen die Anzahl der Schleifendurchläufe um einen Faktor $m+1$ verringert, muß auch die Abbruchbedingung der Schleifensteuerung entsprechend weniger oft überprüft werden. Dadurch verringert sich der Overhead der Schleifensteuerung. Weitaus wichtiger für die Leistungssteigerung ist allerdings, daß durch das Aufrollen von Schleifen der Grad an vom Compiler nutzbarer Parallelität erhöht wird. In der unaufgerollten Schleife entsteht durch die Überprüfung der Schleifensteuerung zwischen den einzelnen Iterationen eine Steuerabhängigkeit, die die Anzahl der unabhängig voneinander ausführbaren Instruktionen stark einengt, sodaß die einzelnen Iterationen streng sequentiell durchgeführt werden müssen, weil erst nach jeder einzelnen Iterationen durch Überprüfung der Abbruchbedingung bestimmt werden kann, ob die darauffolgende Iteration auch noch durchzuführen ist. Bei m-fach aufgerollten Schleifen ist es dagegen (für den Compiler) offensichtlich, daß jeweils $m+1$ aufeinanderfolgende Iterationen durchgeführt werden müssen. Im Idealfall – wenn zwischen den einzelnen Iterationen keinerlei Abhängigkeiten bestehen – steigt somit der Grad der Software-Parallelität um den Faktor $m+1$.

---

[14]In manchen Literaturstellen wird dieser Fall als eine *vierfach* aufgerollte Schleife bezeichnet.

Beispiel (SAXPY-Operation)   Führt man die oben beschriebene SAXPY-Operation mit der Vektorlänge $n = 3000$ sowohl in der ursprünglichen ($m = 0$) wie auch in der m-fach aufgerollten Form auf einem PC aus, so erhält man die in Abb. 6.4 dargestellten Leistungswerte. Im günstigsten Fall kann man auf dem verwendeten Computersystem durch Aufrollen der SAXPY-Schleife also eine Leistungssteigerung von 50 % erreichen.

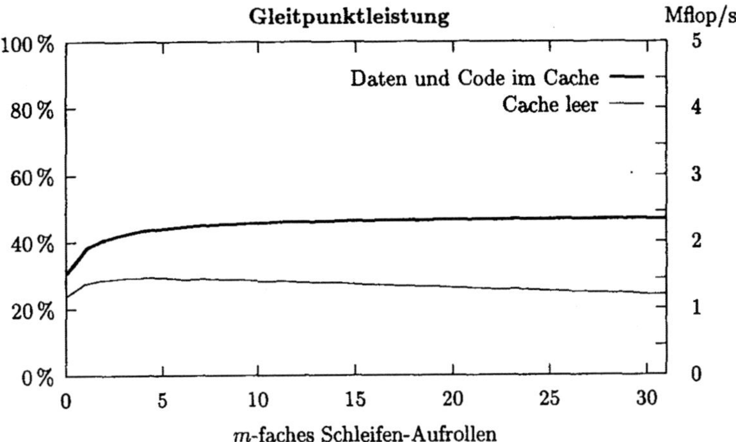

Abb. 6.4: Leistungssteigerung durch Aufrollen einer SAXPY-Schleife

Durch das Aufrollen von Schleifen können auch unnötige Datentransfers zwischen den Prozessorregistern und den langsamen Ebenen der Speicherhierarchie vermieden werden, wenn auf ein in einer Iteration verwendetes Feldelement in einer der nächsten Iterationen neuerlich zugegriffen wird. Das liegt darin begründet, daß Compiler diesen Sachverhalt oft nicht erkennen und daher die betreffende Variable am Ende der ersten Iteration sofort in eine langsamere Ebene der Speicherhierarchie transferieren, um sie dann wenig später wieder holen zu müssen. Durch Aufrollen der Schleife kann diese unökonomische Vorgangsweise im allgemeinen stark verbessert werden.

Ob das Aufrollen von Schleifen eine Effizienzsteigerung bewirkt und wie groß diese ausfällt, hängt von vielen Faktoren ab:

Größe des Schleifenrumpfs: Wenn der Schleifenrumpf bereits eine genügende Anzahl von parallel ausführbaren Operationen enthält, ist eine weitere Erhöhung der parallel ausführbaren Operationen durch Aufrollen der Schleife oft nicht sinnvoll.

Iterationsanzahl: Wenn die Anzahl der Durchläufe einer Schleife kleiner oder nur geringfügig größer als der Aufrollfaktor ist, so wird viel Zeit für die Ausführung der Vorschleife benötigt. Die Beschleunigung der Hauptschleife durch Aufrollen fällt im Vergleich dazu nicht ins Gewicht.

Schleifen-Unterprogramme: Enthält ein Schleifenrumpf einen oder mehrere Unterprogrammaufrufe, so bewirkt ein Aufrollen dieser Schleife oft keine Leistungssteigerung. Dies liegt zunächst daran, daß der Overhead für die Schleifensteuerung im Vergleich zum Overhead für den Unterprogrammaufruf nicht ins Gewicht fällt. Weiters sind Unterprogramme Quellen möglicher Datenabhängigkeit (vgl. Abschnitt 6.2.1). Eine Erhöhung der Anzahl der parallel ausführbaren Operationen durch Aufrollen ist in diesem Fall nicht – oder nur beschränkt – möglich, außer in Verbindung mit *Inlining*. Schließlich ist, wenn das Unterprogramm selbst eine genügende Anzahl von parallel ausführbaren Operationen enthält, eine weitere Erhöhung der Software-Parallelität gar nicht erforderlich.

Schleifen-Verzweigungen: Ähnlich wie im Fall von Unterprogrammen ist auch im Fall von Verzweigungen innerhalb von Schleifen eine Erhöhung der Anzahl der parallel ausführbaren Operationen durch Aufrollen wegen der bestehenden Steuerabhängigkeit nur beschränkt möglich.

Flußabhängigkeiten: Besteht zwischen aufeinanderfolgenden Iterationen einer Schleife eine Flußabhängigkeit, so ist eine Erhöhung der Anzahl der parallel ausführbaren Operationen durch Aufrollen nur beschränkt möglich.

Beispiel (Inneres Produkt)   Rollt man die Schleife

```
summe = 0.
DO i = 1, n
   summe = summe + x(i)*y(i)
END DO
```

1-fach auf, so erhält man – abgesehen von der Vorschleife – das Programmsegment

```
summe = 0.
DO i = 1, n, 2
   summe = summe + x(i)   *y(i)
   summe = summe + x(i+1)*y(i+1)
END DO
```

Die beiden Anweisungen in der Schleife können aber wegen der bezüglich der Variablen summe bestehenden Abhängigkeit nicht parallel ausgeführt werden. Eine Erhöhung der Anzahl der parallel ausführbaren Anweisungen ist aber durch Anwendung *assoziativer* Transformationen möglich (vgl. Seite 281).

Das Aufrollen von Schleifen hat generell die negative Auswirkung, daß Größe, Unübersichtlichkeit und Fehleranfälligkeit des Programms zunimmt. Dieser Nachteil läßt sich vermeiden, wenn man z. B. für die Standardaufgaben der Linearen Algebra hochoptimierte Versionen der BLAS-Programme verwendet. Auch für viele andere Algorithmus-„Bausteine", die auf Schleifenschachtelungen beruhen, gibt es rechnerspezifische Unterprogrammbibliotheken[15], an deren Effizienz ein Anwender mit selbstgeschriebenen Programmen nur selten herankommt.

---

[15]Die Unterprogrammbibliothek selbst ist damit *nicht* portabel, ihr Einsatz (wegen der einheitlichen Schnittstellendefinition) aber schon.

6.6.2 Aufrollen äußerer Schleifen

Sind mehrere Schleifen ineinander verschachtelt, kann man statt der innersten
Schleife bzw. zusätzlich zu dieser auch eine oder mehrere äußere Schleifen aufrollen. Das Aufrollen einer äußeren Schleife zieht grundsätzlich die gleichen vor-
und nachteiligen Effekte nach sich wie das Aufrollen der innersten Schleife.

Das Aufrollen einer äußeren Schleife kommt immer dann in Frage, wenn das
Aufrollen der innersten Schleife aus einem der bereits beschriebenen Gründe nicht
sinnvoll möglich ist. Eine weitere wichtige Motivation für das Aufrollen einer
äußeren Schleife ist das Auftreten von Variablen im Schleifenrumpf, die nicht vom
äußeren Schleifenindex abhängen. Durch Aufrollen der entsprechenden äußeren
Schleife können diese Variablen mehrfach verwendet werden, wodurch die Anzahl
der Datentransfers zwischen den Prozessorregistern und den langsamen Ebenen
der Speicherhierarchie vermindert wird.

Beispiel (Aufrollen äußerer Schleifen)   Im Programmsegment

```
DO j = 1, n
   DO i = 1, n
      a(i,j) = d*b(i,j) + c(i)
   END DO
END DO
```

hängt $c(i)$ nicht vom äußeren Schleifenindex j ab. Es liegt daher nahe, die äußere Schleife
aufzurollen:

```
DO j = 1, n, 2
   DO i = 1, n
      a(i,j  ) = d*b(i,j  ) + c(i)
      a(i,j+1) = d*b(i,j+1) + c(i)
   END DO
END DO
```

Auf einer HP-Workstation erhält man bei $n = 90$ die in Abb. 6.5 dargestellten Leistungswerte.
Die Leistung steigt durch das Aufrollen um 26 %.

Eine Erhöhung der Referenzlokalität durch das Aufrollen äußerer Schleifen kann
insbesondere dann oft erreicht werden, wenn sich der aufgerollte Algorithmus als
Blockalgorithmus im Sinne der numerischen Linearen Algebra auffassen läßt. Auf
dieses Thema wird in Abschnitt 6.6.7 gesondert eingegangen.

6.6.3 Schleifenverschmelzung

Unter der *Verschmelzung* zweier oder mehrerer Schleifen (*loop fusion*) versteht
man die Vereinigung von deren Schleifenrümpfen zu einem einzigen Rumpf. Die
mit dieser Transformation erzielten Effekte decken sich weitgehend mit denen
des Schleifen-Aufrollens: Der Overhead der Schleifensteuerung wird verringert
und die Anzahl der parallel ausführbaren Operationen erhöht.

Durch Schleifenverschmelzung kann die Anzahl der Datentransfers zwischen
den Prozessorregistern und den langsameren Ebenen der Speicherhierarchie verringert werden, wenn in den verschiedenen Schleifenrümpfen während entsprechender Iterationen auf dieselben Daten zugegriffen wird.

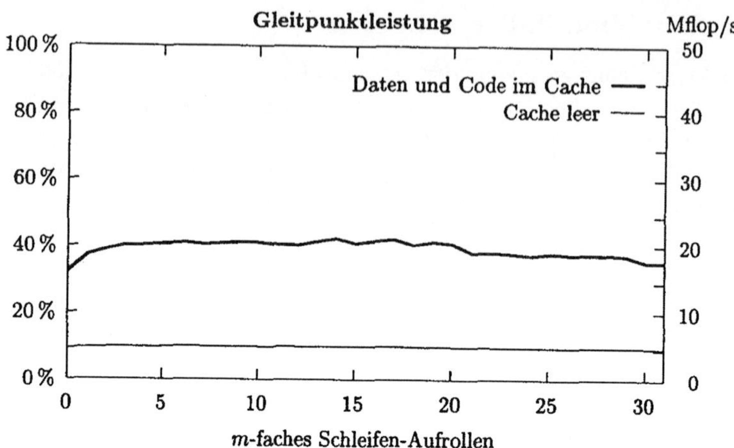

Abb. 6.5: Leistungssteigerung durch Aufrollen äußerer Schleifen

Beispiel (Schleifenverschmelzung)   Die beiden Schleifen in dem Programmstück

```
DO i = 1, n
   x = x*a(i) + b(i)
END DO
DO j = 1, n
   y = y*a(j) + c(j)
END DO
```

können zu der Schleife

```
DO i = 1, n
   x = x*a(i) + b(i)
   y = y*a(i) + c(i)
END DO
```

verschmolzen werden. Dabei wird das Feldelement a(i) bei jeder Iteration zweimal verwendet, was die Anzahl der Speicherzugriffe verringert.

Für $n = 3000$ erhält man auf einer HP-Workstation folgende Leistungswerte:

	Cache leer	Daten und Code im Cache
zwei getrennte Schleifen	5.6 Mflop/s (11.2 %)	15.4 Mflop/s (30.8 %)
Schleifenverschmelzung	6.8 Mflop/s (13.6 %)	30.2 Mflop/s (60.4 %)

Befinden sich Daten und Programm im Cache-Speicher, so erreicht man nahezu eine Verdoppelung der Gleitpunktleistung. Dies ist durch eine bessere Auslastung der Gleitpunkt-Pipeline und durch eine Überlagerung von Gleitpunkt- und Integer-Operationen möglich. Die erzielten 60 % der Maximalleistung stellen eine durchaus brauchbare Effizienz dar.

Die Anwendbarkeit bzw. Zweckmäßigkeit der Schleifenverschmelzung unterliegt ähnlichen Einschränkungen wie das Schleifen-Aufrollen. Insbesondere muß bei der Schleifenverschmelzung vorausgesetzt werden, daß sämtliche involvierte

Schleifen die gleiche Anzahl von Iterationen beinhalten und daß zwischen den
Iterationen verschiedener Schleifen keinerlei Abhängigkeiten bestehen.

Man beachte auch, daß sich durch Schleifenverschmelzung die Referenzlokalität *verschlechtert*, wenn in den verschiedenen Schleifen auf gänzlich verschiedene
Felder zugegriffen wird!

6.6.4 Eliminieren von Verzweigungen in Schleifen

Verzweigungen in Schleifen wirken sich oft stark leistungsmindernd aus. Dies
liegt vor allem daran, daß die durch eine Verzweigung induzierte Steuerabhängigkeit die Anzahl der parallel ausführbaren Anweisungen reduziert. Daher ist man
im allgemeinen bemüht, Verzweigungen aus Schleifen zu eliminieren. Ob dies
möglich ist, hängt davon ab, in welcher Weise die Verzweigungsbedingung von
den Schleifeniterationen abhängt.

Von *schleifen-invarianten* Verzweigungen spricht man dann, wenn das Resultat des Verzweigungsbefehls von der jeweiligen Schleifeniteration unabhängig ist.
Auf Grund dieser Unabhängigkeit läßt sich die Verzweigung ohne weiteres aus
der Schleife herausziehen, wobei eine Verzweigung entsteht, die zwei Schleifen
enthält, die selbst keine Verzweigungen aufweisen.

Beispiel (Schleifen-invariante Verzweigung)   Im Programmabschnitt

```
DO i = 1, n
   IF (indikator > 0) THEN
      y(i) = y(i) + a*x(i)
   ELSE
      y(i) = y(i) - a*x(i)
   END IF
END DO
```

ergibt die Auswertung des logischen Ausdrucks `indikator > 0` ein vor Beginn der DO-Schleife
feststehendes, von der jeweiligen Schleifeniteration unabhängiges Ergebnis. Die Verzweigung
ist daher schleifen-invariant. Durch Vorziehen der Verzweigung erhält man

```
IF (indikator > 0) THEN
   DO i = 1, n
      y(i) = y(i) + a*x(i)
   END DO
ELSE
   DO i = 1, n
      y(i) = y(i) - a*x(i)
   END DO
END IF
```

Für $n = 3000$ erhält man auf einer HP-Workstation folgende Werte:

	Cache leer		Daten und Code im Cache	
IF in der Schleife	7.2 Mflop/s	(14.4 %)	15.0 Mflop/s	(30.0 %)
IF *außerhalb* der Schleife	9.8 Mflop/s	(19.6 %)	34.8 Mflop/s	(69.6 %)

Bei einer *index-abhängigen* Verzweigung hängt das Ergebnis der IF-Bedingung nur vom Schleifenindex, nicht aber von irgendwelchen anderen Daten ab. Meist folgt diese Abhängigkeit einer einfachen Gesetzmäßigkeit, die es erlaubt, die Verzweigung aus der Schleife herauszuziehen, wobei die ursprüngliche Schleife in eine oder mehrere Schleifen zerfällt.

Beispiel (Index-abhängige Verzweigung) Im Programmabschnitt

```
DO i = 1, n
   IF (MOD(i,2) == 0) THEN
      y(i) = y(i) + a*x(i)
   ELSE
      y(i) = y(i) - a*x(i)
   END IF
END DO
```

wird der IF-Zweig genau dann durchlaufen, wenn der Schleifenindex i gerade ist. Äquivalent dazu ist daher folgendes Programmstück, in dem keinerlei IF-Verzweigung mehr enthalten ist.

```
DO i = 2, n, 2
   y(i) = y(i) + a*x(i)
END DO
DO i = 1, n, 2
   y(i) = y(i) - a*x(i)
END DO
```

Auf einer HP-Workstation läßt sich bei einer Vektorlänge $n = 3000$ für das ursprüngliche Programmsegment nur eine Leistung von 5.9 Mflop/s erzielen, während man nach der Programmtransformation auf 17.2 Mflop/s, also auf etwa die dreifache Leistung kommt:

	Cache leer		Daten und Code im Cache	
IF in der Schleife	3.2 Mflop/s	(6.4 %)	5.9 Mflop/s	(11.8 %)
kein IF (zwei Schleifen)	4.9 Mflop/s	(9.8 %)	17.2 Mflop/s	(34.4 %)

Hängt das Ergebnis der IF-Bedingung nicht nur vom Schleifenindex, sondern von anderen, von der jeweiligen Schleifeniteration abhängigen Daten ab, so liegt eine *schleifen-abhängige* Verzweigung vor. In diesem Fall kann die Verzweigung im allgemeinen *nicht* aus der Schleife herausgezogen werden, da die Abhängigkeit des Resultats der IF-Bedingung von der jeweiligen Iteration nur in Sonderfällen einer einfachen Gesetzmäßigkeit folgt.

Beispiel (Schleifen-abhängige Verzweigung) In dem Programmstück

```
DO i = 1, n
   IF (x(i) < 0) THEN
      y(i) = y(i) - a*x(i)
   ELSE
      y(i) = y(i) + a*x(i)
   END IF
END DO
```

wird eigentlich eine SAXPY-Operation durchgeführt, wobei vom Vektor x die Absolutbeträge der Komponenten zu nehmen sind. Äquivalent dazu ist daher

```
DO i = 1, n
   y(i) = y(i) + a*ABS(x(i))
END DO
```

Auf einer HP-Workstation läßt sich bei einer Vektorlänge $n = 3000$ für das ursprüngliche Programmsegment nur eine Gleitpunktleistung von 5.2 Mflop/s erzielen, während man ohne Verzweigung auf 15.1 Mflop/s kommt:

	Cache leer		Daten und Code im Cache	
IF in der Schleife	3.1 Mflop/s	(6.2 %)	5.2 Mflop/s	(10.4 %)
kein IF	4.7 Mflop/s	(9.4 %)	15.1 Mflop/s	(30.2 %)

6.6.5 Assoziative Transformationen

Unter *assoziativen Transformationen* versteht man Programmumformungen, die auf dem Assoziativgesetz

$$(x \circ y) \circ z = x \circ (y \circ z)$$

beruhen, das für eine Reihe von zweistelligen Operationen – z. B. Addition und Multiplikation reeller Zahlen, Maximum- und Minimum-Bildung etc. – gültig ist.

Assoziative Transformationen nehmen innerhalb der Gruppe möglicher Programmtransformationen eine Sonderstellung ein, weil für die *Gleitpunkt*-Addition und -Multiplikation das Assoziativgesetz *nicht* gilt (vgl. Abschnitt 4.2.4)! Im Fall von Gleitpunktoperationen beeinflussen assoziative Transformationen das Ergebnis numerischer Berechnungen und werden daher vom Compiler (der ja nur äquivalente Programmtransformationen durchführen darf) *nicht* durchgeführt.[16] Derartige Transformationen müssen vom Programmierer durchgeführt werden, der die einzelnen Rundungsfehlereinflüsse zu bedenken und zu verantworten hat.

Assoziative Transformationen werden in erster Linie bei sogenannten *Reduktionsoperationen* angewendet. Von einer Reduktion spricht man im Zusammenhang mit Feldoperationen dann, wenn die Dimension des Resultatfeldes kleiner ist als die Dimensionen der Operandenfelder. Dabei werden oft die Elemente der Operandenfelder zunächst komponentenweise verknüpft und dann die resultierenden Elemente durch fortgesetzte Anwendung einer assoziativen Operation in ein Feld niedrigerer Dimension oder einen Skalar (ein Feld der Dimension 0) übergeführt. Durch geeignete Klammerung der assoziativen Operationen kann man in diesem Fall die Anzahl der parallel ausführbaren Operationen erhöhen.

Beispiel (Inneres Produkt) Das einfachste Beispiel einer Reduktionsoperation ist das Skalarprodukt, bei dem zunächst die Elemente zweier Vektoren komponentenweise multipliziert und anschließend die Resultate summiert werden:

```
s = 0.
DO i = 1, n
   s = s + x(i)*y(i)
END DO
```

---

[16]Manchen Compilern und Präprozessoren kann man assoziative Transformationen explizit erlauben.

Wegen der (bei geradem n) möglichen Klammerung

$$x_1 y_1 + x_2 y_2 + \cdots + x_n y_n = (x_1 y_1 + x_3 y_3 + \cdots + x_{n-1} y_{n-1}) + (x_2 y_2 + x_4 y_4 + \cdots + x_n y_n)$$

kann die obige Schleife auch in der transformierten Version

```
s1 = 0.
s2 = 0.
DO i = 1, n, 2
   s1 = s1 + x(i  )*y(i  )
   s2 = s2 + x(i+1)*y(i+1)
END DO
s = s1 + s2
```

geschrieben werden. Die beiden Anweisungen des Schleifenrumpfes sind – im Gegensatz zu den durch Aufrollen entstehenden Anweisungen – voneinander völlig unabhängig. Durch Zerlegung der Gesamtsumme in nicht nur zwei, sondern allgemein m Teilsummen kann man natürlich die Anzahl der unabhängigen Anweisungen beliebig erhöhen.

Auf einer Workstation wurden für eine Vektorlänge $n = 3000$ die in Abb. 6.6 dargestellten Resultate erhalten. Der Leistungsgewinn beim Übergang von einer 0-fach, also *nicht* transformierten Schleife zu einer 1-fach transformierten Schleife ergibt sich daraus, daß eine Ladeoperation und eine davon *unabhängige* arithmetische Operation parallel ausgeführt werden. Dieser Parallelismus wird erst durch das Aufrollen ermöglicht.

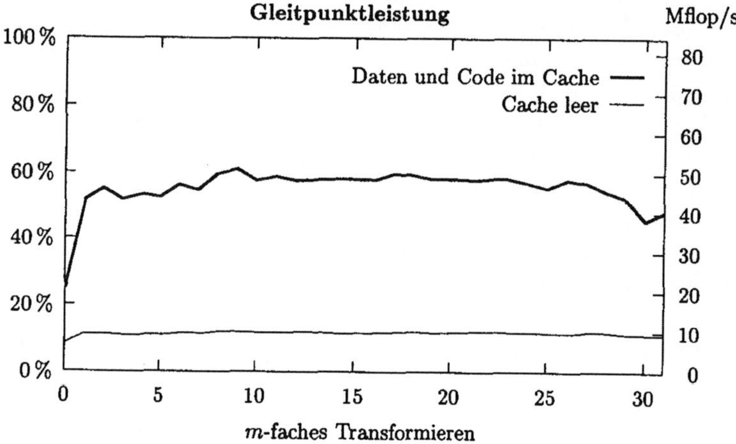

Abb. 6.6: Leistungssteigerung durch assoziative Transformation des inneren Produkts

Auf Grund der *Nicht*-Assoziativität der Gleitpunktadditionen ist die transformierte Programmversion *nicht* äquivalent zum ursprünglichen Programmstück. Der Programmierer muß die Entscheidung treffen, ob die geänderten Rundungsfehlereinflüsse im konkreten Anwendungsfall irrelevant oder von Bedeutung sind.

6.6.6 Schleifen-Vertauschung

Eine Schleifenschachtelung liegt vor, wenn eine Schleife im Anweisungsblock einer anderen enthalten ist. Als effzienzsteigernde Maßnahme kann man versuchen, die Verschachtelungsreihenfolge zu vertauschen. Dadurch ändert sich die Reihenfolge, in der die im Schleifenrumpf enthaltenen Anweisungen ausgeführt werden.

Für die unmittelbare Aufeinanderfolge von Operationen und Speicherzugriffen ist
insbesondere die innerste Schleife entscheidend. Durch eine richtige Wahl der innersten Schleife versucht man im allgemeinen, zwei Ziele zu erreichen. Einerseits
soll die Schrittweite, mit der auf die im Schleifenrumpf vorkommenden Felder
zugegriffen wird, möglichst minimiert werden. Dadurch erhält man eine optimale
Referenzlokalität der Speicherzugriffe. Andererseits soll sich die innerste Schleife
gut für weitere Optimierungsmaßnahmen, z. B. Schleifen-Aufrollen, assoziative
Transformationen etc., eignen. Diese zwei Ziele können durchaus widersprüchlich
sein. In diesem Fall ist die Erzielung einer optimalen Effizienz nur dann möglich,
wenn man eine geeignete Permutation der Dimensionen der betreffenden Felder
durchführt – im Fall einer Matrix bedeutet dies, daß man die Matrix transponiert.

Beispiel (Schleifen-Vertauschung)   Im Programmsegment

```
REAL, DIMENSION (idim, jdim, kdim)  ::  feld
...
DO i = 1, idim
  DO j = 1, jdim
    DO k = 1, kdim
        feld(i,j,k) = a*feld(i,j,k) + b
    END DO
  END DO
END DO
```

lassen sich die drei Schleifen auf sechs verschiedene Arten anordnen. Die verschiedenen Anordnungen lassen sich in der Form xyz kennzeichnen, wobei x die äußerste, y die mittlere und z
die innerste Schleife bezeichnet. Auf einer DEC-Workstation resultierte für die Parameterwerte
$idim = 2$, $jdim = 40$ und $kdim = 800$:

Schleifenanordnung	ijk	ikj	jik	jki	kij	kji
Gleitpunktleistung [Mflop/s]	12.3	25.7	12.3	12.6	29.1	25.4

Vom Standpunkt der Referenzlokalität ist die kji-Version der Schleifenschachtelung zu bevor-
zugen, da bei dieser in aufeinanderfolgenden Iterationen auch auf im Speicher hintereinander-
liegende Speicherworte zugegriffen wird. Ungünstig ist jedoch, daß dann die innerste Schleife
nur zweimal durchlaufen wird, wodurch sich der Schleifen-Overhead stark auswirkt. Außerdem
ist dadurch eine weiterführende Optimierung durch Aufrollen der innersten Schleife sinnlos.[17]
Daher erzielt die von der Referenzlokalität her ungünstigere kij-Form die höchste Effizienz.

Eine noch höhere Leistung läßt sich jedoch erreichen, wenn die Dimensionen i und k des Feldes
vertauscht werden:

```
REAL, DIMENSION (kdim, jdim, idim)  ::  feld
...
DO i = 1, idim
  DO j = 1, jdim
    DO k = 1, kdim
        feld(k,j,i) = a*feld(k,j,i) + b
    END DO
  END DO
END DO
```

---

[17]In diesem Fall kann durch explizit mehrmaliges Anschreiben des Schleifenrumpfes, also
durch Elimination der Schleife, Abhilfe geschaffen werden.

Diese Schleifenanordnung ist von der Referenzlokalität her optimal und läßt sich auch gut aufrollen. In dieser Form lassen sich 43.6 Mflop/s erzielen, was einer signifikanten Effizienzsteigerung entspricht.

6.6.7　Blocken von Speicherzugriffen

Ein entscheidender Schlüssel zur leistungsorientierten Programmierung liegt darin, einmal in eine „schnelle Ebene" der Speicherhierarchie transferierte Daten sooft wie möglich als Operanden zu verwenden, bevor sie – durch neue Daten ersetzt – in die nächsttiefere (langsamere) Ebene ausgelagert werden (siehe z. B. Lam, Rothberg, Wolf [273]). Das heißt, um möglichst hohe Gleitpunktleistungen zu erzielen, sollte das Verhältnis ausgeführter Operationen zu Speicherzugriffen auf langsamere Ebenen der Speicherhierarchie maximiert werden.

Als wichtiges Hilfsmittel zur Konstruktion von Transformationen, die dieses Ziel oft weitgehend erreichen, hat sich das Konzept der *Blockalgorithmen* erwiesen. Unter der *Blockung* einer $n \times m$-Matrix A versteht man deren Zerlegung in paarweise disjunkte Untermatrizen A_{ij}, $i = 1, 2, \ldots, r$, $j = 1, 2, \ldots, s$. Jedes Element der ursprünglichen Matrix fällt in genau einen Block (eine Untermatrix).

Im folgenden wird der Einfachheit halber angenommen, daß sich die einzelnen Blöcke aus $n_r = n/r$ aufeinanderfolgenden Zeilen und $m_s = m/s$ aufeinanderfolgenden Spalten zusammensetzen. (Auf den allgemeinen Fall wird in Abschnitt 13.6.3 eingegangen.) Die Zerlegung von A nimmt dann die Gestalt

$$A = \begin{pmatrix} A_{11} & A_{12} & \cdots & A_{1s} \\ A_{21} & A_{22} & \cdots & A_{2s} \\ \vdots & \vdots & & \vdots \\ A_{r1} & A_{r2} & \cdots & A_{rs} \end{pmatrix}$$

an, wobei

$$A_{ij} \in \mathbb{R}^{n_r \times m_s}, \qquad i = 1, 2, \ldots, r, \quad j = 1, 2, \ldots, s.$$

Unter einem *Blockalgorithmus* versteht man einen Algorithmus, der nicht direkt die Elemente von A, sondern die Untermatrizen A_{ij} als Operanden verwendet.

Beispiel (Geblockte Matrizenmultiplikation)　Die beiden Matrizen $A = (A_{ik}) \in \mathbb{R}^{n \times p}$ und $B = (B_{kj}) \in \mathbb{R}^{p \times m}$ heißen *konform geblockt*, wenn

$$A_{ik} \in \mathbb{R}^{n_r \times p_s}, \qquad i = 1, 2, \ldots, r, \quad k = 1, 2, \ldots, s$$

und

$$B_{kj} \in \mathbb{R}^{p_s \times m_t}, \qquad k = 1, 2, \ldots, s, \quad j = 1, 2, \ldots, t$$

gilt. In diesem Fall ergibt sich für die Teilmatrizen

$$[A \cdot B]_{ij}, \qquad i = 1, 2, \ldots, r, \quad j = 1, 2, \ldots, t$$

der Produktmatrix die Formel

$$[A \cdot B]_{ij} = \sum_{k=1}^{s} A_{ik} \cdot B_{kj}, \qquad i = 1, 2, \ldots, r, \quad j = 1, 2, \ldots, t. \tag{6.2}$$

Diese Formel stellt bereits einen Blockalgorithmus zur Berechnung des Produktes $A \cdot B$ dar.

Blockalgorithmen entstehen automatisch dann, wenn man zunächst Algorithmen
der Linearen Algebra gemäß ihrer komponentenweisen Festlegung implementiert
und dann eine oder mehrere Schleifen aufrollt.

Beispiel (Geblockte Matrizenmultiplikation) Rollt man in der aus der komponentenweisen Definition der Matrizenmultiplikation stammenden Schleifenschachtelung

```
DO j = 1, m
  DO i = 1, n
    DO k = 1, p
        c(i,j) = c(i,j) + a(i,k)*b(k,j)
    END DO
  END DO
END DO
```

die äußeren zwei Schleifen je 1-mal auf (Aufrolltiefe 2), so erhält man

```
DO j = 1, m, 2          !    Aufrolltiefe: 2
  DO i = 1, n, 2        !    Aufrolltiefe: 2
    DO k = 1, p, 1      !    Aufrolltiefe: 1 (kein Aufrollen)
        c(i  ,j  ) = c(i  ,j  ) + a(i  ,k)*b(k,j  )
        c(i+1,j  ) = c(i+1,j  ) + a(i+1,k)*b(k,j  )
        c(i  ,j+1) = c(i  ,j+1) + a(i  ,k)*b(k,j+1)
        c(i+1,j+1) = c(i+1,j+1) + a(i+1,k)*b(k,j+1)
    END DO
  END DO
END DO
```

mit vier unabhängig voneinander ausführbaren Anweisungen im Schleifenrumpf. Der so erhaltene Schleifenrumpf implementiert die kombinierte Matrizenmultiplikation und -addition

$$\begin{pmatrix} c_{i,j} & c_{i,j+1} \\ c_{i+1,j} & c_{i+1,j+1} \end{pmatrix} = \begin{pmatrix} c_{i,j} & c_{i,j+1} \\ c_{i+1,j} & c_{i+1,j+1} \end{pmatrix} + \begin{pmatrix} a_{i,k} \\ a_{i+1,k} \end{pmatrix} \cdot \begin{pmatrix} b_{k,j} & b_{k,j+1} \end{pmatrix} .$$

Es wird also genau der Blockalgorithmus (6.2) implementiert, wobei die Teilmatrizen gemäß
$n_r = m_t = 2$ und $p_s = 1$ gewählt wurden.

Will man einen Matrix-Algorithmus so transformieren, daß eine bestimmte Ebene
der Speicherhierarchie gut ausgenutzt wird, so formuliert man den Algorithmus
als Blockalgorithmus und wählt die Größen der Teilmatrizen einerseits so, daß bei
jeder Teiloperation des Blockalgorithmus sämtliche beteiligten Operandenblöcke
in der betreffenden Speicherebene Platz finden, und andererseits so, daß die Anzahl der mit den Elementen dieser Blöcke ausgeführten Operationen maximal
wird. Dabei ist allerdings zunächst zu berücksichtigen, daß die effektive Größe
einer Speicherebene wesentlich kleiner sein kann als die physische. So müssen z. B.
in den Operandenregistern eines Prozessors nicht nur Programmdaten, sondern
auch Zwischenergebnisse von Berechnungen gespeichert werden. Auch bei Cache-
Speichern kann die effektive Kapazität (unter Umständen erheblich) kleiner sein
als die physische (vgl. Abschnitt 6.2.3). Zur Erhöhung der effektiven Kapazität
von Cache-Speichern können die in einem Algorithmus-Teilschritt verwendeten
Teilmatrizen in einen zusammenhängenden Speicherbereich kopiert werden, wodurch eine durch die Blockplazierungsstrategie verursachte Diskrepanz zwischen

effektiver und physischer Kapazität vermieden wird. Man spricht dann von einer *Blockung mit Kopieren* (siehe auch Abschnitt 6.7.4).

Weiters führt eine Maximierung der Anzahl der durchgeführten Operationen nicht in jedem Fall zu einer Effizienzoptimierung. Auf Registerebene ist z. B. auch ausschlaggebend, daß sich die mit den Elementen dieser Blöcke ausgeführten Operationen gut auf die parallelen Ressourcen des Prozessors abbilden lassen – das bedeutet insbesondere, daß die Operationen möglichst unabhängig voneinander ausführbar sein sollen. Für andere Speicherebenen kann die Tatsache, daß Daten immer zeilen- bzw. seitenweise transferiert werden, bei der Wahl einer optimalen Blockung eine wichtige Rolle spielen. Ist eine Zeile bzw. eine Seite schon einmal transferiert worden, so ist es natürlich günstig, möglichst alle Elemente dieser Zeile bzw. Seite in die Berechnungen einzubeziehen. Auf Grund der Komplexität der für die Wahl der optimalen Blockung maßgeblichen Faktoren ist die Bestimmung der optimalen Blockung oft nur experimentell möglich.

Beispiel (Geblockte Matrizenmultiplikation)   Der Blockalgorithmus (6.2) zeigt, daß sich die Berechnung eines Matrizenproduktes aus Teilschritten der Form

$$C_{ij} = C_{ij} + A_{ik} \cdot B_{kj}$$

zusammensetzt, wobei die Gesamtgröße S der beteiligten Teilmatrizen durch

$$S = n_r m_t + n_r p_s + p_s m_t$$

bestimmt ist und die Anzahl g der ausgeführten Gleitpunktoperationen

$$g = 2 n_r p_s m_t$$

beträgt. Läßt man reelle (nicht nur ganzzahlige) Größen n_r, p_s und m_t zu, so wird das Maximum von g unter der Nebenbedingung, daß S der Größe der relevanten Speicherebene (in Einheiten von Gleitpunktzahlen) entspricht, für $n_r = p_s = m_t = \sqrt{S/3}$ angenommen. Man erhält daher eine maximale Operationsanzahl für quadratische oder fast quadratische Teilmatrizen.

Bestimmt man die zur Ausnutzung des aus 32 Gleitpunkt-Registern bestehenden Registerfiles einer HP-Workstation optimale Blockung, so ergeben sich experimentell aber die optimalen Parameter $n_r = m_t = 3$ und $p_s = 1$, was keineswegs einer Blockung mit quadratischen Matrizen entspricht. Ausschlaggebend für die Optimalität dieser Blockung ist, daß sämtliche bei ihr auftretenden *multiply-add*-Operationen unabhängig voneinander sind und daher optimal auf die parallelen Prozessorressourcen abgebildet werden können. Implementiert man diesen Blockalgorithmus durch Aufrollen der entsprechenden Schleifen, so erhält man bei der Multiplikation von Matrizen, die im Cache-Speicher der Workstation enthalten sind, auf Grund der guten Ausnutzung des Registerfiles eine Effizienz von 90 % und mehr.

Hierarchische Blockung

Durch einen Blockalgorithmus wird die auszuführende Operation lediglich auf Operationen mit kleineren Matrizen zurückgeführt. Wie diese Teiloperationen selbst festgelegt werden, bleibt offen. So können die Operationen auf den Untermatrizen selbst wieder durch Blockalgorithmen beschrieben werden – man spricht dann von *hierarchischer Blockung*.

Will man mehrere Speicherebenen möglichst gut ausnutzen, so kann man auf hierarchische Blockalgorithmen zurückgreifen und mit Hilfe der verschiedenen Blockungsebenen verschiedene Speicherebenen ausnutzen.

Beispiel (Hierarchisch geblockte Matrizenmultiplikation)   Im folgenden soll zusätzlich
zu dem Registerfile einer HP-Workstation auch deren 256 KByte großer Cache im Rahmen eines
Algorithmus zur Matrizenmultiplikation gut ausgenützt werden. Dazu muß der Algorithmus
zur Matrizenmultiplikation zweifach geblockt werden, was folgende – ziemlich unübersichtliche –
Programmsequenz ergibt:

```
DO j = 1, m, mt
  DO i = 1, n, nr
    DO k = 1, p, ps
      DO jj = j, j+mt-1, 3
        DO ii = i, i+nr-1, 3
          DO kk = k, k+ns-1
            c(ii  ,jj  ) = c(ii  ,jj  ) + a(ii  ,kk)*b(kk,jj  )
            c(ii+1,jj  ) = c(ii+1,jj  ) + a(ii+1,kk)*b(kk,jj  )
            c(ii+2,jj  ) = c(ii+2,jj  ) + a(ii+2,kk)*b(kk,jj  )
            c(ii  ,jj+1) = c(ii  ,jj+1) + a(ii  ,kk)*b(kk,jj+1)
            c(ii+1,jj+1) = c(ii+1,jj+1) + a(ii+1,kk)*b(kk,jj+1)
            c(ii+2,jj+1) = c(ii+2,jj+1) + a(ii+2,kk)*b(kk,jj+1)
            c(ii  ,jj+2) = c(ii  ,jj+2) + a(ii  ,kk)*b(kk,jj+2)
            c(ii+1,jj+2) = c(ii+1,jj+2) + a(ii+1,kk)*b(kk,jj+2)
            c(ii+2,jj+2) = c(ii+2,jj+2) + a(ii+2,kk)*b(kk,jj+2)
          END DO
        END DO
      END DO
    END DO
  END DO
END DO
```

Dabei treten die bereits ermittelten optimalen Parameter der inneren Blockung explizit auf.
Die Parameter der äußeren Blockung kann man z. B. als $mt = nr = ps = 120$ wählen, wodurch
sich einerseits eine günstige quadratische Blockung ergibt und andererseits die Gesamtgröße der
drei Teilmatrizen die Cache-Kapazität noch deutlich unterschreitet.

Ist z. B. die Dimension $m = n = p = 720$, so erreicht man mit dieser zweifachen Blockung eine
Leistung von 37.3 Mflop/s, was einem Wirkungsgrad von etwa 75 % entspricht. Die Gleitpunktleistung der nur einfach geblockten Variante ist bei dieser Problemdimension nur 14.7 Mflop/s.

Im Programmpaket LAPACK zur Lösung linearer Gleichungssysteme und Eigenwertprobleme gibt es für viele Algorithmen sowohl eine ungeblockte als auch eine
geblockte Programmversion.   Bei den geblockten Algorithmen wird allerdings
nur *eine* Blockungsebene eingesetzt. Dadurch kann es bei Hauptspeicher-Fehl-
zugriffen (*page faults*) – trotz optimaler Wahl der Blockgröße nb (die im Fall
der verwendeten Workstation im Bereich zwischen 16 und 64 liegt) – zu starken
Leistungseinbrüchen kommen (siehe Abb. 6.7).

Durch eine zweite Blockungsebene kann man auch bei größeren Matrizen, die
nicht im Hauptspeicher Platz finden, eine deutlich verbesserte Referenzlokalität
und damit eine signifikante Leistungssteigerung erzielen (siehe Abb. 6.7).

6.7 Fallstudie: Matrizenmultiplikation

Die Multiplikation zweier Matrizen ist eine fundamentale Operation der numerischen Linearen Algebra. Falls eine effiziente Implementierung der Matrizenmultiplikation gelingt, ist auch z. B. die effiziente Lösung linearer Gleichungssysteme

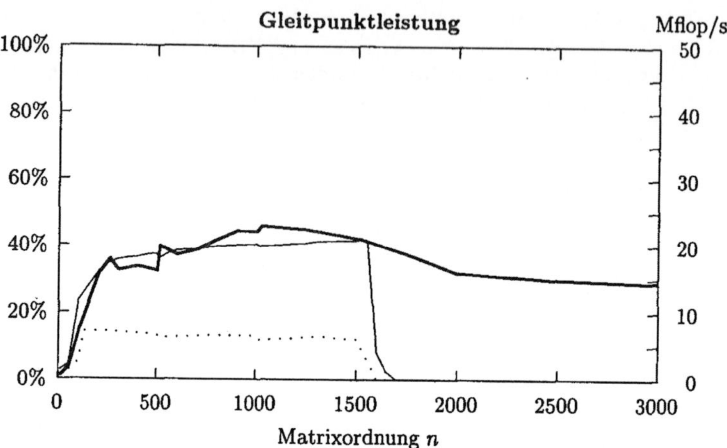

Abb. 6.7: Gleitpunktleistung bei der LU-Faktorisierung auf einer HP-Workstation: Das Programm LAPACK/sgetf2 (·····) ist völlig *ungeblockt*, LAPACK/sgetrf (——) ist ein *einfach geblocktes* Programm, slubr2 (━━) ist eine *zweifach hierarchisch geblockte* Modifikation des Programms LAPACK/sgetrf.

(auf Basis der LU-Zerlegung) durch den Einsatz dieser Softwarekomponente problemlos möglich.

Gegenstand der Untersuchungen dieses Abschnitts ist der „klassische" Algorithmus zur Multiplikation von zwei quadratischen[18] Matrizen $A, B \in \mathbb{R}^{n \times n}$:

```
c = 0
DO i = 1, n, 1
   DO j = 1, n, 1
      DO k = 1, n, 1
         c(i,j) = c(i,j) + a(i,k)*b(k,j)
      END DO
   END DO
END DO
```

Dieser Algorithmus erfordert n^3 Gleitpunktmultiplikationen und n^3 Gleitpunktadditionen.[19] Die vorgenommenen Leistungsmessungen erfolgten alle auf einer weit verbreiteten HP-Workstation. Die Resultate sind nur auf einem völlig gleichartigen Computersystem (Größe der Speicherebenen, Version des Betriebssystems und Compilers etc.) reproduzierbar. Man kann sie jedoch *qualitativ* auch auf andere Computersysteme übertragen. Quantitative Aussagen über das Leistungsverhalten der im folgenden diskutierten Programmvarianten können allerdings nur durch Messungen in jedem Einzelfall erhalten werden.

---

[18]Die Annahme *quadratischer* Matrizen wurde nur getroffen, um die Algorithmusdarstellungen dieses Abschnitts übersichtlicher gestalten zu können.

[19]Algorithmen mit niedrigerer Komplexität werden im Abschnitt 5.5.5 diskutiert.

6.7.1 Schleifenvertauschungen

Durch Permutieren der drei Schleifenindizes des Matrizenmultiplikationsalgorithmus ergeben sich sechs verschiedene Möglichkeiten der Schleifenschachtelung. Die einzelnen Varianten unterscheiden sich in der innersten Schleife durch die ausgeführte Operation – entweder Skalarprodukt von 2 Vektoren (SDOT) oder Multiplikation eines Vektors mit einem Skalar und Addition zu einem zweiten Vektor (SAXPY) – und durch die Schrittweite (*stride*), mit der die Operation der innersten Schleife auf die Matrixelemente zugreift. Die folgende Tabelle gibt einen Überblick über die verschiedenen Varianten:

Schleifenanordnung	innerste Schleife	Schrittweite (*stride*)		
		Matrix A	Matrix B	Matrix C
ijk	SDOT	n	1	–
jik	SDOT	n	1	–
kij	SAXPY	–	n	n
ikj	SAXPY	–	n	n
jki	SAXPY	1	–	1
kji	SAXPY	1	–	1

Da die Charakteristika der einzelnen Varianten im wesentlichen durch die innerste Schleife bestimmt werden, unterscheiden sich die Algorithmusvarianten mit demselben innersten Schleifenindex in ihrem Leistungsverhalten nur minimal. Die Abb. 6.8 enthält daher nur drei Varianten mit unterschiedlicher *innerster* Schleife.

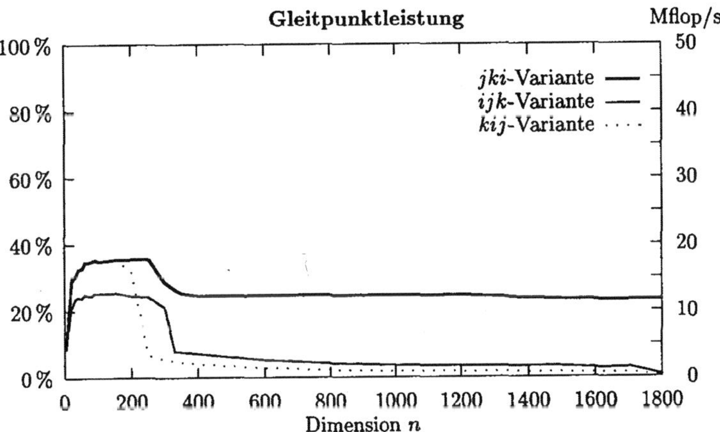

Abb. 6.8: Einfluß der Schleifenanordnung auf die Gleitpunktleistung.

Bei der ijk-Variante ist die Anzahl der Cache-Schreibzugriffe im Verhältnis zu der Anzahl der Gleitpunktoperationen am geringsten (1 Schreibzugriff bei $2n$ flop), während dieses Verhältnis bei den beiden anderen Varianten deutlich ungünstiger ist (n Schreibzugriffe bei $2n$ flop). Dieses Verhältnis ist insoferne wichtig, da Schreibzugriffe meist eine längere Ausführungszeit benötigen (HP:

1.5 Zyklen für einen Schreibzugriff gegenüber 1 Zyklus für einen Lesezugriff oder
eine Gleitpunktoperation).

Auf Grund ihrer hohen Referenzlokalität ist aber die jki-Variante den beiden
anderen eindeutig überlegen. Für Matrixgrößen über 300 ist ein deutlicher Leistungsabfall bei allen Varianten feststellbar, der durch eine höhere Anzahl von
Cache-Fehlzugriffen verursacht wird. Diese sind darauf zurückzuführen, daß die
laufend benötigten Teile der Matrizen A, B und C nicht mehr vollständig im
Cache gespeichert werden können.

6.7.2 Schleifenaufrollen

Durch mehr oder weniger starkes Aufrollen einer oder mehrerer Schleifen können
zusätzliche Varianten erzeugt werden. Im Programmsegment

```fortran
DO i = 1, n, 4          ! Aufrolltiefe: 4
  DO k = 1, n, 4          ! Aufrolltiefe: 4
    DO j = 1, n, 1          ! Aufrolltiefe: 1   (kein Aufrollen)
      c(i  ,j) = c(i  ,j) + a(i  ,k  )*b(k  ,j)
      c(i  ,j) = c(i  ,j) + a(i  ,k+1)*b(k+1,j)
      c(i  ,j) = c(i  ,j) + a(i  ,k+2)*b(k+2,j)
      c(i  ,j) = c(i  ,j) + a(i  ,k+3)*b(k+3,j)

      c(i+1,j) = c(i+1,j) + a(i+1,k  )*b(k  ,j)
      c(i+1,j) = c(i+1,j) + a(i+1,k+1)*b(k+1,j)
      c(i+1,j) = c(i+1,j) + a(i+1,k+2)*b(k+2,j)
      c(i+1,j) = c(i+1,j) + a(i+1,k+3)*b(k+3,j)

      c(i+2,j) = c(i+2,j) + a(i+2,k  )*b(k  ,j)
      c(i+2,j) = c(i+2,j) + a(i+2,k+1)*b(k+1,j)
      c(i+2,j) = c(i+2,j) + a(i+2,k+2)*b(k+2,j)
      c(i+2,j) = c(i+2,j) + a(i+2,k+3)*b(k+3,j)

      c(i+3,j) = c(i+3,j) + a(i+3,k  )*b(k  ,j)
      c(i+3,j) = c(i+3,j) + a(i+3,k+1)*b(k+1,j)
      c(i+3,j) = c(i+3,j) + a(i+3,k+2)*b(k+2,j)
      c(i+3,j) = c(i+3,j) + a(i+3,k+3)*b(k+3,j)
    END DO
  END DO
END DO
```

sind die beiden äußeren Schleifen jeweils dreifach aufgerollt. Nach den Inkrementen 4, 4 und 1 der i-, k- und j-Schleife wird diese Version der Matrizenmultiplikation als $i_4k_4j_1$-Variante bezeichnet. Im Schleifenrumpf stehen jetzt 16 Anweisungen im Gegensatz zu einer einzigen im nicht aufgerollten Fall.

Durch das Schleifenaufrollen wird einerseits die Referenzlokalität erhöht, andererseits hat der Fortran-Compiler jetzt mehr Möglichkeiten für leistungssteigernde Code-Transformationen.

In Abb. 6.9 werden einige Möglichkeiten des Schleifenaufrollens der ikj-Variante hinsichtlich ihrer Gleitpunktleistung verglichen. Wie man sieht, ist das Leistungsverhalten der nicht-aufgerollten $i_1k_1j_1$-Variante durchwegs am ungünstigsten, während die $i_8k_8j_1$-Variante, die durch 7-faches Aufrollen der beiden äußeren Schleifen entsteht, gleichmäßig gute Leistungswerte liefert. Können hingegen alle laufend benötigten Daten (im Beispiel sind das *alle* Elemente der Matrix B, vier Zeilen der Matrix C und 16 Elemente der Matrix A) vollständig im Cache gespeichert werden, erzielt man mit dem nur 3-fachen Schleifenaufrollen der $i_4k_4j_1$-Variante die besten Leistungsdaten.

Das bessere Leistungsverhalten der weniger stark aufgerollten Programmvarianten im Fall kleinerer Matrizen ist auf die bessere Nutzung der Register zurückzuführen. Bei 3-fachem Schleifenaufrollen werden wesentlich weniger Register belegt (ca. 30 Gleitpunkt-Register für Matrixelemente) als bei 7-fachem Schleifenaufrollen, wobei ca. 100 Register benötigt werden. Da aber auf der verwendeten HP-Workstation für einfach genaue Zahlen insgesamt nur 64 Gleitpunkt-Register zur Verfügung stehen, kann es bei 7-fachem Aufrollen von zwei Schleifen zu leistungsmindernden Register-Umbelegungen kommen. Bei kleinen Matrizen, die im Cache gespeichert werden können, ist daher 3-faches Schleifenaufrollen günstiger, da diese Variante eine wesentlich bessere Registerausnutzung zuläßt. Für größere Matrizen ist hingegen auf Grund der höheren Referenzlokalität bei 7-fachem Schleifenaufrollen eine bessere Cache-Nutzung und damit eine höhere Gleitpunktleistung möglich.

Bei Matrizen, die nicht vollständig in den Cache ($n > 200$) bzw. in den Hauptspeicher passen ($n > 1600$), treten bei allen ikj-Varianten sehr starke Leistungseinbrüche auf (siehe Abb. 6.9).

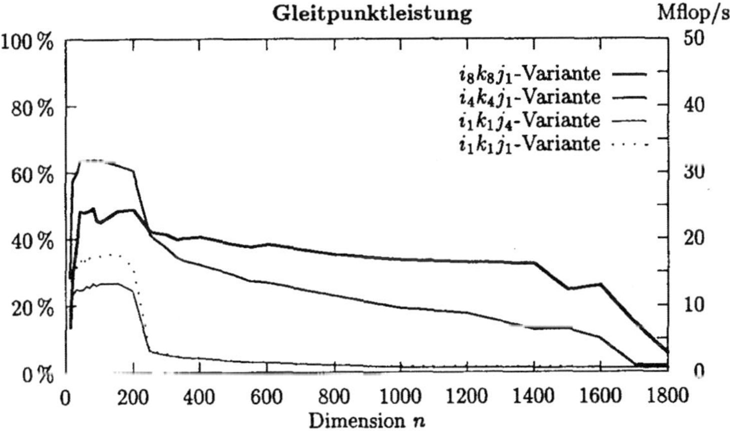

Abb. 6.9: Leistungsvergleich verschiedener Arten des Schleifenaufrollens der ikj-Variante

In Abb. 6.10 werden einige Möglichkeiten des Schleifenaufrollens der jki-Variante verglichen. Im Gegensatz zur vorigen Abbildung sind bei diesen Varianten kaum Leistungseinbußen bei sehr großen Matrizen festzustellen.

Schleifenaufrollen muß nicht in jedem Fall leistungssteigernd wirken: Die durch 3-faches Aufrollen der innersten Schleife entstehende $j_1k_1i_4$-Variante zeigt ein noch schlechteres Leistungsverhalten als die überhaupt nicht aufgerollte $j_1k_1i_1$-Variante (siehe Abb. 6.10).

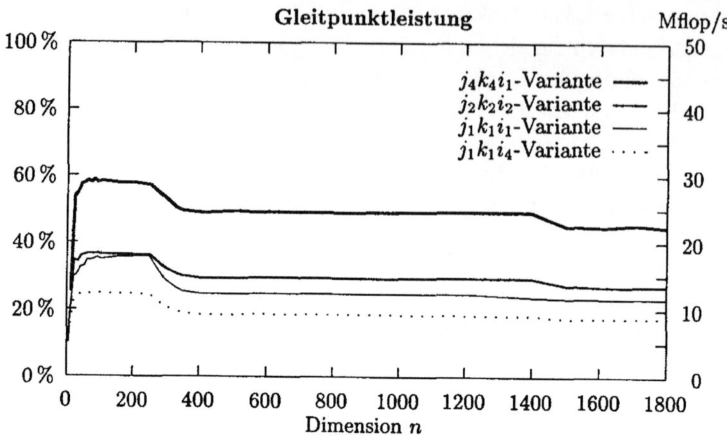

Abb. 6.10: Leistungsvergleich verschiedener Arten des Schleifenaufrollens der jki-Variante

6.7.3 Blockung

Um zu Blockalgorithmen für die Matrizenmultiplikation zu gelangen, wird im folgenden (um eine einfachere und besser lesbare Darstellung zu erzielen) angenommen, daß A und B in quadratische Untermatrizen

$$A = \begin{pmatrix} A_{11} & A_{12} & \cdots & A_{1b} \\ A_{21} & A_{22} & \cdots & A_{2b} \\ \vdots & \vdots & & \vdots \\ A_{b1} & A_{b2} & \cdots & A_{bb} \end{pmatrix}, \quad B = \begin{pmatrix} B_{11} & B_{12} & \cdots & B_{1b} \\ B_{21} & B_{22} & \cdots & B_{2b} \\ \vdots & \vdots & & \vdots \\ B_{b1} & B_{b2} & \cdots & B_{bb} \end{pmatrix}$$

zerlegt werden, auf die dann eine der sechs Multiplikationsversionen angewendet wird, z. B.

```
DO ii = 1, n, nb
   DO kk = 1, n, nb
      DO jj = 1, n, nb
         C_ii,jj := C_ii,jj + A_ii,kk · B_kk,jj
      END DO
   END DO
END DO
```

Für die Multiplikation $A_{ii,kk} \cdot B_{kk,jj}$ kann unabhängig davon eine andere der sechs Multiplikationsversionen gewählt werden. Es gibt daher 36 geblockte Versionen der Matrizenmultiplikation.

Bei der Multiplikation von Blockmatrizen zeigt sich, daß die Anordnung der drei äußeren Schleifen auf das Leistungsverhalten unerheblich ist. Dieses wird wie bei den ungeblockten Varianten im wesentlichen durch die innerste Schleife bestimmt. Das folgende Programmsegment stammt aus der ikj-jki-Variante einer Matrizenmultiplikation mit Blockung.

```
DO ii = 1, n, nb
   DO kk = 1, n, nb
      DO jj = 1, n, nb
         DO j = jj, MIN(n, jj+nb-1)
            DO k = kk, MIN(n, kk+nb-1)
               DO i = ii, MIN(n, ii+nb-1)
                  c(i,j) = c(i,j) + a(i,k)*b(k,j)
               END DO
            END DO
         END DO
      END DO
   END DO
END DO
```

Die Leistungsdaten, die Abb. 6.11 zugrundeliegen, wurden mit der der verwendeten Workstation angepaßten Blockgröße nb = 128 ermittelt. Dieser Wert entspricht einem sehr flachen Optimum, andere Blockungsfaktoren (im Bereich zwischen 80 und 256) liefern fast genauso gute Resultate.

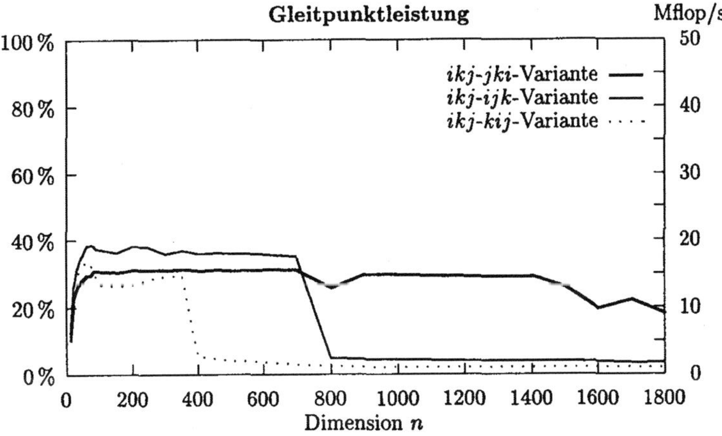

Abb. 6.11: Geblockte Matrizenmultiplikation (*nicht* aufgerollt)

6.7.4 Blockung mit Kopieren

Leistungssteigerungen der geblockten Multiplikationsalgorithmen können durch die zusätzliche Verwendung von Hilfsfeldern erreicht werden, die jeweils einen Block (eine Teilmatrix von A, B oder C) aufnehmen. Alle Berechnungen werden mit den Hilfsfeldern durchgeführt, sodaß keine Cache-Konflikte auftreten und die Schrittweite beim Zugriff auf keinen Fall größer als die Zeilenzahl nb des Blocks ist. Ohne diese Hilfsfelder können bei geblockten Multiplikationsalgorithmen die Zugriffs-Schrittweiten im ungünstigsten Fall n sein.

Ein weiterer Vorteil der Verwendung von Hilfsfeldern ist die Möglichkeit, den zu bearbeitenden Block *transponiert* zu kopieren, um damit bei den innersten Schleifen alle Zugriffs-Schrittweiten so klein wie möglich zu halten.

Das Kopieren eines Blockes bietet sich vor allem für die Matrix A an. Dadurch wird auch für die *ijk*-Variante – die sich, wie bereits erwähnt, durch eine geringe Zahl an Schreibzugriffen auszeichnet – eine sehr gute Datenlokalität erreicht.

Das folgende Programmsegment mit Kopieren und Transponieren eines Blocks von A stammt aus der *ikj-jki*-Variante der geblockten Matrizenmultiplikation:

```
DO ii = 1, n, nb
   DO kk = 1, n, nb
      DO kb = kk, MIN(n, kk+nb-1)
         DO ib = ii, MIN(n, ii+nb-1)
            aa(kb-kk+1,ib-ii+1) = a(ib,kb) !  Kopieren und Transponieren
         END DO
      END DO
      DO jj = 1, n, nb
         DO j = jj, MIN(n, jj+nb-1)
            DO k = kk, MIN(n, kk+nb-1)
               DO i = ii, MIN(n, ii+nb-1)
                  c(i,j) = c(i,j) + aa(k-kk+1,i-ii+1)*b(k,j)
               END DO
            END DO
         END DO
      END DO
   END DO
END DO
```

Für die *ikj-ijk*-Variante ergibt sich für größere Matrizen ($n > 700$) eine wesentliche Leistungssteigerung (da die Elemente von A nun spaltenweise und nicht zeilenweise dereferenziert werden), während bei den anderen Varianten kaum Leistungssteigerungen feststellbar sind. Die in Abb. 6.12 dargestellten Leistungsdaten wurden wieder mit der maschinenspezifischen Blockgröße nb = 128 erhalten.

6.7.5 Blockung mit Kopieren und Schleifenaufrollen

Verbindet man alle Techniken der Leistungssteigerung – Aufrollen von Schleifen, Blockung und Kopieren von Blöcken – in speziellen Algorithmen zur Matrizenmultiplikation, so lassen sich die größten Leistungssteigerungen erzielen. So zeigt z. B. das folgende Programmsegment, das von Dongarra, Mayes und Radicati [172] stammt, ein sehr zufriedenstellendes Leistungsverhalten (siehe Abb. 6.13).

```
DO kk = 1, n, nb
   kspan = MIN(nb, n-kk+1)
   DO ii = 1, n, nb
      ispan = MIN( nb,n-ii+1)
      ilen = 2*(ispan/2)
      DO i = ii, ii + ispan - 1
         DO k = kk, kk + kspan - 1
            ch(k-kk+1,i-ii+1) = a(i,k)
```

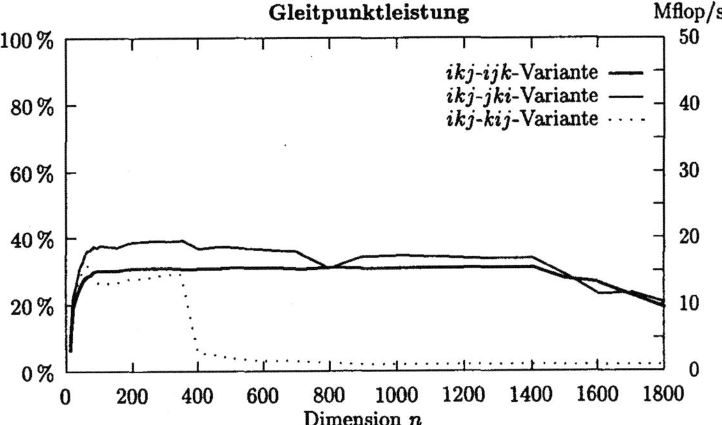

Abb. 6.12: Geblockte Matrizenmultiplikation (*nicht* aufgerollt) mit Kopieren eines Blocks

```fortran
            END DO
        END DO
        DO jj = 1, n, nb
            jspan = MIN(nb, n-jj+1)
            jlen = 2*(jspan/2)
            DO j = jj, jj + jlen - 1, 2
                DO i = ii, ii + ilen - 1, 2
                    t11 = 0.
                    t21 = 0.
                    t12 = 0.
                    t22 = 0.
                    DO k = kk, kk + kspan - 1
                        t11 = t11 + ch(k-kk+1,i-ii+1)*b(k,j  )
                        t21 = t21 + ch(k-kk+1,i-ii+2)*b(k,j  )
                        t12 = t12 + ch(k-kk+1,i-ii+1)*b(k,j+1)
                        t22 = t22 + ch(k-kk+1,i-ii+2)*b(k,j+1)
                    END DO
                    c(i  ,j  ) = c(i  ,j  ) + t11
                    c(i+1,j  ) = c(i+1,j  ) + t21
                    c(i  ,j+1) = c(i  ,j+1) + t12
                    c(i+1,j+1) = c(i+1,j+1) + t22
                END DO
            END DO
        END DO
    END DO
END DO
```

Es handelt sich dabei um eine Variante der Blockung, kombiniert mit Schleifen-
aufrollen. Die beiden äußeren Schleifen der inneren Schleifenschachtelung werden
dabei einfach aufgerollt (*j*- und *i*-Schleife), und ein Block der Matrix *A* wird
kopiert und transponiert.

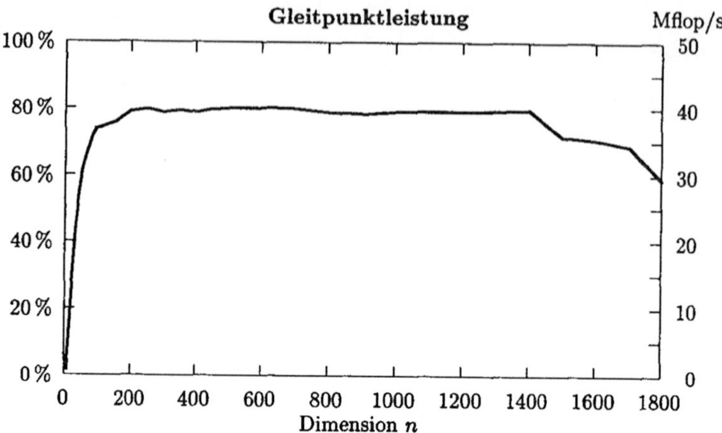

Abb. 6.13: Matrizenmultiplikation mit Blockung, Kopieren und Schleifenaufrollen

6.7.6 Optimierende System-Software

Bei allen bisher angeführten Varianten der Matrizenmultiplikation wurde versucht, durch geschickte manuelle Programm-Transformationen die Hardware besser und gleichmäßiger zu nutzen. Bessere Cache- und Registerausnutzung wurde durch hohe Datenlokalität erreicht, mehrere Statements in der innersten Schleife sorgten für höhere Pipeline-Auslastung etc.

Viele Programmtransformationen können auch von optimierenden Compilern automatisch durchgeführt werden. So steht z. B. auf HP-Workstations ein optimierender Fortran-Präcompiler mit einer eigenen Bibliothek (*vector-library*) einfacher und oft benutzter Unterprogramme zur Verfügung. Die Unterprogramme in dieser Bibliothek entsprechen im wesentlichen den BLAS-1-Routinen ergänzt durch einige BLAS-2 und BLAS-3-Programme. Namensgebung und Schnittstellengestaltung stimmen jedoch mit jenen der BLAS-Programme nicht überein. Der HP-Fortran-Präcompiler wandelt z. B. das Programmsegment

```
DO i = 1, n, 1
   DO j = 1, n, 1
      DO k = 1, n, 1
            c(i,j) = c(i,j) + a(i,k)*b(k,j)
      END DO
   END DO
END DO
```

in den Aufruf

```
CALL blas_$sgemm ('n','n',(m),(n),(k),0.,a(1,1),lda,b(1,1),ldb,1.,c(1,1),ldc)
```

um. Es werden dabei alle drei verschachtelten Schleifen durch *einen* Aufruf eines maschinenspezifisch optimierten Programms der Vektor-Bibliothek ersetzt. Das Leistungsverhalten dieser Routine ist in Abb. 6.14 dargestellt.

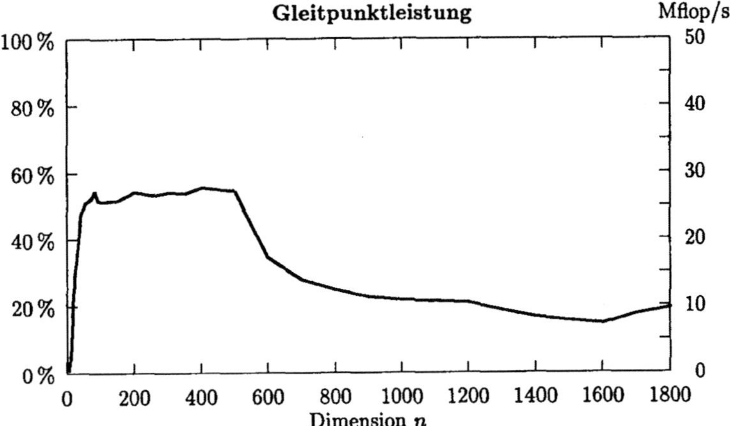

Abb. 6.14: Matrizenmultiplikation nach Optimierung durch Präcompiler

Vergleicht man die Leistungswerte der manuell optimierten Matrizenmultiplikation mit jenen des automatisch optimierten Programms, so zeigt sich eine
deutliche Überlegenheit der sorgfältigen Programmoptimierung durch erfahrene
Numeriker. Für größere Matrizen konnte das manuell optimierte Programm im-
merhin die *vierfache* Leistung des automatisch optimierten Programms erbringen.

Im konkreten Fall der Matrizenmultiplikation ist dieses Verhalten ziemlich
untypisch (Ursache: mangelhafte Implementierung von `blas_$sgemm`); man erhält
z. B. mit VAST/ESSC nahezu optimale Ergebnisse auf RS/6000-Workstations.

Die Auswahl geeigneter Algorithmusvarianten und das *Fine-Tuning* von Programmen erfordern einen beträchtlichen persönlichen Aufwand, der sich nur
lohnt, wenn die Effizienz von großer Wichtigkeit ist. Für selten eingesetzte Programme ist die Leistungssteigerung durch (Prä-) Compiler-Optimierung sicher
ausreichend. In diesen Fällen ist die wesentlich übersichtlichere (Fortran 90-)
Formulierung `c = MATMUL(a, b)` vorzuziehen. Dabei wird jegliche Optimierung
den Systemprogrammen überlassen.

Kapitel 7

Verfügbare Numerische Software

> *Our business is taking math and hiding it from the user.*
> *We create tools for doing engineering and scientific work*
> *without fooling with the math.*
> *We focus on the applications that can be derived from the math.*
>
> JIM TUNG (Direktor der MathWorks Inc.)

Software ist ein künstlich gebildetes Wort, das (im Unterschied zur Hardware) alle nicht technisch-physikalischen Funktionsbestandteile einer Datenverarbeitungsanlage bezeichnet. Software ist die Gesamtheit aller Programme, die auf einem Computer eingesetzt werden können, samt der Dokumentation, die zu diesen Programmen in Beziehung steht.

Systemsoftware ist die Zusammenfassung aller Programme samt Dokumentation, die für die korrekten organisatorischen Abläufe auf einem Computer erforderlich sind, die die Programmerstellung und -ausführung unterstützen (Compiler etc.) und allgemeine Dienstleistungen (z. B. die Dateiverwaltung) erbringen.

Anwendungssoftware dient zur unmittelbaren Lösung von Problemen der Computer-Anwender. Entsprechend groß ist auch die Menge der verfügbaren Softwareprodukte und der von ihnen abgedeckte Bereich von Problemen. Anwendungssoftware reicht von Textverarbeitungssystemen über kommerzielle Problemlösungsprodukte bis zur technischen Software, z. B. zur numerischen Simulation eines Crash-Tests bei der Automobil-Entwicklung oder des dynamischen Verhaltens eines Halbleiter-Bauelements.

Numerische Software wird zur Lösung numerischer Probleme – von Approximationsaufgaben, linearen und nichtlinearen Gleichungssystemen, etc. – verwendet. Sie ist vor allem bei der Entwicklung von technischer und naturwissenschaftlicher Anwendungssoftware ein wichtiges Hilfsmittel.

7.1 Softwarekosten

Allen Wirtschaftlichkeitsüberlegungen im Softwarebereich liegt in erster Linie der Personalaufwand zugrunde. Andere Kostenfaktoren (Maschinenzeit etc.) sind von untergeordneter Bedeutung. Die Schätzung des Personalaufwandes – vor allem der erforderlichen Zeit und der benötigten Personen – steht im Zentrum aller Kalkulationsmethoden zur Software-Kostenschätzung (vgl. z. B. Balzert [104]). Dabei dienen oft die *lines of code*[1], die pro Person und Zeiteinheit (im allge-

---

[1]Bei imperativen Programmiersprachen werden nur die Vereinbarungs- und Anweisungszeilen gezählt bzw. geschätzt. Kommentarzeilen bleiben bei den *lines of code* unberücksichtigt.

meinen Monate oder Jahre) fertiggestellt werden, als grober Richtwert für die Produktivität von Software-Entwicklern. Für ein abgeschlossenes Projekt wird diese Produktivitätsmaßzahl unter Einbeziehung *aller* Aktivitäten des gesamten Projektverlaufs (von der Spezifikation bis zur Abnahme) ermittelt.

Umfangreiche empirische Studien haben gezeigt, daß die Produktivität von Programmierern um mehrere Größenordnungen variieren kann. Extremwerte liegen bei ca. 5 und ca. 5000 Zeilen (*lines of code*) pro Person und Monat. Ein durchschnittlicher Wert liegt bei ungefähr 250 Zeilen pro Person und Monat.

Beispiel (IMSL, NAG)   Als Richtwerte für Kostenschätzungen können folgende Produktivitätszahlen numerischer Programmsysteme bzw. -bibliotheken dienen:

> EISPACK: 55 Zeilen/Personalmonat,
>
> IMSL: 160 Zeilen/Personalmonat,
>
> NAG: 260 Zeilen/Personalmonat.

Trotz der vergleichsweise hohen Produktivität ist der Gesamtaufwand zur Entwicklung einer numerischen Programmbibliothek enorm hoch. Für die NAG-Fortran-Library wurden bisher insgesamt mehr als 1000 Personal*jahre* aufgewendet.

Die persönlichen Erfahrungen unroutinierter Software-Entwickler bilden eine ungeeignete Grundlage für realistische Kostenschätzungen. Ein Programmieranfänger schreibt oft in sehr kurzer Zeit (wenigen Stunden) ein Programm mit 100 oder mehr Zeilen. Durch naive Hochrechnung kommt man so zu einer geschätzten Monatsleistung von mehr als 4000 Programmzeilen. Diese Leistungsschätzung liegt aber – unter anderem wegen der überproportional steigenden Komplexität größerer Softwaresysteme und des von Anfängern meist nur unzureichend berücksichtigten Test- und Dokumentationsaufwandes – um mehr als eine Größenordnung zu hoch!

Produktivitätsfaktoren

Eine empirische Untersuchung jener Faktoren, von denen die Produktivität am stärksten beeinflußt wird, hatte folgende Resultate:

Starker Einfluß: Anforderungen an die Benutzerschnittstelle; praktische Erfahrungen der beteiligten Personen; (Rechenzeit-) Effizienzanforderungen.

Signifikanter Einfluß: Programmiermethodik; Projekt-Komplexität; Umfang und Art der Dokumentation.

Aus dieser Aufstellung sieht man, daß z. B. steigende Anforderungen an die Benutzerschnittstelle (durch die zunehmenden Forderungen der „Software-Ergonomie") sowie an die Dokumentation zu einer Produktivitäts*verringerung* führen. Trotz steigender Qualität der Softwareprodukte ist daher in Zukunft tendenziell mit einer nahezu gleichbleibenden Produktivität zu rechnen.

Diese Prognose wird auch durch einen Rückblick auf die Entwicklung der letzten Jahrzehnte untermauert. In den sechziger Jahren gab es durch die Einführung der ersten höheren Programmiersprachen eine starke Produktivitätssteigerung.

Seither konnte die Produktivität durch Erhöhung der Mächtigkeit der Programmiersprachen ungefähr verdoppelt oder verdreifacht werden, während die Leistungsfähigkeit der Hardware im gleichen Zeitraum um viele Größenordnungen (Zehnerpotenzen) zunahm.

Universell verwendbare Module

Signifikante Produktivitätssteigerungen (um Faktoren über 5) im numerischen Bereich sind durch Verwendung von Standard-Software-„Bauteilen" zu erreichen.

Beispiel (LINPACK)   Würde man ein äquivalentes Programm zu den LINPACK-Routinen `sgeco`, `sgefa` und `sgesl` (inklusive der benötigten BLAS-Programme `saxpy`, `sdot`, `sscal`, `sasum` und `isamax`), d. h. ein Programm zur effizienten und zuverlässigen Lösung linearer Gleichungssysteme und zur Konditionsabschätzung, selbst entwickeln, so müßte man mit folgendem Personalaufwand rechnen:

Die genannten 8 Fortran-Unterprogramme umfassen (ohne Berücksichtigung der Kommentare) ca. 325 Zeilen Code; bei einer angenommenen Produktivität zwischen 150 und 450 Zeilen pro Personalmonat müßte man daher mit einem Entwicklungsaufwand von ca. 1−2 Personalmonaten rechnen.

Diesem Personalaufwand sind − in diesem speziellen Fall, wo ausgezeichnete „Fertigsoftware" kostenlos verfügbar ist − vergleichsweise geringfügige Aufwendungen für die Softwarebeschaffung (über das Internet) gegenüberzustellen.

Wie dieses Beispiel anhand der LINPACK-Routinen zeigt, kann durch geringfügige Anschaffungskosten (eines weit über den eigentlichen Bedarf hinausgehenden Programmpaketes) eine signifikante Einsparung an Personalkosten erreicht werden.

Wartungskosten

Bei den Softwarekosten muß zwischen den Entwicklungskosten und den Wartungskosten unterschieden werden. Bisher war primär von den Entwicklungskosten die Rede. Die Wartungskosten sind aber keineswegs vernachlässigbar: abgesehen von *„one shot"*-Programmen, die tatsächlich nur einmal verwendet werden (was aber nur sehr selten auftritt) und bei denen keine Wartungskosten anfallen, beträgt der Anteil der Wartungskosten bei Großprojekten bis zu 2/3 der Gesamtkosten. Im Mittel wird für die Wartung eines numerischen Softwareproduktes ungefähr genausoviel aufzuwenden sein wie für dessen Entwicklung. Auch hier, bei den Wartungskosten, bietet die Verwendung von Standardsoftware (Software-„Fertigteilen") wesentliche Vorteile, speziell wenn diese, wie z. B. die IMSL- und NAG-Bibliotheken, ständig professionell gewartet werden.

7.2 Quellen numerischer Software

Wenn man sich aus Qualitäts- und Kostengründen entschließt, Fertigsoftware zu verwenden, so steht man vor dem Problem, eine geeignete Wahl treffen zu müssen. Dieser Abschnitt liefert einen Überblick über die verschiedenen Sparten der Numerik-Software und die verfügbaren Softwareprodukte.

Die folgenden Kapitel werden sich im Zusammenhang mit grundlegenden Aufgabenstellungen der Numerik – Interpolation, Integration, Lösung von Gleichungssystemen etc. – mit speziellen Numerik-Algorithmen und deren Implementierung in Fertigsoftware eingehend beschäftigen. Es wird dort immer wieder auf die hier besprochenen Softwareprodukte verwiesen werden.

7.2.1 Numerische Anwendungs-Software

Anwendungs-Software gestattet die Behandlung bzw. Lösung einer Klasse von Problemen aus einem bestimmten Anwendungsbereich. Die Benutzerschnittstelle ist im allgemeinen so gestaltet, daß die Problemformulierung im begrifflichen Kontext des Anwendungsgebietes möglich ist.

Beispiel (VLSI-Entwurf) Der Entwurf großintegrierter Schaltkreise (VLSIs) ist nur unter Einsatz wirkungsvoller Simulationssoftware möglich. Bei der VLSI-Simulation auf Transistorebene werden als Grundkomponenten Transistoren, Widerstände etc. sowie Strom- oder Spannungsquellen eingesetzt. Eine Schaltung wird durch lineare und nichtlineare algebraische Gleichungssysteme und Systeme gewöhnlicher Differentialgleichungen beschrieben. Bei der Simulation und Analyse einer Schaltung werden mit Hilfe der Gleichungen die Ströme und Spannungen in der Schaltung berechnet. Dafür gibt es spezielle Anwendungssoftware, z. B. SPICE (vgl. etwa Autognetti, Massobrio [92]).

Die Grobstruktur von Anwendungs-Software wird in den meisten Fällen durch folgende Modultypen charakterisiert: Operative Module, Steuermodule und Schnittstellen (*Interfaces*). Im Rahmen der operativen Module wie auch bei den Schnittstellen der Anwendungs-Software tritt die Lösung bestimmter Standardaufgaben der Numerischen Datenverarbeitung immer wieder auf: Lineare Gleichungssysteme, Differentialgleichungen, Lineare Optimierung, graphische Darstellung von Funktionen etc.

Bei der Entwicklung von Anwendungs-Software muß man für solche Standardaufgaben auf fertige „Softwarebausteine" zurückgreifen können. Software für Standardaufgaben ist in diesem Sinn der Prototyp numerischer Software.

7.2.2 Einzelprogramme

Fachzeitschriften

In den sechziger Jahren wurde von zwei Zeitschriften – *Numerische Mathematik* und *Communications of the ACM* – damit begonnen, einzelne Programme abzudrucken. Für die Publikation wurde damals vorwiegend die Sprache Algol 60 verwendet. In der „Numerischen Mathematik" wurde die Veröffentlichung von Programmen schon vor längerer Zeit wieder eingestellt. Viele der damals publizierten Programme sind noch heute in modernisierter Form in den aktuellen Programmbibliotheken bzw. -paketen (z. B. im LAPACK) zu finden. Bei der ACM (*Association for Computing Machinery*) wird die Veröffentlichungsreihe „Collected Algorithms of the ACM" nach wie vor geführt. Veröffentlichungsorgan ist aber seit 1975 die Zeitschrift *Transactions on Mathematical Software* (TOMS).

Alle dort erschienenen Programme sind über den Internet-Dienst NETLIB (vgl.
Abschnitt 7.3.6) in maschinenlesbarer Form kostenlos zu beziehen.

Programmiersprache der in Zeitschriften publizierten Programme ist vorwie-
gend Fortran 77. Die Qualität dieser Programme ist gut: Alle veröffentlichten
Programme werden – wie bei renommierten Fachzeitschriften üblich – vor der
Veröffentlichung durch Gutachter geprüft. Umfang und Intensität dieser Prüfung
entspricht aber im allgemeinen nicht jenen Kontrollmaßnahmen, wie sie bei der
Entwicklung und Wartung numerischer Bibliotheken oder spezieller numerischer
Programmpakete gesetzt werden.

Neben den Programmen der Zeitschrift *Transactions on Mathematical Software* sind fallweise auch in anderen Zeitschriften wie z. B. dem *Computer Journal*
oder dem *Journal of Computational and Applied Mathematics* (JCAM) interessante Programme bzw. Algorithmen zu finden. Diese sind allerdings nicht in
maschinenlesbarer Form erhältlich.

Bücher

Auf dem Buchsektor ist vor allem die „Numerische Rezeptsammlung" von Press,
Flannery, Teukolsky und Vetterling zu erwähnen. Viele Verfahren aus den wichtigsten Teilgebieten des naturwissenschaftlichen Rechnens (*scientific computing*)
werden dort durch gut verständliche einführende Texte erläutert und durch klar
strukturierte (*nicht* auf Effizienz getrimmte) Programme illustriert.

Von den „Numerischen Rezepten" gibt es vier Versionen – mit Programmen in
Fortran 77 [25], C [26], Pascal und QuickBasic; auch Disketten mit den Quellpro-
grammen im IBM-PC- oder Apple-Macintosh-Format sind über den Buchhandel
erhältlich. Die Fortran- und C-Programme können auch über das Internet unter
der Gopherserver-Adresse `cfata4.harvard.edu` bezogen werden.

Einen ergänzenden Band mit Beispielen gibt es in den Programmiersprachen
Fortran 77 [27], C [28] und Pascal.

7.2.3 Numerische Softwarebibliotheken

Eine Bibliothek ist eine Einrichtung zur systematischen Erfassung, Erhaltung, Betreuung und Zugänglichmachung von Büchern. Eine Softwarebibliothek ist eine
analoge Einrichtung für den Bereich der Computersoftware. Die systematische
Arbeit, die mit dem Betreiben einer Softwarebibliothek verbunden ist, erfordert
laufend einen beträchtlichen Personaleinsatz (siehe Cowell [11], Kapitel 10–14).

Von den allgemein gehaltenen (inhaltlich breit gestreuten) mathematisch-nu-
merischen Programmbibliotheken sind vor allem zwei zu nennen: IMSL und NAG.

IMSL

Die IMSL (*International Mathematical and Statistical Libraries*) ist die Softwarebibliothek der Visual Numerics Inc., 9990 Richmond Avenue, Suite 400,

Houston, Texas 77042-4548, USA.[2]

Die Firma IMSL wurde 1971 von ehemaligen Mitarbeitern des IBM-Projekts „*Scientific Software Package*" (SSP) als kommerziell geführte Organisation zur Entwicklung und zum Vertrieb numerischer Software gegründet. Noch 1971 wurden von der IMSL Inc. die ersten numerischen Fortran-Programmbibliotheken an Kunden mit IBM-Rechnern geliefert. 1973 wurden auch CDC- und Univac-Computer mit einbezogen. Mittlerweile gibt es für alle gängigen Rechnersysteme (Großrechner, Workstations und PCs) speziell angepaßte Versionen der IMSL-Bibliothek. Vor einigen Jahren haben sich die Firmen IMSL und Precision Visuals zur *Visual Numerics Inc.* zusammengeschlossen.

Die numerischen Softwarebibliotheken der Visual Numerics Inc. werden unter den Namen IMSL-Fortran-Library, IMSL-C-Math-Library und IMSL-C-Stat-Library vertrieben. An der Weiterentwicklung und Wartung der IMSL-Bibliotheken ist eine Vielzahl führender (vorwiegend amerikanischer) Wissenschaftler beteiligt (siehe Cowell [11], Kapitel 10).

NAG-Softwarebibliotheken

Die zweite Softwarebibliothek von internationaler Bedeutung stammt von der NAG Ltd. (*Numerical Algorithms Group*), Wilkinson House, Jordan Hill Road, Oxford OX2 8DR, England.[3]

Die NAG wurde 1970 in England zunächst als *Nottingham Algorithms Group* gegründet. Zielsetzung war damals die Entwicklung numerischer Software für die an britischen Hochschulen weit verbreiteten ICL-Computer. Unter staatlicher Subventionierung fand später die Umwandlung in ein von den Hochschulen und speziellen Computer-Herstellern unabhängiges Software-Unternehmen – die *Numerical Algorithms Group Ltd.* (NAG Ltd.) – mit Sitz in Oxford statt (siehe Cowell [11], Kapitel 14).

Die wichtigste numerische Softwarebibliothek der NAG Ltd. ist die Fortran-Bibliothek, deren aktuelle Version (Mark 16) mit 1134 von den Anwendern aufrufbaren Fortran 77-Programmen das umfassendste NAG-Produkt darstellt. Daneben gibt es auch eine C-Bibliothek und die Fortran 90-Bibliothek *f90*. Für Anwender, die nicht die gesamte Fortran-Bibliothek benötigen, gibt es die *Foundation-Library* mit einem speziellen Hilfssystem, dem NAG *Foundation Advisor*.

Andere herstellerunabhängige Softwarebibliotheken

Neben den IMSL- und NAG-Softwarebibliotheken gibt es noch weitere Bibliotheken, die von den Computern spezieller Hersteller unabhängig sind. Diese Bibliotheken besitzen jedoch international keine so weite Verbreitung wie die IMSL- und die NAG-Bibliotheken:

---

[2]IMSL in *Deutschland*: Visual Numerics GmbH, Zettachring 10, D-70567 Stuttgart; IMSL in *Österreich*: Uni Software Plus GmbH, Softwarepark, Hauptstraße 99, A-4232 Hagenberg.
[3]NAG in *Deutschland*: NAG GmbH, Schleißheimerstraße 5, D-85748 Garching / München.

Harwell Subroutine Library – Atomic Energy Research Establishment, Computer Science and Systems Division, Harwell Laboratory, Didcot, Oxfordshire OX11 0RA, England, United Kingdom;

SLATEC Common Mathematical Library – Computing Division, Los Alamos Scientific Laboratory, New Mexico 87545, USA (Cowell [11], Kapitel 11);

CMLIB – Center for Computing and Applied Mathematics, National Institute of Standards and Technology (NIST), Gaithersburg, Maryland 20899, USA;

PORT – AT&T, Bell Laboratories, Murray Hill, New Jersey 07974, USA (siehe Cowell [11], Kapitel 13);

BOEING Math. Software Library – Boeing Computer Services Company, Tukwila, Washington 98188, USA (siehe Cowell [11], Kapitel 12).

Softwarebibliotheken der Computerfirmen

Die meisten Hersteller von Großrechnern oder Workstations für die Numerische Datenverarbeitung bieten ihren Kunden maschinenspezifisch optimierte Softwarebibliotheken an. Die Programme dieser Bibliotheken liefern oft (aber nicht immer) bessere Leistungswerte als die Programme herstellerunabhängiger Bibliotheken. Sie haben allerdings den Nachteil mangelnder Portabilität.

Beispiele derartiger Softwarebibliotheken sind:

ESSL – Engineering and Scientific Subroutine Library: Die *Engineering and Scientific Subroutine Library* (ESSL) ist ein IBM-Produkt, das besonders effiziente mathematische Routinen enthält. Die ESSL-Bibliothek wurde ursprünglich für IBM-Großrechner der Serie System/370 mit *Vector Facilities* (3090 VF, später ES/9000) entwickelt. Später wurde auch eine Version für Workstations der RS/6000-Serie entwickelt. Versionen für Nicht-IBM-Computer sind in Vorbereitung.

ESSL enthält eine *Vektor*-Bibliothek, eine *Skalar*-Bibliothek und einige Subroutinen, die für Parallelrechner vorgesehen sind. Die Programme der Skalar-Bibliothek sind für Einprozessor-Computer (in erster Linie für IBM RS/6000-Workstations) vorgesehen; die Vektor-Routinen dienen speziell der möglichst weitgehenden Nutzung der durch die *Vector Facility* der IBM-Großrechner zur Verfügung gestellten Leistung.

ESSL-Routinen nehmen auf die Speicher-Hierarchie mit geblockten Algorithmen und, falls nötig, auch anderen internen Umstellungen Rücksicht. Die Datenblöcke werden so gewählt, daß sie in den vorhandenen Cache-Speicher passen. Ungeachtet dieser Anpassung an die Besonderheiten der Hardware kann für bestimmte Schrittweiten (*strides*) in Schleifen die Effizienz unverhältnismäßig stark verringert sein. Bei der Wahl günstiger Schrittweitenwerte werden die Anwender durch das Hilfsprogramm `stride` unterstützt.

Die Programme für Parallelrechner sind hinsichtlich ihrer Vektor- und Multiprozessorleistung für den IBM ES/3090 Vektor-Multiprozessor optimiert.

So ist z. B. ein paralleles drei-dimensionales FFT-Programm, `scft2p`, in der ESSL-Bibliothek enthalten. Es funktioniert genauso wie das Einprozessor-Programm `scft3`, mit dem Unterschied, daß es – wenn diese verfügbar sind – mehrere Prozessoren benutzt, um die Berechnungen zu beschleunigen.

Cray SCILIB Mathematical Library: Die Cray-Softwarebibliothek SCILIB wird von Cray Research Inc. mit ihren Computern mitgeliefert. Sie enthält eine maschinenspezifisch optimierte Programmsammlung in Fortran und C.

Convex MLIB Bibliothek: MLIB ist eine Bibliothek von speziell auf hohe Gleitpunkteffizienz getrimmten Programmen. Sie enthält optimierte Versionen der BLAS-1-, BLAS-2- und BLAS-3-Programme, der LAPACK-Programme, der MINPACK-Programme etc.

Convex VECLIB Bibliothek: VECLIB ist eine Sammlung optimierter, unter Fortran aufrufbarer Unterprogramme. Sie stellt für die Computer der Convex-Familie grundlegende mathematische Software zur Verfügung und ist speziell auf die Vektor-Architektur der Convex-Systeme zugeschnitten.

CMSSL – Connection Machine Scientific Software Library: Die CMSSL (*Connection Machine Scientific Software Library*) ist eine Bibliothek numerischer Programme, die für rechenintensive Anwendungen die potentielle Leistungsfähigkeit der *Connection-Machine*-Computer weitgehend ausnutzen. Die CMSSL-Routinen können aus Programmen, die in CM Fortran, *Lisp, Fortran/Paris, C/Paris oder Lisp/Paris geschrieben sind, aufgerufen werden.

7.2.4 Numerische Softwarepakete

Ein Softwarepaket ist eine systematische Zusammenstellung von Software für ein bestimmtes Gebiet. Im Gegensatz zu Softwarebibliotheken fehlt bei Softwarepaketen die ständige und systematische Betreuung.

Im Jahr 1971 wurde von der amerikanischen *National Science Foundation* (NSF) und der amerikanischen Atomenergiekommission das NATS-Projekt[4] ins Leben gerufen. Zielsetzung waren Produktion und Verteilung numerischer Software mit möglichst hoher Qualität. Als Prototypen wurden damals zwei Softwarepakete entwickelt:

EISPACK für Matrix-Eigenwertprobleme (Smith et al. [30]);
FUNPACK für die Berechnung spezieller Funktionen (Cody [142]).

Die Entwicklungsarbeiten wurden hauptsächlich im Argonne National Laboratory und an der Stanford-Universität ausgeführt. An der Universität von Texas in Austin und an einigen anderen Stellen wurden die Tests abgewickelt. Mit der Veröffentlichung der jeweils zweiten Version der beiden Pakete wurde das Projekt im Jahre 1976 formal abgeschlossen. Es war sowohl vom Resultat her als auch hinsichtlich der gewonnenen Erkenntnisse bezüglich der Organisation

---

[4]NATS ist die Abkürzung für *National Activity to Test Software*.

solcher Projekte und der gewonnenen Nebenprodukte – z. B. das TAMPR-System zum automatischen Generieren verschiedener „Maschinenversionen" von Fortran-Programmen – ein großer Erfolg. Die gewählte Organisationsform verband erstmals Mitarbeiter verschiedener, räumlich zum Teil weit getrennter Institutionen.

Das durch EISPACK vorgelegte Qualitätsniveau bezüglich Leistung und Portabilität war so richtungweisend, daß eine Reihe nachfolgender Arbeitsgruppen den Terminus „PACK" als Bestandteil ihres Produktnamens verwendeten:

LINPACK war die Ergänzung des EISPACK, das im Bereich der Linearen Algebra die Eigenwertprobleme abdeckte, für die Problembereiche der linearen Gleichungssysteme und Ausgleichsprobleme (Dongarra et al. [12]).

LAPACK (*Linear Algebra Package*; vgl. Abschnitte 13.15 bis 13.21 und 15.7) ist ein Paket von Unterprogrammen zur direkten Lösung von linearen Gleichungssystemen und linearen Ausgleichsproblemen (mit vollbesetzten oder bandstrukturierten Matrizen) sowie zur Berechnung von Eigenwerten und Eigenvektoren von Matrizen.

LAPACK [2] wurde 1992 publiziert und stellt die derzeit beste Sammlung von Software für den Bereich der Linearen Algebra dar. LAPACK ist das Nachfolgeprodukt der Pakete LINPACK (direkte Lösung linearer Gleichungssysteme) und EISPACK (Lösung von Matrix-Eigenwert- und -Eigenvektor-Problemen).

ITPACK ist ein Softwarepaket für die iterative Lösung großer linearer Gleichungssysteme mit schwach besetzten Matrizen (speziell für den Fall, daß diese Matrizen von der Diskretisierung partieller Differentialgleichungen stammen);

SPARSPAK ist ebenfalls ein Paket für große lineare Gleichungssysteme mit schwach besetzten, speziell positiv definiten Matrizen;

MADPACK für lineare Gleichungssysteme (Multigrid-Methode);

MINPACK für nichtlineare Gleichungssysteme und Optimierungsaufgaben;

TNPACK für die unrestringierte Minimierung großer separabler Probleme;

HOMPACK für nichtlineare Gleichungssysteme (Homotopiemethode);

ODRPACK für nichtlineare Ausgleichsprobleme und orthogonale Approximation (*orthogonal distance regression*);

PPPACK für die Berechnung und Manipulation stückweiser Polynome (*piecewise polynomials*), insbesondere B-Splines;

QUADPACK für die Berechnung bestimmter Integrale und Integraltransformationen von Funktionen einer Veränderlichen;

FFTPACK für die schnelle Fourier-Transformation periodischer Folgen;

VFFTPK ist die *vektorisierte* Version von FFTPACK, die für die gleichzeitige Transformation mehrerer Folgen geeignet ist;

ODEPACK für Anfangswertprobleme gewöhnlicher Differentialgleichungen;

ELLPACK für elliptische partielle Differentialgleichungen in zwei Dimensionen auf allgemeinen Bereichen oder in drei Dimensionen auf Quadern;

FISHPAK für die Poisson-Gleichung in zwei oder drei Dimensionen.

Unter den genannten Softwarepaketen befinden sich viele ausgezeichnete Softwareprodukte – der Zusatz „PACK" (bzw. „PAK") ist aber selbstverständlich kein stillschweigender Qualitätsnachweis. Es gibt eine Reihe anderer sehr guter Pakete, die keinen „PACK"-Namen besitzen, wie z. B.

TOEPLITZ für lineare Gleichungssysteme mit Töplitz-Matrizen;

CONFORMAL dient der Parameterbestimmung bei konformen Schwarz-Christoffel-Abbildungen;

VANHUFFEL für Ausgleichsprobleme, bei denen der *Orthogonal*abstand von Daten und Modell minimiert wird;

LLSQ für lineare Ausgleichsprobleme;

PITCON für nichtlineare Gleichungssysteme;

EDA für exploratorische Datenanalyse;

BLAS für elementare Operationen der Linearen Algebra (vgl. Abschnitt 4.10.1);

ELEFUNT zum Testen der Implementierung elementarer Funktionen.

Einzelne Programme der meisten aufgezählten Programmpakete können über die NETLIB (siehe Abschnitt 7.3.6) bezogen werden. Manche Pakete sind von der Visual Numerics Inc. oder der NAG Ltd. gegen Ersatz der Versandspesen vollständig erhältlich.

7.2.5 Softwarehinweise im vorliegenden Buch

Der Umfang und die Vielfalt der verfügbaren Numerik-Software ist so groß, daß man einen strukturierten Überblick und gute Hintergrundinformation benötigt, um im konkreten Anwendungsfall eine sinnvolle Auswahl treffen zu können. Unterstützung in dieser schwierigen Situation bieten die folgenden Kapitel durch eine überblicksartige Darstellung der verfügbaren numerischen Software. Strukturiert durch die inhaltliche Kapitel- und Abschnittsgliederung werden Verfahren, Algorithmen und Konzepte diskutiert, die den entsprechenden Programmen zugrundeliegen. Vorteilhafte Eigenschaften werden betont, und vor inhärenten Schwachstellen wird gewarnt.

Besonders gekennzeichnete, an den jeweiligen Sachgebieten orientierte Softwarehinweise liefern dem Leser sowohl Information über die kommerziell angebotenen Softwarebibliotheken (IMSL, NAG etc.) als auch über frei verfügbare

Numerik-Software (NETLIB, ELIB etc.), auf die man über elektronische Netze zugreifen kann (siehe Abschnitt 7.3.6).

Auf einzelne Programme oder Programmsammlungen wird in einer Notation hingewiesen, die dem UNIX-Dateisystem entlehnt ist. So bezeichnet z. B.

```
IMSL/MATH-LIBRARY/qdag
```

das Integrationsprogramm qdag aus der IMSL-Fortran-Library [18] der Visual Numerics Inc. Dieses wiederum ist (mit internen Modifikationen) vom Programm qag aus dem QUADPACK [23] abgeleitet, was durch

```
IMSL/MATH-LIBRARY/qdag    ≈    QUADPACK/qag
```

symbolisch zum Ausdruck gebracht wird.

Zitiert werden auf diese Art unter anderem:

`IMSL/MATH-LIBRARY/*`	IMSL MATH/LIBRARY [18]
`IMSL/STAT-LIBRARY/*`	IMSL STAT/LIBRARY [19]
`NAG/*`	NAG-Bibliothek [22]
`HARWELL/*`	Harwell-Bibliothek
`TOMS/` *Nummer*	TOMS-Programme ($\rightarrow$ NETLIB)
`QUADPACK/*`	QUADPACK-Programme [23] ($\rightarrow$ NETLIB)

Von den verschiedenen Produkten der Visual Numerics Inc. und der NAG Ltd. werden im Normalfall die Fortran 77-Bibliotheken zitiert, da diese am umfangreichsten sind. Neuentwicklungen wurden von beiden Software-Unternehmen bisher stets in Fortran 77 vorgenommen und erst nachträglich in andere Bibliotheken (z. B. die C-Bibliotheken) übernommen.

7.3 Software und globale Computernetze

Die herkömmliche Verbreitung numerischer Software erfolgt durch Versendung von Datenträgern (Magnetbändern, Disketten, CD-ROMs etc.), auf denen die jeweilige Software gespeichert ist. Über die Verfügbarkeit von Softwareprodukten wird man traditionell in einschlägigen Fachzeitschriften, Werbebroschüren usw. informiert.

Stark zugenommen hat in den letzten Jahren die Bedeutung globaler Rechnernetze als elektronische Medien zur Verbreitung von Software. Der wesentliche Vorteil elektronischer Kommunikationsmedien gegenüber dem üblichen Postweg liegt in der stark verkürzten Zugriffszeit auf die aktuellsten Versionen der gewünschten Programme, Dokumentationen, Daten usw. So kann man z. B. über das wichtigste globale Netzwerk, das *Internet*, binnen weniger Sekunden eine Verbindung zwischen zwei beliebigen irgendwo in Europa, Asien, den USA oder anderen Teilen der Welt angeschlossenen Rechnern herstellen und Daten zwischen ihnen transferieren. Selbst umfangreiche Softwarepakete lassen sich heute auf diesem Weg rasch übertragen.

Die überragende Bedeutung des Internet für den heutigen Forschungs- und
Entwicklungsbereich leitet sich aber keineswegs nur von seiner Funktion als Ver-
teilungsmedium für Software ab. Vielmehr hat sich das Internet ganz allgemein
als extrem schnelles und weitgehend zuverlässiges globales Kommunikationsmedium zwischen geographisch oft sehr weit entfernten Personen und Institutionen
erwiesen. Mit keinem anderen Kommunikationsmedium kann man sich so schnell
und unbürokratisch über neue Entwicklungen informieren, mit Experten verschiedener Fachgebiete direkt Kontakt aufnehmen usw. wie mit dem Internet. Dies
ist auch der Grund, warum im folgenden Abschnitt besonders ausführlich auf das
Internet, insbesondere dessen Entwicklung und Struktur sowie die verschiedenen
Dienste, eingegangen wird.

7.3.1 Internet

Das Internet hat sich aus dem 1969 von der *Advanced Research Projects Agency*
(ARPA) des Verteidigungsministeriums der USA initiierten ARPANET-Projekt
entwickelt. Ziel dieses Projekts war die Entwicklung von Netzwerktechnologien,
mit deren Hilfe Daten über weite Strecken auch dann sicher übertragen werden
können, wenn einzelne Leitungen und Knoten des Netzwerkes temporär oder
ständig gestört sind oder ausfallen.

Paketvermittelnde Datenübertragung

Um eine möglichst hohe Ausfallsicherheit zu erreichen, wurde im ARPA-Netz von
der etwa in Telefon-Netzwerken üblichen leitungsvermittelten Datenübertragung
abgegangen. Bei der Leitungsvermittlung wird zu Beginn jeder Kommunikation
der zur Übertragung von Daten zwischen Sender und Empfänger zu verwendende
Nachrichten-Pfad bestimmt, und die entsprechenden Ressourcen (Datenleitungen, Pufferspeicher etc.) werden zugeteilt. Während des Datenaustausches sind
die zwei beteiligten Datenstationen ununterbrochen über denselben Pfad miteinander verbunden. Fällt während der Datenübertragung auf dem Pfad zwischen
Sender und Empfänger – aus welchem Grund auch immer – irgendeine Ressource
aus, so muß der gesamte Übertragungsvorgang so lange wiederholt werden, bis
eine korrekte und vollständige Übertragung der Daten gelungen ist.

Um diesen Nachteil der Leitungsvermittlung zu vermeiden, wurde im ARPA-
Netz *paketvermittelnde* Datenübertragung vorgesehen. Bei dieser Art der
Kommunikation steht der Sender einer Nachricht nicht unmittelbar mit deren
Empfänger in Verbindung (man spricht daher auch von „verbindungsloser Kom-
munikation"). Die zu übertragenden Daten werden dabei in kleinere Einheiten
– *Pakete* – zerlegt, die alle mit einer Empfänger-Identifikation versehen sind und
damit unabhängig voneinander transportiert werden können.

Der Pfad, über den ein Paket den Empfänger erreicht, steht dabei im allgemeinen nicht von vornherein fest. Vielmehr wird die Route jedes Paketes von
einer Reihe von speziellen Vermittlungsknotenrechnern – sogenannten *Routern* –
bestimmt. Jedes Paket wird vom Sender zunächst an den nächstgelegenen Router
geschickt und dort zwischengespeichert. Auf Grund der dem Paket beigefügten

Empfänger-Identifikation wird vom Router entschieden, an welchen anderen Router das Paket weiterzuleiten ist. Dieser Vorgang wiederholt sich solange, bis das Paket bei jenem Router angelangt ist, der dem Empfänger nächstgelegen ist. Dieser schickt schließlich das Datenpaket dem Empfänger.

Tritt bei der Übertragung eines zu einer Nachricht gehörenden Paketes zwischen zwei Routern eine Störung auf, so ist es nicht notwendig, die Übertragung der gesamten Nachricht neu zu beginnen. Es reicht völlig, daß der Sender-Router die Übertragung dieses einen Pakets wiederholt, wofür unter Umständen ein neuer Ziel-Router bestimmt werden muß. Die paketvermittelnde Datenübertragung ist dadurch flexibler und für fehleranfällige Netzwerke erheblich besser geeignet als die leitungsvermittelte Datenübertragung.

Internet-Protokoll (IP)

1973 wurde von der ARPA ein weiteres Netzwerkprojekt gestartet, das die Verbindung verschiedener paketvermittelnder Rechnernetze ermöglichen sollte. Um dieses Ziel zu erreichen, war es notwendig, den algorithmischen Ablauf der Kommunikation zwischen den beteiligten Rechnern und Netzen genau festzulegen, also Kommunikations*protokolle* (Übertragungsprozeduren) zu definieren. Mit Hilfe dieser Protokolle können verschiedene Teilnetzwerksysteme so verbunden werden, daß sie für jeden angeschlossenen Computer wie ein einziges virtuelles Netzwerk erscheinen, als *Internet*.

Beim Zusammenschluß verschiedener paketvermittelnder Computernetze gibt es zwei wesentliche Probleme: (1) Die Art und Weise, wie Knoten in den verschiedenen Teilnetzen identifiziert (adressiert) werden, ist im allgemeinen unterschiedlich. (2) Die Router eines Teilnetzwerkes können im allgemeinen nur dort Verbindungen herstellen. Ein Empfänger-Knoten außerhalb des eigenen Teilnetzes kann nicht erreicht werden.

Beide Probleme wurden durch die Entwicklung des sogenannten *Internet-Protokolls* (IP) gelöst. Das Internet-Protokoll regelt das Senden und Empfangen von Datenpaketen, indem es eine einheitliche Art der Identifikation von Internet-Knoten – sogenannte *Internet-Adressen* – festlegt und dafür sorgt, daß Router-Verbindungen auch über Netzwerk-Grenzen hinweg richtig hergestellt werden.

Transport-Protokoll (TCP)

Das Internet-Protokoll ermöglicht zwar den Austausch von Paketen zwischen Kommunikationspartnern in verschiedenen Netzwerken, ist aber für die Übertragung größerer Datenmengen aus zwei Gründen nicht geeignet: (1) Es garantiert *nicht*, daß die einzelnen Pakete einer längeren Nachricht wieder in genau jener Reihenfolge beim Empfänger eintreffen, in der sie vom Sender abgeschickt werden. (2) Das Internet-Protokoll garantiert nicht einmal, daß sämtliche Pakete genau einmal übertragen werden. Einzelne Pakete können verlorengehen oder auch mehrfach übertragen werden.

Um eine zuverlässige und richtig geordnete Übertragung der Pakete einer Nachricht zu garantieren, wurde das *Transmission Control Protocol* (TCP) entwickelt und mit dem Internet-Protokoll zum **TCP/IP**-Protokoll kombiniert. Das TCP-Protokoll regelt dabei die Ablaufsteuerung und die Behandlung von Übertragungsfehlern, während vom IP-Protokoll das Senden und Empfangen von Datenpaketen über das Internet im Detail festgelegt wird.

Da TCP/IP-Implementierungen heute für alle gängigen Plattformen (Workstations, PCs etc.) erhältlich sind, ist die Teilnahme am Internet an kein bestimmtes Computersystem gebunden.

Internet-Entwicklung

1983 hatte das ARPA-Netz einen Reifegrad erreicht, der seinen Betrieb als nicht-experimentelles Netzwerk – als ARPA-Internet – erlaubte. Kurz danach initiierte die *National Science Foundation* (NSF) der USA eine Reihe von Projekten, bei denen es um eine breite Anbindung von Universitäten und Forschungsinstitutionen an die ebenfalls von der NSF finanzierten Großrechnerzentren ging. Dabei entstand das sich über die gesamten USA erstreckende NSF-Netz, das ein *Backbone-Netz* ist, d. h. nur der Verbindung von regionalen Netzwerken dient. Durch das NSF-Netz werden tausende lokale Rechnernetze in Universitäten und Forschungseinrichtungen der USA verbunden, die heute den überwiegenden Teil des in den USA liegenden Abschnitts des Internets ausmachen. In Europa gibt es kein dem NSF-Netz entsprechendes Backbone-Netz. Verschiedene - teilweise konkurrierende Organisationen - bieten Teillösungen an, wie z. B. das *European Backbone* (EBONE).

In den letzten Jahren ist die Anzahl der am Internet angeschlossenen Computersysteme *exponentiell* – mit jährlicher Verdoppelung – angewachsen. Mitte 1993 belief sich die Anzahl der Internet-Knoten auf etwa 1.7 Millionen (Quarterman, Carl-Mitchell [332]). Die meisten Internet-Anschlüsse gibt es in den USA und in Westeuropa, wo praktisch alle Universitäten und Forschungsinstitutionen Zugang zum Internet haben. Die größten Zuwachsraten an Internet-Anschlüssen waren in diesen Ländern in letzter Zeit bei kommerziellen Unternehmungen sowie bei Privatpersonen zu verzeichnen. Auf Grund der staatlichen Finanzierung weiter Teile des Internets ist dessen nicht der Forschung gewidmete Verwendung gewissen Einschränkungen unterworfen (Krol [20]).

Internet und andere Netzwerke

Der große Erfolg des ARPA-Netzes führte Anfang der achtziger Jahre zur Gründung einer Reihe weiterer Netzwerke, wie z. B. BITNET, CSNET, UUCP, USENET und FidoNet. Diese Netzwerke basieren im allgemeinen *nicht* auf dem Internet-Protokoll, sind also *nicht* Teil des Internets.

Die Betreiber dieser Netzwerke entschlossen sich jedoch auf Grund der überragenden Bedeutung des Internets, ihren Benutzern dessen Dienste zumindest teilweise zugänglich zu machen. Zu diesem Zweck wurden *Gateways* (Verbindungsrechner) zum Internet etabliert, über die auf das Internet zugegriffen werden kann. Welche Internet-Dienstleistungen von den Benutzern dieser Netzwerke in

Anspruch genommen werden können, hängt vom jeweiligen Netzwerk ab (Quarterman, Carl-Mitchell [332]).

7.3.2 Kommunikation im Internet – E-mail

Einer der wichtigsten Gründe für die Kopplung von Computern durch das Internet und andere Rechnernetze ist die Kommunikation zwischen den einzelnen Netzwerk-Benutzern. Diesem Bereich ist auch der wahrscheinlich bekannteste Internet-Dienst zuzuordnen: die elektronische Post (engl. *electronic mail*, Abk. *E-mail*). Das E-mail-System ermöglicht den Austausch von schriftlichen Nachrichten zwischen Internet-Benutzern und zeichnet sich dabei vor allem durch eine rasche Nachrichtenübertragung aus – die meisten Nachrichten erreichen ihren Empfänger innerhalb weniger Sekunden.

Einen hohen Grad an Flexibilität erhält das E-mail-System durch seinen *asynchronen* Kommunikationsmodus: Nachrichten können gesendet werden, unabhängig davon, ob der Empfänger bereit ist, sie zu lesen oder nicht. Eingehende Nachrichten bleiben solange gespeichert, bis deren Empfänger sie liest, weiterverwendet oder archiviert und nachfolgend löscht.

Zum Senden und Lesen sowie für weitergehende Funktionen wie das Editieren, Speichern usw. von E-mail-Nachrichten stehen eine Reihe von Programmen zur Verfügung. Unter UNIX sind z.B. `mail`, `mailx` und `elm` gebräuchlich. Diese Programme unterscheiden sich nur in der Benutzerschnittstelle. Zur Übertragung von E-mail-Nachrichten wird von allen Programmen das *Simple Mail Transfer Protocol* (SMTP) benutzt. Eine E-mail-Botschaft kann daher mit einem anderen Programm gelesen als gesendet werden.

Um eine E-mail-Nachricht zu senden, muß man lediglich die Internet-Adresse des Rechners kennen, den der jeweilige Benutzer verwendet, oder alternativ dessen *Systemnamen* und den Namen des Benutzers (im Internet *Username* genannt).

Beispiel (Systemname) Der Systemname eines speziellen Rechners des Oak Ridge National Laboratory – `ornl.gov` – ergibt sich aus den Initialen dieser Institution und der Tatsache, daß es sich dabei um eine staatliche (*governmental*) Forschungseinrichtung handelt. Die entsprechende Internet-Adresse, `128.219.128.17`, läßt die Identität des Systems nur für besonders Eingeweihte erkennen.

Der Username wird oft aus dem tatsächlichen Namen (Vornamen, Nachname, Initialen etc.) des Benutzers gebildet. Die vollständige Spezifikation des Adressaten lautet schließlich „Username@Systemname".

Beispiel (E-mail-Nachricht) Die folgende Botschaft richtet sich an den Benutzer Josef N. N. mit dem Usernamen `josef`. Er erhält sie auf dem von ihm verwendeten Rechner mit dem Systemnamen `titania.tuwien.ac.at`.

```
$ mail josef@titania.tuwien.ac.at
Lieber Josef! Vertrauen ist gut, Kontrolle ist besser. Dein Wladimir Iljitsch
.
$
```

7.3.3 Diskussionsforen im Internet

Eine einfache Erweiterung des E-mail-Systems stellen die sogenannten *Mailing-Listen* dar. Eine Mailing-Liste enthält die Adressen einer ganzen Gruppe von Internet-Benutzern. Sendet man eine Nachricht an eine Mailing-Liste, so wird diese automatisch an alle in der Mailing-Liste enthaltenen Benutzer geschickt.

Mailing-Listen sind im allgemeinen speziellen Themenbereichen gewidmet und enthalten Internet-Benutzer, die an dem jeweiligen Thema interessiert sind; oft dienen Mailing-Listen auch als Diskussionsforen für spezielle Themen.

Beispiel (na-digest) In der Mailing-Liste **na-digest** sind Internet-Benutzer eingetragen, die sich für Numerische Mathematik (*numerical analysis*) und Numerische Datenverarbeitung interessieren. Man findet dort einschlägige Konferenzankündigungen, Stellenangebote, Inhaltsverzeichnisse von Zeitschriften etc. Um in die Mailing-Liste **na-digest** aufgenommen zu werden, muß man Mitglied des NA-NET (Numerical Analysis NETwork) werden. Näheres hiezu erfährt man, wenn man eine beliebige E-mail-Nachricht an **na.help@na-net.ornl.gov** schickt.

Übersteigt die Anzahl der Interessenten an einem bestimmten Thema einen gewissen Schwellwert, so wird meistens im Rahmen der **USENET-News** eine entsprechende *News-Gruppe* eingerichtet. Während News-Gruppen und Mailing-Listen grundsätzlich dieselben Funktionen erfüllen, unterscheiden sie sich in Bezug auf ihre Implementierung wesentlich. Die USENET-News verwenden einen Verteilungsmechanismus, der selbst für extrem große Gruppen – auf die Nachrichten mancher News-Gruppen sind bis zu 100 000 Benutzer abonniert – eine effiziente Verteilung der einzelnen Beiträge erlaubt.

Mittels sogenannter **News-Reader**, wie **rn**, **nn**, **tin** etc., kann man eine Vielzahl von Operationen im Zusammenhang mit News-Gruppen durchführen. So kann man etwa neue News-Gruppen abonnieren, alte News-Gruppen abmelden, Artikel in abonnierten News-Gruppen lesen, selber Artikel in News-Gruppen veröffentlichen usw. Dabei erleichtert eine graphische Benutzeroberfläche (wie beim **xrn**) die Bedienung eines News-Readers wesentlich (siehe Abb. 7.1).

7.3.4 Betriebsmittelverbund im Internet

Ebenso wichtig wie die vom Internet angebotenen Kommunikationsmöglichkeiten sind dessen Dienstleistungen für den Betriebsmittelverbund. Dabei werden die auf den einzelnen Internet-Knoten verfügbaren Ressourcen, wie z. B. spezielle Dateien, bestimmte Programme etc., über das Internet anderen Knoten verfügbar gemacht. Auch die Verbreitung von Software bzw. von Information über Software fällt in diese Dienstleistungskategorie.

Der Internet-Betriebsmittelverbund ist oft nach dem *Client-Server-Prinzip* aufgebaut. In einem Rechnernetzwerk bezeichnet man jene Computer, die für mehrere Anwender (Computer) Dienstleistungen (wie z. B. die zentrale Verwaltung von Datenbanken) erbringen, als *Server*. Die Anwendercomputer samt der zur Serversoftware passenden Anwendersoftware bezeichnet man als *Clients*. Oft ist die Client-Software so geschrieben, daß deren Benutzer es überhaupt nicht merken, daß sie eigentlich die Dienste eines räumlich entfernten, an einem anderen Netzwerkknoten befindlichen Servers in Anspruch nehmen.

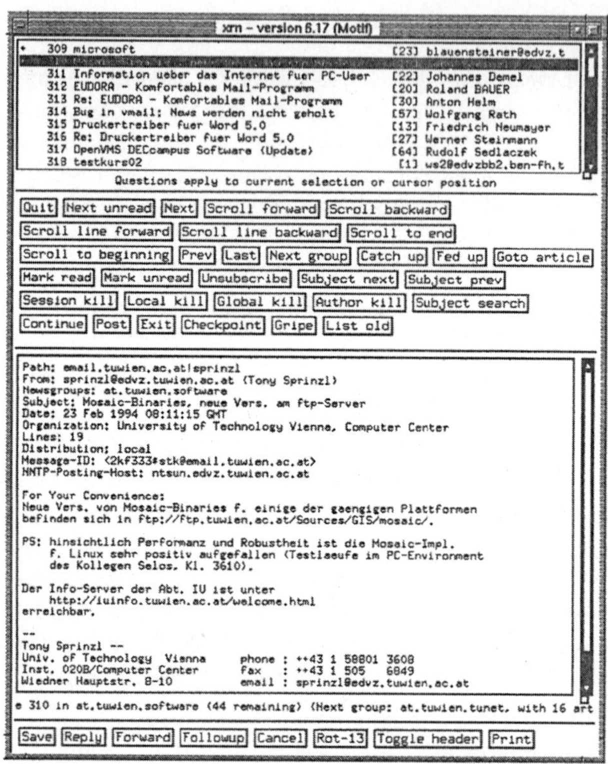

Abb. 7.1: xrn – Ein „News-Reader" zum komfortablen Lesen und Verarbeiten von Nachrichten auf der Basis des X-Window-Systems

Austausch von Dateien (FTP, aFTP)

Die fundamentalste Form der Nutzbarmachung fremder Ressourcen ist das Austauschen von Dateien zwischen Internet-Benutzern. Für diese Funktion steht im Internet das **FTP** (*File Transfer Protocol*) zur Verfügung. Mit FTP kann man sowohl Files zu entfernten Computern schicken als auch von diesen erhalten. Außerdem enthält FTP Befehle für die Auflistung der Verzeichnisse (*directories*), den Wechsel des Verzeichnisses und das Setzen von Parametern.

Mit FTP kann man Files entweder im ASCII- oder im Binär-Format übertragen. Der ASCII-Modus wird verwendet, um „lesbare" Files zu übertragen (wie etwa technische Berichte, Programmdokumentationen etc.); während der Binär-Modus für die Übertragung ausführbarer Programme, Bilder, Datenbanken etc. verwendet wird. Standardmäßig führt FTP die Übertragung meistens im ASCII-Modus durch. Möchte man im Binär-Modus übertragen, so muß man den entsprechenden Parameter setzen, da sonst die Übertragung zwar ausgeführt wird, das übertragene File jedoch unbrauchbar ist.

Um mittels FTP Dateien übertragen zu können, muß man zunächst den System-Namen (bzw. die Internet-Adresse) des jeweils anderen Rechners kennen.

Nachdem FTP mit Hilfe dieser Information eine entsprechende Verbindung herge-
stellt hat, wird man – wie beim üblichen Login – aufgefordert, durch Angabe von
Benutzername und Paßwort die Berechtigung nachzuweisen, auf die gewünschten
Dateien zugreifen zu dürfen. Danach kann man mit einfachen, weitgehend selbst-
erklärenden Befehlen wie **get** oder **send** (bzw. **put**) Dateien zwischen den beiden
Systemen transferieren:

get	– kopiert ein File von einem anderen Computer zum eigenen;
put	– überträgt ein File vom eigenen Computer zu einem anderen;
ls oder **dir**	– listet die Files im aktuellen Verzeichnis (*directory*);
cd	– wechselt das Verzeichnis;
binary	– wechselt in den Binär-Modus (um binäre Files zu übertragen);
ascii	– wechselt in den ASCII-Modus (voreingestellter Modus: ASCII).

Beispiel (Dateiübertragung mittels FTP) Das folgende Dialog-Protokoll einer FTP-
Transaktion beschreibt, wie ein Benutzer zunächst eine Verbindung zum Internet-Knoten
uranus.tuwien.ac.at hergestellt, unter dem Namen **karg** einloggt, dann die Datei mit Namen
.profile auf seinen Rechner kopiert und sich schließlich wieder ausloggt. Zur Verdeutlichung
sind die Eingaben des Benutzers *kursiv* dargestellt.

```
$ ftp uranus.tuwien.ac.at
Connected to uranus.tuwien.ac.at.
220 uranus FTP server (Version 16.2 Mon Apr 29 20:45:42 GMT 1991) ready.
Name (uranus:karg): karg
331 Password required for karg.
Password: ···   (Paßwort-Eingabe)
230 User karg logged in.
Remote system type is UNIX.
Using binary mode to transfer files.
ftp> get .profile
200 PORT command successful.
150 Opening BINARY mode data connection for .profile (1295 bytes).
226 Transfer complete.
1295 bytes received in 0.08 seconds (16.35 Kbytes/s)
ftp> bye
221 Goodbye.
$
```

Will man einem anderen Internet-Benutzer Dateien verfügbar machen, so muß
man ihm bei dieser Art der Dateiübertragung den Usernamen und das eigene
Paßwort bekanntgeben, was die Sicherheit des eigenen Computersystems gefähr-
det. Dieser Unsicherheitsfaktor wäre natürlich völlig untragbar, wenn man Dateien *allgemein*, d. h. allen interessierten, einem nicht notwendigerweise persönlich
bekannten Internet-Benutzern zur Verfügung stellen wollte.

Für diesen Fall wurde eine Dienstleistung entwickelt, die von vielen Universitäten und anderen Organisationen angeboten wird: **anonymous-FTP** oder
kurz **aFTP**. Ein Benutzer, der am Bezug von Dateien, die auf einem Internet-
Knoten mittels anonymous-FTP verfügbar gemacht wurden, interessiert ist, muß
sich dabei mit dem Usernamen „anonymous" oder „ftp" identifizieren. Die Angabe eines echten, also geheimen Paßworts ist in diesem Fall nicht notwendig; es

ist allerdings üblich, die eigene E-mail-Adresse als Paßwort zu verwenden. Manche FTP-Server verweigern sogar den Zutritt, wenn keine gültige Internet-Adresse als Paßwort verwendet wird.

Die meisten FTP-Server registrieren Zugriffe auf Files und speichern die Internet-Adresse des Zugreifenden. In diesem Sinn bleibt man als Benutzer einer anonymous-FTP-Dienstleistung *nicht anonym*.

Beispiel (Dateiübertragung mittels anonymous-FTP) Das folgende Dialog-Protokoll zeigt, wie ein Benutzer sich aus dem Verzeichnis packages/gnu des anonymous-FTP-Server ftp.univie.ac.at an der Universität Wien die Datei gnuplot-3.5.tar.gz kopiert. Diese Datei enthält das GNUPLOT-Softwarepaket zur graphischen Darstellung von Funktionen.

```
$ ftp ftp.univie.ac.at
Connected to ftp.univie.ac.at.
220-    ++++++++++++++++        ---------------------------------------
220-    +              +            WELCOME  to  FTP.UNIVIE.AC.AT
220-      +            +          Server for freely distributable SW
220-    +              +        ---------------------------------------
...
220-
220-    There are already 5 users in your class (max 100).
220-    In case of technical problems contact manager@ftp.univie.ac.at.
220-
220 ftp FTP server (Version wu-2.4(40) Sat May 7 15:29:38 CETDST 1994) ready.
Name (ftp.univie.ac.at:username): anonymous
331 Guest login ok, send your complete e-mail address as password.
Password:  ···  (Eingabe der eigenen E-mail-Adresse)
230-
230-**********************************************************************
230-
230-                   Welcome to FTP.UNIVIE.AC.AT
230-
230-    This server is located at the Vienna University, Vienna, Austria.
...
230-**********************************************************************
230-
230-
230-Please read the file README
230-  it was last modified on Mon May  9 13:29:25 1994 - 137 days ago
230 Guest login ok, access restrictions apply.
Remote system type is UNIX.
Using binary mode to transfer files.
ftp> cd packages/gnu
250 CWD command successful.
250-Please read the file README
250-  it was last modified on Wed May 18 17:48:00 1994 - 128 days ago
250-Please read the file README-about-.gz-files
250-  it was last modified on Wed May 18 17:48:00 1994 - 128 days ago
250 CWD command successful.
ftp> dir gnuplot*
200 PORT command successful.
150 Opening ASCII mode data connection for /bin/ls.
-r--r--r--   1 gnu-adm  archive   626008 Sep 30  1993 gnuplot-3.5.tar.gz
226 Transfer complete.
```

```
ftp> binary
200 Type set to I.
ftp> get gnuplot-3.5.tar.gz
200 PORT command successful.
150 Opening BINARY mode data connection for gnuplot-3.5.tar.gz (626008 bytes).
226 Transfer complete.
626008 bytes received in 8.70 seconds (70.26 Kbytes/s)
ftp> bye
221 Goodbye.
$ ls
gnuplot-3.5.tar.gz
```

Files mit dem Internet zu übertragen kostet Ressourcen. Deshalb wurden Konventionen und Techniken entwickelt, die es ermöglichen, den Speicherplatz und die Übertragungszeiten zu minimieren, mehrere Files gleichzeitig zu übertragen und sicherzustellen, daß Binär-Files korrekt übertragen werden. Viele der über das Internet erhältlichen Files sind in speziellen Archivformaten gespeichert, die einen optimalen und leichten Zugriff für jeden Anwender ermöglichen. Das beinhaltet normalerweise

- das *Zusammenfassen* mehrerer logisch zusammengehörender Files zu einem großen und

- das *Komprimieren* der Files, um den Speicherplatz und die Übertragungsdauer zu minimieren.

Auf Unix-Systemen werden gewöhnlich folgende Konventionen verwendet, um an der Endung des Filenamens den Filetyp (das Archivformat) zu erkennen:

Endung des Filenamens	Filetyp	nach Erhalt anzuwendende Tools
.Z	Binär	uncompress
.arc	Binär	ARChive
.shar	ASCII	SHell ARchive
.tar	Binär	Tape ARchive
.uu	ASCII	uudecode
.zip	Binär	unzip
.zoo	Binär	zoo
.gz (oder .z)	Binär	GNU unzip

FTP-by-mail

Anwender, die keinen direkten FTP Zugang haben, können an gewünschte Daten und Informationen über den FTP-by-mail-Server gelangen, indem sie per E-mail ein Ansuchen schreiben. Der FTP-by-mail-Server antwortet automatisch mit einer Empfangsbestätigung, Ergebnissen oder ganzen Files.

Beispiel (E-mail-Nachricht an einen FTP-by-mail-Server) Als Antwort auf die E-mail-Nachricht

```
$ mail parlib@hubcap.clemson.edu
Subject:
send index
.
$
```

erhält man eine Liste, die Zugangsinformationen und eine Inhaltsangabe von PARLIB, einer Parallelrechner-Softwarebibliothek der Clemson University, enthält.

Folgende E-mail-Nachrichten werden von (den meisten) FTP-by-mail-Servern beantwortet:

- `send index from` *library-name*

    man erhält die Inhaltsangabe der Bibliothek,

- `send all from` *library-name*

    man erhält die ganze Bibliothek,

- `send` *routine-name* `from` *library-name*

    man erhält ein spezielles Programm einer Bibliothek und alles, was damit zusammenhängt,

- `send directory for` *library-name*

    man erhält eine Liste aller Files einer Bibliothek.

Beispiele für FTP-by-Mail Server sind:

- `netlib@ornl.gov` – eine Sammlung numerischer Software;

- `statlib@temper.stat.cmu.edu` – eine Sammlung statistischer Software;

- `parlib@hubcap.clemson.edu` – eine Sammlung von Beispielen paralleler Programme für eine Vielzahl von Sprachen und Parallelrechnersystemen;

- `tuglib@math.utah.edu` – TeX-betreffende Software von TeX Anwendern.

Austausch von Aufträgen (TELNET)

Eine über den bloßen Dateitransfer hinausgehende Form des Betriebsmittelverbundes ist das Verfügbarmachen von *ausführbaren* Programmen durch Austausch von Aufträgen (*remote job control*). Am einfachsten geschieht dies dadurch, daß man Internet-Benutzern gestattet, sich auf anderen Internet-Knoten einzuloggen, so als ob diese lokal verfügbar wären. Ist man auf dem anderen Rechner eingeloggt, kann man die dort verfügbaren Programme aufrufen und auf diesem Rechner ausführen. Damit wird sowohl die Nutzung von Software- als auch von Hardware-Betriebsmitteln ermöglicht. Für diese Funktion steht im Internet das TELNET-Protokoll (*Virtual Terminal Protocol*) als Teil des TCP/IP-Protokolls zur Verfügung. TELNET ist ein Programm, welches das TELNET-Protokoll verwendet. TELNET ist genauso wie FTP ein Client-server-System.

Um sich an einem fremden Computer einloggen zu können, muß auf diesem und dem eigenen Rechner TELNET zur Verfügung stehen. Die beiden Programme arbeiten zusammen und ermöglichen damit, auf dem fremden Rechner so zu arbeiten, als würde man auf einem Terminal arbeiten, daß direkt an den fremden Rechner angeschlossen ist. Dafür ist es notwendig, auch auf dem fremden Rechner eine Benutzernummer, ein Paßwort und einen Account zu haben.

Beispiel (Rechnerverwendung mittels TELNET) Das folgende Dialog-Protokoll beschreibt, wie ein Benutzer mittels TELNET zum Internet-Knoten `uranus.tuwien.ac.at` eine Verbindung herstellt, unter dem Namen *meinname* einloggt, mittels *ls* die lokal verfügbaren Dateien abfragt und sich schließlich mittels *exit* wieder ausloggt, worauf die hergestellte Internet-Verbindung wieder aufgelöst wird.

```
$ telnet uranus.tuwien.ac.at
Trying 128.130.37.2...
Connected to uranus.tuwien.ac.at.
Escape character is '^]'.
uranus [Release A.08.00 B 9000/835]

login: meinname
Password: ···   (Paßwort-Eingabe)

$ ls
archive    ndv      progs    Mail      bin      hompack    pvm3
$ exit
Connection closed by foreign host.
$
```

Anonymous-telneting bietet die Möglichkeit, sich an einem fremden Computer mit einem allgemein bekannten Account-Namen einzuloggen. Meistens sind Accounts mit den Login-Namen „anonymous", „guest" oder dem Namen des Programmes „archie" oder „gopher" eingerichtet. Einige Systeme verlangen nicht einmal nach einem Paßwort oder geben weitere Instruktionen.

7.3.5 Internet-Suchdienste

Versucht man im Internet, Software, Dokumente usw. zu einem bestimmten Thema zu finden, so sieht man sich sowohl auf Grund des Umfangs und der Vielfalt der verfügbaren Informationen als auch wegen des dezentralen Charakters des Internets mit den bisher beschriebenen Hilfsmitteln oft vor einer nahezu aussichtslosen Aufgabe. Um den Zugang zu Internet-Informationen zu erleichtern, wurden daher Internet-Suchdienste entwickelt, deren wichtigste im folgenden kurz beschrieben werden.

Das **Archie-System** dient der Suche nach Files, die über anonymous-FTP bezogen werden können. Archie ist eine Art Internet-„Bibliothekar", der regelmäßig und automatisch alle Files abfragt und registriert, die über aFTP erhältlich sind, und diese in Form einer Datenbank allgemein zugänglich macht. Da Archie *alle*

Internet-aFTP-Server regelmäßig durchsieht, ist diese Datenbank ständig auf dem neuesten Stand.

Archie ist kein einzelnes System, sondern besteht aus einer Gruppe von Servern. Jeder Server ist dafür verantwortlich, seine zugehörigen Internet-aFTP-Server ständig abzufragen, um eine eigene Datenbank zu erstellen. Zur Zeit sind es 14 öffentlich zugängliche Archie-Server, die Verzeichnisse von den archivierten Files auf mehr als 1000 aFTP-Servern erstellen. Die Archie-Datenbanken enthalten mehr als 2.5 Millionen Files und deren Adressen. Da jeder Archie-Server seine eigene Datenbank erstellt, können sich die Daten der einzelnen Archie-Server geringfügig voneinander unterscheiden.

Als Suchbegriff kann beim Archie-System nur der Dateiname (File-Name) verwendet werden. Aus der Datenbank erhält man dann sowohl den System-Namen des Internet-Knotens als auch das Verzeichnis, in dem sich das gesuchte File befindet. Die Bedienung des Archie-Systems vereinfacht sich wesentlich durch das Programm `xarchie` (siehe Abb. 7.2) mit seiner X-WINDOW-Benutzeroberfläche.

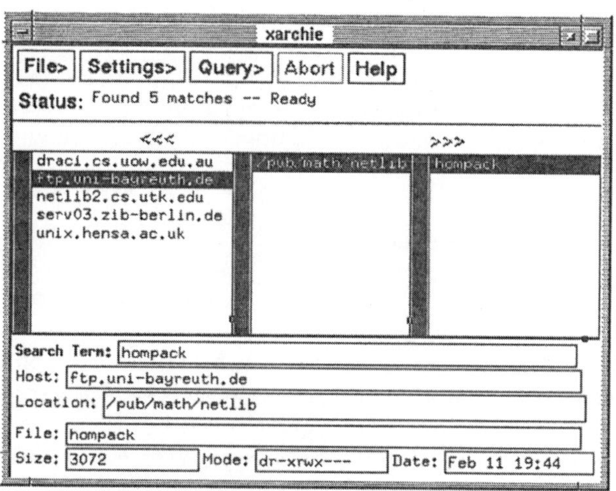

Abb. 7.2: `xarchie` – Eine Benutzeroberfläche für das Archie-System auf X-WINDOW-Basis

Ein entscheidender Nachteil des Archie-Systems ist, daß man den Namen der gesuchten Datei wissen muß; Beschreibungen der Dateien werden im Archie-System *nicht* gespeichert. Mit dem **WAIS-System** kann man Sammlungen von Files nach selbstdefinierten Suchbegriffen durchsuchen. Allerdings müssen von diesen Dateien zunächst entsprechende Indizes erstellt werden, in denen nach den Suchbegriffen gesucht werden kann.

Schnittstellen zu Internet-Diensten

Der Benutzer von Internet-Dienstprogrammen entdeckt gewöhnlich schnell, daß der Bedienungskomfort der einzelnen Programme entscheidend durch die Tatsache gemindert wird, daß die verschiedenen Programme keine einheitlichen Benutzerschnittstellen aufweisen. Um diesem Manko abzuhelfen, wurden Programme entwickelt, die dem Benutzer Zugang zu den Internet-Diensten FTP, TELNET, Archie und WAIS über eigene Schnittstellen verschaffen.

Im **Gopher-System** erfolgt der Zugriff über eine Menü-gesteuerte Schnittstelle, für die auch X-WINDOW-Oberflächen existieren, wie z. B. das System `xgopher` (siehe Abb. 7.3).

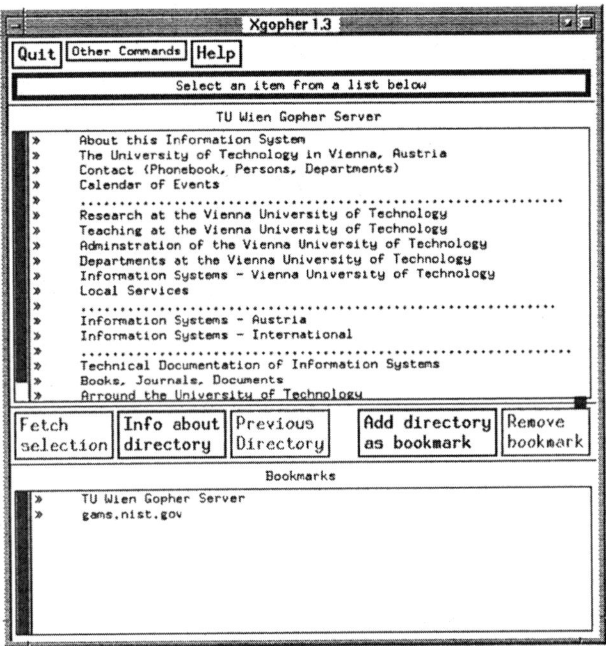

Abb. 7.3: `xgopher` – Ein Internet-Informationsdienst auf der Basis des Gopher-Systems mit X-WINDOW-Benutzeroberfläche

Moderner als das Gopher-System ist das **WWW-System** (*World-Wide Web*), das als *Hypertext*-System eine Vernetzung der Dokumente durch bedeutungstragende Verbindungen ermöglicht: Ausgehend von einem am Bildschirm dargestellten Dokument kann der Benutzer weitere, in inhaltlichem Zusammenhang stehende Dokumente erhalten, indem er speziell gekennzeichnete Wörter bzw. Ikonen des aktuellen Dokuments selektiert. Die neu ausgewählten Dokumente können sich dabei am selben oder auch auf anderen Internet-Knoten befinden als das ursprüngliche. Jedes Dokument kann mit Hilfe des zugehörigen URLs[5] referenziert werden. Ein URL ist im wesentlichen nichts anderes als eine Erweiterung des normalen Filenamens bzw. -pfades, in dem zusätzlich der Systemname des Internet-Knotens sowie eine Charakterisierung des Dokumenttyps enthalten ist.

Das WWW-System stellt den derzeit komfortabelsten Zugang zu den Internet-Diensten dar und wird auch von Systemen mit X-WINDOW-Benutzeroberfläche (z. B. MOSAIC; siehe Abb. 7.4) unterstützt.

---

[5]URL ist die Abkürzung für *Uniform Resource Locator*.

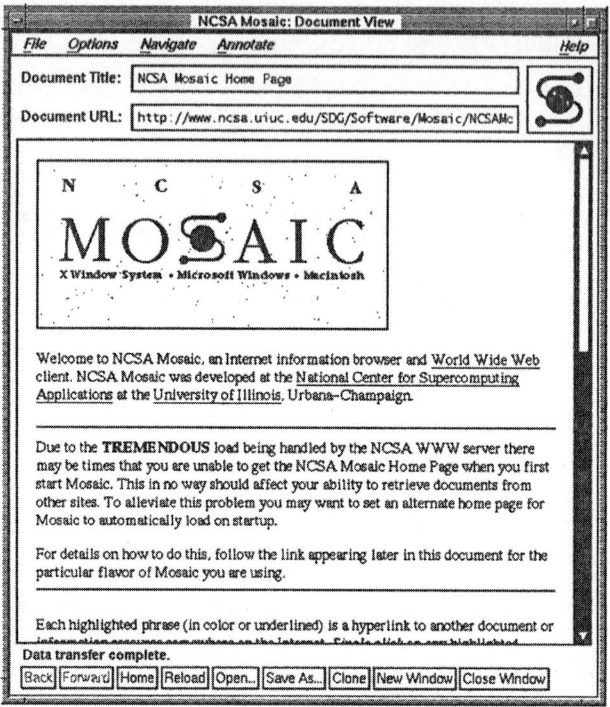

Abb. 7.4: Mosaic – Ein Internet-Informationsdienst auf der Basis des WWW-Systems mit X-Window-Benutzeroberfläche

7.3.6 Netlib

Von herausragender Bedeutung für die rasche, einfache und effiziente Beschaffung von frei erhältlicher *(public domain)*-Software aus dem Numerik-Bereich ist der Internet-Dienst Netlib (Dongarra, Grosse [170]). Die Softwarebibliothek Netlib hat folgende Vorteile:

- Es gibt keinen Verwaltungsaufwand.

- Da es sich um einen reinen Computer-Service handelt, werden Anfragen zu jeder Tages- und Nachtzeit beantwortet.

- Man erhält stets die aktuellsten Informationen bzw. Programmversionen.

Inhalt

Der Internet-Dienst Netlib stellt Programmbibliotheken, einzelne Programme, Bibliographien, Software-Tools etc. kostenlos zur Verfügung:

Bibliotheken: Lapack, Linpack, Eispack, Itpack, Sparspak, Minpack, Tnpack, Hompack, Odrpack, Pppack, Quadpack, Fftpack, Vfftpk,

Odepack, Fishpack, Madpack, Toeplitz, Conformal, Vanhuffel, Pitcon, die allgemein zugänglichen Teile der PORT-Bibliothek etc.

TOMS-Software: Die in den *Transactions on Mathematical Software* (TOMS) publizierten Programme sind über ihre Algorithmus-Nummer abrufbar.

Benutzung

Um Zugang zur Netlib-Bibliothek zu erhalten, kann man eine E-mail-Nachricht z. B. an eine der folgenden Adressen richten:

über Internet:	`netlib@nac.no` oder
	`netlib@ornl.gov` oder
	`netlib@research.att.com`
über EARN/BITNET:	`netlib@nac.norunix.bitnet`
über EUNET/uucp:	`netlib@draci.cs.uow.edu.au`

Diese E-mail-Nachricht kann eine der folgenden Formen haben:

    send index

    send index from *library*

    send *routines* from *library*

    find *keywords*

Die Softwarebeschaffung mittels E-mail ist eher mühsam und unterliegt einigen Einschränkungen (z. B. können nur einzelne Programme bezogen werden). Einige Softwareprodukte können auch mittels anonymous-FTP bezogen werden, z. B. die Software der Netlib (über einen in den obigen E-mail-Adressen enthaltenen Systemnamen).

`xnetlib` ist eine komfortable Benutzeroberfläche für den Umgang mit Netlib (siehe Abb. 7.5). Erhältlich ist `xnetlib` über Netlib oder anonymous-FTP.

Graphische Benutzerschnittstellen zur Netlib stellt auch das WWW-System über die zwei URLs `ftp://netlib.att.com/netlib/master/readme.htm` und `www.netlib.org` zur Verfügung. Diese Möglichkeit ist insbesondere dann vorteilhaft, wenn schon Erfahrung in der Verwendung des WWW-Systems besteht, da man dann ohne jede Lernphase mit der Benutzerstelle zurecht kommt. Allerdings weist `xnetlib` eine größere Funktionalität auf.

Analog zu Netlib (auch mit FTP-by-mail-Zugriff) werden betrieben:

`parlib@hubcap.clemson.edu`	Software für Parallelrechner;
`statlib@temper.stat.cmu.edu`	Statistische Software;
`reduce-netlib@rand.org`	REDUCE – symbolische Algebra.

Über `ftp.dante.de` kann man Software der „TeX-Welt" beziehen.

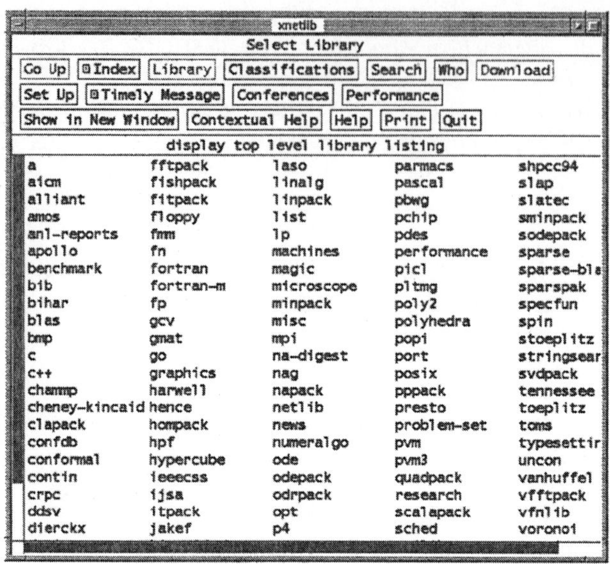

Abb. 7.5: `xnetlib` – Eine X-WINDOW-Schnittstelle zur Softwarebibliothek NETLIB

7.3.7 eLib

Vom Konrad-Zuse-Zentrum für Informationstechnik Berlin (ZIB; Heilbronner-straße 10, D-10711 Berlin – Wilmersdorf) wird die Softwarebibliothek ELIB betrieben. Mittels anonymous-FTP kann man die ELIB über die Internet-Adresse `elib.zib-berlin.de` im Verzeichnis `pub/elib` beziehen. Am komfortabelsten kann auf die ELIB mittels des WWW-Systems über die URL `http://elib.zib-berlin.de` zugegriffen werden.

7.3.8 GAMS

GAMS[6] ist eine vom *National Institute of Standards and Technology* (NIST) betreute Datenbank für numerische Software, in der alle Unterprogramme der wichtigsten Mathematik-Bibliotheken dokumentiert sind (Boisvert et al. [123]). Dabei ist zu jeder Funktion eine kurze Beschreibung gespeichert. Die Unterprogramme sind gemäß dem hierarchischen GAMS-Index klassifiziert. Soferne es sich um ein frei erhältliches Unterprogramm handelt, kann man dieses im allgemeinen direkt mit Hilfe von GAMS beziehen.

Für die GAMS-Datenbank steht sowohl eine menügesteuerte und – in Form von `xgams` – auch eine X-WINDOW-Benutzerschnittstelle zur Verfügung (siehe Abb. 7.6). Am einfachsten kann man auf diese Programme dadurch zugreifen, daß man mittels TELNET auf `gams.nist.gov` unter dem Namen `gams` bzw. `xgams` einloggt. Client-Programme können über anonymous-FTP von `enh.nist.gov:gams` bezogen werden.

---

[6]GAMS ist die Abkürzung für *Guide to Available Mathematical Software*.

Eine weitere Zugriffsmöglichkeit auf die GAMS-Datenbank ist mit Hilfe des WWW-Systems gegeben. Die entsprechende URL lautet: `http://gams.nist.gov`.

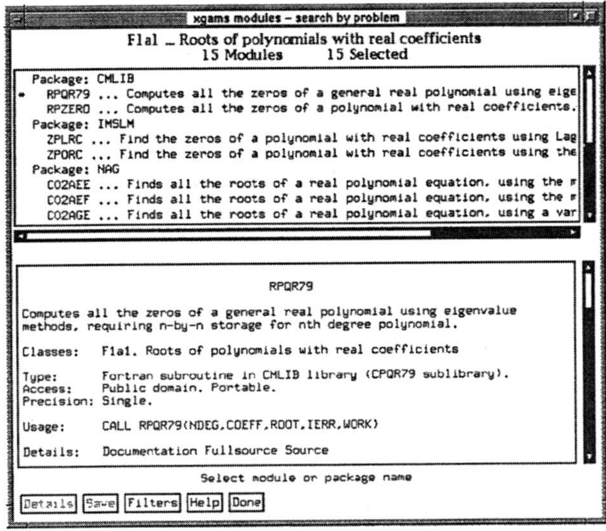

Abb. 7.6: xgams – Eine X-WINDOW-Schnittstelle zur GAMS-Datenbank

7.4 Interaktive multifunktionale Programmsysteme

Wenn es nicht um Rechenhöchstleistungen bei der effizienten Lösung sehr großer numerischer Probleme im Produktionsbetrieb geht, sondern um die komfortable interaktive Bearbeitung kleiner bis mittelgroßer, rasch wechselnder Aufgaben am PC oder auf einer Workstation, bieten sich multifunktionale Programmsysteme an. Diese vereinigen – mit unterschiedlichen Schwerpunkten – die Funktionalität von Numerik-, Symbolik- und Graphik-Systemen in umfassenden Softwareprodukten mit einheitlicher Benutzerschnittstelle (Riddle [339]).

7.4.1 Systeme für exploratorische Untersuchungen

Der wichtigste Anwendungsbereich interaktiv-multifunktionaler Programmsysteme, wie z. B. MAPLE, MATHEMATICA, MATLAB, AXIOM, SENAC, MACSYMA oder MATHCAD, sind mathematisch orientierte Untersuchungen im Zusammenhang mit Datenanalyse, Entwicklung und Analyse von Algorithmen etc., bei denen vorwiegend einmalig auftretende (*one-of-a-kind*) Probleme zu lösen sind. Für große, aufwendige, sich mit wechselnden Daten wiederholende Berechnungen sind derartige Systeme weniger gut geeignet.

7.4.2 Systeme für numerische Berechnungen

Wenn der Schwerpunkt der Anwendung auf der numerischen Lösung „mittelgroßer" Probleme liegt, kommen z. B. die matrix-orientierten Systeme MATLAB, OCTAVE, MLAB, GAUSS und XMATH in Frage. Für große, sehr rechenaufwendige Probleme empfiehlt sich entweder die Verwendung von SENAC, einem multifunktionalen System, das den Zugriff auf alle Programme der NAG-Bibliothek ermöglicht, oder überhaupt die Verwendung jener Software, die in den Abschnitten 7.2.3 und 7.2.4 besprochen wurde.

MATLAB

MATLAB[7] ist unter den multifunktionalen Programmsystemen der prominenteste Vertreter der numerisch orientierten Produkte. Mit diesem interaktiven Programm kann man Gleichungen sehr einfach definieren und auswerten, Daten und selbstdefinierte Funktionen speichern und wiederverwenden sowie Berechnungsergebnisse graphisch darstellen. Im Zentrum von MATLAB steht die interaktive numerische lineare Algebra und Matrizenrechnung: **MATrix LABoratory** (Hill, Moler [234], Coleman, Van Loan [10]).

MATLAB umfaßt neben Methoden der Matrizenrechnung noch viele andere numerische Verfahren, z. B. für die Nullstellenbestimmung von Polynomen, die FFT (*Fast-Fourier-Transform*), die numerische Lösung von Anfangswertproblemen gewöhnlicher Differentialgleichungen etc.

Die Graphik-Funktionalität ermöglicht das Erstellen von zwei- und dreidimensionalen technischen Graphiken auf einem Farbbildschirm, Drucker oder Plotter.

MATLAB verfügt über einen Interpreter und läßt sich programmieren. Auf diese Weise kann man die Funktionalität des Systems noch erweitern. Aus MATLAB können auch Fortran- und C-Programme aufgerufen werden, wodurch man die Bearbeitung rechenintensiver Aufgaben beschleunigen und bestehende Software einbinden kann.

Eine Reihe von Zusatzmodulen, sogenannte *Toolboxen*, sind für verschiedene Anwendungsgebiete und spezielle Aufgabenstellungen erhältlich: Signalverarbeitung, Splines, Chemometrie, Optimierung, Neuronale Netze, Regelungssysteme, Statistik, Bildverarbeitung etc.

Eine spezielle Erweiterungsmöglichkeit von MATLAB geht in Richtung Symbolik: Mit der *Symbolic-Math-Toolbox*, die auf dem MAPLE-Kern aufbaut, wird der Bereich der Computer-Algebra abgedeckt.

OCTAVE

Sowohl für ein Kennenlernen matrixorientierter Systeme als auch für praktische numerische Berechnungen bietet sich das Public-domain-Produkt OCTAVE an. OCTAVE folgt in seiner Design-Philosophie und seinen Sprachkonstrukten weitgehend dem System MATLAB. Es weist im Vergleich zu diesem aber einen geringeren Leistungsumfang auf. Bezogen werden kann OCTAVE – sowohl der gesamte

---

[7]The MathWorks, Inc., 20 North Main Street, Sherborn, Massachusetts, 01770, USA.

Source-Code als auch vorübersetzte Versionen für verschiedene gängige Systeme – mittels anonymous-FTP von `ftp.che.utexas.edu:pub/octave`.

7.4.3 Systeme für symbolische Manipulationen

Computer-Algebrasysteme – wie z.B. MAPLE, MATHEMATICA, MACSYMA, AXIOM, DERIVE etc. – erlauben es, analytische Mathematik (Differenzieren, Integrieren etc.) am Computer zu betreiben.

Die wichtigsten Vertreter dieser Kategorie – MAPLE und MATHEMATICA – sind in erster Linie Computer-Algebrasysteme (vgl. Abschnitt 4.3.4), besitzen aber auch Numerik- und Graphik-Funktionalität.

7.4.4 Systeme für die Simulation

Simulation ist das Experimentieren mit mathematischen Modellen anstelle von physikalischen (oder sonstigen) „Originalen", verbunden mit einer entsprechenden Interpretation der erhaltenen Resultate:

Modellierung: Mit vorhandenen Daten, die den Ist-Zustand eines beobachteten Prozesses oder den Soll-Zustand eines geplanten Prozesses beschreiben, wird ein mathematisches Modell erstellt. Dieses Modell kann dazu verwendet werden, Vorgänge im realen Prozeß nachzuvollziehen.

Experimente: Wenn das Modell mit verschiedenen Eingangsdaten versorgt wird, können mit seiner Hilfe Experimente durchgeführt werden, die das Verhalten des Modells – und damit des modellierten „Originals" – unter Bedingungen zeigen, die für den betreffenden Anwendungsfall relevant sind.

Interpretation: Die Experimente liefern eine Reihe formaler Ergebnisse. Diese werden durch Analogieschluß auf den realen Prozeß übertragen, wodurch die ursprüngliche Problemstellung gelöst werden kann.

Für die konkrete Durchführung von Simulationsaufgaben am Computer gibt es verschiedenartige Hilfsmittel:

Simulationssprachen sind spezielle Programmiersprachen, die entwickelt wurden, um bestimmte Simulationskonzepte einfach formulieren zu können. So ist z. B. ACSL eine Simulationssprache für kontinuierliche Modelle (gewöhnliche Differentialgleichungen); SIMULA und GPSS sind Sprachen für diskrete Modelle (Warteschlangen-Netze).

Simulationssysteme sind multifunktionale interaktive Softwaresysteme. Hier sind z. B. VISSIM und ACSL GRAPHIC MODELLER zu nennen.

7.5 Problem Solving Environments

Für den Begriff *problem solving environment* (PSE) gibt es weder eine einheitliche Definition noch eine allgemein akzeptierte deutschsprachige Bezeichnung. Der Ausdruck bezeichnet, grob gesagt, ein Softwaresystem, das – über eine spezielle

Benutzeroberfläche – Problemlösungen in einer bestimmten Problemklasse besonders unterstützt. PSEs werden als Lösungshilfsmittel für schwierige Probleme eingesetzt, die *keinen* Routine-Charakter besitzen. Diese Eigenschaft unterscheidet ein PSE von anderer Anwendungssoftware.

Beispiel (ELLPACK) Für Probleme aus dem Bereich der Mechanik, die sich mathematisch gesehen auf partielle Differentialgleichungen vom elliptischen Typ zurückführen lassen, gibt es eine große Menge von Anwendungssoftware, wie z. B. die Systeme NASTRAN, ASKA und SAP.

Das PSE ELLPACK ist hingegen nicht auf spezielle mechanische Probleme beschränkt, sondern dient allgemein der Lösung elliptischer Differentialgleichungen. Es besitzt z. B. ein *Expertensystem-Frontend*, das als Bindeglied zum Anwender die optimale Anpassung des Lösungsalgorithmus an die aktuellen Problem-Besonderheiten, gleichgültig, aus welchem Anwendungsgebiet diese stammen, ermöglicht.

Als Benutzer eines PSEs wird stets ein Mensch angenommen, d. h. nicht ein anderes Programm oder ein anderer Computer. Benutzerkomfort und hoher Gebrauchswert der Ausgabe (vorzugsweise in graphischer Form) spielen daher – wie bei den multifunktionalen interaktiven Programmsystemen (Abschnitt 7.4) – eine wesentliche Rolle beim Design eines PSEs.

Effiziente Computerausnutzung ist natürlich auch ein wichtiger Gesichtspunkt, wird aber im allgemeinen der Minimierung des menschlichen Aufwandes (seitens des PSE-Benutzers) untergeordnet (Gallopoulos, Houstis, Rice [213], Houstis, Rice, Vichnevetsky [239]).

Im Idealfall erledigt ein PSE die Routine-Anteile an der Problemlösung ohne Eingriffe des Benutzers in effizienter Weise. Außerdem kann es Hilfestellungen bei der Problem-Spezifikation, der Auswahl von algorithmischen Alternativen und der Festlegung problemabhängiger Algorithmus-Parameter geben.

Benutzerschnittstelle

Window-Systeme (z. B. X-WINDOW), Bit-Map-Graphik und Farbe stellen wichtige Voraussetzungen für das Design der Benutzerschnittstelle eines PSEs dar. Es gibt auch bereits Überlegungen, wie man Sprach-Ein/Ausgabe in künftigen PSEs einsetzen könnte.

Ein schwieriges Problem ist die Entschlüsselung des Dialogs zwischen Benutzer und PSE. Da sich nicht alle Benutzer der gleichen Terminologie bedienen, muß ein *Thesaurus* (eine systematisch geordnete Sammlung von Wörtern eines bestimmten Anwendungsgebietes) implementiert werden, mit dessen Hilfe man synonyme Wörter und Ausdrücke rechnerintern auf einheitliche Schlüsselwörter reduziert. Dem Benutzer steht damit die Möglichkeit offen, auf eine ihm gemäße Art mit dem PSE zu kommunizieren.

Problemlösung

Sobald das Problem in hinreichender Genauigkeit spezifiziert ist, entscheidet das PSE, welches Teilsystem bzw. welche Unterprogramme zur Lösung heranzuziehen sind. Der Auswahlmechanismus kann von einfachen Entscheidungsbäumen bis zu Expertensystemen reichen, deren Wissensbasis sich auf die Kenntnisse von

Fachleuten des Problembereichs stützt. Bei der Erstellung der Wissensbasis kann auch auf die Erfahrungen zurückgegriffen werden, die bei der Lösung früherer Probleme von dem PSE gesammelt wurden.

Präsentation und Analyse der Resultate

Wenn die internen Lösungsmechanismen Resultate geliefert haben, muß das PSE diese in eine Form bringen, die für den Benutzer eine sinnvolle Interpretation und Weiterverwendung gestattet. Die *Visualisierung* numerischer Lösungen ist dabei ein unverzichtbarer Bestandteil.

In der Präsentationsphase können auch Informationen über die *Kondition* des Problems an den Benutzer/Problemsteller weitergegeben werden. Falls erforderlich, erhält der Benutzer eine Warnung, wenn die erhaltenen Resultate in einer empfindlichen Weise von den Eingangsdaten abhängen und daher mit Vorsicht zu interpretieren sind.

Problemabhängige Hilfestellungen

Wie in den meisten Softwaresystemen ist es auch in PSEs üblich, auf Wunsch des Benutzers Hilfestellungen (durch *Help*-Funktionen) zu geben. Es handelt sich dabei meist um *lokale* (kontextabhängige) Help-Systeme.

Ein verwandter Bereich ist jener der Erklärungsfunktionen. Manche Benutzer sind daran interessiert, zu erfahren, welche Lösungsverfahren vom PSE eingesetzt wurden und warum. Diese Erklärungen sollten nicht den Charakter einer Aufzählung der verwendeten Fakten und Regeln haben, sondern in einer für den Benutzer verständlichen Form präsentiert werden.

7.5.1 Verfügbare Problem Solving Environments

Statistik

Die meisten derzeit verfügbaren PSEs sind statistischen Fragestellungen gewidmet, wie z. B. REX, STUDENT, STATXPS, BUMP, MULTISTAT und GLIMPSE.

In der Statistik gibt es seit langem Softwaresysteme für Benutzer ohne mathematisch-statistische Ausbildung. Diese PSEs unterstützen statistische Datenauswertungen, vereinfachen komplizierte statistische Analysen und erläutern dem Benutzer Programm-Entscheidungen. Im Bereich der Statistik existiert auch bereits eine Reihe von Softwaresystemen, die auf Prinzipien der Künstlichen Intelligenz beruhen (vgl. z. B. Ford, Chatelin [198]).

Symbolische Mathematik

Auch die symbolische Mathematik ist ein Gebiet, auf dem es eine Reihe von Softwaresystemen gibt, die deren Benutzer bei der Problemlösung unterstützen und die man in die Kategorie der PSEs einordnen kann. Darunter fallen z. B. die interaktiven multifunktionalen Programmsysteme MATHEMATICA, MACSYMA, MAPLE, AXIOM, DERIVE etc. Diese PSEs sind sowohl für sich genommen als auch in Verbindung mit numerischen Softwaresystemen von Bedeutung (wenn man z. B. durch symbolische Differentiation den Gradienten einer Funktion ermittelt, deren Extremwerte numerisch berechnet werden sollen).

Numerische Problemlösung

Die ersten numerischen PSEs wurden für Finite-Elemente-Programme entwickelt. Hier war die Nachfrage nach einfach bedienbaren Benutzer-Oberflächen am größten. Eines der ersten wissensbasierten Systeme war FEASA (*Finite Element Analysis Specification Aid*). Neben FEASA gibt es noch eine Reihe anderer Expertensysteme im Bereich der Finite-Elemente-Methode; für die wichtigsten Pakete (wie z. B. NASTRAN) sind *Expertensystem-Frontends* jedoch noch ausständig.

Auf einem elementareren Niveau hat es eine Reihe von Versuchen gegeben, Entscheidungsbäume für numerische Problemklassen bereitzustellen, mit deren Hilfe die Auswahl der geeignetsten Algorithmen bzw. (Unter-)Programme unterstützt wird. Auch die Dokumentation der meisten numerischen Softwaresysteme (z. B. IMSL und NAG) enthält derartige Entscheidungshilfen. NITPACK (Gaffney et al. [212]) ermöglicht die *on-line*-Abfrage eines Entscheidungsbaums zur Auswahl der geeignetsten numerischen Software.

Auf dem Gebiet der Benutzerführung bei der Lösung numerischer Probleme sind vor allem zwei Systeme erwähnenswert: NEXUS und NAXPERT.

NEXUS (Gaffney et al. [211]) ist ein allgemein verwendbares PSE für numerische Berechnungen im technisch-naturwissenschaftlichen Bereich (*scientific computing*). Es soll als Informationssystem mathematisch-numerische Beratung für eine breite Palette von Problemen liefern und den Benutzer bei der Auswahl geeigneter Software aus den wichtigsten Softwarebibliotheken unterstützen. Es bietet eine *on-line*-Dialogkomponente. Die Wissensbasis ist baumartig organisiert.

Von NEXUS ist ein wichtiger Impuls zum systematischen Zusammentragen und Organisieren von Wissen über Methoden der Numerischen Datenverarbeitung ausgegangen. So gibt es z. B. eine systematische Darstellung von Wissen über Software zur numerischen Lösung von Anfangswertproblemen gewöhnlicher Differentialgleichungen.

NAXPERT (Schulze, Cryer [356]) gibt Hilfestellungen bezüglich des Einsatzes einer Teilmenge der Unterprogramme aus der NAG Fortran-Programmbibliothek. Der Benutzer kommuniziert mit NAXPERT mit Hilfe von Stichwörtern (Zeichenketten) wie z. B. `finite interval` oder `ordinary differential equation`. Diese Stichworte, die entweder vom Benutzer stammen oder ihm von NAXPERT vorgeschlagen werden, definieren die Eigenschaften des Problems. NAXPERT enthält in einer Wissensbasis Regeln, die auf die eingegebenen Stichwörter angewendet werden und ohne aktives Eingreifen des Benutzers neue Stichwörter liefern können. Alle eingegebenen und neu generierten Stichwörter werden mit jenen Stichwörtern verglichen, die intern zur Charakterisierung der zur Auswahl stehenden Programme dienen. Sobald genug Information gesammelt wurde, macht NAXPERT entweder einen Vorschlag, welche Programme zur Problemlösung geeignet erscheinen, oder weist darauf hin, daß *keine* passenden Programme vorhanden sind. NAXPERT ist wie ein „klassisches" Expertensystem aufgebaut. Es enthält

1. eine *Wissensbasis* mit formalisiertem Wissen über die NAG-Programme (Fakten in Form von Stichwörtern, Bewertungskriterien etc.);

2. eine *Problemlösungskomponente* zur Bearbeitung des Problems, die z. B. in der Wissensbasis nach Lösungsmöglichkeiten sucht;

3. eine *Erklärungskomponente*, die auf Anfrage die gefundene Lösung begründet sowie den Lösungsweg aufzeigt und kommentiert;

4. eine *Dialogkomponente*, über die der Benutzer in einem Frage-Antwort-Muster dem System sein Problem mitteilt.

7.6 Fallstudie: Software für elliptische partielle Differentialgleichungen

Für die Lösung von Randwertproblemen partieller Differentialgleichungen vom elliptischen Typ gibt es eine große Anzahl kommerzieller und frei verfügbarer Softwareprodukte. In diesem Abschnitt wird eine kurze Übersicht über die zur Verfügung stehenden Programme gegeben. Damit soll insbesondere gezeigt werden, wie nützlich die bisher vermittelten Kenntnisse bezüglich der Beschaffung numerischer Software bei der Lösung derartiger Aufgabenstellungen sind.

Der Schwerpunkt bei der folgenden Software-Übersicht liegt – wie auch in allen anderen Abschnitten dieses Buches – bei den *Public-domain*-Produkten. Aus dem Bereich der kommerziellen Softwareprodukte wurden lediglich die Unterprogramme der NAG- und der IMSL-Fortran-Bibliothek wegen der großen Verbreitung dieser Softwaresysteme berücksichtigt. Auf andere kommerzielle Software wird nur dann verwiesen, wenn Software vergleichbarer Qualität *nicht* frei verfügbar ist.

Es gibt eine Reihe von Programmpaketen für spezielle Anwendungsgebiete (Mechanik, Statik etc.), deren Problemstellungen sich mathematisch gesehen auf partielle Differentialgleichungen vom elliptischen Typ zurückführen lassen. Im folgenden wird auf Software, die nur für bestimmte Anwendungsgebiete entwickelt wurde, *nicht* eingegangen. Nur Programme, die allgemein der Lösung elliptischer Randwertprobleme dienen, haben Aufnahme gefunden.

Innerhalb des skizzierten Rahmens wurde bei der Zusammenstellung versucht, die einschlägigen Programme der NETLIB und die in der GAMS-Datenbank erfaßte Software vollständig einzubeziehen. Andere z. B. über anonymous-FTP von verschiedenen Institutionen beziehbare Software ist nur punktuell abgedeckt.

Für die Lösung von linearen Gleichungssystemen, die bei der Diskretisierung elliptischer Differentialgleichungen (bzw. zu diesen äquivalenter mathematischer Probleme) entstehen, gibt es spezielle Softwareprodukte. Auf diese wird aber hier *nicht* eingegangen. Der Lösung linearer Gleichungssysteme mit voll bzw. schwach besetzter Koeffizientenmatrix sind die Kapitel 13 und 16 gewidmet.

7.6.1 Klassifikationsmerkmale

Um über die verschiedenen Softwareprodukte sinnvolle Funktionsaussagen machen zu können, werden zunächst einige relevante Begriffe eingeführt. Genaue Definitionen und ausführliche Erläuterungen dieser Terminologie findet man in der Literatur über partielle Differentialgleichungen (z. B. in Hackbusch [49]).

Problemklasse

Bei der Charakterisierung der verschiedenen Softwarepakete ist zunächst die Problemklasse, für deren Lösung die Programme konzipiert sind, das primäre Klassifikationsmerkmal. Hier unterscheidet man insbesondere zwischen *linearen* und *nichtlinearen* Randwertproblemen, wobei praktisch alle *Public-domain*-Produkte nur lineare Probleme behandeln.

Innerhalb der Klasse der linearen Randwertprobleme sind wiederum die meisten Programme für Differentialgleichungen *zweiter* Ordnung geschrieben. Bei den Differentialgleichungen höherer Ordnung gibt es nur für die *biharmonische* Gleichung (die von vierter Ordnung ist) spezielle Programme.

Typ des Differentialoperators

Die *Poissonsche* (bzw. *Laplacesche*) und die *Helmholtzsche* Differentialgleichung spielen eine fundamentale Rolle in der mathematischen Formulierung physikalischer Gesetzmäßigkeiten; diese Gleichungen sind daher in vielen Anwendungsgebieten von überragender Bedeutung. Dementsprechend löst die Mehrzahl der für elliptische Randwertprobleme geschriebenen Programme eine dieser speziellen Differentialgleichungen. Man beachte, daß die Helmholtzsche Differentialgleichung die Poissonsche (und diese wiederum die Laplacesche) Differentialgleichung als Spezialfall enthält. Verfahren zur Lösung Helmholtzscher Randwertprobleme können daher auch diese Spezialfälle in effizienter Weise lösen.

Es gibt aber auch Softwarepakete, mit denen allgemeine Differentialoperatoren eines bestimmten Typs – insbesondere *separable* oder *selbst-adjungierte* Differentialoperatoren – behandelt werden können. Sogar für den allgemeinen Fall einer *nicht-separablen* Differentialgleichung zweiter Ordnung stehen geeignete Programme zur Verfügung.

Bereich und Randbedingungen

Neben dem Typ des Differentialoperators ist zur Spezifikation der Problemstellung noch die Angabe des jeweiligen Definitionsbereiches und der *Randbedingungen* notwendig. Besonders einfach sind achsenparallele Rechtecke bzw. Quader als Grundbereiche zu behandeln.

Bei den Randbedingungen unterscheidet man zwischen der Vorgabe von Funktionswerten (*Dirichlet-Bedingung*), Werten der Normalableitung (*Neumann-Bedingung*) oder beider Größen (*gemischte Randbedingung*).

7.6.2 Softwarepakete für elliptische Probleme

Auf Grund der großen Bedeutung partieller Differentialgleichungen vom elliptischen Typ für viele Anwendungsgebiete war die Entwicklung entsprechender Softwarepakete von Anfang an ein zentrales Anliegen vieler Entwicklungsaktivitäten (siehe Cowell [11], Kapitel 9).

ELLPACK

Der Ausgangspunkt der Entwicklung von ELLPACK war 1974 die Zielsetzung, ein System für die Leistungsbewertung (*performance evaluation*) von Software zur numerischen Lösung partieller Differentialgleichungen (*partial differential equations*, PDEs) zu entwickeln. Dabei stellte sich heraus, daß man eine sehr sorgfältig geplante und organisierte Software-Umgebung benötigt, um derartige Leistungsbewertungen in großem Stil durchführen zu können. Ein Aspekt war dabei der Bedarf an einer formalen Sprache zur genauen Beschreibung der untersuchten PDE-Probleme. Ein weiterer wichtiger Aspekt war die Notwendigkeit, Rahmenbedingungen zu schaffen, die den „Einbau" von Problemlösungsmodulen verschiedener Herkunft ermöglichen. Nach den Erfahrungen mit den Prototyp-Systemen ELLPACK 77 und ELLPACK 78 wurde ein PSE entwickelt, das den Namen ELLPACK erhielt. Das Buch von Rice und Boisvert [29] enthält eine ausführliche Beschreibung dieses Systems.

Neuere Versionen von ELLPACK berücksichtigen den Einfluß moderner Computer-Architekturen (Vektor-Computer, Parallel-Computer), enthalten neue Methoden zur numerischen Lösung von PDEs und verwenden Expertensysteme zur Auswahl geeigneter Lösungsverfahren und passender Computer.

Einer der Gründe für den Start des ELLPACK-Projekts waren Zweifel am Expertenwissen hinsichtlich der numerischen Lösung von elliptischen PDEs. ELLPACK wurde daher mit der Möglichkeit ausgestattet, während der Lösung konkreter PDEs laufend Daten über die Leistung (Geschwindigkeit etc.) der verwendeten Programm-Module zu erheben und zu speichern. Mit diesen Daten konnten tatsächlich Schwächen im Expertenwissen nachgewiesen werden. Es stellte sich aber andererseits heraus, daß die Experten trotz allem über erheblich mehr Wissen verfügen als die durchschnittlichen Anwender (Naturwissenschaftler). Damit war der Nachweis für den sinnvollen Einsatz von Expertensystemen bei der Unterstützung der Lösung von PDEs erbracht.

ELLPACK ist ein Softwaresystem zur Lösung elliptischer partieller Differentialgleichungen in zwei Dimensionen auf allgemeinen Bereichen und in drei Dimensionen auf quaderförmigen Bereichen. In ELLPACK gibt es eine Anwendersprache, mit der sich das zu lösende Problem und die zu verwendenden Lösungsalgorithmen spezifizieren lassen.

Beispiel (ELLPACK)   Das elliptische Problem $u_{xx} + u_{yy} + 3u_x - 4u = \exp(x + y)\sin(\pi x)$
auf dem Bereich $[0, 1] \times [-1, 2]$ mit den Randbedingungen

$$
\begin{aligned}
u &= 0 & x &= 0, & y &\in [-1, 2] \\
u &= x & x &\in [0, 1], & y &= 2 \\
u &= y/2 & x &= 1, & y &\in [-1, 2] \\
u &= \sin(\pi x) - x/2 & x &\in [0, 1], & y &= -1
\end{aligned}
$$

wird durch folgendes ELLPACK-Programm unter Verwendung von Differenzenquotienten und Gauß-Elimination für die auftretenden linearen Gleichungssysteme (mit Bandmatrix) gelöst:

```
OPTIONS.        TIME $ MEMORY
EQUATION.       UXX + UYY + 3.*UX - 4.*U = EXP(X+Y)*SIN(PI*X)
BOUNDARY.
   U = 0.                 ON  X =  0.
   U = X                  ON  Y =  2.
   U = Y/2.               ON  X =  1.
   U = SIN(PI*X)-X/2.     ON  Y = -1.
GRID        6 X POINTS  $  12 Y POINTS
*
DISCRETIZATION.  5 POINT STAR
INDEXING.        AS IS
SOLUTION.        LINPACK BAND
*
OUTPUT.          TABLE(U)  $  PLOT(U)
END.
```

In ELLPACK werden Methoden der Symbolmanipulation bei der Verarbeitung der sprachlichen Problembeschreibung eingesetzt. So wird z.B. automatisch erkannt und bei der Lösung berücksichtigt, daß das zu lösende System konstante Koeffizienten besitzt.

ELLIPTIC EXPERT ist die Erweiterung des INTERACTIVE ELLPACK um ein Expertensystem, das den Anwender bei der Auswahl des „besten" Algorithmus zur Lösung seines PDE-Problems unterstützt.

PARALLEL ELLPACK ist ein Programmpaket mit Expertensystem-Unterstützung, das der numerischen Lösung von zwei- und dreidimensionalen elliptischen PDEs auf Parallelrechnern dient (Houstis, Rice, Papatheodorou [238]).

PLTMG

PLTMG (*Piecewise Linear Triangle Multi Grid Package*) ist ein von R. E. Bank (*University of California at San Diego*) entwickeltes Softwarepaket zur Lösung allgemeiner zweidimensionaler elliptischer Randwertprobleme. Der Benutzer muß dabei den Grundbereich in bereits triangularisierter Form, also als Vereinigung von Dreiecken, vorgeben.

Die Lösung des gestellten Problems wird in PLTMG näherungsweise als stückweise (auf jedem Teildreieck) lineares und auf dem Gesamtgebiet stetiges Element eines Finite-Elemente-Raumes angesetzt. Erweist sich die anfängliche Triangularisierung des Grundgebietes als zu grob, kann also die Lösungsfunktion nicht ausreichend genau approximiert werden, so führt PLTMG eine *adaptive* Verfeinerung der Triangularisierung durch. Dabei werden nur jene Teildreiecke weiter in kleinere Dreiecke zerlegt, auf denen die Näherungslösung eine zu große Fehlerschätzung aufweist.

Die aus der Diskretisierung resultierenden linearen Gleichungssysteme werden mit einem Mehrgitter-Verfahren gelöst (vgl. Abschnitt 16.8.1). Das Softwarepaket PLTMG enthält auch Programme zur graphischen Darstellung verschiedener Daten, z. B. der Triangularisierung, der Lösungsfunktionen etc.

Zu finden ist PLTMG in der NETLIB im Verzeichnis `pltmg`. Von dort sind allerdings nur die Programmcodes zu beziehen, die *Dokumentation* des Softwarepaketes PLTMG ist als Buch erschienen (Bank [105]) und nur in dieser Form erhältlich.

MGGHAT

MGGHAT (*Multi Grid Galerkin Hierarchical Adaptive Triangles*) ist ein Programmpaket zur numerischen Lösung zweidimensionaler elliptischer Randwertprobleme mit selbst-adjungiertem Differentialoperator, das von W. Mitchell (derzeit am *National Institute of Standards and Technology*) stammt. Der Grundbereich ist dabei ein allgemein polygonal berandetes Gebiet; als Randbedingungen werden alle gängigen Formen behandelt.

Zur numerischen Lösung des elliptischen Problems wird dessen Formulierung als Variationsgleichung mit Hilfe des Ritz-Galerkin-Verfahrens diskretisiert, wobei als Basis-Funktionen der Finite-Elemente-Räume stückweise (auf jedem Teildreieck) polynomiale, stetige Funktionen verwendet werden. Dabei können vom Benutzer als Ansatzfunktionen stückweise lineare, quadratische oder kubische Polynome gewählt werden. Die von MGGHAT gelieferte Näherungslösung ist aber in jedem Fall nur stetig, nicht differenzierbar.

Erweist sich die anfängliche Triangularisierung des Grundgebietes als zu grob, so wird die Zerlegung adaptiv verfeinert. Die aus der Diskretisierung resultierenden linearen Gleichungssysteme werden mit einem Mehrgitter-Verfahren gelöst (vgl. Abschnitt 16.8.1). Einzelheiten der verwendeten Algorithmen entnimmt man Mitchell [303]. Das Paket MGGHAT enthält auch Programme zur graphischen Darstellung der Triangulisierung und der Lösungsfunktionen.

Zu finden ist MGGHAT in der NETLIB im Verzeichnis `pdes/mgghat`.

BIHAR

Das von P. Bjorstad (*Stanford University*) entwickelte Softwarepaket BIHAR ist der numerischen Lösung der biharmonischen Differentialgleichung, einer speziellen elliptischen Differentialgleichung vierter Ordnung, die in der Mechanik eine wichtige Rolle spielt, gewidmet. Diese partielle Differentialgleichung kann mit den BIHAR-Unterprogrammen in zwei Dimensionen in kartesischen oder in Polarkoordinaten auf Rechtecksbereichen gelöst werden. Dabei müssen sowohl die Werte der Funktion als auch deren Normalableitung am Rand des Gebietes vorgegeben werden. Zur Diskretisierung wird ein Differenzenschema verwendet, bei dem der biharmonische Differentialoperator durch einen 13-punktigen Differenzenquotienten ersetzt wird.

KASKADE

KASKADE ist ein am Konrad-Zuse-Zentrum für Informationstechnik in Berlin entwickeltes Modulpaket, mit dem sich Finite-Elemente-Programme in einfacher Weise implementieren lassen. Um eine möglichst weitgehende Wiederverwendbarkeit und Erweiterbarkeit sicherzustellen, wurde KASKADE in der objektorientierten Programmiersprache C++ geschrieben. Dafür muß man eine im Vergleich zu Fortran-Programmen deutlich verringerte Effizienz in Kauf nehmen.

KASKADE enthält Module für die

- Spezifizierung von Problemstellungen,

- Erstellung, Verfeinerung etc. von Dreiecksnetzen,

- Diskretisierung mit Hilfe von Finite-Elemente-Räumen,

- Steuerung von Lösungsprozessen (Gitterverfeinerung, Fehlerschätzung etc.),

- Lösung (schwach besetzter) linearer Gleichungssysteme.

Zusätzlich gibt es eine für 3-D-Probleme adaptierte Variante von KASKADE.

Erhältlich ist KASKADE mittels anonymous-FTP im Verzeichnis `pub/kaskade` auf `elib.zib-berlin.de`. Dort findet man auch einige auf KASKADE aufbauende Anwendungsprogramme: ELLKASK 2D und ELLKASK 3D lösen elliptische Probleme auf zwei- bzw. dreidimensionalen Gebieten; KASTIO und KARDOS behandeln *parabolische* Differentialgleichungen.

7.6.3 Teile numerischer Programmbibliotheken

Auch in der IMSL- und der NAG-Fortran-Bibliothek gibt es Programme zur Lösung partieller Differentialgleichungen vom elliptischen Typ. Im Gegensatz zu den speziellen (in Abschnitt 7.6.2 behandelten) Softwarepaketen für elliptische Probleme erfordern diese Programme einen sehr viel größeren Aufwand und breitere Grundkenntnisse vom Anwender. Unterstützung bei der Problemformulierung und der Auswahl geeigneter Lösungsmethoden (vgl. das ELLPACK-Beispiel auf Seite 333) wird hier nicht geboten.

IMSL-Fortran-Bibliothek

Das Unterprogramm `IMSL/MATH-LIBRARY/fps2h` eignet sich zur numerischen Lösung sowohl der Poissonschen als auch der Helmholtzschen partiellen Differentialgleichung auf einem zweidimensionalen Rechtecksbereich. Dabei wird der Differentialoperator durch ein finites Differenzenschema auf einem (in jeder Dimension) äquidistanten Rechtecksgitter diskretisiert. Der Benutzer kann verschiedene Arten von Randbedingungen – Dirichlet-, Neumann- und periodische Randbedingungen – und die Ordnung des Diskretisierungsverfahren vorgeben.

Das Programm `IMSL/MATH-LIBRARY/fps3h` bietet die gleiche Funktionalität für dreidimensionale quaderförmige Bereiche.

NAG-Fortran-Bibliothek

Das Unterprogramm NAG/d03eaf löst die zweidimensionale Laplacesche Differentialgleichung für einen beliebigen, durch ein oder mehrere geschlossene Kurven begrenzten Bereich. Dabei können vom Benutzer Dirichlet-, Neumann- oder gemischte Randbedingungen vorgegeben werden. NAG/d03eaf beruht auf einer Randintegral-Formulierung der ursprünglichen Differentialgleichung.

Das Unterprogramm NAG/d03eef löst eine allgemeine elliptische Differentialgleichung auf einem zweidimensionalen Rechtecksbereich mittels Diskretisierung durch ein finites Differenzenschema.

Das Unterprogramm NAG/d03faf löst die Poissonsche oder Helmholtzsche Differentialgleichung auf einem dreidimensionalen achsenparallelen Quaderbereich, wobei ein finites Differenzenschema auf einem äquidistanten Gitter zur Diskretisierung verwendet wird. Der Benutzer kann verschiedene Arten von Randbedingungen – Dirichlet-, Neumann- und periodische Randbedingungen –, nicht aber die Ordnung des Diskretisierungsverfahren (es wird stets ein siebenpunktiges zentrales Differenzenschema zur Approximation des Laplaceschen Differentialoperators verwendet) vorgeben. Bei der Implementierung wurde auf eine gute Vektorisierbarkeit des Codes geachtet.

Als Hilfsroutine bei der Lösung von Differentialgleichungen mit allgemeinem zweidimensionalen Definitionsbereich dient das Unterprogramm NAG/d03maf. Es erzeugt ein Dreiecksnetz, das beliebig vorgegebene zweidimensionale Mengen approximiert. Der zu approximierende Bereich muß dabei vom Benutzer in Form eines Unterprogrammes spezifiziert werden, welches für jeden, als Eingangsparameter übergebenen Punkt (x, y) entscheidet, ob dieser innerhalb oder außerhalb des Bereiches liegt.

7.6.4 Einzelprogramme der TOMS-Sammlung

In der Zeitschrift *Transactions on Mathematical Software* (TOMS) werden immer wieder Programme veröffentlicht, die für die numerische Lösung partieller Differentialgleichungen vom elliptischen Typ gedacht sind. Alle diese Programme sind über den Internet-Dienst NETLIB (siehe Abschnitt 7.3.6) in maschinenlesbarer Form kostenlos zu beziehen.

NETLIB/TOMS/541 enthält eine Reihe von Unterprogrammen zur Lösung der zweidimensionalen Helmholtzschen Differentialgleichung in verschiedenen Koordinatensystemen. Konkret handelt es sich dabei um kartesische, Polar-, Zylinder- und Kugeloberflächen-Koordinaten. Der Grundbereich ist stets ein Rechteck (im jeweiligen Koordinatensystem); es können verschiedene Randbedingungen vorgegeben werden. Zur Diskretisierung wird ein finites Differenzenschema auf einem äquidistanten Rechtecksgitter verwendet. Für Kugelkoordinaten kann eine modifizierte, vom Polarwinkel φ unabhängige Helmholtzgleichung gelöst werden.

NETLIB/TOMS/541 ist in erweiterter Form, die als FISHPACK bekannt ist, in die Programmbibliotheken CMLIB und SLATEC übernommen worden. Eine speziell für Cray-Computer adaptierte Version ist als kommerzielles Produkt unter der Bezeichnung CRAYFISHPACK erhältlich.

NETLIB/TOMS/543 enthält das Unterprogram `fft9`, mit dem Helmholtzsche Randwertprobleme mit Dirichlet-Randbedingung auf Rechtecken gelöst werden können. Dabei wird im allgemeinen eine finite Differenzenapproximation der Ordnung 4 auf einem äquidistanten Gitter verwendet. Für den Spezialfall der Poissonschen Gleichung ist ein Verfahren sechster Ordnung implementiert.

NETLIB/TOMS/572 löst die Helmholtzsche Differentialgleichung mit Dirichlet-Randbedingung über einem beliebigen beschränkten Bereich. Die dabei verwendete Methode beruht auf der Shortley-Weller-Approximation der Differentialgleichung. Einzelheiten entnimmt man O'Leary, Widlund [314].

Eine ähnliche Methode wird auch in NETLIB/TOMS/593 zur Lösung der Helmholtzschen Gleichung auf allgemeinen beschränkten zweidimensionalen Gebieten mit Dirichlet- oder Neumann-Randbedingung verwendet.

NETLIB/TOMS/651 ist ein Satz von Unterprogrammen zur Lösung Helmholtzscher Randwertprobleme auf zwei- und dreidimensionalen Rechtecks- bzw. Quaderbereichen. Die Unterprogramme gleichen in ihren Parametern und ihrer Funktionalität weitgehend den Programmen IMSL/MATH-LIBRARY/fps*h. Einzelheiten der verwendeten Algorithmen entnimmt man Boisvert [122].

NETLIB/TOMS/629 verwendet eine Randintegral-Formulierung der Laplaceschen Differentialgleichung zu deren Lösung auf dreidimensionalen beschränkten Gebieten mit Dirichlet-Randbedingung. Die resultierende Integralgleichung wird mittels der Galerkin-Methode diskretisiert. Der verwendete Algorithmus wird in Atkinson [91] genau beschrieben.

NETLIB/TOMS/637 enthält das Programm `gencol` zur numerischen Lösung allgemeiner elliptischer Randwertprobleme, deren Definitionsbereich ein allgemeines zusammenhängendes beschränktes Gebiet ist. Zur Diskretisierung des Problems wird dabei eine Kollokations-Methode eingesetzt. Diese Methode wird auch in NETLIB/TOMS/638 verwendet, wo allgemeine elliptische Randwertprobleme auf zweidimensionalen Rechtecksbereichen gelöst werden.

NETLIB/TOMS/685 enthält Programme zur Lösung zweidimensionaler separabler Randwertprobleme auf Rechtecksbereichen. Verwendet wird dabei eine Ritz-Galerkin-Diskretisierung der jeweiligen Differentialgleichung. Als Basisfunktionen der Finite-Elemente-Räume werden Tensorprodukt-B-Splinefunktionen (siehe Abschnitt 9.9.1) herangezogen.

NETLIB/TOMS/732 enthält Programme zur Lösung von Randwertproblemen mit selbst-adjungierten elliptischen Differentialoperatoren. Der Definitionsbereich kann dabei ein allgemeines polygonal berandetes Gebiet sein, wobei nur Dirichlet-Randbedingungen vorgegeben werden können. Die Helmholtzsche bzw. Poissonsche Differentialgleichung werden genauso wie rechteckige Definitionsbereiche als Spezialfälle behandelt und besonders effizient gelöst.

Teil III

Analytische Modelle

Kapitel 8

Modellbildung durch Approximation

Soweit die Mathematik exakt ist, beschreibt sie nicht die Wirklichkeit,
und soweit sie die Wirklichkeit beschreibt, ist sie nicht exakt.

ALBERT EINSTEIN

Wichtige Aspekte der Modellbildung werden im folgenden für jene Problemstellung diskutiert, die im Zentrum der nächsten Kapitel steht: Ein am Original beobachtbares, kontinuierliches Phänomen soll durch ein kontinuierliches mathematisches Modell – eine Funktion – adäquat beschrieben werden. Ziel derartiger Modellierungs- und Approximationsprozesse ist die Gewinnung *analytischer Daten* (vgl. Kapitel 4), deren Abweichung vom Original innerhalb vorgegebener Grenzen bleibt.

Approximation[1] ist die angenäherte Darstellung beliebiger Objekte oder Phänomene durch andere, einfachere und bekannte Objekte. Unter Approximation wird im Sinne der oben vorgenommenen Problemabgrenzung die angenäherte Darstellung kontinuierlicher Phänomene durch analytische Daten verstanden.

Differentialgleichungsmodelle, die neben Funktionswerten auch gewöhnliche oder partielle Ableitungen der zu modellierenden Größen enthalten, werden hier und in den folgenden Kapiteln *nicht* behandelt. Auch Differenzengleichungen bleiben unberücksichtigt, da ihnen entweder kein kontinuierliches Phänomen zugrundeliegt oder sie diskretisierte Formen von Differentialgleichungen sind.

8.1 Analytische Modelle

Im folgenden wird bei der Modellbildung keine strukturelle Analogie zwischen Objekt und Modell gefordert. Es werden nur *Funktionsmodelle* betrachtet, die

1. das gegebene Objekt oder System bzw. die Information darüber in einem noch zu präzisierenden Sinn (siehe Abschnitt 8.6) quantitativ adäquat repräsentieren und die

2. als *analytische Daten* (siehe Kapitel 4) darstellbar und verarbeitbar sind. Mit anderen Worten: Die gesuchten Funktionen müssen so beschaffen sein, daß sie auf einem Computer numerisch gespeichert und algorithmisch verarbeitet werden können.

Ziel der analytischen Modellbildung ist also die Gewinnung von Funktionen

$$f : B \subset \mathbb{R}^n \longrightarrow \mathbb{R},$$

---

[1] *approximare* (lat.): sich annähern.

deren Definitionsbereich B eine zusammenhängende Teilmenge[2] des $\mathbb{R}^n$, z. B. ein endliches oder unendliches Intervall, ist. In Abhängigkeit von der Dimension n des Definitionsbereichs B unterscheidet man

univariate Modelle mit *einer* unabhängigen Variable ($n = 1$) und

multivariate Modelle mit mehreren unabhängigen Variablen ($n \geq 2$).

Neben den Funktionen, die jedem Element x ihres Definitionsbereichs B *genau ein* Element ihres Wertebereichs zuordnen, kommen als Modelle noch verschiedene Arten von Kurven und Flächen im Raum in Betracht; diese werden aber immer auf eine Darstellung durch Modell*funktionen* zurückgeführt.

Beispiel (Raumkurve)   Falls eine Kurve im $\mathbb{R}^3$ gesucht ist, die durch die gegebenen Punkte

$$P_i = (u_i, v_i, w_i)^\mathsf{T} \in \mathbf{R}^3, \qquad i = 1, 2, \ldots, k$$

verläuft, kann das Modell z. B. aus *drei* interpolierenden Funktionen $f_u(s)$, $f_v(s)$ und $f_w(s)$ eines Parameters s bestehen, die folgende Bedingung erfüllen (siehe Abschnitt 8.7.2):

$$f(s_i) = \begin{pmatrix} f_u(s_i) \\ f_v(s_i) \\ f_w(s_i) \end{pmatrix} = \begin{pmatrix} u_i \\ v_i \\ w_i \end{pmatrix} = P_i, \qquad i = 1, 2, \ldots, k.$$

8.1.1 Elementare Funktionen als Modelle

Die Forderung nach der Verarbeitbarkeit auf einem Computer bedeutet, daß nur elementare Funktionen als Ergebnis eines kontinuierlich-funktionalen Modellierungs- bzw. Approximationsprozesses in Frage kommen.

Definition 8.1.1 (Elementare Funktionen) *Elementare Funktionen lassen sich durch eine endliche Anzahl von Parametern charakterisieren und sind durch Formeln definierbar, in denen nur endlich viele Auswertungen der auf einem Computer verfügbaren algebraischen, trigonometrischen oder logarithmischen Standardfunktionen und allenfalls Fallunterscheidungen durch bedingte Anweisungen (z. B. bei stückweise definierten Funktionen) auftreten.*

Als Modell- bzw. Approximationsfunktionen kommen dementsprechend nur Polynome, stückweise polynomiale Funktionen (Splines etc.), trigonometrische Polynome usw. in Betracht. Funktionen, die diese Forderung *nicht* erfüllen, weil sie z. B. unendlich viele Koeffizienten einer Taylor-Reihe zu ihrer Charakterisierung benötigen, müssen – für die Verarbeitung auf einem Computer – durch elementare Funktionen approximiert (modelliert) werden.

Beispiel (Fehlerintegral)   Die *nicht*elementare Funktion

$$\operatorname{erf} x := \frac{2}{\sqrt{\pi}} \int\limits_0^x e^{-t^2}\, dt, \qquad x \geq 0, \tag{8.1}$$

---

[2]*Diskrete* Funktionen, deren Definitionsbereich B etwa eine Teilmenge der natürlichen Zahlen ist, werden bei der kontinuierlich-funktionalen Modellbildung *nicht* in Betracht gezogen.

das sogenannte Gaußsche Fehlerintegral (*error function*), ist durch keinen endlichen elementaren Formelausdruck darstellbar. Man kann aber die Funktion (8.1) durch elementare Funktionen mit jeder gewünschten Genauigkeit approximieren. Eine dieser Modellfunktionen ist

$$g(x) := 1 - (a_1 r + a_2 r^2 + a_3 r^3 + a_4 r^4 + a_5 r^5)e^{-x^2} \qquad \text{mit} \qquad r := 1/(1 + a_6 x).$$

Für sie gilt die Fehlerschranke

$$|g(x) - \operatorname{erf} x| \leq 1.5 \cdot 10^{-7} \qquad \text{für alle} \quad x \geq 0.$$

Die Werte von $a_1, \ldots, a_6$ kann man dem Handbuch von Abramowitz, Stegun [1] entnehmen.

Elementare Funktionen für analytische Operationen

Die Klasse der elementaren Funktionen kann für verschiedene Aufgabenstellungen noch immer zu umfassend sein. Eine besonders wichtige Modellbildungssituation, wo oft weitere Einschränkungen erforderlich sind, bilden numerische Verfahren zur Lösung mathematischer Probleme wie z. B. Integration, Differentiation etc. Diese Probleme können im allgemeinen *nicht direkt* gelöst werden. Konstruktive Lösungsmethoden erfordern daher (oft automatisch-algorithmisch ablaufende) Modellbildungs- bzw. Approximationsvorgänge:

1. Das ursprüngliche Problem wird durch ein Modellproblem ersetzt.

2. Berechnung einer numerischen Lösung des Ersatz- bzw. Modellproblems.

3. Die Lösung des Modellproblems wird als Näherung (Schätzung) für die Lösung des Originalproblems verwendet.

Die Wahl einer geeigneten Klasse von Ersatzfunktionen – die Erstellung eines Strukturkonzepts (siehe Kapitel 1) – ist stark auf die Besonderheiten der jeweiligen Problemstellung abzustimmen. Es gibt aber eine universelle Regel:

Das Modellproblem, also jenes Problem, bei dem an die Stelle der Originalfunktionen die Modellfunktionen getreten sind, soll exakt lösbar sein.

Beispiel (Numerische Integration)   Die *Abtastfunktionen* (sinc-*Funktionen*)

$$\varphi_k(t) := \frac{\sin\left(\frac{2\pi}{\Delta t}(t - k\Delta t)\right)}{\frac{2\pi}{\Delta t}(t - k\Delta t)}$$

benutzt man in der Signalverarbeitung (Bildverarbeitung, Sprachanalyse etc.) oft als Basisfunktionen zur diskreten Darstellung eines Signals $f(t)$ nach dem *Abtasttheorem* (Jerri [251], Butzer, Stens [136]):

$$f(t) = \sum_{k=-\infty}^{\infty} f(k\Delta t)\varphi_k(t).$$

Sie sind aber als Ersatzfunktionen im Zusammenhang mit der numerischen Integration von f ungeeignet, da sie formelmäßig *nicht* integriert werden können und somit keine geschlossene Darstellung der Stammfunktion erlauben. Damit verletzen sie die obige Regel und kommen, obwohl es sich um elementare Funktionen (im Sinne der obigen Definition) handelt, als Modellfunktionen bei der Lösung von Integrationsproblemen *nicht* in Betracht.

Beispiel (Maxima, Minima, Nullstellen) Die Ermittlung von Extremwerten elementarer Funktionen – der analytischen Daten eines mathematischen Problems am Computer – ist auf der Basis einer Nullstellenbestimmung der ersten Ableitung meist *nicht* direkt möglich.

Die Funktion, deren Extrema gesucht sind, muß durch geeignete Modellfunktionen ersetzt werden, die eine einfache und exakte Extremwertbestimmung erlauben. Im univariaten Fall sind dies vorzugsweise quadratische Polynome (siehe Abb. 8.1). Analoges gilt auch für die numerische Berechnung anderer mathematisch definierter Kenngrößen einer Funktion, wie z. B. ihrer Nullstellen (siehe Kapitel 14).

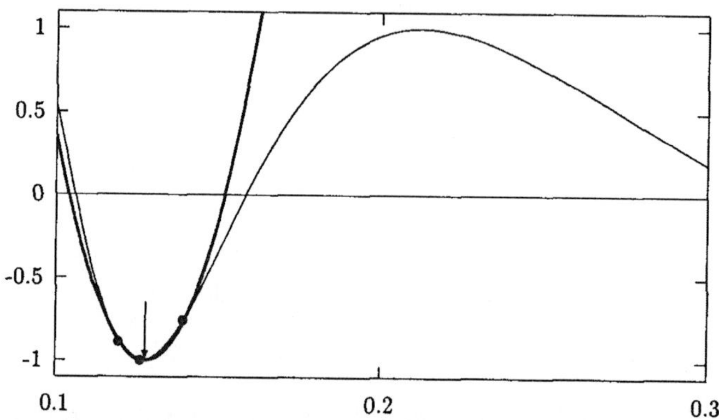

Abb. 8.1: Eine gegebene Funktion (—) wird diskretisiert (•); diese Punkte werden durch ein quadratisches Polynom (—) interpoliert. Der Extremwert des Interpolationspolynoms wird bestimmt (↓) und als Näherung für das gesuchte Minimum verwendet.

Die als Grundlage numerischer Verfahren am häufigsten verwendete Klasse elementarer Funktionen ist die der Polynome, da jene bei sehr vielen Aufgabenstellungen (Integration, Differentiation etc.) eine exakte und mit geringem Rechenaufwand verbundene Lösung erlauben.

8.1.2 Algorithmen als Modelle

Außer den elementaren Funktionen werden zur Darstellung und Implementierung von Modellen gelegentlich auch Operatorgleichungen herangezogen. Konkrete Werte der Approximationsfunktion erhält man in diesem Fall nicht durch die formelartige Auswertung elementarer Funktionen, sondern durch einen iterativen Prozeß. Die numerischen Werte hängen daher unter anderem von der Konvergenzgeschwindigkeit des Iterationsverfahrens an der Stelle der Auswertung, vom Abbruchkriterium (der geforderten Approximationsgenauigkeit) oder der aktuellen Maschinenarithmetik ab.

Beispiel (Quadratwurzelfunktion) Die Standardfunktion $f(x) = \sqrt{x}$ wird nicht mit Hilfe einer Approximations*funktion* implementiert, sondern durch einen *Algorithmus*, der die iterative Lösung der Gleichung (des Nullstellenproblems) $g^2 - x = 0$ beschreibt.

Bei diesem Algorithmus wird zunächst der Exponent $e(x)$ halbiert und anschließend das Newton-Verfahren zur Bestimmung der Quadratwurzel der Mantisse $m_x := M(x)$ der Gleitpunktzahl x angewendet, d. h., $g^2 - m_x = 0$ wird iterativ gelöst:

$$g_i := (g_{i-1} + m_x/g_{i-1})/2, \qquad i = 1, 2, \ldots, i_{\max}.$$

Die Startnäherung g_0 und die Anzahl $i_{\max}$ der Iterationsschritte wählt man abhängig von der jeweiligen Maschinenarithmetik (Cody, Waite [9]).

Die Quadratwurzelfunktion $f(x) = \sqrt{x}$ ist im Sinne der Norm IEC 559 : 1989 (*Binary Floating-Point Arithmetic for Microprocessor Systems*) eine Elementaroperation, deren Modellierung und konkrete Implementierung für den Programmierer verdeckt bleibt.

8.2 Information und Daten

Nach der Auswahl des Modelltyps und der Festlegung von Anzahl und Art der Modellparameter müssen geeignete Werte für diese Parameter gefunden werden. Als Grundlage der Parameterbestimmung wird adäquate Information über das zu modellierende Objekt oder Phänomen benötigt, um (für einen bestimmten Anwendungszweck) hinreichend genaue Modellfunktionen zu erhalten.

Terminologie (Information) Der hier verwendete Begriff der *Information* entspricht *nicht* jenem der Shannonschen Informationstheorie[3]. Information wird in diesem Buch im Sinne der analytischen Komplexitätstheorie von Traub, Wozniakowski, Wasilkowski ([380], [381], [382], [387], [398] etc.) verwendet. Unter Information werden im folgenden, grob gesagt, alle Bestimmungsstücke verstanden, die über ein zu modellierendes Objekt oder System bekannt sind.

Eine Verarbeitung der verfügbaren Information auf einem Computer ist erst dann möglich, wenn man aus dieser Information numerische Daten gewonnen hat:

$$\text{diskrete Information} \longrightarrow \text{algebraische Daten}$$
$$\text{kontinuierliche Information} \longrightarrow \text{analytische Daten}$$

8.2.1 Algebraische Daten aus diskreter Information

Die Gewinnung algebraischer Daten aus diskreter Information bereitet normalerweise keine Schwierigkeiten. Allerdings sind die so erhaltenen Daten meist mit *Datenfehlern* behaftet, die z. B. durch Meßfehler verursacht sein können.

Beispiel (SO_2-Prognose) Wenn das Ziel der Modellbildung eine kurzfristige Prognose der SO_2-Konzentration in der Luft ist, kann man als Information die verfügbaren Meßwerte der unmittelbaren Vergangenheit benützen. Diese liegen meist als Halbstunden-Mittelwerte in diskreter Form vor. Das Gewinnen eines Datenvektors ist damit unproblematisch. Für die weitere Verarbeitung ist es aber sehr wichtig, wenigstens die Größenordnung der Datenfehler (Meßfehler) zu kennen, die in diesem Fall *weit* über dem Rundungsfehlerniveau einfach genauer Gleitpunktzahlen liegt.

8.2.2 Analytische Daten aus kontinuierlicher Information

Die Gewinnung analytischer Daten aus kontinuierlicher Information ist die weit schwierigere Situation. Hier ist eine zweistufige Vorgangsweise erforderlich:

---

[3]Die *Informationstheorie* beschäftigt sich mit der mathematischen Beschreibung und Analyse von Nachrichtenübertragungssystemen. Sie beruht auf den Arbeiten von C. E. Shannon aus den Jahren 1947 und 1948.

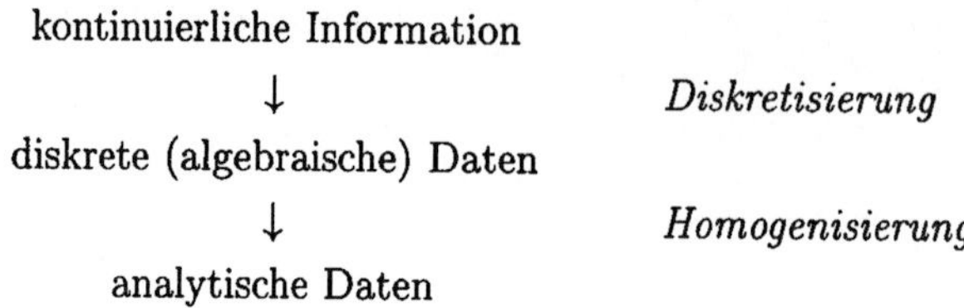

kontinuierliche Information

$\downarrow$ *Diskretisierung*

diskrete (algebraische) Daten

$\downarrow$ *Homogenisierung*

analytische Daten

Im Gegensatz zur Diskretisierung – die durch einfache Vorschriften eindeutig spezifiziert werden kann – ist die nachfolgende Homogenisierung problematisch, weil durch die vorangegangene Diskretisierung Information verlorengegangen ist.

Beispiel (Medizinische Daten) Basis einer automatischen Analyse von Elektrokardiogrammen (EKG) ist z. B. die Messung der Potentialunterschiede zwischen verschiedenen Ableitstellen im elektrischen Feld des Herzens. Die analogen Meßsignale $U_1(t)$, $U_2(t)$, ... $U_k(t)$ sind elektrische Spannungen (als Funktionen der Zeit), die durch Analog-Digital-Wandler diskretisiert und quantisiert werden müssen. Es kommen hierfür nur Punkte eines (in Abb. 8.2 übertrieben grob dargestellten) Rasters in Frage.

In Abb. 8.2 sieht man deutlich, daß Information – zwei „Peaks", die zwischen den Abtaststellen liegen – durch die Diskretisierung verlorengeht. Die Interpolationsfunktion als Homogenisierung der diskreten Daten weist keine „Peaks" mehr auf.

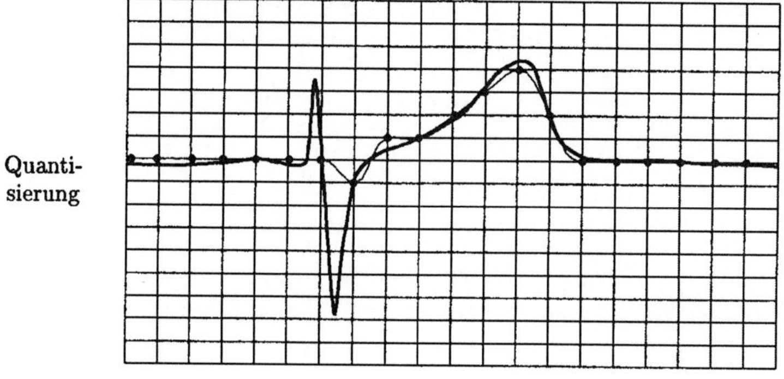

Abb. 8.2: Teil eines EKGs (—), Diskretisierung und Quantisierung (•) und Homogenisierung (Interpolation) der so erhaltenen diskreten Daten (—).

Auf diese Art verlorengegangene Information kann durch keine algorithmischen „Tricks" wiederbeschafft werden. Information, die in den diskreten Datenpunkten nicht mehr enthalten ist, kann günstigstenfalls durch zusätzliche Daten (z. B. Ableitungsschranken) grob quantifiziert werden.

Nur im Spezialfall bandbeschränkter Funktionen, die gemäß dem Shannonschen Abtasttheorem mit ausreichend hoher Frequenz abgetastet werden, geht bei der Diskretisierung *keine* Information verloren. Signale, deren Fourier-Spektrum außerhalb eines endlichen Intervalls gleich Null ist, können durch Interpolation ihrer Abtastwerte exakt rekonstruiert werden, falls diese mit einer ausreichend kleinen Schrittweite gewonnen wurden (Jerri [251]).

Stochastisch gestörte Daten

Information kann nicht nur durch Diskretisierung verlorengehen, sondern auch durch Kontamination („Verunreinigung") der Daten mit systematischen oder stochastischen Störungen. Die Elimination stochastischer Störanteile, d. h. eine Rekonstruktion des ungestörten Signals, gelingt bis zu einem gewissen Grad durch Approximationsverfahren (Kapitel 10). Hingegen ist die Homogenisierung diskreter Daten durch *Interpolation* (Kapitel 9) nur im Fall *nicht* stochastisch gestörter Daten sinnvoll.

8.2.3 Diskretisierung kontinuierlicher Information

In vielen praktisch bedeutsamen Situationen muß rechner-*externe* kontinuierliche Information über das zu modellierende Objekt oder Phänomen (elektrische Spannungen, optische oder akustische Information etc.) verarbeitet werden. Die Verbindung zu den am Computer implementierten Programmen (Approximationsalgorithmen etc.) erfolgt durch geeignete Hard- und Software zur Informationsgewinnung: Meßgeräte, Sensoren, Analog-Digital-Wandler etc., die in Vorverarbeitungsschritten diskrete (algebraische) Daten produzieren, die am Computer gespeichert und verarbeitet werden können.

Beispiel (Prozeß-Datenverarbeitung) Kontinuierliche elektrische Meßsignale müssen vor ihrer Verarbeitung auf einem Computer einer Wandlung der Signalform (z. B. in ein Impulssignal) und einer Kodierung unterzogen werden; erst dann können sie auf einem Computersystem (z. B. dem Autopiloten eines Flugzeugs) ausgewertet werden.

Abtastung und Quantisierung

Bei der Diskretisierung kontinuierlicher Information unterscheidet man:

Zeit-/Orts-Diskretisierung als eine *Abtastung* der unabhängigen Variablen und

Amplituden-Diskretisierung als eine *Quantisierung* der Funktionswerte.

Beispiel (Bildverarbeitung) Ein Bild ist eine Intensitätsfunktion $a(\lambda; u, v)$, die für die Punkte $(u, v) \in B \subset \mathbb{R}^2$ die Intensität („Helligkeit") der elektromagnetischen Schwingung mit der Wellenlänge („Farbe") $\lambda \in [\lambda_{min}, \lambda_{max}]$ angibt. Für die Verarbeitung am Computer muß jedes Bild diskretisiert werden.

Die Ortsdiskretisierung erfolgt üblicherweise auf quadratischen Rastern mit $2^n \times 2^n$ Punkten, sodaß sich als Resultat eine quadratische Bild*matrix* ergibt. Die Bildmatrizen haben in vielen Fällen die Dimension 512×512, 1024×1024 oder 2048×2048 ($n = 9, 10$ oder 11).

Die Amplitudendiskretisierung (Quantisierung) wird im allgemeinen so vorgenommen, daß 1 Byte (8 Bit) zur Kodierung ausreicht. Die Wellenlänge kann z. B. durch die Zerlegung in drei Spektralbereiche – Rot-, Grün- und Blaubereich – und die Verwendung von drei entsprechenden Bildmatrizen berücksichtigt werden (RGB-Codierung).

Beispiel (Photo-CD) Eine von Kodak und Philips gemeinsam entwickelte Technik ermöglicht die Aufzeichnung von Fotos auf einer CD-ROM/XA. Jedes Negativ oder Dia wird mit einer Auflösung von 2048×3072 Pixeln (Bildpunkten) abgetastet. Die Quantisierung erfolgt nach dem speziellen, von Kodak entwickelten Verfahren YCC, das keine RGB-Codierung ist, aber auch 3 Bytes (24 Bits) pro Bildpunkt benötigt. Jedes Foto wird in fünf verschiedenen Auflösungen,

$$128 \times 192, \quad 256 \times 384, \quad 512 \times 768, \quad 1024 \times 1536, \quad \text{und} \quad 2048 \times 3072 \text{ Pixeln,}$$

auf die CD geschrieben. Die verschiedenen Stufen der Ortsdiskretisierung dienen unterschiedlichen Zwecken: von der Übersichtsdarstellung bis zum hochwertigen Druck.

Information in Form von Unterprogrammen

Kontinuierliche Information stammt nicht nur von rechner-externen Signalen, sondern tritt oft auch in Form von Computerprogrammen auf. Numerische Algorithmen sind meist so aufgebaut, daß sie auf kontinuierliche Information in Form von Funktionsunterprogrammen zugreifen. Aus Sicht des aufrufenden Programms, z. B. eines Programms zur numerischen Integration, handelt es sich dabei um eine Black-box-Kodierung der betreffenden kontinuierlichen Funktionen.

Beispiel (Numerische Integration) Viele Verfahren zur numerischen Integration beruhen auf einer adaptiven oder nichtadaptiven stückweisen Interpolation der ortsdiskretisierten (abgetasteten) Integrandenfunktion durch Polynome und einer anschließenden Integration der Interpolationspolynome (siehe Kapitel 12). Zur numerischen Berechnung von

$$\int\limits_{0}^{\pi/2} \frac{1}{\sqrt{1 - 0.001 \sin x}} \, dx$$

wird die Integrandenfunktion $f(x) = 1/\sqrt{1 - 0.001 \sin x}$ z. B. in Form des Unterprogramms

```
FUNCTION  integrand (x) RESULT (f)
   REAL, INTENT (IN)  ::  x
   REAL               ::  f
   f = 1./SQRT(1. - 0.001*SIN(x))
END FUNCTION integrand
```

kodiert. Um die numerische Integration der Funktion f zu ermöglichen, wird das Unterprogramm integrand an geeignet gewählten Punkten $x \in [0, \pi/2]$ durch ein Integrationsprogramm aufgerufen und damit eine Ortsdiskretisierung der Integrandenfunktion f durchgeführt.

Auch wenn auf diese Art eine Funktion $f \in \mathcal{F}$ *vollständig* spezifiziert ist, z. B. durch Formelausdrücke, kann nur *unvollständige Information* (*endlich* viele Funktionale $l : \mathcal{F} \to \mathbb{R}$, vor allem Funktionswerte) zur weiteren algorithmischen Verarbeitung von dem Unterprogramm bezogen werden. Kontinuierliche Information *muß* auch in diesem Fall (wenn es sich nicht bereits um elementare Funktionen handelt) zunächst diskretisiert und die dabei erhaltenen diskreten Daten durch analytische Daten (elementare Funktionen) approximiert werden; erst dann kann die eigentliche Verarbeitung durch analytische Operationen stattfinden.

Eine Sonderstellung nimmt die Differentiation ein, da es sogar möglich ist, Funktionen in Form von Fortran- oder C-Programmen direkt algorithmisch, d. h. *ohne* Diskretisierung und Homogenisierung zu differenzieren (Juedes [254]).

8.2.4 Homogenisierung diskreter Daten

Die nach einer Diskretisierung (oder in Sonderfällen auch direkt) erhaltenen diskreten algebraischen Daten sind meist eine endliche Menge von Punkten, die bezüglich der unabhängigen Variablen (räumlich bzw. zeitlich) und bezüglich der Funktionswerte auf einem „Raster" liegen. Sie gestatten zunächst nur die Anwendung spezieller Verarbeitungsmethoden (Suchverfahren, Sortierverfahren etc.), da alle Methoden und Verfahren der Analysis, aber auch viele graphische Verfahren *kontinuierlich* definierte Funktionen voraussetzen, d. h. nur analytische Daten (die für *alle* Punkte einer Menge $B \subset \mathbb{R}^n$ definiert sind) verarbeiten können. So ist z. B. eine Flächenberechnung nur möglich, wenn tatsächlich eine *Fläche* vorliegt; diskrete Punkte können keine Berandung einer Fläche bilden – hierfür ist ein Punkte*kontinuum* erforderlich (siehe Abb. 8.3).

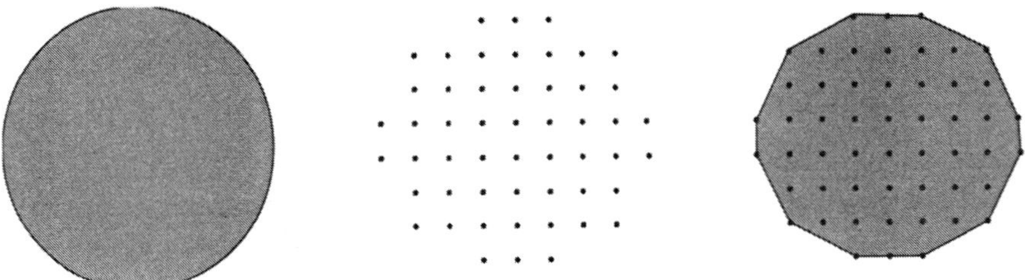

Abb. 8.3: Punktekontinuum und diskrete Punkte

Aus den vorliegenden diskreten (algebraischen) Daten muß man in solchen Anwendungsfällen erste geeignete kontinuierliche (analytische) Daten generieren. Durch analytische Modellbildung – Homogenisierung – ist für die diskreten Daten ein *kontinuierliches* mathematisches Modell mit adäquater Beschreibungsgenauigkeit zu entwickeln.

Beispiel (Computergraphik) Bei der Darstellung punktweise gegebener Zusammenhänge (siehe z. B. Earnshaw [182]) wird meist ein mehrstufiger Approximationsvorgang eingesetzt:

1. Interpolation der Datenpunkte durch eine „optisch glatte" Funktion. Diese kann ein Polynom oder eine stückweise aus Polynomen „glatt" zusammengesetzte Funktion sein, z. B. eine Spline-Funktion (siehe Abschnitt 9.4);

2. Diskretisierung (Abtastung) der glatten Approximationsfunktion – nach den Erfordernissen der Darstellungsgeräte (Rastergraphik-Bildschirm, Laserdrucker etc.);

3. Approximation/Interpolation der so erhaltenen punktförmigen Daten durch einen Polygonzug, der dann z. B. die Bewegung einer Plotterfeder beschreibt (siehe Abb. 8.4).

Beispiel (CAD/CAM) Die Definition von Kurven oder Flächen (z. B. der Oberfläche einer Turbinenschaufel) durch diskrete Punkte wird als Grundlage für hydrodynamische Berechnungen, Festigkeitsberechnungen, graphische Darstellung (z. B. Erzeugung von Werkstattzeichnungen) aber auch für die Steuerung von Werkzeugmaschinen verwendet.

Beispiel (Simulation) Kontinuierliche Vorgänge oder kontinuierliche Gebilde können durch eine endliche Menge von Punkten gegeben sein (wenn z. B. bei der Simulation eines Schienenfahrzeugs der Schienenverlauf punktweise gegeben ist) und müssen durch analytische Daten approximiert werden.

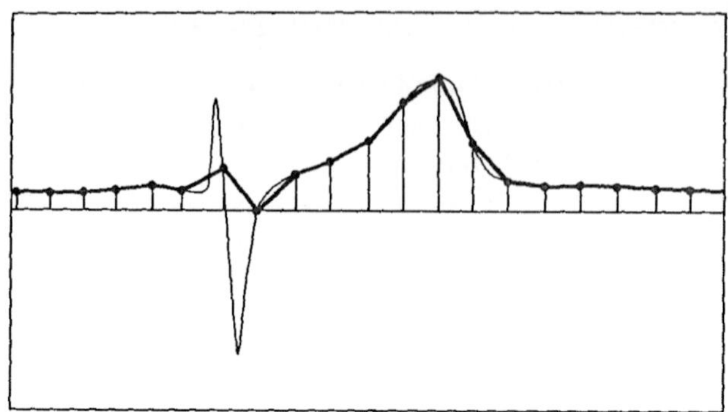

Abb. 8.4: EKG-Diskretisierung, die in den „glatten" Abschnitten ausreichend fein ist, so-daß ein interpolierender Polygonzug (—) das ursprüngliche EKG (—) gut wiedergibt. In den „steileren Abschnitten" müßte eine feinere Diskretisierung gewählt werden.

8.3 Diskrete Approximation

Die zwei Haupttypen der analytischen Modellbildung sind die diskrete Approximation und die Funktionsapproximation. Bei der *diskreten Approximation* (*Datenapproximation*) wird davon ausgegangen, daß diskrete Daten über jenes kontinuierliche Phänomen, das modelliert werden soll, bereits vorliegen. Das zentrale Problem der Datenapproximation ist dementsprechend die Homogenisierung gegebener diskreter Daten. Im anderen Fall – der *Funktionsapproximation* – sind sowohl Diskretisierung als auch Homogenisierung Bestandteil der entsprechenden Verfahren und Algorithmen.

Terminologie (Datenapproximation)   Der Begriff „Datenapproximation" wird in der Literatur (Hayes [229]) – und auch in den folgenden Abschnitten – oft als Synonym für diskrete Approximation verwendet.

Obwohl es sich bei der Funktionsapproximation (siehe Abschnitt 8.4) auch um eine „Datenapproximation" handelt, da die zu approximierende Funktion f zu den analytischen *Daten* des Problems gehört, wird dort nur der Begriff „Funktionsapproximation" verwendet.

8.3.1 Daten der diskreten Approximation

Die diskrete Approximation geht von einer vorliegenden (nicht mehr beeinflußbaren) endlichen Menge von Datenpunkten (x_1, y_1), (x_2, y_2), $\ldots$, (x_k, y_k) aus:

$$(x_i, y_i) \in \mathbb{R}^n \times \mathbb{R}, \quad i = 1, 2, \ldots, k. \tag{8.2}$$

Für diese Daten wird aus einer Funktionenklasse

$$\mathcal{G}_N = \{g(x; c_1, c_2, \ldots, c_N) : c_1, c_2, \ldots, c_N \in \mathbb{R}\}$$

eine Approximationsfunktion

$$g^* : B \subset \mathbb{R}^n \to \mathbb{R}$$

gesucht, deren (noch genauer zu definierender) Abstand von den gegebenen Daten (8.2) minimal ist.

Die Funktionen der Menge $\mathcal{G}_N$ sind durch N Parameter charakterisiert. Um diese Parameter aus den Datenpunkten (8.2) eindeutig bestimmen zu können, dürfen nicht weniger Daten als Parameter vorhanden sein: es muß $k \geq N$ gelten.

Das Prinzip der Abstandsminimierung, nach dem die Funktion $g^* \in \mathcal{G}_N$ ermittelt wird, nennt man *optimale Anpassung* oder *Bestapproximation*. Die Bestimmung einer bestapproximierenden Funktion g^* läuft auf eine Minimierungsaufgabe zur Ermittlung passender Parameterwerte $c_1, c_2, \ldots, c_N$ hinaus. Als Abstandsmaß D dient meist eine Norm (siehe Abschnitt 8.6) des *Residuenvektors* $\Delta_k g - y$ von $g \in \mathcal{G}_N$:

$$
D(\Delta_k g, y) := \|\Delta_k g - y\| = \left\| \begin{pmatrix} g(x_1; c_1, c_2, \ldots, c_N) \\ g(x_2; c_1, c_2, \ldots, c_N) \\ \vdots \\ g(x_k; c_1, c_2, \ldots, c_N) \end{pmatrix} - \begin{pmatrix} y_1 \\ y_2 \\ \vdots \\ y_k \end{pmatrix} \right\| .
$$

$\Delta_k g := (g(x_1), g(x_2), \ldots, g(x_k))^\mathsf{T}$ bezeichnet dabei die an den Stellen $x_1, x_2, \ldots, x_k$ diskretisierte Funktion g. Die gesuchte Approximationsfunktion g^* bzw. deren Parametervektor ergibt sich als Lösung der Minimierungsaufgabe

$$
D(\Delta_k g^*, y) = \min\{D(\Delta_k g, y) : g \in \mathcal{G}_N\}. \tag{8.3}
$$

Bei der diskreten Approximation sind hinsichtlich der *Genauigkeit der Daten* zwei Fälle zu unterscheiden: fehlerbehaftete und exakte Daten.

Fehlerbehaftete Daten

Im Fall fehlerbehafteter Daten hat die Ermittlung einer Approximationsfunktion oft die Bedeutung einer Trennung von systematischen und stochastischen Anteilen (Störungen) des Datenmaterials (siehe Abb. 8.5). Die Approximationsfunktion wird man in diesem Fall so wählen, daß sie von redundanter und stochastischer Information möglichst wenig abhängt. Die Approximationsgenauigkeit bezüglich des zu modellierenden kontinuierlichen Phänomens ist in diesem Fall – verglichen mit dem Analyse- und Glättungsaspekt – weniger wichtig.

Abb. 8.5: Trennung des systematischen und stochastischen Datenanteils

Exakte Daten

Bei Daten, die mit den exakten Werten übereinstimmen oder nur vernachlässigbar fehlerbehaftet sind, ist das Ziel der Modellbildung oft die Homogenisierung, das Generieren analytischer Daten aus diskreten Daten. In diesem Fall sind kleine Werte des Abstands $D(\Delta_k g^*, y)$ bis hin zur Übereinstimmung $g^*(x_i) = y_i$ (siehe Abschnitt 8.3.2) angebracht. Das Ziel kann aber auch, wenn es z. B. um die effiziente Weiterverarbeitung geht, eine kompakte Datendarstellung niedriger oder mittlerer Genauigkeit sein, bei der die Werte $g^*(x_i)$ der Modellfunktion g^* mit den gegebenen Daten y_i nur auf einige Dezimalstellen übereinstimmen sollen.

8.3.2 Interpolation

Von der Genauigkeitsanforderung, die Teil der Spezifikation des Approximationsproblems ist, hängt die Wahl der Parameteranzahl N ab. Man wird im allgemeinen mit einer niedrigen Parameteranzahl N_{min} beginnen und diese solange erhöhen, bis man die geforderte Approximationsgenauigkeit erreicht hat.

Wenn man die Parameteranzahl N bis zur Anzahl der Datenpunkte k erhöht und $\mathcal{G}_N$ entsprechend gewählt ist (wenn $\mathcal{G}_N$ z. B. alle Polynome vom Grad $d \leq N$ enthält), ergibt sich als Spezialfall des Approximationsproblems die *Interpolation*, wo die größtmögliche Annäherung an die gegebenen diskreten Daten (8.2) – aber nicht notwendigerweise an das zu modellierende *kontinuierliche* Phänomen (siehe Abb. 8.2) – erreicht wird. Die Werte der bestapproximierenden Funktion g^* an den Stellen $x_1, x_2, \ldots, x_k$ stimmen im Fall der Interpolation mit den vorgegebenen Datenwerten $y_1, y_2, \ldots, y_k$ überein:

$$\begin{pmatrix} g^*(x_1; c_1, c_2, \ldots, c_k) \\ g^*(x_2; c_1, c_2, \ldots, c_k) \\ \vdots \\ g^*(x_k; c_1, c_2, \ldots, c_k) \end{pmatrix} = \begin{pmatrix} y_1 \\ y_2 \\ \vdots \\ y_k \end{pmatrix}, \qquad \text{also} \quad D(\Delta_k g^*, y) = \|\Delta_k g - y\| = 0.$$

Die Minimierungsaufgabe (8.3) geht im Spezialfall der Interpolation in die Lösung eines Systems von $N = k$ linearen oder nichtlinearen Gleichungen mit den Unbekannten $c_1, c_2, \ldots, c_k$ über (siehe Kapitel 9).

8.3.3 Fallstudie: Wasserwiderstand von Booten

An das *National Physical Laboratory* (Teddington, England) wurde das Problem herangetragen, günstige Formen von Fischerbooten zu ermitteln (Hayes [228]). Ausgangspunkt waren Daten von 94 tatsächlich gebauten Fischerbooten. Von jedem Boot waren 6 Formparameter (Länge/Breite, Breite/Tiefgang, max. Querschnittsfläche/(Breite × Tiefgang), . . .) bekannt. Aus Experimenten kannte man für jedes dieser Boote auch den Wasser-Widerstandskoeffizienten C_R. Die Größe der Boote lag zwischen 1400 und 3400 Tonnen Wasserverdrängung.

Die Aufgabenstellung lautete: Für jede vorgegebene Bootsgröße (charakterisiert durch einen Wert für die Wasserverdrängung zwischen 1400 und 3400 Tonnen) ist eine Bootsform (bestimmt durch die 6 Formparameter) zu finden, die einen möglichst niedrigen Widerstandskoeffizienten C_R aufweist.

Als Lösungsweg für diese Aufgabenstellung hätte man etwa daran denken können, für bestimmte Größenklassen, z. B. 1400 – 1600, 1600 – 1800, . . . , 3200

– 3400 Tonnen, die Daten des jeweils günstigsten Schiffes (aus den Beobachtungen dieser Klasse) für Neukonstruktionen zu verwenden. Damit hätten die neu gebauten Schiffe den bisher besten C_R-Werten entsprochen. Eine Verbesserung des C_R-Wertes wäre jedoch auf diesem Weg nicht möglich gewesen. Um zu einer optimalen Ausnutzung der bisher gemachten Erfahrungen (in Form der 94 Datensätze) zu gelangen, wurde ein anderer Weg beschritten:

1. Entwicklung eines mathematischen Modells für den Zusammenhang zwischen der Form der Fischerboote und deren Widerstand (also eines Modells, bei dem C_R als Funktion der Parameter $p_1, \ldots, p_6$ dargestellt wird);
2. Optimierung des Modells für die gewünschte Schiffsgröße (d. h. Suche nach dem Minimum der Funktion $C_R(p_1, \ldots, p_6)$).

Von den Schiffsbauingenieuren wurden bezüglich des mathematischen Modells keine Forderungen erhoben oder Einschränkungen gemacht; die Wahl einer „geeigneten" Funktion lag also bei den Mathematikern. Dabei traten durch die im Hinblick auf den 6-dimensionalen Parameterraum extrem niedrige Anzahl an Beobachtungen beträchtliche Schwierigkeiten auf. Man beachte, wie schnell z. B. die Anzahl der Koeffizienten eines polynomialen Modells

$$P(x_1, x_2, x_3, x_4, x_5, x_6) := \sum_{i=0}^{d} \sum_{j=0}^{d} \sum_{k=0}^{d} \sum_{l=0}^{d} \sum_{m=0}^{d} \sum_{n=0}^{d} a_{ijklmn} x_1^i x_2^j x_3^k x_4^l x_5^m x_6^n \qquad (8.4)$$

mit dem Maximalexponenten d steigt:

Maximalexponent d	1	2	3	4	5	6	...
Anzahl der Koeffizienten	64	729	4 096	15 625	46 656	117 649	...

Auch wenn man die Einschränkung $i + j + k + l + m + n \leq d$ macht, die bei multivariaten Polynomen $P \in \mathbb{P}_d : \mathbb{R}^n \to \mathbb{R}$ vom Grad d üblich ist, steigt die Anzahl der Koeffizienten immer noch sehr rasch:

Grad d	1	2	3	4	5	6	...
Anzahl der Koeffizienten	7	28	84	210	462	924	...

Bei univariaten Polynomen $P \in \mathbb{P}_d : \mathbb{R} \to \mathbb{R}$ ist die Anzahl der Polynomkoeffizienten nur $d + 1$.

Polynome kann man nur dann „vernünftig" an vorgegebene Datenpunkte anpassen, wenn die Anzahl der Datenpunkte nicht kleiner ist als die Anzahl der Koeffizienten. Man hätte also nur ein multivariates Polynom mit $d \leq 3$ an die 94 Daten anpassen können.

Eine Entscheidung über die Form des Modells ohne Berücksichtigung weiterer Information von seiten der Schiffsbauer erschien daher nicht zweckmäßig. Aus der Praxis des Schiffsbaus stammte z. B. die Beobachtung, daß der Widerstand des Schiffes als Funktion des Bugwinkels α ein Minimum besitzt. Die gesuchte Funktion mußte daher mindestens quadratisch in α sein, da eine lineare Funktion keine Extrema besitzt (allenfalls Randextrema bei einem endlichen Definitionsbereich). Die Entscheidung fiel zugunsten eines multivariaten polynomialen Modells (8.4) vom Grad $d = 2$ (bei dem nicht alle Terme auftraten). Nach vielen Experimenten mit verschiedenen Polynomen wurden schließlich von den 729 möglichen Koeffizienten der Funktion (8.4) 32 ausgewählt, deren Werte mit Hilfe der Daten ermittelt wurden. Bei den restlichen Koeffizienten wurde $a_{ijklmn} = 0$ angenommen. Mit Hilfe dieses Modells konnten tatsächlich neue Boote gebaut werden, deren Widerstandskoeffizient C_R gegenüber den früheren Ausführungen deutlich kleiner war (in Abb. 8.6 sind zur Verdeutlichung dieses Sachverhalts die Werte der alten und der neu gebauten Boote durch eine Linie getrennt).

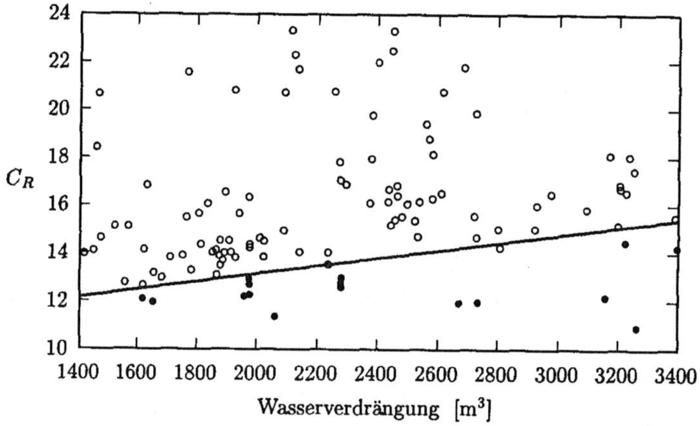

Abb. 8.6: Widerstandskoeffizienten C_R gebauter Boote (○), die als Daten der Modellierung zugrundegelegt wurden. Nach der Modellierung „optimal" gebaute Boote hatten wesentlich niedrigere C_R-Werte (●).

Trotz der offensichtlichen Qualitäten des verwendeten Modells handelt es sich mit größter Wahrscheinlichkeit *nicht* um ein optimales Modell: Will man polynomiale Funktionen (8.4) in sechs Variablen definieren, bei denen 32 Koeffizienten tatsächlich auftreten können, so gibt es die ungeheuer große Zahl von

$$\binom{729}{32} \approx 7.7 \cdot 10^{55}$$

Möglichkeiten hiefür. Die Schwierigkeiten des vorliegenden Problems liegen daher viel weniger bei der numerischen Bestimmung der 32 Koeffizienten als bei der *Auswahl* des Modelltyps, d. h. einer „gut geeigneten" Klasse von Modellfunktionen aus einer extrem großen Anzahl von Möglichkeiten. Ohne enge Zusammenarbeit mit Praktikern können für derartige Problemstellungen oft überhaupt keine geeigneten Modellfunktionen gefunden werden.

8.4 Funktionsapproximation

Bei der Funktionsapproximation wird für eine z. B. durch ein Unterprogramm gegebene Funktion $f : B \subset \mathbb{R}^n \to \mathbb{R}$ eine Modellfunktion g aus einer Funktionenklasse $\mathcal{G}_N$ gesucht, deren Abweichung von f bezüglich eines Abstandsmaßes D (siehe Abschnitt 8.6) auf dem Gebiet B eine vorgegebene Toleranz τ nicht überschreitet:

$$D(f, g) \leq \tau.$$

Bezüglich der *Datengenauigkeit* wird bei der Funktionsapproximation im folgenden (unabhängig von der Art der Darstellung bzw. Verfügbarkeit von f) stets angenommen, daß *exakte* Funktionswerte vorliegen, die allenfalls mit vernachlässigbaren (Rundungs-)Fehlern behaftet sind.

Wie bereits im Abschnitt 8.2 im Zusammenhang mit der Gewinnung analytischer Daten aus kontinuierlicher Information festgestellt wurde, können zur Modellbildung (Approximation) nur *endlich* viele diskrete Bestimmungsstücke, z. B. Funktionale von f, verwendet werden.

Man beachte, daß im Fall der diskreten Approximation die Anzahl und die Lage der Datenpunkte (8.2) nicht mehr beeinflußt werden kann. Die einzige Einflußmöglichkeit besteht dort in der Wahl von $\mathcal{G}_N$. Hier, im Fall der Funktionsapproximation, besteht darüber hinaus auch die Möglichkeit, Anzahl und Art der Bestimmungsstücke von f zu wählen.

Information über die zu approximierende Funktion f, z. B. in Form von k Skalaren oder k Vektoren, wird durch *Diskretisierung*, also durch die Anwendung von k *Informationsoperatoren* (*Informationsfunktionalen*)

$$l_1(f), \, l_2(f), \, \ldots, \, l_k(f) \in \mathbb{R}$$

gewonnen (Traub, Wozniakowski [382]). Diese Diskretisierung kann entweder auf adaptive oder nichtadaptive Art erfolgen.

8.4.1 Nichtadaptive Diskretisierung

Bei der *nichtadaptiven Diskretisierung* werden k „Informationsstücke" über die zu approximierende Funktion f,

$$N^{\mathrm{na}}(f) := \big(l_1(f), \, l_2(f), \, \ldots, \, l_k(f)\big),$$

in voneinander unabhängigen Informationsoperationen gewonnen, deren Anzahl a priori festgelegt ist. Die Ermittlung nichtadaptiver Information kann also sehr effizient auf Parallelrechnern durchgeführt werden:

$$
\begin{aligned}
&\text{Ermittlung von } l_1(f) \quad \to \quad \text{Prozessor 1} \\
&\text{Ermittlung von } l_2(f) \quad \to \quad \text{Prozessor 2} \\
&\qquad\qquad\vdots \qquad\qquad\qquad\qquad \vdots \\
&\text{Ermittlung von } l_k(f) \quad \to \quad \text{Prozessor } k.
\end{aligned}
$$

Nichtadaptive Information wird dementsprechend auch *Parallel-Information* genannt. Die Gesamtzeit zur Ermittlung von $N^{\mathrm{na}}(f)$ ist durch die längste Zeit gegeben, die von einem der k eingesetzten Prozessoren benötigt wird.

8.4.2 Adaptive Diskretisierung

Die Bezeichnung „adaptiv" stammt aus der Automatisierungstechnik und der Steuerungstheorie. Dort versteht man unter *adaptiven Systemen* Regelsysteme, die sich unvorhersehbar veränderlichen Bedingungen (welche sich z. B. durch Änderung der Eigenschaften von Eingangssignalen äußern) selbsttätig im Sinne der Erfüllung eines vorgegebenen Gütekriteriums anpassen.

Bei der *adaptiven (dynamischen) Diskretisierung* hängt zu jedem Zeitpunkt der weitere Verlauf des Abtastprozesses von der bereits verfügbaren Information ab. Dabei wird Information über f sukzessive gewonnen:

$$z_1 = l_1(f), \quad z_2 = l_2(f; z_1), \ldots, \quad z_i = l_i(f; z_1, z_2, \ldots, z_{i-1}), \ldots.$$

Dabei hängt z_i, der i-te (skalare oder vektorielle) Wert der Informationsoperation, von den schon vorher erhaltenen Werten $z_1, \ldots, z_{i-1}$ ab:

$$N^a(f) := \left(l_1(f), l_2(f; z_1), \ldots, l_{k(f)}(f; z_1, z_2, \ldots, z_{k(f)-1}) \right).$$

Eine parallele Auswertung der Informationsoperationen kommt daher in diesem Fall *nicht* in Frage – adaptive Information muß sequentiell ermittelt werden. Sie wird daher auch *sequentielle Information* genannt.

Die Anzahl $k(f)$ der Datenpunkte wird dynamisch, also im Verlauf des Rechenvorganges, bestimmt: Nach der Ermittlung jedes Wertes z_i wird ein Abbruchkriterium $stop_i(z_1, z_2, \ldots, z_i)$ überprüft, das – auf der Basis der gesamten bis dahin verfügbaren Information – entweder zur Entscheidung „Weiterrechnen" oder zum „Abbrechen" führt. Nach dem Abbruch beim i-ten Schritt bildet

$$N^a(f) = \left(l_1(f), l_2(f), \ldots, l_i(f) \right)$$

die dann adaptiv gewonnene Information über f.

Beispiel (Bisektion) Eine Nullstelle einer stetigen Funktion $f : [0,1] \to \mathbb{R}$, deren Funktionswerte $f(0)$ und $f(1)$ verschiedenes Vorzeichen besitzen, kann mit Hilfe adaptiv gewonnener Information über f numerisch berechnet werden. Man berechnet zunächst $f(0.5)$. Dann ist entweder $f(0.5) = 0$, oder eines der Intervalle $[0, 0.5]$ und $[0.5, 1]$ hat wieder Funktionswerte am Rand, deren Vorzeichen verschieden sind. Der Mittelpunkt x_m dieses Intervalls ist die nächste Stelle, an der f ausgewertet wird, usw. Die Information $(f(0), f(1), f(0.5), \ldots)$ ist offensichtlich adaptiv, da es unmöglich ist, zu sagen, wo die nächste Funktionsauswertung vorzunehmen ist, wenn man die vorhergegangenen Funktionsauswertungen nicht kennt. Eine Parallelisierung des Bisektionsverfahrens ist daher unmöglich.

Beispiel (Numerische Integration) Zentraler Bestandteil vieler univariater Integrationsprogramme ist ein *Quadratur-Modul*, das für ein vom Anwender spezifiziertes Funktionsunterprogramm f und ein vorgegebenes Integrationsintervall $[a, b]$ einen Näherungswert

$$q \approx \int_a^b f(x)\, dx =: \mathrm{I}(f; a, b)$$

sowie eine Schätzung

$$e \approx |q - \mathrm{I}(f; a, b)|$$

für den Betrag des Verfahrensfehlers liefert. Entspricht e der Genauigkeitsanforderung des Anwenders, so ist die Berechnung beendet. Andernfalls wird zunächst das Quadratur-Modul auf die beiden Hälften von $[a, b]$ angewendet. Ist die Summe der Fehlerschätzungen noch immer größer als die Toleranz, wird jetzt jenes Teilintervall weiter unterteilt (meist halbiert), das die größte Fehlerschätzung aufweist usw. Diese Vorgangsweise, die man *globale Unterteilungsstrategie* nennt, beruht auf einer adaptiven Informationsgewinnung über die Integrandenfunktion f, die dem Bisektionsverfahren ähnlich ist (siehe Kapitel 12). Global adaptive Integrationsverfahren können daher nur nach algorithmischen Modifikationen parallelisiert werden.

8.4.3 Algorithmen zur Homogenisierung

Nach der Diskretisierung liegt Information über die zu modellierende (approximierende) Funktion f in Form einer endlichen Menge von Werten (Funktionswerten, Ableitungswerten, Integralen etc.) vor, z. B.

$$l_1(f) := f(x_1), \; l_2(f) := f(x_2), \ldots l_k(f) := f(x_k),$$

die zusammen mit den adaptiv oder nichtadaptiv gewählten Abszissen (Abtastpunkten) $\{x_1, x_2, \ldots, x_k\} \subset B$ eine diskrete Punktmenge bilden:

$$(x_1, f(x_1)), \ldots, (x_k, f(x_k)) \quad \text{mit} \quad (x_i, f(x_i)) \in B \times \mathbb{R}, \quad i = 1, 2, \ldots, k.$$

Der Fall *kontinuierlicher* Information wurde damit auf den Fall *diskreter* Information zurückgeführt. Dementsprechend kann man auch bei der Funktionsapproximation die Methoden der diskreten Approximation, z. B. das Prinzip der Interpolation (siehe Kapitel 9), verwenden, um die Parameter $c_1, c_2, \ldots, c_N$ der Approximationsfunktion $g(x; c_1, c_2, \ldots, c_N)$ zu bestimmen.

Wenn man sich für einen Funktionstyp bzw. für eine Funktionenklasse $\mathcal{G}$ entschieden hat, aus der die Approximationsfunktion bestimmt werden soll, bleibt noch die Bestimmung der Parameter*anzahl* N und der konkreten Parameter*werte* $c_1, c_2, \ldots, c_N$ offen. Man kann dazu nach einem *Algorithmusschema* vorgehen, bei dem eine Folge von Teilproblemen mit steigender Parameteranzahl gelöst wird. Für jede Parameteranzahl

$$N := N_{\min}, \; N_{\min} + \text{inkrement}, \; N_{\min} + 2 \cdot \text{inkrement}, \ldots$$

bestimmt man dabei nach einem vorher festgelegten Auswahlkriterium (Bestapproximation oder Interpolation, adaptive oder nichtadaptive Diskretisierung, Stützstellenverteilung etc.) eine Modellfunktion g_N.

$N := N_{\min};$
fehler := groesste_maschinenzahl;

do while fehler $> \tau$
        berechne jene Funktion $g_N = g(x; c_1, c_2, \ldots, c_N)$,
               die durch das Auswahlkriterium festgelegt ist;
        berechne eine Fehlerschätzung fehler;
        $N := N + \text{inkrement}$
end do

Um das Terminieren eines Algorithmus nach diesem Schema garantieren zu können, muß die *Konvergenz* der Folge $\{g_N\}$ gegen die zu approximierende Funktion f sichergestellt sein. Die *Effizienz* des Approximationsalgorithmus wird vorwiegend durch die Konvergenz*geschwindigkeit* dieser Folge bestimmt. Große Teile der Kapitel 9 und 10 sind daher der Untersuchung und Charakterisierung von Konvergenz und Konvergenzgeschwindigkeit von Folgen der dort behandelten Funktionen gewidmet.

Die Implementierung eines konkreten Algorithmus nach obigem Schema muß auch auf Rundungsfehlereffekte Bedacht nehmen. Wird z. B. die Toleranz τ bezüglich des aktuellen Rundungsfehlerniveaus zu klein gewählt, so terminiert der Algorithmus – ohne zusätzliche Abfragen – *nicht*.

Auch die Wahl der Abtastpunkte kann sich auf das Resultat eines Homogenisierungsalgorithmus auswirken.

Beispiel (Funktion mit lokal unterschiedlichem Verhalten)   Die Funktion

$$f(x) = \frac{0.9}{\cosh^2(10(x-0.2))} + \frac{0.8}{\cosh^4(10^2(x-0.4))} + \frac{0.9}{\cosh^6(10^3(x-0.54))} \qquad (8.5)$$

ist auf $[0,1]$ beliebig oft differenzierbar, die Folge der Interpolationspolynome P_d auf den Tschebyscheff-Knoten konvergiert daher für $d \to \infty$ gegen f (vgl. Abschnitt 9.3.7). Es ist also gewährleistet, daß es für jede Toleranz τ ein Polynom P_d gibt, das von f um nicht mehr als τ abweicht.

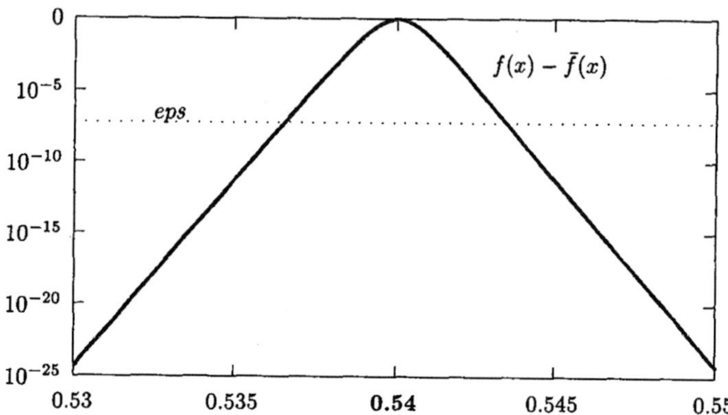

Abb. 8.7: Größe des dritten Summanden der Funktion (8.5), *logarithmisch* skaliert

Die Funktion (8.5) ist, mit Ausnahme des kleinen Intervalls $[0.537, 0.543]$, auf einem Computer mit einfach genauer IEC/IEEE-Arithmetik *numerisch* identisch mit jener Funktion

$$\bar{f}(x) = \frac{0.9}{\cosh^2(10(x-0.2))} + \frac{0.8}{\cosh^4(10^2(x-0.4))},$$

die nur aus den ersten beiden Summanden von f besteht (die also an der Stelle $x = 0.54$ *keine* Spitze aufweist), d. h. $\Box f = \Box \bar{f}$ (vgl. Abb. 8.7).

Jeder Algorithmus zur Berechnung einer Approximationsfunktion kann nur endlich viele Funktionswerte $f(x_1), f(x_2), \ldots, f(x_k)$ berücksichtigen. Ein Algorithmus, der eine Stützstellenwahl mit

$$x_i \notin [0.537, 0.543], \quad i = 1, 2, \ldots, k,$$

durchführt, also z. B. die äquidistanten Stützstellen $x_i := 0.005 + (i-1) \cdot 0.01$

$$x_1 = 0.005, \ x_2 = 0.015, \ldots, \ x_{54} = 0.535, \ x_{55} = 0.545, \ldots, \ x_{100} = 0.995$$

wählt, kann zwischen f und $\bar{f}$ nicht unterscheiden und wird daher zwangsläufig eine Approximationsfunktion liefern, deren Maximalabweichung von f erheblich größer als die gewünschte Genauigkeit ist.

Diese Situation ist charakteristisch für alle Probleme der Funktionsapproximation: es gibt *keinen* Algorithmus, der bei ausschließlicher Verwendung von (endlich vielen) Funktionswerten, eine Approximationsfunktion g liefert, deren Distanz von f *sicher* kleiner als die vorgegebene Toleranz ist. *Jeder* derartige Algorithmus kann also beliebig schlechte Approximationsfunktionen (trotz beliebig kleiner Fehlerschätzungen) liefern.

8.4.4 Zusatzinformation

Bei der Approximation mathematisch definierter Funktionen gibt es oft viele Zusatzinformationen, die bei der Lösung des Approximationsproblems ausgenützt werden können, z. B. Periodizitäten, Monotonieeigenschaften, Lage der Nullstellen, Extremwerte etc. (Cody, Waite [9]).

Beispiel (Sinusfunktion) Alle Implementierungen der Sinusfunktion berücksichtigen

$$\begin{aligned}
\sin(x + k\pi) &= (-1)^k \sin(x) \\
\sin(-x) &= -\sin(x) \\
\sin(x + \pi/2) &= \cos(x),
\end{aligned}$$

um das Approximationsproblem unter anderem dadurch zu vereinfachen, daß man das Intervall, auf dem eine Approximationsfunktion

$$g(x) \approx \sin(x), \qquad x \in [a, b],$$

gesucht wird, möglichst klein macht.

8.5 Wahl der Darstellungsfunktionen

Zu jeder gegebenen Funktion oder diskreten Punktmenge gibt es eine *unendliche* Menge $\mathcal{G}$ von Approximationsfunktionen, z. B. die Menge *aller* reellwertigen Funktionen, die an bestimmten Stellen mit den Datenpunkten übereinstimmen oder einen – noch näher zu präzisierenden – endlichen Abstand von den Datenpunkten besitzen (siehe Abschnitt 8.6). Die Menge $\mathcal{G}$ besitzt im allgemeinen sowohl eine unendliche Teilmenge von „guten" als auch eine unendliche Teilmenge von „schlechten" Approximationsfunktionen. Es erhebt sich daher die Frage, nach welchen Kriterien man in $\mathcal{G}$ nach „möglichst guten" Approximationsfunktionen suchen soll.

In den folgenden Abschnitten werden Aspekte beleuchtet, die bei der Auswahl von Approximationsfunktionen von Bedeutung sind (vgl. auch die Zusammenstellung von Brodlie [131]). Die *Bewertung* der Eigenschaften verschiedener Darstellungsfunktionen und die eigentliche Auswahl kann jedoch nur im speziellen Anwendungsfall vorgenommen werden.

8.5.1 Durchgehende und intervallweise Approximation

Es gibt zwei Möglichkeiten der Definition einer Approximationsfunktion:

1. Eine durchgehende, einheitlich definierte Funktion (z. B. *ein* Polynom) wird für das ganze Gebiet B verwendet;

2. Stückweise Definition (z. B. eine stückweise aus *mehreren* Polynomen zusammengesetzte Funktion, wie etwa ein interpolierender Polygonzug, der aus linearen Funktionen zusammengesetzt ist).

Wenn es das Ziel der Approximation ist, ein möglichst unkompliziert zu berechnendes und einfach handhabbares Modell zu erhalten, wäre es naheliegend, z. B. an die Verwendung eines einzigen (global definierten) Polynoms zu denken. Nach dem Satz von Weierstraß (Satz 9.3.4) gibt es zu jeder geforderten Genauigkeit (im Sinne der Maximalabweichung) ein Polynom, das dieser Anforderung genügt, vorausgesetzt, die zu approximierende Funktion ist auf B stetig. Obwohl diese Aussage mathematisch korrekt ist, darf man jedoch nicht annehmen, damit alle praktischen Probleme lösen zu können (siehe Kapitel 9).

In vielen Fällen, etwa bei stark oszillierendem Verhalten oder „uneinheitlichem" Funktionsverlauf (mit sehr glatten Abschnitten und Stellen mit extrem starker Krümmung, z. B. „Spitzen", „Ecken" etc.) kann ein dem Weierstraßschen Satz entsprechendes Approximationspolynom – auch bei einer bescheidenen Genauigkeitsforderung – unter Umständen einen extrem hohen Grad besitzen. *Welche* Polynomgrade man in *welchen* Fällen als „hoch" (bzw. „zu hoch") anzusehen hat, wird in den folgenden Abschnitten und Kapiteln besprochen.

Aus den genannten Gründen erweist es sich oft als ungünstig, die Approximationsaufgabe mit *einem* Polynom eines hohen Grades auf dem gesamten Bereich B zu lösen. Die effizientere Lösung besteht in vielen Fällen in der Zerlegung von B in disjunkte Teilbereiche $B_1, B_2, \ldots, B_m$, auf denen jeweils ein separates Approximationspolynom niedrigeren Grades bestimmt wird.

8.5.2 Lineare Approximation

Eine der fundamentalsten Entscheidungen bei der Wahl einer Klasse von Modellfunktionen (Approximationsfunktionen)

$$\mathcal{G}_N = \{g(x; c_1, c_2, \ldots, c_N) \,|\, c_1, c_2, \ldots, c_N \in \mathbb{R},\, g : B \subset \mathbb{R}^n \to \mathbb{R}\}$$

betrifft ihre Linearität. Dabei muß sorgfältig auseinandergehalten werden:

1. Linearität/Nichtlinearität bezüglich der *unabhängigen Variablen x* und
2. Linearität/Nichtlinearität bezüglich der *Parameter* $c_1, c_2, \ldots, c_N$.

Linearität bezüglich der unabhängigen Variablen

Die meisten Vorgänge und Zusammenhänge der realen Welt sind *nichtlinear*. Dennoch besitzen Modelle, die *linear* in x sind, in vielen praktisch relevanten Fällen eine zufriedenstellende, manchmal sogar sehr hohe Aussagekraft.

Beispiel (Elektrische Stromkreise) Das Ohmsche Gesetz $I = G \cdot U$ stellt den Zusammenhang zwischen Stromstärke I und Spannung U her. In vielen Anwendungsfällen kann der Leitwert G, der Proportionalitätsfaktor des Ohmschen Gesetzes, als konstant angenommen werden. Das Ohmsche Gesetz ist dann ein lineares Modell.

Der elektrische Widerstand $R = 1/G$ kann von verschiedenen Faktoren beeinflußt werden. So besteht beispielsweise eine Temperaturabhängigkeit des Widerstandes. Andererseits erwärmen sich Leiterwerkstoffe, wenn sie von Strom durchflossen werden.

$$\underbrace{\begin{array}{c} \text{Strom fließt} \longrightarrow \text{Leiter erwärmt sich} \\ \downarrow \\ \text{Widerstand verändert sich nichtlinear } (\sim \text{quadratisch}) \end{array}}_{\text{lineares Modell ist nur } Näherung}$$

Obwohl das Ohmsche Gesetz, wie eben angedeutet, nur eine *näherungsweise* Beschreibung des Zusammenhangs zwischen Spannung und Stromstärke liefert, kann es doch in sehr vielen Anwendungsfällen äußerst sinnvoll eingesetzt werden, da die nichtlinearen Effekte sehr oft vernachlässigbar sind.

Viele mathematische Untersuchungs- und Lösungsmethoden (analytische und numerische) sind besser und manchmal sogar ausschließlich für lineare Problemstellungen geeignet. Dieser Umstand führt zur Anwendung linearer Modelle sogar in jenen Fällen, wo es ernsthafte Gründe für die Annahme gibt, daß sich die reale Abhängigkeit wesentlich von einer linearen unterscheidet.

Die Fehler, die durch das Ersetzen einer nichtlinearen Abhängigkeit durch eine lineare gemacht werden, können quantitativer oder qualitativer Art sein. Im ersten Fall beschreibt die Lösung der mathematischen Aufgabe die Eigenschaften des realen Vorganges im großen und ganzen richtig, obwohl es konkrete numerische Ergebnisse gibt, die von den wahren Werten stark abweichen. Im zweiten Fall werden einige in Wirklichkeit beobachtbare Effekte durch das lineare Modell überhaupt nicht wiedergegeben. Solche Effekte nennt man „wesentlich nichtlinear", für ihre Wiedergabe sind lineare Modelle prinzipiell ungeeignet. Typische Beispiele für wesentlich nichtlineare Effekte sind Sättigungserscheinungen, Verzweigungen, Chaos etc. In solchen Fällen *müssen* nichtlineare Modelle verwendet werden.

Linearität bezüglich der Parameter

Ob man von einer linearen oder nichtlinearen Approximationsmethode spricht, hängt *nicht* von der Art der Abhängigkeit der Funktion g von ihrer unabhängigen Variablen x, sondern von der Art der Abhängigkeit der Approximationsfunktion g von ihren *Parametern* $c := (c_1, c_2, \ldots, c_N) \in \mathbb{R}^N$ ab.

Definition 8.5.1 (Lineare Approximation) *Eine Approximationsfunktion g nennt man linear, wenn sie additiv und homogen bezüglich ihrer Parameter ist, also folgende Eigenschaften besitzt:*

1. $g(x; b + c) = g(x; b) + g(x; c)$ (Additivität)

2. $g(x; \alpha c) = \alpha \cdot g(x; c)$ (Homogenität).

So führt z. B. die Verwendung von Polynomen

$$P_d(x; c_0, c_1, \ldots, c_d) := c_0 + c_1 x + c_2 x^2 + \cdots + c_d x^d, \qquad c \in \mathbb{R}^{d+1}$$

als Modellfunktionen in diesem Sinn auf *lineare* Approximationsprobleme.

Lineare Approximationsfunktionen können stets als Linearkombinationen von festen, gegebenen (linear unabhängigen) Basisfunktionen

$$g_i : B \subset \mathbb{R}^n \to \mathbb{R}, \qquad i = 1, 2, \ldots, N$$

dargestellt werden:

$$g(x; c_1, c_2, \ldots, c_N) = \sum_{i=1}^{N} c_i g_i(x).$$

Beispiel (Polynome)   Jedes univariate Polynom vom Grad $d \in \mathbb{N}_0$

$$P_d(x; c_0, c_1, \ldots, c_d) = c_0 + c_1 x + c_2 x^2 + \cdots + c_d x^d$$

ist eine Linearkombination der Basisfunktionen $\{1, x, x^2, \ldots, x^d\}$. Jedes Polynom hängt somit *linear* von seinen Parametern $c_0, c_1, \ldots, c_d$ ab, obwohl es eine nichtlineare Funktion von x ist.

Beispiel (Trigonometrische Polynome)   Trigonometrische Summen der Ordnung d

$$S_d(x; a_0, a_1, \ldots, a_d, b_1, \ldots, b_d) := \frac{1}{2} a_0 + \sum_{i=1}^{d} (a_i \cos ix + b_i \sin ix)$$

sind Linearkombinationen der $2d + 1$ Basisfunktionen

$$\{1, \sin x, \sin 2x, \ldots, \sin dx, \cos x, \cos 2x, \ldots, \cos dx\}.$$

Es handelt sich ebenfalls um *lineare* Approximationsfunktionen, obwohl auch die trigonometrischen Polynome nichtlineare Funktionen von x sind.

Stückweise lineare Approximation

In diesem Fall wird der Definitionsbereich B in die Teilbereiche $B_1, \ldots, B_m$ zerlegt, und g ist auf jedem Teilgebiet eine lineare Approximationsfunktion:

$$g(x; c) := \sum_{i=1}^{k_j} c_{ij} g_{ij}(x) \qquad \text{für alle} \quad x \in B_j, \ j = 1, 2, \ldots, m$$

Beispiel (Splines)   Stückweise definierte Polynome sind lineare Approximationsfunktionen; bei entsprechend hoher Differenzierbarkeit an den Grenzen zweier benachbarter Teilgebiete spricht man von *Splinefunktionen* (siehe Abschnitt 9.5).

Eigenschaften linearer Approximationsfunktionen

1. Niedriger Rechenaufwand: Die Parameterbestimmung führt auf lineare Gleichungssysteme, die mit geringerem Aufwand gelöst werden können als nichtlineare Gleichungssysteme oder Ausgleichsprobleme (überbestimmte Gleichungssysteme).

2. Eine Erweiterung des Modells um zusätzliche Terme ist in der Regel einfach.

3. *Additivität*: Approximation der Punktmengen

$$\{(x_i, y_i),\ i \in I\} \qquad \text{sowie} \qquad \{(x_i, \overline{y}_i),\ i \in I\}$$

und anschließende Addition liefert mathematisch dieselbe Approximationsfunktion wie jene, die sich aus der Menge $\{(x_i, y_i + \overline{y}_i),\ i \in I\}$ ergeben würde.

Die Eigenschaft der Additivität erleichtert unter anderem die Durchführung experimenteller Sensitivitätsuntersuchungen, bei denen man ausgewählte Datensätze mit additiven Störungen überlagert und deren Auswirkungen auf die Approximationsfunktion studiert.

8.5.3 Nichtlineare Approximation

In der Praxis treten meist gemischt linear-nichtlineare Modellfunktionen auf:

$$g(x; c_0, c_1, \ldots, c_K, d_1, d_2, \ldots, d_K) = c_0 + \sum_{i=1}^{K} c_i \cdot g_i(x; d_1, d_2, \ldots, d_K).$$

Dabei sind $c_0, \ldots, c_K$ die linearen und $d_1, \ldots, d_K$ die nichtlinearen Parameter. Haben die nichtlinearen Parameter von Anfang an *bekannte* Werte, dann handelt es sich auch hier um ein *lineares* Approximationsproblem.

Beispiel (Exponentialsummen) Eine Exponentialsumme

$$E_d(t;\, a_0, a_1, \ldots, a_d, \alpha_1, \alpha_2, \ldots, \alpha_d) := a_0 + a_1 \exp(\alpha_1 t) + \cdots + a_d \exp(\alpha_d t) \qquad (8.6)$$

ist *linear* in den $d+1$ (Anteils-)Parametern $a_0, a_1, \ldots, a_d$ und *nichtlinear* in den d Zeitkonstanten $\alpha_1, \alpha_2, \ldots, \alpha_d$ (die das Abkling- bzw. Aufklingverhalten von $E_d(t)$ bestimmen). Sind die Zeitkonstanten unbekannte Parameter, die erst aus den Daten ermittelt werden müssen, so handelt es sich um ein nichtlineares Approximationsproblem, andernfalls um ein lineares.

Eigenschaften nichtlinearer Approximationsfunktionen

1. Es existiert – speziell im Fall der Interpolation – unter Umständen überhaupt keine Lösung: Die *Existenz* der Approximationsfunktionen muß im Einzelfall untersucht werden (während sie im linearen Fall unter sehr allgemeinen Bedingungen gesichert ist – siehe Kapitel 9 und 10).

2. Es können gegebenenfalls auch mehrere (sogar unendlich viele) Lösungen eines Approximationsproblems existieren. Wenn die *Eindeutigkeit* der Approximationsfunktion nicht sichergestellt ist, also mit denselben Daten verschiedene Parameter erhalten werden, wird z. B. die Interpretation dieser Parameter problematisch.

3. Zur Koeffizientenbestimmung sind *iterative* Verfahren notwendig. Diese sind nicht nur rechenaufwendig, sondern konvergieren unter Umständen sogar dann *nicht*, wenn eine eindeutige Lösung existiert.

Vergleicht man die Eigenschaften von linearen und nichtlinearen Approximationsfunktionen, so ergibt sich aus mathematisch-algorithmischer Sicht ein klarer Vorteil für die linearen Approximationsfunktionen. Es gibt jedoch Situationen, in denen man gezwungen ist, nichtlineare Approximationsfunktionen zu verwenden:

1. Wenn die Parameter eines nichtlinearen Modells konkrete Bedeutung haben, wie z. B. die Anteile und Zeitkonstanten im Exponentialmodell (8.6).

2. Wenn ein nichtlineares Modell mit weniger Parametern eine bessere Anpassung an gegebene diskrete Daten erreicht.

8.5.4 Globale und lokale Approximation

Bei *globalen* Approximationsmethoden hängt der Wert der Approximationsfunktion g an jeder beliebigen Stelle $x \in B$ von *allen* Datenpunkten ab. Dementsprechend ist auch die Kenntnis *aller* Datenpunkte für die Ermittlung der Parameter $c_1, c_2, \ldots, c_N$ erforderlich. Polynominterpolation (mit *einem* durchgehenden Polynom) und kubische Spline-Interpolation sind Beispiele für solche globalen Approximationsmethoden.

Bei der globalen Approximation wirkt sich die Änderung (Störung) *eines* einzelnen Datenpunktes auf den *gesamten* Funktionsverlauf aus. Auch an Stellen, die weit vom Ort der Änderung entfernt sind, kann sich die Funktion unter Umständen sehr stark verändern (siehe Abb. 8.8).

Bei *lokalen* Approximationsmethoden hängt die Approximationsfunktion zwischen zwei Datenpunkten nur von diesen beiden und eventuell einigen weiteren Datenpunkten aus der unmittelbaren Umgebung ab. Diese Eigenschaft ermöglicht die Ermittlung von Teilen der Approximationsfunktion ohne Kenntnis der Gesamtmenge der Datenpunkte.

Bei der lokalen Approximation kann sich die Änderung (Störung) eines Datenpunktes nur auf dessen unmittelbare Umgebung auswirken (siehe Abb. 8.9).

Beispiel (Polygonzug) Der einfachste Fall einer univariaten lokalen Approximationsfunktion ist der interpolierende Polygonzug. Die Datenpunkte

$$(x_i, y_i) \in \mathbb{R}^2, \qquad i = 1, 2, \ldots, k$$

werden durch die stückweise lineare Funktion

$$g(x) = y_i + (x - x_i)\frac{y_{i+1} - y_i}{x_{i+1} - x_i}, \qquad x \in [x_i, x_{i+1}], \qquad i = 1, 2, \ldots, k-1$$

approximiert. Eine Änderung $y_i \to \overline{y}_i$ wirkt sich auf g nur im Intervall $[x_{i-1}, x_{i+1}]$ aus.

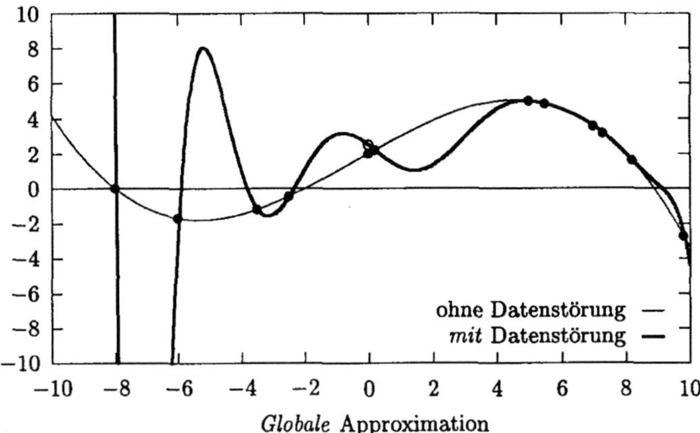

Globale Approximation

Abb. 8.8: Interpolation der Datenpunkte (•) durch *ein* Interpolationspolynom führt zu extremen Schwingungen, wenn auch nur ein Datenpunkt, hier jener an der Stelle $x = 0$ von $y = 2$ auf $y = 2.5$ verschoben wird (○). Alle anderen Datenpunkte (insbesondere der Nachbarpunkt mit $x = 0.2$ und $y = 2.2$ bleiben unverändert.

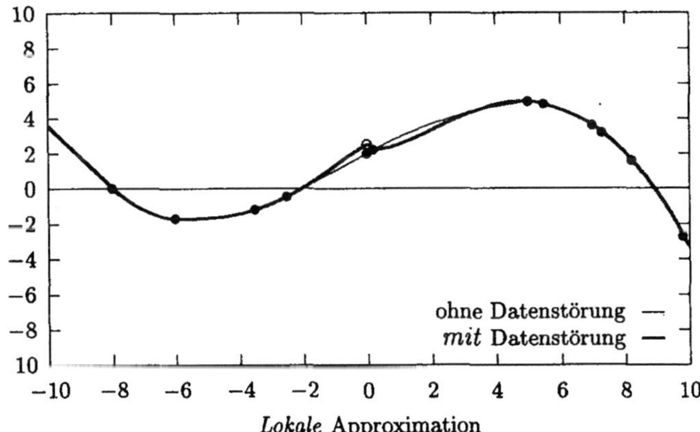

Lokale Approximation

Abb. 8.9: Interpolation derselben Datenpunkte (•) wie in Abb. 8.8 durch eine *stückweise* definierte Akima-Funktion weist auch bei einem in y-Richtung verschobenen Datenpunkt (○) nahezu kein Überschwingen auf.

Beispiel (Stückweise kubische Funktionen) Stückweise aus kubischen Polynomen zusammengesetzte lokale Interpolationsfunktionen, die sich vor allem für graphische Darstellungen gut eignen, wurden z. B. von Akima [82] sowie von Ellis und McLain [185] eingeführt.

Ein algorithmischer Vorteil der lokalen Approximationsfunktionen ergibt sich aus dem vergleichsweise sehr geringen Rechenaufwand, der auf die entkoppelten Gleichungssysteme zur Bestimmung der Parameter zurückzuführen ist. Durch diese Entkopplung eignen sich lokale Approximationsverfahren in natürlicher Weise besonders gut für Parallelcomputer.

Lokale Verfahren können mit *durchgehend* definierten Approximationsfunktionen *nicht* realisiert werden; als Approximationsfunktionen kommen für lokale Verfahren nur stückweise (intervallweise) definierte Funktionen in Frage. Es führt aber umgekehrt die Verwendung stückweise definierter Funktionen nicht in jedem Fall auf lokale Verfahren, wie das Beispiel der kubischen Splinefunktionen zeigt (siehe Abschnitt 9.7).

8.5.5 Stetigkeit und Differenzierbarkeit

Stetigkeits- und Differenzierbarkeitseigenschaften sind *mathematische* Charakteristika der „Glattheit" einer Funktion. Je öfter eine Funktion (stetig) differenzierbar ist, desto glatter ist sie im mathematischen Sinn.

Beispiel (Polygonzug) Ein Polygonzug gehört zur Klasse C^0, d. h. zu jenen „nicht-glatten" Funktionen, die zwar stetig, aber nullmal, d. h. *nicht* differenzierbar sind. An den Knotenpunkten stimmen links- und rechtsseitige Ableitung eines Polygonzugs nicht überein.

Beispiel (Kubische Splines) Kubische Spline-Funktionen (siehe Abschnitt 9.7) gehören zur Klasse C^2: Die Funktionen selbst sowie ihre ersten und zweiten Ableitungen sind stetig, während die dritten Ableitungen Sprungstellen an den Knotenpunkten aufweisen.

Beispiel (Polynome) Polynome (die nicht stückweise, sondern einheitlich definiert sind) gehören zur Klasse C^∞, den mathematisch „glattesten" Funktionen, die beliebig oft differenzierbar sind:

$$
\begin{aligned}
P_d(x) &= c_0 + c_1 x + c_2 x^2 + \cdots + c_d x^d \\
P_d'(x) &= c_1 + 2c_2 x + \cdots + d c_d x^{d-1} \\
&\ \vdots \\
P_d^{(d)}(x) &= d(d-1)(d-2)\cdots 2c_d = d! c_d \\
P_d^{(d+1)}(x) &\equiv 0, \quad P_d^{(d+2)}(x) \equiv 0, \dots
\end{aligned}
$$

Polynome sind durch ihre beliebig oftmalige Differenzierbarkeit *sehr glatt* im mathematischen Sinn. Dies trifft aber keinesfalls auch immer auf ihren optischen Eindruck zu, wie er etwa bei Visualisierungs-Anwendungen wichtig ist. Speziell bei Polynomen mit „hohem" Grad (das kann – je nach Anwendungsfall – schon $d \geq 10$ sein) tritt oft starkes Oszillieren – „Überschwingen" – und damit ein visuell „nicht-glattes" Erscheinungsbild auf (siehe Abb. 8.8 und Abb. 8.12).

Polygonzüge sind im mathematischen Sinn *nicht* glatt. Soferne man jedoch die Abstände der Knotenpunkte $x_{i+1} - x_i$ an den Verlauf der zu approximierenden

Funktion f anpassen kann, ist es immer möglich, einen Polygonzug g zu finden, der sich *optisch* (innerhalb der Auflösung des Darstellungsmediums) nicht von f unterscheiden läßt.

Beispiel (Robotik) Die Planung der Bewegungsbahn (Trajektorie) eines Industrieroboters kann als „Bewegung von Punkt zu Punkt" erfolgen. Dabei wird die Trajektorie durch eine Reihe von Raumpunkten

$$P_i = (x_i, y_i, z_i)^\top \in \mathbb{R}^3, \qquad i = 1, 2, \ldots, k$$

definiert, die vom Effektor[4] zu vorgegebenen Zeitpunkten $\{t_i\}$ mit bestimmten Geschwindigkeiten $\{v_i\}$ zu durchlaufen sind.

Aus Tabellen von Bahnpunkten $\{P_i\}$ müssen die Bahnen als Zeitfunktionen $P(t)$ durch Interpolation bestimmt werden. Diese Funktionen können zur Steuerung des Roboters oder z. B. zur Berechnung des Geschwindigkeits- und Beschleunigungsverlaufs

$$v(t) = \mathrm{d}P/\mathrm{d}t = (\dot{x}(t), \dot{y}(t), \dot{z}(t))^\top \quad \text{und} \quad a(t) = \mathrm{d}^2 P/\mathrm{d}t^2 = (\ddot{x}(t), \ddot{y}(t), \ddot{z}(t))^\top$$

verwendet werden. Der Forderung nach einer „ruckfreien" Bewegung des Effektors entspricht die Forderung nach einer stetigen zweiten Ableitung (Beschleunigung) der Interpolationsfunktion (wodurch z. B. die Verbindung der Punkte $\{P_i\}$ durch einen Polygonzug nicht in Frage kommt).

8.5.6 Kondition

Da es bei Approximationsproblemen – je nach Aufgabenstellung – auf die Modell*funktion* oder deren *Parameter* ankommt, gibt es zwei Konditionsbegriffe:

Kondition der Funktionswerte: Die Konditionszahl k_f charakterisiert die Empfindlichkeit der *Werte* der Approximationsfunktion gegen Datenänderungen $\mathcal{D} \to \tilde{\mathcal{D}}$:

$$\|\tilde{g} - g\| \le k_f \cdot \|\tilde{\mathcal{D}} - \mathcal{D}\|. \tag{8.7}$$

Kondition der Parameter: Die Konditionszahl k_c charakterisiert die Empfindlichkeit der *Parameter* der Approximationsfunktion gegen Datenänderungen $\mathcal{D} \to \tilde{\mathcal{D}}$:

$$\|\tilde{c} - c\| \le k_c \cdot \|\tilde{\mathcal{D}} - \mathcal{D}\|. \tag{8.8}$$

Die Größe der Konditionszahlen k_f und k_c hängt nicht nur von der Kondition des Approximationsproblems ab, sondern auch von der Wahl der Normen in den Ungleichungen (8.7) und (8.8) (vgl. Abschnitt 8.6).

Beispiel (Interpolation mit Polynomen) Ein univariates Interpolationspolynom P_d ist durch die Daten des Interpolationsproblems – $d+1$ Stützstellen und $d+1$ Funktionswerte – eindeutig bestimmt, d. h., auch bei verschiedenen Darstellungen von P_d gibt es bei fester Wahl der Normen nur *eine* Konditionszahl für die Funktionswerte, die allerdings durch die Lage der Stützstellen $x_1, x_2, \ldots, x_k$ stark beeinflußt wird (siehe Abschnitt 9.3.8). Bei hohen Polynomgraden (und speziell bei äquidistanten Stützstellen) ist die Kondition der *Funktionswerte* von Interpolationspolynomen sehr schlecht.

---

[4]Unter *Effektoren* versteht man Einrichtungen eines Industrieroboters, mit denen Manipulationen vorgenommen werden: mechanische Greifer, Schweißzangen, Farbspritzpistolen etc.

Die Kondition der *Koeffizienten* hängt sehr stark von der jeweiligen Polynom*darstellung* ab; so sind z. B. die Koeffizienten $c_0, c_1, \ldots, c_d$ der Monom-Darstellung

$$P_d(x) = c_0 + c_1 x + c_2 x^2 + \cdots + c_d x^d$$

im allgemeinen wesentlich schlechter konditioniert als die Koeffizienten $a_0, a_1, \ldots, a_d$ der Darstellung in Tschebyscheff-Polynomen

$$P_d(x) = \frac{a_0}{2} + a_1 T_1(x) + \cdots + a_d T_d(x).$$

Obwohl eine spezielle Form der Approximationsfunktion g durch theoretische Überlegungen oder numerische Resultate stark untermauert sein kann, treten Fälle auf, bei welchen sich die Parameter der Approximationsfunktion aus den Daten nur mit großer Unsicherheit bestimmen lassen. So ist z. B. die *Parameterbestimmung* von Exponentialsummen ein notorisch schlecht konditioniertes Problem, während die *Funktionsauswertung* von Exponentialsummen durchaus gut konditioniert ist.

Beispiel (Approximation mit Exponentialsummen)   Bei einem konstruierten Test wurde von folgender Exponentialsumme ausgegangen:

$$f(t) := 0.0951 \exp(-t) + 0.8607 \exp(-3t) + 1.5576 \exp(-5t).$$

Diskretisierung und Quantisierung lieferten die folgenden Datenpunkte:

t_i	$\tilde{y}_i$	t_i	$\tilde{y}_i$	t_i	$\tilde{y}_i$
0.00	2.51	0.40	0.53	0.80	0.15
0.05	2.04	0.45	0.45	0.85	0.13
0.10	1.67	0.50	0.38	0.90	0.11
0.15	1.37	0.55	0.32	0.95	0.10
0.20	1.12	0.60	0.27	1.00	0.09
0.25	0.93	0.65	0.23	1.05	0.08
0.30	0.77	0.70	0.20	1.10	0.07
0.35	0.64	0.75	0.17	1.15	0.06

Auf Grund der Quantisierung sind die Werte $\{\tilde{y}_i\}$ mit Datenfehlern der Größenordnung 0.005 behaftet. Die Werte $\{t_i\}$ sind bis auf Maschinengenauigkeit exakt. Mit den fehlerbehafteten Daten der Tabelle wurde nun der Versuch unternommen, die Funktion f zu rekonstruieren. Ein versuchsweiser Ansatz mit *einer* Exponentialfunktion führte auf ein unzureichendes Approximationsergebnis. Der Ansatz mit zwei Exponentialsummanden führte auf

$$g(t) := 0.305 \exp(-1.58t) + 2.202 \exp(-4.45t).$$

Die Funktion g ist bezüglich der Abstände $\|g(t_i) - \tilde{y}_i\|$ eine völlig zufriedenstellende Modell- bzw. Approximationsfunktion für die Datenpunkte $\{(t_i, \tilde{y}_i)\}$ (siehe Abb. 8.10). Auch für die Funktion f ist g eine sehr gute Näherung: Ein besserer Fehlerverlauf $g(t) - f(t)$ kann auf Grund der Datenfehler nicht erwartet werden. Hinsichtlich der Parameterbestimmung ist die Funktion g aber absolut unbefriedigend (man vergleiche die Koeffizienten von f und g). Das Parameter-Identifikationsproblem wurde also *nicht* gelöst. Auch durch Übergang auf drei Exponential-Summanden, was dem Minimalitätsprinzip (siehe Kapitel 1) widersprechen würde, erhält man keine bessere Annäherung an die Parameter der Funktion f.

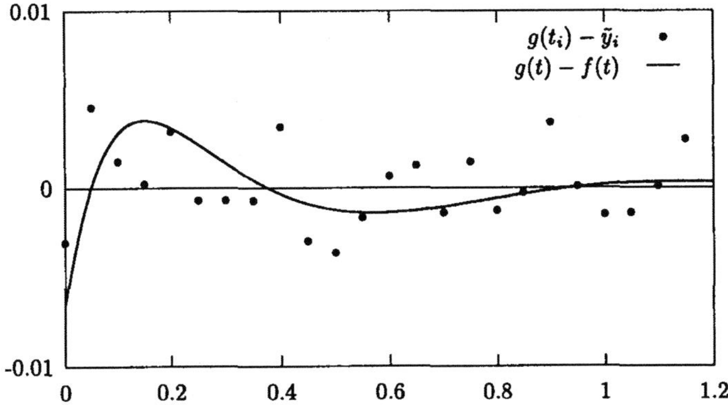

Abb. 8.10: (*Fehlerdarstellung*) Die Abweichung der Näherungsfunktion g von den diskretisierten und quantisierten Datenpunkten (•) der ursprünglichen Funktion $f(t)$ und die Abweichung der Näherungsfunktion $g(t)$ von $f(t)$ (—) liegen beide in der Größenordnung der Datenfehler.

8.5.7 Invarianz bei Skalierung

Die Eigenschaft der Invarianz unter Skalierungstransformationen ist z. B. in der graphischen Datenverarbeitung von Bedeutung. Im jeweiligen Anwendungsgebiet definiert man zunächst alles graphisch Darzustellende in zweidimensionalen kartesischen Koordinaten, die *Weltkoordinaten* genannt werden. Die *Normalisierungstransformation*

$$\bar{x} = c_0 + c_1 x$$
$$\bar{y} = d_0 + d_1 y$$

bildet (mit geeigneten Konstanten c_0, c_1, d_0, d_1) den Weltkoordinatenbereich auf den normalisierten Koordinatenbereich $[0,1] \times [0,1]$ ab. Die *Gerätetransformation*

$$\bar{\bar{x}} = u_0 + u_1 \bar{x}$$
$$\bar{\bar{y}} = v_0 + v_1 \bar{y}$$

bildet schließlich den normalisierten (geräteunabhängigen) Koordinatenbereich auf den Gerätekoordinatenbereich eines konkreten graphischen Arbeitsplatzes ab (Salmon, Slater [352]). Ein Verfahren, das unter Skalierungstransformationen invariant ist, liefert in diesem Fall denselben Funktionsverlauf, gleichgültig, ob der Approximationsalgorithmus auf Welt- oder (normalisierte) Gerätekoordinaten angewendet wird. Diese Eigenschaft erleichtert z. B. die Entwicklung von Black-box-Visualisierungsprogrammen, bei denen der graphische Output nicht von Implementierungsdetails abhängt.

8.5.8 Nebenbedingungen

Wenn das zu modellierende kontinuierliche Phänomen bzw. die verfügbaren Daten – speziell im univariaten Fall – bestimmte Formeigenschaften aufweisen (z. B.

Monotonie, Konvexität[5], eine bestimmte Anzahl von Wendepunkten), so kann an die Approximationsfunktion die Forderung gerichtet werden, diese Eigenschaften ebenfalls zu besitzen.

Wenn die Approximationsfunktion die Formeigenschaften der Daten nicht besitzt, so ist oft „Überschwingen" dafür verantwortlich. Die Approximationsfunktion weist ein oszillierendes Verhalten auf, obwohl dies bei den Daten nicht zu beobachten ist (z. B. bei monotonem Datenverlauf; siehe Abb. 8.11 und Abb. 8.12).

Einbringen von Information über die erwartete Lösung in Form von Nebenbedingungen des Approximationsproblems führt oft zu einer erheblichen Konditionsverbesserung. Diese Vorgangsweise bezeichnet man als *Regularisierung*. „Überschwingen" kann durch geeignete – dem Modellierungsproblem angemessene – Nebenbedingungen (etwa durch eine Monotonie-Forderung) vollständig vermieden werden.

Diskrete Nebenbedingungen

In manchen Fällen wird eine Modellfunktion gesucht, die an bestimmten Punkten vorgegebene Werte annimmt oder deren Ableitungen an diesen Stellen bestimmte Werte annehmen. So wird man z. B. von einer Approximationsfunktion, die in einem Standardfunktionsunterprogramm für $sin(x)$ Verwendung finden soll, erwarten, daß sie an der Stelle $x = 0$ exakt den Wert 0 liefert, an der Stelle $x = \pi/6$ den Wert 0.5 etc. Wenn man das Approximationsproblem nach dem Interpolationsprinzip löst, genügt es, diese speziellen Abszissen den Interpolationsknoten hinzuzufügen. Bei Anwendung des Bestapproximationsprinzips muß man diesen Nebenbedingungen durch eine Änderung des Approximationsalgorithmus Rechnung tragen.[6] Bei Polynomapproximation kann dies z. B. durch die Wahl einer speziellen Form des Polynoms erreicht werden (Hayes [229], Kapitel 5):

$$\overline{P}(x) = P_R(x) + P_K(x)P(x),$$

wobei P_R ein Polynom ist – üblicherweise von kleinstmöglichem Grad – das die Nebenbedingungen erfüllt, und P_K ein Polynom, für das

$$P_K^{(k)}(x_j) = 0$$

an allen Stellen x_j gilt, an denen die k-te Ableitung ($k \geq 0$) der Approximationsfunktion einer Nebenbedingung unterworfen wurde.

Beispiel (Polynom mit Nebenbedingungen) Angenommen, es wird von einem Approximationspolynom $P \in \mathbb{P}_d$ verlangt, daß es die (diskreten) Nebenbedingungen

$$\overline{P}(0) = 1, \qquad \overline{P}(1) = 0 \quad \text{und} \quad \overline{P}'(1) = 0 \tag{8.9}$$

---

[5]Eine Funktion $f : [a,b] \subset \mathbb{R} \to \mathbb{R}$ heißt *konvex*, wenn für beliebige Punkte $x_1, x_2 \in [a,b]$ folgende Ungleichung gilt:

$$(f(x_1) + f(x_2))/2 \geq f((x_1 + x_2)/2).$$

Ein konvexer Funktionsverlauf ist für $f \in C^2$ durch $f''(x) \geq 0$ charakterisiert.

[6]Man beachte, daß z. B. das bezüglich der L_∞-Norm (Maximumnorm) bestapproximierende Polynom P_d^* für $\sin x$, $x \in [0, \pi/4]$, für *kein* $d \in \mathbb{N}$ an der Stelle 0 den Wert 0 aufweist.

erfüllt. Dann kann man

$$P_R(x) = (1-x)^2 \qquad \text{und} \qquad P_K(x) = x(1-x)^2$$

wählen. Diese Polynome besitzen die geforderten Eigenschaften:

$$P_R(0) = 1, \qquad P_R(1) = 0, \qquad P_R'(1) = 0,$$
$$P_K(0) = 0, \qquad P_K(1) = 0, \qquad P_K'(1) = 0.$$

Von den gegebenen Daten oder der gegebenen Funktion zieht man dann P_R ab:

$$\bar{y}_i := y_i - P_R(x_i), \qquad i = 1, 2, \ldots, k,$$

bzw.

$$\bar{f}(x) := f(x) - P_R(x), \qquad x \in [a, b].$$

$\{\bar{y}_i\}$ bzw. $\bar{f}$ wird durch ein Polynom der Form

$$P_K(x)P(x) = x(1-x)^2[a_0 + a_1 x + a_2 x^2 + \cdots + a_{d-3}x^{d-3}]$$

approximiert. Das auf diese Weise erhaltene Approximationspolynom $\overline{P} = P_R + P_K P$ erfüllt dann die vorgeschriebenen Nebenbedingungen (8.9).

Kontinuierliche Nebenbedingungen

Nebenbedingungen beziehen sich oft nicht nur auf einzelne Punkte, sondern auf das gesamte Gebiet B oder (meist intervallförmige) Teilmengen $B_r \subset B$. Es handelt sich dabei meist um Einschränkungen für die Ableitungen der Approximationsfunktion:

$$m(x) \leq g^{(k)}(x) \leq M(x), \quad x \in B_r \subset B, \qquad k \in \{0, 1, 2, \ldots\}.$$

Die praktisch wichtigsten Fälle sind:

Beschränkung der Funktionswerte $(k = 0)$:

$$m \leq g(x) \leq M, \qquad x \in B$$

z. B. Anteile oder Konzentrationen, die nur zwischen $m = 0$ und $M = 1$ bzw. zwischen $0\,\%$ und $100\,\%$ liegen können;

Monotonie $(k = 1)$:

$$0 \leq g'(x) \qquad \text{oder} \qquad g'(x) \leq 0, \qquad x \in B$$

z. B. akkumulierte Größen, die nicht abnehmen können (siehe Abb. 8.11);

Konvexität $(k = 2)$:

$$\begin{aligned}
\text{konvexer Funktionsverlauf:} &\quad 0 \leq m \leq g''(x) \quad \text{für alle} \quad x \in B_{\text{konvex}} \\
\text{konkaver Funktionsverlauf:} &\quad g''(x) \leq M \leq 0 \quad \text{für alle} \quad x \in B_{\text{konkav}}
\end{aligned}$$

Die algorithmische Lösung von Approximationsproblemen mit Nebenbedingungen erfordert den Einsatz von Verfahren für restringierte Minimierungsprobleme (*constrained minimization*). Eine Übersicht über die Programmpakete für diesen Problemtyp findet man in dem Buch von Moré und Wright [21].

Für spezielle Funktionenklassen gibt es oft sehr effiziente Algorithmen und Programme: Verfahren für *konvexe Splinefunktionen* findet man z. B. bei de Boor [40], Shumaker [364], Andersson und Elfving [87]; Algorithmen für *monotone Splinefunktionen* z. B. bei Fritsch und Carlson [208], Fritsch und Butland [207], Hyman [243], Costantini [147].

8.5.9 „Optische Form"

Neben den mathematisch formulierbaren Eigenschaften einer Funktion gibt es auch ein *subjektives* Formempfinden. Die visuelle Beurteilung einer Approximationsfunktion beruht meist auf schwer formalisierbaren Vorstellungen über die „passende" Approximationsfunktion. Diese unbewußten Vorstellungen decken sich oft mit jenem Funktionsverlauf, den der Betrachter bei einer Freihandzeichnung wählen würde, bei der er vorhandene Vorinformation (wie z. B. Monotonie, Konvexität, Nichtnegativität etc.) berücksichtigt.

Manche Approximationsarten kommen den subjektiven Formvorstellungen eher entgegen als andere. So empfinden z. B. bei der Akima-Interpolation (Akima [82]) viele Personen eine wesentlich größere Ähnlichkeit zu einer Freihandzeichnung als bei der Interpolation mit einem durchgehenden Polynom hohen Grades (bei den Kurven in Abb. 8.12 ist dies besonders offensichtlich).

Beispiel (Sättigungsfunktion) Viele ökonomische und technisch-naturwissenschaftliche Wachstumsphänomene, die mit Funktionen einer Veränderlichen modelliert werden sollen, sind durch Grenzwerte charakterisiert, denen sich beobachtete Werte asymptotisch nähern. Als Modelle eignen sich z. B. *Sättigungsfunktionen*, die ihrem Wesen nach Summen (bzw. Integrale) für gegen Null strebende Zuwachsgrößen sind. In Abb. 8.11 sind Datenpunkte einer symmetrischen Sättigungsfunktion[7] dargestellt. Interpoliert man die 11 Datenpunkte (•) mit *einem* Polynom vom Grad 10, so erhält man den in Abb. 8.12 dargestellten, absolut unbefriedigenden Funktionsverlauf (—). Während für alle Datenpunkte $y_i \in [0,1]$ gilt, nimmt das Polynom Werte

$$P_{10}(x) \in [-4700, 4700], \quad x \in [x_{\min}, x_{\max}],$$

an, die mit dem intuitiv erwarteten Funktionsverlauf (mit Ausnahme einer kleinen Umgebung des Wendepunkts) nichts zu tun haben. Die Akima–Interpolation liefert eine nur einmal stetig differenzierbare Funktion (—), deren Glattheit im mathematischen Sinn deutlich geringer ist als jene des Polynoms, die aber den intuitiven Vorstellungen wesentlich besser entspricht.

8.6 Wahl der Distanzfunktion

Zur Definition eines Approximationsproblems benötigt man eine Distanzfunktion, mit der man quantitative Angaben darüber machen kann, wie weit eine Modellfunktion g von der zu approximierenden Funktion f entfernt ist. Die Wahl der

---

[7]Eine Sättigungsfunktion f ist *symmetrisch*, wenn ihre Zuwachsfunktion f' symmetrisch ist.

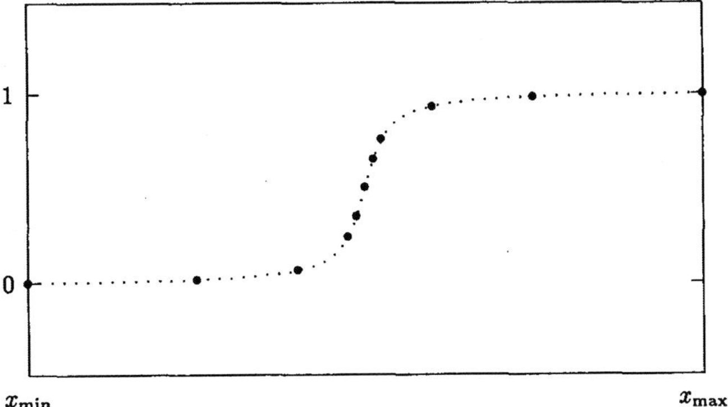

Abb. 8.11: Datenpunkte (•) einer Sättigungsfunktion (···)

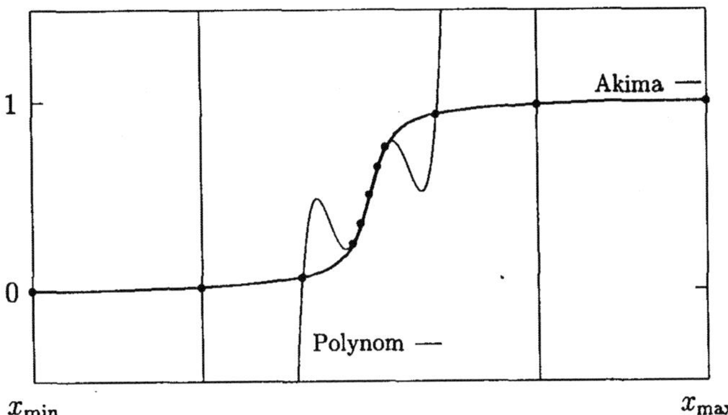

Abb. 8.12: Interpolation der Datenpunkte von Abb. 8.11 durch *ein* Interpolationspolynom vom Grad 10 (—) und durch eine stückweise kubische Akima-Funktion (—).

Distanzfunktion D muß den Besonderheiten der jeweiligen Modellierung angepaßt werden. Bei Daten, die mit stochastischen Störungen überlagert sind, wird man z. B. eine andere Abstandsdefinition verwenden als bei ungestörten Daten.

Die Wahl der Distanzfunktion beeinflußt auch ganz wesentlich den rechnerischen Aufwand, der zur Ermittlung der Parameter einer Approximationsfunktion erforderlich ist.

8.6.1 Mathematische Grundlagen

Bei der mathematischen Beschreibung von Approximationsprozessen ist es zweckmäßig, Funktionen (Signale) als Punkte oder Vektoren in einem Funktionenraum (Signalraum), (Signal-)transformationen als Abbildungen dieses Raumes und Eigenschaften der Funktionen als Eigenschaften des Raumes zu betrachten. Der Begriff „Raum" wird benützt, um der Funktionenmenge eine geometrische Anschaulichkeit zu verleihen.

Definition 8.6.1 (Linearer Raum, Vektorraum)   *Eine Menge M heißt ein linearer Raum oder Vektorraum, wenn*

1. *in M eine Addition definiert ist, für die M eine abelsche Gruppe bildet,*

2. *für alle Elemente $v \in M$ eine Multiplikation mit reellen (oder komplexen) Zahlen α definiert ist, für die folgende Axiome erfüllt sind:*

$$(a) \quad \alpha(v_1 + v_2) = \alpha v_1 + \alpha v_2 \quad und$$
$$(\alpha_1 + \alpha_2)v = \alpha_1 v + \alpha_2 v, \qquad \text{(Distributivität)}$$

$$(b) \quad (\alpha_1 \alpha_2)v = \alpha_1(\alpha_2 v), \qquad \text{(Assoziativität)}$$

$$(c) \quad 1 \cdot v = v.$$

Beispiele (Lineare Räume)

- Die Menge der n-Tupel $(\alpha_1, \alpha_2, \ldots, \alpha_n)$ mit reellen α_i und den Verknüpfungen

$$(\alpha_1, \ldots, \alpha_n) + (\beta_1, \ldots, \beta_n) \quad := \quad (\alpha_1 + \beta_1, \ldots, \alpha_n + \beta_n)$$
$$\alpha(\alpha_1, \ldots, \alpha_n) \quad := \quad (\alpha \alpha_1, \ldots, \alpha \alpha_n)$$

ist ein linearer Raum, der mit $\mathbb{R}^n$ bezeichnet wird. Die übliche Terminologie dieses Raumes, insbesondere die Bezeichnungen *Vektor* und *Punkt*, wird auch bei anderen linearen Räumen verwendet.

- Die Menge aller stetigen Funktionen, die auf einem Intervall $[a, b]$ definiert sind, ist ein linearer Raum, der mit $C[a, b]$ bezeichnet wird.

- Die Menge aller auf einem Intervall $[a, b]$ m-mal stetig differenzierbaren Funktionen ist ein linearer Raum, der mit $C^m[a, b]$ bezeichnet wird.

- Die Menge aller Funktionen $f(t)$, für die

$$\int_a^b |f(t)|^p \, dt \qquad \text{bzw.} \qquad \int_{-\infty}^{+\infty} |f(t)|^p \, dt \qquad (8.10)$$

existiert, ist ein linearer Raum, der mit $\mathcal{L}^p[a, b]$ bzw. $\mathcal{L}^p$ bezeichnet wird. Strenggenommen müßten die in (8.10) auftretenden Integrale als *Lebesgue-Integrale* interpretiert werden. Im Rahmen der folgenden Betrachtungen kann jedoch ohne gravierende Einschränkungen an „gewöhnliche" Integrale – *Riemann-Integrale* – gedacht werden.

Definition 8.6.2 (Linearkombination)   *Einen Vektor*

$$v = \alpha_1 v_1 + \alpha_2 v_2 + \cdots \alpha_m v_m,$$

der durch Summation von Vektoren mit skalaren Koeffizienten $\alpha_1, \alpha_2, \ldots, \alpha_m$ gebildet wird, nennt man Linearkombination der Vektoren $v_1, v_2, \ldots, v_m$.

Definition 8.6.3 (Basis)   *Eine Teilmenge B eines Vektorraumes V heißt eine Basis von V, wenn jeder Vektor $v \in V$ eindeutig in Form einer endlichen Linearkombination*

$$v = \sum_{j=1}^{m} \alpha_j b_j, \qquad b_j \in B, \quad m \in \mathbb{N}, \qquad (8.11)$$

von Basiselementen dargestellt werden kann.

Die Skalare α_j nennt man die *Koordinaten* des Vektors v bezüglich der Basis B. Läßt sich jeder Vektor $v \in V$ – *nicht* notwendigerweise *eindeutig* – in der Form (8.11) darstellen, so spricht man von B als einem *Erzeugendensystem*.

Besitzt ein Vektorraum V eine endliche Basis, so wird die allen Basen von V gemeinsame Anzahl von Basisvektoren die *Dimension* von V genannt. Besitzt V jedoch keine endliche Basis, so heißt V *unendlich-dimensional*.

Beispiel (Euklidischer Raum) Die Zahlenräume $\mathbb{R}^n$ sind endlich-dimensional von der Dimension n. Sie besitzen z. B. die *kanonische Basis*

$$e_1 = (1, 0, \dots, 0), \quad e_2 = (0, 1, 0, \dots, 0), \dots, e_n = (0, \dots, 0, 1).$$

Beispiel (Stetige Funktionen) Der lineare Raum der stetigen Funktionen $C[a, b]$ ist *nicht* endlich-dimensional, er ist vielmehr ein *unendlich*-dimensionaler Vektorraum.

Beispiel (Polynome) Die Menge $\mathbb{P}_d$ aller Polynome vom Maximalgrad d ist ein linearer Raum der Dimension $d+1$; hingegen ist die Menge $\mathbb{P}$ *aller* Polynome ein unendlich-dimensionaler Vektorraum.

Definition 8.6.4 (Normierter Raum) *Eine Menge M heißt ein linearer normierter Raum oder normierter Raum, wenn M ein linearer Raum ist und jedem Element v aus M eine eindeutig bestimmte nichtnegative Zahl $\|v\|$ – die Norm von v – zugeordnet ist, die folgende Eigenschaften hat:*

1. $\|v\| = 0$ genau dann, wenn $v = 0$ ist   *(Definitheit),*

2. $\|\alpha v\| = |\alpha| \cdot \|v\|$, $\alpha \in \mathbb{R}$ oder $\alpha \in \mathbb{C}$ (Homogenität), und

3. $\|v_1 + v_2\| \leq \|v_1\| + \|v_2\|$ (Dreiecksungleichung).

Die geometrische Interpretation der Norm eines Vektors ist seine Länge. Auf Grund ihrer Eigenschaften kann mit jeder Norm eine Metrik definiert werden:

$$D(u, v) := \|u - v\|.$$

Definition 8.6.5 (Metrischer Raum) *Eine Menge M heißt ein metrischer Raum und ihre Elemente Punkte des Raumes, wenn je zwei Elementen u und v aus M eine eindeutig bestimmte reelle Zahl $D(u, v) \geq 0$ zugeordnet ist, die folgende Regeln erfüllt:*

1. $D(u, v) = 0$ genau dann, wenn $u = v$ (Definitheit),

2. $D(u, v) = D(v, u)$ (Symmetrie) und

3. $D(u, w) \leq D(u, v) + D(v, w)$ (Dreiecksungleichung).

Das Funktional $D : M \times M \to [0, \infty)$ nennt man die *Metrik* des Raumes; die Zahl $D(u, v)$ heißt die Distanz, der *Abstand* der Punkte u und v.

8.6.2 Normen für endlich-dimensionale Räume

Die Abstandsdefinition für zwei reelle Zahlen durch die Betragsfunktion

$$D(r_1, r_2) := |r_1 - r_2|, \qquad r_1, r_2 \in \mathbb{R},$$

kann man für zwei Vektoren u und v des $\mathbb{R}^n$ durch den Euklidischen Abstand (entsprechend der *Euklidischen Norm* des Differenzvektors) verallgemeinern:

$$D_2(u, v) := \|u - v\|_2 := \sqrt{(u_1 - v_1)^2 + (u_2 - v_2)^2 + \cdots + (u_n - v_n)^2}.$$

Noch allgemeiner definiert man den Abstand von zwei Vektoren $u, v \in \mathbb{R}^n$ durch die l_p-**Norm** ihrer Differenz $u - v$:

$$D_p(u, v) := \|u - v\|_p := \left(\sum_{i=1}^{n} |u_i - v_i|^p \right)^{1/p}, \qquad p \in [1, \infty). \qquad (8.12)$$

Als Grenzfall für $p \to \infty$ erhält man die *Maximumnorm*

$$D_\infty(u, v) := \|u - v\|_\infty := \max\{|u_1 - v_1|, \ldots, |u_n - v_n|\}. \qquad (8.13)$$

Mit (8.12) und (8.13) läßt sich im Fall der diskreten Approximation (Datenapproximation) der Abstand einer Modellfunktion $g : \mathbb{R} \to \mathbb{R}$ von gegebenen Datenpunkten

$$(x_1, y_1), (x_2, y_2), \ldots, (x_k, y_k) \in \mathbb{R}^2$$

ermitteln, indem man den Abstand der beiden Vektoren

$$\begin{pmatrix} g(x_1) \\ g(x_2) \\ \vdots \\ g(x_k) \end{pmatrix} =: \Delta_k g \in \mathbb{R}^k \qquad \text{und} \qquad \begin{pmatrix} y_1 \\ y_2 \\ \vdots \\ y_k \end{pmatrix} =: y \in \mathbb{R}^k$$

durch $D_p(\Delta_k g, y)$ definiert.

Große Vorsicht ist bei der Interpretation derartiger Abstandswerte geboten!

Die Maßzahl $D_p(\Delta_k g, y)$ liefert nur Information über den Abstand an der *endlichen* Menge von Abszissen $\{x_1, \ldots, x_k\}$. Falls der Vektor y durch Diskretisierung $\Delta_k f$ einer analytischen Größe f zustandegekommen ist, so liefert $D_p(\Delta_k g, y)$ *keinen* Hinweis auf die Approximationsqualität von g bezüglich f. Durch die l_p-Norm des *Vektors*

$$e_k := [e(x_1), \ldots, e(x_k)]^\mathsf{T} = [f(x_1) - g(x_1), \ldots, f(x_k) - g(x_k)]^\mathsf{T}$$

der Abweichungen an den Stellen $x_1, \ldots, x_k$ wird nämlich *keine* Norm für die *Funktion* $f - g : \mathbb{R} \to \mathbb{R}$ definiert. Für sämtliche Modellfunktionen g, die an den Stellen $x_1, \ldots, x_k$ mit f übereinstimmen, gilt

$$\|e_k\|_p = 0,$$

ohne daß $f - g = 0$, also Übereinstimmung $f(x) = g(x)$ für *alle* $x \in \mathbb{R}$, gelten müßte. Dementsprechend wird auf diese Weise keine Metrik im Raum der reellwertigen Funktionen definiert. Der Größe des Abstands $D_p(\Delta_k g, y)$ kann man keine Information über den Verlauf von $e := f - g$ „zwischen" den Punkten $x_1, \ldots,$ x_k entnehmen. Durch $D_p(\Delta_k g, y)$ kann man den Abstand der Modellfunktion g von dem zu modellierenden kontinuierlichen Phänomen f *nicht* charakterisieren.

l_p-Normen bei der diskreten Approximation

Die wichtigsten Spezialfälle der l_p-Normen für die diskrete Approximation sind durch $p = 2$ (Euklidische Norm) und $p = 1$ (Betragssummennorm) gegeben. Die Maximumnorm ($p = \infty$) hat bei der diskreten Approximation keine praktische Bedeutung, da sie für eine Trennung von systematischen und stochastischen Anteilen fehlerbehafteten Datenmaterials nahezu ungeeignet ist.

Die *Euklidische Metrik* (beruhend auf der l_2-Norm, der Euklidischen Norm) wird bei der diskreten Approximation (Signalanalyse) am häufigsten verwendet, denn

- sie garantiert die Existenz von Lösungen der Approximationsprobleme,

- sie führt zu sehr effizienten und numerisch stabilen Algorithmen,

- sie besitzt eine physikalische Bedeutung (sie ist proportional zur Energiedifferenz zweier Signale) und

- sie entspricht (im Sinn der statistischen Schätztheorie) optimal jenen Aufgabenstellungen, bei denen die Distanz von zwei Signalen zu ermitteln ist, deren Störungen (wenigstens in guter Näherung) normalverteilt sind.

8.6.3 Normen für unendlich-dimensionale Räume

Will man *alle* Werte einer Funktion (eines stetigen Signals) in die Norm einbeziehen, um z. B. den Abstand einer Modellfunktion $g : [a, b] \to \mathbb{R}$ von dem zu modellierenden kontinuierlichen Phänomen, der Funktion $f : [a, b] \to \mathbb{R}$, zu bewerten, so muß man die Summation in (8.12) durch eine Integration oder (im Grenzfall $p \to \infty$) eine Extremwertbestimmung über dem ganzen Intervall $[a, b]$ ersetzen und gelangt so zu den auf $\mathcal{L}^p[a, b]$ definierten L_p-Normen und den durch diese Normen definierten Abstandsfunktionen:

$$D_p(f, g) := \|f - g\|_p := \left(\int_a^b |f(t) - g(t)|^p dt \right)^{1/p}, \qquad p \in [1, \infty).$$

Als Grenzfall für $p \to \infty$ erhält man wieder die *Maximumnorm*

$$D_\infty(f, g) := \|f - g\|_\infty := \max\{|f(x) - g(x)| : x \in [a, b]\}.$$

Die Maximumnorm ist – im Gegensatz zu ihrer unbedeutenden Rolle bei der diskreten Approximation – die wichtigste Norm bei der Funktionsapproximation.

Die L_p-Normen sind in erster Linie für theoretische Untersuchungen von Bedeutung. Die *numerische* Berechnung einer L_p-Norm müßte sich auf Verfahren der numerischen Integration (bzw. Extremwertbestimmung im Fall der Maximumnorm) stützen, würde somit wieder auf den diskreten Fall der l_p-Normen zurückführen.

8.6.4 Gewichtete Normen

Verwendet man die bisher besprochenen Normen zur Definition einer Distanzfunktion D_p, so geht man implizit davon aus, daß jeder Funktionswert $f(t)$ bzw. jeder Datenpunkt u_i die gleiche Bedeutsamkeit besitzt und daher keine spezielle Gewichtung einzelner Werte erforderlich ist.

Es gibt Fälle, wo a priori bekannt ist, daß z. B. einzelne Datenpunkte durch genauere Messungen gewonnen wurden, während andere mit größeren Meßfehlern behaftet sind. In einer solchen Situation sollte eine Gewichtung der Datenpunkte erfolgen: *Gewichte $w_i > 0$* bzw. *Gewichtsfunktionen $w(t) > 0$* sollten den Datenpunkten so zugeordnet werden, daß genauere Werte einen größeren Einfluß auf das Entfernungsmaß $D_{p,w}$ erhalten als ungenauere Werte. Dazu benötigt man **gewichtete l_p-Normen**

$$\|u - v\|_{p,w} \quad := \quad \left(\sum_{i=1}^{k} (w_i \cdot |u_i - v_i|)^p \right)^{1/p}, \quad p \in [1, \infty),$$

$$\|u - v\|_{\infty,w} \quad := \quad \max \{ w_1 \cdot |u_1 - v_1|, \ldots, w_k \cdot |u_k - v_k| \}$$

bzw. **gewichtete L_p-Normen**

$$\|f - g\|_{p,w} \quad := \quad \left(\int_a^b (w(t) \cdot |f(t) - g(t)|)^p dt \right)^{1/p}, \quad p \in [1, \infty),$$

$$\|f - g\|_{\infty,w} \quad := \quad \max \{ w(x) \cdot |f(x) - g(x)| : x \in [a, b] \}.$$

Die Wahl der Gewichtung kann etwa auf Schätzungen der absoluten Genauigkeit der y-Werte – z. B. ausgedrückt durch Schätzungen der Streuung – beruhen. Die Gewichte werden dann in diesem Fall umgekehrt proportional zur Genauigkeitsschätzung gewählt.

Beispiel (Relative Genauigkeit) Wenn bekannt ist, daß die *relative* Genauigkeit aller y-Werte gleich ist, d. h., wenn die *absolute* Genauigkeit aller y-Werte proportional zu y ist, dann können die Gewichte im Vektorfall folgendermaßen definiert werden:

$$w_i := c/|y_i|, \quad \text{falls} \quad |y_i| > 0,$$

wobei $c > 0$ eine beliebige Konstante ist.

8.6.5 Hamming-Distanz

Im Raum der diskreten *binären* Signale verwendet man oft die *Hamming-Distanz* zweier Binärvektoren $u = (u_1, \ldots, u_k)$ und $v = (v_1, \ldots, v_k)$ mit $u_i, v_i \in \{0, 1\}$

$$D(u, v) = \sum_{i=1}^{k} (u_i \oplus v_i),$$

die sich aus der Anzahl der unterschiedlichen Komponenten in u und v ergibt:

$$u_i \oplus v_i := (u_i + v_i) \bmod 2.$$

8.6.6 Robuste Abstandsmaße

Als *robuste Verfahren* bezeichnet man in der Statistik Verfahren, die auch dann „vernünftige" Werte liefern, wenn die Eigenschaften der Daten *nicht* jenen theoretischen Voraussetzungen entsprechen, unter denen die Methode entwickelt bzw. optimiert wurde, wenn z. B. die tatsächliche Verteilung der stochastischen Störungen nicht jener Verteilung entspricht, für die eine Methode optimale Eigenschaften (z. B. kleinste Varianz) besitzt.

Bei diskreten, aus Messungen stammenden Daten tritt immer wieder der Fall ein, daß einzelne Werte – im Vergleich zu den übrigen Datenpunkten, die mit stochastisch gleichartigen Störungen („Rauschen") überlagert sind – in irgendeiner Weise verfälscht sind. In diesem Fall liegt den stochastischen Störungen eine *Mischverteilung* zugrunde. Werte, die als Realisierung der vorwiegend aufgetretenen stochastischen Störung („Rauschen") fraglich erscheinen, werden als *Ausreißer* bezeichnet.

Beispiel (Scanner) Multispektrale Abtastsysteme (*multispectral scanner*) werden zur bildmäßigen Erfassung der Erdoberfläche, z. B. im Rahmen von Umweltschutzprojekten in Satelliten, aber auch in (Propeller-) Flugzeugen eingesetzt. Durch elektrische Einstreuungen aus der Umgebung des Scanners (Zündanlage der Motoren, Bordelektrik) können punktförmige Störungen (*spikes*) – Pixel mit minimalem oder maximalem Grauwert – in den digitalen Bildern auftreten.

In jeder Stichprobe aus einer Grundgesamtheit, die zu einer unbeschränkten (z. B. normalverteilten) Zufallsgröße gehört, sind beliebig große bzw. beliebig kleine Werte (d. h. Werte oberhalb bzw. unterhalb jeder vorgegebenen Schranke) mit positiver Wahrscheinlichkeit zu erwarten. Deshalb ist das Erkennen und Ausscheiden von Ausreißern („verdächtigen" Werten) nicht einfach.

Der Einfluß von Ausreißern auf die Lösung eines Approximationsproblems, d. h. auf die Approximationsfunktion g, hängt sehr stark von der gewählten Distanzfunktion D_p ab. Je größer p ist, desto stärker wirken sich Ausreißer auf die Funktion g aus; am stärksten selbstverständlich bei der Maximumnorm, aber auch bei $p = 2$, bei der Euklidischen Norm, oft immer noch unerwünscht stark. Günstige Werte liegen etwa bei $p \approx 1.3$ (Ekblom [183]).

Beispiel (Robuste Schätzung eines Skalars) Um den Einfluß von Meßfehlern δ_i auf die Ermittlung einer skalaren Größe c möglichst stark zu reduzieren, kann man z. B. die Messung k-mal wiederholen und aus den so erhaltenen Datenpunkten

$$y_i = c + \delta_i, \quad i = 1, 2, \ldots, k$$

jenen Wert $\bar{c}$ (als Schätzgröße für c) ermitteln, für den der Abstand

$$D(y, ce) = \|y - ce\|_p \quad \text{mit} \quad y := (y_1, \ldots, y_k)^\mathsf{T}, \quad e := (1, \ldots, 1)^\mathsf{T}$$

minimal wird. Für die wichtigen Fälle der l_1-, l_2- und l_∞-Norm erhält man:

$$p = 1 \quad \bar{c}_1 = \begin{cases} y_{\left(\frac{k+1}{2}\right)} & k \text{ ungerade} \\ \left(y_{\left(\frac{k}{2}\right)} + y_{\left(\frac{k}{2}+1\right)}\right)/2 & k \text{ gerade} \end{cases} \qquad \textit{Stichprobenmedian,}$$

$$p = 2 \quad \bar{c}_2 = \tfrac{1}{k} \sum_{i=1}^{k} y_i \qquad\qquad\qquad \textit{Stichprobenmittel und}$$

$$p = \infty \quad \bar{c}_\infty = \left(y_{(1)} + y_{(k)}\right)/2 \qquad\qquad \textit{Spannweitenmittel,}$$

wobei $y_{(1)} \leq y_{(2)} \leq \cdots \leq y_{(k)}$ die aufsteigend sortierten Komponenten des Vektors y bezeichnen. Für die 10 Meßwerte

$$99.4,\ 100.6,\ 98.4,\ 99.1,\ 101.0,\ 101.6,\ 93.8,\ 101.2,\ 99.9,\ 100.2$$

erhält man die Schätzgrößen

$$\bar{c}_1^{10} = 100.05, \quad \bar{c}_2^{10} = 99.52 \quad \text{und} \quad \bar{c}_\infty^{10} = 97.7.$$

Bei näherer Betrachtung der Meßwerte erkennt man, daß der Wert 93.8 im Vergleich zu den übrigen Werten „untypisch" klein ist. Falls die δ_i Realisierungen einer unbeschränkten (z. B. normalverteilten) Zufallsvariablen sind, dann sind allerdings beliebig kleine (und beliebig große) Werte mit positiver Wahrscheinlichkeit zu erwarten. Andererseits könnte der Wert 93.8 in irgendeiner Weise verfälscht sein (z. B. durch schlechte Meßbedingungen), sodaß er als nicht repräsentativ für die Größe c und somit als „Ausreißer" anzusehen ist.

Läßt man den Wert 93.8 unberücksichtigt, dann erhält man für die restlichen 9 Beobachtungen:

$$\bar{c}_1^9 = 100.20, \quad \bar{c}_2^9 = 100.16, \quad \bar{c}_\infty^9 = 100.00.$$

Die Änderung der Approximationen $\bar{c}_p^9 - \bar{c}_p^{10}$,

$$\bar{c}_1^9 - \bar{c}_1^{10} = 0.15, \quad \bar{c}_2^9 - \bar{c}_2^{10} = 0.64, \quad \bar{c}_\infty^9 - \bar{c}_\infty^{10} = 2.30$$

ist dabei für die robuste l_1-Norm am schwächsten und für die Maximum-Norm am stärksten.

Falls die stochastischen Störungen $\delta_1, \ldots, \delta_k$ Realisierungen einer Normalverteilung mit dem Mittelwert Null sind, dann liefert das Stichprobenmittel die optimale Schätzung für die ungestörte Größe c, da es unter allen linearen, erwartungstreuen Schätzfunktionen die kleinste Varianz besitzt. Falls die Verteilungsfunktion der Störungen jedoch geringfügig von jener der Normalverteilung abweicht, wenn z. B. eine Mischverteilung mit der Verteilungsfunktion

$$(1 - \varepsilon)\Phi + \varepsilon H, \quad \varepsilon \in [0, 1],$$

vorliegt (Φ bezeichnet die Verteilungsfunktion der Normalverteilung und H eine unbekannte Verteilungsfunktion), dann kann mit wachsendem ε die Varianz des Stichprobenmittels $\bar{c}_2$ sehr schnell steigen. $\bar{c}_2$ ist also (im statistischen Sinn) *keine* robuste Schätzfunktion, während $\bar{c}_p$ mit $p \in [1, 2)$ wesentlich weniger empfindlich auf Änderungen der Verteilungsfunktion reagiert.

Der zentrale Grenzverteilungssatz liefert eine sehr allgemeine Aussage über die Konvergenz der Verteilungsfunktion einer Summe unabhängiger Zufallsgrößen gegen die Normalverteilung. Er wird sehr oft als Rechtfertigung verwendet, wenn Zufallserscheinungen, die sich aus der additiven Überlagerung einer Vielzahl zufälliger Einzeleffekte ergeben, durch die Normalverteilung beschrieben werden.

Der zentrale Grenzverteilungssatz wurde damit zur Motivation für die bevorzugte Verwendung der l_2-Norm. Dabei erklärt er allenfalls, warum viele in der Praxis auftretende Zufallsgrößen *angenähert* normalverteilt sind.

Historisch gesehen war für C. F. Gauß die Hauptmotivation für die Verwendung der l_2-Norm in seiner *Methode der kleinsten Quadrate* die einfache Berechenbarkeit der „Ausgleichslösungen" aus linearen Gleichungssystemen.

Erst seit den sechziger Jahren wird die Frage untersucht, was passiert, wenn die Annahme einer Normalverteilung geringfügig gestört ist, und wie man zu robusten Schätzverfahren gelangt. Dabei stellte sich heraus, daß ein Ausgleich im Sinne der l_1-Norm, aber auch mit l_p-Normen mit $p \in (1, 1.5]$, zu robusteren, wenngleich rechenaufwendigeren Schätzverfahren führt.

Die Maximumnorm (die l_∞-Norm), die zu Schätzungen führt, die auf extreme Beobachtungen noch wesentlich empfindlicher reagiert als die entsprechenden l_2-Schätzungen, kommt für praktische Datenanalysen *nicht* in Frage.[8]

Die Wahl zwischen der l_2-Norm und einer l_p-Norm mit $p \in [1, 2)$ wird von zwei Faktoren beeinflußt:

1. Die l_p-Normen mit $p \in [1, 1.5]$ führen auf robuste Verfahren und sind aus diesem Grund der l_2-Norm überlegen.

2. Der Rechenaufwand für Verfahren der kleinsten Quadrate (Approximation auf der Grundlage der l_2-Norm) ist *deutlich* geringer als bei anderen l_p-Normen, da in diesem Fall nur lineare Gleichungssysteme zu lösen sind.

Bei „kleinen" Datenanalyseproblemen (mit einer kleinen Zahl von unbekannten Parametern), wo der Rechenaufwand keine dominante Rolle spielt, wird man – falls entsprechende Software vorhanden ist – Ausgleichsfunktionen im Sinne einer l_p-Norm mit $p \in [1, 1.5]$ ermitteln. Wo der Rechenaufwand jedoch von dominanter Bedeutung ist, z. B. bei großen Ausgleichsproblemen (mit hunderten oder tausenden Koeffizienten), wird im allgemeinen aus Effizienzgründen die Methode der kleinsten Quadrate vorgezogen.

Neue Abstandsdefinitionen

Zur Definition neuer, robuster Abstandsmaße wird oft auf die Komponenten $u_i, v_i \in \mathbb{R}$ der Vektoren $u, v \in \mathbb{R}^n$ zurückgegriffen:

$$D(u, v) := \sum_{i=1}^{n} d(u_i, v_i).$$

Wenn man die skalare Abstandsfunktion $d : \mathbb{R}^2 \to \mathbb{R}$ nach der Maximum-Likelihood-Methode[9] bestimmt, so erhält man z. B.

---

[8] Bei der Funktionsapproximation hingegen wird fast immer die Maximumnorm verwendet.

[9] Die *Maximum-Likelihood-Methode* dient der Ermittlung statistischer Schätzungen $\hat{c}$ für einen Parametervektor c. Bei einer diskreten Wahrscheinlichkeitsverteilung werden z. B. die Parameter so gewählt, daß dem Ereignis $\{c = \hat{c}\}$ die größte Wahrscheinlichkeit zukommt.

für die Normalverteilung $\qquad\qquad d(u,v) := (u-v)^2,$

für die zweiseitige Exponentialverteilung $\quad d(u,v) := |u-v|$

und für die Cauchy-Verteilung $\qquad\qquad d(u,v) := \log(1 + \tfrac{1}{2}(u-v)^2).$

Auf Huber [241] geht die folgende, von speziellen Verteilungsfunktionen unabhängige Definition einer parametrisierten Abstandsfunktion

$$d_a(u_i, v_i) := \begin{cases} (u_i - v_i)^2, & |u_i - v_i| < a, \\ a\,(2|u_i - v_i| - a), & |u_i - v_i| \geq a, \end{cases}$$

zurück, die für $|u_i - v_i| < a$ quadratisch ist, nach außen mit stetiger erster Ableitung linear fortgesetzt wird, und dementsprechend – abhängig vom Parameter a – große Abweichungen $|u_i - v_i|$ *schwächer* gewichtet als die Euklidische Entfernungsdefinition $D_2(u,v) = \|u - v\|_2$.

Außer dem Maximum-Likelihood-Prinzip (das auf die *M-estimates* führt) werden auch Ordnungsstatistiken (*L-estimates*) und Rangtests (*R-estimates*) zur Definition robuster Abstandsmaße verwendet (Huber [242]).

8.6.7 Orthogonale Approximation

Im Standardfall der diskreten Approximation geht man von der Annahme aus, daß nur die Werte der abhängigen Variablen y mit einem additiven Fehler δ_i behaftet sind:

$$y_i = g(x_i; c) + \delta_i, \quad i = 1, 2, \ldots, k.$$

Falls die Fehler $\delta_1, \ldots, \delta_k$ unabhängige Zufallsgrößen sind, die alle normalverteilt sind mit dem Mittelwert Null und der Varianz σ^2, dann ist die Maximum-Likelihood-Schätzung für den Parametervektor $c = (c_1, \ldots, c_N)^\mathsf{T}$ die Lösung des Approximationsproblems bzgl. der l_2-Norm

$$D_2(\Delta_k g^*, y) = \min\{D_2(\Delta_k g, y) : g \in \mathcal{G}_N\}$$

$$\text{mit} \quad D_2(\Delta_k g, y) := \sqrt{\sum_{i=1}^{k} [g(x_i; c) - y_i]^2}.$$

Der Parametervektor wird also in diesem Fall am besten nach der *Methode der kleinsten Quadrate* bestimmt, bei der der *vertikale* Abstand zwischen Datenpunkten und Approximationsfunktion „Euklidisch gemessen" wird.

In der Praxis sind aber Situationen durchaus nicht selten, in denen auch die Werte x_i der unabhängigen Variablen – z.B. auf Grund von Meß- oder Diskretisierungs-Ungenauigkeiten – additiv mit einem Fehler ε_i behaftet sind:

$$y_i = g(x_i + \varepsilon_i; c) + \delta_i, \quad i = 1, 2, \ldots, k.$$

Beispiel (Luftschadstoffe) Im Umweltschutz wird von den vielen in der Luft vorhandenen Schadstoffen nur eine geringe Anzahl regelmäßig gemessen. Will man die Konzentrationswerte einer Substanz (z.B. SO_2) als *Indikator* für die Konzentration eines anderen Schadstoffes (z.B.

HCl) heranziehen, so muß man auf der Basis simultan durchgeführter Konzentrationsmessungen beider Substanzen ein Modell entwickeln, das den Zusammenhang beschreibt. In diesem Fall liegen der Modellbildung Datenpunkte $\{(x_i, y_i)\}$ zugrunde, bei denen die y-Werte *und* die x-Werte mit Meßfehlern behaftet sind.

In solchen Fällen ist eine Abstandsdefinition angemessener, die den *kürzesten*, d. h. den *orthogonalen* Abstand jedes Datenpunktes $(x_i, y_i), i = 1, 2, \ldots, k$, von der Approximationskurve (im univariaten Fall $x \in \mathbb{R}$) bzw. von der Approximationsfläche (im multivariaten Fall $x \in \mathbb{R}^n$, $n \geq 2$)

$$\{(x, g(x)) : \quad x \in B\}$$

berücksichtigt (siehe Abb. 8.13).

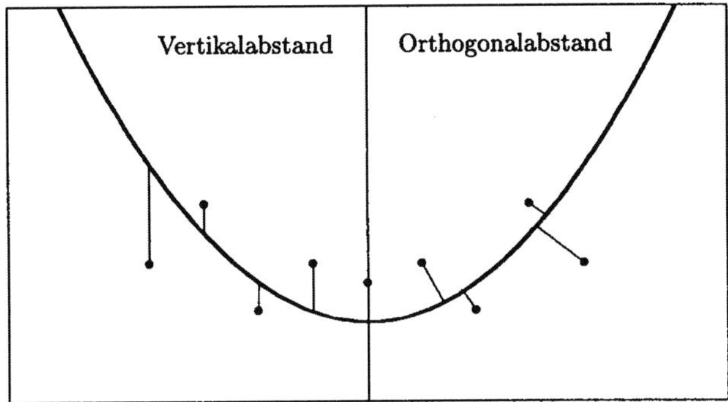

Abb. 8.13: Vertikal- und Orthogonalabstände zwischen Datenpunkten und einer Funktion.

Terminologie (Orthogonale Approximation)   Die Bezeichnung für Methoden, die auf orthogonalen Abstandsdefinitionen beruhen, ist nicht einheitlich. So verwenden z. B. Golub und Van Loan [48] sowie Van Huffel und Vandewalle [386] den Begriff „totale Methode der kleinsten Quadrate" (*total least squares*), während Powell und Macdonald [328] von der „verallgemeinerten Methode der kleinsten Quadrate" (*generalized least squares*) sprechen.

Boggs, Byrd und Schnabel [121] verwenden den Begriff „Regression mit orthogonalen Abständen" (*orthogonal distance regression*) und Ammann und Van Ness [86] „Orthogonale Regression" (*orthogonal regression*).

Der Begriff *Regression* wurde 1885 von F. Galton zur Charakterisierung von Erblichkeitseigenschaften eingeführt. Unter Regressionsanalyse versteht man heute in der Mathematischen Statistik Untersuchungen über stochastische Abhängigkeiten und deren funktionale Beschreibung anhand einer vorliegenden Stichprobe. Im Bereich der Numerischen Datenverarbeitung wird der Begriff Regression gelegentlich als Synonym für Approximation verwendet.

Achtung: Der Begriff „orthogonale Approximation" darf nicht verwechselt werden mit Approximation durch *orthogonale Funktionen*, d. h. Funktionen, die bezüglich eines inneren Produktes orthogonal *zueinander* sind (z. B. Tschebyscheff-Polynome, trigonometrische Polynome etc.).

Orthogonale Approximation ist nicht nur bei fehlerbehafteten unabhängigen Variablen der „gewöhnlichen" Approximation (mit Berücksichtigung von Vertikalabständen) vorzuziehen, sondern ist auch bei der *Visualisierung* (einer graphisch-darstellerisch orientierten Approximation) von Vorteil. Wenn man nur Vertikalabstände berücksichtigt, findet – hinsichtlich des optischen Eindrucks – eine stärkere Gewichtung steilerer Abschnitte des Funktionsverlaufs statt. Bei orthogonaler Approximation gibt es diese Art der Ungleichgewichtung nicht.

Beispiel (Orthogonalabstand) Die beiden Funktionen

$$f(x) := x^a \quad \text{und} \quad \overline{f}(x) := x^a + 0.1 \quad (a \geq 1)$$

haben den konstanten *vertikalen* Abstand $d_{f,\overline{f}}(x) \equiv 0.1$. Der *orthogonale* Abstand der Funktionen f und $\overline{f}$ hängt jedoch sehr stark von x und a ab (siehe Abb. 8.14). Dies ist darauf zurückzuführen, daß die Steilheit des Funktionsverlaufs

$$f'(x) := \overline{f}'(x) = a \cdot x^{a-1}$$

mit größeren Werten von x und $a > 1$ zunimmt.

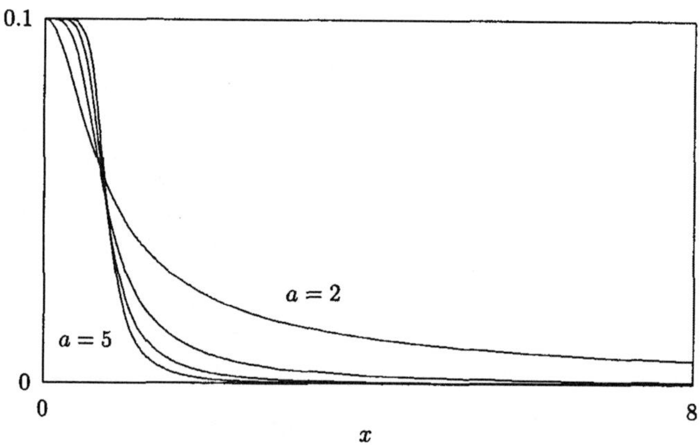

Abb. 8.14: Orthogonalabstände zwischen x^a und $x^a + 0.1$.

Neben der orthogonalen Approximation gibt es noch eine andere Möglichkeit zur Vermeidung der „visuellen" Ungleichgewichtung von Stellen mit geringer und großer Steigung: Die Parametrisierung der Daten und die anschließende Anpassung einer *ebenen Kurve* (siehe Abschnitt 8.7.2). Der Vorteil dieser Vorgangsweise – verglichen mit der orthogonalen Approximation – liegt im geringeren Aufwand, ihr Nachteil darin, daß die Approximations*kurve* unter Umständen keine *Funktion* mehr ist, also die Eindeutigkeit unter Umständen verlorengeht.

8.7 Transformation des Problems

Bei jedem Approximationsproblem sollte man sich die Frage stellen, ob man durch eine Variablentransformation eine Verbesserung der Approximationsqualität erreichen kann, ob z. B. ein unerwünschtes Überschwingen einer Interpolationsfunktion vermeidbar ist. Die besten Ergebnisse bringen im allgemeinen Transformationen, die ein stark unterschiedliches Verhalten der zu approximierenden Daten bzw. der zu approximierenden Funktion in verschiedenen Teilen des Approximationsgebiets ausgleichen (Hayes [229], Kapitel 5). So kann z. B. ein steiler Anstieg am linken Ende des Approximationsintervalls durch eine logarithmische Transformation der unabhängigen Variablen $\bar{x} := \log(x + c)$ mit einer geeignet gewählten Konstanten c „entschärft" werden.

8.7.1 Ordinatentransformation

Bei manchen Problemen kann durch eine Ordinatentransformation $T : \mathbb{R} \to \mathbb{R}$ eine einfachere und fallweise bessere Lösung erreicht werden. Wenn man statt

$$D(\Delta_k g^*, y) = \min\{D(\Delta_k g, y) = \sum_{i=1}^{k} [g(x_i; c) - y_i]^2 : g \in \mathcal{G}_N\}$$

das transformierte Problem

$$D(\Delta_k T(g^*), T(y)) = \min\{D(\Delta_k T(g), T(y)) = \sum_{i=1}^{k} [T(g(x_i; c)) - T(y_i)]^2 : g \in \mathcal{G}_N\}$$

löst, wird sich dabei jedoch im allgemeinen ein *anderer* Lösungsparametervektor $\bar{c}$ ergeben. Nur wenn man durch eine geeignete Gewichtung annähernde Gleichheit

$$\sum_{i=1}^{k} [g(x_i; c) - y_i]^2 \quad \approx \quad \sum_{i=1}^{k} w_i^2 [T(g(x_i; c)) - T(y_i)]^2 \qquad (8.14)$$

erreicht, werden die beiden Lösungen näherungsweise übereinstimmen. Da sich nach einer Taylor-Entwicklung

$$\sum_{i=1}^{k} [T(g(x_i; c)) - T(y_i)]^2 \quad \approx \quad \sum_{i=1}^{k} [T'(y_i)(g(x_i; c) - y_i)]^2$$

ergibt, kann die Beziehung (8.14) durch die Wahl $w_i := 1/T'(y_i)$ näherungsweise hergestellt werden.

Beispiel (Exponentialausgleich) Die Anpassung der Funktion

$$g(x; c_0, c_1, c_2) := \exp(c_0 + c_1 x + c_2 x^2) \qquad (8.15)$$

an gegebene Datenpunkte führt auf ein *nichtlineares* Ausgleichsproblem. Übliche Praxis ist es, die Funktion (8.15) und die Datenpunkte $\{y_i\}$ zu logarithmieren und einen *linearen* Ausgleich durchzuführen, indem man die Parameter c_0, c_1 und c_2 durch Minimieren von

$$\sum_{i=1}^{k} w_i^2 [\ln g(x_i; c) - \ln y_i]^2 = \sum_{i=1}^{k} w_i^2 [c_0 + c_1 x_i + c_2 x_i^2 - \ln y_i]^2$$

bestimmt. Wegen $T'(y) = 1/y$ muß mit $w_i := y_i$ gewichtet werden, um die gewünschten Parameterwerte zu erhalten.

8.7.2 Kurven

Alle bisher besprochenen mathematischen Modelle sind *Funktionen* im mathematischen Sinn, d. h. *eindeutige* Relationen. Um diese Funktionen auch zur Approximation von ebenen Kurven oder Raumkurven verwenden zu können, ist der Übergang zu einer *Parameterdarstellung*

$$\big(x(s), y(s)\big), \quad s \in [a, b],$$

bzw.

$$\big(x(s), y(s), z(s)\big), \quad s \in [a, b],$$

ein natürlicher Zugang. Im Fall der ebenen Kurven erhält man auf diese Weise zwei Approximationsprobleme des bereits besprochenen Typs:

$$x(s), \quad s \in [a, b], \quad \text{ist durch} \quad g(s),$$
$$y(s), \quad s \in [a, b], \quad \text{ist durch} \quad h(s)$$

zu approximieren.

$$\big(g(s), h(s)\big), \quad s \in [a, b] \tag{8.16}$$

ist dann die Approximationskurve. Vorsicht ist geboten, was die „optische Glattheit" der Approximationskurve betrifft: Aus der Glattheit von g und h als Funktionen von s kann *nicht* auf eine entsprechende Glattheit (einen gleichmäßigen Krümmungsverlauf) der ebenen Kurve bzw. Raumkurve geschlossen werden.

Beispiel (Stückweise kubische Funktionen)   Durch die Daten

$$(s_i, g(s_i), g'(s_i)), \quad (s_i, h(s_i), h'(s_i)), \qquad i = 1, 2, \ldots, k$$

mit der speziellen Festlegung

$$g'(s_i) = h'(s_i) = 0, \quad i = 1, 2, \ldots, k$$

werden zwei stückweise aus kubischen Polynomen bestehende *differenzierbare* Funktionen $g(s)$ und $h(s)$ definiert (siehe Abschnitt 9.4). Die Kurve

$$\big(g(s), h(s)\big), \quad s \in [a, b],$$

ist jedoch ein ebener *Polygonzug*! Die ebene („eckige") Kurve weist somit geringere Glattheit auf als jede einzelne der parametrischen Funktionen.

Eine zusätzliche Schwierigkeit gibt es bei der *diskreten* Approximation durch Kurven: Die den Punkten $P_1, \ldots, P_k \in \mathbb{R}^2$ zugeordneten, streng monotonen Parameterwerte

$$s_1 < s_2 < \ldots < s_k$$

sind im allgemeinen nicht Teil der gegebenen Daten und müssen noch geeignet festgelegt werden. Erst dann kann man durch

$$\{(s_1, x_1), (s_2, x_2), \ldots, (s_k, x_k)\} \quad \text{und} \quad \{(s_1, y_1), (s_2, y_2), \ldots, (s_k, y_k)\}$$

jeweils eine Interpolationsfunktion $g(s)$ bzw. $h(s)$ legen und erhält so die Kurve (8.16).

Da die Bogenlänge der natürliche Parameter einer Kurve ist, kann man z. B. durch die Definition

$$s_1 := 0$$
$$s_i := s_{i-1} + D(P_i, P_{i-1}), \qquad i = 2, 3, \ldots, k \qquad (8.17)$$

eine Parametrisierung erreichen, bei der $s_i - s_{i-1}$ eine Approximation für die Bogenlänge zwischen P_{i-1} und P_i ist. Als Distanzfunktion D wird oft das Euklidische Abstandsmaß

$$D_2(P, Q) = \|P - Q\|_2 = \sqrt{(x_P - x_Q)^2 + (y_P - y_Q)^2} \qquad (8.18)$$

oder ein konstanter Wert (der keiner Metrik entspricht)

$$D(P, Q) := 1,$$

d. h. die „Einheits-Parametrisierung" mit $s_i = i - 1$, verwendet. Bei geschlossenen Kurven muß $P_1 = P_k$ gelten (siehe Abb. 8.15).

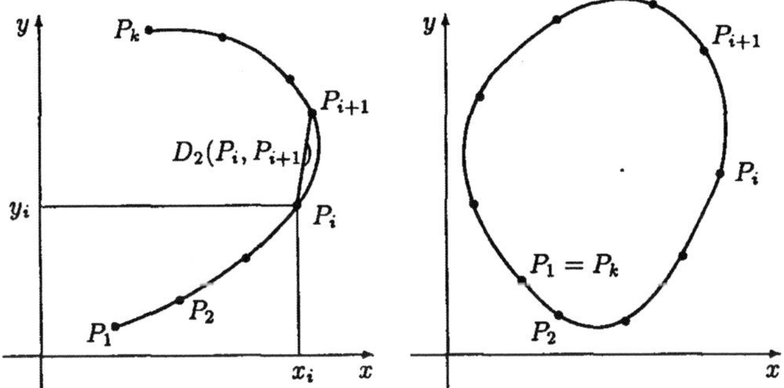

Abb. 8.15: Parametrisierung der Punkte $P_1, \ldots, P_k \in \mathbf{R}^2$ für eine offene und eine geschlossene ebene Kurve. $D_2(P_i, P_{i+1})$ ist die Länge der Verbindungsstrecke $\overline{P_iP_{i+1}}$.

Eine ausführliche Diskussion der Vor- und Nachteile verschiedener Distanzfunktionen in der Parametrisierung (8.17) findet man z. B. bei Epstein [186], de Boor [40] und Foley [197], wobei in vielen Fällen dem Euklidischen Abstandsmaß (8.18) der Vorzug gegeben wird.

Kapitel 9

Interpolation

Die Gleichheit, die der Mensch hier verlangen kann,
ist sicherlich der erträglichste Grad der Ungleichheit.

GEORG CHRISTOPH LICHTENBERG

Dem Prozeß der Interpolation liegen als Daten k Punkte $x_1, x_2, \ldots, x_k \in \mathbb{R}^n$ – die sogenannten *Interpolationsknoten* oder *Stützstellen* – sowie k zugehörige Werte $y_1, y_2, \ldots, y_k \in \mathbb{R}$ zugrunde. Die Stützstellen können entweder fest vorgegeben oder wählbar sein. Fallweise kann auch noch ergänzende Information vorliegen, aus der zusätzliche Forderungen an die Interpolationsfunktion abgeleitet werden, z. B. Monotonie, Konvexität, spezielles asymptotisches Verhalten etc.

Als Approximationskriterium dient bei der Interpolation die exakte Übereinstimmung der diskretisierten Modellfunktion $\Delta_k g := (g(x_1), g(x_2), \ldots, g(x_k))$ mit dem Datenvektor $y \in \mathbb{R}^k$:

$$\mathrm{dist}(\Delta_k g, y) = \Delta_k g - y = 0.$$

Anwendungsbeispiele

Bei vielen numerischen Verfahren werden *nicht*-elementare Funktionen (vgl. Abschnitt 8.1.1), die nicht durch endlich viele Parameter charakterisierbar sind, zunächst durch Interpolation – meist Polynominterpolation – auf Funktionen aus endlichdimensionalen Räumen abgebildet; erst auf diese Approximationsfunktion wird dann der gewünschte Operator (zur Auswertung, Differentiation, Integration etc.) angewendet.

In der Signalverarbeitung wird das diskretisierte (abgetastete und quantisierte) Signal oft zunächst interpoliert – vor allem durch trigonometrische Interpolation –, bevor es durch Filtermethoden verarbeitet wird (z. B. werden bei einer *Tiefpaßfilterung* die hochfrequenten Anteile gedämpft oder weggelassen; Tschebyscheff-Interpolation und anschließendes Weglassen der „höchsten" Terme entspricht auch einem speziellen Tiefpaßfilter).

Für die schnelle Funktionsberechnung, wie sie z. B. für Echtzeitprobleme von großer Bedeutung ist, kommt auch gelegentlich die „alte" Tabellen-Interpolation wieder zu Ehren, da eine *Quick-and-dirty*-Berechnung von Funktionswerten aus Tabellen manchmal schneller ist und einigen modernen Rechnerarchitekturen, wie z. B. *systolischen Arrays* (McKeown [299]), eher entgegenkommt als die Auswertung von Funktionsunterprogrammen, mit denen andererseits wesentlich höhere Approximationsgenauigkeiten erreicht werden können.

9.1 Interpolationsprobleme

Jede *Interpolationsaufgabe* besteht im allgemeinen aus drei Teilaufgaben:

1. Eine geeignete Funktionenklasse ist zu wählen.
2. Die Parameter eines passenden Repräsentanten aus dieser Funktionenmenge sind zu ermitteln.
3. An der gefundenen Interpolationsfunktion sind die gewünschten Operationen (Auswertung etc.) auszuführen.

Die Eigenschaften (Kondition etc.) und der algorithmische Aufwand müssen für die zwei rechnerischen Teilaufgaben der Interpolation – Parameterbestimmung und Manipulation (Auswertung) – getrennt untersucht werden.

Der Aufwand für die *Parameterbestimmung* hängt z.B. ganz wesentlich von der Funktionenklasse ab – insbesondere davon, ob es sich (bzgl. der Parameter) um ein lineares oder nichtlineares Interpolationsproblem handelt. Der *Gesamtaufwand* für eine Interpolationsaufgabe hängt nicht nur von der Wahl der Funktionenklasse ab, sondern wird auch von den speziellen Erfordernissen des Problems bestimmt: von der Anzahl der benötigten Interpolationsfunktionen (und deren gegebenenfalls vorhandenen Abhängigkeiten), von Anzahl und Aufwand der durchzuführenden Operationen (z.B.: wieviele Werte einer Interpolationsfunktion werden benötigt?) etc.

9.1.1 Wahl einer Funktionenklasse

Dem geplanten Verwendungszweck entsprechend ist eine geeignete Klasse $\mathcal{G}_k$ von Modell- bzw. Approximationsfunktionen auszuwählen. Jede Funktion g aus der Funktionenmenge $\mathcal{G}_k$ muß durch k Parameter festgelegt werden können:

$$\mathcal{G}_k = \{g(x; c_1, c_2, \ldots, c_k) \mid g : B \subset \mathbb{R}^n \to \mathbb{R}, \ c_1, c_2, \ldots, c_k \in \mathbb{R}\}.$$

Die Wichtigkeit der Auswahl einer geeigneten Klasse von Modellfunktionen illustriert Abb. 9.1. Alle dort dargestellten Funktionen erfüllen das Approximationskriterium der Interpolation, das nur die Übereinstimmung an vorgegebenen Punkten fordert. Trotzdem wird nicht jede dieser Interpolationsfunktionen für jeden Anwendungszweck gleich gut geeignet sein. Erst durch die zusätzliche Forderung bestimmter Eigenschaften der Funktionen aus $\mathcal{G}_k$ (wie z.B. Stetigkeit, Glattheit, Monotonie, Konvexität etc.) können unerwünschte Fälle (wie z.B. Sprungstellen, Polstellen etc.) ausgeschlossen werden.

Eine detaillierte Diskussion der Modellbildungsaspekte, die der Wahl einer Funktionenklasse zugrunde liegen, findet man in Kapitel 8.

9.1.2 Bestimmung der Parameter einer Interpolationsfunktion

Sobald eine Klasse $\mathcal{G}_k$ von in Frage kommenden Approximationsfunktionen festgelegt ist, muß aus $\mathcal{G}_k$ *eine* Funktion g ausgewählt werden, die an den k Stützstellen

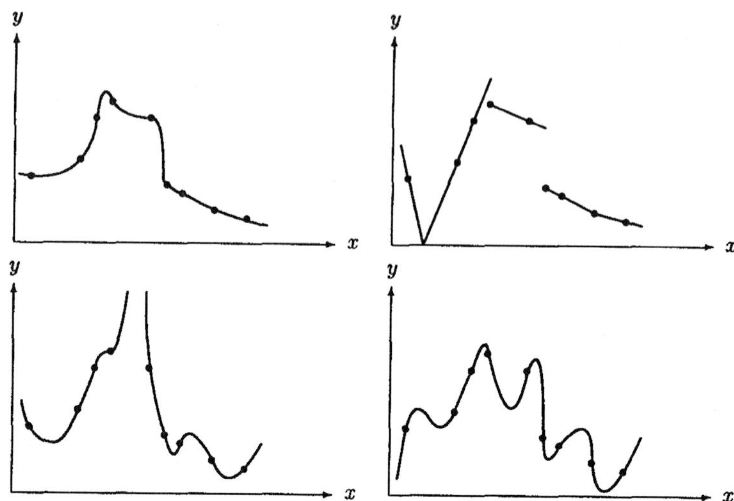

Abb. 9.1: Vier verschiedene Funktionen, die alle durch dieselben Datenpunkte (•) gehen.

$x_1, x_2, \ldots, x_k$ die vorgegebenen Werte $y_1, y_2, \ldots, y_k$ annimmt.

Von der gesuchten Funktion g, die durch ihre Parameterwerte $c_1, c_2, \ldots, c_k$ charakterisiert wird, ist – dem Interpolationsprinzip (siehe Abschnitt 8.3.2) entsprechend – zu fordern, daß sie durch die Datenpunkte (x_1, y_1), (x_2, y_2), $\ldots$, (x_k, y_k) „durchgeht"; d. h., g muß folgendes System von k Gleichungen erfüllen:

$$
\begin{aligned}
g(x_1; c_1, c_2, \ldots, c_k) &= y_1, \\
g(x_2; c_1, c_2, \ldots, c_k) &= y_2, \\
&\ \ \vdots \\
g(x_k; c_1, c_2, \ldots, c_k) &= y_k.
\end{aligned}
\tag{9.1}
$$

Dieses Gleichungssystem kann linear oder nichtlinear sein, je nachdem, ob g bezüglich der gesuchten Parameter $c_1, c_2, \ldots, c_k$ eine lineare oder nichtlineare Interpolationsfunktion ist (siehe Kapitel 8).

Die Parameterbestimmung durch Lösen des Gleichungssystems (9.1) kann unter Umständen in jenen Fällen entfallen, bei denen *nur Werte* einer Interpolationsfunktion benötigt werden (vgl. den Neville-Algorithmus in Abschnitt 9.3.4).

9.1.3 Manipulation der Interpolationsfunktion

Ziel der Interpolation ist in jedem Fall die Gewinnung analytischer Daten durch Homogenisierung diskreter Daten (vgl. Kapitel 4 und Kapitel 8).

Mit den durch Interpolation gewonnenen analytischen Daten werden dann die zur Lösung des ursprünglichen Problems erforderlichen Operationen vorgenommen: Auswertung, Integration, Differentiation, Nullstellenbestimmung oder andere Manipulationen.

Terminologie (Extrapolation) Speziell im *univariaten* Fall unterscheidet man gelegentlich zwischen den Begriffen *Interpolation* und *Extrapolation*, je nachdem, ob die Auswertung der Modellfunktionen im Datenintervall $[x_{min}, x_{max}]$ oder außerhalb dieses Intervalls erfolgt.

9.2 Mathematische Grundlagen

Außer der Übereinstimmung der Modellfunktion $g \in \mathcal{G}_k$ an k Knotenpunkten $x_1, \ldots, x_k$ mit k vorgegebenen Werten $y_1, \ldots, y_k$ kann man bei allgemeinen Interpolationsproblemen die Übereinstimmung von k *Funktionalen*[1]

$$\mathrm{F}_i : \mathcal{G}_k \to \mathbb{R}, \qquad i = 1, 2, \ldots, k,$$

einer Funktion $g \in \mathcal{G}_k$ mit vorgegebenen Werten $u_1, \ldots, u_k$ fordern:

$$\mathrm{F}_i(g) = u_i, \quad i = 1, 2, \ldots, k.$$

Um die Grundlage für eine effiziente Parameterbestimmung zu schaffen – die Interpolation wird oft wegen ihres geringeren Rechenaufwandes der Bestapproximation vorgezogen –, wird im folgenden nur der in der Praxis besonders wichtige lineare Fall betrachtet: Nur *lineare* Funktionale $l_1, \ldots, l_k$ werden der Interpolation zugrunde gelegt, und die Elemente der k-parametrigen Funktionsklasse $\mathcal{G}_k$, aus der die Interpolationsfunktion $g(x; c_1, \ldots, c_k)$ zu bestimmen ist, werden als *linear* in ihren Parametern $c_1, \ldots, c_k$ angenommen.

9.2.1 Das allgemeine Interpolationsprinzip

Alle Interpolationsaufgaben dieses Abschnitts kann man durch das folgende mathematische Problem ausdrücken.

Definition 9.2.1 (Allgemeines Interpolationsproblem) *Aus einer gegebenen Klasse $\mathcal{G}_k$ von Funktionen, die linear in ihren k Parametern sind, wird ein Element g gesucht, für das k lineare Funktionale*

$$l_i : \mathcal{G}_k \to \mathbb{R}, \qquad i = 1, 2, \ldots, k$$

die vorgegebenen Werte $u_1, \ldots, u_k \in \mathbb{R}$ annehmen:

$$l_i\, g(x; c_1, \ldots, c_k) = u_i, \quad i = 1, 2, \ldots, k.$$

Will man eine gegebene Funktion f durch ein allgemeines Interpolationsproblem mit einer Modellfunktion $g \in \mathcal{G}_k$ approximieren, muß $u_i := l_i f$ gelten. Die linearen Funktionale $l_1, \ldots, l_k$ müssen in diesem Fall auf einer Funktionenklasse definiert sein, die sowohl $\mathcal{G}_k$, den Raum aller k-parametrigen Approximationsfunktionen, als auch den Funktionenraum $\mathcal{F}$, der die möglichen Datenfunktionen f enthält, umfaßt.

---

[1]Ein (lineares) *Funktional* ist eine (lineare) Abbildung eines normierten Raumes in den zugehörigen Grundkörper. So ordnet z. B. ein Funktional, das auf einem Raum reeller Funktionen definiert ist, jeder Funktion eine reelle Zahl zu.

Beispiel (Polynominterpolation)   Im Falle der „klassischen" univariaten Polynominterpolation ist $\mathcal{G} = \mathbb{P}$ der Raum *aller* Polynome und $\mathcal{G}_{d+1} = \mathbb{P}_d$ der Raum der Polynome vom Maximalgrad d. Die Funktionale l_i sind in diesem Fall durch die Funktionswerte

$$l_i g := g(x_i), \quad i = 0, 1, \ldots, d$$

definiert, wobei $x_0, x_1, \ldots, x_d$ die Interpolationsknoten sind. Man sucht also ein Polynom vom Grad d, das an den $d+1$ Stellen $x_0, x_1, \ldots, x_d$ die Werte

$$u_i := l_i f = f(x_i), \quad i = 0, 1, \ldots, d$$

annimmt. Interpoliert man z. B. die 9 Datenpunkte

x_i	0.083	0.25	0.30	0.38	0.54	0.58	0.67	0.79	0.92
y_i	0.43	0.50	0.79	0.86	0.79	0.36	0.29	0.21	0.14

durch ein Polynom $P_8 \in \mathbb{P}_8$, so erhält man die in Abb. 9.2 auf $[x_1, x_9]$ dargestellte Funktion.

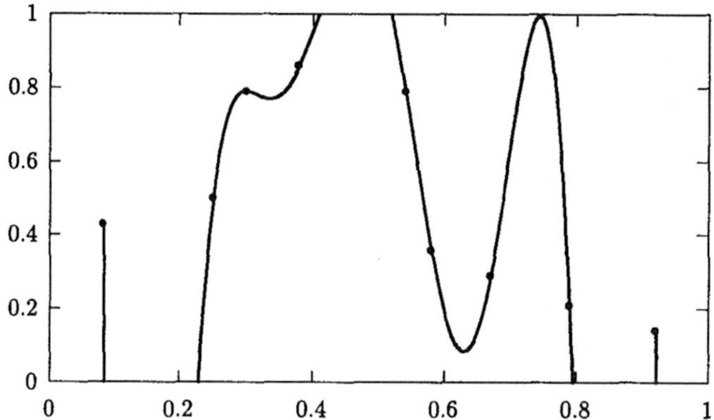

Abb. 9.2: Interpolation von 9 Datenpunkten durch ein Polynom $P_8 \in \mathbb{P}_8$

Beispiel (Interpolation bezüglich Integral und Ableitung)   Auf $\mathcal{F} = C^1[a, b]$ sind drei lineare Funktionale definiert:

$$l_1 f := \int_a^b f(x)dx, \qquad l_2 f := f'(a), \qquad l_3 f := f'(b).$$

Für $a = 0$, $b = \pi/2$, $f(x) = \sin x$ und $\mathcal{G}_3 = \mathbb{P}_2 \subset \mathcal{F}$ ergibt sich als Lösung des allgemeinen Interpolationsproblems das Polynom

$$g(x) = a_0 + a_1 x + a_2 x^2 = \frac{12 - \pi^2}{6\pi} + x - \frac{1}{\pi} x^2.$$

Dieses Polynom stimmt auf $[0, \pi/2]$ mit der Funktion $\sin x$ bezüglich des Integrals und bezüglich der Ableitungswerte an den beiden Intervallendpunkten überein (siehe Abb. 9.3).

Dieses Beispiel zeigt, daß es nicht immer Funktionswerte $u_1 = f(x_1), \ldots, u_k = f(x_k)$ sein müssen, die vom Anwender zur Festlegung einer Interpolationsfunktion verwendet werden.

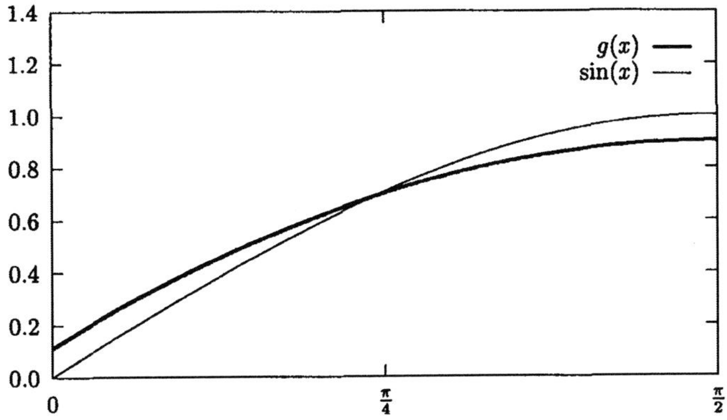

Abb. 9.3: Interpolation bezüglich allgemeiner linearer Funktionale

Software (Interpolation mit nichtpolynomialen Funktionen) Eine Interpolationsfunktion in Form eines Kettenbruches kann mit dem Unterprogramm `NAG/e01raf` ermittelt werden. Als Ausgabe liefert das Programm die Koeffizienten der Kettenbruchdarstellung

$$a_0 + \cfrac{a_1 \cdot (x - u_1)}{1 + \cfrac{a_2 \cdot (x - u_2)}{1 + \cfrac{a_3 \cdot (x - u_3)}{1 + \cdots \cfrac{}{a_d \cdot (x - u_d)}}}},$$

deren Anzahl oft kleiner ist als bei einer Polynomapproximation. Das Programm `NAG/e01rbf` berechnet den Wert dieser Interpolationsfunktion an einer einzelnen Stelle.

Im Zusammenhang mit dem allgemeinen Interpolationsproblem ergibt sich eine Reihe von Fragen: Unter welchen Voraussetzungen existiert überhaupt eine Lösung des Problems? Falls eine Lösung existiert, ist sie eindeutig oder gibt es mehrere Lösungen? Was kann man über die Approximationsgenauigkeit $D(g, f)$ aussagen, wenn man die Interpolationsfunktion g zur Approximation von f verwendet, wenn man also $u_i = l_i(f)$ annimmt?

Die ersten beiden Fragen kann man für das allgemeine Interpolationsproblem beantworten, für die Beurteilung der Approximationsgenauigkeit muß man zusätzliche Annahmen über $\mathcal{F}$, $\mathcal{G}$ und die Funktionale l_i treffen, um zu quantitativen Aussagen zu gelangen. Das Thema der Approximationsgenauigkeit wird etwas später (in den Abschnitten 9.3.5 und 9.3.6) genauer diskutiert.

Eindeutige Lösbarkeit

Die eindeutige Lösbarkeit des allgemeinen Interpolationsproblems ist eng mit dem Begriff der linearen Unabhängigkeit von linearen Funktionalen verbunden.

Definition 9.2.2 (Linear unabhängige Funktionale) *Die k linearen Funktionale $l_1, \ldots, l_k : \mathcal{G}_k \to \mathbb{R}$ bezeichnet man als linear unabhängig, wenn aus*

$$c_1 l_1 + c_2 l_2 + \cdots + c_k l_k = 0 \tag{9.2}$$

$c_1 = c_2 = \cdots = c_k = 0$ *folgt. Die Null in (9.2) bezeichnet das Nullfunktional, das jede Funktion $g \in \mathcal{G}_k$ auf 0 abbildet.*

Bezüglich der eindeutigen Lösbarkeit der allgemeinen Interpolationsaufgabe im Zusammenhang mit der Approximation einer Funktion f ist die Klasse $\mathcal{G}_k$, aus der die Interpolationsfunktion g gesucht wird, und nicht die Klasse $\mathcal{F}$, die f enthält, von zentraler Bedeutung. Daher wurde in der Definition der linear unabhängigen Funktionale $\mathcal{G}_k$ und nicht $\mathcal{F}$ als Definitionsbereich der l_i gewählt.

Beispiel (Wert, Ableitung und Integral)   Für $\mathcal{G}_3 = \mathbb{P}_2$ sind die drei linearen Funktionale

$$l_1 g := g(c),\ c \in [a,b], \qquad l_2 g := g'(c), \qquad l_3 g := \int\limits_a^b g(x)\,dx$$

linear unabhängig. Auf $\mathbb{P}_1$ sind diese drei Funktionale jedoch linear *abhängig*. Dies kann man daraus ableiten, daß ein endlich-dimensionaler Raum $\mathcal{G}_k$ und der Raum der stetigen linearen Abbildungen $\mathcal{G}_k \to \mathbb{R}$ gleiche Dimension besitzen. Der Raum der linearen Funktionale $\mathbb{P}_1 \to \mathbb{R}$ hat somit die Dimension 2, drei Funktionale können daher *nicht* linear unabhängig sein.

Die eindeutige Lösbarkeit des allgemeinen Interpolationsproblems wird durch folgenden Satz garantiert:

Satz 9.2.1 (Eindeutige Lösbarkeit allgemeiner Interpolationsprobleme)
Sei $\dim(\mathcal{G}_k) = k$, *dann ist das allgemeine Interpolationsproblem*

$$l_i g = u_i, \quad i = 1, 2, \ldots, k,$$

für vorgegebene Werte $u_1, \ldots, u_k \in \mathbb{R}$ *genau dann eindeutig lösbar, wenn die linearen Funktionale* $l_1, \ldots, l_k : \mathcal{G}_k \to \mathbb{R}$ *linear unabhängig sind.*

Beweis: Das gesuchte Element g läßt sich als Linearkombination

$$g = c_1 g_1 + c_2 g_2 + \cdots + c_k g_k$$

von Elementen einer Basis $\{g_1, \ldots, g_k\}$ des Raumes $\mathcal{G}_k$ darstellen. Die allgemeine Interpolationsforderung für g lautet daher:

$$l_i(c_1 g_1 + c_2 g_2 + \cdots + c_k g_k) = u_i, \quad i = 1, 2, \ldots, k.$$

Wegen der Linearität der Funktionale l_i kann die Lösung des allgemeinen Interpolationsproblems auf die Lösung des linearen Gleichungssystems

$$\begin{pmatrix} l_1 g_1 & \cdots & l_1 g_k \\ \vdots & & \vdots \\ l_k g_1 & \cdots & l_k g_k \end{pmatrix} \begin{pmatrix} c_1 \\ \vdots \\ c_k \end{pmatrix} = \begin{pmatrix} u_1 \\ \vdots \\ u_k \end{pmatrix} \tag{9.3}$$

zurückgeführt werden. Dieses Gleichungssystem – und somit auch das allgemeine Interpolationsproblem – besitzt daher genau dann eine eindeutige Lösung, wenn $\det(l_i g_j) \neq 0$ gilt. Diese Determinante, die man als *verallgemeinerte Gramsche Determinante* bezeichnet, ist aber genau dann von 0 verschieden, wenn die Funktionale $l_1, l_2, \ldots, l_k$ linear unabhängig sind (Linz [61]).   □

Beispiel (Polynominterpolation) Bei der „klassischen" Interpolation mit univariaten Polynomen $P_d \in \mathbb{P}_d$ ist

$$\mathcal{G}_{d+1} = \mathbf{P}_d \quad \text{und} \quad l_i P_d := P_d(x_i), \quad i = 0, 1, \ldots, d,$$

wobei $x_0, x_1, \ldots, x_d \in \mathbb{R}$ die Interpolationsknoten sind. Mit der Basis $\{1, x, x^2, \ldots, x^d\}$ des Raumes $\mathbb{P}_d$ nimmt die verallgemeinerte Gramsche Determinante folgende Gestalt an:

$$\det(l_i x^j) = \begin{vmatrix} 1 & x_0 & x_0^2 & \cdots & x_0^d \\ 1 & x_1 & x_1^2 & \cdots & x_1^d \\ \vdots & & & & \vdots \\ 1 & x_d & x_d^2 & \cdots & x_d^d \end{vmatrix} = \prod_{j=0}^{d-1} \prod_{i=j+1}^{d} (x_i - x_j).$$

Diese Determinante, die *Vandermondesche Determinante* genannt wird, ist offensichtlich genau dann von Null verschieden, wenn alle Interpolationsknoten $\{x_i\}$ voneinander verschieden sind.

Das Problem der univariaten Polynominterpolation ist somit – unter der Voraussetzung *nicht* zusammenfallender Interpolationsknoten – stets eindeutig lösbar.

Beispiel (Werte und Ableitung) Für $\mathcal{G}_3 = \mathbb{P}_2$ ist durch die folgenden drei Funktionale ein allgemeines Interpolationsproblem gegeben:

$$l_1 g := g(-1), \qquad l_2 g := g(1), \qquad l_3 g := g'(0). \tag{9.4}$$

Mit der Monombasis $\{1, x, x^2\}$ des Raumes $\mathbb{P}_2$ der quadratischen Polynome ergibt sich

$$\det(l_i g_j) = \begin{vmatrix} 1 & -1 & 1 \\ 1 & 1 & 1 \\ 0 & 1 & 0 \end{vmatrix} = 0.$$

Das durch (9.4) spezifizierte allgemeine Interpolationsproblem besitzt somit *keine* eindeutige Lösung, es kann aber eine Lösungsmannigfaltigkeit besitzen.

9.2.2 Interpolation bezüglich Wertübereinstimmung

Der wichtigste Spezialfall des allgemeinen Interpolationsproblems ist die Interpolation mit linearen Interpolationsfunktionen und den Funktionalen

$$l_i g := g(x_i), \quad i = 1, 2, \ldots, k.$$

Die Interpolationsforderung, die sich in diesem Fall auf die Wertübereinstimmung bezieht, lautet jetzt

$$l_j \left(\sum_{i=1}^{k} a_i g_i(x) \right) = \sum_{i=1}^{k} a_i g_i(x_j) = w_j, \quad j = 1, 2, \ldots, k.$$

Die verallgemeinerte Gramsche Determinante ist in diesem Fall $\det(g_i(x_j))$.

Definition 9.2.3 (Unisolvente Funktionenklasse) *Eine Menge von Funktionen*

$$g_i : B \subset \mathbb{R}^n \to \mathbb{R}, \quad i = 1, 2, \ldots, k,$$

nennt man unisolvent auf B, falls

$$\det(g_i(x_j)) \neq 0 \tag{9.5}$$

für beliebige, voneinander verschiedene Punkte $x_1, x_2, \ldots, x_k \in B$ gilt.

Die Forderung (9.5) heißt *Haarsche Bedingung*; eine unisolvente Menge stetiger Funktionen bezeichnet man auch als *Tschebyscheff-System*. Während es für univariate Interpolationsprobleme ($n = 1$) keine Schwierigkeit bereitet, Tschebyscheff-Systeme zu finden, existieren für die Interpolation von Funktionen *mehrerer* Veränderlicher ($n \geq 2$) – außer für den Trivialfall $k = 1$ – *keine* Tschebyscheff-Systeme von Basisfunktionen.

Beispiel (Unisolvente Funktionenklassen) Die univariaten Monome $\{1, x, x^2, \ldots, x^d\}$ und die Exponentialfunktionen $\{1, e^x, \ldots, e^{dx}\}$ sind auf jedem Intervall $[a, b] \subset \mathbb{R}$ unisolvent.

Die trigonometrischen Funktionen $\{1, \cos x, \sin x, \ldots, \cos dx, \sin dx\}$ sind auf $[-\pi, \pi)$ unisolvent, *nicht* jedoch auf dem abgeschlossenen Intervall $[-\pi, \pi]$.

9.3 Univariate Polynom-Interpolation

Die Interpolation durch univariate Polynome mit dem Approximationskriterium der Wertübereinstimmung ist in der Numerik von größter Wichtigkeit. Sie ist nicht nur die Grundlage vieler numerischer Verfahren zur Integration, Differentiation, Extremwertbestimmung, Lösung von Differentialgleichungen etc., sondern bildet auch die Basis anderer (stückweiser) univariater und multivariater Interpolationsmethoden, die z. B. bei der Visualisierung zum Einsatz gelangen.

9.3.1 Univariate Polynome

Funktionen, die durch Formeln definiert sind, in denen nur endlich viele algebraische Operationen mit der unabhängigen Variablen vorkommen, bezeichnet man als *algebraische elementare Funktionen*. Diese sind als Approximationsfunktionen (Modellfunktionen) am Computer besonders gut geeignet. Vor allem die Polynome in einer unabhängigen Variablen – die *univariaten Polynome* – spielen dabei eine zentrale Rolle.

Definition 9.3.1 (Univariates Polynom) *Eine Funktion $P_d : \mathbb{R} \to \mathbb{R}$ mit*

$$P_d(x; a_0, \ldots, a_d) := a_0 + a_1 x + a_2 x^2 + \cdots + a_d x^d \qquad (9.6)$$

ist ein (reelles) Polynom in einer unabhängigen Variablen. a_0, a_1, $\ldots$, $a_d \in \mathbb{R}$ sind die Koeffizienten des Polynoms, a_0 dessen absolutes Glied. Falls $a_d \neq 0$ ist, heißt d Grad des Polynoms und a_d Anfangs- oder höchster Koeffizient. Ist $a_d = 0$, so heißt d formaler Grad von P_d. Polynome vom Grad $d = 1, 2, 3$ nennt man linear, quadratisch bzw. kubisch.

Der Funktionenraum $\mathbb{P}$ *aller* Polynome (beliebigen Grades) besitzt z. B. die Basis der Monome

$$B = \{1, x, x^2, x^3, \ldots\}$$

und ist daher *unendlich*-dimensional; der Raum $\mathbb{P}_d$ aller Polynome vom Maximalgrad d besitzt z. B. die Basis

$$B_d = \{1, x, x^2, x^3, \ldots, x^d\} \qquad (9.7)$$

und ist $(d+1)$-dimensional. Die Monombasis (9.7) ist nur eine von unendlich vielen Basen des Vektorraums $\mathbb{P}_d$. Weitere, speziell für numerisch-algorithmische Anwendungen wichtige Basen bilden die Lagrange-, die Bernstein- und vor allem die Tschebyscheff-Polynome. Sie werden im folgenden behandelt.

Eine spezielle Polynom-Darstellungsform ist die *Linearfaktorenzerlegung*

$$P_d(x) = a(x - r_1)(x - r_2) \cdots (x - r_d),$$

wobei $r_1, r_2, \ldots, r_d$ die Nullstellen des Polynoms P_d sind. Diese Darstellung beruht *nicht* auf einer Linearkombination von Basisfunktionen des Raumes $\mathbb{P}_d$.

9.3.2 Darstellungsformen univariater Polynome

Wenn zwei Polynome vom Grad d dieselben $d+1$ Datenpunkte interpolieren, dann folgt aus der Unisolvenz-Eigenschaft der univariaten Polynome, daß es sich höchstens um zwei *verschiedene Darstellungen* desselben Polynoms bezüglich verschiedener Basen des $\mathbb{P}_d$ handeln kann. Aus dieser Tatsache kann man zwei wichtige Folgerungen ableiten:

1. Die „Reihenfolge" der Daten hat keinen Einfluß auf das Interpolationspolynom, höchstens auf dessen Darstellung.

2. Ein numerisches Verfahren, das auf Polynominterpolation beruht, kann mit der am besten dafür geeigneten Darstellung analysiert und mit einer anderen Darstellung – bezüglich einer anderen Basis des Raumes $\mathbb{P}_d$ – praktisch ausgeführt werden.

Monom-Darstellungen

Die Form (9.6), bei der ein univariates Polynom als Linearkombination der Monome $1, x, x^2, \ldots, x^d$ dargestellt wird – die *Potenzform* eines Polynoms vom Grad d –, ist die mathematische Standardform, wie sie vor allem für theoretische Untersuchungen verwendet wird. Für numerische Berechnungen sind aber oft andere Darstellungen weit günstiger, wie z.B. die Form

$$P_d(x; c, b_0, b_1, \ldots, b_d) = b_0 + b_1(x - c) + b_2(x - c)^2 + \cdots + b_d(x - c)^d, \quad (9.8)$$

die man durch Entwicklung von (9.6) um die Stelle c erhält. Die Form (9.8) der Polynomdarstellung kann – bei geeigneter Wahl der Entwicklungsstelle c – numerisch wesentlich stabiler sein als die Form (9.6).

Beispiel (Polynom-Auswertung) Der Parabel $1 + (x - 5\,555.5)^2$ entspricht in der Form (9.6) das Polynom

$$P_2(x) = 30\,863\,580.25 - 11\,111x + x^2.$$

Berechnet man die Werte $P_2(5\,555)$ und $P_2(5\,554.5)$ mit Zahlen aus $\mathbb{F}(10, 6, -9, 9, true)$, so erhält man auf Grund von Auslöschungseffekten nur die grob fehlerhaften Resultate 0 bzw. 100. Die Auswertung der Form (9.8)

$$\overline{P}_2(x) = 1 + (x - 5\,555.5)^2$$

ist in diesem Fall ohne Auslöschung möglich und liefert die exakten Werte 1.25 und 2.

Es empfiehlt sich generell, die Form (9.8) der Potenzform (9.6) vorzuziehen, wobei die Wahl der Entwicklungsstelle c möglichst im Schwerpunkt jener x-Werte erfolgen sollte, für die das Polynom ausgewertet werden soll.

Basis der Lagrange-Polynome

Die *Lagrange-Polynome* $\varphi_{d,i} \in \mathbb{P}_d$ (die auch *Lagrangesche Basis-* oder *Elementarpolynome* genannt werden) bilden eine Basis

$$B_d^L = \{\varphi_{d,0}, \varphi_{d,1}, \ldots, \varphi_{d,d}\}$$

des Vektorraums $\mathbb{P}_d$. Sie sind für eine gegebene Menge $\{x_0, x_1, \ldots, x_d\}$ von $d+1$ voneinander verschiedenen Punkten – den *Interpolationsknoten* – durch folgende Eigenschaft charakterisiert:

$$\varphi_{d,i}(x_j) = \begin{cases} 1 & i = j \\ 0 & i \neq j. \end{cases} \tag{9.9}$$

Die Lagrange-Polynome $\varphi_{d,0}, \ldots, \varphi_{d,d}$, deren Existenz und Eindeutigkeit nach den Resultaten des Abschnitts 9.2 gesichert ist, kann man z. B. durch ihre Linearfaktorenzerlegung darstellen:

$$\varphi_{d,i}(x) = \frac{x - x_0}{x_i - x_0} \cdot \ldots \cdot \frac{x - x_{i-1}}{x_i - x_{i-1}} \cdot \frac{x - x_{i+1}}{x_i - x_{i+1}} \cdot \ldots \cdot \frac{x - x_d}{x_i - x_d}.$$

Beispiel (Lagrange-Polynome) In Abb. 9.4 ist das Lagrange-Polynom $\varphi_{5,3}$ für zwei verschiedene Anordnungen der Interpolationsknoten dargestellt: für äquidistante Knoten auf $[-1, 1]$ und die Nullstellen des Tschebyscheff-Polynoms T_5 (siehe Abb. 9.7).

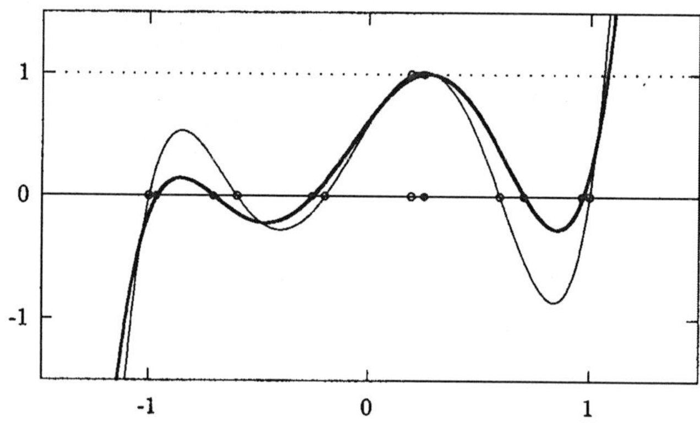

Abb. 9.4: Lagrange-Polynom $\varphi_{5,3}(x)$ für die Tschebyscheff-Knoten (—) und die äquidistanten Knoten (—) auf $[-1, 1]$

Diskrete Orthogonalität: Bezüglich des inneren Produktes

$$\langle f, g \rangle_L := \sum_{k=0}^{d} f(x_k) g(x_k), \tag{9.10}$$

wobei $\{x_0, x_1, \ldots, x_d\}$ die Menge der Interpolationsknoten ist, gilt:

$$\langle \varphi_{d,i}, \varphi_{d,j} \rangle_L = \begin{cases} 0 & i \neq j \\ 1 & i = j. \end{cases}$$

Die Lagrange-Basis B_d^L ist also bezüglich (9.10) ein *Orthonormalsystem*.

Basis der Bernstein-Polynome

Die *Bernstein-Polynome* $b_{d,i} \in \mathbb{P}_d$ sind durch

$$b_{d,i}(x) := \binom{d}{i} x^i (1-x)^{d-i}, \qquad i = 0, 1, \ldots, d,$$

definiert. Auch sie bilden eine Basis

$$B_d^B = \{b_{d,0}, b_{d,1}, \ldots, b_{d,d}\}$$

des linearen Raumes $\mathbb{P}_d$. Dementsprechend besitzt jedes Polynom $P_d \in \mathbb{P}_d$ eine Darstellung bezüglich der Bernstein-Basis B_d^B:

$$P_d = \sum_{i=0}^{d} \beta_i b_{d,i}. \tag{9.11}$$

Die Koeffizienten $\beta_0, \beta_1, \ldots, \beta_d$ nennt man aber zumeist nicht Bernstein-, sondern *Bézier-Koeffizienten*; (9.11) bezeichnet man als *Bézier-Darstellung*.

Nullstellen: $b_{d,i}$ hat genau zwei reelle Nullstellen:

$\quad x = 0 \quad$ ist eine i-fache Nullstelle,

$\quad x = 1 \quad$ ist eine $(d-i)$-fache Nullstelle.

Maxima: $b_{d,i}$ hat in $[0,1]$ genau ein Maximum an der Stelle $x = i/d$.

Basis der Tschebyscheff-Polynome

Von allen Systemen orthogonaler Polynome, die eine Basis des Raumes $\mathbb{P}_d$ bilden, spielen in der Numerischen Datenverarbeitung die *Tschebyscheff-Polynome* $\{T_0, T_1, \ldots, T_d\}$ die wichtigste Rolle:

$$\begin{aligned} T_0(x) &:\equiv 1 \\ T_1(x) &:= x \\ T_d(x) &:= 2x T_{d-1}(x) - T_{d-2}(x), \qquad d = 2, 3, \ldots . \end{aligned} \tag{9.12}$$

Mit Hilfe der Rekursion (9.12) kann man $T_2, T_3, \ldots$ ermitteln:

$$T_2(x) = 2x^2 - 1, \quad T_3(x) = 4x^3 - 3x, \quad T_4(x) = 8x^4 - 8x^2 + 1, \ldots . \tag{9.13}$$

In (9.13) wird jedes Tschebyscheff-Polynom T_d bezüglich der Monombasis $B_d = \{1, x, x^2, \ldots, x^d\}$ ausgedrückt. Umgekehrt kann man jedes Monom x^d durch die Elemente der Tschebyscheff-Basis

$$B_d^T = \{T_0, T_1, \ldots, T_d\}$$

ausdrücken:

$$1 = T_0, \quad x = T_1, \quad x^2 = (T_0 + T_2)/2, \quad x^3 = (3T_1 + T_3)/4, \ldots.$$

Jedes beliebige Polynom $P_d \in \mathbb{P}_d$ kann dementsprechend als Linearkombination von Tschebyscheff-Polynomen dargestellt werden:

$$P_d(x) = \sum_{i=0}^{d}{}' a_i T_i(x) := \frac{a_0}{2} + a_1 T_1(x) + \cdots + a_d T_d(x), \qquad (9.14)$$

wobei die Koeffizienten dieser Darstellung mit jenen der Monom-Darstellung (9.6) im allgemeinen *nicht* übereinstimmen.

Notation (Summe mit Strich) Die Konvention, den ersten Koeffizienten zu halbieren, was durch $\sum'$ ausgedrückt wird, stammt von der Reihendarstellung beliebiger Funktionen durch

$$f(x) = \sum_{i=0}^{\infty}{}' a_i T_i(x) = \frac{a_0}{2} + a_1 T_1(x) + a_2 T_2(x) + \cdots,$$

womit sich *eine* einheitliche Formel (10.13) für *alle* Koeffizienten $a_0, a_1, a_2, \ldots$ ergibt.

In manchen Situationen ist auch die Darstellung

$$P_d(x) = \sum_{i=0}^{d}{}'' c_i T_i(x) := \frac{c_0}{2} + c_1 T_1(x) + \cdots + c_{d-1} T_{d-1} + \frac{c_d}{2} T_d(x), \qquad (9.15)$$

bei der erster *und* letzter Summand halbiert werden, zweckmäßig.

Notation (Zweigestrichene Summe) Durch $\sum''$ wird ausgedrückt, daß bei der Summation der erste *und* der letzte Summand halbiert werden (vgl. (9.15)):

$$\sum_{i=0}^{d}{}'' \alpha_i := \frac{\alpha_0}{2} + \alpha_1 + \cdots + \alpha_{d-1} + \frac{\alpha_d}{2}.$$

Nullstellen: $T_d(x)$ hat in $[-1, 1]$ d Nullstellen (siehe Abb. 9.6 und Abb. 9.7)

$$\xi_j := \xi_j^{(d)} := \cos\left(\frac{2j-1}{2d}\pi\right), \qquad j = 1, 2, \ldots, d. \qquad (9.16)$$

Extrema: Im Intervall $[-1, 1]$ gibt es $d + 1$ Stellen (Extrema)

$$\eta_k := \eta_k^{(d)} := \cos\left(\frac{k}{d}\pi\right), \qquad k = 0, 1, \ldots, d, \qquad (9.17)$$

wo T_d ein Minimum oder ein Maximum besitzt (Rivlin [341]). Dabei gilt

$$T_d(\eta_k) = (-1)^k, \qquad k = 0, 1, \ldots, d,$$

d. h., an jeder Maximumstelle hat T_d den Wert 1 und an jeder Minimumstelle den Wert -1. Auf $[-1, 1]$ gilt somit $\|T_d\|_\infty = 1$.

Die Nullstellen und Extrema der Tschebyscheff-Polynome spielen als Interpolationsknoten eine wichtige Rolle.

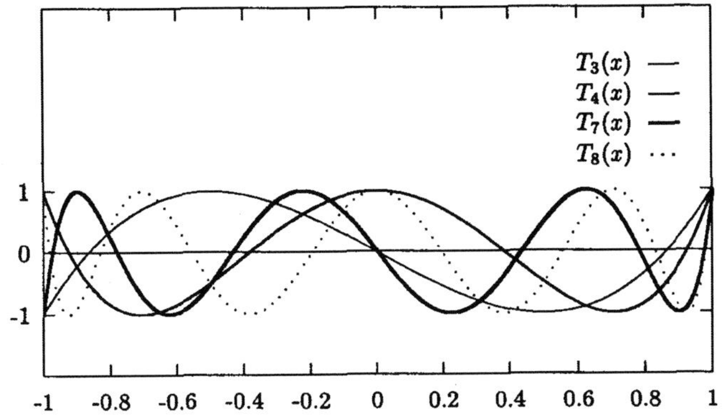

Abb. 9.5: Tschebyscheff-Polynome T_3, T_4, T_7, T_8 auf $[-1, 1]$

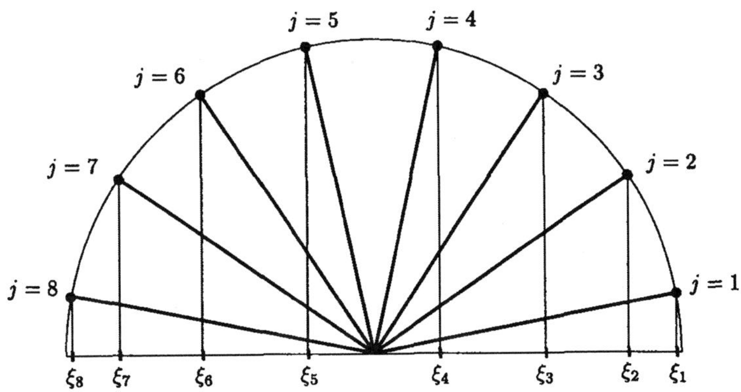

Abb. 9.6: Nullstellen $\xi_1, \xi_2, \ldots, \xi_8$ des Tschebyscheff-Polynoms T_8

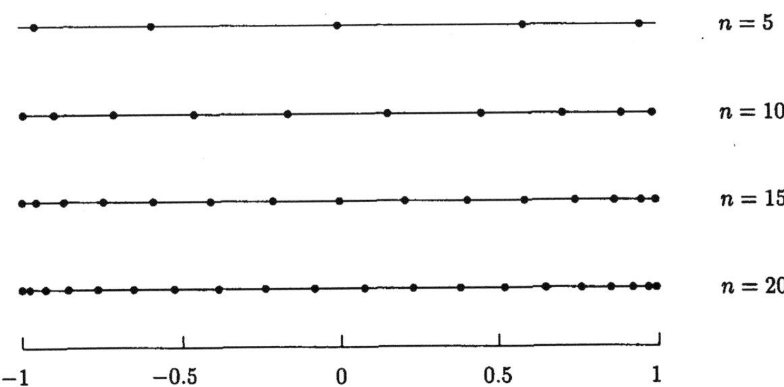

Abb. 9.7: Nullstellen der Tschebyscheff-Polynome T_5, T_{10}, T_{15}, T_{20}

Terminologie (Tschebyscheff-Abszissen)   Falls im folgenden von *Tschebyscheff-Abszissen* oder *-Knoten* die Rede ist, handelt es sich um die Nullstellen von T_d. Zur genaueren Unterscheidung wird auch von *Tschebyscheff-Nullstellen* bzw. von *Tschebyscheff-Extrema* gesprochen.

Diskrete Orthogonalität: Bezüglich des speziellen inneren Produktes

$$\langle f, g \rangle_T := \sum_{k=0}^{d} f(\xi_k) g(\xi_k), \tag{9.18}$$

wobei $\{\xi_0, \dots, \xi_d\}$ die Menge der Nullstellen von T_{d+1} ist, gilt (Cheney [35]):

$$\langle T_i, T_j \rangle_T = \begin{cases} 0 & i \neq j \\ (d+1)/2 & i = j = 1, 2, \dots, d \\ d+1 & i = j = 0. \end{cases} \tag{9.19}$$

Eine ähnliche Eigenschaft gibt es auch bezüglich des inneren Produkts

$$\langle f, g \rangle_U := \frac{1}{2} f(\eta_0) g(\eta_0) + f(\eta_1) g(\eta_1) + \cdots$$

$$\cdots + f(\eta_{d-1}) g(\eta_{d-1}) + \frac{1}{2} f(\eta_d) g(\eta_d) =$$

$$= \sum_{k=0}^{d}{}'' f(\eta_k) g(\eta_k), \tag{9.20}$$

wobei $\{\eta_0, \dots, \eta_d\}$ die Menge der Extrema von T_d ist. Hier gilt:

$$\langle T_i, T_j \rangle_U = \begin{cases} 0 & i \neq j \\ d/2 & i = j = 1, 2, \dots, d \\ d & i = j = 0. \end{cases} \tag{9.21}$$

Bemerkung (Kontinuierliche Orthogonalität)   Die *kontinuierliche* Orthogonalität der Tschebyscheff-Polynome wird erst in Kapitel 10 behandelt (vgl. Formel (10.11)).

Minimax-Eigenschaft: Die Tschebyscheff-Polynome sind unter *allen* Polynomen durch folgende wichtige Eigenschaft ausgezeichnet:

Satz 9.3.1 (Tschebyscheff)   *Von allen Polynomen $P_d \in \mathbb{P}_d$ mit einem Anfangskoeffizienten $a_d = 1$ hat das Polynom*

$$\frac{1}{2^{d-1}} T_d$$

die kleinste Maximumnorm auf dem Intervall $[-1, 1]$. Wegen $\|T_d\|_\infty = 1$ ist dieser Wert $1/2^{d-1}$.

Beweis: Rivlin [341].

Diese sogenannte Minimax-Eigenschaft der Tschebyscheff-Polynome kann man auch anders formulieren: Unter allen Polynomen mit $\|P_d\|_\infty = 1$ auf $[-1, 1]$ und $a_d \neq 0$ hat das Tschebyscheff-Polynom T_d mit $a_d = 2^{d-1}$ den *größten* führenden

Koeffizienten und das Monom x^d mit $a_d = 1$ den *kleinsten*. Eine Entwicklung (Darstellung) nach Tschebyscheff-Polynomen hat daher den Vorteil des schnellsten Abklingverhaltens der Koeffizienten. Entwicklungen mit schnell abklingenden Koeffizienten ermöglichen sehr „kompakte" Approximationen, wenn man die Terme mit vernachlässigbar (betrags)kleinen Koeffizienten wegläßt.

Eine ausführliche Behandlung wichtiger Eigenschaften der Tschebyscheff-Polynome findet man z. B. in Büchern von Rivlin [341] sowie Fox und Parker [199].

9.3.3 Koeffizientenberechnung

Um eine gegebene Funktion $f : \mathbb{R} \to \mathbb{R}$ durch ein Polynom $P_d \in \mathbb{P}_d$ mittels Interpolation zu approximieren, muß man $d+1$ lineare Funktionale $l_0, l_1, \ldots, l_d$ vorgeben und dann jenes Polynom $P_d(x)$ bestimmen, das die Interpolationsbedingungen

$$l_i P_d = l_i f, \quad i = 0, 1, \ldots, d,$$

erfüllt. Im Prinzip könnte man die Koeffizienten von P_d durch Lösung des Gleichungssystems (9.3) mit den Basisfunktionen $g_i := x^i$ und den Werten $u_i := l_i f$ erhalten, müßte dabei jedoch einen $O(d^3)$-Aufwand in Kauf nehmen. In wichtigen Spezialfällen gelingt es, das Polynom P_d explizit darzustellen und dessen Koeffizienten durch Algorithmen erheblich geringerer Komplexität zu bestimmen.

Lagrange-Basis

Für den Fall $l_i f = f(x_i)$ mit paarweise verschiedenen Knoten $x_0, x_1, \ldots, x_d$ kann man den Ansatz

$$P_d(x) = \sum_{i=0}^{d} f(x_i) \cdot \varphi_{d,i}(x) \tag{9.22}$$

machen, wobei $\varphi_{d,0}, \varphi_{d,1}, \ldots, \varphi_{d,d}$ die Lagrange-Polynome vom Grad d zur Knotenmenge $\{x_0, x_1, \ldots, x_d\}$ sind. Da die Polynome $\varphi_{d,i}$ definitionsgemäß die Eigenschaft (9.9) besitzen, gilt $P_d(x_i) = f(x_i)$: P_d ist das gesuchte Interpolationspolynom. Die Darstellung (9.22) bezeichnet man als die *Lagrangesche Form* des Interpolationspolynoms.

Die Lagrangesche Darstellung macht die lineare Struktur des Interpolationspolynoms P_d bezüglich der Werte $f(x_0), \ldots, f(x_d)$ deutlich sichtbar, da die Basisfunktionen $\varphi_{d,i}$ nur von den Interpolationsknoten $x_0, \ldots, x_d$ abhängen. Für algorithmische Anwendungen kommt die Lagrange-Form jedoch wegen des Aufwandes, den die Berechnung der Funktionen $\varphi_{d,i}$ erfordert, nur selten in Betracht.

Tschebyscheff-Basis

Eine Basis des $\mathbb{P}_d$, die besondere Vorteile für die Numerische Datenverarbeitung besitzt, wird von den Tschebyscheff-Polynomen $\{T_0, T_1, \ldots, T_d\}$ gebildet.

Die Koeffizienten $c_0, c_1, \ldots, c_d$ der Darstellung (9.15) sind durch das lineare Gleichungssystem

$$\sum_{i=0}^{d}{}'' c_i T_i(x_j) = f(x_j), \quad j = 0, 1, \ldots, d, \tag{9.23}$$

festgelegt. Die Lösung des Gleichungssystems (9.23) erhält man durch sehr einfache Formeln, wenn man als Interpolationsknoten die Tschebyscheff-Nullstellen $\{\xi_i\}$ oder die Tschebyscheff-Extrema $\{\eta_i\}$ verwenden kann, da sich in diesen Fällen die diskrete Orthogonalität der Tschebyscheff-Polynome ausnutzen läßt.

Multipliziert man z. B. im Falle der Tschebyscheff-Extrema beide Seiten des linearen Gleichungssystems

$$P_d(\eta_i) = \sum_{j=0}^{d}{}'' c_j T_j(\eta_i) = f(\eta_i), \qquad i = 0, 1, \ldots, d, \tag{9.24}$$

von links mit der Matrix

$$\begin{pmatrix} \frac{1}{2}T_0(\eta_0) & T_0(\eta_1) & \cdots & T_0(\eta_{d-1}) & \frac{1}{2}T_0(\eta_d) \\ \frac{1}{2}T_1(\eta_0) & T_1(\eta_1) & \cdots & T_1(\eta_{d-1}) & \frac{1}{2}T_1(\eta_d) \\ \vdots & \vdots & & \vdots & \vdots \\ \frac{1}{2}T_d(\eta_0) & T_d(\eta_1) & \cdots & T_d(\eta_{d-1}) & \frac{1}{2}T_d(\eta_d) \end{pmatrix},$$

dann erhält man wegen der diskreten Orthogonalität (9.21)

$$c_j = \frac{2}{d} \cdot \sum_{k=0}^{d}{}'' f(\eta_k) T_j(\eta_k), \quad j = 0, 1, \ldots, d.$$

Da die Tschebyscheff-Polynome auch in der Form

$$T_j(x) = \cos(j \arccos x)$$

dargestellt werden können, erhält man für die Tschebyscheff-Extrema (9.17) als Interpolationsknoten den besonders einfachen Ausdruck

$$c_j = \frac{2}{d} \cdot \sum_{k=0}^{d}{}'' f(\eta_k) \cos\left(j \cdot \frac{k}{d} \cdot \pi \right), \qquad j = 0, 1, \ldots, d, \tag{9.25}$$

für die Koeffizienten von (9.24).

Analog erhält man für die Tschebyscheff-Nullstellen (9.16) das lineare Gleichungssystem

$$P_d(\xi_i) = \sum_{j=0}^{d}{}' a_j T_j(\xi_i), \qquad i = 0, 1, \ldots, d,$$

für die Koeffizienten $a_0, a_1, \ldots, a_d$ der Darstellung (9.14). Aus der diskreten Orthogonalität (9.19) der Tschebyscheff-Polynome folgt

$$\begin{aligned} a_j &= \frac{2}{d+1} \cdot \sum_{k=0}^{d}{}' f(\xi_k) T_j(\xi_k) = \\ &= \frac{2}{d+1} \cdot \sum_{k=0}^{d}{}' f(\xi_k) \cos\left(j \frac{2k+1}{2d+2} \pi \right), \qquad j = 0, 1, \ldots, d. \end{aligned} \tag{9.26}$$

Software (Berechnung eines interpolierenden Polynoms) Die 2 Unterprogramme NAG/e01aef und NAG/e02aff berechnen zu vorgegebenen Datenpunkten die Koeffizienten der Tschebyscheff-Darstellung des entsprechenden Interpolationspolynoms. Während das Unterprogramm NAG/e02aff nur für die Interpolation an den Tschebyscheff-Extrema geeignet ist, können mittels NAG/e01aef Funktionswerte – und auch eventuell zusätzlich vorgegebene Ableitungswerte – an beliebig verteilten, paarweise verschiedenen Abszissen interpoliert werden.

Das Unterprogramm SLATEC/polint berechnet für beliebig verteilte Datenpunkte die Koeffizienten – die sogenannten *dividierten Differenzen* – der *Newton-Darstellung* des zugehörigen Interpolationspolynoms (de Boor [40]).

Beispiel (Schwierig zu approximierende Funktion) Die Funktion

$$f(x) = \frac{0.9}{\cosh^2(10(x-0.2))} + \frac{0.8}{\cosh^4(10^2(x-0.4))} + \frac{0.9}{\cosh^6(10^3(x-0.54))} \tag{9.27}$$

ist auf $[0,1]$ beliebig oft differenzierbar, die Folge der Interpolationspolynome P_d auf den Tschebyscheff-Knoten konvergiert daher für $d \to \infty$ gegen f (vgl. Abschnitt 9.3.7). Es ist also gewährleistet, daß es für jede Toleranz τ ein Polynom P_d gibt, das von f um nicht mehr als τ abweicht. Selbst für bescheidene Werte von τ sind hierfür allerdings sehr hohe Polynomgrade erforderlich (siehe Abb. 9.8, 9.9 und 9.10).

9.3.4 Werteberechnung

Eine der wichtigsten Manipulationen mit Interpolationspolynomen ist deren Auswertung (die Bestimmung von Funktionswerten) an einer oder mehreren Stellen.

Horner-Algorithmus

Für ein Polynom der Potenzform

$$P_d(x) = c_0 + c_1 x + \cdots + c_d x^d \tag{9.28}$$

gibt es eine bekannte Rekursion – das *Horner-Schema* – zur Berechnung des Wertes von P_d an der Stelle x:

$$
\begin{aligned}
&p := c_d \\
&\mathbf{do}\ \ i = 1, 2, \ldots, d \\
&\qquad p := xp + c_{d-i} \\
&\mathbf{end\ do}
\end{aligned}
\tag{9.29}
$$

Das Horner-Schema benötigt jeweils d Additionen und Multiplikationen zur Berechnung des gesuchten Funktionswertes $P_d(x) := p$. Dieser Rechenaufwand für die Auswertung eines Polynoms mit gegebenen Koeffizienten bezüglich der Monombasis $B_d = \{1, x, \ldots, x^d\}$ ist *optimal*. Es gibt kein Verfahren, das mit weniger Rechenoperationen auskommt.

Als Vermutung stammt diese Optimalitätsaussage aus einer Arbeit von Ostrowski [318] aus dem Jahre 1954, die man oft als die Geburtsstunde der *algebraischen Komplexitätstheorie* ansieht. Der Beweis der Vermutung wurde 1966 von Pan [320] geliefert.

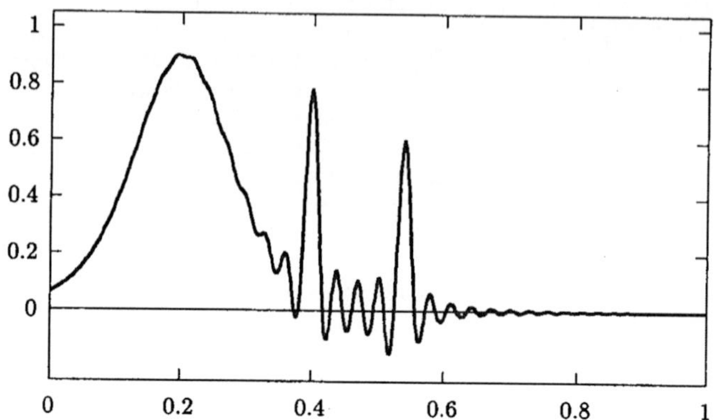

Abb. 9.8: Interpolation der Funktion (9.27) durch *ein* Polynom zu den 100 auf $[0, 1]$ transformierten Tschebyscheff-Abszissen.

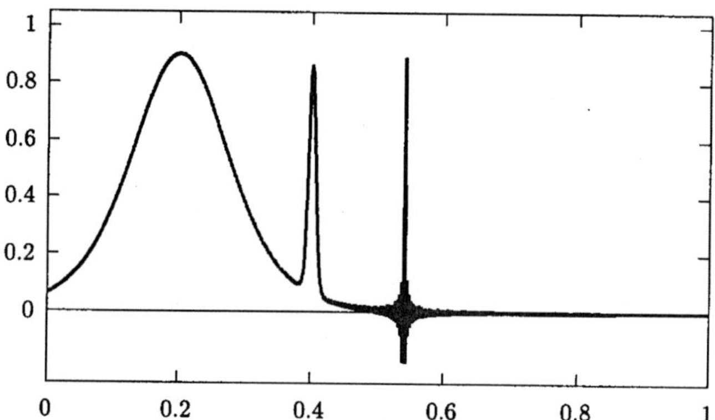

Abb. 9.9: Interpolation der Funktion (9.27) durch *ein* Polynom zu den 1000 auf $[0, 1]$ transformierten Tschebyscheff-Abszissen.

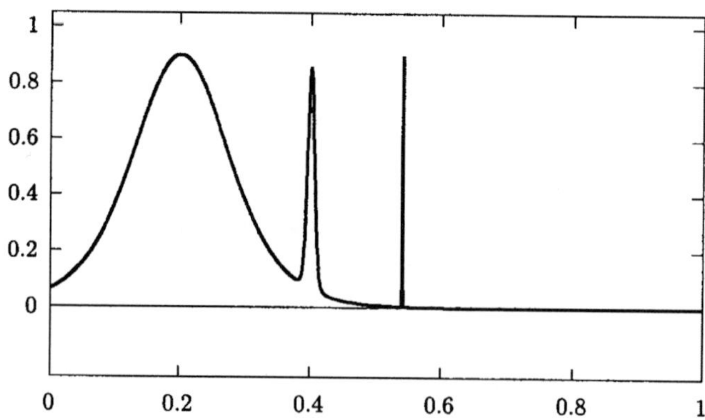

Abb. 9.10: Interpolation der Funktion (9.27) durch *ein* Polynom zu den 10 000 auf $[0, 1]$ transformierten Tschebyscheff-Abszissen.

Clenshaw-Algorithmus

Erhält man als Resultat eines Interpolations- oder Approximationsverfahrens ein Polynom in der Tschebyscheff-Form $P_d = a_0/2 + a_1 T_1 + \cdots + a_d T_d$ und will man dieses an der Stelle x auswerten, dann könnte man es zuerst in die Potenzform (9.28) bringen und dann das Horner-Schema (9.29) anwenden.

Die dafür erforderliche Umrechnung der Koeffizienten ist aber mit unnötigem Aufwand verbunden und verschlechtert außerdem die Genauigkeit des Resultats. Günstiger ist es, mit den Koeffizienten $a_0, a_1, \ldots, a_d$ der Tschebyscheff-Entwicklung den *Clenshaw-Algorithmus* anzuwenden, der als Resultat den gesuchten Funktionswert $P_d(x) := b_0$ liefert:

$$
\begin{aligned}
&b_d := a_d \\
&b_{d-1} := 2x b_d + a_{d-1} \\
&\textbf{do} \quad i = 2, 3, \ldots, d-1 \\
&\qquad b_{d-i} := 2x b_{d-i+1} - b_{d-i+2} + a_{d-i} \\
&\textbf{end do} \\
&b_0 := x b_1 - b_2 + a_0
\end{aligned}
$$

Eine genaue Herleitung des Clenshaw-Algorithmus, der auf der Rekursion (9.12) beruht, und einen Beweis seiner numerischen Stabilität findet man z. B. bei Fox und Parker [199].

Software (Auswertung eines Polynoms in Tschebyscheff-Darstellung) Ein Polynom, das durch die Koeffizienten seiner Tschebyscheff-Darstellung gegeben ist, kann mittels der Unterprogramme NAG/e02aef bzw. NAG/e02akf an einer gegebenen Stelle ausgewertet werden, NAG/e02akf läßt sich dabei flexibler verwenden als NAG/e02aef, besitzt aber auch eine entsprechend kompliziertere Parameterliste.

Algorithmen für Ableitungen und Integrale

Auch wenn man an Ableitungswerten oder Integralen

$$
P_d'(x), \quad P_d''(x), \quad \ldots \quad \int_I P_d(t)\,dt
$$

interessiert ist, gibt es Algorithmen und Programme, die auf speziell für Ableitungen oder Integrale modifizierten Koeffizienten der Tschebyscheff-Darstellung des Interpolationspolynoms beruhen.

Software (Differenzieren und Integrieren von Polynomen in Tschebyscheff-Darstellung) Die Tschebyscheff-Darstellung der ersten Ableitung eines bereits in Tschebyscheff-Darstellung gegebenen Polynoms berechnet das Unterprogramm NAG/e02ahf. Die Koeffizienten der Tschebyscheff-Darstellung des unbestimmten Integrals für ein solches Polynom können mit Hilfe von NAG/e02ajf ermittelt werden.

Algorithmus von de Casteljau

Ein Polynom, das durch die Koeffizienten $\beta_0, \beta_1, \ldots, \beta_d$ seiner Bézier-Darstellung (9.11) gegeben ist, läßt sich mit der Rekursion

> **do** $i = 0, 1, \ldots, d$
> $\qquad b_i := \beta_i$
> **end do**
> **do** $k = 1, 2, \ldots, d-k$
> $\qquad\quad b_i := (1 - x)b_i + xb_{i+1}$
> **end do**

auswerten, die als Resultat $P_d(x) := b_0$ liefert (Locher [62]).

Werteberechnung ohne Koeffizientenberechnung

Wenn man nur *einen* Wert (oder eine geringe Anzahl von Werten) des Interpolationspolynoms benötigt, dann wäre es unzweckmäßig, zuerst die Koeffizienten einer der obigen Darstellungen des Interpolationspolynoms zu berechnen und dieses dann an der gewünschten Stelle auszuwerten.

Für diese Problemstellung gibt es spezielle Algorithmen, die bezüglich des Rechenaufwandes günstiger sind. Diese Verfahren beruhen auf dem Prinzip der *sukzessiven linearen Interpolation*, deren Grundlage folgender Satz ist:

Satz 9.3.2 (Lemma von Aitken) *An der Knotenmenge $\{x_0, x_1, \ldots, x_d\}$ seien die Werte $f_0, f_1, \ldots, f_d$ vorgegeben. Hat man für $i \neq j$*

1. das Interpolationspolynom P_{d-1}^1 zu den Knoten $\{x_0, \ldots, x_{i-1}, x_{i+1}, \ldots, x_d\}$,

2. das Interpolationspolynom P_{d-1}^2 zu den Knoten $\{x_0, \ldots, x_{j-1}, x_{j+1}, \ldots, x_d\}$,

so erhält man das Interpolationspolynom P_d zu der gesamten Knotenmenge durch folgende Linearkombination:

$$P_d(x) := \frac{x_j - x}{x_i - x_j} \cdot P_{d-1}^1(x) - \frac{x_i - x}{x_i - x_j} \cdot P_{d-1}^2(x).$$

Beweis: Henrici [54].

Ausgehend vom Lemma von Aitken kann man eine Vielfalt von iterativen Interpolationsverfahren konstruieren, die sich hauptsächlich in der Reihenfolge der Verwendung der Wertepaare (x_i, f_i) unterscheiden. Die verbreitetsten Verfahren sind jene von Neville und von Aitken. Im folgenden soll die iterierte Interpolation nach E. H. Neville – das *Neville-Schema* – beschrieben werden. Dabei wird das Lemma von Aitken sukzessive auf die Polynome P_{k-1}^{j-1} zu den Knoten $\{x_{j-k}, x_{j-k+1}, \ldots, x_{j-1}\}$ sowie P_{k-1}^j zu den Knoten $\{x_{j-k+1}, x_{j-k+2}, \ldots, x_j\}$ angewendet; das resultierende Polynom P_k^j interpoliert dann an den Knoten $\{x_{j-k}, x_{j-k+1}, \ldots, x_j\}$:

do $j = 0, 1, \ldots, d$

   $P_0^j := f_j$

end do

do $k = 1, 2, \ldots, d$
   do $j = k, k+1, \ldots, d$

$$P_k^j(x) := \frac{x_j - x}{x_j - x_{j-k}} \cdot P_{k-1}^{j-1}(x) - \frac{x_{j-k} - x}{x_j - x_{j-k}} \cdot P_{k-1}^j(x) \qquad (9.30)$$

   end do
end do

Um diese Rekursion zur Berechnung des Wertes von P_d an einer konkreten Stelle ξ zu verwenden, muß man lediglich im Neville-Schema (9.30) x durch ξ ersetzen; $P_d^d(\xi)$ ist dann das gesuchte Resultat.

Software (Direkte Interpolation einzelner Funktionswerte) Wird für eine Menge gegebener Datenpunkte keine explizite Darstellung des interpolierenden Polynoms benötigt, sondern nur ein einzelner Wert dieser Funktion, so kann dieser mit dem Unterprogramm NAG/e01aaf nach dem *Aitken-Verfahren* durch sukzessive lineare Interpolation berechnet werden. Die Datenpunkte können dabei beliebig verteilt sein. Dabei wird nicht nur das Endresultat $P_d^d(x)$, sondern auch alle Resultate $P_k^j(x)$ von Teilinterpolationen zurückgeliefert. Durch Vergleich dieser Werte kann man sich Information über die vermutliche Größe des absoluten Interpolationsfehlers $P_d^d(x) - f(x)$ verschaffen.

Soferne äquidistante (gleichabständige) Datenpunkte gegeben sind, kann man das Unterprogramm NAG/e01abf verwenden. Dieses berechnet einen einzelnen Wert des Interpolationspolynoms mit Hilfe der *Everett-Formel* (Hildebrand [55]).

9.3.5 Approximations- und Konvergenzeigenschaften

Bei numerischen Approximationsproblemen werden Darstellungsfunktionen als Lösung gesucht, die einer vorgegebenen Fehlertoleranz genügen. Bei der Polynominterpolation, die in diesem Abschnitt zur Approximation verwendet wird, treten in diesem Zusammenhang unter anderem folgende Fragen auf:

1. Was läßt sich über den Fehlerverlauf $f(x) - P_d(x)$ eines Interpolationspolynoms P_d im Approximationsintervall $[a, b]$ aussagen?

   Wenn die Fehlerfunktion der gestellten Toleranz genügt, wenn also z. B. die Ungleichung $\|P_d - f\| < \tau$ gilt, dann ist P_d eine Lösung des Approximationsproblems. Ist dies nicht der Fall, so stellen sich weitere Fragen:

2. Kann man überhaupt durch globales oder lokales „Verdichten" der Interpolationsknoten (Erhöhen der Parameteranzahl der Approximationsfunktion) die geforderte Genauigkeit erreichen? Mit anderen Worten:

   (a) Gibt es eine Folge von Interpolationspolynomen $\{P_d\}$, die mit $d \to \infty$ auf einem festen Approximationsintervall bezüglich jener Distanzfunktion (z. B. $\|P_d - f\|$), die definierender Bestandteil des Approximationsproblems ist, gegen die zu approximierende Funktion f konvergiert?

(b) Konvergiert eine Folge stückweise definierter Polynome gegen f?

Es wird sich herausstellen, daß man sowohl (a) als auch (b) unter allgemeinen Voraussetzungen bejahen kann. Vom Gesichtspunkt der Effizienz her gesehen, erhebt sich schließlich folgende Frage:

3. *Wie* wählt man die Interpolationsknoten (bzw. Teilintervalle bei stückweiser Interpolation), um den geringsten Rechenaufwand bzw. die einfachste Approximationsfunktion mit der geringsten Parameteranzahl (nach dem *Minimalitätsprinzip*; siehe Kapitel 1) zu erhalten?

9.3.6 Verfahrensfehler der Polynom-Interpolation

Zunächst soll der Fehler eines Interpolationspolynoms P_d, das durch

$$P_d(x_i) = f_i := f(x_i), \quad i = 0, 1, \ldots, d, \tag{9.31}$$

definiert ist, untersucht werden. Die Fehlerfunktion

$$e_d(x) := P_d(x) - f(x)$$

besitzt entsprechend der Interpolationsbedingung (9.31) an den Interpolationsknoten $x_0, x_1, \ldots, x_d$ Nullstellen; dazwischen können die Werte des Interpolationsfehlers e_d aber beliebig groß werden. Nur wenn zusätzliche Information über f vorliegt, kann man auch dort Aussagen über die Größe des Fehlers machen.

Satz 9.3.3 (Fehlerdarstellung) *Wird eine Funktion $f \in C^{d+1}[a, b]$ an den paarweise verschiedenen Knoten $a \leq x_0, x_1, \ldots, x_d \leq b$ durch das Polynom P_d interpoliert, so gibt es für jedes $x \in [a, b]$ eine Zahl ξ aus dem kleinsten Intervall, das alle x_i und x enthält, sodaß sich der Fehler des Interpolationspolynoms an der Stelle x durch*

$$e_d(x) := P_d(x) - f(x) = \frac{f^{(d+1)}(\xi)}{(d+1)!}(x - x_0)(x - x_1)\cdots(x - x_d) \tag{9.32}$$

ausdrücken läßt.

Beweis: Die Eigenschaft der Fehlerfunktion e_d, an den Interpolationsknoten $x_0, \ldots, x_d$ zu verschwinden, läßt sich durch

$$e_d(x) = (x - x_0)(x - x_1)\cdots(x - x_d) \cdot q(x) = \omega_{d+1}(x) \cdot q(x) \tag{9.33}$$

mit einer passenden Funktion q und dem *Knotenpolynom* $\omega_{d+1} \in \mathbb{P}_{d+1}$

$$\omega_{d+1}(x) := \prod_{j=0}^{d}(x - x_j)$$

ausdrücken. Für ein festes $\overline{x} \in [a, b]$ mit $\overline{x} \notin \{x_0, x_1, \ldots, x_d\}$ kann man mit ω_{d+1} folgende Hilfsfunktion definieren:

$$s(x) := P_d(x) - f(x) - \omega_{d+1}(x) \cdot q(\overline{x}).$$

Diese Funktion besitzt $d + 2$ Nullstellen, denn es gilt

$$s(\overline{x}) = 0 \qquad \text{und} \qquad s(x_i) = 0, \quad i = 0, 1, \ldots, d.$$

Im kleinsten Intervall I, das alle Punkte $\overline{x}, x_0, x_1, \ldots, x_d$ enthält, hat die Funktion s also $d + 2$ verschiedene Nullstellen. Da ausreichende Differenzierbarkeit vorausgesetzt wurde, folgt aus dem Satz von Rolle, daß s' in I mindestens $d + 1$ Nullstellen besitzt. Weiteres Differenzieren und neuerliche Anwendung des Satzes von Rolle zeigt, daß s'' mindestens d Nullstellen in I besitzt. Dementsprechend hat schließlich $s^{(d+1)}$ mindestens eine Nullstelle in I, die im folgenden mit ξ bezeichnet wird.

Da $q(\overline{x})$ eine Konstante ist und

$$P_d^{(d+1)}(x) \equiv 0$$

gilt, erhält man

$$s^{(d+1)}(x) = f^{(d+1)}(x) - (d + 1)! \, q(\overline{x}).$$

Diese Gleichung kann man an der Nullstelle $x = \xi$ von $s^{(d+1)}$ nach $q(\overline{x})$ auflösen:

$$q(\overline{x}) = \frac{f^{(d+1)}(\xi)}{(d + 1)!}.$$

Durch Einsetzen in (9.33) erhält man schließlich die Fehlerdarstellung

$$e_d(x) = \frac{f^{(d+1)}(\xi)}{(d + 1)!} \omega_{d+1}(x).$$

$\square$

Schranken für den Interpolationsfehler

Mit einer Betragsschranke für die $(d + 1)$-te Ableitung von f,

$$\max_{x \in I} |f^{(d+1)}(x)| = \|f^{(d+1)}\|_\infty \leq M_{d+1},$$

erhält man eine Abschätzung für den Verfahrensfehler der Interpolation:

$$|e_d(x)| \leq \frac{M_{d+1}}{(d + 1)!} |\omega_{d+1}(x)| \qquad \text{für alle} \quad x \in I \tag{9.34}$$

bzw. für jede L_p-Norm mit $1 \leq p \leq \infty$ die Abschätzung[2]

$$\|P_d - f\| \leq \frac{M_{d+1}}{(d + 1)!} \|\omega_{d+1}\|. \tag{9.35}$$

---

[2]Die Abschätzungen (9.34) und (9.35) des Interpolationsfehlers wurden unter der Voraussetzung $(d + 1)$-maliger Differenzierbarkeit der zu approximierenden Funktion f gewonnen. Wenn diese Voraussetzung nicht erfüllt ist, so muß man im allgemeinen mit größeren Approximationsfehlern rechnen.

Wie man den Formeln (9.32) und (9.35) entnehmen kann, hängt die Größe des Interpolationsfehlers sowohl von Eigenschaften der interpolierten Funktion f als auch von der Lage der Interpolationsknoten $x_0, \ldots, x_d$, charakterisiert durch $\omega_{d+1}(x)$ bzw. $\|\omega_{d+1}\|$, ab. Die günstigste Knotenanordnung bezüglich der Fehlerabschätzung (9.35) erhält man, wenn $\|\omega_{d+1}\|$ so klein wie möglich ist. Für die L_∞-Norm sind wegen Satz 9.3.1 die Tschebyscheff-Nullstellen die optimalen Interpolationsknoten.

Beispiel (Interpolation der Sinusfunktion) Angenommen, man verwendet die Werte

$$f(x_i) := \sin(x_i), \qquad x_i := 0, 0.1, 0.2, 0.3, 0.4$$

zur Interpolation mit einem Polynom $P_4 \in \mathbb{P}_4$ und approximiert $\sin(0.14)$ durch $P_4(0.14)$. Mit

$$M_5 = \max_{x \in [0,0.4]} |\sin^{(5)}(x)| = \max_I |\cos(x)| = 1$$

erhält man eine obere Schranke für den Fehler

$$|e_4(0.14)| \le \frac{1}{5!} |0.14||0.14 - 0.1||0.14 - 0.2||0.14 - 0.3||0.14 - 0.4| \approx 1.17 \cdot 10^{-7}.$$

Beispiel (Lineare Interpolation) Das Interpolationspolynom $P_1 \in \mathbb{P}_1$, das durch die Punkte $(x_0, f(x_0))$ und $(x_1, f(x_1))$ geht, ist durch

$$P_1(x) = f(x_0) + (x - x_0)\frac{f(x_1) - f(x_0)}{x_1 - x_0}$$

gegeben, und der Fehler ist

$$e_1(x) = P_1(x) - f(x) = \frac{f''(\xi)}{2}(x - x_0)(x - x_1).$$

Für $x \in [x_0, x_1]$ und

$$M_2 := \max\{|f''(x)| : x \in [x_0, x_1]\}$$

gilt die Abschätzung

$$|e_1(x)| \le M_2 \frac{|x - x_0||x - x_1|}{2} \le M_2 \frac{(x_1 - x_0)^2}{8}.$$

Wenn man also beim vorigen Beispiel fünf äquidistante Werte von $\sin(x)$ auf $[0, 0.4]$ hat, dann ist dort der Approximationsfehler des Polygonzuges, der durch diese 5 Punkte geht, nicht größer als

$$M_2 \frac{(x_{i+1} - x_i)^2}{8} = 0.4 \cdot \frac{0.1^2}{8} = 5 \cdot 10^{-4}.$$

Erst mit 500 äquidistanten Werten erhält man die Fehlerschranke $1.25 \cdot 10^{-7}$, die mit jener des Interpolationspolynoms P_4 aus dem vorigen Beispiel vergleichbar ist.

Die Fehlerformel (9.34) ist für praktische Anwendungen (zahlenmäßige Fehlerabschätzungen) nur dann geeignet, wenn f hinreichend oft stetig differenzierbar ist und man Schranken für die Ableitungen der zu approximierenden Funktion f auf dem Approximationsintervall I *explizit* kennt. Fehlerformeln des Typs (9.34) sind jedoch auch in Situationen interessant, in denen zahlenmäßige Fehlerschranken *nicht* gewonnen werden können, da sie eine qualitative Beschreibung des Fehlerverhaltens ermöglichen. Nimmt man z. B. an, daß eine Funktion $f \in C^2[a, b]$

durch einen Polygonzug, d. h. durch eine stückweise lineare Interpolationsfunktion auf einer äquidistanten Knotenmenge (mit dem Stützstellenabstand $h = (b-a)/d$) interpoliert wird, so folgt aus

$$|e_1(x)| \leq \frac{M_2}{8} h^2,$$

daß der Fehler – in Abhängigkeit von der Schrittweite h – durch $O(h^2)$ beschrieben werden kann.

9.3.7 Konvergenz der Interpolationspolynome

Es erhebt sich die Frage, ob die Vorgangsweise des globalen Erhöhens der Parameterzahl der Approximationsfunktionen ($P_d \in \mathbb{P}_d$ und $d \to \infty$) stets zum Ziel führt, wenn man z. B. annimmt, daß f auf $[a, b]$ stetig ist. Der folgende Satz von K. Weierstraß (1885) scheint die Bejahung dieser Frage nahezulegen:

Satz 9.3.4 (Weierstraß) *Für jede Funktion* $f \in C[a, b]$ *gibt es zu jedem beliebigen* $\varepsilon > 0$ *ein Polynom* $P \in \mathbb{P}$, *das*

$$|P(x) - f(x)| \leq \varepsilon \qquad \text{für alle} \quad x \in [a, b]$$

erfüllt.

Von K. Weierstraß selbst stammen nur nicht-konstruktive Beweise seines Approximationssatzes. Der erste konstruktive Beweis geht auf S. N. Bernstein (1912) zurück. Dabei wird gezeigt, daß die mit Hilfe der Bernstein-Polynome $\{b_{d,i}\}$ konstruierte Folge von Polynomen

$$P_d(x; f) := \sum_{i=0}^{d} f(i/d) b_{d,i} = \sum_{i=0}^{d} f(i/d) \binom{d}{i} x^i (1-x)^{d-i}, \quad d = 1, 2, 3, \ldots, \quad (9.36)$$

auf $[0, 1]$ gleichmäßig gegen f konvergiert. Eine detaillierte Darstellung dieses Beweises findet man z. B. bei Davis [38].

Für die praktische Lösung von Approximationsproblemen sind die durch (9.36) definierten Polynome wegen ihrer extrem langsamen Konvergenz *nicht* geeignet (siehe Abb. 9.11). Bemerkenswert ist hingegen die gute Wiedergabe der Formeigenschaften von f (Anzahl und Lage der Extremwerte, Wendepunkte etc.) durch die Polynome $P_d(x; f)$. Sie werden deshalb auch für Anwendungen in der Graphischen Datenverarbeitung herangezogen.

Auch der konstruktive Beweis des Satzes von Weierstraß liefert somit keinen praktisch brauchbaren Weg, wie man in einer konkreten Situation (d. h. bei gegebenem f und ε) zu einem Polynom einer vorgegebenen Approximationsgüte kommen kann.

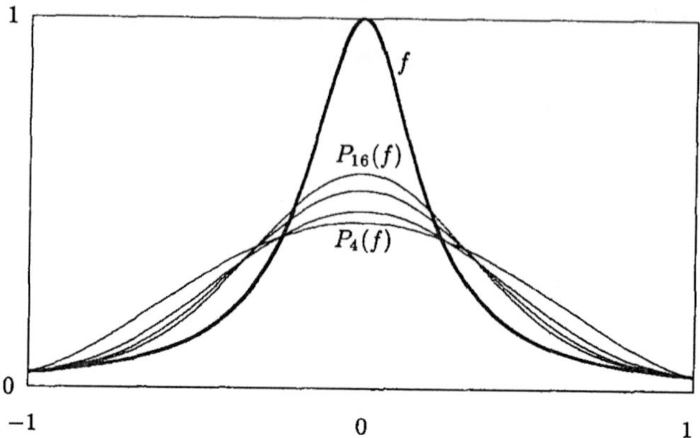

Abb. 9.11: Approximation der Runge-Funktion (—) $f(x) := (1 + 25x^2)^{-1}$ durch die Polynome $P_d(x; f)$, $d = 4, 8, 12, 16$. Beachtenswert ist die extrem geringe Konvergenzgeschwindigkeit.

Knotenmatrizen

Im Gegensatz zur Bestapproximation (siehe Kapitel 10), wo der algorithmische Aufwand zur Bestimmung einer Approximationsfunktion sehr stark von der zu approximierenden Funktion abhängt, kann man beim Interpolationsprinzip eine sehr starke algorithmische Vereinfachung erreichen, wenn man die Folge der Interpolationsknoten $\{x_{d,0}, x_{d,1}, \ldots, x_{d,d}\}$, $d = 0, 1, 2, \ldots$, *a priori* festlegt.

Durch die Nicht-Adaptivität der resultierenden Algorithmen kann man z. B. spezielle Rechnerstrukturen – vor allem Parallelrechner – besser ausnutzen und eine vollständige oder weitgehende Wiederverwendung bereits vorliegender Auswertungen der zu approximierenden Funktion $f(x_{d,i})$ in den darauffolgenden Schritten $d+1$, $d+2$, ... sicherstellen.

Definition 9.3.2 (Knotenmatrix) *Das a priori (unabhängig von den zu approximierenden Funktionen) festgelegte Stützstellenschema einer unendlichen Folge* $\{P_0, P_1, P_2, \ldots\}$ *von Interpolationspolynomen*

$$K = \begin{pmatrix} x_{0,0} & & & \\ x_{1,0} & x_{1,1} & & \\ x_{2,0} & x_{2,1} & x_{2,2} & \\ \vdots & \vdots & \vdots & \ddots \end{pmatrix}$$

nennt man Knotenmatrix.

Die Wahl einer universellen, vom konkreten Approximationsproblem unabhängigen Knotenmatrix beeinflußt in sehr starkem Maß die Eigenschaften eines darauf aufbauenden (nicht-adaptiven) Interpolations- bzw. Approximationsalgorithmus. Je umfassender z. B. die Menge jener Funktionen ist, bei der die Konvergenz der Interpolationspolynome $P_d \to f$ mit $d \to \infty$ sichergestellt ist, desto größer ist der Anwendungsbereich des entsprechenden Interpolationsalgorithmus. Die Konvergenz garantiert nämlich für jede geforderte Approximationsgenauigkeit $\tau > 0$, daß der Interpolationsalgorithmus, der auf einem sukzessiven Berechnen der Polynome zu den Knoten $\{x_{d,0}, x_{d,1}, \ldots, x_{d,d}\}$, $d = 0, 1, 2, \ldots$, beruht, nach endlich vielen Schritten erfolgreich abgebrochen werden kann (wobei Fragen des Rechenaufwandes und der Rundungsfehlereinflüsse zunächst nicht in Betracht gezogen werden). Nach dem Satz von Weierstraß könnte man vermuten, daß die Funktionenklasse, für die Konvergenz $P_d \to f$ garantiert werden kann, alle stetigen Funktionen $f \in C[a,b]$ umfaßt. Diese naheliegende Vermutung ist jedoch falsch, wie der folgende Satz zeigt.

Satz 9.3.5 (Faber)   *Es existiert keine universelle Knotenmatrix K, mit der die zugehörigen Interpolationspolynome für jede Funktion $f \in C[a,b]$ gegen f konvergieren.*

Beweis: Werner, Schaback [77].

Die Aussage des Satzes von Faber steht nicht im Widerspruch zum Satz von Weierstraß, da man für *jede einzelne* Funktion $f \in C[a,b]$ durchaus eine Knotenmatrix K angeben kann, für die $P_j(f) \to f$ gilt. Man muß dazu nur die in $[a,b]$ gelegenen Nullstellen der Fehlerfunktion der bezüglich der Maximumnorm bestapproximierenden Polynome $P_0^*, P_1^*, P_2^*, \ldots$ in K zusammenfassen.

Lebesgue-Funktionen und -Konstanten

Wenn man die auf $[a,b]$ definierte Funktionenklasse $\mathcal{F}$ gegenüber $C[a,b]$ verkleinert, so gelingt es, universelle Knotenmatrizen zu finden, bei denen die Konvergenz $P_d(f) \to f$ für *jede* Funktion $f \in \mathcal{F}$ gilt. Für die erforderlichen Konvergenzuntersuchungen werden die wichtigen Begriffe der Lebesgue-Funktionen[3] und -Konstanten benötigt.

Definition 9.3.3 (Lebesgue-Funktion)   *Die Betragssumme der Lagrange-Polynome $\varphi_{d,i}$ zu den Knoten $x_{d,0}, x_{d,1}, \ldots, x_{d,d}$ der Knotenmatrix K*

$$\lambda_d(x; K) := \sum_{i=0}^{d} |\varphi_{d,i}(x)|$$

heißt Lebesgue-Funktion der Ordnung $d+1$ von K (siehe Abb. 9.12 und 9.14)[4].

Definition 9.3.4 (Lebesgue-Konstante)   *Die Größe*

$$\Lambda_d(K) := \max\{\lambda_d(x; K) : x \in [a,b]\}$$

heißt Lebesgue-Konstante der Ordnung $d+1$ von K (bezüglich des Intervalls $[a,b]$).

---

[3]Der französische Mathematiker H. Lebesgue (Aussprache: Lö'bek) war einer der Begründer der Maß- und Integrationstheorie.
[4]In Abb. 9.13 und Abb. 9.15 sind für Vergleichszwecke die Lebesgue-Funktionen der kubischen Splinefunktionen (siehe Abschnitt 9.7.6) dargestellt.

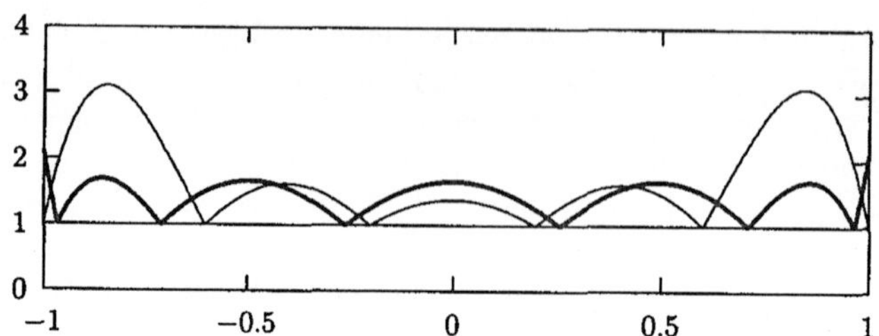

Abb. 9.12: Lebesgue-Funktion $\lambda_5(x)$ der **Polynominterpolation** zu den sechs Tschebyscheff-Knoten (━) und den sechs äquidistanten Knoten (—) auf $[-1, 1]$

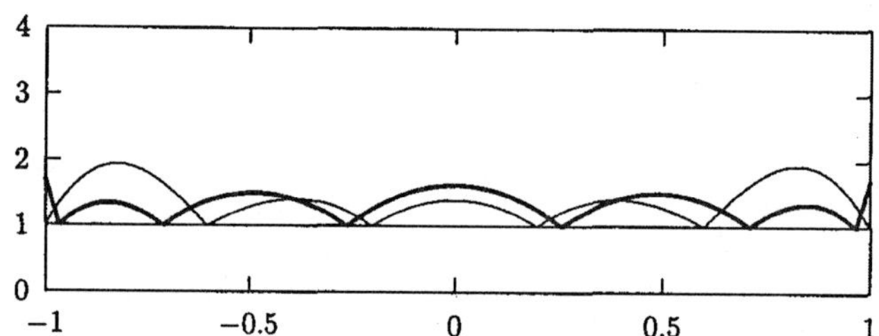

Abb. 9.13: Lebesgue-Funktion $\lambda_5(x)$ einer kubischen **Spline-Interpolation** zu den sechs Tschebyscheff-Knoten (━) und den äquidistanten Knoten (—) auf $[-1, 1]$.

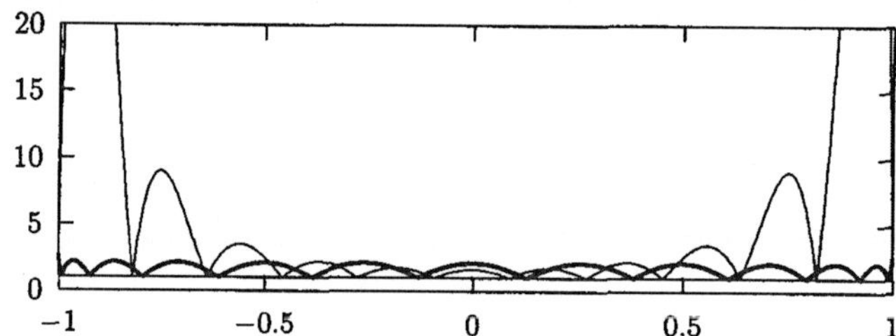

Abb. 9.14: Lebesgue-Funktion $\lambda_{11}(x)$ der **Polynominterpolation** zu den 12 Tschebyscheff-Knoten (━) und den 12 äquidistanten Knoten (—) auf $[-1, 1]$

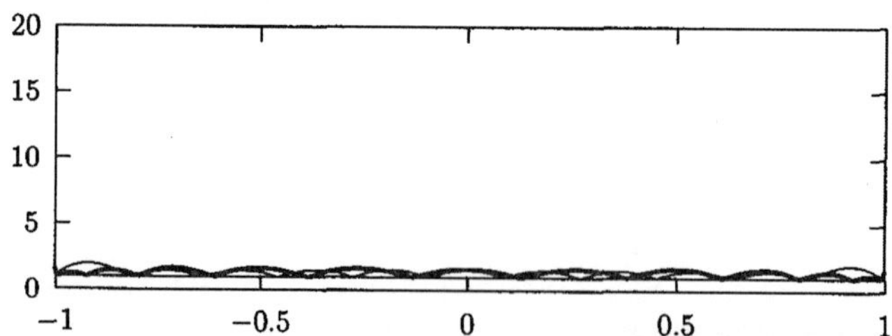

Abb. 9.15: Lebesgue-Funktion $\lambda_{11}(x)$ einer kubischen **Spline-Interpolation** zu den 12 Tschebyscheff-Knoten (━) und den 12 äquidistanten Knoten (—) auf $[-1, 1]$.

Mit Hilfe der Lebesgue-Konstante kann ein Zusammenhang zwischen dem Fehler der Interpolationspolynome $\{P_d(f)\}$ bezüglich einer Knotenmatrix K und dem jeweils optimalen (kleinstmöglichen) Approximationsfehler *aller* Polynome vom Grad d hergestellt werden.

Die Approximationsqualität einer Folge interpolierender Polynome $\{P_d\}$ (die durch eine Knotenmatrix K definiert ist) bezüglich einer Funktion f ist durch den jeweils maximalen Interpolationsfehler

$$E_d := E_d(f) := \|e_d\|_\infty = \max_{x \in [a,b]} |P_d(x) - f(x)|, \qquad d = 0, 1, 2, \ldots,$$

charakterisiert. Die Größen E_d sind umso günstiger, je näher sie bei den jeweils kleinstmöglichen Zahlen

$$E_d^* := E_d^*(f) := \min\{\|P_d - f\|_\infty : P_d \in \mathbb{P}_d\} = \|P_d^* - f\|_\infty$$

liegen, die man für die bestapproximierenden Polynome P_d^* vom Grad d erhält.

Satz 9.3.6 *Für eine Funktion $f \in C[a,b]$ und eine Folge von Interpolationspolynomen $\{P_d(f)\}$ bezüglich der Knotenmatrix K gilt:*

$$E_d(f) \leq E_d^*(f) \cdot (1 + \Lambda_d(K)), \qquad d = 0, 1, 2, \ldots . \tag{9.37}$$

Beweis: Rivlin [341].

Die Lebesgue-Konstanten Λ_d, die zwar von der universellen Knotenmatrix K abhängen, aber von f unabhängig sind, bilden also ein Maß dafür, wie stark der Interpolationsfehler E_d den optimalen Wert (die untere Schranke) E_d^* ungünstigstenfalls überschreiten kann. Je kleiner die Lebesgue-Konstanten einer Knotenmatrix sind, desto näher wird der maximale Interpolationsfehler dem kleinstmöglichen Approximationsfehler sein.

Nach dem Satz von Faber kann die Folge $\{\Lambda_d\}$, die von f unabhängig ist, nicht beschränkt sein, es muß $\Lambda_d \to \infty$ gelten. Erdös [187] hat gezeigt, daß es für jede Knotenmatrix K eine Konstante $c > 0$ gibt, mit der gilt:

$$\Lambda_d(K) > \frac{2}{\pi} \ln d - c, \qquad d = 1, 2, \ldots .$$

Die Knotenmatrix K als definierender Bestandteil von nicht-adaptiven Approximationsalgorithmen auf Interpolationsbasis kann – durch ihren Einfluß auf die Konvergenzgeschwindigkeit – die Effizienz der entsprechenden Algorithmen wesentlich bestimmen. Je näher $\Lambda_d(K)$ an der nicht zu unterschreitenden Schranke liegt, desto effizienter wird der auf K aufbauende Algorithmus sein. Falls $\Lambda_d(K)$ wesentlich rascher wächst als die untere Schranke, so grenzt dies unter Umständen die Klasse jener Funktionen, für die Konvergenz $P_d \to f$ garantiert werden kann, eng ein.

Die Existenz der „idealen" Knotenmatrix, die für alle Polynomgrade die kleinstmögliche Lebesgue-Konstante Λ_d^* liefert, ist zwar theoretisch gesichert (de Boor, Pinkus [156]), die Matrix ist aber (noch) nicht bekannt. Eine nicht optimale, aber sehr günstige Folge von Interpolationsknoten ist durch die Nullstellen (9.16) der Tschebyscheff-Polynome gegeben.

Die Knotenmatrix $K_T = (\xi_{d,j})$ ist auf das Interpolationsintervall $[-1, 1]$ bezogen. Ein anderes Intervall $[a, b]$ kann durch eine affine Transformation der unabhängigen Veränderlichen auf $[-1, 1]$ gebracht werden:

$$\overline{x} := \frac{2x - b - a}{b - a}.$$

Daß es sich bei K_T um eine nahezu optimale Wahl von universellen Interpolationsknoten handelt, zeigt der folgende Satz:

Satz 9.3.7 *Die Lebesgue-Konstanten von K_T erfüllen die Ungleichung*

$$\frac{2}{\pi} \ln d + 0.9625 < \Lambda_d(K_T) \leq \frac{2}{\pi} \ln d + 1, \qquad d = 1, 2, \dots . \tag{9.38}$$

Beweis: Rivlin [341].

Selbst für den hohen Polynomgrad $d = 1000$ gilt erst

$$E_{1000}(f) \leq 6.4 \cdot E^*_{1000}(f).$$

Das Interpolationspolynom vom Grad $d = 1000$ zu den Tschebyscheff-Knoten besitzt einen Approximationsfehler, der selbst im ungünstigsten Fall nur 6.4-mal so groß ist wie der optimale Approximationsfehler E^*_{1000}.

Konvergenz bezüglich der Tschebyscheff-Knoten

Für $d \to \infty$ gilt nach dem Satz von Weierstraß $E^*_d(f) \to 0$ für jede Funktion aus $C[a, b]$. Wie von Erdös und Vértesi [188] gezeigt wurde, gibt es für *jede* Knotenmatrix – also auch für die Tschebyscheff-Knoten – eine Funktion $f \in C[a, b]$, für die die Folge der Interpolationspolynome auf dem ganzen Intervall $[a, b]$ divergiert (mit Ausnahme eventuell endlich vieler Punkte). Schränkt man die Funktionenklasse aber etwas ein, z. B. auf jene Funktionen, die auf $[-1, 1]$ *Lipschitz-stetig* sind, d. h. auf Funktionen, die für eine Konstante L – die sogenannte *Lipschitz-Konstante* – die Ungleichung

$$|f(u) - f(v)| \leq L|u - v| \qquad \text{für alle} \quad u, v \in [-1, 1]$$

erfüllen, so liefert der folgende Satz die Grundlage, um Konvergenz in allen Fällen nachweisen zu können.

Satz 9.3.8 (Jackson) *Für alle auf $[-1, 1]$ Lipschitz-stetigen Funktionen mit der Lipschitz-Konstante L gilt die Fehlerschranke*

$$E^*_d(f) \leq \frac{L}{2d + 2}. \tag{9.39}$$

Beweis: Cheney [35].

Für die Knotenmatrix K_T erhält man durch Kombination von (9.37), (9.38) und (9.39) eine obere Schranke für den Approximationsfehler der Interpolationspolynome $\{P_d\}$, die für $d \to \infty$ gegen 0 strebt:

$$E_d(f) \leq E_d^*(f) \cdot (1 + \Lambda_d) \leq \frac{L}{2d+2}\left(\frac{2}{\pi}\ln d + 2\right).$$

Für jede Lipschitz-stetige Funktion f gibt es somit zu jeder Toleranz τ einen Polynomgrad d, für den das auf den Tschebyscheff-Nullstellen interpolierende Polynom $P_d(f)$ eine maximale Abweichung τ von f hat. Die Menge der Funktionen, für die ein auf K_T operierender Interpolationsalgorithmus (ohne Berücksichtigung von Rechenaufwands- und Genauigkeits-Restriktionen) konvergiert, umfaßt daher alle Lipschitz-stetigen, nicht aber alle stetigen Funktionen.

Beispiel („Rampenfunktion") Interpoliert man die Lipschitz-stetige (aber nicht differenzierbare) Funktion

$$f(x) := \begin{cases} 0 & \text{für} \quad x \in (-\infty, 0.4] \\ 5(x - 0.4) & \text{für} \quad x \in (0.4, 0.6] \\ 1 & \text{für} \quad x \in (0.6, \infty) \end{cases} \tag{9.40}$$

durch Polynome P_d zu den auf $[0,1]$ transformierten Tschebyscheff-Abszissen, so konvergiert

$$P_d(x) \to f(x) \quad \text{für} \quad d \to \infty \quad \text{für alle} \quad x \in [0, 1].$$

Für 40 Knotenpunkte erhält man den in Abb. 9.16 dargestellten Funktionsverlauf.

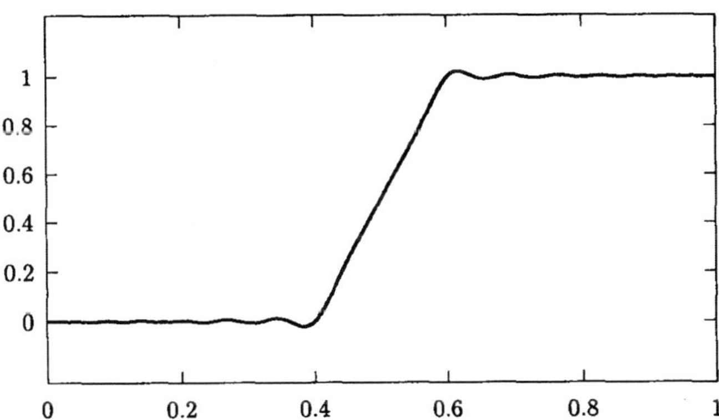

Abb. 9.16: Funktion (9.40) interpoliert durch ein Polynom zu 40 Tschebyscheff-Abszissen.

In der Praxis sind viele wichtige Funktionen einmal oder öfter stetig differenzierbar. Für diese Funktionen ist bei Verwendung der Tschebyscheff-Knoten K_T die Konvergenz $E_d(f) \to 0$ auf jeden Fall sichergestellt.

Ähnlich günstige Eigenschaften wie die Knotenmatrix der Tschebyscheff-Nullstellen besitzt die Knotenmatrix $K_U = (\eta_{d,j})$ der Tschebyscheff-*Extrema* (9.17).

Interpoliert man *unstetige* Funktionen mit Sprungstellen durch Polynome zu den

Tschebyscheff-Knoten K_T, so tritt ein Überschwingen auf, dessen Maximal- und Minimalamplitude vom Polynomgrad d (nahezu) unabhängig ist. Diese Besonderheit, die auch bei den Teilsummen von Fourier-Reihen in der Nähe von Sprungstellen auftritt, heißt *Gibbsches Phänomen*.

Beispiel (Sprungfunktion) Interpoliert man die unstetige Sprungfunktion

$$f(x) := \begin{cases} 0 & \text{für} \quad x \in (-\infty, 0.6] \\ 1 & \text{für} \quad x \in (0.6, \infty) \end{cases} \tag{9.41}$$

durch Polynome P_d zu den auf $[0,1]$ transformierten Tschebyscheff-Abszissen, so konvergiert $P_d \to f(x)$ mit Ausnahme der Sprungstelle $x = 0.6$ (siehe Abb. 9.17, 9.18 und 9.19). In der Nähe der Sprungstelle ist in den Abbildungen das Gibbsche Phänomen deutlich zu sehen.

Konvergenz bezüglich äquidistanter Knoten

Eine Knotenverteilung, die – vor allem aus algorithmischen Gründen – wesentlich naheliegender ist als jene der Tschebyscheff-Knoten, ist die *äquidistante* Verteilung

$$x_{d,j} = \frac{2j}{d} - 1, \qquad j = 0, 1, \ldots, d, \qquad d = 1, 2, 3, \ldots.$$

Auch im äquidistanten Fall wird, um die Vergleichbarkeit herzustellen, die Knotenmatrix $K_\text{ä} = (x_{d,j})$ auf $[-1,1]$ bezogen.

Im Gegensatz zu K_T und K_U, wo die Lebesgue-Konstanten mit steigendem Polynomgrad *logarithmisch* gegen ∞ streben, wachsen bei äquidistanter Knotenverteilung die Lebesgue-Konstanten jedoch *exponentiell*. Bei äquidistanten Knoten ist selbst die k-malige Differenzierbarkeit von f *nicht* hinreichend für die Konvergenz der Interpolationspolynome $P_d \to f$. Nicht einmal bei *beliebig* (unendlich) oft differenzierbaren Funktionen ist die Konvergenz $P_d \to f$ garantiert.

Beispiel (Divergenz trotz beliebiger Differenzierbarkeit) Die Funktion (Runge [345])

$$f(x) = \frac{1}{1 + 25x^2} \qquad (\text{\textit{„Runge-Funktion“}})$$

ist auf $[-1, 1]$ beliebig oft differenzierbar. Die Folge der Interpolationspolynome auf äquidistanten Knoten konvergiert jedoch nur für $|x| \le 0.726$ gegen f und *divergiert* im übrigen.

Die Werte von P_{10} liegen ungefähr zwischen -0.30 und 1.95, jene von P_{16} bereits zwischen -14 und 1.35, obwohl $f(x) \in (0.03846, 1]$ gilt. Als Ausdruck der Divergenz tritt mit steigendem Polynomgrad immer stärker werdendes „Überschwingen" in der Nähe der Intervallendpunkte -1 und 1 auf (siehe Abb. 9.20 auf Seite 422).

Auch in jenen Teilen des Intervalls $[-1, 1]$, wo Konvergenz $P_d \to f$ gewährleistet ist, macht die sehr niedrige Konvergenzgeschwindigkeit den algorithmischen Einsatz äquidistanter Interpolationsknoten äußerst ineffizient.

Erst unter der außerordentlich einschränkenden Annahme, daß sich $f : [a, b] \to \mathbb{R}$ zu einer *ganzen Funktion* $\hat{f} : \mathbb{C} \to \mathbb{C}$ fortsetzen läßt, sodaß die Potenzreihendarstellung von $\hat{f}$ in der gesamten komplexen Ebene $\mathbb{C}$ konvergiert, ist die Konvergenz $P_d \to f$ auf äquidistanten Interpolationsknoten sichergestellt (Hämmerlin, Hoffmann [50]).

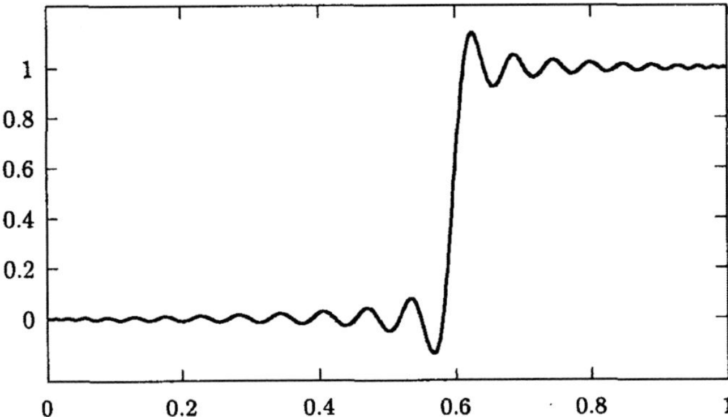

Abb. 9.17: Interpolation der Sprungfunktion (9.41) durch ein Polynom zu den 50 auf $[0,1]$ transformierten Tschebyscheff-Abszissen.

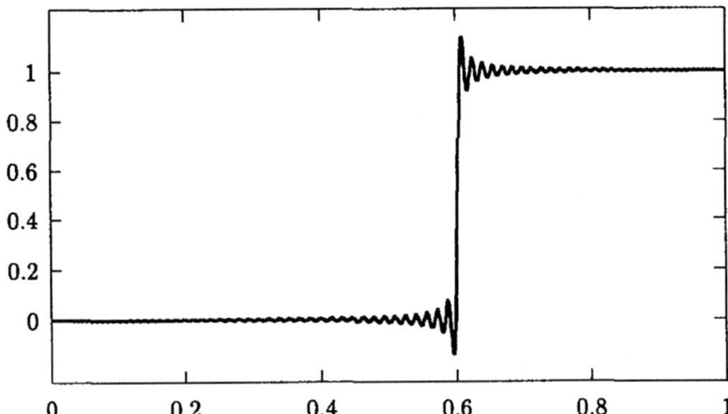

Abb. 9.18: Interpolation der Sprungfunktion (9.41) durch ein Polynom zu den 200 auf $[0,1]$ transformierten Tschebyscheff-Abszissen.

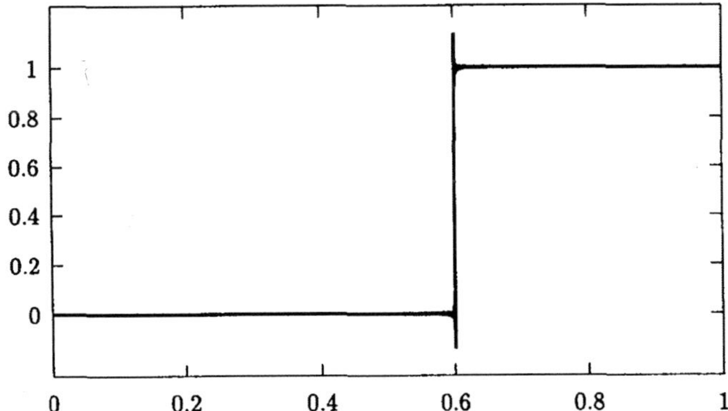

Abb. 9.19: Interpolation der Sprungfunktion (9.41) durch ein Polynom zu den 4000 auf $[0,1]$ transformierten Tschebyscheff-Abszissen.

Die Eigenschaft der Interpolationspolynome auf äquidistanten Knoten, bei vielen „harmlosen", im mathematischen Sinn „sehr glatten" Funktionen für $d \to \infty$ *nicht* zu konvergieren, macht sich bereits bei niederen Polynomgraden durch ein starkes Oszillieren des Interpolationspolynoms bemerkbar (siehe Abb. 9.20).

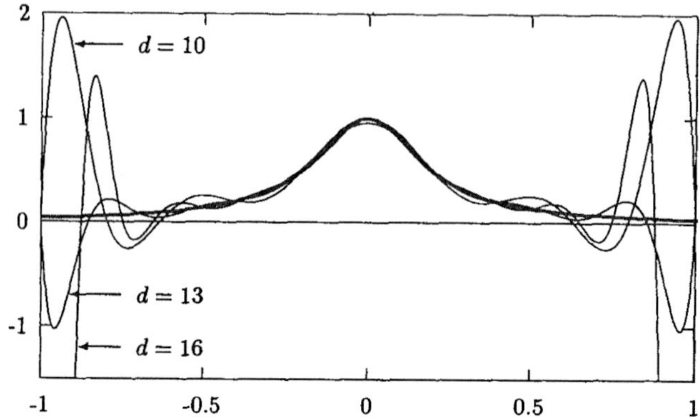

Abb. 9.20: Polynom-Interpolation der Runge-Funktion (———) auf äquidistanten Knoten

Ein Nachteil der Interpolation mit äquidistanten Knoten ist auch deren *schlechte Kondition*, das empfindliche Reagieren der Werte $P_d(x)$ des Interpolationspolynoms auf Änderungen der Daten $\{f(x_0), \ldots, f(x_d)\}$ (siehe Abschnitt 9.3.8).

Die Interpolation mit *einem* Polynom auf gleichabständigen Knoten ist somit nur für relativ kleine Polynomgrade praktisch brauchbar. Ist die Verwendung äquidistanter Interpolationsknoten aus irgendeinem Grund erforderlich oder erwünscht, so kommt bei einer größeren Anzahl von Datenpunkten nur eine stückweise aus Polynomen niedrigerer Grade zusammengesetzte Funktion in Betracht (siehe Abschnitt 9.4).

9.3.8 Kondition der Polynom-Interpolation

Bei Interpolationsproblemen müssen *zwei* unterschiedliche Konditionsbegriffe auseinandergehalten werden: die Kondition der Funktionswerte und die Kondition der Koeffizienten.

Kondition der Funktionswerte

Unter der *Kondition der Funktionswerte* versteht man die Empfindlichkeit der Werte $P_d(x)$ des Interpolationspolynoms gegenüber Störungen der Daten, also jener Funktionswerte, die das Polynom P_d definieren. Diese Kondition ist – im Gegensatz zur Kondition der Koeffizienten – *unabhängig* von der verwendeten Basis (z. B. Lagrange-, Bernstein- oder Tschebyscheff-Basis). Man untersucht in diesem Fall, wie sich der Übergang von den

$$\text{ungestörten Daten} \quad f(x_0), f(x_1), \ldots, f(x_d)$$

zu den

$$\text{gestörten Daten} \quad \tilde{f}(x_0), \tilde{f}(x_1), \ldots, \tilde{f}(x_d)$$

in einer Änderung von

$$P_d(x) = \sum_{i=0}^{d} f(x_i)\varphi_{d,i}(x) \qquad \text{zu} \qquad \tilde{P}_d(x) = \sum_{i=0}^{d} \tilde{f}(x_i)\varphi_{d,i}(x)$$

auswirkt.

Der *Interpolationsoperator*

$$L_d : \mathcal{F} \to \mathbb{P}_d$$

ist jene „Vorschrift", die einer Funktion $f \in \mathcal{F}$ das Interpolationspolynom zu bestimmten Knoten $x_{d,0}, x_{d,1}, \ldots, x_{d,d}$ zuordnet:

$$L_d f = \sum_{i=0}^{d} f(x_{d,i})\varphi_{d,i}(x).$$

Da es sich bei L_d um einen *linearen* Operator handelt, ist wegen

$$\|L_d f - L_d \tilde{f}\| \le \|L_d\| \cdot \|f - \tilde{f}\|$$

dessen (absolute) Kondition durch $\|L_d\|$ charakterisierbar. Die Konditionszahl

$$\|L_d\| := \max\{\|L_d f\|/\|f\| : f \in \mathcal{F}, f \ne 0\}$$

läßt sich durch die Lebesgue-Konstante abschätzen. Aus

$$\begin{aligned}
\|L_d f\|_\infty &= \max_{x \in [a,b]} \left| \sum_{i=0}^{d} f(x_{d,i})\varphi_{d,i}(x)\right| \le \\
&\le \max_{x \in [a,b]} \sum_{i=0}^{d} |f(x_{d,i})||\varphi_{d,i}(x)| \le \\
&\le \max_{x \in [a,b]} |f(x)| \max_{x \in [a,b]} \sum_{i=0}^{d} |\varphi_{d,i}(x)| = \|f\|_\infty \Lambda_d(K)
\end{aligned}$$

folgt nämlich

$$\|L_d\|_\infty = \max\{\|L_d f\|_\infty/\|f\|_\infty : f \in \mathcal{F} \setminus \{0\}\} \le \Lambda_d(K).$$

Tabelle 9.1 und Abb. 9.21 enthalten, bezogen auf das Interpolationsintervall $[-1,1]$, Werte der Lebesgue-Konstante Λ_d, die Schranken dafür darstellen, wie stark sich die Werte des Interpolationspolynoms vom Grad d maximal ändern können, wenn die Daten $f(x_{d,0}), f(x_{d,1}), \ldots, f(x_{d,d})$ mit additiven Störungen überlagert sind. Angenommen,

$$\begin{array}{lll}
P_d & \text{interpoliert} & f(x_{d,0}), f(x_{d,1}), \ldots, f(x_{d,d}) \quad \text{und} \\
\tilde{P}_d & \text{interpoliert} & \tilde{f}(x_{d,0}), \tilde{f}(x_{d,1}), \ldots, \tilde{f}(x_{d,d}),
\end{array}$$

Tabelle 9.1: Lebesgue-Konstanten der kubischen Spline-Interpolation (mit *Not-a-knot*-Randbedingungen; siehe Abschnitt 9.7) und der Interpolation mit einem einzigen („durchgehenden")
Polynom

	kubische Spline-Interpolation			„durchgehende" Polynom-Interpolation	
k	$\Lambda_k(K_T)$	$\Lambda_k(K_{\ddot{a}})$	d	$\Lambda_d(K_T)$	$\Lambda_d(K_{\ddot{a}})$
3	1.848	1.631	3	1.848	1.631
4	1.780	1.855	4	1.989	2.208
5	1.708	1.938	5	2.104	3.106
6	1.662	1.963	6	2.202	4.549
7	1.695	1.969	7	2.287	6.930
8	1.689	1.971	8	2.362	10.945
9	1.683	1.971	9	2.429	17.848
10	1.681	1.972	10	2.489	29.897
11	1.682	1.972	11	2.545	51.210
12	1.685	1.972	12	2.596	89.317
13	1.688	1.972	13	2.643	158.091
14	1.691	1.972	14	2.687	283.193
15	1.694	1.972	15	2.728	512.130
16	1.697	1.972	16	2.766	934.532
17	1.699	1.972	17	2.803	1716.260
18	1.701	1.972	18	2.837	3170.499
19	1.703	1.972	19	2.870	5888.154
20	1.704	1.972	20	2.901	10986.030

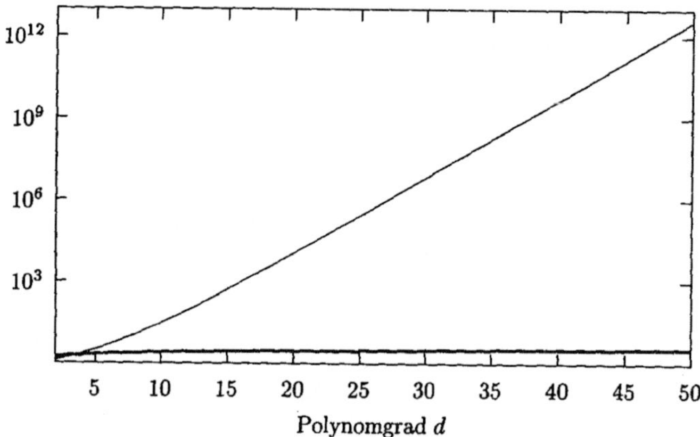

Abb. 9.21: Lebesgue-Konstanten $\Lambda_d(K_{\ddot{a}})$ und $\Lambda_d(K_T)$ für die Interpolation mit einem Polynom P_d auf den äquidistanten Interpolationsknoten (—) bzw. den Tschebyscheff-Knoten (—)
am Intervall $[-1, 1]$.

so folgt aus $|\tilde{f}(x_{d,i}) - f(x_{d,i})| \leq \delta$, $i = 0, 1, \ldots, d$, die Abschätzung

$$|\tilde{P}_d(x) - P_d(x)| \leq \delta\Lambda_d(K) \qquad \text{für alle} \quad x \in [a, b].$$

Wenn z. B. $\tilde{f}(x_{d,i})$ die auf Maschinenzahlen reduzierten Funktionswerte $f(x_{d,i})$ sind, dann wird man z. B. Interpolationspolynome vom Grad 10 noch ohne Schwierigkeiten verwenden können.

Das exponentielle Anwachsen der Lebesgue-Konstanten $\Lambda_d(K_{\ddot{a}})$ (und damit der Kondition der Polynominterpolation) bringt die Schwierigkeiten zum Ausdruck, mit denen man bei hohen Polynomgraden und äquidistanter Knotenanordnung konfrontiert ist.

Beispiel (Temperaturdaten) Handelt es sich bei $f(x_{11,0}), \ldots, f(x_{11,11})$ um Temperaturwerte, die man während der 12 Monate eines Jahres beobachtet hat, dann kann die Interpolation auf den äquidistanten Knoten $1, 2, \ldots, 12$ durch ein Polynom vom Grad 11 zu unangenehmen Überraschungen führen. Die langjährigen Monatsdurchschnittswerte zeigen gute Übereinstimmung mit einem sinusförmigen Temperaturverlauf. Sie können daher durch ein Polynom vom Grad 11 relativ unproblematisch interpoliert werden.

Die Daten aus dem Jahr 1990 (vgl. Abb. 9.22) lagen alle im Intervall $[0.6, 21.2]$, aber die Schwankungen im Vergleich zu den langjährigen Durchschnittswerten führen wegen der schlechten Kondition (Konditionszahl $\Lambda_{11}(K_{\ddot{a}}) = 51.2$) dazu, daß die Werte $P_d(x)$, $x \in [1, 12]$, des Interpolationspolynoms hier im Intervall $[-18, 22]$ liegen.

Speziell in den Randzonen zeigt sich ein „Überschwingen" des Interpolationspolynoms, das dem intuitiv erwarteten Temperaturverlauf widerspricht.

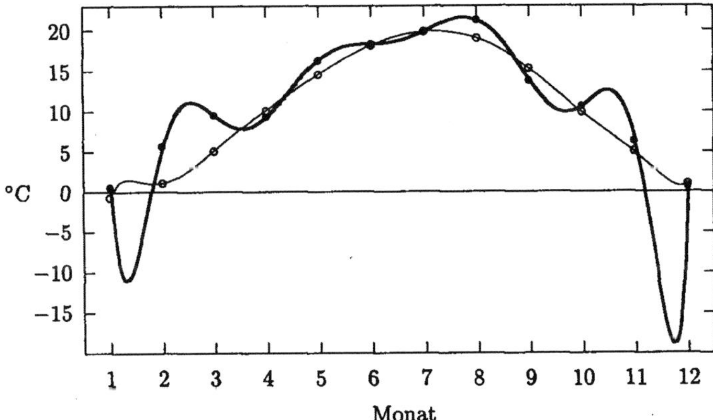

Abb. 9.22: Temperaturverlauf in Wien: Monatsmittelwerte des Jahres 1990 (Datenpunkte •) und durchschnittliche Monatsmittel 1951–1990 (Datenpunkte o); jeweils interpoliert durch ein Polynom vom Grad 11.

Die Tabelle 9.1 zeigt aber auch (als Vorgriff auf Abschnitt 9.7.6) das vorteilhafte Verhalten der Lebesgue-Konstanten bei der Interpolation immer größer werdender Datenmengen mit kubischen Splinefunktionen. Diese sind auch bei äquidistanter Knotenanordnung und sehr großen Datenmengen ohne Schwierigkeiten verwendbar.

Kondition der Koeffizienten

Die Koeffizienten des Interpolationspolynoms P_d zu vorgegebenen Daten

$$(x_0, f_0),\ (x_1, f_1),\ \ldots,\ (x_d, f_d)$$

lassen sich prinzipiell durch Lösung eines linearen Gleichungssystems ermitteln. Der Monombasis $\{1, x, \ldots, x^d\}$ des Raumes $\mathbb{P}_d$ entspricht dabei das lineare Gleichungssystem

$$\sum_{j=0}^{d} c_j x_i^j = f_i, \qquad i = 0, 1, \ldots, d, \tag{9.42}$$

während die Basis der Tschebyscheff-Polynome auf das lineare Gleichungssystem

$$\sum_{j=0}^{d}{}' a_j T_j(x_i) = f_i, \qquad i = 0, 1, \ldots, d, \tag{9.43}$$

für die Koeffizienten $a_0, a_1, \ldots, a_d$ führt.

Die Matrix (x_i^j) des Gleichungssystems (9.42) ist eine Vandermondesche Matrix, die bereits für mittelgroße Polynomgrade d *numerisch* singulär ist, das Gleichungssystem (9.42) wird dann *praktisch* unlösbar. Andererseits ist die Matrix $(T_j(x_i))$ bezüglich eines speziell definierten inneren Produktes eine orthogonale Matrix – ist also *optimal konditioniert* – und das Gleichungssystem (9.43) ist besonders einfach zu lösen, wenn man als Interpolationsknoten $\{x_i\}$ entweder die Tschebyscheff-Nullstellen (9.16) oder die Tschebyscheff-Extrema (9.17) verwendet (vgl. Abschnitt 9.3.3).

Beispiel (Kondition der Koeffizientenbestimmung)   Zur quantitativen Charakterisierung der Datenfehlerempfindlichkeit der Koeffizienten $c_0, c_1, \ldots, c_d$ in (9.42) bzw. $a_0, a_1, \ldots, a_d$ in (9.43) kann man die Konditionszahl (siehe Kapitel 13)

$$\kappa_1(A) := \|A\|_1 \cdot \|A^{-1}\|_1$$

der Matrix $A := (x_i^j)$ bzw. $A := (T_j(x_i))$ heranziehen. Abb. 9.23 zeigt diese Konditionszahlen für niedrige Polynomgrade und verschiedene Kombinationen der Basiswahl und der Stützstellenanordnung (in $[-1, 1]$):

B_M — Monombasis $\{1, x, x^2 \ldots, x^d\}$, $K\ddot{a}$ — äquidistante Knoten,
B_T — Tschebyscheff-Basis $\{T_0, T_1, \ldots, T_d\}$, K_T — Tschebyscheff-Nullstellen als Knoten.

9.3.9 Wahl der Interpolationsknoten

Wenn man eine Funktion f auf einem Intervall $[a, b]$ durch *ein* Interpolationspolynom approximieren will und über die Interpolationsknoten frei verfügen kann, dann sollte man unbedingt die Tschebyscheff-Abszissen verwenden. Man hat dann gegenüber äquidistanten Knoten folgende Vorteile:

1. Wegen Ungleichung (9.37) ist auch für sehr hohe Grade das so erhaltene Interpolationspolynom P_d in seiner Approximationsqualität kaum schlechter als das bezüglich der Maximumnorm bestapproximierende Polynom P_d^*.

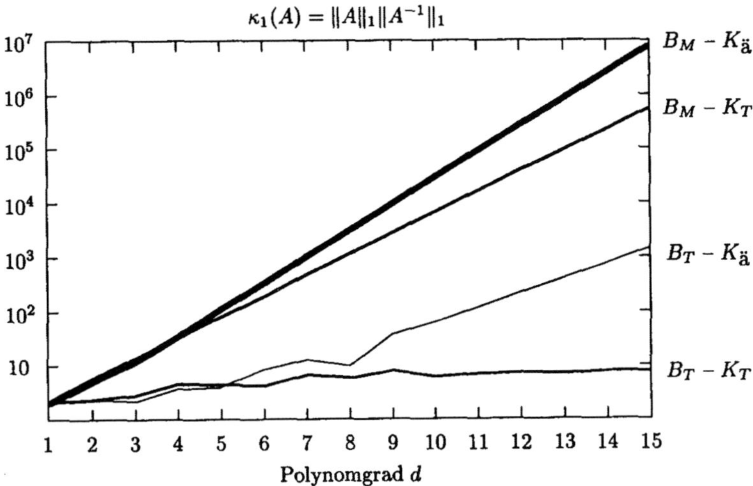

Abb. 9.23: Konditionszahlen der Koeffizientenbestimmung in Abhängigkeit von Polynomgrad, Basis (Monome und Tschebyscheff-Polynome) und Knotenanordnung (äquidistant und Tschebyscheff-Nullstellen). Man beachte den logarithmischen Maßstab auf der Ordinate!

2. Die Empfindlichkeit gegenüber Datenstörungen (die Kondition des Interpolationsproblems) ist schon ab mittleren Polynomgraden deutlich geringer als bei Verwendung äquidistanter Interpolationsknoten.

3. Die Berechnung einer Tschebyscheff-Darstellung von P_d ist sehr effizient durch Auswertung von (9.25) bzw. (9.26) möglich.

Wenn man sich für die Funktionsapproximation durch Interpolation an den Tschebyscheff-Knoten entschieden hat, bleibt noch die Frage nach der Wahl der *Anzahl* der Interpolationsknoten und damit verbunden des Polynomgrades d. Soferne man über Abschätzungen der Ableitungen von f verfügt, kann man die Fehlerformel (9.34) anwenden. Für ω_{d+1} gilt

$$\omega_{d+1}(x) = (x - \xi_0^{(d)})(x - \xi_1^{(d)}) \cdots (x - \xi_d^{(d)}).$$

Da die $\xi_j^{(d)}$ laut Voraussetzung die Nullstellen des Tschebyscheff-Polynoms T_{d+1} sind, ist ω_{d+1} in diesem Fall ein Vielfaches von T_{d+1}. Aus der Minimax-Eigenschaft der Tschebyscheff-Polynome (Satz 9.3.1) folgt

$$\omega_{d+1}(x) = \frac{T_{d+1}(x)}{2^d}$$

und weiters, daß die Tschebyscheff-Abszissen jene Interpolationsknoten in $[-1, 1]$ sind, für die

$$\max\{|\omega_{d+1}(x)| : x \in [-1, 1]\}$$

minimal ist, was neuerlich die Sonderstellung der Tschebyscheff-Abszissen betont. Die Abschätzung (9.34) für den Interpolationsfehler lautet daher in diesem

Spezialfall

$$|e_d(x)| = |P_d(x) - f(x)| \leq \frac{M_{d+1}}{2^d(d+1)!} \qquad \text{für alle} \quad x \in [-1, 1],$$

wobei M_{d+1} eine Schranke für den Betrag der Ableitung $f^{(d+1)}$ auf $[-1, 1]$ bezeichnet.

Beispiel (Approximation der Sinusfunktion) Die Implementierung der trigonometrischen Funktionen als vordefinierte Unterprogramme in den höheren Programmiersprachen erfolgt oft mit approximierenden Polynomen in einem Periodenintervall oder einem Teil davon. Approximiert man z. B. $\sin(x)$ durch ein Interpolationspolynom $P_d(x)$ an den Tschebyscheff-Knoten im Intervall $[-\pi/2, \pi/2]$, so ergibt sich wegen

$$M_d = 1 \qquad \text{für alle} \quad d = 1, 2, 3, \ldots$$

und

$$\omega_{d+1} = \left(\frac{\pi}{2}\right)^{d+1} \frac{T_{d+1}}{2^d},$$

wobei der Faktor $(\pi/2)^{d+1}$ von der Umskalierung von $[-1, 1]$ auf $[-\pi/2, \pi/2]$ herrührt, die Fehlerabschätzung

$$|P_d(x) - \sin x| \leq \frac{(\pi/2)^{d+1}}{2^d(d+1)!} .$$

Das Polynom P_9 mit einer Fehlerschranke $5 \cdot 10^{-8}$ würde für $\mathrm{IF}(2, 24, -125, 128, \mathit{true})$ bereits eine zufriedenstellende *absolute* Approximationsgenauigkeit liefern. Durch Verkleinerung des Interpolationsintervalls auf $[0, \pi/4]$ und gleichzeitige Approximation von $\cos(x)$ kann der erforderliche Polynomgrad d noch weiter gesenkt werden.

Abbruch der Entwicklung in Tschebyscheff-Polynomen

Im häufig auftretenden Fall, daß man über die Ableitungen von f keine Information besitzt, kann man die Polynominterpolation an den Tschebyscheff-Knoten auf folgende Art einsetzen:

Man wählt eine Stützstellenanzahl, bei der mit großer Wahrscheinlichkeit der benötigte Polynomgrad (bei dem man die geforderte Genauigkeit erreicht) *überschritten* wird. Dann benützt man folgende Eigenschaft der Koeffizienten a_i der Entwicklung

$$P_d(x) = \frac{a_0}{2}T_0(x) + a_1 T_1(x) + \cdots + a_d T_d(x) = \sum_{i=0}^{d}{}' a_i T_i(x) \qquad (9.44)$$

des Interpolationspolynoms P_d: Die Beträge $|a_0|, |a_1|, \ldots$ fallen bis zu einem Niveau, das durch die Genauigkeit der Funktionswerte bestimmt wird (dies kann auch die Genauigkeit der Maschinenzahlen $\square y_i$ sein, falls sonst keine Störungen der Funktionswerte vorliegen).

Beispiel (Approximation der Exponentialfunktion) Interpoliert man $f(x) = e^x$ auf dem Intervall

$$\left[-\frac{\ln 2}{2}, \frac{\ln 2}{2}\right] \approx [-0.347, 0.347]$$

Tabelle 9.2: Koeffizienten der Entwicklung (9.44) für die Exponentialfunktion

i	$|a_i|$	i	$|a_i|$
0	2.532	5	$5.429 \cdot 10^{-4}$
1	1.130	6	$4.498 \cdot 10^{-5}$
2	$2.715 \cdot 10^{-1}$	7	$3.049 \cdot 10^{-6}$
3	$4.434 \cdot 10^{-2}$	8	$4.528 \cdot 10^{-7}$
4	$5.474 \cdot 10^{-3}$	9	$3.294 \cdot 10^{-7}$

an den Tschebyscheff-Nullstellen durch P_{100}, dann zeigen die Beträge $|a_0|$, $|a_1|$, ... das aus Tabelle 9.2 ersichtliche Abklingverhalten.

Die Werte $a_{10}, a_{11}, \ldots, a_{100}$ bleiben bei einfach genauer Rechnung alle in der Größenordnung $5 \cdot 10^{-7}$. Man wird in diesem Fall die abgebrochene Entwicklung

$$\overline{P}_7(x) := \sum_{i=0}^{7}{}' a_i T_i(x)$$

mit 8 Koeffizienten als Approximation verwenden. Das schnelle Abfallen der $|a_i|$ gegen den „Minimalpegel" ist bei glatten Funktionen, wie bei diesem Beispiel, besonders deutlich. Das Polynom $\overline{P}_7$ stellt das bestapproximierende Polynom im Sinne der kleinsten Quadrate dar (siehe Abschnitt 10.2).

Beispiel (Approximation der Logarithmusfunktion) Interpoliert man $f(x) = \ln x$ auf dem Intervall $[0.71, 1.41]$ an 100 Tschebyscheff-Nullstellen, verwendet aber nur $k = 1, 2, \ldots, 30$ Koeffizienten, so nimmt das Maximum des Approximationsfehlers den in Abb. 9.24 dargestellten Verlauf. Bereits mit 10 Koeffizienten ist das Maximum des absoluten Approximationsfehlers auf $6.41 \cdot 10^{-9}$ abgesunken (siehe Abb. 9.25).

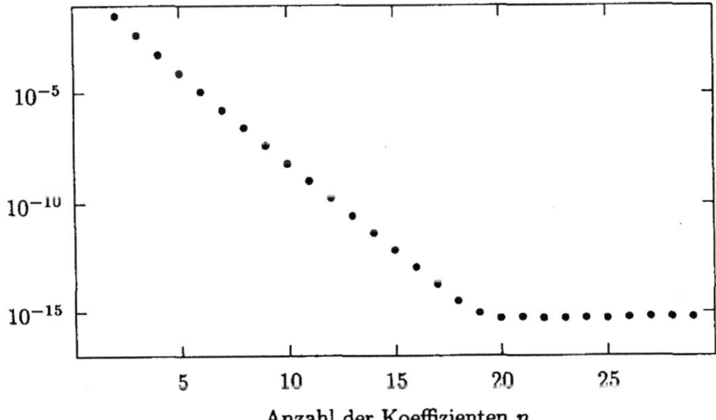

Abb. 9.24: Maximaler absoluter Fehler bei abgebrochener Tschebyscheff-Interpolation der Logarithmusfunktion zu 100 Knoten im Intervall $[1/\sqrt{2}, \sqrt{2}] \approx [0.71, 1.41]$

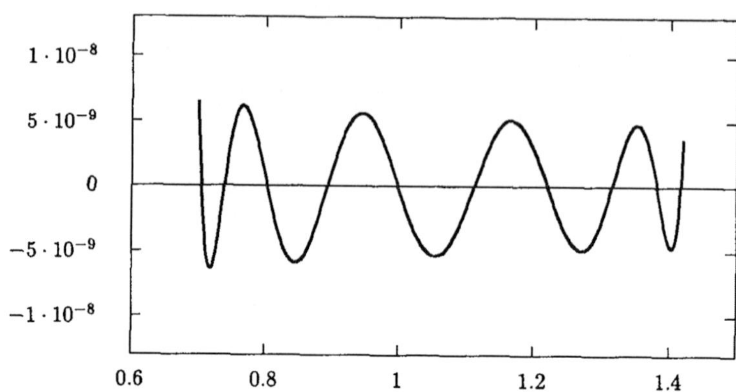

Abb. 9.25: Absoluter Fehler der nach 10 Koeffizienten abgebrochenen Tschebyscheff-Interpolation der Logarithmusfunktion zu 100 Knoten im Intervall $[1/\sqrt{2}, \sqrt{2}] \approx [0.71, 1.41]$

Sukzessives Erhöhen des Polynomgrades

Eine Alternative zum Abbruch der Entwicklung (9.44) eines Interpolationspolynoms mit *zu hohem* Grad besteht im sukzessiven Erhöhen des Polynomgrades, bis man die gewünschte Approximationsgenauigkeit erreicht hat. Bei dieser Vorgangsweise verwendet man aber nicht die Nullstellen, sondern die Extremstellen der Tschebyscheff-Polynome als Interpolationsknoten. Man kommt auf diese Art zu Interpolationspolynomen mit fast gleich guten Approximationseigenschaften, die den Vorteil haben, daß beim Übergang vom Polynom Q_d zum Polynom Q_{2d} sämtliche f-Auswertungen, die man für die Bestimmung von Q_d benötigt, bei der Berechnung von Q_{2d} wieder verwendet werden können. Man kann dann z. B.

$$\max\{|Q_d(x_j^{2d}) - f(x_j^{2d})| : j = 1, 3, 5, \ldots, 2d - 1\}$$

als Fehlerschätzung verwenden, Q_{2d} berechnen und gegebenenfalls die Entwicklung abbrechen.

9.3.10 Hermite-Interpolation

Eine wichtige Form der Polynominterpolation ist durch die folgenden $2d + 2$ linearen Funktionale definiert:

$$\begin{aligned} l_i f &:= f(x_i), \\ l_{d+1+i} f &:= f'(x_i), \quad i = 0, 1, \ldots, d. \end{aligned}$$

Bei dieser Art der Interpolation, die *Hermite-Interpolation* (oder *oskulierende Interpolation*) genannt wird, sucht man nach einem Polynom $P_{2d+1} \in \mathbb{P}_{2d+1}$, das an den $d + 1$ Knoten $x_0, x_1, \ldots, x_d$ mit der Funktion f bezüglich der Funktionswerte und der Werte der ersten Ableitung übereinstimmt.

Das Hermite-Interpolationsproblem ist eindeutig lösbar, wenn die Interpolationsknoten paarweise voneinander verschieden sind. Ähnlich wie bei der „einfachen" Polynominterpolation, bei der nur die Übereinstimmung mit Funktionswerten gefordert wird, kann man einen Ansatz mit Basispolynomen machen:

$$P_{2d+1}(x) = \sum_{i=0}^{d} f(x_i)\psi_{2d+1,i}(x) + \sum_{i=0}^{d} f'(x_i)\chi_{2d+1,i}(x). \tag{9.45}$$

Die Polynome $\psi_{2d+1,i} \in \mathbb{P}_{2d+1}$

$$\psi_{2d+1,i}(x) := [1 - 2\varphi_{d,i}{}'(x_i)\,(x - x_i)]\varphi_{d,i}^2(x)$$

nennt man *Elementarpolynome 1.Art für die Hermite-Interpolation*; sie erfüllen

$$\begin{aligned} \psi_{2d+1,i}(x_j) &= \delta_{ij} := \left\{ \begin{array}{ll} 1 & i = j \\ 0 & i \neq j \end{array} \right\} \qquad i,j = 0,1,\ldots,d. \\ \psi_{2d+1,i}{}'(x_j) &= 0 \end{aligned}$$

Analog bezeichnet man die Polynome $\chi_{2d+1,i} \in \mathbb{P}_{2d+1}$

$$\chi_{2d+1,i}(x) := (x - x_i)\varphi_{d,i}^2(x)$$

als *Elementarpolynome 2.Art für die Hermite-Interpolation*; sie sind durch

$$\left. \begin{aligned} \chi_{2d+1,i}(x_j) &= 0 \\ \chi_{2d+1,i}{}'(x_j) &= \delta_{ij} \end{aligned} \right\} \qquad i,j = 0,1,\ldots,d$$

gekennzeichnet. Da die Existenz und Eindeutigkeit der Polynome $\psi_{2d+1,i}$ und $\chi_{2d+1,i}$ gesichert ist, führt der Ansatz (9.45) genau auf das gesuchte Polynom.

Ein großer Vorteil der Hermite-Interpolation liegt darin, daß durch die vorgegebenen Ableitungswerte das „Überschwingen" der „gewöhnlichen" Interpolationspolynome (vgl. Abb. 9.20) vermieden wird.

Die Methode der Hermite-Interpolation läßt sich durch das Vorschreiben höherer Ableitungen ($f'', f^{(3)},\ldots$) an den Knotenpunkten noch erweitern. Diese Erweiterung ist jedoch in der Praxis von geringerer Bedeutung.

9.4 Univariate stückweise Polynom-Interpolation

Eine Alternative zur Verwendung *eines* durchgehenden, einheitlich definierten Interpolationspolynoms $P_d \in \mathbb{P}_d$ ist die Approximation durch *stückweise* Polynomfunktionen auf dem gewünschten Intervall $[a, b]$:

$$g(x) := \left\{ \begin{array}{ll} P_{d_1}^1(x), & x \in [a, x_1) \\ P_{d_2}^2(x), & x \in [x_1, x_2) \\ \quad\vdots & \\ P_{d_k}^k(x), & x \in [x_{k-1}, b]. \end{array} \right. \tag{9.46}$$

Soferne man nicht – wie im Fall der Splineinterpolation (siehe Abschnitt 9.5) – Koppelungsbedingungen für die einzelnen Teilpolynome vorschreibt, handelt es sich um ein *lokales* Interpolationsverfahren: die Datenpunkte eines Intervalls $[x_{i-1}, x_i)$ haben keinen Einfluß auf das Interpolationspolynom P^j eines anderen Intervalls $[x_{j-1}, x_j)$.

Software (Stückweise quadratische Polynominterpolation) Für eine vorgegebene Stelle x liefert das Programm IMSL/MATH-LIBRARY/qdval den Wert einer stückweise quadratischen Interpolationsfunktion für vorgegebene Datenpunkte $(\xi_1, y_1), \dots, (\xi_k, y_k)$. Dabei wird jene Stelle ξ_i bestimmt, die x am nächsten gelegen ist, und das zu den Daten

$$(\xi_{i-1}, y_{i-1}), \quad (\xi_i, y_i), \quad (\xi_{i+1}, y_{i+1})$$

gehörige quadratische Interpolationspolynom an x berechnet. Diese Interpolationsmethode entspricht also einer stückweisen quadratischen Polynominterpolation mit den Teilungspunkten $x_i = (\xi_i + \xi_{i+1})/2$. Man beachte, daß für jedes Teilintervall jeweils zwei der Interpolationsknoten außerhalb des Teilintervalls liegen und daß die Teilungspunkte keine Interpolationsknoten sind. Die Interpolationsfunktion ist daher im allgemeinen an den Teilungspunkten *unstetig*. Ableitungswerte dieser stückweise quadratischen Interpolationsfunktion können mit Hilfe des Programms IMSL/MATH-LIBRARY/qdder berechnet werden.

Durch geeignete Wahl der Zerlegung des Intervalls $[a, b]$, also durch Wahl von Anzahl und Lage der Unterteilungspunkte

$$a = x_0 < x_1 < \cdots < x_{k-1} < x_k = b,$$

und durch passende Wahl der einzelnen Polynomgrade $d_1, d_2, \dots, d_k$ kann man eine gute Anpassung an lokal unterschiedliches Verhalten der Funktion f erreichen. Die Unabhängigkeit der einzelnen Teilpolynome $P^1, P^2, \dots, P^k$ ermöglicht die Entwicklung sehr effizienter Algorithmen zur Berechnung von Approximationsfunktionen: Die Wahl der Teilungspunkte und der einzelnen Polynomgrade kann durch adaptive Strategien erfolgen, bei denen durch sukzessives Erhöhen der Knotenzahl Information über die Funktion gewonnen wird, die zur Bestimmung der nächsten Knotenpunktlagen dient. Ausführliche Beispiele für solche adaptiven Unterteilungsstrategien werden in Kapitel 12 im Zusammenhang mit der numerischen Integration behandelt.

Im Rahmen dieses Abschnitts wird stets vorausgesetzt, daß jedes einzelne Polynom $P_{d_i}^i$ durch Interpolation der Funktion f an $d_i + 1$ Knoten im Intervall $[x_{i-1}, x_i]$ definiert ist. Ein Einwand, der sich sofort gegen derartige Funktionen aufdrängen könnte, ist das Verhalten von g an den Teilungspunkten $x_1, x_2, \dots, x_{k-1}$. Wählt man die Interpolationsknoten von $P_{d_i}^i$ im *Inneren* von $[x_{i-1}, x_i]$, $i = 1, 2, \dots, k$, dann wird (von Sonderfällen abgesehen) g an den Teilungspunkten Sprungstellen besitzen. Durch die Wahl der Endpunkte x_{i-1} und x_i als Interpolationsknoten für $P_{d_i}^i$, $i = 1, 2, \dots, k$, kann man auch nur die Stetigkeit von g sicherstellen. An den Teilungspunkten treten nach wie vor Sprungstellen in den Ableitungen $g^{(l)}$, $l = 1, 2, \dots$, auf; jedenfalls bis zu jenem Wert l_0, ab dem alle Polynome identisch verschwinden:

$$P_{d_i}^{(l_0)} \equiv 0, \quad P_{d_i}^{(l_0+1)} \equiv 0, \dots \qquad i = 1, 2, \dots, k.$$

Ob Sprungstellen der Funktion g oder der Ableitungen $g', g'', \dots$ für den Anwender akzeptabel sind, kann nur von Fall zu Fall entschieden werden. Oft spielen Sprungstellen keine Rolle, soferne die Sprunghöhen ausreichend klein sind. Durch geeignete Wahl von Lage und Anzahl der Teilungspunkte kann man unter sehr allgemeinen Voraussetzungen erreichen, daß die Sprunghöhen und der gesamte Approximationsfehler beliebig klein werden.

9.4.1 Approximationsgenauigkeit

Der folgende Satz zeigt für $d := d_1 = d_2 = \cdots = d_k$, daß bei ausreichend großer Anzahl der Teilungspunkte – trotz der Sprünge in den Ableitungen – die Approximationsfehler

$$g(x) - f(x), \quad g'(x) - f'(x), \ldots$$

für $x \in [a, b]$ jede geforderte Genauigkeitsschranke erfüllen können.

Satz 9.4.1 *Für eine Funktion $f \in C^{d+1}[a, b]$ mit*

$$\|f^{(l)}\|_\infty = M_l \quad auf \quad [a, b], \qquad l = 1, 2, \ldots, d+1$$

und eine stückweise Polynominterpolation mit

$$h := \max\{x_{i+1} - x_i : i = 0, 1, \ldots, k-1\}$$

gilt die Fehlerabschätzung

$$|g^{(j)}(x) - f^{(j)}(x)| \leq \sum_{l=0}^{j} \frac{j!}{(d + 1 + j - l)! \cdot l!} M_{d+1+j-l} h^{d+1+l-j}, \quad j = 0, 1, \ldots, d.$$

Beweis: folgt aus der Fehlerformel (3.3.15) in Hildebrand [55].

Man beachte, daß bei den stückweise polynomialen Funktionen die Steigerung der Approximationsgenauigkeit nicht durch Erhöhen der Polynom*grade*, sondern durch Erhöhen der Polynom*anzahl* erfolgt. In Satz 9.4.1 bleibt d konstant, und $h \to 0$ bedeutet, daß die Anzahl der Teilintervalle und damit die Anzahl der Polynomstücke erhöht wird.

Man kann also eine gegebene Funktion f und auch deren Ableitungen $f', f'', \ldots, f^{(d)}$ durch eine stückweise aus Polynomen bestehende Funktion – man spricht auch von einem *stückweisen Polynom g* – beliebig genau approximieren, obwohl g Sprünge in den Funktionswerten und Ableitungen aufweisen kann. Es gibt jedoch Fälle, wo derartige Sprungstellen vermieden werden müssen.

Beispiel (Schwierigkeiten mit Sprungstellen) Wenn die Approximationsfunktion g der Definition eines mechanischen Bewegungsablaufs dient, wie dies etwa bei computergesteuerten Werkzeugmaschinen, bei Industrierobotern etc. der Fall ist, muß mindestens die Stetigkeit von y, y' und y'' gefordert werden. Nach dem dynamischen Grundgesetz[5] (NEWTON, 1687) gilt

$$\text{Kraft} = \text{Masse} \times \text{Beschleunigung}.$$

Die Beschleunigung ist die zweite Ableitung g''. Das Auftreten von Sprungstellen in g'' würde daher zu sehr starken mechanischen Belastungen und eventuell zur Zerstörung von Maschinen oder Werkstücken führen.

Sieht man von derartigen Fällen ab, so sind auch stückweise Polynome mit Sprungstellen für die meisten Modellierungs- und Approximationsaufgaben genauso gut geeignet wie durchgehend definierte Polynome, *vorausgesetzt*, der Anwender ist in der Wahl der Knotenpunkte nicht eingeschränkt.

---

[5]Für eine genaue Diskussion der Grundgleichungen der Mechanik siehe z. B. Parkus [323].

Sind die Knotenpunkte *nicht* frei wählbar, wie dies z. B. bei der Approximation von Daten (Funktionswerten) an vorgegebenen Stellen der Fall ist, muß man allfälligen Glattheitsforderungen an die approximierende Funktion durch spezielle Wahl der stückweisen Funktion entgegenkommen. Solche Funktionen, die global höheren Differenzierbarkeitsklassen angehören – sogenannte *Spline-Funktionen* – werden im Abschnitt 9.5 besprochen.

Bemerkung (Unstetige Funktionen) Bei der Approximation unstetiger Funktionen (mit Sprüngen) empfiehlt es sich, mit stückweise definierten Approximationsfunktionen zu arbeiten, von denen ein Teilungspunkt x_i an der Unstetigkeitsstelle liegt.

9.4.2 Auswertung

Die Auswertung eines stückweisen Polynoms g erfolgt in zwei Schritten: Für eine gegebene Stelle x, für die der Funktionswert $g(x)$ gesucht ist, wird

1. z. B. mittels binärer Suche (siehe Press et al. [25]) jener Index i bestimmt, für den $x \in [x_{i-1}, x_i)$ gilt, und

2. das i-te Polynom $P_{d_i}^i$ an der Stelle x mittels Horner-Schema ausgewertet.

Software (Auswertung stückweise polynomialer Funktionen) Mit dem Unterprogramm IMSL/MATH-LIBRARY/ppval kann der Wert einer stückweise polynomialen Funktion beliebigen Grades an einer vorgebbaren Stelle berechnet werden.

Das Programm IMSL/MATH-LIBRARY/ppder ermittelt den Wert einer beliebigen Ableitung einer stückweise polynomialen Funktion an einer vorgegebenen Stelle. Soll eine Liste von derartigen Werten berechnet werden, so empfiehlt es sich, IMSL/MATH-LIBRARY/pp1gd zu verwenden, das diese Berechnungen im Zuge eines einzigen Unterprogrammaufrufs durchführen kann.

Das bestimmte Integral einer stückweise polynomialen Funktion kann mit Hilfe des Unterprogramms IMSL/MATH-LIBRARY/ppitg errechnet werden.

9.5 Polynom-Splines

Die Forderung nach höheren Stetigkeits- bzw. Differenzierbarkeitseigenschaften stückweise definierter Funktionen führt auf die *Splinefunktionen* – stückweise auf Intervallen definierte Funktionen, deren Teile an den Intervallgrenzen stetig oder ein- bzw. mehrmals stetig differenzierbar aneinanderstoßen.

Terminologie (Spline) Die englische Bezeichnung *Spline* stammt von einem speziellen Kurvenlineal, das früher vor allem im Schiffbau Verwendung fand. Es bestand aus einem dünnen biegsamen Stab aus Holz oder Metall, den man mit Halterungen zwang, auf dem Zeichenpapier gegebene Punkte zu verbinden. Längs des Stabes wurde dann eine interpolierende Kurve gezeichnet. Physikalisch ist die Lage, die der Stab zwischen den Interpolationspunkten einnimmt, durch die geringste aufzuwendende Biegeenergie charakterisiert, d. h.

$$E_B(f) := \int\limits_a^b \frac{[f''(x)]^2}{(1 + [f'(x)]^2)^3} \, dx \tag{9.47}$$

wird durch die den Stab darstellende Funktion $s \in C^2[a, b]$ unter allen zweimal stetig differenzierbaren Interpolierenden minimiert.

Bemerkung (Extremaleigenschaft) In Anlehnung an die Minimierung des nichtlinearen Funktionals (9.47) durch die mechanischen Spline-Stäbe kann man eine Splinefunktion s auch über ihre *Extremaleigenschaft* definieren:

$$\|Ts\| = \min\{\|Tg\| : g \in \mathcal{G},\ g(x_i) = y_i,\ i = 0, 1, \ldots, k\}.$$

Für den Ableitungsoperator $T := \mathrm{d}^2/\mathrm{d}x^2$ und $\mathcal{G} = C^2[a, b]$ erhält man unter Verwendung der L_2-Norm die kubischen Splinefunktionen (siehe Abschnitt 9.7.2).

Der wichtigste Spezialfall der Klasse der Splines sind die in der folgenden Definition festgelegten *polynomialen* Splinefunktionen.

Definition 9.5.1 (Polynom-Splines, polynomiale Splinefunktionen) *Polynom-Splines sind stückweise Polynome*

$$s(x) := \begin{cases} P_d^1(x), & x \in [x_0, x_1) \\ P_d^2(x), & x \in [x_1, x_2) \\ \quad\vdots \\ P_d^k(x), & x \in [x_{k-1}, x_k], \end{cases}$$

bei denen alle Teilpolynome den gleichen Grad d besitzen und so zusammengesetzt sind, daß an den Teilungspunkten $x_1, x_2, \ldots, x_{k-1}$, den inneren Knoten der Knotenmenge $\{x_i\}$, die links- und rechtsseitigen Ableitungen bis zur $(d-1)$-ten Ordnung übereinstimmen:

$$\begin{aligned} s(x_i-) &= s(x_i+), \\ s'(x_i-) &= s'(x_i+), \\ &\ \ \vdots \\ s^{(d-1)}(x_i-) &= s^{(d-1)}(x_i+), \qquad i = 1, 2, \ldots, k-1. \end{aligned} \tag{9.48}$$

Für eine Splinefunktion vom Grad d (der Ordnung $d+1$) gilt also $s \in C^{d-1}[a, b]$.

Die d-te Ableitung einer polynomialen Splinefunktion ist immer unstetig: Sprünge der d-ten Ableitung sind bei allen stückweisen Polynomen *nicht* vermeidbar. Übereinstimmung von zwei Polynomen im Funktionswert und den ersten d Ableitungen an einem Knotenpunkt hätte zur Folge, daß es sich um keine stückweise Funktion mehr handelt, sondern um *ein durchgehend definiertes* Polynom (vgl. die *Not-a-knot*-Bedingungen auf Seite 451). Die Forderung (9.48) gewährleistet die *maximale Glattheit* (charakterisiert durch Differenzierbarkeits- bzw. Stetigkeitseigenschaften) von s, die mit der Forderung nach stückweiser Definition noch verträglich ist.

Subsplines

Wenn man anstelle von (9.48) nur die Übereinstimmung der links- und rechtsseitigen Ableitungen bis zur m-ten Ordnung mit $m < d-1$ fordert, also das stückweise Polynom wohl in $C^m[a, b]$, aber *nicht* in $C^{d-1}[a, b]$ liegt, spricht man von *Sub*splines. Eine wichtige Rolle spielen dabei die kubischen Subsplines:

Definition 9.5.2 (Kubische Subsplinefunktion)   *Eine stückweise aus kubischen Polynomen bestehende Funktion s mit*

$$s(x_i-) = s(x_i+) \qquad und \qquad s'(x_i-) = s'(x_i+), \qquad i = 1, 2, \ldots, k-1,$$

heißt Subsplinefunktion oder defekte Splinefunktion.

Kubische Subsplinefunktionen haben im allgemeinen unstetige zweite Ableitungen, wie etwa das Beispiel der Akima-Funktionen (siehe Abschnitt 9.8.3) zeigt.

9.5.1 Überschwingen und Störungsdämpfung

Die mit steigender Ordnung zunehmende mathematische Glattheit (Differenzierbarkeit) der Splinefunktionen wird mit einer immer stärker werdenden Neigung zum Oszillieren erkauft (siehe Abb. 9.26, 9.27 und 9.28).

Die Forderung nach der $(d-1)$-maligen stetigen Differenzierbarkeit von s resultiert für alle Grade $d = 2, 3, 4, \ldots$ in Gleichungssystemen, die eine Koppelung der einzelnen Teilpolynome bewirken. Durch diese Koppelung wird die Splineinterpolation zu einem *globalen* Verfahren[6] (siehe Abschnitt 8.5.4), d. h., *jeder* Datenpunkt wirkt sich auf *jedes* Teilpolynom aus.

Das Ausmaß der Abhängigkeit nimmt jedoch bei Splinefunktionen mit *ungeradem* Grad $d = 3, 5, 7, \ldots$ mit zunehmender Entfernung ab: die Auswirkung einer Änderung Δy_i des Datenpunktes (x_i, y_i) auf $s(x)$ wird umso kleiner, je weiter x von x_i entfernt ist.

Splinefunktionen mit *geradem* Grad $d = 2, 4, 6, \ldots$ besitzen diese „störungsdämpfende" Eigenschaft *nicht*! Auch bei den Splinefunktionen mit *ungeradem* Grad $d = 1, 3, 5, \ldots$ nimmt mit steigendem d die Störungsdämpfung ab.

Der Fall $d = 3$, die kubischen Splinefunktionen, stellt bezüglich der Differenzierbarkeitseigenschaften, der Störungsdämpfung und des erforderlichen Rechenaufwandes eine gute Lösung für viele Interpolationsaufgaben dar. Den kubischen Splinefunktionen ist der ganze Abschnitt 9.7 gewidmet.

Software (Erproben der Eigenschaften von Splinefunktionen)   Das Unterprogramm `IMSL/MATH-LIBRARY/splez` dient als Treiberprogramm (Schnittstellenprogramm) für eine Reihe von Spline-Interpolationsroutinen der IMSL. Es werden dabei für eine Liste von Abszissen die zugehörigen Werte einer polynomialen Splinefunktion, die vorgegebene Datenpunkte interpoliert, berechnet.

Die konkret zu verwendende Interpolationsmethode kann durch einen Parameter spezifiziert und daher auch leicht modifiziert werden. Dieses Programm eignet sich gut zum Erproben der Eignung verschiedener Spline-Interpolationstypen für konkrete Anwendungsfälle.

Software (Quadratische Splinefunktionen)   Mit den Programmen aus `NETLIB/TOMS/574` können quadratische Splinefunktionen konstruiert werden, die die Monotonie- und Konvexitätseigenschaften der vorgegebenen Datenpunkte erhalten. Dabei werden an den Datenpunkten Näherungswerte für die erste Ableitung berechnet. Die quadratische Spline-Interpolationsfunktion interpoliert dann sowohl die Funktions- als auch die näherungsweise ermittelten Ableitungswerte und weist neben den Interpolationsknoten noch jeweils einen Punkt zwischen je zwei Interpolationsknoten als Teilungspunkt auf.

---

[6]Eine Ausnahme bilden die Splinefunktionen mit $d = 1$, die Polygonzüge.

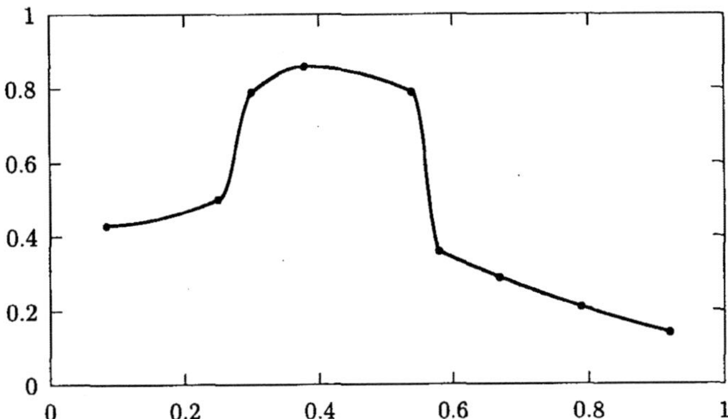

Abb. 9.26: Interpolation gegebener Datenpunkte durch eine *quadratische* Splinefunktion.

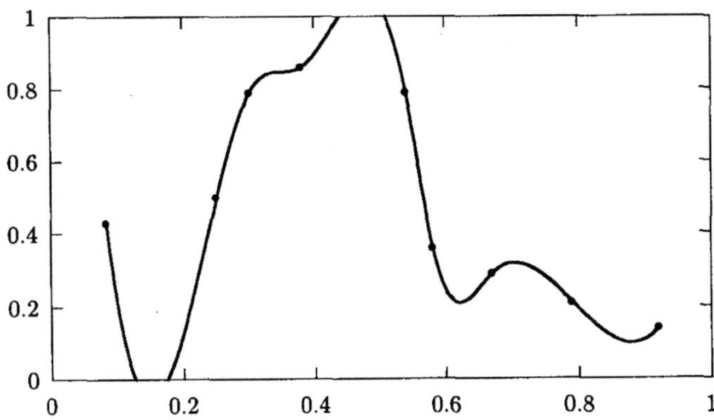

Abb. 9.27: Interpolation derselben Datenpunkte durch eine *kubische* Splinefunktion.

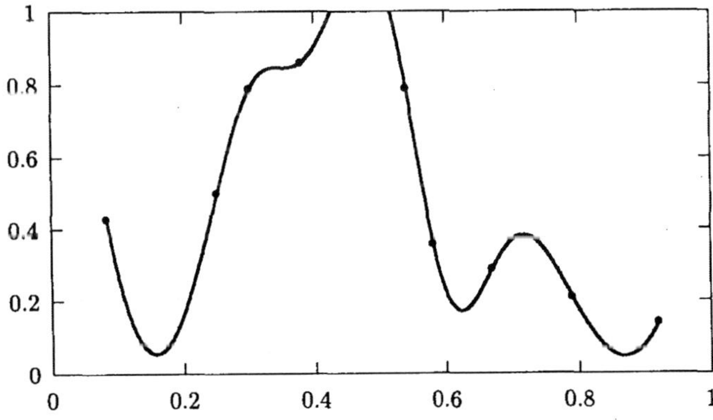

Abb. 9.28: Interpolation obiger Datenpunkte durch eine *quintische* Splinefunktion.

Software (Quintische Splinefunktionen) Das Softwarepaket `NETLIB/TOMS/600` dient der Berechnung von *quintischen* (Sub)Splinefunktionen. Die Teilungspunkte der Splinefunktionen stimmen dabei mit den Interpolationsknoten überein. Bei paarweise verschiedenen Knoten ist die Interpolationsfunktion viermal stetig differenzierbar, also eine Splinefunktion. Es können jedoch auch doppelte bzw. dreifache Knoten und dazugehörige Werte der ersten und zweiten Ableitung als Interpolationsbedingungen vorgegeben werden. Die Interpolationsfunktion ist in diesem Fall an der betreffenden Stelle nur drei- bzw. zweimal stetig differenzierbar. Weiters können Spezialfälle (wie etwa äquidistante Knoten) durch speziell adaptierte Unterprogramme behandelt werden.

9.5.2 Darstellung von Polynom-Splines

Hermite-Darstellung kubischer Splines

Kubische Splinefunktionen $s \in C^2[a, b]$ und kubische *Sub*splinefunktionen (siehe Definition 9.5.2), die zur Funktionenklasse $C^1[a, b]$ gehören, also gegenüber den Splinefunktionen nur eine verringerte Differenzierbarkeit besitzen, können in sehr zweckmäßiger Weise durch die Angabe von Wertetripeln

$$(x_0, f_0, s_0'), \ (x_1, f_1, s_1'), \ \dots, \ (x_k, f_k, s_k')$$

dargestellt werden. In jedem Intervall $[x_{i-1}, x_i]$ ist durch die Randbedingungen

$$\begin{aligned}
P_3(x_{i-1}) &= f_{i-1} & P_3(x_i) &= f_i \\
P_3'(x_{i-1}) &= s_{i-1}' & P_3'(x_i) &= s_i'
\end{aligned} \tag{9.49}$$

ein Hermite-Interpolationsproblem gegeben, das ein kubisches Polynom

$$P_3(x) = a_0 + a_1(x - x_{i-1}) + a_2(x - x_{i-1})^2 + a_3(x - x_{i-1})^3$$

mit den Koeffizienten

$$\begin{aligned}
a_0 &= f_{i-1} \\
a_1 &= s_{i-1}' \\
a_2 &= \frac{3}{h^2}(f_i - f_{i-1}) - \frac{1}{h}(s_i' + 2s_{i-1}') \\
a_3 &= \frac{2}{h^3}(f_i - f_{i-1}) + \frac{1}{h^2}(s_i' + s_{i-1}')
\end{aligned}$$

($h := x_i - x_{i-1}$) als eindeutige Lösung besitzt. Man spricht im Falle der Interpolation von Funktions- und Ableitungswerten durch eine kubische Subsplinefunktion daher auch von einer *stückweisen Hermite-Interpolation*. Die Festlegung der kubischen Subsplinefunktion durch Funktions- und Ableitungswerte wird auch als *Hermite-Darstellung* bezeichnet. Bei einer „echten" kubischen Splinefunktion, bei der auch die zweiten Ableitungen stetig sind, müssen zusätzlich zu den Randbedingungen (9.49) noch zwei weitere Bedingungen erfüllt sein (siehe Abschnitt 9.7).

Software (Berechnung der Hermite-Interpolationsfunktion) Das Unterprogramm `IMSL/MATH-LIBRARY/csher` berechnet für beliebig vorgegebene Funktions- und Ableitungswerte die interpolierende kubische Subsplinefunktion und liefert für jedes Teilintervall die Koeffizienten des dort definierten Polynoms.

Software (Berechnung von kubischen Subsplinefunktionen in Hermite-Darstellung)
Die Unterprogramme CMLIB/pchsp $\approx$ SLATEC/pchsp $\approx$ NETLIB/PCHIP/pchsp berechnen für gegebene Datenpunkte und für verschiedene Randbedingungen die interpolierende kubische Splinefunktion und liefern deren Ableitungen an den Knotenstellen.

Die Programme NAG/e01bef $\approx$ CMLIB/pchim $\approx$ SLATEC/pchim $\approx$ NETLIB/PCHIP/pchim berechnen für vorgegebene Datenpunkte die Ableitungswerte an diesen Stellen so, daß die zugehörige kubische Subsplinefunktion bei monotonen Daten ebenfalls monoton ist. Sind die vorgegebenen Daten nur stückweise monoton, so gilt dies (auf den entsprechenden Teilintervallen) auch für die Interpolationsfunktion. An Knoten, an denen sich die Monotonieeigenschaft umkehrt, weist die Interpolationsfunktion ein lokales Extremum auf.

CMLIB/pchic $\approx$ SLATEC/pchic $\approx$ NETLIB/PCHIP/pchic stellen eine Verallgemeinerung von CMLIB/pchim dar. Zunächst kann durch einen Parameter das Verhalten der Interpolationsfunktion in der Umgebung von Knoten, an denen sich die Monotonieeigenschaft umkehrt, gesteuert werden. Die Interpolationsfunktion kann in den beiden Nachbarintervallen (nicht nur am Knoten) ein Extremum aufweisen. Es können auch Randbedingungen vorgegeben werden, die aber unter Umständen inkompatibel mit der Monotonieeigenschaft sind.

Das Unterprogramm NMS/pchez berechnet für gegebene Datenpunkte Ableitungswerte an den Knoten so, daß die entsprechende kubische Subsplinefunktion möglichst wenig überschwingt und die Monotonieeigenschaften der Daten erhält. NMS/pchez erlaubt alternativ auch die Berechnung einer kubischen Spline-Interpolationsfunktion mit *Not-a-knot*-Randbedingung.

Software (Funktionswerte, Ableitungen und Integrale für die Hermite-Darstellung)
Das Programm NAG/e01bff wertet eine kubische Subsplinefunktion in Hermite-Darstellung an einer Liste von Abszissen aus. NAG/e01bgf berechnet Funktionswerte und Werte der ersten Ableitung an einer Liste von Abszissen.

Von NAG/e01bhf wird das bestimmte Integral einer in Hermite-Darstellung gegebenen kubischen Subsplinefunktion über einem beschränkten Intervall berechnet.

Abgebrochene Potenzfunktionen

Im allgemeinen Fall (mit beliebigen Polynomgraden) ist die nächstliegende Darstellungsform jene, bei der man die Splinefunktion als stückweise polynomiale Funktion – ohne spezielle Berücksichtigung der Stetigkeits- und Differenzierbarkeitseigenschaften – durch die $k \cdot (d+1)$ Koeffizienten aller Teilpolynome charakterisiert wird:

$$P_d^i = a_{i,0} + a_{i,1}(x - x_{i-1}) + \cdots + a_{i,d}(x - x_{i-1})^d, \quad x \in [x_{i-1}, x_i), \quad i = 1, 2, \ldots, k.$$

Die Eigenschaft $s \in C^{d-1}$ kann auf folgende Weise für eine ökonomische Darstellung der Splinefunktion ausgenutzt werden: Im ersten Intervall $[a, x_1)$ werden noch alle $d+1$ Koeffizienten $a_{1,0}, a_{1,1}, \ldots, a_{1,d}$ zur Charakterisierung des Polynoms P_d^1 benötigt. Im zweiten Intervall $[x_1, x_2)$ wird aber auf Grund der stetigen „Kopplung"

$$
\begin{aligned}
P_d^2(x_1) &= P_d^1(x_1) \\
(P_d^2)'(x_1) &= (P_d^1)'(x_1) \\
&\vdots \\
(P_d^2)^{(d-1)}(x_1) &= (P_d^1)^{(d-1)}(x_1)
\end{aligned}
$$

nur mehr *eine* skalare Größe zur Charakterisierung von P_d^2 benötigt: die Änderung – der Sprung – der d-ten Ableitung

$$d\,!\,a_{2,d} = (P_d^2)^{(d)}(x_1) - (P_d^1)^{(d)}(x_1).$$

Dieser Vorgang kann für das dritte, vierte, … Intervall entsprechend wiederholt werden. Man erhält auf diese Weise eine Charakterisierung der Splinefunktion durch die $d+1$ Koeffizienten des ersten Teilpolynoms und die $k-1$ Sprunghöhen der d-ten Ableitungen an den Intervallgrenzen $x_1, x_2, \ldots, x_{k-1}$. Es werden somit insgesamt nur $d+k$ Koeffizienten benötigt.

Die Dimension des Raumes der Splinefunktionen vom Grad d auf k Intervallen ist dementsprechend $d+k$.

Die mathematische Form dieser Darstellung von Splinefunktionen erhält man mit Hilfe der *abgebrochenen* bzw. *abgeschnittenen Potenzen* vom Grad d

$$(x - \xi)_+^d := \begin{cases} (x - \xi)^d & \text{für} \quad x \geq \xi \\ 0 & \text{für} \quad x < \xi. \end{cases}$$

Die m-te Ableitung dieser Funktion ist

$$\frac{\mathrm{d}^m (x - \xi)_+^d}{\mathrm{d}x^m} = d(d - 1)(d - 2) \cdots (d - m + 1)\,(x - \xi)_+^{d-m}, \quad m = 1, 2, \ldots, d.$$

Die d-te Ableitung der abgebrochenen Potenz $(x - \xi)_+^d$

$$\frac{\mathrm{d}^d (x - \xi)_+^d}{\mathrm{d}x^d} = \begin{cases} d\,! & \text{für} \quad x \geq \xi \\ 0 & \text{für} \quad x < \xi, \end{cases}$$

ist eine Sprungfunktion von jener Art, wie sie für den Übergang von P_d^i zu P_d^{i+1} benötigt wird. Man erhält damit die *abgebrochene Potenzdarstellung*

$$s(x) = \sum_{j=0}^{d} a_{1,j}(x - x_0)^j + \sum_{i=2}^{k} a_{i,d}(x - x_{i-1})_+^d. \tag{9.50}$$

Die abgebrochenen Potenzen bilden zusammen mit den Monomen eine Basis

$$B_S := \{1, x, x^2, \ldots, x^d, (x - x_1)_+^d, (x - x_2)_+^d, \ldots, (x - x_{k-1})_+^d\}$$

des Raumes der polynomialen Splinefunktionen vom Grad d mit den inneren Knoten $x_1, x_2, \ldots, x_{k-1}$ (Deuflhard, Hohmann [41]).

9.6 B-Splines

Für praktische Anwendungen von Splinefunktionen ist die Basis B_S aus folgenden Gründen weniger gut geeignet:

Hoher Aufwand: Für $x \in (x_{i-1}, x_i]$ haben $d+i$ der Basisfunktionen in B_S einen von Null verschiedenen Wert. Die Auswertung von $s(x)$ kann daher für $x \in (x_{k-1}, x_k]$ die Berechnung von bis zu $d+k$ Summanden in (9.50) erfordern. Dieser (maximale) Rechenaufwand steigt selbst bei gleichbleibendem Polynomgrad d linear mit der Anzahl der Teilintervalle k an.

Dies steht im Gegensatz dazu, daß die Berechnung von Funktionswerten grundsätzlich mit einem von der Anzahl k der Teilintervalle unabhängigen Aufwand von $O(d)$ Rechenoperationen bewerkstelligt werden kann, da s stückweise aus Polynomen vom Grad d zusammengesetzt ist. Der unnötige rechnerische Mehraufwand ist insbesondere dann inakzeptabel, wenn die Anzahl k der Teilintervalle sehr groß ist.

Schlechte Kondition: Die Bestimmung der Koeffizienten $a_{i,j}$ der Darstellung (9.50) erweist sich bei kleiner werdenden Abständen $x_i - x_{i-1}$ als schlecht konditioniert, also besonders störungsempfindlich (de Boor [40]).

Aus diesen Gründen sind an eine Darstellung von Splinefunktionen s als Linearkombination

$$s(x) = \sum_{i=1}^{k+d} c_i N_{d,i}(x) \tag{9.51}$$

von $k+d$ linear unabhängigen Splinefunktionen $N_{d,1}, \ldots, N_{d,k+d}$ folgende Forderungen zu stellen: Einerseits sollten auf jedem Teilintervall $[x_{i-1}, x_i]$ nur jeweils $d+1$ der Basisfunktionen $N_{d,i}$ von Null verschiedene Werte annehmen. Insbesondere sollte der Rechenaufwand zur Auswertung von s nicht von der Anzahl der Teilintervalle abhängen. Andererseits sollte die Störungsempfindlichkeit der Koeffizienten c_i in (9.51) bei kleiner werdenden Abständen $x_i - x_{i-1}$ möglichst langsam zunehmen. Diese beiden Forderungen werden von den im folgenden beschriebenen *B-Splines* $N_{d,1}, N_{d,2}, \ldots, N_{d,k+d}$ in idealer Weise erfüllt.

Terminologie (B-Splines) Die Bezeichnung *B-Splines* weist einerseits auf die Eigenschaft der Funktionen $N_{d,1}, N_{d,2}, \ldots, N_{d,k+d}$ hin, eine *Basis* im $(k+d)$-dimensionalen Raum der von $k+d$ Parametern abhängigen Splinefunktionen zu bilden. Andererseits handelt es sich um eine spezielle Spline-Erweiterung der *Bernstein-Polynome*, die z.B. im CAD-Bereich als Basis für Bézier-Kurven dienen.

Die Definition einer B-Splinebasis erfordert zunächst, daß die Menge der Knoten $x_0, x_1, \ldots, x_k$ durch *äußere Knoten* $x_{-d}, x_{-d+1}, \ldots, x_{-1}$ bzw. $x_{k+1}, x_{k+2}, \ldots, x_{k+d}$ ergänzt wird. Die normalisierten B-Splines $N_{d,i}$ erhält man dann aus der folgenden von Cox [149] und de Boor [155] stammenden Rekursion:

$$N_{0,i}(x) := \begin{cases} 1 & \text{für} \quad x \in [x_{i-1}, x_i) \\ 0 & \text{sonst} \end{cases}$$

$$N_{d,i}(x) := \frac{x - x_{i-d-1}}{x_{i-1} - x_{i-d-1}} N_{d-1,i-1}(x) + \tag{9.52}$$
$$+ \frac{x_i - x}{x_i - x_{i-d}} N_{d-1,i}(x), \quad d = 1, 2, \ldots .$$

Die Rekursion (9.52) kann auch als Grundlage zur algorithmischen Berechnung von Werten $s(x)$ von Splinefunktionen verwendet werden. Mit entsprechend modifizierten Rekursionen können in stabiler Weise auch die Ableitungswerte $s'(x), s''(x), \ldots$ berechnet werden (Butterfield [135]).

Die äußeren Knoten können verschieden gewählt werden, wodurch unterschiedliche Systeme von B-Splines entstehen. Äußere Knoten müssen auch nicht unbedingt paarweise voneinander verschieden sein: *mehrfache* Knoten von B-Splines sind zulässig.[7] Insbesondere wird in den meisten B-Spline-Anwendungen folgende Festlegung getroffen:

$$x_{-d} = x_{-d+1} = \cdots = x_0 \quad \text{und} \quad x_k = x_{k+1} = \cdots = x_{k+d}.$$

Die B-Splinefunktionen $N_{d,i}$ vom Grad $d = 0, 1, 2, 3$ sind in den Abbildungen 9.29 bis 9.32 für den Fall eines einzigen Intervalls ($k=1$) bei obiger Wahl der äußeren Knoten dargestellt.

Koeffizientenbestimmung der B-Spline-Darstellung

Aus der Rekursionsformel (9.52) läßt sich unmittelbar folgende Eigenschaft der Basisfunktionen $N_{d,i}$ ableiten:

$$N_{d,i} = \begin{cases} > 0 & \text{für} \quad x \in (x_{i-d-1}, x_i) \\ = 0 & \text{für} \quad x \notin [x_{i-d-1}, x_i). \end{cases}$$

Die Funktionen $N_{d,i}$ nehmen nur *lokal* (auf $d+1$ benachbarten Teilintervallen) von Null verschiedene Werte an. Unabhängig von der Anzahl k der Teilintervalle sind also nur die $d+1$ Basisfunktionen $N_{d,i}, N_{d,i+1}, \ldots, N_{d,i+d}$ für $x \in [x_{i-1}, x_i)$ zu berücksichtigen:

$$s(x) = \sum_{j=i}^{i+d} c_j N_{d,j}(x) \quad \text{für} \quad x \in [x_{i-1}, x_i).$$

Diese Darstellung zeigt auch, daß in dem zur Ermittlung der Koeffizienten zu lösenden linearen Gleichungssystem (9.1) in jeder Gleichung höchstens $d+1$ Unbekannte auftreten und daß die Matrix des Gleichungssystems eine Bandstruktur besitzt. Der Aufwand zur Berechnung der Koeffizienten steigt daher mit wachsender Zahl der Teilintervalle k nur linear an.

Software (Ermittlung der B-Spline-Darstellung) Das Unterprogramm CMLIB/bint4 $\approx$ SLATEC/bint4 berechnet für vorgegebene Datenpunkte die Koeffizienten der Darstellung des interpolierenden kubischen Splinefunktion in B-Splinedarstellung. Dabei können an jedem der beiden Interpolationsendpunkte wahlweise der Wert der ersten oder zweiten Ableitung als Randbedingung vorgegeben werden. Weiters können die äußeren Knoten x_{-3}, x_{-2}, x_{-1} sowie $x_{k+1}, x_{k+2}, x_{k+3}$ beliebig gewählt werden.

---

[7]In der B-Spline-Rekursion (9.52) wird bei zusammenfallenden Knotenpunkten die Konvention $0/0 = 0$ angenommen.

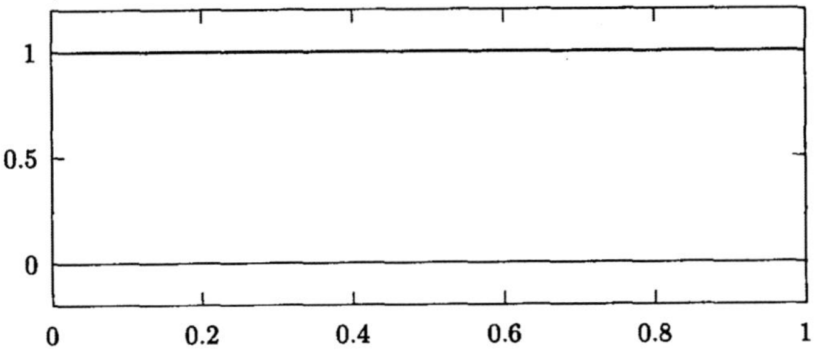

Abb. 9.29: B-Splinefunktion vom Grad 0

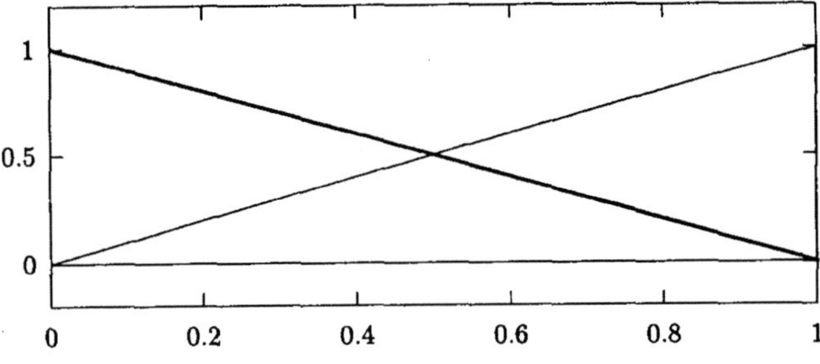

Abb. 9.30: B-Splines vom Grad 1

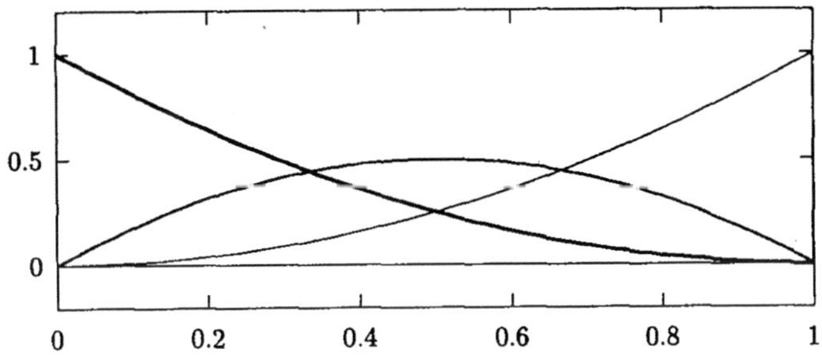

Abb. 9.31: B-Splines vom Grad 2

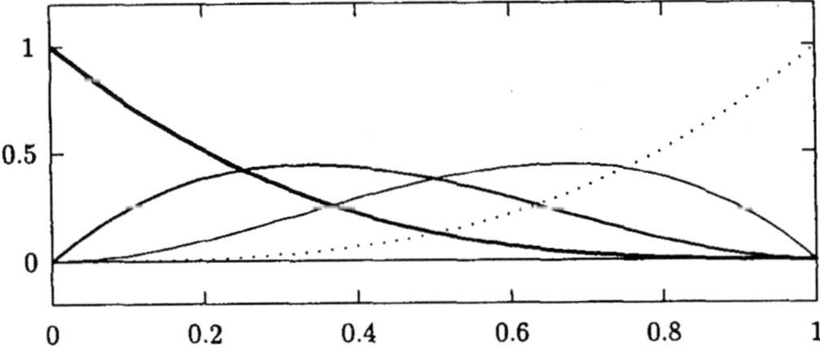

Abb. 9.32: B-Splines vom Grad 3

9.6.1 Wahl der B-Spline-Teilungspunkte

Bisher wurde davon ausgegangen, daß die Teilungspunkte x_i von Splinefunktionen mit jenen Punkten, an denen die gegebene Funktion f interpoliert werden soll, zusammenfallen. Da die Teilungspunkte gerade jene Punkte sind, an denen eine verringerte Glattheit der Interpolationsfunktion auftritt, ist diese spezielle Wahl z. B. dann sinnvoll, wenn auch die zu interpolierende Funktion an den Interpolationsknoten eine solchermaßen verringerte mathematische Glattheit aufweist.

Ist jedoch f an den Interpolationsknoten *nicht* mit einer verringerten Glattheit behaftet, ist es möglich – und oft auch sinnvoll – die Teilungspunkte x_i von den Interpolationsknoten abweichend zu wählen.

Die Entkoppelung von Interpolationsknoten und Teilungspunkten kann insbesondere dazu benützt werden, die Anzahl der Teilungspunkte so zu wählen, daß die Anzahl der linear unabhängigen B-Splines mit der Anzahl der Interpolationsknoten übereinstimmt. Dadurch entfällt die sonst notwendige, unter Umständen recht willkürliche Annahme von zusätzlichen Randbedingungen. Interpolationsknoten und Teilungspunkte können aber nicht gänzlich unabhängig voneinander gewählt werden; nicht für jede Wahl der Teilungspunkte ist das Interpolationsproblem lösbar. Weiters hat die Wahl der Teilungspunkte einen Einfluß auf die Approximationsgüte des Interpolationssplines. Eine ausführliche Diskussion dieser Thematik findet man in dem Buch von de Boor [40].

Eine weitere Modifikation der Wahl der Teilungspunkte ist durch *zusammenfallende* Knoten x_i möglich. Wenn genau m Knoten x_i zusammenfallen, z. B. an der Stelle u, so bezeichnet man u als einen Knoten der *Vielfachheit m*. Für $m = 1$ spricht man von einem *einfachen* Knoten, für $m = 2$ von einem *doppelten* Knoten usw. An einem Knoten der Vielfachheit m ist die Splinefunktion s ebenso wie ihre ersten $d - m$ Ableitungen stetig. Für $m = d$ ist s' an der Stelle u unstetig; für $m = d + 1$ hat die Splinefunktion s eine Sprungstelle bei $x = u$. Ein Zusammenfallen von mehr als $d + 1$ Knoten ist *nicht* zulässig.

Durch die Wahl mehrfacher Knoten wird es insbesondere möglich, das Verhalten der Splinefunktion an jenes der zu interpolierenden Funktion an Stellen mit verringerter Glattheit anzupassen.

Software (Ermittlung der B-Spline-Darstellung) Das Unterprogramm CMLIB/bintk $\approx$ SLATEC/bintk berechnet für einen vorgegebenen Polynomgrad d, vorgegebene Datenpunkte und (*nicht* notwendigerweise mit den Datenpunkten übereinstimmende) Teilungspunkte die Koeffizienten der interpolierenden Splinefunktion vom Grad d in der Basis der B-Splines.

Das Unterprogramm JCAM/spiscl berechnet für vorgegebene Funktionswerte und vorgegebenen Polynomgrad eine entsprechende Spline-Interpolationsfunktion. Der Benutzer kann dabei über eine Reihe von Parametern Eigenschaften der Splinefunktion steuern. Es kann z. B. verlangt werden, daß die Interpolationsfunktion die Monotonie- und/oder Konvexitätseigenschaften der Daten erhält. Ferner kann auch eine Hermite-Interpolation durchgeführt werden, d. h. Ableitungswerte vorgegeben werden. Will der Benutzer den Polynomgrad nicht selber vorgeben, so kann dieser vom Programm automatisch bestimmt werden. Die Teilungspunkte der Splinefunktion werden in jedem Fall vom Programm ermittelt und stimmen im allgemeinen *nicht* mit den Interpolationsknoten überein.

9.6.2 B-Splines in der graphischen Datenverarbeitung

Interessante Anwendungen für B-Splines gibt es z.B. in der graphischen Datenverarbeitung. So ist es etwa in CAD-Systemen sehr wichtig, dem Konstrukteur ein Werkzeug zur Verfügung zu stellen, mit dessen Hilfe er in möglichst einfacher Weise verschiedene Kurven oder Flächen nach seiner Vorstellung definieren kann. Eine häufig verwendete Methode besteht darin, daß der Konstrukteur eine endliche Menge von Punkten vorgibt, die die Kurve festlegen (Farin [190]).

Wichtig ist dabei weniger, daß die Kurve die vorgegebenen Punkte interpoliert, als vielmehr, daß der Zusammenhang zwischen der Lage der Punkte und der sich ergebenden Kurvenform für den Konstrukteur möglichst leicht und intuitiv verständlich ist. Gerade in dieser Hinsicht erweist sich die *Interpolation* vorgegebener Punkte oft als *nicht* gut geeignet. Insbesondere führen das meist unvermeidbare Überschwingen der Interpolationsfunktion und der globale Einfluß, den Datenwerte in manchen Interpolationsverfahren haben, oft zu unerwarteten und unerwünschten Kurvenverläufen.

In einer solchen Situation kann man auf die Methode der *Schoenbergschen Splineapproximation* zurückgreifen. Für eine auf dem Intervall $[a, b]$ definierte Funktion f und eine Knotenfolge

$$a = x_{-d} = \cdots = x_0 \leq x_1 \leq \cdots \leq x_k = \cdots = x_{k+d} = b$$

ist die Schoenbergsche Splinefunktion $g := g(f)$ vom Grad d durch

$$g(f) := \sum_{i=1}^{k+d} f(\xi_i) N_{d,i} \tag{9.53}$$

definiert, wobei die Abszissen $\xi_1 \leq \xi_2 \leq \ldots \leq \xi_{k+d}$ durch

$$\xi_i := (x_{i-d} + \ldots + x_{i-1})/d, \quad i = 1, 2, \ldots, k + d, \tag{9.54}$$

festgelegt sind. Die Funktion g weist folgende fundamentale Eigenschaft auf:

Satz 9.6.1 *Auf dem Intervall $[a, b]$ ist die Anzahl der Schnittpunkte der Schoenbergschen Splineapproximation $g(f)$ mit einer beliebigen Geraden nicht größer als die Anzahl der Schnittpunkte von f mit derselben Geraden.*

Beweis: de Boor [40].

Dieser zunächst recht abstrakt scheinende Satz läßt sich dann anschaulich interpretieren, wenn man sich vor Augen hält, daß einer „Schwingung" einer Funktion f stets ein Wendepunkt von f entspricht. Jeder Wendepunkt von f führt wiederum zu einem Schnittpunkt von f mit bestimmten Geraden. Der obige Satz besagt daher, daß die Schoenbergsche Splineapproximation in keinem Fall stärker schwingen kann als die Funktion f selbst. Als Spezialfälle dieses Sachverhaltes erhält man zunächst, daß lineare Polynome $f \in \mathbb{P}_2$ exakt reproduziert werden – $g(f) = f$ – und daß $f \geq 0$ auch $g(f) \geq 0$ nach sich zieht. Ferner ist für eine konvexe bzw. konkave Funktion f auch die Schoenbergsche Splinefunktion konvex bzw. konkav.

Eine weitere wichtige Eigenschaft von $g(f)$ kann man direkt den Definitionen (9.53) und (9.54) entnehmen: Ändert man *einen* Funktionswert $f(\xi_i)$, dann wirkt sich dies auf den Funktionsverlauf von $g(f)$ nicht global, sondern nur in $d+1$ Teilintervallen $[x_{i-1}, x_i]$ aus. Umgekehrt wird der Funktionsverlauf von $g(f)$ auf dem Teilintervall $[x_{i-1}, x_i]$ nur durch die $d+1$ Funktionswerte $f(\xi_i), \ldots, f(\xi_{i+d})$ bestimmt. Die Schoenbergsche Splineapproximation ist daher ein *lokales* Approximationsverfahren.

Weiters ist zu beachten, daß f im allgemeinen nur am Anfangspunkt a und am Endpunkt b, nicht jedoch an den inneren Knoten $x_1, x_2, \ldots, x_{k-1}$ durch $g(f)$ interpoliert wird. Die Übereinstimmung $g(x_i) = f(x_i)$ kann allerdings dadurch erzwungen werden, daß x_i als d-facher Knoten gewählt wird. Dennoch approximiert $g(f)$ bei hinreichend kleinen Knotenabständen $x_i - x_{i-1}$ jede gegebene Funktion f beliebig genau, soferne diese hinreichend differenzierbar ist. Es gilt nämlich für $f \in C^r[x_0, x_k]$ und $r \geq 2$

$$\|g - f\|_\infty = O(h^2) \quad \text{mit} \quad h := \max\{x_1 - x_0, \ldots, x_k - x_{k-1}\}. \tag{9.55}$$

Beispiel (Schoenbergsche Splineapproximation) Für die Funktion $f(x) = \sin(x)$ wird auf dem Intervall $[0, 20]$ die Schoenbergsche Splineapproximation g für äquidistante Knoten $x_0, x_1, \ldots, x_k$ berechnet. Abb. 9.33 zeigt sowohl f als auch g für $d = 1$ und $k = 10$. Die Funktion g ist in diesem Fall ein Polygonzug, der f interpoliert. Die entsprechenden Funktionsverläufe für die gleiche Anzahl k von Teilintervallen $k = 10$, aber den höheren Polynomgrad $d = 2$ sind in Abb. 9.34 dargestellt. Man beachte, daß g für diesen höheren Polynomgrad die Funktion f an vielen Stellen *schlechter* approximiert. Erhöht man bei gleichbleibendem Polynomgrad die Anzahl der Teilintervalle auf $k = 20$, so erhält man eine wesentlich bessere Approximation (vgl. Abb. 9.35). Man beachte auch, daß g die gegebene Funktion f insbesondere dort schlecht approximiert, wo f stark gekrümmt ist (an den Maxima und Minima).

Will man eine Funktion g durch Angabe von $k+d$ Punkten

$$(\xi_1, y_1), \ldots, (\xi_{k+d}, y_{k+d}) \qquad \text{mit} \qquad \xi_1 < \cdots < \xi_{k+d}$$

festlegen, so legt das bisher Gesagte folgende Vorgangsweise nahe: Die $k + d$ Punkte werden als Werte einer auf dem Intervall $[\xi_1, \xi_{k+d}]$ definierten Funktion f aufgefaßt:

$$y_i = f(\xi_i), \qquad i = 1, 2, \ldots, k+d.$$

Die gesuchte Funktion g wird dann einfach als Schoenbergsche Splineapproximation $g(f)$ dieser Funktion f festgelegt. Auf Grund der Approximationseigenschaft (9.55) ist dann zunächst (soferne die Datenpunkte nicht zu weit voneinander entfernt sind) sichergestellt, daß g wenigstens qualitativ dem Verlauf der Datenpunkte folgt. Durch Änderung *eines* Wertes y_i kann der Kurvenverlauf *lokal* modifiziert werden. Es gilt ferner, daß die definierte Funktion g nie stärker schwingt als eine beliebige andere Interpolationsfunktion.

Die praktische Durchführung dieser naheliegenden Vorgangsweise scheitert jedoch an der Berechnung der Teilungspunkte $x_0, \ldots, x_k$ der Splinefunktion g. Im allgemeinen läßt sich nämlich für eine vorgegebene Folge $\xi_1 < \ldots < \xi_{k+d}$ *keine* Knotenfolge $x_{-d} = \cdots = x_0 \leq x_1 \leq \ldots \leq x_k = \cdots = x_{k+d}$ so angeben, daß die ξ_i mit den durch (9.54) definierten Stellen übereinstimmen.

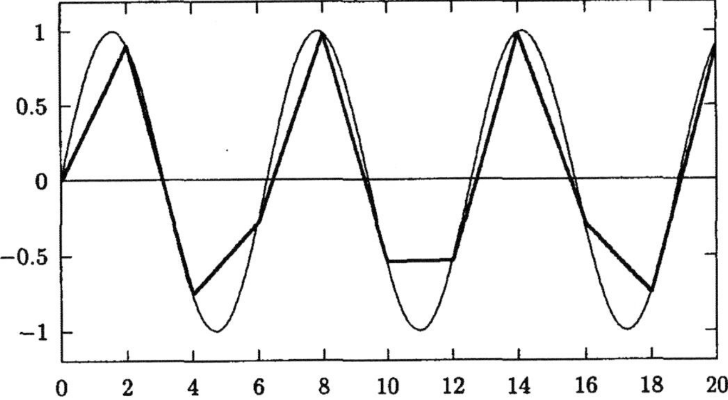

Abb. 9.33: Schoenbergsche Splineapproximation vom Grad 1

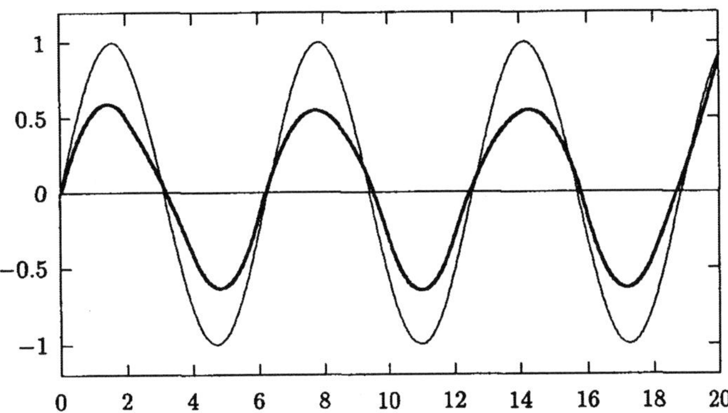

Abb. 9.34: Schoenbergsche Splineapproximation vom Grad 2

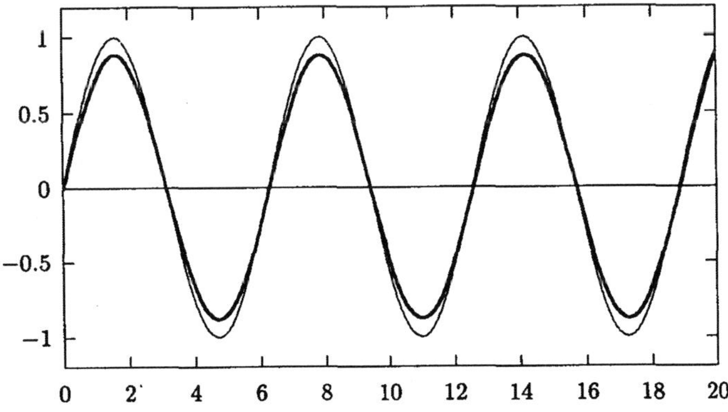

Abb. 9.35: Schoenbergsche Splineapproximation vom Grad 3

In der Praxis wird dieses Problem dadurch gelöst, daß die vorgegebenen Daten $(\xi_1, y_1), \ldots, (\xi_{k+d}, y_{k+d})$ als Punkte einer ebenen *Kurve* (also nicht unbedingt einer Funktion) interpretiert werden. Die Parameterdarstellung dieser Kurve wird im folgenden (wie in Abschnitt 8.7.2) mit

$$\big(f_1(\tau),\ f_2(\tau)\big), \quad \tau \in [a, b]$$

bezeichnet. Man geht dann von einer Knotenfolge $a = t_{-d} = \cdots = t_0 \leq t_1 \leq \ldots \leq t_k = \cdots = t_{k+d} = b$ des *Parameterintervalls* aus, bildet gemäß (9.54) die Folge $\tau_1 < \ldots < \tau_{k+d}$ und interpretiert ξ_i als zum Parameterwert τ_i gehörig,

$$\xi_i = f_1(\tau_i), \qquad i = 1, 2, \ldots, k + d,$$

woraus sich unmittelbar ergibt, daß die y_i ebenfalls den Parameterwerten τ_i entsprechen:

$$y_i = f_2(\tau_i), \qquad i = 1, 2, \ldots, k + d.$$

Auf Grund der speziellen Wahl der Punkte τ_i läßt sich die zuvor beschriebene Methode auf beide Funktionen f_1 und f_2 anwenden, was zu

$$g_1 := \sum_{i=1}^{k+d} \xi_i N_{d,i}(\tau) \quad \text{und} \quad g_2 := \sum_{i=1}^{k+d} y_i N_{d,i}(\tau)$$

führt. Die durch die vorgegebenen Punkte definierte Kurve wird dann durch die Parameterdarstellung (g_1, g_2) festgelegt. Diese Kurve erweist sich auf Grund der Monotonie von g_1 als Funktion $g_2(g_1^{-1})$.

Man beachte, daß sich die hier beschriebene Vorgangsweise auch dann durchführen läßt, wenn die angenommene Monotonie der Abszissen ξ_i – durch die Werte y_i sollte ja eine *eindeutige* Funktion festgelegt werden – nicht zutrifft. Allerdings ist die Funktion g_1 bei nicht monoton wachsenden Werten ξ_i natürlich nicht mehr monoton, die resultierende Kurve (g_1, g_2) läßt sich daher nicht mehr als Funktion auffassen. Dieser Anwendungsfall ist z. B. im CAD-Bereich gegeben.

Für die Kurvenform ist neben der Anzahl der Teilungspunkte und des Splinegrades insbesondere auch die Wahl der Parametrisierung – ausgedrückt durch die Wahl der Knotenpunkte t_i – entscheidend.

Abb. 9.36 zeigt für $k+d = 7$ und $d = 1, 2, \ldots, 6$ die entsprechenden Kurven.

9.6.3 Software für B-Splines

Für B-Splines gibt es ein reichhaltiges Angebot an fertiger Software, das zum größten Teil auf die Algorithmen und Programme von de Boor [40] zurückgeht.

Software (Knoten für die B-Spline-Darstellung) Sowohl `IMSL/MATH-LIBRARY/bsnak` als auch `IMSL/MATH-LIBRARY/bsopk` berechnen für einen beliebig vorgebbaren Polynomgrad und eine beliebige Anzahl von paarweise verschiedenen Interpolationsknoten eine Folge von Teilungspunkten so, daß im resultierenden Raum von Splinefunktionen später an den Knoten vorgegebene Funktionswerte in eindeutiger Weise interpoliert werden können.

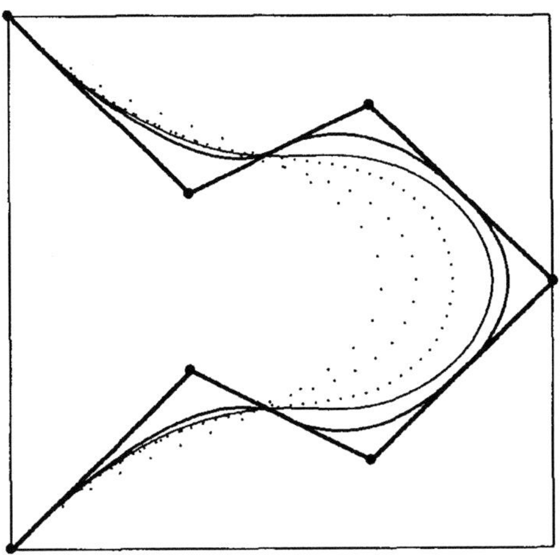

Abb. 9.36: B-Splines für CAD-Anwendungen

Das Programm IMSL/MATH-LIBRARY/bsnak wählt die Teilungspunkte so, daß – abgesehen von den am Rand des Interpolationsintervalls gelegenen Teilungspunkten – alle Teilungspunkte außerhalb des am weitesten links und des am weitesten rechts gelegenen Knotenintervalls liegen. Die Splinefunktionen sind folglich an den am weitesten links bzw. am weitesten rechts gelegenen Interpolationsknoten beliebig oft differenzierbar, man spricht daher auch von einer *Not-a-knot*-Wahl (vgl. Seite 451) der Teilungspunkte.

Vom Unterprogramm IMSL/MATH-LIBRARY/bsopk werden die Teilungspunkte so gewählt, daß die zugehörigen Interpolationsfunktionen „optimal" sind, d. h. für bestimmte Funktionenklassen den relativen *Worst-case*-Approximationsfehler bezüglich der Maximumnorm minimieren (de Boor [40]).

Software (Lösung der Interpolationsgleichungen) Die Matrix des zur Erfüllung der Interpolationsbedingungen zu lösenden linearen Gleichungssystem (9.1) nimmt für jede zulässige Wahl der Teilungspunkte der Splinefunktionen eine Form an, die als *quasi-block-diagonal* bezeichnet wird. Für die Lösung von Gleichungssystemen mit quasi-block-diagonalen Systemmatrizen (die auch in anderen Bereichen der Numerischen Datenverarbeitung auftreten) kann das Gaußsche Eliminationsverfahren speziell adaptiert werden. Implementierungen derartiger Verfahren stehen in NETLIB/TOMS/546 und NETLIB/TOMS/603 zur Verfügung.

Software (Ermittlung der B-Spline-Darstellung) Um die Koeffizienten der B-Spline-Darstellung einer Splinefunktion, die gegebene Datenpunkte interpoliert, zu berechnen, gibt es die Unterprogramme IMSL/MATH-LIBRARY/bsint, NAG/e01baf und NAG/c02baf. Alle drei Programme benötigen als Eingabe eine Menge beliebig verteilter Datenpunkte und den gewünschten Polynomgrad. In NAG/e01baf werden die Teilungspunkte automatisch gewählt, in den beiden anderen Unterprogrammen müssen sie vorgegeben werden. Günstige Teilungspunkte können z. B. mit dem Unterprogramm IMSL/MATH-LIBRARY/bsnak berechnet werden.

Software (B-Spline-Auswertung) Das Programm IMSL/MATH-LIBRARY/bsval wertet eine in B-Spline-Darstellung gegebene Splinefunktion an einer vorgegebenen Stelle aus. NAG/e02bbf nimmt diese Auswertung für eine *kubische* Splinefunktion vor. Mit dem Programm NAG/e02bcf können gleichzeitig der Wert einer in B-Spline-Darstellung gegebenen kubischen Splinefunktion und der Wert der ersten drei Ableitungen an einer vorzugebenden Stelle berechnet werden.

Das Programm IMSL/MATH-LIBRARY/bsder berechnet den Wert einer beliebigen Ableitung (für die 0-te Ableitung den Funktionswert) einer in B-Spline-Darstellung gegebenen Splinefunktion an einer vorgegebenen Stelle. Das Unterprogramm IMSL/MATH-LIBRARY/bs1gd leistet dasselbe, aber für einen ganzen Vektor von x-Koordinaten gleichzeitig. Dadurch wird die Effizienz bei einer größeren Anzahl von Auswertestellen erhöht, da man sich das mehrfache Aufrufen von IMSL/MATH-LIBRARY/bsder erspart.

Wenn der Wert eines bestimmten Integrals einer solchen Splinefunktion berechnet werden soll, können die Unterprogramme IMSL/MATH-LIBRARY/bsitg und NAG/e02bdf (letzteres nur für kubische Splines) verwendet werden.

Die Funktionswerte von B-Splines sowie die Werte jener Ableitungen, die an einer vorgegebenen Stelle x nicht verschwinden, können mit Hilfe von CMLIB/bspvd $\approx$ SLATEC/bspvd berechnet werden. Dabei müssen die B-Splines durch die Folge ihrer Teilungspunkte und durch ihren Grad vorgegeben werden.

Software (Basistransformation einer Splinefunktion) Mit IMSL/MATH-LIBRARY/bscpp $\approx$ CMLIB/bsppp $\approx$ SLATEC/bsppp kann man für eine Splinefunktion beliebigen Grades, die in ihrer Darstellung durch B-Splines gegeben ist, die äquivalente Darstellung als stückweises Polynom berechnen.

9.7 Kubische Splinefunktionen

Unter allen Polynom-Splines spielen die kubischen Splines eine wichtige Rolle als Interpolationsfunktionen, weil sie hinsichtlich ihrer Differenzierbarkeitseigenschaften, ihrer Störungsempfindlichkeit und des erforderlichen Rechenaufwandes besonders ausgeglichen sind.

Definition 9.7.1 (Kubische Splinefunktionen) *Kubische Splinefunktionen sind stückweise Polynome dritten Grades, für die an den inneren Knoten der Teilungspunkte des Interpolationsintervalls $[a, b]$*

$$a = x_0 < x_1 < \cdots < x_{k-1} < x_k = b \tag{9.56}$$

Funktionswert sowie erste und zweite Ableitung übereinstimmen.

Die $4k$ Parameter einer kubischen Splinefunktion sind durch $k+1$ Funktionswerte

$$f_0, f_1, \ldots, f_k \quad \text{an den Stellen} \quad x_0, x_1, \ldots, x_k \tag{9.57}$$

und durch die $3(k-1)$ Stetigkeits- bzw. Differenzierbarkeitsforderungen an den inneren Knoten $x_1, x_2, \ldots, x_{k-1}$ *nicht* eindeutig bestimmt, da es sich dabei insgesamt nur um $4k-2$ Bestimmungsstücke bzw. definierende Bedingungen handelt. Zur eindeutigen Festlegung kubischer Splinefunktionen sind daher noch zwei zusätzliche, geeignet gewählte Bedingungen – *Randbedingungen*[8] – erforderlich.

9.7.1 Randbedingungen

Die zwei für die Eindeutigkeit einer kubischen Splinefunktion erforderlichen Randbedingungen können auf verschiedene Art festgelegt werden: Natürliche Randbedingungen, Hermite-Randbedingungen etc.

---

[8]Die zwei Bedingungen müssen nicht unbedingt am Rand des Interpolationsintervalls festgesetzt werden; aus Gründen der numerischen Stabilität ist dies jedoch am günstigsten.

„Natürliche" Randbedingungen

$$s''(a) = 0$$
$$s''(b) = 0. \tag{9.58}$$

Diese (theoretisch interessante) Art der Randbedingungen sollte für praktische Approximationsprobleme *nicht* verwendet werden, da sie sämtliche Information über zweite Ableitung, die in den Daten enthalten ist, unberücksichtigt läßt.

Hermite-Randbedingungen

Wenn man über die (exakten) Werte $f'(a)$, $f'(b)$ oder $f''(a)$, $f''(b)$ verfügt, dann kann man – verglichen mit den natürlichen Randbedingungen – zu einer wesentlich besseren Approximationsqualität in den Randbereichen des Interpolationsintervalls $[a, b]$ kommen, wenn man s durch folgende Bedingungen festlegt:

$$\begin{array}{rcl} s'(a) &=& f'(a) \\ s'(b) &=& f'(b) \end{array} \quad \text{oder} \quad \begin{array}{rcl} s''(a) &=& f''(a) \\ s''(b) &=& f''(b). \end{array}$$

In vielen praktischen Situationen sind diese Ableitungswerte von f aber *nicht* verfügbar. Aus den Datenpunkten lassen sich aber Schätzungen für die Ableitungen an den Randpunkten gewinnen. Legt man z. B. ein kubisches Interpolationspolynom $P_3(x; x_0, x_1, x_2, x_3)$ durch die Punkte (x_0, f_0), (x_1, f_1), (x_2, f_2), (x_3, f_3), dann ist $P_3'(a; x_0, x_1, x_2, x_3)$ ein Näherungswert für $f'(a)$. Nach demselben Prinzip läßt sich ein Näherungswert für $f'(b)$ berechnen. Diese Näherungswerte verwendet man dann anstelle der exakten Ableitungswerte in den Hermite-Randbedingungen (Seidman, Korsan [359]):

$$\begin{array}{rcll} s'(a) &=& P_3'(a; x_0, x_1, x_2, x_3) &\approx f'(a) \\ s'(b) &=& P_3'(b; x_{k-3}, x_{k-2}, x_{k-1}, x_k) &\approx f'(b) \end{array}$$

oder

$$\begin{array}{rcll} s''(a) &=& P_3''(a; x_0, x_1, x_2, x_3) &\approx f''(a) \\ s''(b) &=& P_3''(b; x_{k-3}, x_{k-2}, x_{k-1}, x_k) &\approx f''(b). \end{array}$$

Verwendet man hingegen nur quadratische Interpolationspolynome

$$\begin{array}{rcll} s'(a) &=& P_2'(a; x_0, x_1, x_2) &\approx f'(a) \\ s'(b) &=& P_2'(b; x_{k-2}, x_{k-1}, x_k) &\approx f'(b), \end{array}$$

so ist die Approximationsqualität der Splinefunktionen in den Randzonen im allgemeinen nicht so gut wie bei den kubischen Interpolationspolynomen.

„Not-a-knot"-Bedingungen (Einheitlichkeitsbedingungen):

$$s^{(3)}(x_1-) = s^{(3)}(x_1+) \quad \text{und} \quad s^{(3)}(s_{k-1}-) = s^{(3)}(s_{k-1}+).$$

Durch diese Bedingungen wird erreicht, daß die Polynome P_3^1 und P_3^2 auf den ersten beiden Intervallen zu einem einzigen, einheitlich durch vier Koeffizienten definierten kubischen Polynom $P_3 := P_3^1 \equiv P_3^2$ werden. Auch P_3^{k-1} und P_3^k werden durch eine analoge Forderung zu *einem* einheitlich definierten Polynom.

Die kubischen Hermite-Randbedingungen und die *Not-a-knot*-Bedingungen sind bezüglich ihrer (theoretischen) Approximationseigenschaften gleichwertig. Eine Auswahl zwischen diesen beiden Randbedingungen hängt daher von der praktischen Erprobung ab.

Periodische Randbedingungen:

$$\begin{aligned} s'(a) &= s'(b), \\ s''(a) &= s''(b). \end{aligned} \tag{9.59}$$

Im Fall der Randbedingungen (9.58) bezeichnet man $s(x)$ als *natürliche* Splinefunktion, und im Fall (9.59) nennt man $s(x)$ *periodisch*. Periodische Randbedingungen sind nur dann sinnvoll, wenn auch die zugrundeliegende Funktion f periodisch ist, wenn also $f(x_0) = f(x_k)$, $f'(x_0) = f'(x_k), \ldots$ gilt.

9.7.2 Extremaleigenschaft

Die durch die Daten (9.56) und (9.57) sowie eine der Randbedingungen definierte kubische Splinefunktion besitzt eine wichtige Minimaleigenschaft.

Satz 9.7.1 (Extremaleigenschaft) *Es sei $s(x)$ eine interpolierende Splinefunktion und $w(x)$ eine andere zweimal stetig differenzierbare interpolierende Funktion auf $[a, b]$ mit*

a) $w''(a) = w''(b) = 0$ oder
b) $w'(a) = f'(a)$, $w'(b) = f'(b)$ oder
c) $w(a) = w(b)$, $w'(a) = w'(b)$, $w''(a) = w''(b)$.

Dann gilt $\|s''\|_2 \leq \|w''\|_2$, also

$$\int_a^b [s''(t)]^2 \, dt \ \leq \ \int_a^b [w''(t)]^2 \, dt.$$

Die in Satz 9.7.1 ausgedrückte Minimaleigenschaft besitzt folgende mathematische Interpretation: Die Krümmung κ einer Funktion w ist durch

$$\kappa(x) := \frac{w''(x)}{[1 + (w'(x))^2]^{3/2}}$$

gegeben. Für „kleine" Ableitungswerte $|w'(x)| \ll 1$ gilt daher $\kappa(x) \approx w''(x)$ und dementsprechend

$$\|w''\|_2^2 = \int_a^b [w''(t)]^2 \, dt \ \approx \ \int_a^b \kappa^2(t) \, dt. \tag{9.60}$$

Unter der obigen Voraussetzung ist (9.60) ein (in den meisten praktischen Anwendungen unrealistisches) Maß für die *Gesamtkrümmung* von w auf $[a, b]$, und die kubische Splinefunktion s ist unter allen Funktionen w, welche die Interpolations- und Randbedingungen erfüllen, dadurch ausgezeichnet, daß für sie das Integral (9.60) den kleinstmöglichen Wert annimmt (siehe auch Abschnitt 9.8).

9.7.3 Approximations- und Konvergenzeigenschaften

Im Fall, daß $\{y_i\}$ die Werte

$$y_i = f(x_i), \quad i = 0, 1, \ldots, k$$

einer gegebenen, auf $[a, b]$ definierten Funktion f sind, ist man an der Approximationsgüte $\|s - f\|_\infty$ interessiert.

Satz 9.7.2 *Sei s eine kubische Splinefunktion, die $f \in C^3[a, b]$ an den Knoten*

$$a = x_0 < x_1 < \cdots < x_k = b$$

interpoliert. Mit

$$h := \max\{(x_{i+1} - x_i) : i = 0, 1, \ldots, k - 1\}$$

gilt[9]

$$\|s - f\|_\infty \leq K h^j \omega\left(f^{(j)}; h\right), \quad j = 1, 2, 3, \tag{9.61}$$

wobei

$$\omega\left(f^{(j)}; h\right) := \max\{|f^{(j)}(u) - f^{(j)}(v)| : u, v \in [a, b], |u - v| \leq h\}$$

der Stetigkeitsmodul von $f^{(j)}$ ist.

Beweis: Beatson [109].

Dieser Satz ist – wie der Satz 9.4.1 für allgemeine stückweise Polynome – die Voraussetzung dafür, durch entsprechende Wahl der Maximalschrittweite h jede ausreichend oft differenzierbare Funktion durch eine kubische Splinefunktion beliebig genau approximieren zu können.

Aus der Fehlerabschätzung (9.61) folgt, daß für $f \in C^3[a, b]$ mit $O(h^4)$ die maximale Konvergenzgeschwindigkeit erreicht wird. Für $f \in C^2[a, b]$ ist das asymptotische Fehlerverhalten nur mehr durch $O(h^3)$ und für $f \in C[a, b]$ durch $O(h^2)$ charakterisiert.

9.7.4 Koeffizientenberechnung

Die Berechnung der Koeffizienten einer kubischen Splinefunktion erfordert die Lösung eines linearen Gleichungssystems (mit Tridiagonalmatrix) für die gesuchten Werte $s_0', s_1', \ldots, s_k'$ oder $s_0'', s_1'', \ldots, s_k''$. Dieses Gleichungssystem beschreibt die Koppelung der einzelnen Teilpolynome, durch die an den Knotenpunkten die *zweimal* stetige Differenzierbarkeit von s erreicht wird.

Software (Interpolation mit kubischen Splinefunktion) Die IMSL-Bibliothek stellt eine Reihe von Unterprogrammen zur Verfügung, mit deren Hilfe kubische Splinefunktionen, die vorgegebene Datenpunkte interpolieren, berechnet werden können:

---

[9]Für $j = 2, 3$ ist K eine von den Interpolationsknoten unabhängige Konstante. Für $j = 1$ hängt K von der Knotenanordnung in der Nähe der Randpunkte a und b ab.

- `IMSL/MATH-LIBRARY/csint` berechnet die Splinefunktion mit *Not-a-knot*-Randbedingung;

- `IMSL/MATH-LIBRARY/csper` ermittelt die periodische Splinefunktion;

- `IMSL/MATH-LIBRARY/csdec` berechnet die Splinefunktion, die vom Benutzer gewählte Randbedingungen erfüllt. Es können dabei für den linken und den rechten Rand unabhängig voneinander entweder die *Not-a-knot*-Bedingung oder Werte für die erste bzw. zweite Ableitung am Randpunkt vorgegeben werden (siehe Abb. 9.37).

`IMSL/MATH-LIBRARY/cscon` berechnet eine kubische Spline-Interpolationsfunktion, die die Konvexitätseigenschaften der Daten erhält, also insbesondere nicht überschwingt. Die Splinefunktion sieht ungefähr so aus, wie man sich eine optisch „glatte" Interpolationsfunktion vorstellt (siehe Abb. 9.38). Zur Erreichung dieser Eigenschaft ist es notwendig, von der üblichen Methode der kubischen Splineinterpolation abzuweichen. In `IMSL/MATH-LIBRARY/cscon` wird eine *nichtlineare* Interpolationsmethode angewendet, von der kubische Polynome, wenn man sie interpoliert, *nicht* exakt reproduziert werden (Irvine et al. [246]). Außerdem werden zwischen den Datenpunkten noch weitere Teilungspunkte der Splinefunktion eingefügt.

Mit dem Unterprogramm `IMSL/MATH-LIBRARY/csiez` kann durch einen Aufruf eine Liste von Werten einer kubischen Splinefunktion, die vorgegebene Datenpunkte interpoliert, berechnet werden. Dieses Programm berechnet intern die Koeffizientendarstellung einer Splinefunktion mit der *Not-a-knot*-Bedingung und wertet diese an den geforderten Stellen aus. Das Programm ist nicht laufzeitoptimal, aber einfach handzuhaben.

Eine spezielle Variante der kubischen Splineinterpolation – die *diskrete* kubische Splineinterpolation – ist in `NETLIB/TOMS/547/dcsint` implementiert. Diese Variante unterscheidet sich von der üblichen kubischen Splineinterpolation in erster Linie dadurch, daß die Übereinstimmung von erster und zweiter Ableitung benachbarter Polynome an den dazwischenliegenden Teilungspunkten durch die Forderung nach Übereinstimmung der entsprechenden zentralen Differenzenquotienten ersetzt wird (Lyche [282]).

9.7.5 Werteberechnung

Die Berechnung von Werten einer kubischen Splinefunktion erfolgt wie die Auswertung stückweiser Polynome (siehe Abschnitt 9.4.2); es wird also auf die spezielle Koppelung der kubischen Polynome keine Rücksicht genommen – diese ist für die Werteberechnung irrelevant.

Software (Auswerten kubischer Splinefunktionen) Von `IMSL/MATH-LIBRARY/csval` wird eine kubische Splinefunktion an einer vom Benutzer vorgegebenen Stelle ausgewertet.

Der Wert einer beliebigen Ableitung einer kubischen Splinefunktion (inklusive der 0-ten Ableitung, also der Funktion selbst) kann mit Hilfe von `IMSL/MATH-LIBRARY/csder` berechnet werden. Das Unterprogramm `IMSL/MATH-LIBRARY/cs1gd` ermittelt die Werte einer beliebigen Ableitung einer kubischen Splinefunktion (auch der 0-ten) für eine ganze Liste von Stellen.

Das Unterprogramm `IMSL/MATH-LIBRARY/csitg` berechnet das Integral einer kubischen Splinefunktion über einem Intervall $[a, b] \subset \mathbb{R}$.

9.7.6 Kondition

Die in Abschnitt 9.3.8 verwendete Abschätzung der Konditionszahl eines Interpolationspolynoms bezüglich der Variation der gegebenen Funktionswerte läßt sich auch auf die kubischen Splinefunktionen anwenden. Aus

$$\|L_k f\|_\infty \;=\; \max_{x \in [a,b]} \left| \sum_{i=0}^{k} f(x_{k,i}) \sigma_{k,i}(x) \right| \;\leq\; \max_{x \in [a,b]} \sum_{i=0}^{k} |f(x_{k,i})| \cdot |\sigma_{k,i}(x)| \;\leq$$

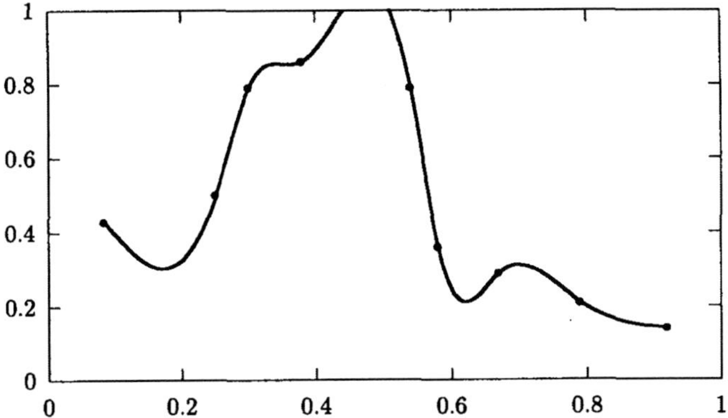

Abb. 9.37: Interpolation von 9 Datenpunkten durch `IMSL/MATH-LIBRARY/csdec`

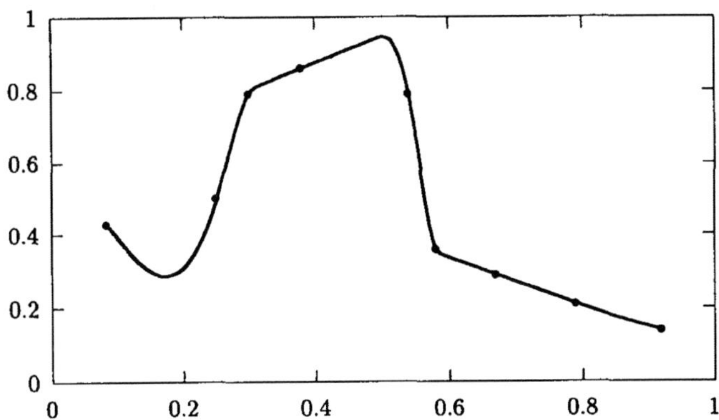

Abb. 9.38: Interpolation von 9 Datenpunkten durch eine konvexitätserhaltende Splinefunktion mit dem Programm `IMSL/MATH-LIBRARY/cscon`

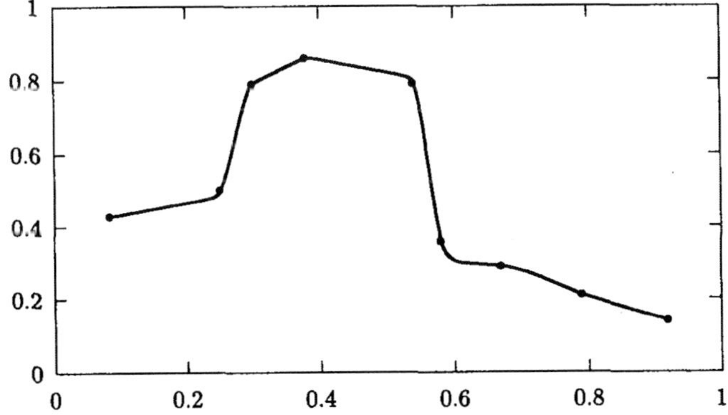

Abb. 9.39: Interpolation von 9 Datenpunkten durch eine Exponentialsplinefunktion (*spline under tension*; siehe Seite 459) mit dem Programm `NETLIB/TOMS/716`

$$\leq \ \max_{x\in[a,b]} |f(x)| \max_{x\in[a,b]} \sum_{i=0}^{k} |\sigma_{k,i}(x)| \ = \ \|f\|_\infty \Lambda_k(K)$$

folgt

$$\|L_k\|_\infty \ = \ \max\{\|L_k f\|_\infty / \|f\|_\infty : f \in \mathcal{F} \setminus \{0\},\ f \neq 0\} \ \leq \ \Lambda_k(K),$$

wobei $\sigma_{k,i}$ die durch

$$\sigma_{k,i}(x_j) = \begin{cases} 1 & i = j \\ 0 & i \neq j \end{cases}$$

charakterisierten Basisfunktionen sind. Einige Werte der Lebesgue-Konstanten $\Lambda_k(K_\ddot{a})$ und $\Lambda_k(K_T)$ sind in Tabelle 9.1 auf Seite 424 und in Abb. 9.40 graphisch dargestellt. Man erkennt daraus die Beschränktheit der Lebesgue-Konstanten für $k \to \infty$ (De Vore, Lorentz [162]) und die nahezu optimale Kondition der kubischen Splinefunktionen im Vergleich zur Interpolation mit *einem* („durchgehenden") Polynom (siehe Abb. 9.12 bis Abb. 9.15 auf Seite 416).

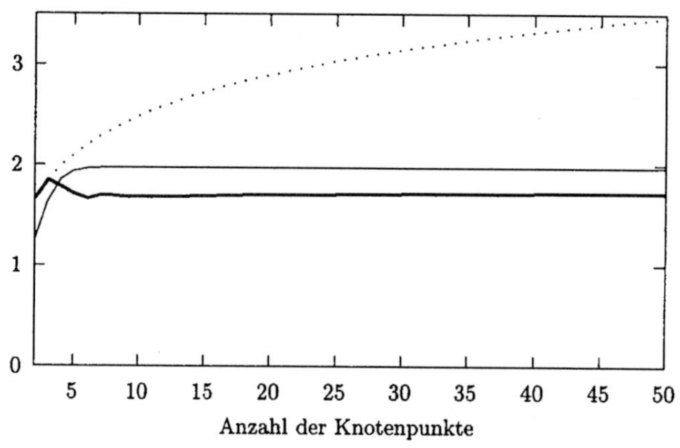

Abb. 9.40: Lebesgue-Konstanten für die kubische Splineinterpolation (mit *Not-a-knot*-Bedingungen) auf äquidistanten Interpolationsknoten (—) bzw. Tschebyscheff-Knoten (—) am Intervall $[-1, 1]$. Zum Vergleich sind auch die Lebesgue-Konstanten für die Interpolation mit *einem* Polynom (·····) zu den Tschebyscheff-Knoten eingezeichnet.

Experimentelle Konditionsuntersuchung

Vergleicht man in experimentellen Konditionsuntersuchungen die Störungsempfindlichkeit der kubischen Splinefunktionen mit jener der Interpolation durch *ein* Polynom, so stellt sich vor allem in den Randzonen des Interpolationsintervalls und bei der Extrapolation (Auswertung außerhalb des Interpolationsintervalls) die Überlegenheit der Splinefunktionen heraus.

Beispiel (Temperaturdaten) Nimmt man die (bereits im Beispiel auf Seite 425 verwendeten) durchschnittlichen Temperatur-Monatsmittelwerte von Wien und stört sie mit Zufallszahlen, deren Verteilung den Abweichungen vom langjährigen Durchschnitt entspricht, so erhält man die in Abb. 9.41 und Abb. 9.42 dargestellten Funktionsverläufe. Man erkennt daraus sehr deutlich die wesentlich schlechtere Kondition der Polynominterpolation in den Randbereichen und außerhalb des Interpolationsintervalls $[1, 12]$.

Im mittleren Bereich des Interpolationsintervalls sind hingegen (bei den Daten dieses Anwendungsfalls) beide Interpolationsmethoden annähernd gleichwertig – ein Resultat, das man den Konditions*abschätzungen* nicht entnehmen kann.

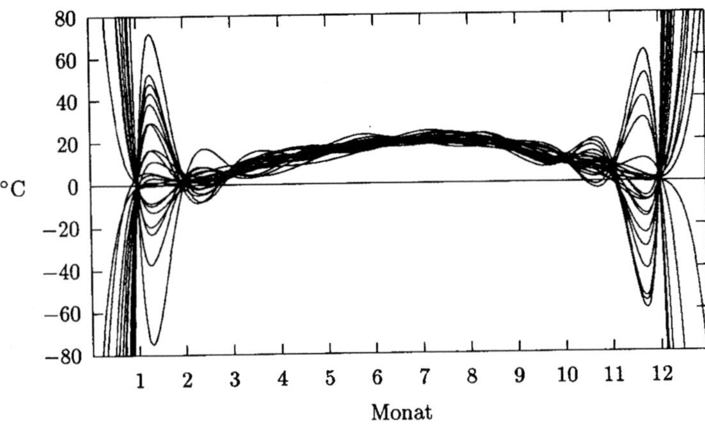

Abb. 9.41: Interpolation von 30 Datensätzen (bestehend aus jeweils 12 stochastisch gestörten Temperaturmittelwerten) durch jeweils *ein* Polynom vom Grad $d=11$.

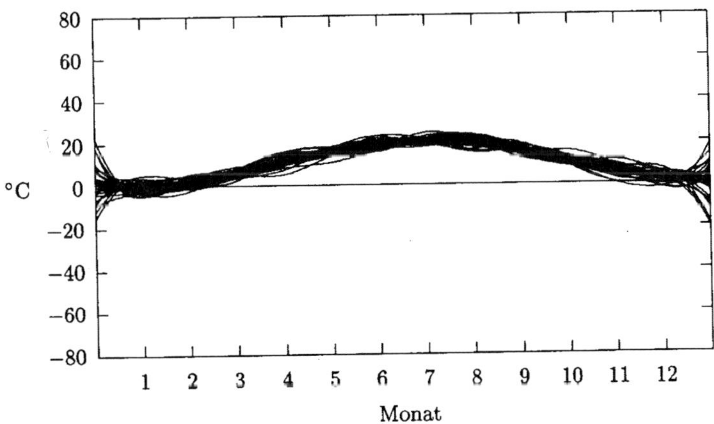

Abb. 9.42: Interpolation der gleichen 30 Datensätze, wie sie der Abb. 9.41 zugrunde lagen, durch jeweils eine kubische Splinefunktion.

9.8 Splines mit geringem „Überschwingen"

Die durch ein Spline-Lineal (siehe Seite 434) dargestellte Kurve ist dadurch gekennzeichnet, daß die Biegeenergie

$$E_B := \int_a^b M^2(x)\,dx \qquad \text{mit} \qquad M(x) := c\frac{g''(x)}{(1+[g'(x)]^2)^{3/2}} \tag{9.62}$$

minimal wird. Unter der Annahme, daß $[g'(x)]^2$ „annähernd konstant" oder g' sehr klein ist $(|g'(x)| \ll 1)$, kann man die Minimierung der Energie (9.62) näherungsweise durch die Minimierung der L_2-Norm

$$\|g''\|_2 = \left(\int_a^b [g''(x)]^2\,dx\right)^{1/2} \tag{9.63}$$

ersetzen, die unter der getroffenen Voraussetzung ein Maß für die Krümmung von g auf dem gesamten Intervall $[a,b]$ ist.

Sucht man jene Funktion g, für die unter allen stetig differenzierbaren Interpolationsfunktionen mit quadratisch integrierbarer zweiter Ableitung das Integral (9.63) minimal wird, so gelangt man zu den natürlichen kubischen Splinefunktionen, die unter den obigen Annahmen minimale Krümmung aufweisen (siehe Satz 9.7.1). Wird die Annahme $[g'(x)]^2 \approx$ const verletzt, was bei vielen praktischen Anwendungen der Fall ist, so kann es zu unerwünschtem Oszillieren der kubischen Splinefunktionen kommen (siehe Abb. 9.43).

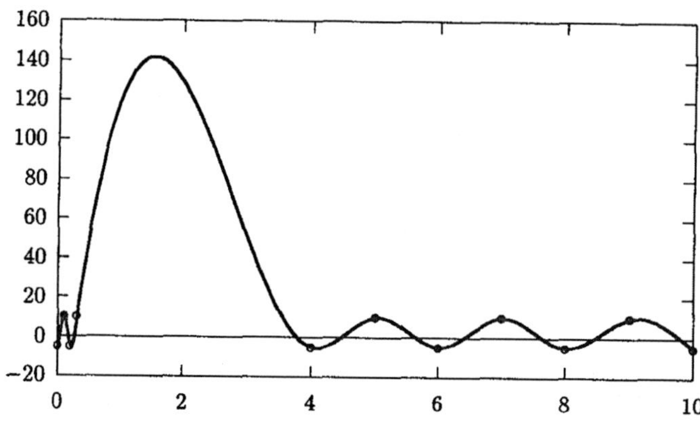

Abb. 9.43: Kubische Splinefunktion mit starkem Überschwingen im Intervall $[0.3, 4]$.

Oszillationsdämpfung durch Gewichtung

Eine Verbesserung bzw. Unterdrückung unerwünschten Oszillierens ist durch die Einführung einer Gewichtsfunktion $w(x) > 0$ in die L_2-Norm (9.63) möglich (Salkauskas [351]):

$$\|g''\|_{2,w} = \left(\int\limits_a^b w(x)[g''(x)]^2 \, dx \right)^{1/2} . \tag{9.64}$$

Falls w eine zwischen den Interpolationsknoten konstante Funktion ist, so ergeben sich als Interpolationsfunktionen, bei denen (9.64) minimal wird, kubische Subsplinefunktionen, also *nur einmal* stetig differenzierbare Funktionen.

Bemerkung (Akima-Interpolation) Eine mögliche Alternative besteht in der Verwendung der Subsplinefunktionen nach H. Akima (siehe Abschnitt 9.8.3). Allerdings kann es auch bei der Akima-Interpolation (speziell in den Randintervallen) zum Überschwingen kommen.

Minimales Überschwingen

Falls man die L_2-Norm der *ersten* Ableitung, also

$$\|g'\|_2 = \left(\int\limits_a^b [g'(x)]^2 \, dx \right)^{1/2} , \tag{9.65}$$

als Maßzahl für das Überschwingen verwendet, so erhält man den interpolierenden Polygonzug als „ideale" Interpolationsfunktion, da er unter allen stetigen Interpolationsfunktionen den kleinsten Wert für (9.65) ergibt.

Dieses Ergebnis – Polygonzüge sind bezüglich des Überschwingens die optimalen Interpolationsfunktionen – deckt sich vollkommen mit der Anschauung. Dessen nicht vorhandenes Überschwingen wird jedoch mit eingeschränkten Glattheitseigenschaften erkauft: jeder Polygonzug hat „Ecken" an seinen Interpolationsknoten, er ist dort nicht differenzierbar.

9.8.1 Exponentialsplines

Um das Überschwingen der Splinefunktionen zu verringern, kann man z. B. das mathematische Modell des Spline-Lineals mit zusätzlichen Kräften und mechanischen Spannungen in eine optisch gefälligere Form bringen (Barsky [106]). Als Kompromißlösung zwischen den zu stark oszillierenden kubischen Splinefunktionen und den „eckigen" Polygonzügen kann man z. B. jene Interpolationsfunktionen suchen, für die das Funktional

$$\int\limits_a^b [g''(x)]^2 \, dx + \alpha^2 \int\limits_a^b [g'(x)]^2 \, dx \tag{9.66}$$

minimal wird. Diese auf Schweikert [358] zurückgehende Interpolationsfunktion ist in jedem Teilintervall $[x_i, x_{i+1})$ durch

$$g(x) = a_i + b_i x + c_i \sinh \alpha x + d_i \cosh \alpha x \tag{9.67}$$

gegeben und wird als *spline under tension* („gespannte" Splinefunktion, Exponentialspline) bezeichnet. Diese Interpolationsfunktion hat mehrere Nachteile:

Aufwendige Auswertung von $g(x)$: Exponentialfunktionen werden benötigt;

Stabilitätsschwierigkeiten bei der Berechnung der Koeffizienten: es sind spezielle algorithmische Vorkehrungen zu treffen;

Starke Krümmung: Für $\alpha \to \infty$ nähert sich die Interpolationsfunktion (9.67) einem Polygonzug. Wegen der zweimal stetigen Differenzierbarkeit von g treten daher in der Nähe der Knotenpunkte starke Krümmungen auf, die eine Approximation durch Polygonzüge – wie sie z. B. für die Visualisierung benötigt werden – sehr erschweren.

Software (Splines under Tension) Ein *ausführbares* C-Programm zur Berechnung von Exponentialsplines steht in `NETLIB/A/TENSION` zur Verfügung. Die Parameter des Interpolationsprogramms (z. B. die Spannung α) können dabei mit Hilfe von *Command-Line*-Parametern gesetzt werden, die Datenpunkte werden vom Standardeingabegerät gelesen.

Die Programme in `NETLIB/TOMS/716` dienen ebenfalls der Berechnung von Exponentialsplines (siehe Abb. 9.39 auf Seite 455). Dabei kann der Benutzer die Glattheit der Interpolationsfunktion an den Interpolationsknoten – ein- oder zweimalige stetige Differenzierbarkeit – sowie unterschiedliche Randbedingungen wählen. Die verschiedenen Unterprogramme und deren Parameter erlauben aber eine noch weitergehende Anpassung der Eigenschaften der Interpolationsfunktion an die Wünsche des Benutzers. So kann man z. B. Schranken für die Interpolationsfunktion und deren Ableitung auf jedem Teilintervall vorgeben, die Erhaltung der Monotonie oder Konvexitätseigenschaften der Daten verlangen etc.

9.8.2 ν-Splines

Von G. M. Nielson [311] stammt eine Klasse von Interpolationsfunktionen, die stückweise aus kubischen Polynomen bestehen und für den *parametrischen Fall* (für ebene Kurven) die günstigen oszillationsdämpfenden Eigenschaften der Exponentialsplines (9.67) besitzen, aber deren Nachteile vermeiden. Zur Definition dieser Funktionen wird der zweite Summand des Funktionals (9.66) diskretisiert:

$$\int_a^b [g''(x)]^2\, dx + \sum_{i=0}^{k} \nu_i [g'(x_i)]^2, \quad \nu_i \geq 0, \qquad i = 0, 1, \ldots, k. \tag{9.68}$$

Die Funktionen, bei denen (9.68) minimal wird, besitzen im allgemeinen *keine* stetigen zweiten Ableitungen (sie würden sonst mit den kubischen Splinefunktionen übereinstimmen); in den Randbedingungen kommen daher rechtsseitige und linksseitige zweite Ableitungen, $g''(x+)$ bzw. $g''(x-)$, vor:

„Natürliche" Randbedingungen

$$\begin{aligned}
g''(a+) &= \nu_0 g'(a) \\
g''(b-) &= \nu_k g'(b)
\end{aligned}$$

Periodische Randbedingungen

$$\begin{aligned}
g(a) &= g(b) \\
g'(a) &= g'(b) \\
g''(a+) - g''(b-) &= (\nu_0 + \nu_k) g'(a)
\end{aligned}$$

Es zeigt sich, daß unter allen stetig differenzierbaren Interpolationsfunktionen mit quadratisch integrierbarer zweiter Ableitung, die entweder die natürlichen oder die periodischen Randbedingungen erfüllen, jene Funktion, für die der Wert des Funktionals (9.68) minimal wird, folgende Gestalt hat:

$$s(x) = p + qx + \sum_{i=0}^{k-1} \alpha_i (x - x_i)_+^3 + \sum_{i=0}^{k-1} \beta_i (x - x_i)_+^2. \tag{9.69}$$

Im Spezialfall $\nu_0 = \nu_1 = \cdots = \nu_k = 0$ ist s die kubische Splinefunktion durch die Punkte (x_i, y_i), $i = 0, 1, \ldots, k$.

Für jede ν-Splinefunktion (9.69) – sowohl bei natürlichen als auch bei periodischen Randbedingungen – gilt die Ungleichung

$$\sum_{i=0}^{k} \nu_i [s'(x_i)]^2 \leq M_1$$

mit einer von den Parametern ν_i, $i = 0, 1, \ldots, k$, unabhängigen Schranke M_1.

Satz 9.8.1 *Bei festgehaltenen ν_k und $i \neq k$ ist $[s'(x_i)]^2$ eine fallende Funktion von ν_i, und es gilt*

$$\lim_{\nu_i \to \infty} s'(x_i) = 0. \tag{9.70}$$

Beweis: Nielson [311].

Für wachsende Parameterwerte

$$\nu_i \to \infty, \quad i = 0, 1, \ldots, k,$$

strebt also die ν-Splinefunktion durch die Punkte (x_i, y_i), $i = 0, 1, \ldots, k$, nicht wie die Exponential-Splinefunktion gegen den interpolierenden Polygonzug, sondern gegen eine Funktion mit waagrechten Tangenten in den Knoten x_i. Eine derartige Funktion ist daher als Ersatz der kubischen Splinefunktionen *nicht* unmittelbar geeignet. Erst durch den Übergang von einer Interpolations*funktion* zu einer interpolierenden *ebenen Kurve* können die vorteilhaften oszillationsdämpfenden Eigenschaften der ν-Splinefunktionen genutzt werden.

ν-Spline-Kurven

Ausgehend von einer Parametrisierung (siehe Abschnitt 8.7.2) legt man durch die Punkte (t_i, x_i) und (t_i, y_i) je eine interpolierende ν-Splinefunktion $X_\nu(t)$ bzw. $Y_\nu(t)$. Je nach Art der Randbedingung kommt man so zu einer offenen oder geschlossenen ebenen Kurve durch die Datenpunkte (x_i, y_i), $i = 0, 1, \ldots, k$.

Satz 9.8.2 *Für $\dot{X}_\nu(t) \neq 0$ ist die Ableitung $\mathrm{d}^2 Y_\nu / \mathrm{d}X_\nu^2$ an der Stelle t stetig. Analog ist $\mathrm{d}^2 X_\nu / \mathrm{d}Y_\nu^2$ an der Stelle t stetig, wenn $\dot{Y}_\nu(t) \neq 0$ gilt.*

Beweis: Nielson [311].

Aus diesem Satz folgt sofort die für die Anwendung der ν-Splinefunktionen wichtige Tatsache, daß für $\dot{X}_\nu(t) \neq 0$ oder $\dot{Y}_\nu(t) \neq 0$ die *Krümmung* der Kurve $(X_\nu(t), Y_\nu(t))$ für den Parameterwert t *stetig* ist.

Die stetige Krümmung geht im Grenzübergang $\nu_i \to \infty$ verloren. Wegen (9.70) ist der Grenzfall für $\nu_i \to \infty$ und $\nu_{i+1} \to \infty$ durch waagrechte Tangenten der Funktionen X_ν und Y_ν an den Stellen x_i und x_{i+1} gekennzeichnet. In diesem Fall ist die ν-Splinekurve zwischen (x_i, y_i) und (x_{i+1}, y_{i+1}) *linear*! Der Grenzübergang für alle $\nu_i \to \infty$ liefert also den interpolierenden Polygonzug. Durch ausreichend groß gewählte ν_i kann daher ein Überschwingen der Interpolationskurve vermieden werden.

Da man den Graph jeder Funktion auch als ebene Kurve auffassen kann, läßt sich die obige, auf parametrischer ν-Spline-Interpolation beruhende Methode auch dort anwenden, wo man mit Interpolations*funktionen* zu keinen zufriedenstellenden Resultaten gelangt. Zu beachten ist allerdings, daß die interpolierende ν-Spline-*Kurve*, außer im Extremfall des interpolierenden Polygonzuges, keine *Funktion* $s : [a, b] \to \mathbb{R}$ sein muß, da einem x-Wert mehrere y-Werte entsprechen können.

Gewichtete ν-Splinefunktionen

Die *gewichteten* ν-Splinefunktionen sind jene stückweise kubischen Interpolationsfunktionen $s(x)$, für die nicht das Funktional (9.68), sondern

$$\sum_{i=0}^{k-1} \left(w_i \int_{t_i}^{t_{i+1}} [g''(t)]^2 dt \right) + \sum_{i=0}^{k} \nu_i [g'(t_i)]^2 \qquad \text{mit allen} \quad w_i, \nu_i \geq 0$$

minimal ist. Zusätzlich zu (9.70) gilt für diese Splinefunktionen auch

$$\lim_{w_i \to \infty} s''(t) = 0 \qquad \text{für alle} \quad t \in [t_i, t_{i+1}).$$

Dem Anwender stehen damit *zwei* Parametervektoren ν und ω zur Verfügung, mit denen er die Gestalt der Interpolationsfunktion beeinflussen kann:

$\nu_i \geq 0$ ist die Spannung am i-ten Punkt (*point tension*);

$w_i > 0$ ist das Intervallgewicht (*interval weight*) des i-ten Intervalls $[t_i, t_{i+1})$.

Der Einfluß dieser Parameter auf die Gestalt ebener ν-Spline*kurven* wird in den Abbildungen 9.44 und 9.45 gezeigt.

Theoretische Analysen und praktische Anwendungen gewichteter ν-Splinefunktionen im CAD-Bereich findet man bei Foley [197].

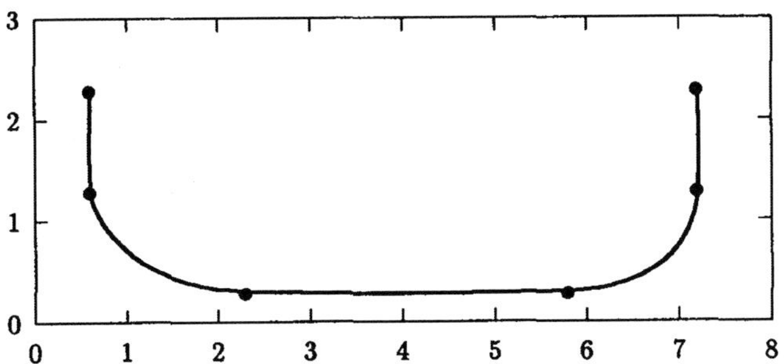

Abb. 9.44: Gewichtete ν-Splinekurven mit $\nu = (0, 0, 0, 0, 0, 0)$, $w = (10, 1, 20, 1, 10)$

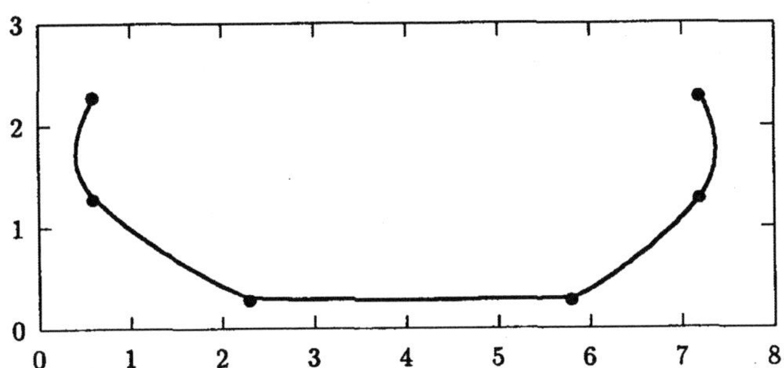

Abb. 9.45: Gewichtete ν-Splinekurven mit $\nu = (1, 1, 40, 40, 1, 1)$, $w = (1, 1, 1, 1, 1)$

Berechnung von ν-Splines

Soll die gesuchte ν-Splinefunktion die natürlichen Randbedingungen

$$\nu_0 s'(a) - s''(a+) = 0,$$
$$\nu_k s'(b) - s''(b-) = 0$$

erfüllen, so erhält man für die $k+1$ Unbekannten $s_0', s_1', \ldots, s_k'$ ein lineares Gleichungssystem mit Tridiagonalmatrix (Nielson [311]):

$$
\begin{bmatrix}
b_0 & c_0 & & & & 0 \\
a_1 & b_1 & c_1 & & & \\
& a_2 & \ddots & \ddots & & \\
& & \ddots & b_{k-1} & c_{k-1} \\
0 & & & a_k & b_k
\end{bmatrix}
\begin{bmatrix}
s_0' \\
s_1' \\
\vdots \\
s_{k-1}' \\
s_k'
\end{bmatrix}
=
\begin{bmatrix}
r_0 \\
r_1 \\
\vdots \\
r_{k-1} \\
r_k
\end{bmatrix}.
$$

Für den Fall $y_1 = y_k$ kann man eine *periodische* ν-Splinefunktion mit $s_1' = s_k'$ berechnen. In diesem Fall erhält man das folgende lineare Gleichungssystem für die k Unbekannten $s_1', s_2', \ldots, s_k'$ (Nielson [311]):

$$
\begin{bmatrix}
b_1 & c_1 & & & & a_1 \\
a_2 & b_2 & c_2 & & & \\
 & a_3 & \ddots & \ddots & & \\
 & & \ddots & b_{k-1} & c_{k-1} & \\
c_k & & & & a_k & b_k
\end{bmatrix}
\begin{bmatrix}
s_1' \\
s_2' \\
\vdots \\
s_{k-1}' \\
s_k'
\end{bmatrix}
=
\begin{bmatrix}
r_1 \\
r_2 \\
\vdots \\
r_{k-1} \\
r_k
\end{bmatrix} .
$$

Die beiden Koeffizientenmatrizen für die Berechnung der natürlichen und periodischen ν-Splinefunktionen sind tridiagonal bzw. zyklisch tridiagonal und positiv definit. Zur Auflösung der Gleichungssysteme kann man daher den Gaußschen Eliminationsalgorithmus, modifiziert für (zyklisch) tridiagonale Matrizen, anwenden, der in diesem Fall auch *ohne Pivotsuche* numerisch stabil ist.

9.8.3 Subspline-Interpolation nach Akima

Reduziert man die Forderung (9.48) maximaler Differenzierbarkeit der Splinefunktionen auf

$$ s \in C^m[a,b] \quad \text{mit} \quad m \in \{1, 2, \ldots, d-2\}, $$

so erhält man *Subsplines* (siehe Seite 435), die man so wählen kann, daß sie auf *lokale* Interpolationsverfahren führen und auch eine dem Problem angemessene „optische Form" besitzen.

Von H. Akima [82] stammt eine Subspline-Interpolationsmethode, die auf stetig differenzierbare, stückweise aus kubischen Polynomen zusammengesetzte Funktionen führt. Ähnlich wie beim manuellen Zeichnen einer Kurve werden bei dieser Interpolationsmethode jeweils nur die nächstgelegenen Datenpunkte für den Kurvenverlauf an einer bestimmten Stelle berücksichtigt; es handelt sich also um ein *lokales* Interpolationsverfahren.

Für die Bestimmung einer Näherung der Ableitung von s an der Stelle x_i werden insgesamt fünf Punkte, der betreffende Datenpunkt (x_i, y_i) und je zwei Nachbarpunkte auf beiden Seiten, verwendet. Man bestimmt zunächst die vier Differenzenquotienten

$$ d_j := \frac{\Delta y_j}{\Delta x_j} = \frac{y_{j+1} - y_j}{x_{j+1} - x_j}, \quad j = i-2, \, i-1, \, i, \, i+1, $$

für die vier Teilintervalle

$$ [x_{i-2}, x_{i-1}], \quad [x_{i-1}, x_i], \quad [x_i, x_{i+1}], \quad [x_{i+1}, x_{i+2}] $$

und berechnet aus diesen eine Näherung für die erste Ableitung $s_i' := s'(x_i)$ der Interpolationsfunktion $s(x)$ nach folgender heuristischer Überlegung: Je weniger sich die zwei links von x_i gelegenen Differenzenquotienten d_{i-2} und d_{i-1} voneinander unterscheiden, desto eher soll $s_i' \approx d_{i-1}$ gelten. Eine analoge Bedingung wird für d_i und d_{i+1} gefordert. Speziell für übereinstimmende y-Werte

$$ y_{i-2} = y_{i-1} = y_i, \quad \text{und somit} \quad d_{i-2} = d_{i-1} = 0 $$

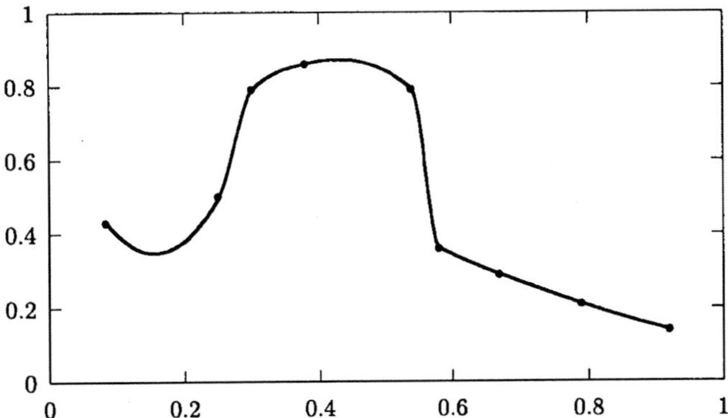

Abb. 9.46: Interpolation von 9 Datenpunkten durch die „klassische" Akima-Interpolation

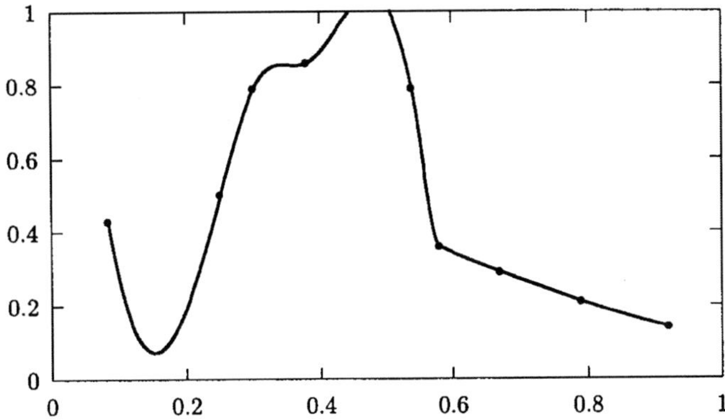

Abb. 9.47: Interpolation durch die *modifizierte* Akima-Interpolation vom Grad 3

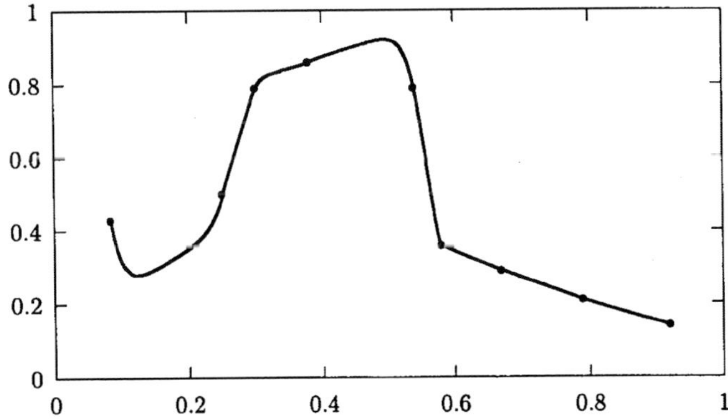

Abb. 9.48: Interpolation durch die *modifizierte* Akima-Interpolation vom Grad 10

soll $s_i' = 0$ gelten, damit ein Überschwingen der Interpolationsfunktion vermieden wird. Auf der Grundlage dieser heuristisch-intuitiven Überlegungen definiert man

$$s_i' := \frac{w_{i-1}d_{i-1} + w_i d_i}{w_{i-1} + w_i} \tag{9.71}$$

mit den Gewichten

$$\begin{aligned} w_{i-1} &:= |d_{i+1} - d_i| \\ w_i &:= |d_{i-1} - d_{i-2}|. \end{aligned}$$

Sonderfälle ergeben sich bei der Übereinstimmung von Differenzenquotienten:

$$s_i' := d_{i-1}, \qquad \text{wenn} \qquad d_{i-2} = d_{i-1} \quad und \quad d_i \neq d_{i+1};$$

$$s_i' := d_i, \qquad \text{wenn} \qquad d_i = d_{i+1} \quad und \quad d_{i-2} \neq d_{i-1};$$

$$s_i' := d_{i-1} = d_i, \qquad \text{wenn} \qquad d_{i-1} = d_i.$$

Für $d_{i-2} = d_{i-1} \neq d_i = d_{i+1}$ kann s_i' nicht mit Hilfe der Formel (9.71) ermittelt werden. In diesem Sonderfall definiert man

$$s_i' := \frac{d_{i-1} + d_i}{2}.$$

Wenn man zu k gegebenen Datenpunkten $(x_1, y_1), (x_2, y_2), \ldots, (x_k, y_k)$ eine interpolierende Funktion nach der Methode von Akima bestimmen will, so ist die Formel (9.71) in den Randintervallen *nicht* unmittelbar dafür geeignet. Um (9.71) auch dort anwenden zu können, werden auf beiden Seiten des Intervalls $[x_1, x_k]$ jeweils zwei Hilfspunkte aus den Daten geschätzt, die einem parabelförmigen Kurvenverlauf außerhalb von $[x_1, x_k]$ entsprechen. So wird z. B. rechts von x_k der Ansatz

$$P_2(x) = a_0 + a_1(x - x_k) + a_2(x - x_k)^2 \tag{9.72}$$

gemacht. Die Koeffizienten a_0, a_1 und a_2 sind durch (x_{k-2}, y_{k-2}), (x_{k-1}, y_{k-1}) und (x_k, y_k) bestimmt. Unter der Annahme

$$x_{k+2} - x_k = x_{k+1} - x_{k-1} = x_k - x_{k-2}$$

kann man aus (9.72) die Werte $y_{k+1} := P_2(x_{k+1})$ und $y_{k+2} := P_2(x_{k+2})$ bestimmen. Für die Differenzenquotienten ergibt sich

$$d_{k+1} - d_k = d_k - d_{k-1} = d_{k-1} - d_{k-2}$$

und daraus

$$\begin{aligned} d_k &:= 2d_{k-1} - d_{k-2} \\ d_{k+1} &:= 2d_k - d_{k-1}. \end{aligned}$$

Für den linken Randbereich gilt analog

$$\begin{aligned} d_0 &:= 2d_1 - d_2 \\ d_{-1} &:= 2d_0 - d_1. \end{aligned}$$

Software (Akima-Interpolation) Eine stückweise kubische Interpolationsfunktion nach der Methode von H. Akima berechnet das Unterprogramm `IMSL/MATH-LIBRARY/csakm`. Es liefert dabei die Koeffizienten jedes Teilpolynoms der Interpolationsfunktion. Die so erhaltene Funktion kann dann z. B. mit `IMSL/MATH-LIBRARY/csval` ausgewertet werden (siehe Abb. 9.46).

Software (Modifizierte Akima-Interpolation) Eine *modifizierte* Version der Akima-Interpolation, die das Überschwingen nicht so stark dämpft wie die „klassische" Version, ist in den Programmen `NETLIB/TOMS/697` implementiert (siehe Abb. 9.47). Von diesem modifizierten Verfahren werden – im Gegensatz zur ursprünglichen Akima-Interpolation – kubische Polynome exakt reproduziert. Die modifizierten Programme verwenden auf Wunsch auch Polynome mit höherem Grad als $d = 3$ (siehe Abb. 9.48).

Vorteile der Akima-Interpolation

Die Akima-Methode ist ein sehr effizientes Interpolationsverfahren mit günstigen „optischen" Eigenschaften, das unter anderem für Visualisierungsanwendungen gut geeignet ist. Sie zeichnet sich aus durch

Rechenzeit-Effizienz: Auf Grund der lokalen Definition ist keine Auflösung eines Gleichungssystems zur Bestimmung der Koeffizienten der Interpolationsfunktion erforderlich; sehr gute Parallelisierbarkeit ist damit gegeben.

Speicherplatz-Effizienz: Zusätzlich zu den gegebenen Daten sind nur die Hilfspunkte für die Randzonen zu speichern, d. h., die Akima-Interpolation findet mit dem geringstmöglichen Speicherbedarf das Auslangen.

9.9 Multivariate Interpolation

In allen bisherigen Abschnitten wurden nur univariate Interpolationsfunktionen

$$g : B \subset \mathbb{R} \to \mathbb{R}$$

für Stützstellen $x_1, \ldots, x_k \in \mathbb{R}$ behandelt. Soferne mehrdimensionale Daten

$$(x_1, y_1), \ (x_2, y_2), \ \ldots, \ (x_k, y_k) \in \mathbb{R}^n \times \mathbb{R}$$

interpoliert werden sollen, benötigt man *multivariate* Interpolationsfunktionen

$$g : B \subset \mathbb{R}^n \to \mathbb{R}.$$

Hinsichtlich der Lage der Stützstellen $x_1, \ldots, x_k \in \mathbb{R}^n$ ist folgende Fallunterscheidung zweckmäßig:

Gitterförmig angeordnete Daten beruhen auf einer regulär angeordneten Stützstellenmenge (siehe Abb. 9.49)

$$\{(x_{1j_1}, x_{2j_2}, \ldots, x_{nj_n}) : x_{ij_i} \in \{x_{i1}, \ldots, x_{ik_i}\}, \ i - 1, 2, \ldots, n\}.$$

Nicht-gitterförmig angeordnete Daten sind auf einer systematisch oder unsystematisch von der Gitterstruktur abweichenden Stützstellenmenge vorgegeben (siehe Abb. 9.50).

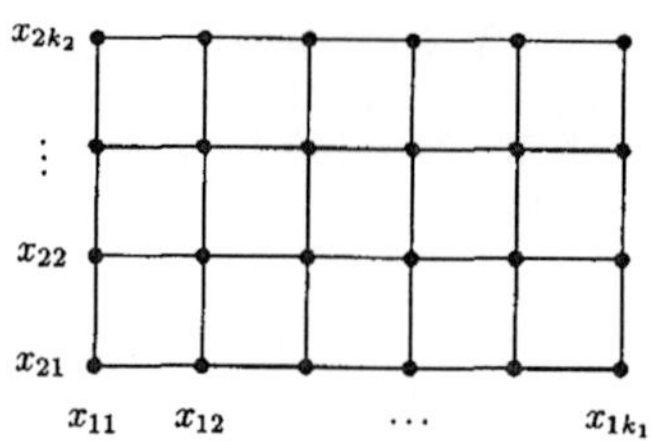
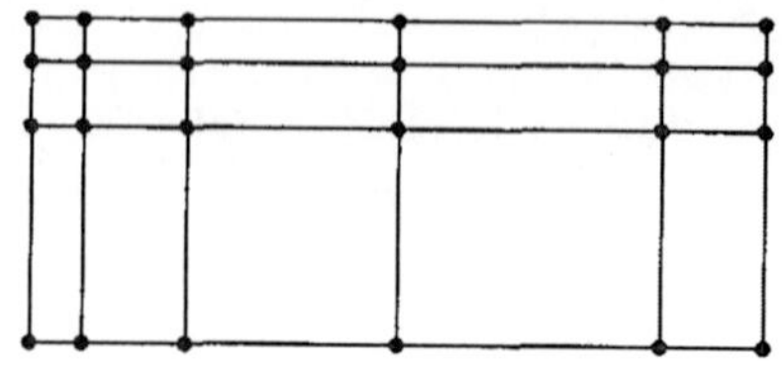

Abb. 9.49: Zweidimensionale Gitter: äquidistant und nicht-äquidistant.

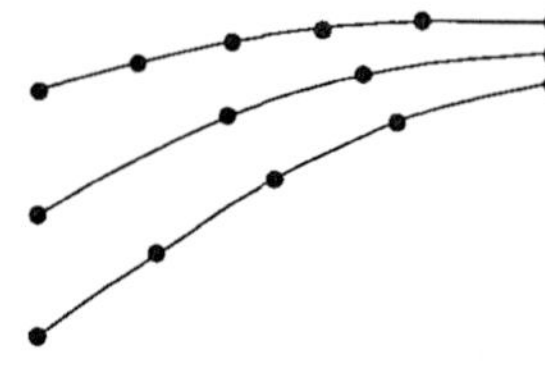
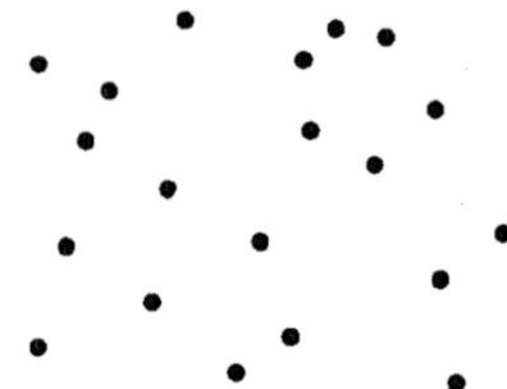

Abb. 9.50: Nicht-gitterförmig angeordnete Punkte: systematisch und unsystematisch.

9.9.1 Tensorprodukt-Interpolation

Bei gitterförmig angeordneten Daten kann man eine multivariate Interpolations-funktion durch einen Produktansatz

$$g(x_1, \ldots, x_n) := g_1(x_1) \cdot g_2(x_2) \cdot \cdots \cdot g_n(x_n) \tag{9.73}$$

mit Hilfe von n univariaten Interpolationsfunktionen

$$g_i : B_i \subseteq \mathbb{R} \to \mathbb{R}, \quad i = 1, 2, \ldots, n, \tag{9.74}$$

erhalten.

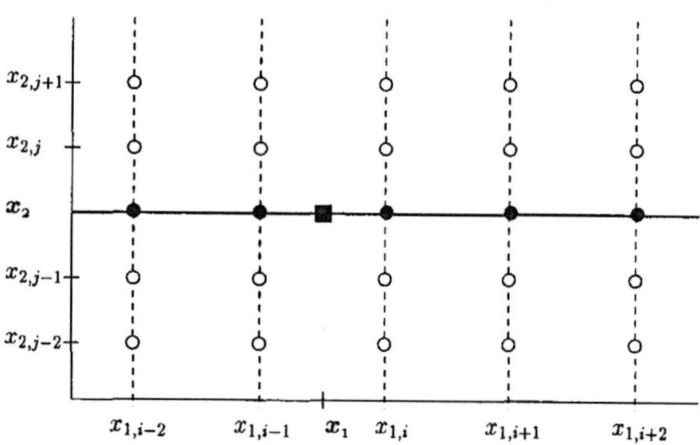

Abb. 9.51: Zweidimensionale Tensorprodukt-Interpolation an der Stelle (x_1, x_2)

Beispiel (Zweidimensionale Tensorprodukt-Interpolation)   Sind Daten auf einem zwei-dimensionalen Gitter gegeben, so kann man den Wert der Interpolationsfunktion $g_1(x_1) \cdot g_2(x_2)$

an der Stelle (x_1, x_2) durch mehrfache eindimensionale Interpolation ermitteln. Wenn man g_2 zu den Knotenpunkten

$$\ldots, (x_{1,i-2}, x_{2,j-2}), (x_{1,i-2}, x_{2,j-1}), \ldots, (x_{1,i-2}, x_{2,j+1}), \ldots$$
$$\ldots, (x_{1,i-1}, x_{2,j-2}), (x_{1,i-1}, x_{2,j-1}), \ldots, (x_{1,i-1}, x_{2,j+1}), \ldots$$
$$\vdots$$
$$\ldots, (x_{1,i+2}, x_{2,j-2}), (x_{1,i+2}, x_{2,j-1}), \ldots, (x_{1,i+2}, x_{2,j+1}), \ldots$$

ermittelt und jeweils an der Stelle x_2 auswertet, so erhält man an den in Abb. 9.51 mit ● markierten Punkten Funktionswerte. Interpoliert man diese Werte durch g_1 und wertet an der Stelle x_1 aus, so erhält man an dem mit ■ markierten Punkt (x_1, x_2) den gewünschten Wert der bivariaten Interpolationsfunktion.

Wenn die univariaten Interpolationsfunktionen (9.74) durch die Daten eindeutig bestimmt sind, dann ist es auch deren Produktfunktion (9.73). So eignen sich z. B. univariate Polynome oder Splinefunktionen zur Tensorprodukt-Interpolation.

Wegen der Gefahr zu starken Oszillierens sollten bei Polynomen auf äquidistanten Gittern keine zu hohen Grade verwendet werden, sondern es sollte eher stückweise Interpolation zum Einsatz kommen.

Beispiel (Bilineare Polynominterpolation) Interpoliert man auf einem Teilrechteck $[x_{11}, x_{12}] \times [x_{21}, x_{22}]$ eines zweidimensionalen Gitters zunächst in der einen und dann in der anderen Achsenrichtung durch Polynome vom Grad 1, so erhält man das bilineare Polynom

$$P(x_1, x_2) = a_{00} + a_{10}x_1 + a_{01}x_2 + a_{11}x_1x_2,$$

das durch die vier Werte $y_{11}, y_{12}, y_{21}, y_{22}$ an den Eckpunkten $(x_{11}, x_{21}), \ldots, (x_{12}, x_{22})$ eindeutig bestimmt ist (siehe Abb. 9.52).

9.9.2 Triangulation

Bei nicht-gitterförmig angeordneten Datenpunkten wird oft eine Zerlegung des Definitionsgebietes vorgenommen, bei der die gegebenen Stützstellen die Eckpunkte der Teilbereiche bilden.

Im zweidimensionalen Fall verbindet man oft benachbarte Stützstellen so miteinander, daß ein *Dreiecksnetz* (*Dreiecksgitter*) entsteht. Die entstehende *Triangulation* ist nicht eindeutig – sie kann aber nach bestimmten Kriterien „optimiert" werden. So ist es z. B. für viele Anwendungen sinnvoll, darauf zu achten, daß die Winkel der Dreiecke nicht „zu spitz" werden (siehe Abb. 9.54 auf Seite 471).

Auf den Dreiecken der Triangulation kann dann jeweils eine separate Interpolationsfunktion zur Anwendung gelangen.

Beispiel (Lineare Interpolation auf Dreiecken) Sind an drei verschiedenen (nicht auf einer Geraden liegenden) Punkten $P_1, P_2, P_3 \in \mathbb{R}^2$ Werte y_1, y_2, y_3 gegeben, so wird damit eine Ebene

$$P(x_1, x_2) = a_{00} + a_{10}x_1 + a_{01}x_2$$

eindeutig bestimmt (siehe Abb. 9.53). Wird eine derartige lineare Interpolation auf allen Dreiecken einer Triangulation durchgeführt, so ergibt sich eine bivariate stetige Interpolationsfunktion auf der konvexen Hülle der Stützstellen.

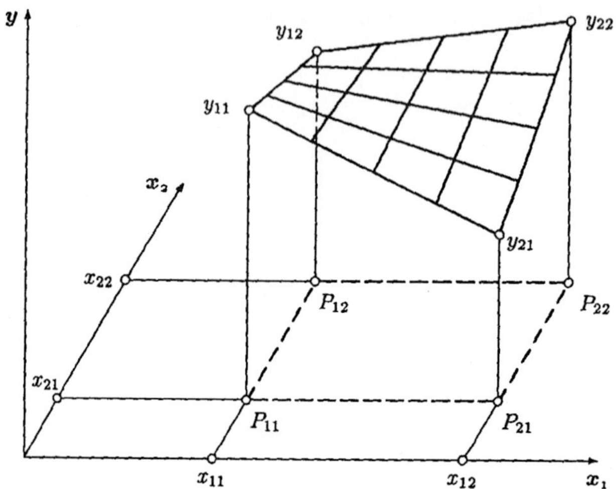

Abb. 9.52: Bilineare Polynominterpolation (*hyperbolisches Paraboloid*)

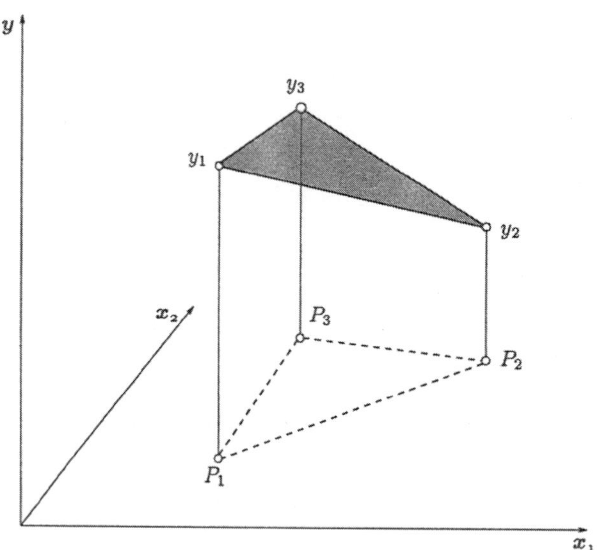

Abb. 9.53: Lineare Interpolation (*interpolierende Ebene*)

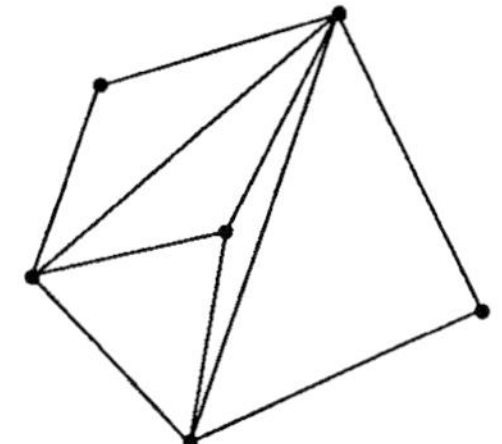 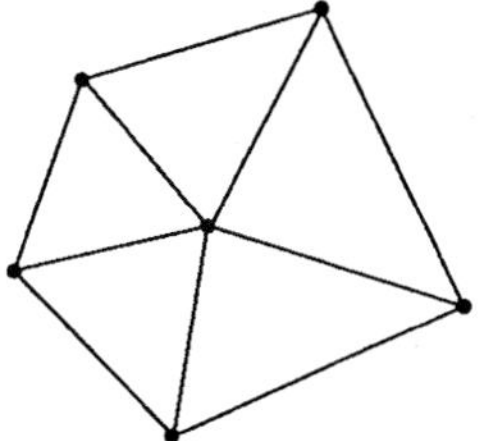

Abb. 9.54: Ungünstige und günstige Triangulation

9.10 Multivariate Polynom-Interpolation

Die Menge *aller* multivariaten Polynome in n Variablen $\mathbb{P}^n$ ist ein unendlichdimensionaler Vektorraum über dem Körper der reellen Zahlen.

Die einfachsten multivariaten Polynome sind die multivariaten *Monome* $x_1^{d_1} x_2^{d_2} \cdots x_n^{d_n}$. Als Schreibweise für Monome gibt es die Kurzform

$$x^D := x_1^{d_1} \cdot \cdots \cdot x_n^{d_n} \qquad \text{mit} \qquad D = (d_1, d_2, \ldots, d_n) \in \mathbb{N}_0^n.$$

Die Menge aller Monome $\{x^D\}$ bildet eine Basis des Raumes $\mathbb{P}^n$, d.h., jedes Polynom $P \in \mathbb{P}^n$ kann in eindeutiger Weise als Linearkombination einer endlichen Anzahl von Monomen dargestellt werden:

$$P = \sum_{j=1}^{J} a_j x^{D_j}, \quad a_j \neq 0, \quad j = 1, 2, \ldots, J.$$

Der *Grad eines Monoms* x^D wird durch

$$\deg x^D := \|D\|_1 = d_1 + d_2 + \cdots + d_n$$

und der *Grad eines allgemeinen multivariaten Polynoms*

$$P = \sum_{j=1}^{J} a_j x^{D_j}$$

durch

$$d := \deg P := \max\{\|D_1\|_1, \|D_2\|_1, \ldots, \|D_J\|_1\}$$

definiert. Die Menge aller n-variaten Polynome vom Maximalgrad d

$$\mathbb{P}_d^n := \{P \in \mathbb{P}^n : \deg P \leq d\}$$

ist ein linearer Unterraum von $\mathbb{P}^n$. Als lineare Hülle der Monome

$$\mathbb{P}_d^n = \operatorname{span}\{x^D \; : \; \deg x^D \leq d\}$$

ist $\mathbb{P}_d^n$ ein endlichdimensionaler Raum, dessen Dimension von n und m abhängt (Stroud [377]):[10]

$$\dim(d, n) := \dim \mathbb{P}_d^n = |\{x^D \; : \; \deg x^D \leq d\}| = \binom{n+d}{n}.$$

---

[10] $|S|$ bezeichnet hier die Anzahl der Elemente einer endlichen Menge S.

Die folgende Tabelle zeigt das schnelle Wachstum von $dim(d, n)$, der Anzahl der Koeffizienten eines Polynoms, mit zunehmender Dimension n und zunehmendem Grad d.

n	$d = 1$	$d = 5$	$d = 10$	$d = 15$
1	2	6	11	16
5	6	252	3 003	15 504
10	11	3 003	184 756	3 268 760
15	16	15 504	3 268 760	155 117 520

Polynomiale Modellfunktionen

Entscheidend bei der Ermittlung von Approximationsfunktionen ist die Frage, aus welchen linearen Räumen von Modellfunktionen $\mathcal{M}_\mathbb{P}$ die approximierenden Polynome gewählt werden sollen. Um den Verfahrensfehler möglichst klein zu halten, sollte $\mathcal{M}_\mathbb{P}$ so gewählt werden, daß für eine relevante Klasse von Funktionen $\mathcal{F}$ alle $f \in \mathcal{F}$ mit möglichst hoher Genauigkeit durch Polynome $P \in \mathcal{M}_\mathbb{P}$ approximiert werden können.

Für $n \geq 2$ besagt der *verallgemeinerte* Approximationssatz von Weierstraß (Conway [36]), daß stetige multivariate Funktionen auf kompakten Mengen beliebig genau durch Polynome $P \in \mathbb{P}_d^n$ approximiert werden können, vorausgesetzt, der Polynomgrad d wird hinreichend groß gewählt. Die Taylor-Entwicklung einer (multivariaten) Funktion f legt nahe, daß man eine hohe Approximationsgüte schon für niedrige Polynomgrade d erreichen kann, falls f glatt ist. Aus beiden Gründen scheint die Wahl der Polynomräume $\mathbb{P}_d^n$, $d = 1, 2, \ldots$, als Modellfunktionen wohlbegründet zu sein.

$\mathbb{P}_d^n$ kann aber nur dann eine geeignete Wahl für den Raum $\mathcal{M}_\mathbb{P}$ sein, wenn die (auf Grund anderer, noch zu erläuternder Umstände) erforderliche Dimension von $\mathcal{M}_\mathbb{P}$ mit einer Dimension $\dim \mathbb{P}_d^n$ der Räume $\mathbb{P}_d^n$, $d = 1, 2, 3, \ldots$, zusammenfällt. Wenn dies nicht der Fall ist, gibt es keine natürliche Wahl für den Raum der Modellfunktionen $\mathcal{M}_\mathbb{P}$: Ohne zusätzliche Information über die Eigenschaften eines konkret gegebenes Approximationsproblems gibt es keinerlei Grund, anzunehmen, eine bestimmte Wahl von $\mathcal{M}_\mathbb{P}$ – wobei $\mathcal{M}_\mathbb{P}$ die geforderte Dimension besitzt – würde für eine allgemeine Klasse $\mathcal{F}$ von Funktionen eine generell höhere Approximationsgenauigkeit liefern als andere Räume $\mathcal{M}_\mathbb{P}$.

Interpolation mit multivariaten Polynomen

Die Aufgabe besteht darin, mit Polynomen P aus einem endlichdimensionalen linearen Raum von polynomialen Modellfunktionen $\mathcal{M}_\mathbb{P}$ vorgegebene Funktionswerte $f(x_1), f(x_2), \ldots, f(x_k) \in \mathbb{R}$ an k verschiedenen Punkten

$$x_1, x_2, \ldots, x_k \in \mathbb{R}^n, \quad n \geq 2$$

zu interpolieren. Für beliebig vorgegebene Funktionswerte $f(x_1), f(x_2), \ldots, f(x_k)$ kann dieses Interpolationsproblem dann und nur dann gelöst werden, wenn die durch

$$l_i P := P(x_i), \quad i = 1, 2, \ldots, k,$$

definierten linearen Funktionale $l_1, l_2, \ldots, l_k \; : \; \mathcal{M}_\mathbb{P} \to \mathbb{R}$ auf $\mathcal{M}_\mathbb{P}$ linear unabhängig sind (Davis [38]). Wenn diese Bedingung erfüllt ist, so ist das Interpolationspolynom genau dann eindeutig, wenn $\dim \mathcal{M}_\mathbb{P} = k$.

Aus dem bisher Gesagten ergibt sich, daß die Räume von Modellfunktionen $\mathbb{P}_d^n$ nur dann zur Lösung des Interpolationsproblems geeignet sein können, wenn die Dimension $\dim \mathbb{P}_d^n$ der Anzahl der verschiedenen Interpolationspunkte $x_1, x_2, \ldots, x_k$ entspricht. Wenn k mit keiner Dimension $\dim \mathbb{P}_d^n$ der Räume $\mathbb{P}_d^n$, $d = 1, 2, 3, \ldots$, zusammenfällt, gibt es keine natürliche Wahl für den Raum der Modellfunktionen $\mathcal{M}_\mathbb{P}$. Aus diesem Grund läßt sich das Interpolationsprinzip *nicht* dazu verwenden, für eine allgemeine Anzahl k von Abszissen Approximationsfunktionen zu konstruieren.

Beispiel (Anzahl der Interpolationspunkte) Die Interpolation der Daten

$$(x_i, f(x_i)) \in \mathbb{R}^5 \times \mathbb{R}, \quad i = 1, 2, \ldots, k,$$

ist nur dann unmittelbar möglich, wenn die Anzahl der Koeffizienten $dim(d, 5)$ der Polynome $P \in \mathbb{P}_d^5$ mit k zusammenfällt:

d	1	2	3	4	5	6	$\ldots$
$dim(d, 5)$	6	21	56	126	252	462	$\ldots$

Die Interpolation von $k = 32$ Punkten erfordert z. B. die Definition eines speziellen 32-dimensionalen Teilraums $\mathcal{M}_\mathbb{P}$ von $\mathbb{P}_3^5$, $\mathbb{P}_4^5$ oder $\mathbb{P}_5^5 \ldots$. Für die Wahl eines derartigen Teilraums gibt es im Prinzip unendlich viele Möglichkeiten. Selbst wenn man nach dem Prinzip der Aufwandsminimierung vorgeht, bleibt noch immer eine sehr große Menge von möglichen Definitionen für $\mathcal{M}_\mathbb{P}$, von denen keine a priori ausgezeichnet ist.

Selbst wenn die Anzahl k der Interpolationspunkte gleich der Dimension einer der Räume $\dim \mathbb{P}_d^n$ ist, kann es noch vorkommen, daß die Funktionale $l_1, l_2, \ldots, l_k$ *nicht* linear unabhängig auf $\mathbb{P}_d^n$ sind. In diesem Fall ist das Interpolationspolynom $P \in \mathbb{P}_d^n$ für die vorgegebenen Funktionswerte $f(x_1), f(x_2), \ldots, f(x_k)$ entweder nicht eindeutig bestimmt oder existiert überhaupt nicht. Der Interpolationsansatz läßt sich also auch dann *nicht* als allgemein verwendbares Prinzip zur Konstruktion von Approximationsfunktionen verwenden, wenn die Anzahl der Abszissen speziell als $k := \dim \mathbb{P}_d^n$ gewählt wird.

Beispiel (Nicht-Existenz und Nicht-Eindeutigkeit interpolierender Polynome) Eine Funktion $f \colon \mathbb{R}^2 \to \mathbb{R}$ soll an den Punkten

$$x_1 = (0, 0), \quad x_2 = (1/2, 1/2) \quad \text{und} \quad r_0 = (1, 1)$$

durch ein Polynom $P_1 \in \mathbb{P}_1^2 = \mathrm{span}\{1, x_1, x_2\}$ interpoliert werden. Obwohl in diesem Fall die Anzahl der Interpolationspunkte gleich der Dimension von $\mathbb{P}_1^2$ ist, kann dieses spezielle Interpolationsproblem nicht allgemein gelöst werden.

Da die Funktionen in $\mathbb{P}_1^2$ affin sind und alle drei Interpolationsabszissen auf einer Geraden liegen, kann die Funktion f dann und nur dann an den Stellen x_1, x_2 und x_3 interpoliert werden, wenn die Punkte $(x_1, f(x_1))$, $(x_2, f(x_2))$, $(x_3, f(x_3))$ auf einer Geraden des $\mathbb{R}^3$ liegen. Wenn dies tatsächlich zutrifft, existiert zwar ein Interpolationspolynom $P_1 \in \mathbb{P}_1^2$, es kann aber nicht eindeutig sein, da mit P_1 auch alle Polynome der Form $P_1 + \lambda(x_1 - x_2) \in \mathbb{P}_1^2$ die Interpolationsbedingungen erfüllen.

9.11 Multivariate (Sub-) Spline-Interpolation

Um die Auswirkungen verschiedener Stützstellenanordnungen deutlich zu machen, wurden zwei Datensätze verwendet:

- *Gitterförmig angeordnete Daten* auf einem 10×10-Gitter auf B.

- *Nicht-gitterförmig angeordnete Daten*: Dabei wurden 60 zufällig verteilte Datenpunkte im Inneren von B und 10 Stützstellen am Rand von B gewählt.

Beispiel (Bivariate Funktion)   Um einige multivariate Interpolationsprogramme demonstrieren zu können (siehe Abb. 9.55, Abb. 9.56 und Abb. 9.57), werden im folgenden Daten der bivariaten Funktion

$$f(x,y) := -\exp(-(x+1.5)^2 - (y+1)^2)$$

auf dem Bereich $B := [-3,3] \times [-3,3]$ herangezogen. Die linke Graphik in Abb. 9.55 zeigt eine Höhenliniendarstellung von f auf B. Dunklere Grautöne symbolisieren kleinere Funktionswerte; f hat an der Stelle $(x^*, y^*) = (-1.5, -1)$ ein absolutes (globales) Minimum. Werte der Interpolationsfunktionen $g(x,y) > 0$ werden in den Graphiken weiß dargestellt.

9.11.1 Tensorprodukt-Splinefunktionen

Das Prinzip der Tensorprodukt-Interpolation eignet sich sehr gut zur multivariaten Splineinterpolation auf gitterförmig angeordneten Daten.

Die einfachste Tensorprodukt-Splineinterpolation ist die bilineare Polynominterpolation (siehe Seite 469). Sie liefert eine stetige Interpolationsfunktion auf dem Rechteck $[x_{11}, x_{1k_1}] \times [x_{21}, x_{2k_2}]$. Das Prinzip der Tensorprodukt-Interpolation kann aber auf beliebige Splinefunktionen (höherer Ordnung) angewendet werden.

Software (Interpolation mit Tensorprodukt-Splinefunktionen)   Zur Interpolation einer Menge von Datenpunkten, die auf einem rechteckigen Raster liegen, mittels einer zweidimensionalen Tensorprodukt-Splinefunktion in B-Spline-Darstellung können die Unterprogramme `IMSL/MATH-LIBRARY/bs2in` und `CMLIB/b2ink` verwendet werden. Die analoge dreidimensionale Aufgabenstellung wird durch `IMSL/MATH-LIBRARY/bs3in` und `CMLIB/b3ink` gelöst. In allen Fällen müssen für jede Dimension die entsprechenden Koordinaten der Datenpunkte und der Grad der Splinefunktionen vorgegeben werden. Im Fall der beiden CMLIB-Unterprogramme können, sonst müssen für jede Dimension die Teilungspunkte der Splinefunktionen spezifiziert werden. Die Koeffizienten der Darstellung der Interpolationsfunktion als Linearkombination der Tensorprodukt-B-Splines werden geliefert.

Mittels `NAG/e01daf` kann die zweidimensionale kubische Tensorprodukt-Splineinterpolation zu auf einem rechteckigen Raster liegenden Datenpunkten berechnet werden (siehe Abb. 9.55). Auch hier werden die Koeffizienten der Tensorprodukt-B-Splinedarstellung geliefert.

Software (Tensorprodukt-Splineauswertung)   `IMSL/MATH-LIBRARY/bs2vl` wertet eine in B-Spline-Darstellung gegebene, bivariate Tensorprodukt-Splinefunktionen an einer vorgegebenen Stelle aus. `IMSL/MATH-LIBRARY/bs3vl` erfüllt die analoge trivariate Aufgabenstellung.

Das Programm `NAG/e02def` kann eine Liste von Werten einer zweidimensionalen kubischen Tensorprodukt-Splinefunktion, die durch ihre B-Spline-Darstellung gegeben ist, berechnen. Die Stellen, an denen ausgewertet werden soll, können dabei beliebig verteilt sein. Funktionswerte an Stellen, die auf einem zweidimensionalen Raster liegen, berechnet man dagegen einfacher mit Hilfe des Unterprogramms `NAG/e02dff`.

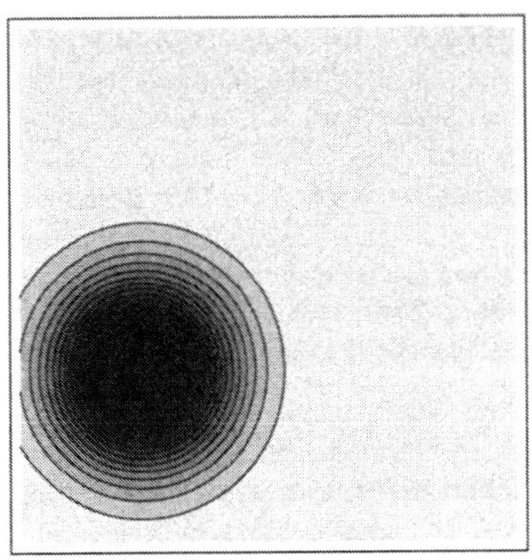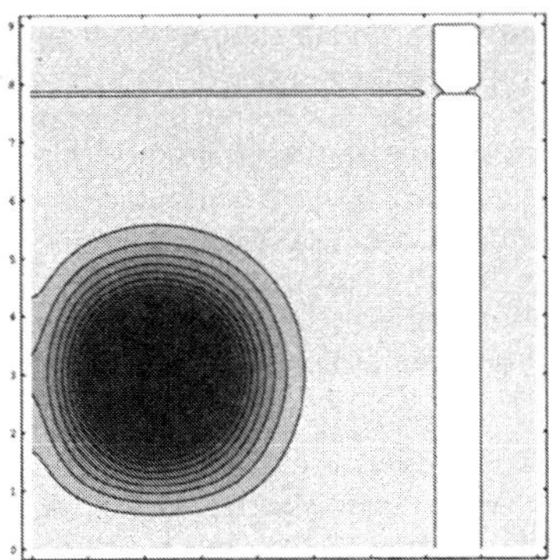

Abb. 9.55: *Links*: Schichtenliniendarstellung der Funktion, deren Werte interpoliert werden. *Rechts*: Interpolation von 10×10-Rasterdaten mittels **NAG/e01daf**.

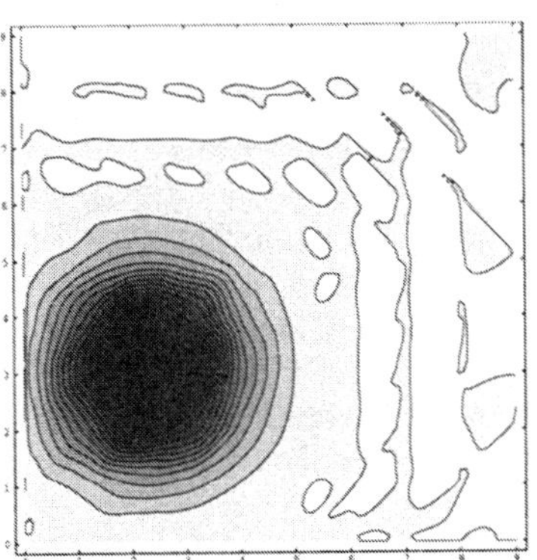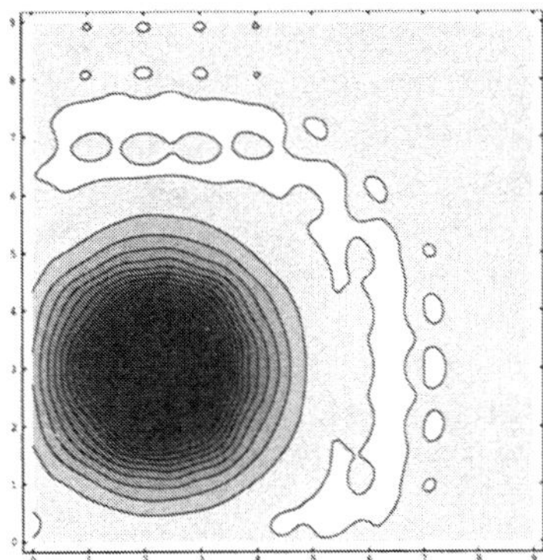

Abb. 9.56: *Links*: Interpolation von 10×10-Rasterdaten mittels **IMSL/MATH-LIBRARY/surf**. *Rechts*: Interpolation von 10×10-Rasterdaten mittels **NAG/e01sef**.

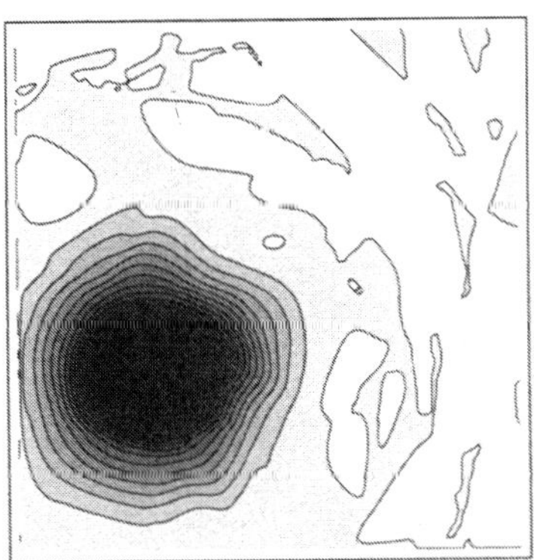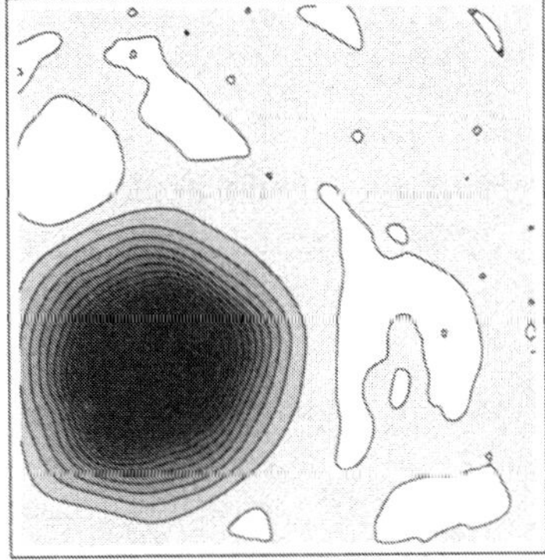

Abb. 9.57: *Links*: Interpolation von 60 Datenpunkten an zufällig gewählten Stellen mittels **IMSL/MATH-LIBRARY/surf**. *Rechts*: Interpolation von 60 zufällig verteilten Datenpunkten mittels **NAG/e01sef**.

Software (Ableitungen und Integrale von Tensorprodukt-Splinefunktionen) Mit dem Programm IMSL/MATH-LIBRARY/bs2dr kann der Wert einer beliebigen partiellen Ableitung einer bivariaten, in B-Spline-Darstellung gegebenen Tensorprodukt-Splinefunktion an einer vorgegebenen Stelle berechnet werden. Die Werte einer beliebigen partiellen Ableitung einer solchen Splinefunktion auf einem zweidimensionalen Rechtecksgitter berechnet IMSL/MATH-LIBRARY/bs2gd .

Das Unterprogramm IMSL/MATH-LIBRARY/bs2ig dient zur Berechnung eines bestimmten Integrales einer bivariaten, in B-Spline-Darstellung gegebenen Tensorprodukt-Splinefunktion über einem rechteckigen, parallel zu den Koordinatenachsen liegenden Integrationsbereich.

Zu jedem dieser IMSL-Unterprogramme gibt es eine trivariate Variante, die die entsprechende Aufgabe für dreidimensionale Tensorprodukt-Splinefunktionen erfüllt. Die Namen dieser Unterprogramme erhält man durch Ersetzen des Namensbestandteils bs2 durch bs3: IMSL/MATH-LIBRARY/bs3dr, IMSL/MATH-LIBRARY/bs3gd und IMSL/MATH-LIBRARY/bs3ig.

9.11.2 Polynomiale Interpolation auf Dreiecken

Um Daten mit unregelmäßig angeordneten Stützstellen im $\mathbb{R}^2$ mit Hilfe von stückweisen Polynomfunktionen zu interpolieren, wird zunächst eine Triangulation vorgenommen (siehe Abschnitt 9.9.2). Die Polynome auf den Teildreiecken werden nicht nur durch die drei Funktionswerte an den Eckpunkten, sondern auch durch Bedingungen hinsichtlich der Stetigkeit bzw. Differenzierbarkeit der Übergänge zu den Polynomen auf den Nachbardreiecken bestimmt. Bei manchen Algorithmen und Programmen wird auf den stetigen und/oder differenzierbaren Übergang zwischen den Teilpolynomen zugunsten vereinfachter Rechenabläufe verzichtet.

Software (Stückweise polynomiale Interpolation auf Dreiecksgittern) Das Unterprogramm IMSL/MATH-LIBRARY/surf interpoliert unregelmäßig verteilte Datenpunkte nach einer Methode von H. Akima [83] und wertet eine ganze Matrix von Funktionswerten an den Punkten eines Rechtecksgitters aus (siehe Abb. 9.57). IMSL/MATH-LIBRARY/surf basiert auf NETLIB/TOMS/526 . Die stetig differenzierbare Interpolationsfunktion ist dabei lokal (auf jedem Dreieck) ein bivariates Polynom fünften Grades.

Das Unterprogramm NAG/e01saf berechnet eine bivariate Interpolationsfunktion für unregelmäßig verteilte Stützstellen. Es beruht auf einer Methode von R. J. Renka und A. K. Cline [334] bzw. dem Programmpaket NETLIB/TOMS/624. Die Interpolationsfunktion ist bei dieser Methode stückweise kubisch und stetig differenzierbar. Der Wert dieser Funktion an einer Stelle kann dann mit dem Programm NAG/e01sbf berechnet werden.

In NETLIB/TOMS/684 wird entweder auf jedem Teildreieck (lokal) mit einem Polynom fünften oder neunten Grades interpoliert. Die Interpolationsfunktion ist dann entsprechend global entweder einmal oder zweimal stetig differenzierbar.

9.12 Andere Aufgaben und Methoden

In diesem Abschnitt wird kurz auf Interpolations-Software verwiesen, die entweder auf bisher nicht erwähnten Methoden und/oder nicht behandelten Problemstellungen beruht. Insbesondere finden hier solche Programme Erwähnung, die nicht auf einer Dreieckszerlegung des zweidimensionalen Grundbereiches und darauffolgender stückweiser polynomialer Interpolation basieren oder deren Grundbereich nicht zweidimensional ist. Bezüglich der zugrundeliegenden Algorithmen wird auf die Literatur verwiesen.

Software (Spezielle multivariate Interpolationsaufgaben und -methoden) Mit dem Unterprogramm `IMSL/MATH-LIBRARY/qd2vl` kann der Wert einer stückweise aus bivariaten quadratischen Polynomen zusammengesetzten Funktion, die auf einem Gitter gegebene Datenpunkte interpoliert, an einer Stelle (x, y) berechnet werden. Dabei wird jener Gitterpunkt (x_i, y_j) bestimmt, der (x, y) am nächsten gelegen ist, und jenes bivariate quadratische Interpolationspolynom berechnet, welches an den fünf Datenpunkten $(x_i, y_j), (x_{i\pm1}, y_j), (x_i, y_{j\pm1})$ sowie den nächstgelegenen Datenpunkten $(x_{i\pm1}, y_{j\pm1})$ die vorgegebenen Funktionswerte interpoliert. Man beachte, daß mit Ausnahme des Punktes (x_i, y_j) die Interpolationsknoten außerhalb des Definitionsbereichs des durch sie festgelegten bivariaten quadratischen Interpolationspolynoms liegen. Die Interpolationsfunktion ist im allgemeinen am Rand dieser Teilbereiche unstetig. Das Unterprogramm `IMSL/MATH-LIBRARY/qd2dr` kann den Wert einer beliebigen Ableitung dieser Funktion an einer vorgebbaren Stelle berechnen. Die Unterprogramme `IMSL/MATH-LIBRARY/qd3vl` und `IMSL/MATH-LIBRARY/qd3dr` erfüllen analoge Funktionen für dreidimensionale Interpolationsprobleme.

`NETLIB/TOMS/623` ist ein Programmpaket zur Berechnung einer stetig differenzierbaren Funktion, die Datenpunkte auf der Oberfläche einer (3D) Kugel interpoliert.

Mit dem Programm `NAG/e01sef` kann eine zweidimensionale Interpolationsfunktion für unregelmäßig verteilte Datenpunkte ermittelt werden (siehe Abb. 9.57). Hier wird zur Berechnung eine modifizierte Version der Methode von Shepard verwendet (Franke, Nielson [203]). Der Wert dieser Interpolierenden an einer Stelle wird mit Hilfe von `NAG/e01sff` ermittelt.

Die Programmpakete `NETLIB/TOMS/660` und `NETLIB/TOMS/661` dienen zur Berechnung von zwei- bzw. dreidimensionalen Interpolationsfunktionen für unregelmäßig verteilte Datenpunkte. Dabei wird ebenfalls eine modifizierten Methode von Shepard angewendet (Renka [333]).

In `NETLIB/TOMS/677` wird eine zweidimensionale glatte Interpolationsfunktion von beliebig verteilten Daten berechnet. Auf Grund der (von einem vorgebbaren Spannungsfaktor abhängenden) Glattheitseigenschaften eignet sich dieses Programm besonders für die Interpolation schnell variierender Funktionswerte. Durch geeignete Wahl des Spannungsfaktors kann das Aussehen der Funktion verändert und das Überschwingen im Bereich rascher Datenvariationen reduziert oder verhindert werden (Bacchelli-Montefusco, Casciola [96]).

Symbolverzeichnis

$M_1 \setminus M_2$	Mengendifferenz (M_1 minus M_2)
$M_1 \times M_2$	Kartesisches Produkt der Mengen M_1 und M_2
M^n	n-faches kartesisches Produkt der Menge M
$M^\perp$	orthogonales Komplement
$\{x, y, z, \dots\}$	Menge der Elemente x, y, z, $\dots$
$\{x_i\}$	Folge (Menge) der x_i, $i \in I \subseteq \mathbb{Z}$
(a, b)	Intervall von a bis b *ohne* die Endpunkte
$[a, b]$	Intervall von a bis b *einschließlich* der Endpunkte
$f : M_1 \to M_2$	Abbildung (Funktion) von M_1 in M_2
$f^{(m)}$	m-te Ableitung der Funktion f
$S := A$	Definition: S wird definiert durch A
$\approx$	ungefähre Gleichheit
$\sim$	asymptotische Äquivalenz
$\equiv$	Identität
$\doteq$	„entspricht"
$\lvert \cdot \rvert$	Absolutbetrag
$\lVert \cdot \rVert_F$	Frobenius-Norm
$\lVert \cdot \rVert_1$	Betragssummennorm
$\lVert \cdot \rVert_2$	Euklidische Norm
$\lVert \cdot \rVert_\infty$	Maximumnorm
$\lVert \cdot \rVert_p$	l_p- oder L_p-Norm
$\lVert \cdot \rVert_{p,w}$	l_p- oder L_p-Norm gewichtet mit w
$\langle u, v \rangle$	inneres Produkt (Skalarprodukt) der Vektoren u und v
$\oplus$	Direkte Summe von Räumen *oder* Summe modulo 2
$\circ : \mathbb{R} \times \mathbb{R} \to \mathbb{R}$	zweistellige (arithmetische) Operation
$\square : \mathbb{R} \to \mathbb{F}$	Rundungsfunktion
$\boxplus \ \boxminus \ \boxdot \ \boxslash$	Gleitpunkt-Addition, Gleitpunkt-Subtraktion etc.
$\boxcircle$	Gleitpunkt-Operation, allgemein
$\lceil x \rceil$	kleinste ganze Zahl größer oder gleich x
$\lfloor x \rfloor$	größte ganze Zahl kleiner oder gleich x
$\Delta_k g$	diskretisierte Funktion g (an k Punkten)
$\kappa_p(A)$	Konditionszahl $\lVert A \rVert_p \lVert A^+ \rVert_p$
$\lambda_i(x; K)$	Lebesgue-Funktion zur i-ten Zeile der Knotenmatrix K
$\lambda(A)$	Spektrum (Eigenwerte) der Matrix A
$\rho(A)$	Spektralradius der Matrix A
$\rho_A,\ \rho_b$	relativer Fehler der Matrix A, des Vektors b
μs	Mikrosekunden ($10^{-6}\,\mathrm{s}$)
∇	Gradient
$\varphi_{d,i},\ \sigma_{d,i}$	Basisfunktion (Spline)
Φ	Gaußsches Fehlerintegral
τ	geforderte Genauigkeit (Toleranz)
$\displaystyle\int_a^b f(x)\,dx$	bestimmtes Integral von a bis b über f
$\displaystyle\sum_{j=m}^{k} f(j)$	Summe $f(m) + f(m+1) + \cdots + f(k)$
$\sum{}'$	Summe mit Strich: Halbierung des ersten Summanden
$\sum{}''$	zweigestrichene Summe: Halbierung des ersten und letzten Summanden

ω_c	Nyquist-Frequenz
$A^\top, v^\top$	Transponierte der Matrix A, des Vektors b
A^H	konjugiert Transponierte von A
A^{-1}	Inverse der Matrix A
$A^{-\top}$	Inverse der Matrix $A^\top$
A^+	verallgemeinerte Inverse (Pseudoinverse) der Matrix A
$b_{d,i}$	Bernstein-Polynom
$\mathbb{C}$	Menge aller komplexen Zahlen
$\mathbb{C}^{m \times n}$	Menge aller komplexen $m \times n$-Matrizen
$C(\Omega)$, C	Menge aller stetigen Funktionen auf Ω bzw. $\mathbb{R}$ oder $\mathbb{R}^n$
$C^m(\Omega)$, C^m	Menge aller m-mal stetig differenzierbaren Funktionen auf Ω bzw. $\mathbb{R}$ oder $\mathbb{R}^n$
c^*	Parametervektor einer bestapproximierenden Funktion
$\mathrm{cond}_p(A)$	Konditionszahl $\|A\|_p\|A^+\|_p$ der Matrix A
$D(\cdot,\cdot)$	Abstandsfunktion
$D_{p,w}(\cdot,\cdot)$	Abstandsfunktion zur Norm $\| \cdot \|_{p,w}$
$\mathcal{D}$	Datenmenge
$\tilde{\mathcal{D}}$	geänderte (gestörte) Datenmenge
d	Grad (*degree*)
$\det(A)$	Determinate der Matrix A
$\mathrm{diag}(a_{11},\ldots,a_{nn})$	Diagonalmatrix
$\mathrm{diam}(M)$	Durchmesser einer Menge M
$\dim$	Dimension eines Raumes
$\mathrm{dist}(\cdot,\cdot)$	Abstandsfunktion, allgemein
div	Divergenz eines Vektorfeldes
$E_d(t; a_0,\ldots,a_d,\alpha_1,\ldots,\alpha_d)$	Exponentialsumme $a_0 + a_1 e^{\alpha_1 t} + \cdots + a_d e^{\alpha_d t}$
eps	relative Maschinengenauigkeit
$\mathcal{F}$	Funktionenklasse
$\mathbb{F}$	Menge aller Gleitpunktzahlen
$\mathbb{F}_D$	Menge aller *denormalisierten* Gleitpunktzahlen
$\mathbb{F}_N$	Menge aller *normalisierten* Gleitpunktzahlen
flop	Gleitpunktoperation (*floating point operation*)
$\mathcal{G}$, $\mathcal{G}_k$	Funktionenklasse (k-parametrig)
g^*	bestapproximierende Funktion
grad	Gradient
H_f	Hessesche Matrix $\nabla^2 f = (\mathrm{grad} f)'$
$\mathrm{I}(f; a, b)$	bestimmtes Integral von a bis b über $f : \mathbb{R} \to \mathbb{R}$
$\mathrm{I}(f; B)$	bestimmtes Integral auf $B \subseteq \mathbb{R}^n$ über $f : \mathbb{R}^n \to \mathbb{R}$
$K_\ddot{a}$	Knotenmatrix, äquidistant
K_c	Konditionszahl bzgl. der Koeffizienten
K_f	Konditionszahl bzgl. der Funktionswerte
$k_{F \leftarrow x}$	absolute (Grenz-) Konditionszahl
$K_{F \leftarrow x}$	relative (Grenz-) Konditionszahl
K_T	Knotenmatrix, Tschebyscheff-Nullstellen
K_U	Knotenmatrix, Tschebyscheff-Extrema
$\mathcal{K}_i(r, B)$	Krylov-Raum
$l_i : \mathcal{F} \to \mathbb{R}$	lineares Funktional
l_p	Menge aller unendlichen Folgen reeller Zahlen $\{a_i\}$, für die $\sum_{i=1}^\infty |a_i|^p$ konvergiert
$L^p[a,b]$, L^p	Menge aller Funktionen f, für die $\mathrm{I}(|f|^p; a, b)$ bzw. $\mathrm{I}(|f|^p; -\infty, \infty)$ existiert
$\mathrm{Lip}(F, B)$	Lipschitz-Norm von F auf B

$\ln$	natürlicher Logarithmus (Basis e)
$\log$, $\log_b$	Logarithmus (Basis b)
$\max M$	Maximum der Elemente von M
$\min M$	Minimum der Elemente von M
MK	Markowitz-Kosten
mod	Modulofunktion
ms	Millisekunden (10^{-3} s)
$\mathcal{N}(F)$	Nullraum (Defekt) der Abbildung F
$\mathbb{N}$	Menge aller natürlichen (positiven ganzen) Zahlen
$\mathbb{N}_0$	Menge aller natürlichen Zahlen *und* Null
$ND(A)$	Quadratsumme der Nichtdiagonalelemente der Matrix A
non-null(A)	Anzahl der Nichtnullelemente der Matrix A
non-null-block(B)	Anzahl der Nichtnullelemente der Blockmatrix B
ns	Nanosekunden (10^{-9} s)
$O(\cdot)$	Landausches Symbol
n	Dimension
$n_{1/2}$	Vektorlänge für $r_\infty/2$
$N^a(\cdot)$	adaptive Information
$N^{\mathrm{na}}(\cdot)$	nichtadaptive Information
$N_{d,i}$	B-Splinefunktion
$\mathbb{P}$, $\mathbb{P}_d$	Menge aller univariaten Polynome (vom Maximalgrad d)
$\mathbb{P}^n$, $\mathbb{P}^n_d$	Menge aller n-variaten Polynome (vom Maximalgrad d)
$P_d(x; c_0, \ldots, c_d)$	Polynom $c_0 + c_1 x + c_2 x^2 + \cdots + c_d x^d$
P_d^*	bestapproximierendes Polynom vom Maximalgrad d
P_F	Gleitpunktleistung [flop/s]
P_I	Instruktionenleistung
r_∞	asymptotische Ergebnisrate
$\mathbb{R}$	Menge aller reellen Zahlen
$\mathbb{R}_+$	Menge aller positiven reellen Zahlen
$\mathbb{R}_+^0$	Menge aller nichtnegativen reellen Zahlen
$\mathbb{R}^{m \times n}$	Menge aller reellen $m \times n$-Matrizen
$\mathbb{R}_D$	Menge aller von $\mathbb{F}_D$ überdeckten reellen Zahlen
$\mathbb{R}_N$	Menge aller von $\mathbb{F}_N$ überdeckten reellen Zahlen
$\mathbb{R}_{\mathrm{overflow}}$	Menge aller von $\mathbb{F}$ *nicht* überdeckten reellen Zahlen
$\mathcal{R}(F)$	Bildraum der Abbildung F
rang(A)	Rang der Matrix A
$S_d(x; a_0, \ldots, a_d, b_1, \ldots, b_d)$	trigonometrische Summe $a_0/2 + \sum_{j=1}^d (a_j \cos jx + b_j \sin jx)$
span	lineare Hülle (Menge aller Linearkombinationen)
$T_d \in \mathbb{P}_d$	Tschebyscheff-Polynom vom Grad d
$w(\cdot)$	Gewichtsfunktion
w_i	i-tes Integrationsgewicht
$\mathbb{Z}$	Menge aller ganzen Zahlen
$zz \cdots z_2$, $zz \cdots z_{10}$, $zz \cdots z_{16}$	Zahl in Binär-, Dezimal- bzw. Hexadezimaldarstellung

Literatur

Nachschlagewerke

[1] M. Abramowitz, I. A. Stegun: *Handbook of Mathematical Functions*, 10th ed. National Bureau of Standards, Appl. Math. Ser. No. 55, U. S. Government Printing Office, 1972.

[2] E. Anderson, Z. Bai, C. Bischof, J. Demmel, J. J. Dongarra, J. Du Croz, A. Greenbaum, S. Hammarling, A. McKenney, S. Ostrouchov, D. C. Sorensen: LAPACK *User's Guide.* SIAM Press, Philadelphia 1992.

[3] R. Barrett, M. Berry, T. Chan, J. Demmel, J. Donato, J. J. Dongarra, V. Eijkhout, R. Pozo, C. Romine, H. A. Van der Vorst: TEMPLATES *for the Solution of Linear Systems – Building Blocks for Iterative Methods.* SIAM Press, Philadelphia 1993.

[4] I. N. Bronstein, K. A. Semendjajew, G. Musiol, H. Mühlig: *Taschenbuch der Mathematik.* Harri Deutsch, Frankfurt am Main 1993.

[5] J. A. Brytschkow, O. I. Maritschew, A. P. Prudnikow: *Tabellen unbestimmter Integrale.* Harri Deutsch, Frankfurt am Main 1992.

[6] B. W. Char, K. O. Geddes, G. H. Gonnet, B. L. Leong, M. B. Monagan, S. M. Watt: MAPLE *Language Reference Manual.* Springer-Verlag, Berlin Heidelberg New York Tokyo 1991.

[7] J. Choi, J. J. Dongarra, D. W. Walker: PB-BLAS *Reference Manual.* Technical Report TM-12469, Mathematical Sciences Section, Oak Ridge National Laboratory, 1994.

[8] J. Choi, J. J. Dongarra, D. W. Walker, SCALAPACK *Reference Manual – Parallel Factorization Routines (LU, QR, and Cholesky), and Parallel Reduction Routines (HRD, TRD, and BRD).* Technical Report TM-12471, Mathematical Sciences Section, Oak Ridge National Laboratory, 1994.

[9] W. J. Cody, W. Waite: *Software Manual for the Elementary Functions.* Prentice-Hall, Englewood Cliffs 1981.

[10] T. F. Coleman, C. Van Loan: *Handbook for Matrix Computations.* SIAM Press, Philadelphia 1988.

[11] W. R. Cowell (Ed.): *Sources and Development of Mathematical Software.* Prentice-Hall, Englewood Cliffs 1984.

[12] J. J. Dongarra, J. R. Bunch, C. B. Moler, G. W. Stewart: LINPACK *User's Guide.* SIAM Press, Philadelphia 1979.

[13] J. J. Dongarra, R. A. Van de Geijn, R. C. Whaley: *A User's Guide to the* BLACS. Technical Report, University of Tennessee, 1993, Preprint.

[14] H. Engesser (Hrsg.), V. Claus, A. Schwill (Bearbeiter): *Duden „Informatik" – Sachlexikon für Studium und Praxis,* 2. Aufl. Dudenverlag, Mannheim Leipzig Wien Zürich 1993.

[15] B. S. Garbow, J. M. Boyle, J. J. Dongarra, C. B. Moler: *Matrix Eigensystem Routines – EISPACK Guide Extension.* Lecture Notes in Computer Science Vol. 51, Springer-Verlag, Berlin Heidelberg New York Tokyo 1977.

[16] J. F. Hart et al.: *Computer Approximations.* Wiley, New York 1968.

[17] High Performance Fortran Forum (HPFF): *High Performance Fortran Language Specification.* Version 1.0, 1993.

[18] IMSL Inc.: IMSL MATH/LIBRARY – *User's Manual,* Version 2.0, Houston 1991.

[19] IMSL Inc.: IMSL STAT/LIBRARY – *User's Manual,* Version 2.0, Houston 1991.

[20] E. Krol: *The Whole Internet – User's Guide and Catalog.* O'Reilly, Sebastopol 1992.

[21] J. J. Moré, S. J. Wright: *Optimization Software Guide.* SIAM Press, Philadelphia 1993.

[22] NAG Ltd.: *NAG Fortran Library Manual – Mark 16*. Oxford 1994.

[23] R. Piessens, E. de Doncker, C. W. Ueberhuber, D. K. Kahaner: QUADPACK – *A Subroutine Package for Automatic Integration*. Springer-Verlag, Berlin Heidelberg New York Tokyo 1983.

[24] S. Pittner, J. Schneid, C. W. Ueberhuber: *Wavelet Literature Survey*. Technical University Vienna, Wien 1993.

[25] W. H. Press, B. P. Flannery, S. A. Teukolsky, W. T. Vetterling: *Numerical Recipes in Fortran – The Art of Scientific Computing*, 2nd edn. Cambridge University Press, Cambridge 1992.

[26] W. H. Press, B. P. Flannery, S. A. Teukolsky, W. T. Vetterling: *Numerical Recipes in C – The Art of Scientific Computing*, 2nd edn. Cambridge University Press, Cambridge 1992.

[27] W. H. Press, B. P. Flannery, S. A. Teukolsky, W. T. Vetterling: *Numerical Recipes in Fortran – Example Book*, 2nd edn. Cambridge University Press, Cambridge 1992.

[28] W. H. Press, B. P. Flannery, S. A. Teukolsky, W. T. Vetterling: *Numerical Recipes in C – Example Book*, 2nd edn. Cambridge University Press, Cambridge 1992.

[29] J. R. Rice, R. F. Boisvert: *Solving Elliptic Problems Using* ELLPACK. Springer-Verlag, Berlin Heidelberg New York Tokyo 1985.

[30] B. T. Smith, J. M. Boyle, J. J. Dongarra, B. S. Garbow, Y. Ikebe, V. C. Klema, C. B. Moler: *Matrix Eigensystem Routines* – EISPACK *Guide*. Lecture Notes in Computer Science, Vol. 6, 2nd ed. Springer-Verlag, Berlin Heidelberg New York Tokyo 1976.

[31] S. Wolfram: MATHEMATICA. Addison-Wesley, Reading 1991.

Lehrbücher

[32] H.-J. Appelrath, J. Ludewig: *Skriptum Informatik – eine konventionelle Einführung*. Teubner, Stuttgart 1991.

[33] D. P. Bertsekas, J. N. Tsitsiklis: *Parallel and Distributed Computation – Numerical Methods*. Prentice-Hall, Englewood Cliffs 1989.

[34] H. D. Brunk: *An Introduction to Mathematical Statistics*, 2nd ed. Blaisdell, New York 1965.

[35] E. W. Cheney: *Introduction to Approximation Theory*. McGraw-Hill, New York 1966.

[36] J. B. Conway: *A Course in Functional Analysis*. Springer-Verlag, Berlin Heidelberg New York Tokyo 1985.

[37] J. Dagpunar: *Principles of Random Variate Generation*. Clarendon Press, Oxford 1988.

[38] P. J. Davis: *Interpolation and Approximation*. Blaisdell, New York 1963.

[39] P. J. Davis, P. Rabinowitz: *Methods of Numerical Integration*, 2nd ed. Academic Press, New York 1984.

[40] C. de Boor: *A Practical Guide to Splines*. Springer-Verlag, Berlin Heidelberg New York Tokyo 1978.

[41] P. Deuflhard, A. Hohmann: *Numerische Mathematik – Eine algorithmisch orientierte Einführung*. de Gruyter, Berlin New York 1991.

[42] K. Dowd: *High Performance Computing*. O'Reilly & Associates, Sebastopol 1993.

[43] H. Engels: *Numerical Quadrature and Cubature*. Academic Press, New York 1980.

[44] G. Evans: *Practical Numerical Integration*. Wiley, Chichester 1993.

[45] W. K. Giloi: *Rechnerarchitektur*, 2. Aufl. Springer-Verlag, Berlin Heidelberg New York Tokyo 1993.

[46] G. H. Golub, J. M. Ortega: *Scientific Computing and Differential Equations*. Academic Press, New York 1991.

[47] G. H. Golub, J. M. Ortega: *Scientific Computing – An Introduction with Parallel Computing*. Academic Press, New York 1993.

[48] G. H. Golub, C. F. Van Loan: *Matrix Computations*, 2nd ed. Johns Hopkins University Press, Baltimore 1989.

[49] W. Hackbusch: *Theorie und Numerik elliptischer Differentialgleichungen*. Teubner, Stuttgart 1986.

[50] G. Hämmerlin, K. H. Hoffman: *Numerische Mathematik*. Springer-Verlag, Berlin Heidelberg New York Tokyo 1989.

[51] L. A. Hageman, D. M. Young: *Applied Iterative Methods*. Academic Press, New York London 1981.

[52] R. W. Hamming: *Numerical Methods for Scientists and Engineers*. McGraw-Hill, New York 1962.

[53] J. L. Hennessy, D. A. Patterson: *Computer Architecture – A Quantitative Approach*. Morgan Kaufmann, San Mateo 1990.

[54] P. Henrici: *Elements of Numerical Analysis*. Wiley, New York 1964.

[55] F. B. Hildebrand: *Introduction to Numerical Analysis*. McGraw-Hill, New York 1974.

[56] R. A. Horn, C. R. Johnson: *Matrix Analysis*. Cambridge University Press, Cambridge 1985.

[57] R. A. Horn, C. R. Johnson: *Topics in Matrix Analysis*. Cambridge University Press, Cambridge 1991.

[58] E. Isaacson, H. B. Keller: *Analysis of Numerical Methods*. Wiley, New York 1966.

[59] M. H. Kalos, P. A. Whitlock: *Monte Carlo Methods*. Wiley, New York 1986.

[60] C. L. Lawson, R. J. Hanson: *Solving Least Squares Problems*. Prentice-Hall, Englewood Cliffs 1974.

[61] P. Linz: *Theoretical Numerical Analysis*. Wiley, New York 1979.

[62] F. Locher: *Numerische Mathematik für Informatiker*, 2. Aufl. Springer-Verlag, Berlin Heidelberg New York Tokyo 1993.

[63] G. Maess: *Vorlesungen über numerische Mathematik – I. Lineare Algebra*. Birkhäuser, Basel Boston Stuttgart 1985.

[64] J. M. Ortega, W. C. Rheinboldt: *Iterative Solution of Nonlinear Equations in Several Variables*. Academic Press, New York London 1970.

[65] D. A. Patterson, J. L. Hennessy: *Computer Organization and Design – The Hardware/Software Interface*. Morgan Kaufmann, San Mateo 1994.

[66] C. S. Rees, S. M. Shah, C. V. Stanojevic: *Theory and Applications of Fourier Analysis*. Marcel Dekker, New York Basel 1981.

[67] J. R. Rice: *Matrix Computations and Mathematical Software*. McGraw-Hill, New York 1981.

[68] H. R. Schwarz: *Numerische Mathematik*. Teubner, Stuttgart 1988.

[69] H. Schwetlick: *Numerische Lösung nichtlinearer Gleichungen*. Oldenbourg, München Wien 1979.

[70] H. Schwetlick, H. Kretzschmar: *Numerische Verfahren für Naturwissenschaftler und Ingenieure*. Fachbuchverlag, Leipzig 1991.

[71] G. W. Stewart: *Introduction to Matrix Computations*. Academic Press, New York 1974.

[72] J. Stoer: *Einführung in die Numerische Mathematik I*, 6. Aufl. Springer-Verlag, Berlin Heidelberg New York Tokyo 1993.

[73] J. Stoer, R. Bulirsch: *Einführung in die Numerische Mathematik II*, 3. Aufl. Springer-Verlag, Berlin Heidelberg New York Tokyo 1990.

[74] G. Strang: *Linear Algebra and its Applications*, 3rd ed. Academic Press, New York 1988.

[75] A. H. Stroud: *Numerical Quadrature and Solution of Ordinary Differential Equations*. Springer-Verlag, Berlin Heidelberg New York Tokyo 1974.

[76] C. W. Überhuber, P. Meditz: *Software-Entwicklung in Fortran 90*. Springer-Verlag, Wien New York 1993.

[77] H. Werner, R. Schaback: *Praktische Mathematik II*. Springer-Verlag, Berlin Heidelberg New York Tokyo 1979.

[78] J. H. Wilkinson: *The Algebraic Eigenvalue Problem*. Oxford University Press, London 1965.

Spezialliteratur

[79] D. Achilles: *Die Fourier-Transformation in der Signalverarbeitung*. Springer-Verlag, Berlin Heidelberg New York Tokyo 1978.

[80] C. A. Addison, J. Allwright, N. Binsted, N. Bishop, B. Carpenter, P. Dalloz, J. D. Gee, V. Getov, T. Hey, R. W. Hockney, M. Lemke, J. Merlin, M. Pinches, C. Scott, I. Wolton: *The Genesis Distributed-Memory Benchmarks. Part 1 – Methodology and General Relativity Benchmark with Results for the SUPRENUM Computer*. Concurrency – Practice and Experience 5-1 (1993), pp. 1–22.

[81] A. V. Aho, J. E. Hopcroft, J. D. Ullman: *Data Structures and Algorithms*. Addison-Wesley, Reading 1983.

[82] H. Akima: *A New Method of Interpolation and Smooth Curve Fitting Based on Local Procedures*. J. ACM 17 (1970), pp. 589–602.

[83] H. Akima: *A Method of Bivariate Interpolation and Smooth Surface Fitting for Irregularly Distributed Data Points*. ACM Trans. Math. Softw. 4 (1978), pp. 148–159.

[84] E. L. Allgower, K. Georg: *Numerical Continuation – An Introduction*. Springer-Verlag, Berlin Heidelberg New York Tokyo 1990.

[85] G. S. Almasi, A. Gottlieb: *Highly Parallel Computing*. Benjamin/Cummings, Redwood City 1989.

[86] L. Ammann, J. Van Ness: *A Routine for Converting Regression Algorithms into Corresponding Orthogonal Regression Algorithms*. ACM Trans. Math. Softw. 14 (1988), pp. 76–87.

[87] L.-E. Andersson, T. Elfving: *An Algorithm for Constrained Interpolation*. SIAM J. Sci. Stat. Comp. 8 (1987), pp. 1012–1025.

[88] M. A. Arbib, J. A. Robinson: *Natural and Artificial Parallel Computation*. MIT Press, Cambridge 1990.

[89] M. Arioli, J. Demmel, I. S. Duff: *Solving Sparse Linear Systems with Sparse Backward Error*. SIAM J. Matrix Anal. Appl. 10 (1989), pp. 165–190.

[90] W. Arnoldi: *The Principle of Minimized Iterations in the Solution of the Matrix Eigenvalue Problem*. Quart. Appl. Math. 9 (1951), pp. 165–190.

[91] K. Atkinson: *The Numerical Solution of Laplace's Equation in Three Dimensions*. SIAM J. Num. Anal. 19 (1982), pp. 263-274.

[92] P. Autognetti, G. Massobrio: *Semiconductor Device Modelling with* SPICE. McGraw-Hill, New York 1987.

[93] O. Axelsson: *Iterative Solution Methods*. Cambridge University Press, Cambridge 1994.

[94] O. Axelsson, V. Eijkhout: *Vectorizable Preconditioners for Elliptic Difference Equations in Three Space Dimensions*. J. Comput. Appl. Math. 27 (1989), pp. 299–321.

[95] O. Axelsson, B. Polman: *On Approximate Factorization Methods for Block Matrices Suitable for Vector and Parallel Processors*. Linear Algebra Appl. 77 (1986), pp. 3–26.

[96] L. Bacchelli-Montefusco, G. Casciola: C^1 *Surface Interpolation*. ACM Trans. Math. Softw. 15 (1989), pp. 365–374.

[97] Z. Bai, J. Demmel, A. McKenney: *On the Conditioning of the Nonsymmetric Eigenproblem*. Technical Report CS-89-86, Computer Science Dept., University of Tennessee, 1989.

[98] D. H. Bailey: *Extra High Speed Matrix Multiplication on the Cray-2*. SIAM J. Sci. Stat. Comput. 9 (1988), pp. 603–607.

[99] D. H. Bailey: MPFUN – *A Portable High Performance Multiprecision Package*. NASA Ames Tech. Report RNR-90-022, 1990.

[100] D. H. Bailey: *Automatic Translation of Fortran Programs to Multiprecision*. NASA Ames Tech. Report RNR-91-025, 1991.

[101] D. H. Bailey: *A Fortran-90 Based Multiprecision System*. NASA Ames Tech. Report RNR-94-013, 1994.

[102] D. H. Bailey, H. D. Simon, J. T. Barton, M. J. Fouts: *Floating Point Arithmetic in Future Supercomputers*. Int. J. Supercomput. Appl. 3-3 (1989), pp. 86–90.

[103] C. T. H. Baker: *On the Nature of Certain Quadrature Formulas and their Errors*. SIAM J. Numer. Anal. 5 (1968), pp. 783–804.

[104] H. Balzert: *Die Entwicklung von Software-Systemen*. B. I.-Wissenschaftsverlag, Mannheim Wien Zürich 1982.

[105] R. E. Bank: PLTMG – *A Software Package for Solving Elliptic Partial Differential Equations – User's Guide 7.0*. SIAM Press, Philadelphia 1994.

[106] B. A. Barsky: *Exponential and Polynomial Methods for Applying Tension to an Interpolating Spline Curve*. Comput. Vision Graph. Image Process. 1 (1984), pp. 1–18.

[107] F. L. Bauer, C. F. Fike: *Norms and Exclusion Theorems*. Numer. Math. 2 (1960), pp. 123–144.

[108] F. L. Bauer, H. Rutishauser, E. Stiefel: *New Aspects in Numerical Quadrature*. Proceedings of Symposia in Applied Mathematics, Amer. Math. Soc. 15 (1963), pp. 199–219.

[109] R. K. Beatson: *On the Convergence of Some Cubic Spline Interpolation Schemes*. SIAM J. Numer. Anal. 23 (1986), pp. 903–912.

[110] M. Beckers, R. Cools: *A Relation between Cubature Formulae of Trigonometric Degree and Lattice Rules*. Report TW 181, Department of Computer Science, Katholieke Universiteit Leuven, 1992.

[111] M. Beckers, A. Haegemans: *Transformation of Integrands for Lattice Rules*, in „Numerical Integration – Recent Developments, Software and Applications" (T. O. Espelid, A. Genz, Eds.). Kluwer, Dordrecht 1992, pp. 329–340.

[112] J. Berntsen, T. O. Espelid: DCUTRI – *An Algorithm for Adaptive Cubature over a Collection of Triangles*. ACM Trans. Math. Softw. 18 (1992), pp. 329–342.

[113] J. Berntsen, T. O. Espelid, A. Genz: *An Adaptive Algorithm for the Approximate Calculation of Multiple Integrals*. ACM Trans. Math. Softw. 17 (1991), pp. 437–451.

[114] S. Bershader, T. Kraay, J. Holland: *The Giant Fourier Transform*, in „Scientific Applications of the Connection Machine" (H. D. Simon, Ed.). World Scientific, Singapore New Jersey London Hong Kong 1989.

[115] C. Bischof: LAPACK – *Portable lineare Algebra-Software für Supercomputer*. Informationstechnik 34 (1992), pp. 44–49.

[116] C. Bischof, P. T. P. Tang: *Generalized Incremental Condition Estimation*. Technical Report CS-91-132, Computer Science Dept., University of Tennessee, 1991.

[117] C. Bischof, P. T. P. Tang: *Robust Incremental Condition Estimation*. Technical Report CS-91-133, Computer Science Dept., University of Tennessee, 1991.

[118] G. E. Blelloch: *Vector Models for Data-Parallel Computing*. MIT Press, Cambridge London 1990.

[119] J. L. Blue: *A Portable Fortran Program to Find the Euclidean Norm*. ACM Trans. Math. Softw. 4 (1978), pp. 15–23.

[120] A. Bode: *Architektur von RISC-Rechnern*, in „RISC-Architekturen", 2. Aufl. (A. Bode, Ed.). B. I.-Wissenschaftsverlag, Mannheim Wien Zürich 1990, pp. 37–79.

[121] P. T. Boggs, R. H. Byrd and R. B. Schnabel: *A Stable and Efficient Algorithm for Nonlinear Orthogonal Distance Regression*. SIAM J. Sci. Stat. Comput. 8 (1987), pp. 1052–1078.

[122] R. F. Boisvert: *A Fourth-Order-Accurate Fourier Method for the Helmholtz Equation in Three Dimensions*. ACM Trans. Math. Softw. 13 (1987), pp. 221–234.

[123] R. F. Boisvert, S. E. Howe, D. K. Kahaner: GAMS – *A Framework for the Management of Scientific Software*. ACM Trans. Math. Softw. 11 (1985), pp. 313–356.

[124] P. Bolzern, G. Fronza, E. Runca, C. W. Überhuber: *Statistical Analysis of Winter Sulphur Dioxide Concentration Data in Vienna*. Atmospheric Environment 16 (1982), pp. 1899–1906.

[125] M. Bourdeau, A. Pitre: *Tables of Good Lattices in Four and Five Dimensions*. Numer. Math. 47 (1985), pp. 39–43.

[126] H. Braß: *Quadraturverfahren*. Vandenhoeck und Ruprecht, Göttingen 1977.

[127] R. P. Brent: *An Algorithm with Guaranteed Convergence for Finding a Zero of a Function*. Computer J. 14 (1971), pp. 422–425.

[128] R. P. Brent: *A Fortran Multiple-Precision Arithmetic Package*. ACM Trans. Math. Softw. 4 (1978), pp. 57–70.

[129] R. P. Brent: *Algorithm 524 – A Fortran Multiple-Precision Arithmetic Package*. ACM Trans. Math. Softw. 4 (1978), pp. 71–81.

[130] E. O. Brigham: *The Fast Fourier Transform*. Prentice-Hall, Englewood Cliffs 1974.

[131] K. W. Brodlie: *Methods for Drawing Curves*, in „Fundamental Algorithms for Computer Graphics" (R. A. Earnshaw, Ed.). Springer-Verlag, Berlin Heidelberg New York Tokyo 1985, pp. 303–323.

[132] M. Bronstein: *Integration of Elementary Functions*. J. Symbolic Computation 9 (1990), pp. 117–173.

[133] C. G. Broyden: *A Class of Methods for Solving Nonlinear Simultaneous Equations*. Math. Comp. 19 (1965), pp. 577–593.

[134] J. C. P. Bus, T. J. Dekker: *Two Efficient Algorithms with Guaranteed Convergence for Finding a Zero of a Function*. ACM Trans. Math. Softw. 1 (1975), pp. 330–345.

[135] K. R. Butterfield: *The Computation of all Derivatives of a B-Spline Basis*. J. Inst. Math. Appl. 17 (1976), pp. 15–25.

[136] P. L. Butzer, R. L. Stens: *Sampling Theory for Not Necessarily Band-Limited Functions – A Historical Overview*. SIAM Review 34 (1992), pp. 40–53.

[137] G. D. Byrne, C. A. Hall (Eds.): *Numerical Solution of Systems of Nonlinear Algebraic Equations*. Academic Press, New York London 1973.

[138] S. Cambanis, E. Masry: *Trapezoidal Stratified Monte Carlo Integration*. SIAM J. Numer. Anal. 29 (1992), pp. 284–301.

[139] R. Carter: *Y-MP Floating Point and Cholesky Factorization*. International Journal of High Speed Computing 3 (1991), pp. 215–222.

[140] J. Choi, J. J. Dongarra, D. W. Walker: *A Set of Parallel Block Basic Linear Algebra Subprograms*. Technical Report TM-12468, Mathematical Sciences Section, Oak Ridge National Laboratory, 1994.

[141] J. Choi, J. J. Dongarra, D. W. Walker: SCALAPACK I – *Parallel Factorization Routines (LU, QR, and Cholesky)*. Technical Report TM-12470, Oak Ridge National Laboratory, Mathematical Sciences Section, 1994.

[142] W. J. Cody: *The* FUNPACK *Package of Special Function Subroutines*. ACM Trans. Math. Softw. 1 (1975), pp. 13–25.

[143] J. W. Cooley, J. W. Tukey: *An Algorithm for the Machine Calculation of Complex Fourier Series*. Math. Comp. 19 (1965), pp. 297–301.

[144] R. Cools: *A Survey of Methods for Constructing Cubature Formulae*, in „Numerical Integration – Recent Developments, Software and Applications" (T. O. Espelid, A. Genz, Eds.). Kluwer, Dordrecht 1992, pp. 1–24.

[145] R. Cools, P. Rabinowitz: *Monomial Cubature Rules Since „Stroud" – A Compilation*. Report TW 161, Department of Computer Science, Katholieke Universiteit Leuven, 1991.

[146] W. A. Coppel: *Stability and Asymptotic Behavior of Differential Equations*. Heath, Boston, 1965.

[147] P. Costantini: *Co-monotone Interpolating Splines of Arbitrary Degree – a Local Approach*. SIAM J. Sci. Stat. Comp. 8 (1987), pp. 1026–1034.

[148] W. R. Cowell (Ed.): *Portability of Mathematical Software*. Lecture Notes in Computer Science, Vol. 57, Springer-Verlag, New York 1977.

[149] M. G. Cox: *The Numerical Evaluation of B-Splines*. J. Inst. Math. Appl. 10 (1972), pp. 134–149.

[150] J. H. Davenport: *On the Integration of Algebraic Functions*. Lecture Notes in Computer Science, Vol. 102, Springer-Verlag, Berlin Heidelberg New York Tokyo 1981.

[151] J. H. Davenport: *Integration – Formal and Numeric Approaches*, in „Tools, Methods and Languages for Scientific and Engineering Computation" (B. Ford, J. C. Rault, F. Thomasset, Eds.). North-Holland, Amsterdam New York Oxford 1984, pp. 417–426.

[152] J. H. Davenport, Y. Siret, E. Tournier: *Computer Algebra – Systems and Algorithms for Algebraic Computation*, 2nd ed. Academic Press, New York 1993.

[153] T. A. Davis, I. S. Duff: *An Unsymmetric-Pattern Multifrontal Method for Sparse LU Factorization*. Technical Report TR-94-038, Computer and Information Science Dept., University of Florida, 1994.

[154] C. de Boor: CADRE – *An Algorithm for Numerical Quadrature*, in „Mathematical Software" (J. R. Rice, Ed.). Academic Press, New York 1971, pp. 417–449.

[155] C. de Boor: *On Calculating with B-Splines*. J. Approx. Theory 6 (1972), pp. 50–62.

[156] C. de Boor, A. Pinkus: *Proof of the Conjecture of Bernstein and Erdös concerning the Optimal Nodes for Polynomial Interpolation*. J. Approx. Theory 24 (1978), pp. 289–303.

[157] E. de Doncker: *Asymptotic Expansions and Their Application in Numerical Integration*, in „Numerical Integration – Recent Developments, Software and Applications" (P. Keast, G. Fairweather, Eds.). Reidel, Dordrecht 1987, pp. 141–151.

[158] T. J. Dekker: *A Floating-point Technique for Extending the Available Precision*. Numer. Math. 18 (1971), pp. 224-242.

[159] J. Demmel, B. Kågström: *Computing Stable Eigendecompositions of Matrix Pencils*. Lin. Alg. Appl. 88/89-4 (1987), pp. 139–186.

[160] J. E. Dennis Jr., J. J. Moré: *Quasi-Newton Methods, Motivation and Theory*. SIAM Review 19 (1977), pp. 46–89.

[161] J. E. Dennis Jr., R. B. Schnabel: *Numerical Methods for Unconstrained Optimization and Nonlinear Equations*. Prentice-Hall, Englewood Cliffs 1983.

[162] R. A. De Vore, G. G. Lorentz: *Constructive Approximation*. Springer-Verlag, Berlin Heidelberg, New York Tokyo 1993.

[163] L. Devroye: *Non-Uniform Random Variate Generation*. Springer-Verlag, Berlin Heidelberg New York Tokyo 1986.

[164] D. S. Dodson, R. G. Grimes, J. G. Lewis: *Sparse Extensions to the Fortran Basic Linear Algebra Subprogramms*. ACM Trans. Math. Softw. 17 (1991), pp. 253–263, 264–272.

[165] J. J. Dongarra: *The LINPACK Benchmark – An Explanation*, in „Evaluating Supercomputers" (A. J. Van der Steen, Ed.). Chapman and Hall, London 1990, pp. 1–21.

[166] J. J. Dongarra, J. Du Croz, I. S. Duff, S. Hammarling: *A Set of Level 3 Basic Linear Algebra Subprograms*. ACM Trans. Math. Softw. 16 (1990), pp. 1–17, 18–28.

[167] J. J. Dongarra: *Performance of Various Computers Using Standard Linear Equations Software*. Technical Report CS-89-85, Computer Science Dept., University of Tennessee, 1994.

[168] J. J. Dongarra, J. Du Croz, S. Hammarling, R. J. Hanson: *An Extended Set of Fortran Basic Linear Algebra Subprograms*. ACM Trans. Math. Softw. 14 (1988), pp. 1–17, 18–32.

[169] J. J. Dongarra, I. S. Duff, D. C. Sorensen, H. A. Van der Vorst: *Solving Linear Systems on Vector and Shared Memory Computers*. SIAM Press, Philadelphia 1991.

[170] J. J. Dongarra, E. Grosse: *Distribution of Mathematical Software via Electronic Mail*. Comm. ACM 30 (1987), pp. 403–407.

[171] J. J. Dongarra, F. G. Gustavson, A. Karp: *Implementing Linear Algebra Algorithms for Dense Matrices on a Vector Pipeline Machine*. SIAM Review 26 (1984), pp. 91–112.

[172] J. J. Dongarra, P. Mayes, G. Radicati: *The IBM RISC System/6000 and Linear Algebra Operations*. Technical Report CS-90-12, Computer Science Dept., University of Tennessee, 1990.

[173] J. J. Dongarra, R. Pozo, D. W. Walker: LAPACK++ *V. 1.0 – Users' Guide*. University of Tennessee, Knoxville, 1994.

[174] J. J. Dongarra, R. Pozo, D. W. Walker: LAPACK++ – *A Design Overview of Object-Oriented Extensions for High Performace Linear Algebra*. Computer Science Report, University of Tennessee, 1993.

[175] J. J. Dongarra, H. A. Van der Vorst: *Performance of Various Computers Using Standard Sparse Linear Equations Solving Techniques*, in „Computer Benchmarks" (J. J. Dongarra, W. Gentzsch, Eds.). Elsevier, New York 1993, pp. 177–188.

[176] C. C. Douglas, M. Heroux, G. Slishman, R. M. Smith: GEMMW – *A Portable Level 3 BLAS Winograd Variant of Strassen's Matrix-Matrix Multiply Algorithm*. J. Computational Physics 110 (1994), pp. 1–10.

[177] Z. Drezner: *Computation of the Multivariate Normal Integral*. ACM Trans. Math. Softw. 18 (1992), pp. 470–480.

[178] D. Dubois, A. Greenbaum, G. Rodrigue: *Approximating the Inverse of a Matrix for Use in Iterative Algorithms on Vector Processors*. Computing 22 (1979), pp. 257–268.

[179] I. S. Duff, A. Erisman, J. Reid: *Direct Methods for Sparse Matrices*. Oxford University Press, Oxford 1986.

[180] I. S. Duff, R. G. Grimes, J. G. Lewis: *Sparse Matrix Test Problems*. ACM Trans. Math. Softw. 15 (1989), pp. 1–14.

[181] I. S. Duff, R. G. Grimes, J. G. Lewis: *User's Guide for the Harwell-Boeing Sparse Matrix Collection* (Release I). CERFACS-Report TR/PA/92/86, Toulouse, 1992. Erhältlich über anonymous-FTP: `orion.cerfacs.fr`.

[182] R. A. Earnshaw (Ed.): *Fundamental Algorithms for Computer Graphics*. Springer-Verlag, Berlin Heidelberg New York Tokyo 1985.

[183] H. Ekblom: L_p-*Methods for Robust Regression*. BIT 14 (1974), pp. 22–32.

[184] D. F. Elliot, K. R. Rao: *Fast Transforms: – Algorithms, Analyses, Applications*. Academic Press, New York 1982.

[185] T. M. R. Ellis, D. H. McLain: *Algorithm 514 – A New Method of Cubic Curve Fitting Using Local Data*. ACM Trans. Math. Softw. 3 (1977), pp. 175–178.

[186] M. P. Epstein: *On the Influence of Parameterization in Parametric Interpolation*. SIAM J. Numer. Anal. 13 (1976), pp. 261–268.

[187] P. Erdös: *Problems and Results on the Theory of Interpolation*. Acta Math. Acad. Sci. Hungar., 12 (1961), pp. 235–244.

[188] P. Erdös, P. Vértesi: *On the Almost Everywhere Divergence of Lagrange Interpolatory Polynomials for Arbitrary Systems of Nodes*. Acta Math. Acad. Sci. Hungar. 36 (1980), pp. 71–89.

[189] T. O. Espelid: DQAINT – *An Algorithm for Adaptive Quadrature (of a Vector Function) over a Collection of Finite Intervals*, in „Numerical Integration – Recent Developments, Software and Applications" (T. O. Espelid, A. Genz, Eds.). Kluwer, Dordrecht 1992, pp. 341–342.

[190] G. Farin: *Splines in CAD/CAM*. Surveys on Mathematics for Industry 1 (1991), pp. 39–73.

[191] H. Faure: *Discrépances de suites associées à un système de numération (en dimension s)*. Acta Arith. 41 (1982), pp. 337–351.

[192] L. Fejér: *Mechanische Quadraturen mit positiven Cotes'schen Zahlen*. Math. Z. 37 (1933), pp. 287–310.

[193] S. I. Feldman, D. M. Gay, M. W. Maimone, N. L. Schryer: *A Fortran-to-C Converter*. Technical Report No. 149, AT&T Bell Laboratories, 1993.

[194] A. Ferscha: *Modellierung und Leistungsanalyse paralleler Systeme mit dem PRM-Netz Modell*. Dissertation, Universität Wien, 1990.

[195] R. Fletcher, J. A. Grant, M. D. Hebden: *The Calculation of Linear Best L_p-Approximations*. Computer J. 14 (1971), pp. 276–279.

[196] R. Fletcher, C. Reeves: *Function Minimization by Conjugate Gradients*. Computer Journal 7 (1964), pp. 149–154.

[197] T. A. Foley: *Interpolation with Interval and Point Tension Controls Using Cubic Weighted ν-Splines*. ACM Trans. Math. Softw. 13 (1987), pp. 68–96.

[198] B. Ford, F. Chatelin (Eds.): *Problem Solving Environments for Scientific Computing*. North-Holland, Amsterdam 1987.

[199] L. Fox, I. B. Parker: *Chebyshev Polynomials in Numerical Analysis*. Oxford University Press, London 1968.

[200] R. Frank, J. Schneid, C. W. Ueberhuber: *The Concept of B-Convergence*. SIAM J. Numer. Anal. 18 (1981), pp. 753–780.

[201] R. Frank, J. Schneid, C. W. Ueberhuber: *Stability Properties of Implicit Runge-Kutta Methods*. SIAM J. Numer. Anal. 22 (1985), pp. 497–515.

[202] R. Frank, J. Schneid, C. W. Ueberhuber: *Order Results for Implicit Runge-Kutta Methods Applied to Stiff Systems*. SIAM J. Numer. Anal. 22 (1985), pp. 515–534.

[203] R. Franke, G. Nielson: *Smooth Interpolation of Large Sets of Scattered Data*. Int. J. Numer. Methods Eng. 15 (1980), pp. 1691–1704.

[204] R. Freund, G. H. Golub, N. Nachtigal: *Iterative Solution of Linear Systems*. Acta Numerica 1, 1992, pp. 57–100.

[205] R. Freund, N. Nachtigal: *QMR – A Quasi-Minimal Residual Method for Non-Hermitian Linear Systems*. Numer. Math. 60 (1991), pp. 315–339.

[206] R. Freund, N. Nachtigal: *An Implementation of the QMR Method Based on Two Coupled Two-Term Recurrences*. Tech. Report 92.15, RIACS, NASA Ames, 1992.

[207] F. N. Fritsch, J. Butland: *A Method for Constructing Local Monotone Piecewise Cubic Interpolants*. SIAM J. Sci. Stat. Comp. 5 (1984), pp. 300–304.

[208] F. N. Fritsch, R. E. Carlson: *Monotone Piecewise Cubic Interpolation*. SIAM J. Numer. Anal. 17 (1980), pp. 238–246.

[209] F. N. Fritsch, D. K. Kahaner, J. N. Lyness: *Double Integration Using One-Dimensional Adaptive Quadrature Routines – a Software Interface Problem*. ACM Trans. Math. Softw. 7 (1981), pp. 46–75.

[210] K. Frühauf, J. Ludewig, H. Sandmayr: *Software-Prüfung – Eine Fibel*. Teubner, Stuttgart 1991.

[211] P. W. Gaffney, C. A. Addison, B. Anderson, S. Bjornestead, R. E. England, P. M. Hanson, R. Pickering, M. G. Thomason: NEXUS – *Towards a Problem Solving Environment for Scientific Computing*. ACM SIGNUM Newsletter 21 (1986), pp. 13–24.

[212] P. W. Gaffney, J. W. Wooten, K. A. Kessel, W. R. McKinney: NITPACK – *An Interactive Tree Package*. ACM Trans. Math. Softw. 9 (1983), pp. 395–417.

[213] E. Gallopoulos, E. N. Houstis, J. R. Rice: *Problem Solving Environments for Computational Science*. Computational Science and Engineering Nr. 2 Vol. 1 (1994), pp. 11–23.

[214] K. O. Geddes, S. R. Szapor, G. Labahn: *Algorithms for Computer Algebra*. Kluwer, Dordrecht 1992.

[215] J. D. Gee, M. D. Hill, D. Pnevmatikatos, A. J. Smith: *Cache Performance of the SPEC92 Benchmark Suite*. IEEE Micro 13 (1993), pp. 17–27.

[216] W. M. Gentleman: *Implementing Clenshaw-Curtis Quadrature*. Comm. ACM 15 (1972), pp. 337–342, 343–346.

[217] A. Genz: *Statistics Applications of Subregion Adaptive Multiple Numerical Integration*, in „Numerical Integration – Recent Developments, Software and Applications" (T. O. Espelid, A. Genz, Eds.). Kluwer, Dordrecht 1992, pp. 267–280.

[218] D. Goldberg: *What Every Computer Scientist Should Know About Floating-Point Arithmetic*. ACM Computing Surveys 23 (1991), pp. 5–48.

[219] G. H. Golub, V. Pereyra: *Differentiation of Pseudo-Inverses and Nonlinear Least Squares Problems Whose Variables Separate*. SIAM J. Numer. Anal. 10 (1973), pp. 413–432.

[220] A. Greenbaum, J. J. Dongarra: *Experiments with QL/QR Methods for the Symmetric Tridiagonal Eigenproblem*. Technical Report CS-89-92, Computer Science Dept., University of Tennessee, 1989.

[221] E. Grosse: *A Catalogue of Algorithms for Approximation*, in „Algorithms for Approximation II" (J. C. Mason, M. G. Cox, Eds.). Chapman and Hall, London New York 1990, pp. 479–514.

[222] H. Grothe: *Matrixgeneratoren zur Erzeugung gleichverteilter Zufallsvektoren*, in „Zufallszahlen und Simulationen" (L. Afflerbach, J. Lehn, Eds.). Teubner, Stuttgart 1986, pp. 29–34.

[223] M. H. Gutknecht: *Variants of Bi-CGSTAB for Matrices with Complex Spectrum*. Tech. Report 91-14, IPS ETH, Zürich 1991.

[224] S. Haber: *A Modified Monte Carlo Quadrature*. Math. Comp. 20 (1966), pp. 361–368.

[225] S. Haber: *A Modified Monte Carlo Quadrature II*. Math. Comp. 21 (1967), pp. 388–397.

[226] H. Hancock: *Elliptic Integrals*. Dover Publication, New York 1917.

[227] J. Handy: *The Cache Memory Book*. Academic Press, San Diego 1993.

[228] J. G. Hayes: *The Optimal Hull Form Parameters*. Proc. NATO Seminar on Numerical Methods Applied to Ship Building, Oslo 1964.

[229] J. G. Hayes: *Numerical Approximation to Functions and Data*. Athlone Press, London 1970.

[230] N. Higham: *Efficient Algorithms for Computing the Condition Number of a Tridiagonal Matrix*. SIAM J. Sci. Stat. Comput. 7 (1986), pp. 82–109.

[231] N. Higham: *A Survey of Condition Number Estimates for Triangular Matrices*. SIAM Review 29 (1987), pp. 575–596.

[232] N. Higham: *Fortran 77 Codes for Estimating the One-Norm of a Real or Complex Matrix, with Applications to Condition Estimation*. ACM Trans. Math. Softw. 14 (1988), pp. 381–396.

[233] N. Higham: *The Accuracy of Floating Point Summation*. SIAM J. Sci. Comput. 14 (1993), pp. 783-799.

[234] D. R. Hill, C. B. Moler: *Experiments in Computational Matrix Algebra*. Birkhäuser, Basel 1988.

[235] E. Hlawka: *Funktionen von beschränkter Variation in der Theorie der Gleichverteilung*. Ann. Math. Pur. Appl. 54 (1961), pp. 325–333.

[236] R. W. Hockney, C. R. Jesshope: *Parallel Computers 2*. Adam Hilger, Bristol 1988.

[237] A. S. Householder: *The Numerical Treatment of a Single Nonlinear Equation*. McGraw-Hill, New York 1970.

[238] E. N. Houstis, J. R. Rice, T. Papatheodorou: PARALLEL ELLPACK – *An Expert System for Parallel Processing of Partial Differential Equations*. Purdue University, Report CSD-TR-831, 1988.

[239] E. N. Houstis, J. R. Rice, R. Vichnevetsky (Eds.): *Intelligent Mathematical Software Systems*. North-Holland, Amsterdam 1990.

[240] L. K. Hua, Y. Wang: *Applications of Number Theory to Numerical Analysis*. Springer-Verlag, Berlin Heidelberg New York Tokyo 1981.

[241] P. J. Huber: *Robust Regression – Asymptotics, Conjectures and Monte Carlo*. Anals. of Statistics 1 (1973), pp. 799–821.

[242] P. J. Huber: *Robust Statistics*. Wiley, New York 1981.

[243] J. M. Hyman: *Accurate Monotonicity Preserving Cubic Interpolation*. SIAM J. on Scientific and Statistical Computation 4 (1983), pp. 645–654.

[244] J. P. Imhof: *On the Method for Numerical Integration of Clenshaw and Curtis*. Numer. Math. 5 (1963), pp. 138–141.

[245] M. Iri, S. Moriguti, Y. Takasawa: *On a Certain Quadrature Formula* (japan.), Kokyuroku of the Research Institute for Mathematical Sciences, Kyoto University, 91 (1970), pp. 82–118.

[246] L. D. Irvine, S. P. Marin, P. W. Smith: *Constrained Interpolation and Smoothing*. Constructive Approximation 2 (1986) pp. 129–151.

[247] ISO/IEC DIS 10967-1: 1993: *Draft International Standard – Information Technology – Language Independent Arithmetic – Part 1 – Integer and Floating Point Arithmetic*. 1993.

[248] R. Jain: *Techniques for Experimental Design, Measurement and Simulation – The Art of Computer Systems Performance Analysis*. Wiley, New York 1990.

[249] M. A. Jenkins: *Algorithm 493 – Zeroes of a Real Polynomial*. ACM Trans. Math. Softw. 1 (1975), pp. 178–189.

[250] M. A. Jenkins, J. F. Traub: *A Three-Stage Algorithm for Real Polynomials Using Quadratic Iteration*. SIAM J. Numer. Anal. 7 (1970), pp. 545–566.

[251] A. J. Jerri: *The Shannon Sampling – its Various Extensions and Applications – a Tutorial Review*. Proc. IEEE 65 (1977), pp. 1565–1596.

[252] S. Joe, I. H. Sloan: *Imbedded Lattice Rules for Multidimensional Integration*. SIAM J. Numer. Anal. 29 (1992), pp. 1119–1135.

[253] D. S. Johnson, M. R. Garey: *A 71/60 Theorem for Bin Packing*. J. Complexity 1 (1985), pp. 65–106.

[254] D. W. Juedes: *A Taxonomy of Automatic Differentiation Tools*, in „Automatic Differentiation of Algorithms – Theory, Implementation and Application" (A. Griewank, F. Corliss, Eds.). SIAM Press, Philadelphia 1991, pp. 315–329.

[255] D. K. Kahaner: *Numerical Quadrature by the ε-Algorithm*. Math. Comp. 26 (1972), pp. 689–693.

[256] N. Karmarkar, R. M. Karp: *An Efficient Approximation Scheme for the One Dimensional Bin Packing Problem*. 23rd Annu. Symp. Found. Comput. Sci., IEEE Computer Society, 1982, pp. 312–320.

[257] L. Kaufmann: *A Variable Projection Method for Solving Separable Nonlinear Least Squares Problems*. BIT 15 (1975), pp. 49–57.

[258] G. Kedem, S. K. Zaremba: *A Table of Good Lattice Points in Three Dimensions*. Numer. Math. 23 (1974), pp. 175–180.

[259] H. L. Keng, W. Yuan: *Applications of Number Theory to Numerical Analysis*. Springer-Verlag, Berlin Heidelberg New York Tokyo 1981.

[260] T. King: *Dynamic Data Structures – Theory and Application.* Academic Press, San Diego 1992.

[261] R. Kirnbauer: *Zur Ermittlung von Bemessungshochwässern im Wasserbau.* Wiener Mitteilungen – Wasser, Abwasser, Gewässer 42, Institut für Hydraulik, Gewässerkunde und Wasserwirtschaft, Technische Universität Wien, 1981.

[262] M. Klerer, F. Grossman: *Error Rates in Tables of Indefinite Intergrals.* Indust. Math. 18 (1968), pp. 31–62.

[263] D. E. Knuth: *The Art of Computer Programming.* Vol. 2 – *Seminumerical Algorithms.* Addison-Wesley, Reading 1969.

[264] P. Kogge: *The Architecture of Pipelined Computers.* McGraw-Hill, New York 1981.

[265] A. R. Krommer, C. W. Ueberhuber: *Architecture Adaptive Algorithms.* Parallel Computing 19 (1993), pp. 409–435.

[266] A. R. Krommer, C. W. Ueberhuber: *Lattice Rules for High-Dimensional Integration.* Technical Report SciPaC/TR 93-3, Scientific Parallel Computation Group, Technical University Vienna, Wien 1993.

[267] A. R. Krommer, C. W. Ueberhuber: *Numerical Integration on Advanced Computer Systems.* Lecture Notes in Computer Science, Vol. 848, Springer-Verlag, Berlin Heidelberg New York Tokyo 1994.

[268] A. S. Kronrod: *Nodes and Weights of Quadrature Formulas.* Consultants Bureau, New York 1965.

[269] V. I. Krylov: *Approximate Calculation of Integrals.* Macmillan, New York London 1962.

[270] U. W. Kulisch, W. L. Miranker: *The Arithmetic of the Digital Computer – A New Approach.* SIAM Review 28 (1986), pp. 1–40.

[271] U. W. Kulisch, W. L. Miranker: *Computer Arithmetic in Theory and Practice.* Academic Press, New York 1981.

[272] J. Laderman, V. Pan, X.-H. Sha: *On Practical Acceleration of Matrix Multiplication.* Linear Algebra Appl. 162–164 (1992), pp. 557–588.

[273] M. S. Lam, E. E. Rothberg, M. E. Wolf: *The Cache Performance and Optimizations of Blocked Algorithms.* Computer Architecture News 21 (1993), pp. 63–74.

[274] C. Lanczos: *Discourse on Fourier Series.* Oliver and Boyd, Edinburgh London 1966.

[275] C. L. Lawson, R. J. Hanson, D. Kincaid, F. T. Krogh: *Basic Linear Algebra Subprograms for Fortran Usage.* ACM Trans. Math. Softw. 5 (1979), pp. 308–323.

[276] A. R. Lebeck, D. A. Wood: *Cache Profiling and the SPEC Benchmarks – A Case Study.* IEEE Computer, October 1994, pp. 15–26.

[277] P. Ling: *A Set of High Performance Level 3 BLAS Structured and Tuned for the IBM 3090 VF and Implemented in Fortran 77.* Journal of Supercomputing 7 (1993), pp. 323–355.

[278] P. R. Lipow, F. Stenger: *How Slowly Can Quadrature Formulas Converge.* Math. Comp. 26 (1972), pp. 917–922.

[279] D. B. Loveman: *High Performance Fortran.* IEEE Parallel and Distributed Technology 2 (1993), pp. 25–42.

[280] A. L. Luft: *Zur Bedeutung von Modellen und Modellierungsschritten in der Software-technik.* Angew. Informatik 5 (1984), pp. 189–196.

[281] J. Lund, K. L. Bowers: *Sinc Methods for Quadrature and Differential Equations.* SIAM Press, Philadelphia 1992.

[282] T. Lyche: *Discrete Cubic Spline Interpolation.* BIT 16 (1976), pp. 281–290.

[283] J. N. Lyness: *An Introduction to Lattice Rules and their Generator Matrices.* IMA J. Numer. Anal. 9 (1989), pp. 405–419.

[284] J. N. Lyness, J. J. Kaganove: *Comments on the Nature of Automatic Quadrature Routines.* ACM Trans. Math. Softw. 2 (1976), pp. 65–81.

[285] J. N. Lyness, B. W. Ninham: *Numerical Quadrature and Asymptotic Expansions.* Math. Comp. 21 (1967), pp. 162–178.

[286] J. N. Lyness, I. H. Sloan: *Some Properties of Rank-2 Lattice Rules*. Math. Comp. 53 (1989), pp. 627–637.

[287] J. N. Lyness, T. Soerevik: *A Search Program for Finding Optimal Integration Lattices*. Computing 47 (1991), pp. 103–120.

[288] J. N. Lyness, T. Soerevik: *An Algorithm for Finding Optimal Integration Lattices of Composite Order*. BIT 32 (1992), pp. 665–675.

[289] T. Macdonald: *C for Numerical Computing*. J. Supercomput. 5 (1991), pp. 31–48.

[290] D. Maisonneuve: *Recherche et utilisation des „bons treillis"*, in „Applications of Number Theory to Numerical Analysis" (S. K. Zaremba, Ed.). Academic Press, New York 1972, pp. 121–201.

[291] M. Malcolm, R. Simpson: *Local Versus Global Strategies for Adaptive Quadrature*. ACM Trans. Math. Softw. 1 (1975), pp. 129–146.

[292] T. Manteuffel: *The Tchebychev Iteration for Nonsymmetric Linear Systems*. Numer. Math. 28 (1977), pp. 307–327.

[293] D. W. Marquardt: *An Algorithm for Least Squares Estimation of Nonlinear Parameters*. J. SIAM 11 (1963), pp. 431–441.

[294] G. Marsaglia: *Normal (Gaussian) Random Variables for Supercomputers*. J. Supercomput. 5 (1991), pp. 49–55.

[295] J. C. Mason, M. G. Cox: *Scientific Software Systems*. Chapman and Hall, London New York 1990.

[296] E. Masry, S. Cambanis: *Trapezoidal Monte Carlo Integration*. SIAM J. Numer. Anal. 27 (1990), pp. 225–246.

[297] P. Mayes: *Benchmarking and Evaluation of Portable Numerical Software*, in „Evaluating Supercomputers" (A. J. van der Steen, Ed.). Chapman and Hall, London New York Tokyo Melbourne Madras 1990, pp. 69–79.

[298] E. W. Mayr: *Theoretical Aspects of Parallel Computation*, in „VLSI and Parallel Computation" (R. Suaya, G. Birtwistle, Eds.). Morgan Kaufmann, San Mateo 1990, pp. 85–139.

[299] G. P. McKeown: *Iterated Interpolation Using a Systolic Array*. ACM Trans. Math. Softw. 12 (1986), pp. 162–170.

[300] J. Meijerink, H. A. Van der Vorst: *An Iterative Solution Method for Linear Systems of Which the Coefficient Matrix is a Symmetric M-matrix*. Math. Comp. 31 (1977), pp. 148–162.

[301] R. Melhem: *Toward Efficient Implementation of Preconditioned Conjugate Gradient Methods on Vector Supercomputers*. Internat. J. Supercomp. Appl. 1 (1987), pp. 77–98.

[302] J. P. Mesirov (Ed.): *Very Large Scale Computation in the 21st Century*. SIAM Press, Philadelphia 1991.

[303] W. F. Mitchell: *Optimal Multilevel Iterative Methods for Adaptive Grids*. SIAM J. Sci. Statist. Comput. 13 (1992), pp. 146–167.

[304] J. J. Moré, M. Y. Cosnard: *Numerical Solution of Nonlinear Equations*. ACM Trans. Math. Softw. 5 (1979), pp. 64–85.

[305] D. E. Müller: *A Method for Solving Algebraic Equations Using an Automatic Computer*. Math. Tables Aids Comput. 10 (1956), pp. 208–215.

[306] N. Nachtigal, S. Reddy, L. Trefethen: *How Fast are Nonsymmetric Matrix Iterations?* SIAM J. Mat. Anal. Appl. 13 (1992), pp. 778–795.

[307] P. Naur: *Machine Dependent Programming in Common Languages*. BIT 7 (1967), pp. 123–131.

[308] J. A. Nelder, R. Mead: *A Simplex Method for Function Minimization*. Computer Journal 7 (1965), pp. 308–313.

[309] H. Niederreiter: *Quasi-Monte Carlo Methods and Pseudorandom Numbers*. Bull. Amer. Math. Soc. 84 (1978), pp. 957–1041.

[310] H. Niederreiter: *Random Number Generation and Quasi-Monte Carlo Methods*. SIAM Press, Philadelphia 1992.

[311] G. M. Nielson: *Some Piecewise Polynomial Alternatives to Splines Under Tension*, in „Computer Aided Geometric Design" (R. E. Barnhill, R. F. Riesenfeld, Eds.). Academic Press, New York San Francisco London 1974.

[312] G. M. Nielson, B. D. Shriver: *Visualization in Scientific Computing*. IEEE Press, Los Alamitos 1990.

[313] H. J. Nussbaumer: *Fast Fourier Transform and Convolution Algorithms*. Springer-Verlag, Berlin Heidelberg New York Tokyo 1981.

[314] D. P. O'Leary, O. Widlund: *Capacitance Matrix Methods for the Helmholtz Equation on General 3-Dimensional Regions*. Math. Comp. 33 (1979), pp. 849–880.

[315] T. I. Ören: *Concepts for Advanced Computer Assisted Modelling*, in „Methodology in Systems Modelling and Simulation" (B. P. Zeigler, M. S. Elzas, G. J. Klir, T. I. Ören, Eds.). North-Holland, Amsterdam New York Oxford 1979.

[316] J. M. Ortega: *Numerical Analysis – A Second Course*. SIAM Press, Philadelphia 1990.

[317] T. O'Shea, J. Self: *Lernen und Lehren mit Computern*. Birkhäuser, Basel Boston Stuttgart 1986.

[318] A. M. Ostrowski: *On Two Problems in Abstract Algebra Connected with Horner's Rule*. Studies in Math. and Mech. presented to Richard von Mises, Academic Press, New York 1954, pp. 40–68.

[319] C. C. Page, M. A. Saunders: *LSQR: An Algorithm for Sparse Linear Equations and Sparse Least-Squares*. ACM Trans. Math. Software 8 (1982), pp. 43–71.

[320] V. Pan: *Methods of Computing Values of Polynomials*. Russian Math. Surveys 21 (1966), pp. 105–136.

[321] V. Pan: *How Can We Speed Up Matrix Multiplication?* SIAM Rev. 26 (1984), pp. 393–415.

[322] V. Pan: *Complexity of Computations with Matrices and Polynomials*. SIAM Rev. 34 (1992), pp. 225–262.

[323] H. Parkus: *Mechanik der festen Körper*. Springer-Verlag, Berlin Heidelberg New York Tokyo 1960.

[324] B. N. Parlett: *The Symmetric Eigenvalue Problem*. Prentice Hall, Englewood Cliffs, 1980.

[325] T. N. L. Patterson: *The Optimum Addition of Points to Quadrature Formulae*. Math. Comp. 22 (1968), pp. 847–856.

[326] R. Piessens: *Modified Clenshaw-Curtis Integration and Applications to Numerical Computation of Integral Tranforms*, in „Numerical Integration – Recent Developments, Software and Applications" (P. Keast, G. Fairweather, Eds.). Reidel, Dordrecht 1987, pp. 35–41.

[327] R. Piessens, M. Branders: *A Note on the Optimal Addition of Abscissas to Quadrature Formulas of Gauss and Lobatto Type*. Math. Comp. 28 (1974), pp. 135–140, 344–347.

[328] D. R. Powell, J. R. Macdonald: *A Rapidly Converging Iterative Method for the Solution of the Generalised Nonlinear Least Squares Problem*. Computer J. 15 (1972), pp. 148–155.

[329] M. J. D. Powell: *A Hybrid Method for Nonlinear Equations*, in „Numerical Methods for Nonlinear Algebraic Equations" (P. Rabinowitz, Ed.). Gordon and Breach, London 1970.

[330] M. J. D. Powell, P. L. Toint: *On the Estimation of Sparse Hessian Matrices*. SIAM J. Numer. Anal. 16 (1979), pp. 1060–1074.

[331] J. G. Proakis, D. G. Manolakis: *Digital Signal Processing*, 2nd ed. Macmillan, New York 1992.

[332] J. S. Quarterman, S. Carl-Mitchell: *The Internet Connection – System Connectivity and Configuration*. Addison-Wesley, Reading 1994.

[333] R. J. Renka: *Multivariate Interpolation of Large Sets of Scattered Data.* ACM Trans. Math. Softw. 14 (1988), pp. 139–148.

[334] R. J. Renka, A. K. Cline: *A Triangle-Based C^1 Interpolation Method.* Rocky Mt. J. Math. 14 (1984), pp. 223–237.

[335] R. F. Reisenfeld: *Homogeneous Coordinates and Projective Planes in Computer Graphics.* IEEE Computer Graphics and Applications 1 (1981), pp. 50–56.

[336] W. C. Rheinboldt: *Numerical Analysis of Parametrized Nonlinear Equations.* Wiley, New York 1986.

[337] J. R. Rice: *Parallel Algorithms for Adaptive Quadrature II – Metalgorithm Correctness.* Acta Informat. 5 (1975), pp. 273–285.

[338] J. R. Rice (Ed.): *Mathematical Aspects of Scientific Software.* Springer-Verlag, Berlin Heidelberg New York Tokyo 1988.

[339] A. Riddle: *Mathematical Power Tools.* IEEE Spectrum Nov. 1994, pp. 35–47.

[340] R. Rivest: *Cryptography* in "Handbook of Theoretical Computer Science" (J. van Leeuwen, Ed.). North Holland, Amsterdam, 1990.

[341] T. J. Rivlin: *The Chebyshev Polynomials.* Wiley, New York 1974.

[342] Y. Robert: *The Impact of Vector and Parallel Architectures on the Gaussian Elimination Algorithm.* Manchester University Press, New York Brisbane Toronto 1990.

[343] M. Rosenlicht: *Integration in Finite Terms.* Amer. Math. Monthly 79 (1972), pp. 963–972.

[344] A. Ruhe: *Fitting Empirical Data by Positive Sums of Exponentials.* SIAM J. Sci. Stat. Comp. 1 (1980), pp. 481–498.

[345] C. Runge: *Über empirische Funktionen und die Interpolation zwischen äquidistanten Ordinaten.* Z. Math. u. Physik 46 (1901), pp. 224–243.

[346] Y. Saad: *Preconditioning Techniques for Indefinite and Nonsymmetric Linear Systems.* J. Comput. Appl. Math. 24 (1988), pp. 89–105.

[347] Y. Saad: *Krylov Subspace Methods on Supercomputers.* SIAM J. Sci. Statist. Comput. 10 (1989), pp. 1200–1232.

[348] Y. Saad: SPARSKIT – *A Basic Tool Kit for Sparse Matrix Computation.* Tech. Report CSRD TR 1029, CSRD, University of Illinois, Urbana 1990.

[349] Y. Saad, M. Schultz: *GMRES – A Generalized Minimal Residual Algorithm for Solving Nonsymmetric Linear Systems.* SIAM J. Sci. Statist. Comput. 7 (1986), pp. 856–869.

[350] T. W. Sag, G. Szekeres: *Numerical Evaluation of High-Dimensional Integrals.* Math. Comp. 18 (1964), pp. 245–253.

[351] K. Salkauskas, C^1 *Splines for Interpolation of Rapidly Varying Data.* Rocky Mt. J. Math. 14 (1984), pp. 239–250.

[352] R. Salmon, M. Slater: *Computer Graphics – Systems and Concepts.* Addison-Wesley, Wokingham 1987.

[353] B. Schmidt: *Informatik und allgemeine Modelltheorie – eine Einführung.* Angew. Informatik 1 (1982), pp. 35–42.

[354] W. M. Schmidt: *Irregularities of Distribution.* Acta Arith. 21 (1972), pp. 45–50.

[355] R. Schüler, G. Harnisch: *Absolute Schweremessungen mit Reversionspendeln in Potsdam.* Veröff. Zentralinst. Physik der Erde Nr. 10, Potsdam 1971.

[356] K. Schulze, C. W. Cryer: NAXPERT – *A Prototype Expert System for Numerical Software.* SIAM J. Sci. Stat. Comput. 9 (1988), pp. 503–515.

[357] H. W. Schüssler: *Netzwerke, Signale und Systeme; Band 1 – Systemtheorie linearer elektrischer Netzwerke.* Springer-Verlag, Berlin Heidelberg New York Tokyo 1981.

[358] D. G. Schweikert: *An Interpolation Curve Using a Spline in Tension.* J. Math. & Physics 45 (1966), pp. 312–317.

[359] T. I. Seidman, R. J. Korsan: *Endpoint Formulas for Interpolatory Cubic Splines.* Math. Comp. 26 (1972), pp. 897–900.

[360] Z. Sekera: *Vectorization and Parallelization on High Performance Computers.* Computer Physics Communications 73 (1992), pp. 113–138.

[361] S. Selberherr: *Analysis and Simulation of Semiconductor Devices.* Springer-Verlag, Berlin Heidelberg New York Tokyo 1984.

[362] D. Shanks: *Non-linear Transformation of Divergent and Slowly Convergent Sequences.* J. Math. Phys. 34 (1955), pp. 1–42.

[363] A. H. Sherman: *Algorithms for Sparse Gauss Elimination with Partial Pivoting.* ACM Trans. Math. Softw. 4 (1978), pp. 330–338.

[364] L. L. Shumaker: *On Shape Preserving Quadratic Spline Interpolation.* SIAM J. Numer. Anal. 20 (1983), pp. 854–864.

[365] K. Sikorski: *Bisection is Optimal.* Numer. Math. 40 (1982), pp. 111–117.

[366] I. H. Sloan: *Numerical Integration in High Dimensions – The Lattice Rule Approach,* in „Numerical Integration – Recent Developments, Software and Applications" (T. O. Espelid, A. Genz, Eds.). Kluwer, Dordrecht 1992, pp. 55–69.

[367] I. H. Sloan, P. J. Kachoyan: *Lattice Methods for Multiple Integration – Theory, Error Analysis and Examples.* SIAM J. Numer. Anal. 24 (1987), pp. 116–128.

[368] D. M. Smith: *A Fortran Package for Floating-Point Multiple-Precision Arithmetic.* ACM Trans. Math. Softw. 17 (1991), pp. 273–283.

[369] B. T. Smith, J. M. Boyle, J. J. Dongarra, B. S. Garbow, Y. Ikebe, V. C. Klema, C. B. Moler: *Matrix Eigensystem Routines – EISPACK Guide,* 2nd ed. Springer-Verlag, Berlin Heidelberg New York Tokyo 1976.

[370] I. M. Sobol: *The Distribution of Points in a Cube and the Approximate Evaluation of Integrals.* Zh. Vychisl. Mat. i Math. Fiz. 7 (1967), pp. 784–802.

[371] P. Sonneveld: *CGS, a Fast Lanczos-type Solver for Nonsymmetric Linear Systems.* SIAM J. Sci. Statist. Comput. 10 (1989), pp. 36–52.

[372] D. C. Sorensen: *Newton's Method with a Model Trust Region Modification.* SIAM J. Numer. Anal. 19 (1982), pp. 409–426.

[373] W. Stegmüller: *Unvollständigkeit und Unbeweisbarkeit* (2. Aufl.). Springer Verlag, Berlin Heidelberg New York, Tokyo, 1970.

[374] G. W. Stewart: *On the Sensitivity of the Eigenvalue Problem $Ax = \lambda Bx$.* SIAM J. Num. Anal. 9-4 (1972), pp. 669–686.

[375] G. W. Stewart: *Error and Perturbation Bounds for Subspaces Associated with Certain Eigenvalue Problems.* SIAM Review 15-10 (1973), pp. 727–764.

[376] V. Strassen: *Gaussian Elimination Is not Optimal.* Numer. Math. 13 (1969), pp. 354–356.

[377] A. H. Stroud: *Approximate Calculation of Multiple Integrals.* Prentice-Hall, Englewood Cliffs 1971.

[378] E. E. Swartzlander (Ed.): *Computer Arithmetic – I, II.* IEEE Computer Society Press, Los Alamitos 1991.

[379] G. Tomas, C. W. Ueberhuber: *Visualization of Scientific Parallel Programs.* Lecture Notes in Computer Science, Vol. 771, Springer-Verlag, Berlin Heidelberg New York Tokyo 1994.

[380] J. F. Traub: *Complexity of Approximately Solved Problems.* J. Complexity 1 (1985), pp. 3–10.

[381] J. F. Traub, H. Wozniakowski: *A General Theory of Optimal Algorithms.* Academic Press, New York 1980.

[382] J. F. Traub, H. Wozniakowski: *Information and Computation,* in „Advances in Computers, Vol. 23" (M. C. Yovits, Ed.). Academic Press, New York London 1984, pp. 35–92.

[383] J. F. Traub, H. Wozniakowski: *On the Optimal Solution of Large Linear Systems.* J. Assoc. Comput. Mach. 31 (1984), pp. 545–559.

[384] A. Van der Sluis, H. A. Van der Vorst: *The Rate of Convergence of Conjugate Gradients*. Numer. Math. 48 (1986) pp. 543–560.

[385] H. A. Van der Vorst: *Bi-CGSTAB – A Fast and Smoothly Converging Variant of Bi-CG for the Solution of Nonsymmetric Linear Systems*. SIAM J. Sci. Statist. Comput. 13 (1992), pp. 631–644.

[386] S. Van Huffel, J. Vandewalle: *The Total Least Square Problem – Computational Aspects and Analysis*. SIAM Press, Philadelphia 1991.

[387] G. W. Wasilkowski: *Average Case Optimality*. J. Complexity 1 (1985), pp. 107–117.

[388] G. W. Wasilkowski, F. Gao: *On the Power of Adaptive Information for Functions with Singularities*. Math. Comp. 58 (1992), pp. 285–304.

[389] A. B. Watson: *Image Compression Using the Discrete Cosine Transform*. Mathematica Journal 4 (1994), Issue 1, pp. 81–88.

[390] L. T. Watson, S. C. Billups, A. P. Morgan: HOMPACK – *A Suite of Codes for Globally Convergent Homotopy Algorithms*. ACM Trans. Math. Softw. 13 (1987), pp. 281–310.

[391] P.-Å. Wedin: *Perturbation Theory for Pseudo-Inverses*. BIT 13 (1973), pp. 217–232.

[392] R. P. Weicker: *Dhrystone – A Synthetic Systems Programming Benchmark*. Commun. ACM 27-10 (1984), pp. 1013–1030.

[393] R. P. Weicker: *Leistungsmessung für RISCs*, in „RISC-Architekturen", 2. Aufl. (A. Bode, Ed.). B.I.-Wissenschaftsverlag, Mannheim Wien Zürich 1990, pp. 145–183.

[394] S. Weiss, J. E. Smith: *POWER and PowerPC*. Morgan Kaufmann, San Francisco 1994.

[395] R. C. Whaley: *Basic Linear Algebra Communication Subprograms – Analysis and Implementation Across Multiple Parallel Architectures*. LAPACK Working Note 73, Technical Report, University of Tennessee, 1994.

[396] J. H. Wilkinson: *Rounding Errors in Algebraic Processes*. Prentice-Hall, Englewood Cliffs 1963.

[397] J. H. Wilkinson: *Kronecker's Canonical Form and the QZ Algorithm*. Lin. Alg. Appl. 28 (1979), pp. 285–303.

[398] H. Wozniakowski: *A Survey of Information-Based Complexity*. J. Complexity 1 (1985), pp. 11–44.

[399] P. Wynn: *On a Device for Computing the $e_m(S_n)$ Transformation*. Mathematical Tables and Aids to Computing 10 (1956), pp. 91–96.

[400] P. Wynn: *On the Convergence and Stability of the Epsilon Algorithm*. SIAM J. Numer. Anal. 3 (1966), pp. 91–122.

[401] A. Zygmund: *Trigonometric Series*. Cambridge University Press, Cambridge 1959.

Autoren

Abramowitz, M.	[1]
Achilles, D.	[79]
Addison, C. A.	[80], [211]
Aho, A. V.	[81]
Akima, H.	[82], [83]
Allgower, E. L.	[84]
Allwright, J.	[80]
Almasi, G. S.	[85]
Ammann, L.	[86]
Anderson, B.	[211]
Anderson, E.	[2]
Andersson, L.-E.	[87]
Appelrath, H.-J.	[32]
Arbib, M. A.	[88]
Arioli, M.	[89]
Arnoldi, W.	[90]
Atkinson, K.	[91]
Autognetti, P.	[92]
Axelsson, O.	[93], [94], [95]
Bacchelli-M., L.	[96]
Bai, Z.	[2], [97]
Bailey, D. H.	[98], [99], [100], [101], [102]
Baker, C. T. H.	[103]
Balzert, H.	[104]
Bank, R. E.	[105]
Barrett, R.	[3]
Barsky, B. A.	[106]
Barton, J. T.	[102]
Bauer, F. L.	[107], [108]
Beatson, R. K.	[109]
Beckers, M.	[110], [111]
Berntsen, J.	[112], [113]
Berry, M.	[3]
Bershader, S.	[114]
Bertsekas, D. P.	[33]
Billups, S. C.	[390]
Binsted, N.	[80]
Bischof, C.	[2], [115], [116], [117]
Bishop, N.	[80]
Bjornestead, S.	[211]
Blelloch, G. E.	[118]
Blue, J. L.	[119]
Bode, A.	[120]
Boggs, P. T.	[121]
Boisvert, R. F.	[29], [122], [123]
Bolzern, P.	[124]
Bourdeau, M.	[125]
Bowers, K. L.	[281]
Boyle, J. M.	[15], [30], [369]
Braß, H.	[126]
Branders, M.	[327]
Brent, R. P.	[127], [128], [129]
Brigham, E. O.	[130]
Brodlie, K. W.	[131]
Bronstein, I. N.	[4]
Bronstein, M.	[132]
Broyden, C. G.	[133]
Brunk, H. D.	[34]
Brytschkow, J. A.	[5]
Bulirsch, R.	[73]
Bunch, J. R.	[12]
Bus, J. C. P.	[134]
Butland, J.	[207]
Butterfield, K. R.	[135]
Butzer, P. L.	[136]
Byrd, R. H.	[121]
Byrne, G. D.	[137]
Cambanis, S.	[138], [296]
Carl-Mitchell, S.	[332]
Carlson, R. E.	[208]
Carpenter, B.	[80]
Carter, R.	[139]
Casciola, G.	[96]
Chan, T.	[3]
Char, B. W.	[6]
Chatelin, F.	[198]
Cheney, E. W.	[35]
Choi, J.	[7], [8], [140], [141]
Cline, A. K.	[334]
Cody, W. J.	[9], [142]
Coleman, T. F.	[10]
Conway, J. B.	[36]
Cooley, J. W.	[143]
Cools, R.	[110], [144], [145]
Coppel, W. A.	[146]
Cosnard, M. Y.	[304]
Costantini, P.	[147]
Cowell, W. R.	[11], [148]
Cox, M. G.	[149], [295]
Cryer, C. W.	[356]
Dagpunar, J.	[37]
Dalloz, P.	[80]
Davenport, J. H.	[150], [151], [152]
Davis, P. J.	[38], [39]
Davis, T. A.	[153]

de Boor, C.	[40], [154], [155], [156]
de Doncker, E.	[23], [157]
De Vore, R. A.	[162]
Dekker, T. J.	[134], [158]
Demmel, J.	[2], [3], [89], [97], [159]
Dennis Jr., J. E.	[160], [161]
Deuflhard, P.	[41]
Devroye, L.	[163]
Dodson, D. S.	[164]
Donato, J.	[3]
Dongarra, J. J.	[2], [3], [7], [8], [12], [13], [15], [30], [140], [141], [165], [166], [167], [168], [169], [170], [171], [172], [173], [174], [175], [220], [369]
Douglas, C. C.	[176]
Dowd, K.	[42]
Drezner, Z.	[177]
Du Croz, J.	[2], [166], [168]
Dubois, D.	[178]
Duff, I. S.	[89], [153], [166], [169], [179], [180], [181]
Earnshaw, R. A.	[182]
Eijkhout, V.	[3], [94]
Ekblom, H.	[183]
Elfving, T.	[87]
Elliot, D. F.	[184]
Ellis, T. M. R.	[185]
Engels, H.	[43]
Engesser, H.	[14]
England, R. E.	[211]
Epstein, M. P.	[186]
Erdös, P.	[187], [188]
Erisman, A.	[179]
Espelid, T. O.	[112], [113], [189]
Evans, G.	[44]
Farin, G.	[190]
Faure, H.	[191]
Fejér, L.	[192]
Feldman, S. I.	[193]
Ferscha, A.	[194]
Fike, C. F.	[107]
Flannery, B. P.	[25], [26], [27], [28]
Fletcher, R.	[195], [196]
Foley, T. A.	[197]
Ford, B.	[198]
Fouts, M. J.	[102]
Fox, L.	[199]
Frühauf, K.	[210]
Frank, R.	[200], [201], [202]
Franke, R.	[203]
Freund, R.	[204], [205], [206]
Fritsch, F. N.	[207], [208], [209]
Fronza, G.	[124]
Gaffney, P. W.	[211], [212]
Gallopoulos, E.	[213]
Gao, F.	[388]
Garbow, B. S.	[15], [30], [369]
Garey, M. R.	[253]
Gay, D. M.	[193]
Geddes, K. O.	[6], [214]
Gee, J. D.	[80], [215]
Gentleman, W. M.	[216]
Genz, A.	[113], [217]
Georg, K.	[84]
Getov, V.	[80]
Giloi, W. K.	[45]
Goldberg, D.	[218]
Golub, G. H.	[46], [47], [48], [204], [219]
Gonnet, G. H.	[6]
Gottlieb, A.	[85]
Grant, J. A.	[195]
Greenbaum, A.	[2], [178], [220]
Grimes, R. G.	[164], [180], [181]
Grosse, E.	[170], [221]
Grossman, F.	[262]
Grothe, H.	[222]
Gustavson, F. G.	[171]
Gutknecht, M. H.	[223]
Haber, S.	[224], [225]
Hackbusch, W.	[49]
Haegemans, A.	[111]
Hageman, L. A.	[51]
Hall, C. A.	[137]
Hammarling, S.	[2], [166], [168]
Hämmerlin, G.	[50]
Hamming, R. W.	[52]
Hancock, H.	[226]
Handy, J.	[227]
Hanson, P. M.	[211]
Hanson, R. J.	[60], [168], [275]
Harnisch, G.	[355]
Hart, J. F.	[16]
Hayes, J. G.	[228], [229]
Hebden, M. D.	[195]
Hennessy, J. L.	[53], [65]
Henrici, P.	[54]
Heroux, M.	[176]

C. Überhuber, P. Meditz

Software-Entwicklung in Fortran 90

1993. XIV, 426 S. 27 Abb.
Brosch. **DM 60,-**; öS 468,-; sFr 58,-
ISBN 3-211-82450-2

Teil 1 des Buches behandelt die Grundlagen der Numerischen Datenverarbeitung. Teil 2 ist der Programmiersprache Fortran 90 gewidmet. Im Zentrum der Darstellung stehen die modernen Sprachkonstrukte.
Das Buch stellt eine Verbindung aus Lehrbuch und Nachschlagewerk dar, die sowohl den Einstieg in eine neue Programmiersprache ermöglicht als auch eine Grundlage für die Entwicklung neuer Software bildet.

A.R. Krommer, C.W. Ueberhuber (Eds.)

Numerical Integration
on Advanced Computer Systems

1994. XIII, 341 pp. (Lecture Notes in Computer Science, Vol. 848) Softcover **DM 72,-**;
öS 561,60; sFr 69,50 ISBN 3-540-58410-2

This book is a comprehensive treatment of the theoretical and computational aspects of numerical integration. It gives an overview of the topic by bringing into line many recent research results not yet presented coherently. Particular emphasis is given to the potential parallelism of numerical integration problems and to utilizing it by means of dynamic load distribution techniques.

G. Tomas, C.W. Ueberhuber

Visualization of Scientific Parallel Programs

1994. XI, 310 pp. (Lecture Notes in Computer Science, Vol. 771) Softcover **DM 66,-**; öS 514,80; sFr 63,50 ISBN 3-540-57738-6

The authors describe recent developments in parallel program visualization techniques and tools and demonstrate the application of specific visualization techniques and software tools to scientific parallel programs. The solution of initial value problems of ordinary differential equations, and numerical integration are treated in detail as two important examples.

R. Hammer, M. Hocks, U. Kulisch, D. Ratz

Numerical Toolbox for Verified Computing
Volume 1: Basic Numerical Problems. Theory, Algorithms, and Pascal-XSC Programs

1993. XV, 339 pp. 28 figs., 7 tabs.
(Springer Series in Computational Mathematics, Vol. 21) Hardcover **DM 128,-**;
öS 998,40; sFr 123,- ISBN 3-540-57118-3

This book presents an extensive set of sophisticated tools to solve numerical problems with a verification of the results using the features of the scientific computer language PASCAL-XSC. Its overriding concern is reliability offering a general discussion on arithmetic and computational reliability, analytical mathematics and verification techniques, algorithms, and actual implementations in the form of working computer routines.

Springer

W. Gander, J. Hřebíček

Solving Problems in Scientific Computing Using Maple and MATLAB

2nd, exp. ed. 1995. Approx. 315 pp. 103 figs., 13 tabs. Softcover **DM 68,-**; öS 530,40; sFr 65,50 ISBN 3-540-58746-2

With modern computing tools like Maple and MATLAB, students can be taught now realistic nontrivial problems that they can actually solve using the new powerful software. The reader will improve his knowledge through learning by examples and he will learn how both systems, MATLAB and Maple, may be used to solve problems interactively in an elegant way. All programs can be obtained from a server at ETH Zurich.

R.E. Crandall

Projects in Scientific Computation

1994. XXVI, 470 pp. 3 1/2" DOS diskette Hardcover **DM 98,-**; öS 764,40; sFr 94,50 ISBN 3-540-97808-9

This interdisciplinary senior/graduate level textbook is a compendium of text, projects, problems, and examples for readers to explore and solve in the field of scientific computing. The problem sets have been class-tested. The book includes a 3.5 inch DOS-formatted floppy diskette supporting topical material in the text for use on a variety of computer systems.

E. F. Van de Velde

Concurrent Scientific Computing

1994. XXII, 328 pp. 47 figs. (Texts in Applied Mathematics, Vol. 16) Hardcover **DM 74,-**; öS 577,20; sFr 71,50 ISBN 3-540-94195

The book covers the fundamental issues of developing programs for scientific computation on concurrent computers. Its purpose is to construct a conceptual framework that is a basis for understanding the real issues of concurrency and for developing new numerical methods and new software tools that solve the real problems.

A. J. Chorin

Vorticity and Turbulence

1994. VIII, 174 pp. 45 figs. (Applied Mathematical Sciences, Vol. 103) Hardcover **DM 68,-**; öS 530,40; sFr 65,50 ISBN 3-540-94197-5

The author's main goal is to relate turbulence to statistical mechanics. The book provides an introduction to turbulence in vortex systems and to turbulence theory for incompressible flow described in terms of the vorticity field. By the end of the book the reader will believe that these subjects are identical and constitute a special case of fairly standard statistical mechanics, with both equilibrium and non-equilibrium aspects.

Springer

Tm.BA95.03.17a

Springer-Verlag und Umwelt

$\mathbf{A}$ls internationaler wissenschaftlicher Verlag sind wir uns unserer besonderen Verpflichtung der Umwelt gegenüber bewußt und beziehen umweltorientierte Grundsätze in Unternehmensentscheidungen mit ein.

$\mathbf{V}$on unseren Geschäftspartnern (Druckereien, Papierfabriken, Verpackungsherstellern usw.) verlangen wir, daß sie sowohl beim Herstellungsprozeß selbst als auch beim Einsatz der zur Verwendung kommenden Materialien ökologische Gesichtspunkte berücksichtigen.

$\mathbf{D}$as für dieses Buch verwendete Papier ist aus chlorfrei bzw. chlorarm hergestelltem Zellstoff gefertigt und im pH-Wert neutral.